室内空间 THE INTERIOR PLAN
布局与尺度设计

[美] 罗伯托·J.伦格尔
Roberto J. Rengel ◎著　　李嫣◎译

華中科技大學出版社
http://www.hustp.com
中国·武汉

图书在版编目(CIP)数据

室内空间布局与尺度设计 / (美) 罗伯托·J. 伦格尔著 ; 李嫣译. —武汉 : 华中科技大学出版社, 2017.9 (2021.8重印)
ISBN 978-7-5680-2910-0

Ⅰ. ① 室… Ⅱ. ① 罗… ② 李… Ⅲ. ① 室内装饰设计 Ⅳ. ① TU238

中国版本图书馆CIP数据核字(2017)第100481号

室内空间布局与尺度设计

SHINEI KONGJIAN BUJU YU CHIDU SHEJI

[美] 罗伯托·J·伦格尔 著
Roberto J. Rengel
李嫣 译

出版发行：华中科技大学出版社（中国·武汉） 电话：（027）81321913
武汉市东湖新技术开发区华工科技园 邮编： 430223
出 版 人：阮海洪

责任编辑：杨 森 责任监印：朱 玢
责任校对：尹 欣 装帧设计：张 靖

印 刷：湖北新华印务有限公司
开 本：889 mm × 1194 mm 1/16
印 张：21.25
字 数：160千字
版 次：2021年8月第1版第7次印刷
定 价：98.00元

目　录

扩展目录

前　言

本书是室内环境设计的入门书，主要关注室内环境的设计内容及室内设计的程序。本书论述的主题涵盖了空间布局、设计有效的空间序列、项目局部之间的关联、家具的布局、设计高效的交通系统、创建无障碍的空间，以及为所有人设计安全的室内环境等方面。

我的目标是写一本对设计初学者非常有助益的书。在写作过程中，相较于复杂且抽象的方式，我更乐于使用设计专业常用的、简单而直接的方式来呈现内容。在语言方面，本书有意采用了最基本的设计词汇——“制图” ——作为主要的表达方式。并且，还选用了轻松的手绘技法以避免完成的图纸形式呆板，也以此来佐证设计问题的解决是动态发展的过程。采用这种看似轻松的风格也是希望在计算机绘图非常流行的今天，鼓励学生能够在设计初步阶段采用手绘和图表的方式来表达设计。

本书的章节内容基本上都是关于设计案例的。我希望通过丰富的案例来说明应该怎样做设计，以及应该避免什么样的错误，从而帮助学生成为更好的设计师。书中呈现了大量的设计案例，其中既有个人居住空间，也有整体项目，同时也涵盖了好的和不好的设计方案，以此来帮助学生理解它们之间的差异。这些案例大多来源于已完成的设计项目和学生们的作业。还有些过去的案例，用来说明设计概念的产生过程，这些案例来源于 20 世纪的现代设计项目和经典建筑设计项目。选择这些案例的原因是希望学生从中了解它们清晰、明确的设计流程与结果。书中设置的大量练习是用来帮助学生在阅读这些案例以后，能够迅速将想法和理念进行实践，以促进设计的学习过程。

从本书的第一版问世以来，我收到了很多非常好的反馈意见。让我感到非常高兴的是本书能够为设计专业的教师和学生提供帮助。但是，每位老师会怎样使用本书是很难预测的。有些老师在工作室的课程中使用，而有些则在其他课程中使用。因此在第二版中，写作的目的之一仍然是提供多样化应用的可能，让老师们可以根据自己的课程挑选相关内容和系列案例。

根据一些读者的反馈意见，我重新组织了章节的顺序。这是非常冒险的做法，因为选择任何逻辑顺序都只能满足一部分读者的需求。有些老师倾向于严格执行课程已有的逻辑顺序，而有些则是根据

“本书以使用者为核心，希望为初学设计的学生提供丰富的信息内容。”

自己的需要进行节选。

第二版主要的变动是将“人性化的设计”与“设计程序”两个章节提到了前面，安排在“概论”章节之后。我认为作为基础性内容的这两章放在本书的开篇会更加有意义，之后的章节主要从单体空间到整体（项目）空间进行论述，“住宅设计”与“非住宅设计”仍是本书的最后两章。新的目录结构如下：

1. 室内设计概论
2. 人性化的设计（以前的第 6 章）
3. 设计程序（以前的第 5 章）
4. 空间设计（以前的第 2 章）
5. 房间之上（以前的第 3 章）
6. 设计项目（以前的第 4 章）
7. 住宅设计
8. 非住宅设计

因为第一版的读者对本书的内容比较满意，所以在新版本中我仍然保留了第一版的大部分案例素材，在“设计程序”“交互式设计”等章节增加了大量新内容。但是，为了不使文字变得冗长，也删除了部分原版的内容。

绘图和练习仍然遵循第一版中所采用的方式。因为本书继续强调手绘是设计程序的重要语言，因此，我仍避免使用彩色的和完成的电脑图纸。这些看起来不精确的手绘图是非常重要的设计工具，它能够使设计从头脑到纸面的转化过程更直接和高效。另外，因为我注意到第一版中有些图片需要改进，所以在第二版中替换和增加了很多图片以保证插图的清晰度和质量。根据费尔柴尔德出版社对实践性的要求，在本书的结尾处增加了关键词汇的学术词汇表及其定义。

致　谢

本书的出版是团队努力的结果，我得到来自费尔柴尔德出版社所有工作人员的支持和专业的意见。特别感谢普里西拉・麦吉和约瑟夫・m 兰达的组织领导，以及伊迪・温伯格为本版插图所做的工作。同时感谢为新版本提供重要反馈意见的专业人士，他们是温索普大学的威廉・费曼、波士顿建筑学院的克兰登・古斯、佛罗里达州立大学的吉姆・道金斯、密苏里州立大学的马尔奇安・巴顿、英国德蒙福特大学的丽贝卡・格拉夫。此外，还要感谢曾经使用过第一版并给我提出意见和建议的学生与教师们。最后，特别感谢朱莉・富特在写作期间成为我最重要的帮手，为本书的插图和排版提供了巨大的帮助。

室内：内容与组织

一般意义上的室内空间设计需要两类基本知识：设计的内容（分区、空间、家具、陈设），以及了解如何基于上述要素的组织来实现功能和视觉上的解决方案。本章的写作目标是希望增强初学者对室内设计项目的认识，并且展示一些成功的布局设计案例。

思考一下设计项目所包含的要素：（1）**固定的建筑元素**（它们通常已被设定好并且不可改变，例如成排的结构柱）；（2）**室内建筑元素**（例如隔墙、门等）；（3）**设施**（通常指FF&E(译者注：FF&E的英文是Furniture，Fixtures & Equipment，是家具、固件设施和设备的缩写)，此类内容包括照明和其他装修的固定设施，例如医院的实验室设备或者健康会所的运动器械等）。作为设计师，你的工作就是将这三类元素进行高效、合理的组织。室内建筑元素和设施是进行室内设计的重要工具。

另外，设计师还需要注意一些不同种类的物品，即空间使用者需要放置在空间中的个人物品。这些物品可以是需要在柜橱格子中储藏的食物、需要放入抽屉中折叠平整的衬衫、需要置于桌面托盘中的大量纸巾。我们可以这样来考虑：设计师为人们提供收纳和置物的空间（例如橱柜、壁橱、桌面），然后再为这些储物的容器规划其所在的空间。设计师为使用者创造的室内环境就像是提供表演的舞台，在某个空间中为人和物提供所需的一切。

衣柜中的衣服和物品

桌上的配件和用品

对于设计新手来说，最重要的基础性工作之一就是熟悉室内空间中的基本内容。虽然仅家具类的产品就种类繁多，但是在最初的平面规划时，设计师并不需要考虑家具的品牌和样式，只需要对适合特定环境的家具类型具有一定的设想，比如家具尺寸、如何将不同种类的家具组合在一起，以及如何在空间中组织家具才能保这些家具可以物尽其用等。下图展示的是在围合的墙体之中，设计师是如何将一些不同尺度的物品储藏在壁橱、桌子与更大尺度的空间之中的案例。

图书馆项目中的多重功能

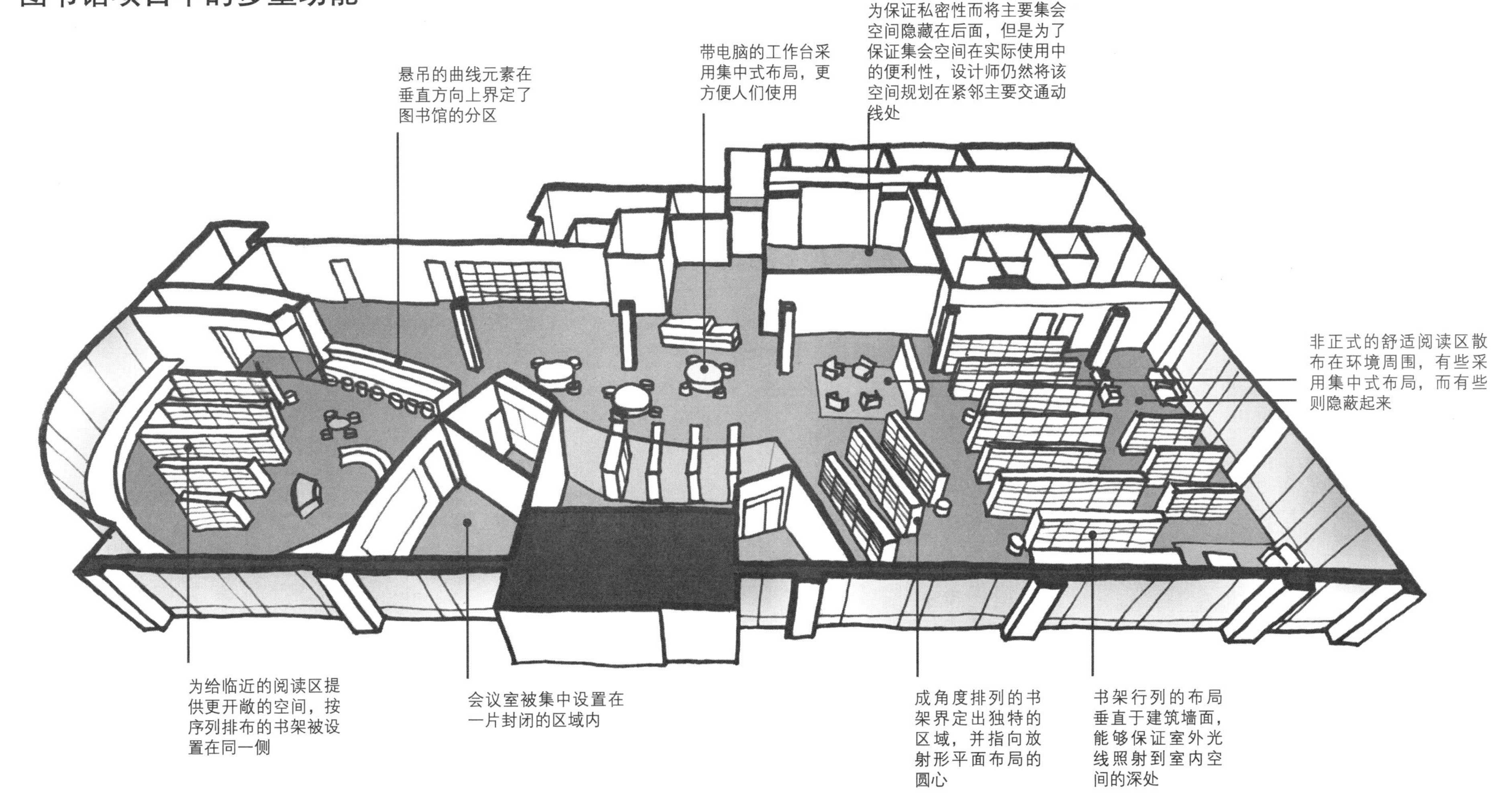

居住的理念

满足人及其所有的需求是一项复杂的工作。不仅仅是因为人类本身就千差万别，而是在不同环境中即使是同一个人也可能表现出不同的角色特点。并且，人们对于居住的需求与对于其他空间（如办公、图书馆空间）的需求差别很大。作为设计师，为满足使用者需求必须在不同的情况下做出合理的选择。

在这里提出关于规划人们居住环境的七个通用概念。当开始规划室内空间时，你会意识到这些基本的概念必然会出现在需要考虑的项目之中：

1. 内部人员 / 外部人员。
2. 分层的组织。
3. 个体与群体。
4. 吸引与排斥。
5. 开放与封闭。
6. 整合与分隔。
7. 组合与分散。

19 世纪阿姆斯特丹的工人及其家人认为街道就是起居空间（荷兰建筑师赫茨伯格·赫尔曼）

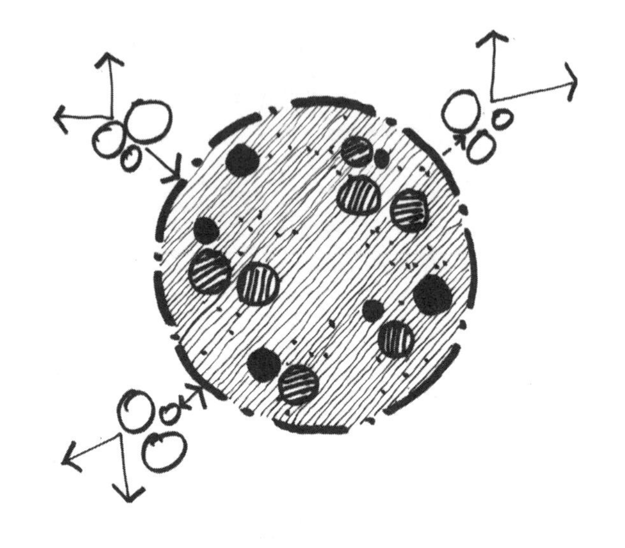

内部人员与外部人员

环境为人和人的行为提供空间，环境的共性是它们都为某些使用者居住（或控制），这些使用者会有选择性地允许外来者访问。住宅、办公空间、商店、学校等项目中，在其中居住（或工作）的人因为是内部人员（或本地人）而享有自由的使用权。在一个内部人员的群组中通常还会设定所有权的分级，就像商店内的店主和雇员。而相对的，外部人员在特定时间内被允许作为访客出入，例如，在商店里，某些陌生的或不受欢迎的人可能被拒之店外。这种双重标准与环境的围合度（安全性）要求和通行控制的设计相关。

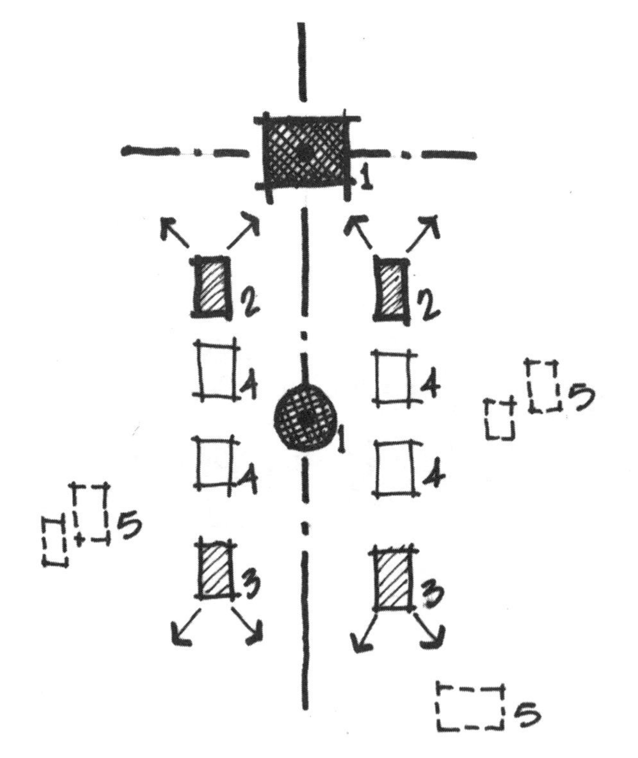

分层的组织

回想一下乡村、博物馆、住宅和商店等环境，考虑一下它们内部各种各样的空间场所，我们会注意到有些场所比其他的更重要，并且通常要求有专属的位置。在任何复杂的组织系统中必然存在场所和功能的分层。左侧是某小规模村庄的案例，主体的宗教建筑 1 坐落在主要中轴的顶端，礼仪性的集会场所 1 设置在公共空间的中心。在它们旁边，端点上小屋 2、3 的重要性取决于它的位置和朝向。普通的屋子环绕在线型布局的周围。最后，村庄周围的建筑 5 提供卫生、储藏等其他附属功能。

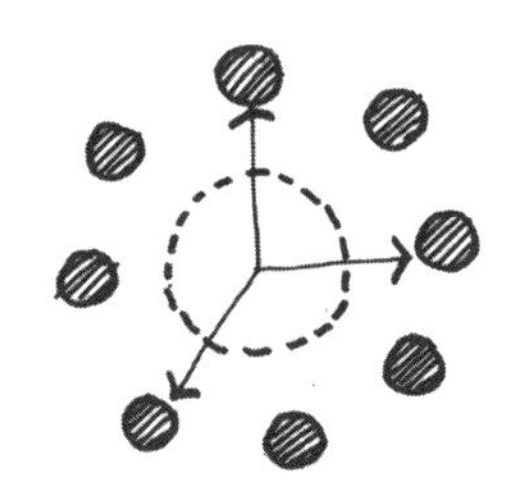

个体

所有的群体都由个体组成。尽管个体具有群体共性，但是作为独一无二的个体仍然有着特殊的需求和期望。

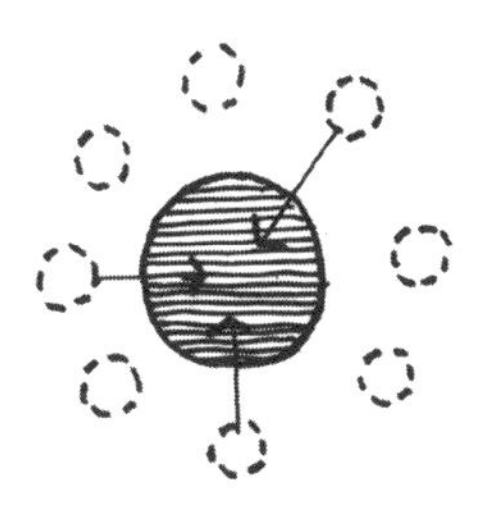

群体

尽管个体都有单独的个性，但在群体层面他们也会有共性的需求和责任。例如集会、仪式、庆典等群体性活动，都各自设定有必须遵守的规则。

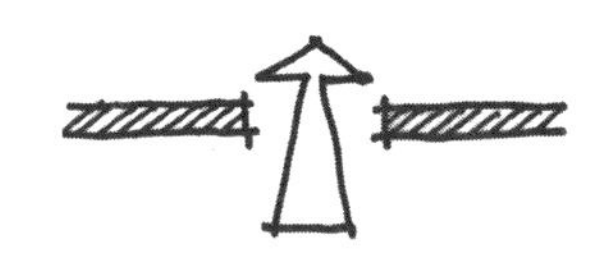

吸引

环境的边界和入口设计（或其中某部分）可以营造开放的、具有吸引力的氛围，为“内部”和“外部”空间之间提供宽阔、流畅的连接。

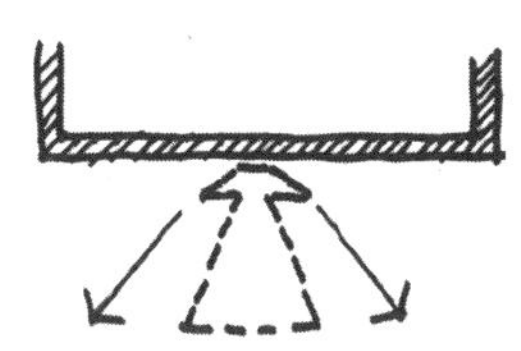

排斥

某些环境设施或其中的某部分是禁止某些使用者使用的。例如在银行里，我们可以进入大厅，但是被禁止踏入更多私密的内部区域，尤其是保险库。

开放

我们根据环境状况来决定某空间中是否需要一扇门或几面墙。这不仅与隐私问题相关，而且关乎我们想要创造的开敞、关联的空间感觉。

封闭

即使是在非常开敞、具有吸引力的环境中，出于安全和隐私的考虑设计师仍然会设计全封闭的空间。例如，会议室需要提供能够让使用者集中精力和学习的环境条件，因此通常设有四面围墙和大门。

整合

当空间存在相似的功能时，设计师可能会按照整合的方式来设计处理它们。在保持个人领域完整性的同时，人们互相之间还具有关联性，不仅有视线上的交流而且还有功能上的互动。

分隔

空间分隔元素的作用是避免空间的合并，两个空间之间的实体墙就起到了这种作用。当然，有很多可以分割空间的方式，选择性开（关）的移动墙体即为其中的一种。

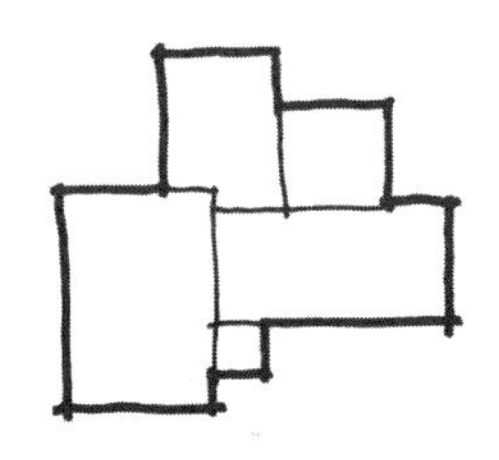

组合

当多个要素必须全部呈现出来时，我们可能基于环境条件将它们划分成组。这样通常有利于促进空间的经济性（共享的墙面、较少的通道），以更好地满足空间居住需求。

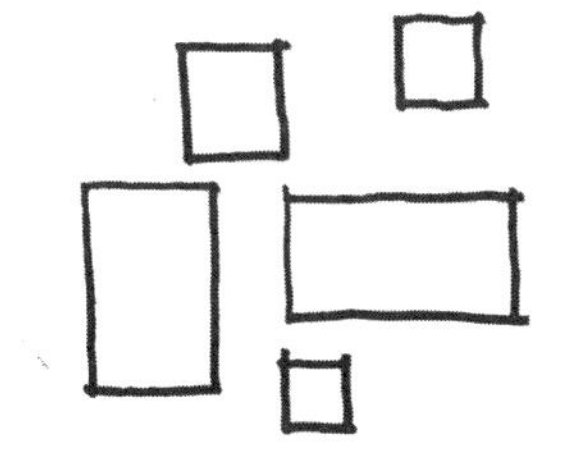

分散

有时候基于功能和其他需求，例如隐私和领域的级别，而将房间和一些室内要素分离开，这是不可避免的设计方式。在这种情况下，元素需要在整体环境中被隔离和分散出来。

室内：微观尺度

试想一下，你需要根据居住者提供的信息设计整栋住宅。而用户的要求只是关于一个柜子的抽屉，这个抽屉里储存了她最有价值的资产，并且是她生活和居住的缩影。有些人可能会说这种想法很疯狂，而另一些人会感到很有趣。事实上，进行室内设计，设计师必须要处理柜子的抽屉等细节，甚至是处理壁橱的分隔和其中的挂钩。

想象一下，将抽屉、私人的搁架放大到与桌子、椅子、床具和柜橱等相同的尺度层面，设计师设计和处理的对象仍然是边角、凹槽等具体细节，这些都是微观层面的设计。在家具类型中，微观尺度的设计包含很多室内空间中的物品，有些是人们在空间中必然会用到的对象，如椅子、床、桌子、浴缸。在建筑类型中，微观尺度的设计包括很多室内设计环境的要素，例如壁龛、凹室和小房间。

你应该对周围的微观环境具有观察意识，留意那些为笔记本、铅笔、植物、画架提供支撑的要素，书写用的台面，以及书架、艺术品、窗帘等细节，并将这些纳入到设计系统的整体计划之中。

嵌板墙面为书本、活页夹、书写用具、花瓶、杯子、图画和其他个人物品提供了便捷的储藏空间

办公环境的剖立面图表现出微观层面的储物，包括壁橱、柜子、档案、书桌、电脑、植物、书写白板、画架、书桌、储藏柜

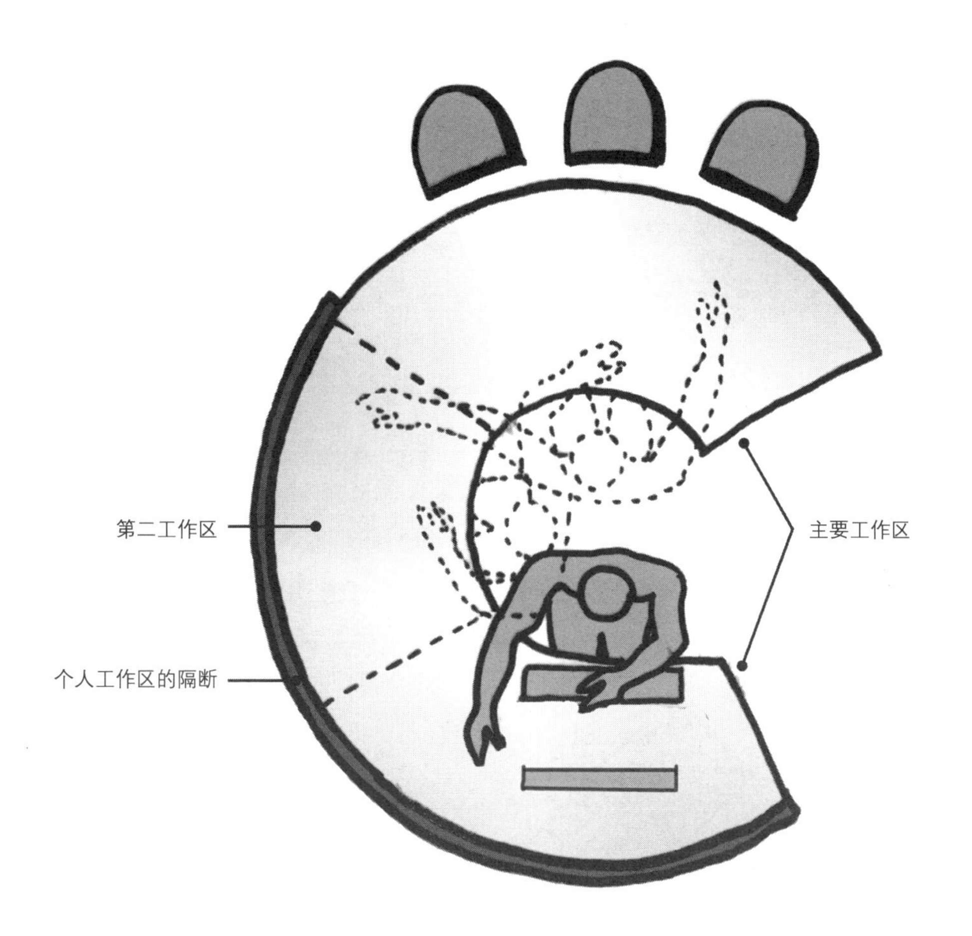

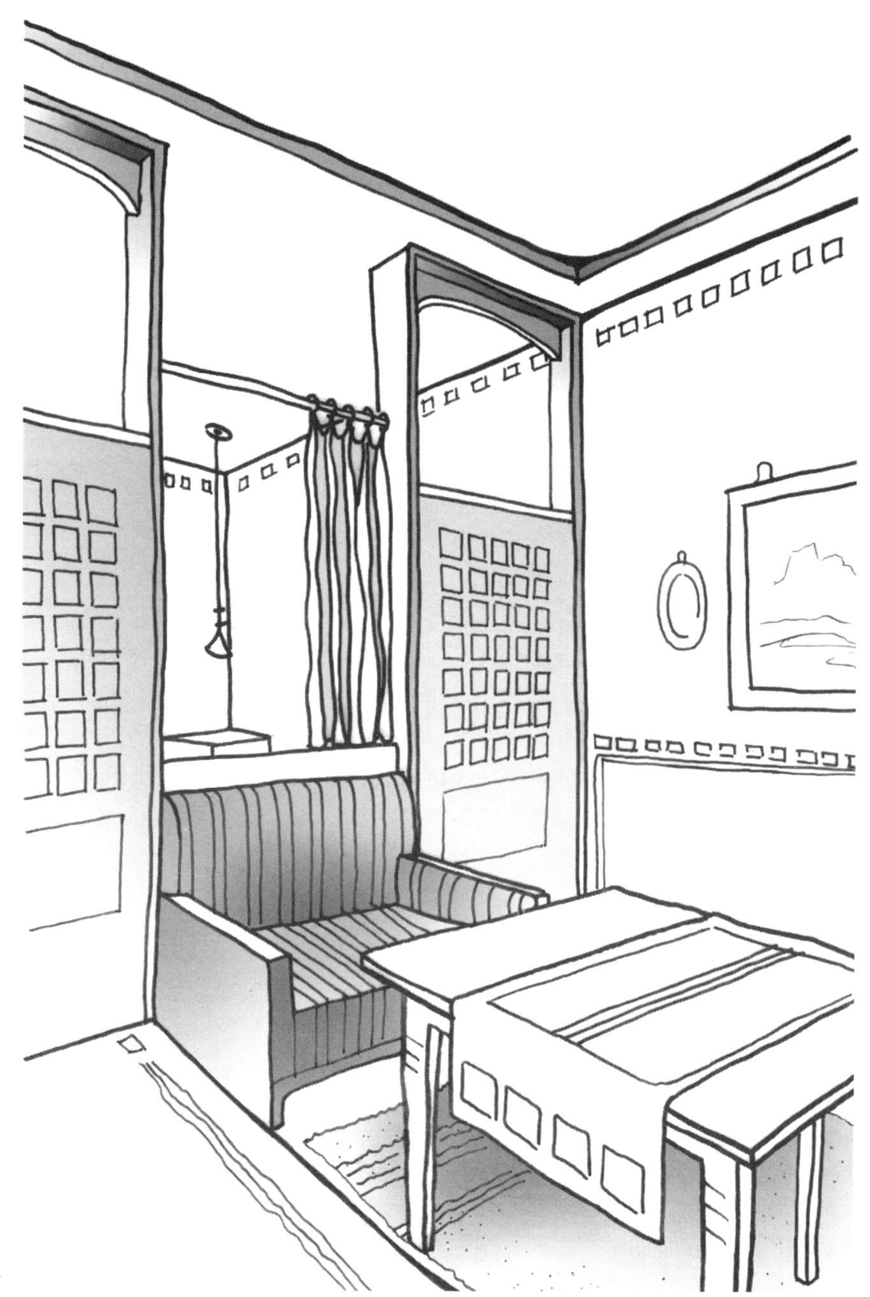

接待台：这是很多环境中最基本的单元要素之一。桌子的设计迫使我们去考虑使用者的体型及其需要的操作空间。除此之外我们还要考虑功能性需求，例如如何接待来访者、保护隐私、安置设备等。

约瑟夫·霍夫曼（在诺曼·狄克曼和约翰·F. 派尔之后）关于空间分隔界面和座位区的研究就是在微观层面很好的案例。注意图中标示出的所有的小细节，其中有些细节是装饰性的。正是这些微观尺度的设计帮助我们完成了室内设计的基本任务，将我们居住环境的尺度细化到真正的人的尺度，与我们的体型、臂长、手及手指的操作相关联。

室内：宏观尺度

与微观尺度相对的概念是设计项目的宏观尺度。宏观尺度不是指抽屉或架子，而是指整体平面、整栋房子或建筑综合体。其他宏观尺度的设计需要设计师仔细规划构成项目整体的众多房间及其他空间。尽管大多数项目的体量属于中等尺度，但是也有一些非常宏大和复杂（例如大型医院）的项目。

为了解状况，很多设计师首先需要缩小图纸以便查看宏观尺度项目的整体状况。有时，有些复杂的项目会涉及很多功能性的、独特的细节要求，涉及各部分之间及相邻空间之间的关系。有些宏观尺度的项目也可能是相对简单的，例如由某个多次重复的小尺度单元构成的宏观尺度项目。

大型项目通常从总平面规划阶段开始。一旦在宏观层面上做出了决策，设计者就可以集中精力去解决不断增加的局部问题（楼层、单元、分区、房间）直到微观尺度。设计程序的关键就是从大尺度到小尺度开展有序的设计。尽管尺度会发生变化，但是在每个阶段所可能遇到的问题都是相似的，设计师需要依据给定的条件来协调各部分之间的关系、塑造空间形态，并最终解决问题。

本页中列举了一个大型综合医院的案例，包括学术大楼的管理层平面和为办公项目所做的三个楼层的分层平面图。医院总平面图主要关注于大型功能设施之间的交通动线系统。主通道（被称为主街）沿线有很多核心区（B、D、E、H和K），空间使用者经由它们前往医院中不同的功能区。在这些场地中，通过电梯来满足水平和垂直交通需求。

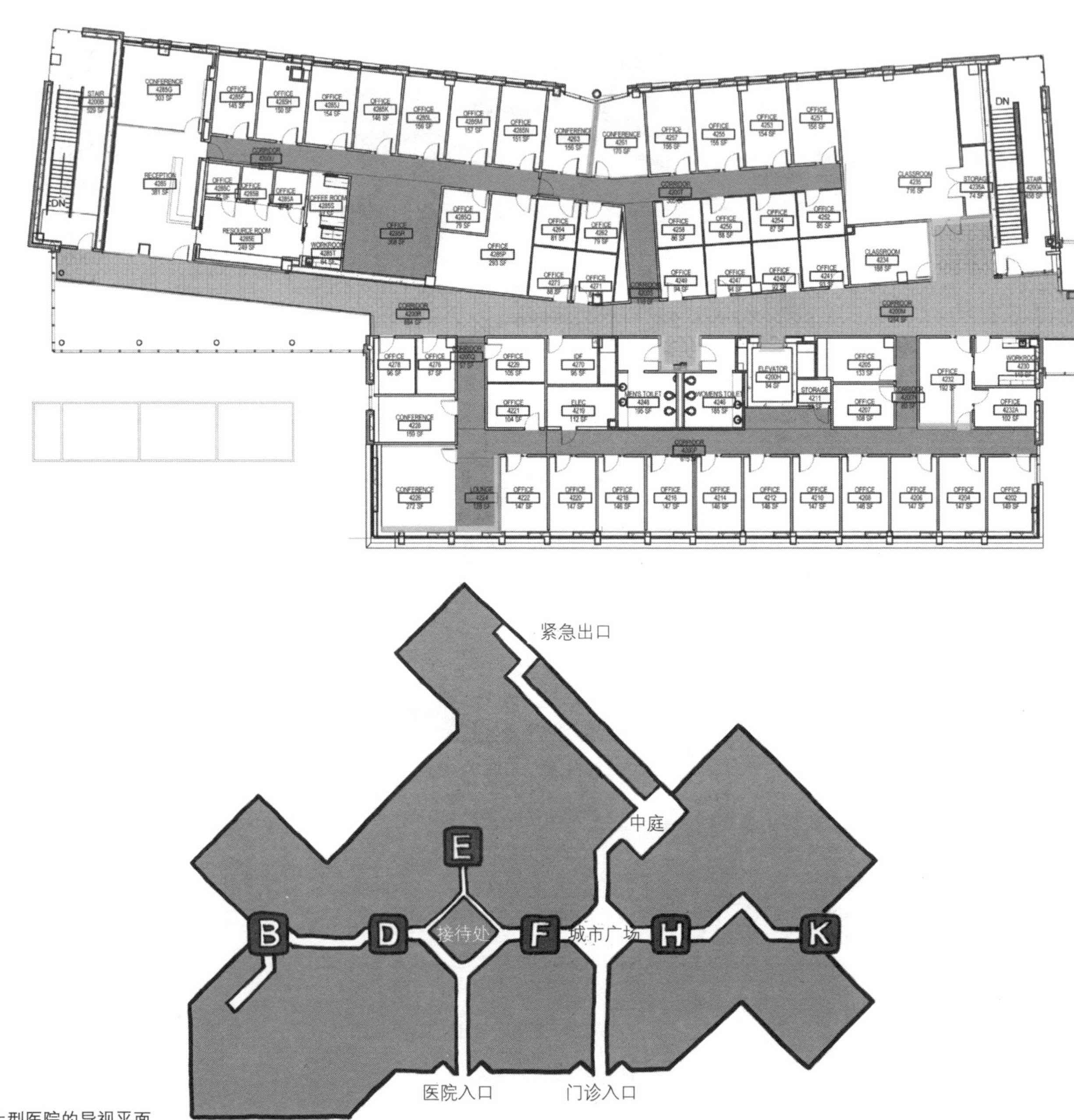

大型医院的导视平面

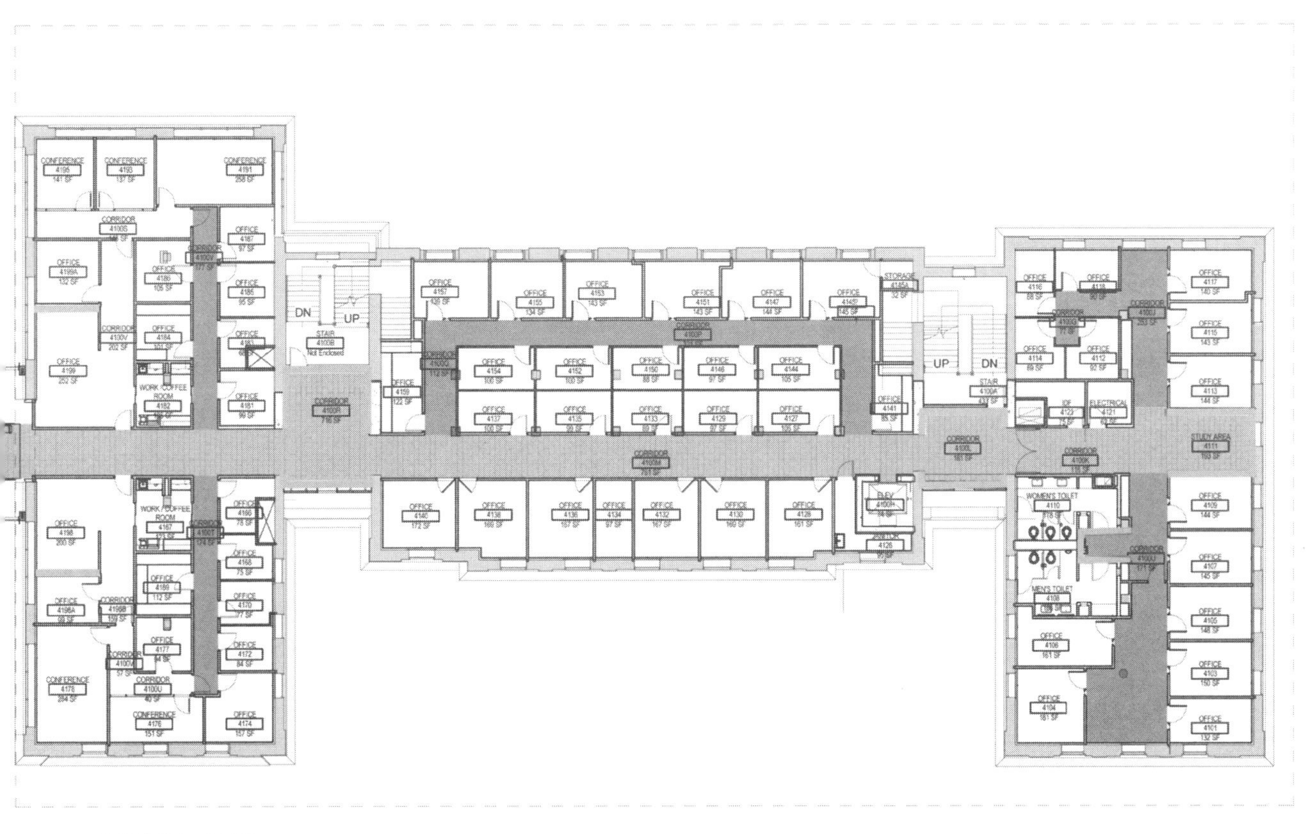

教学楼的行政层平面

本页的学术大楼是由两个相邻的结构（原有部分和新增部分）组成的，它的主要动线是线型且直接的。平面中设置了数量众多的小房间（大部分是私人的办公室），小房间首先被划分成组，并最终在平面上演变成具体的房间。随着决策的具体化，设计师研究每个区域并将其发展成更深入的细部设计。

右侧是一家大型公司的平面图，三张图纸表现出了使用者的需求特点。大型公司通常占据综合办公楼中的几层空间。在这个项目中，设计师在考虑如何布局不同的功能区时，不仅需要考虑位于同层的水平空间，还要考虑不同楼层的垂直空间。通过这种思考方式，相邻的空间关系同时在水平和垂直层面得以推敲。这个案例是设计的初步研究阶段，通过在总平面图中放入大量的功能单元来推敲每层所适合的单元数量，并且推算出整个公司共需要多少楼层。

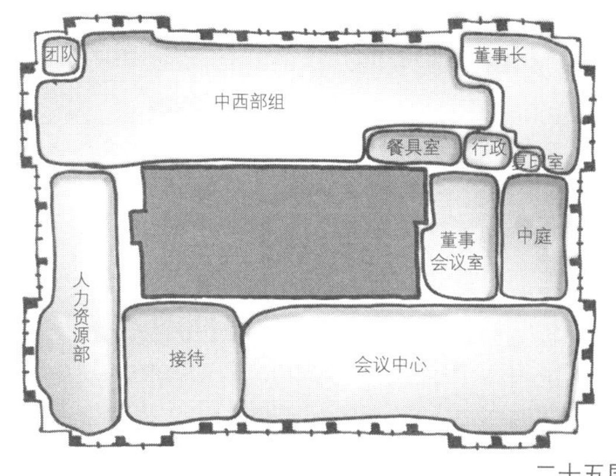

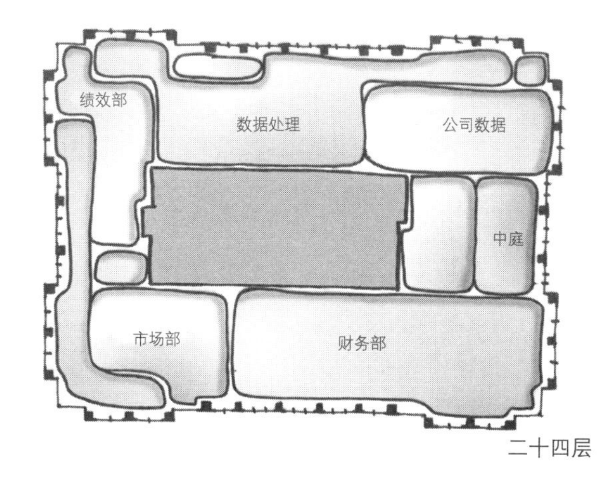

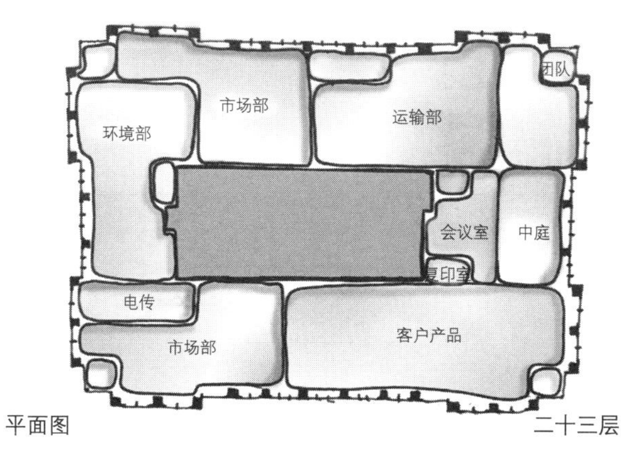

平面图

室内设计的本质

在设计流程方面，现有旧建筑的室内改建与新建筑的室内设计有很大的差异。在新建筑中，空间需求能够对建筑外墙的形成和造型产生影响。但是，大部分室内项目的建筑外墙是客观存在且不能改变的，为此，室内设计更像是将整体细分成独立空间的过程，而不是将各个独立空间累加再形成整体的过程。关于这个问题还可以再深入地思考一下。举例来说，你拿到了一个已经划定尺寸和比例的现成空间，同时还有一张空间中需要安排的房间和其他区域的列表，之后的设计工作就变成分隔总平面和划分固定空间。左下图路易斯·I.卡恩的理查德医学研究大楼案例中，整个建筑造型受到功能性设计需求的影响。在这个项目中，建筑造型为一系列线型排列、串联的方盒子，如果还需要更多的空间，估计设计者会继续增加方盒子的数量。

然而，室内设计项目更像是下图中查尔斯·艾蒂·布里斯库设计的乡间别墅案例，即在给定的方盒子里划分所有的功能和空间。虽然并不是所有的室内场地都是长方形的盒子，但是不管怎样，划分空间的基本原则是类似的。

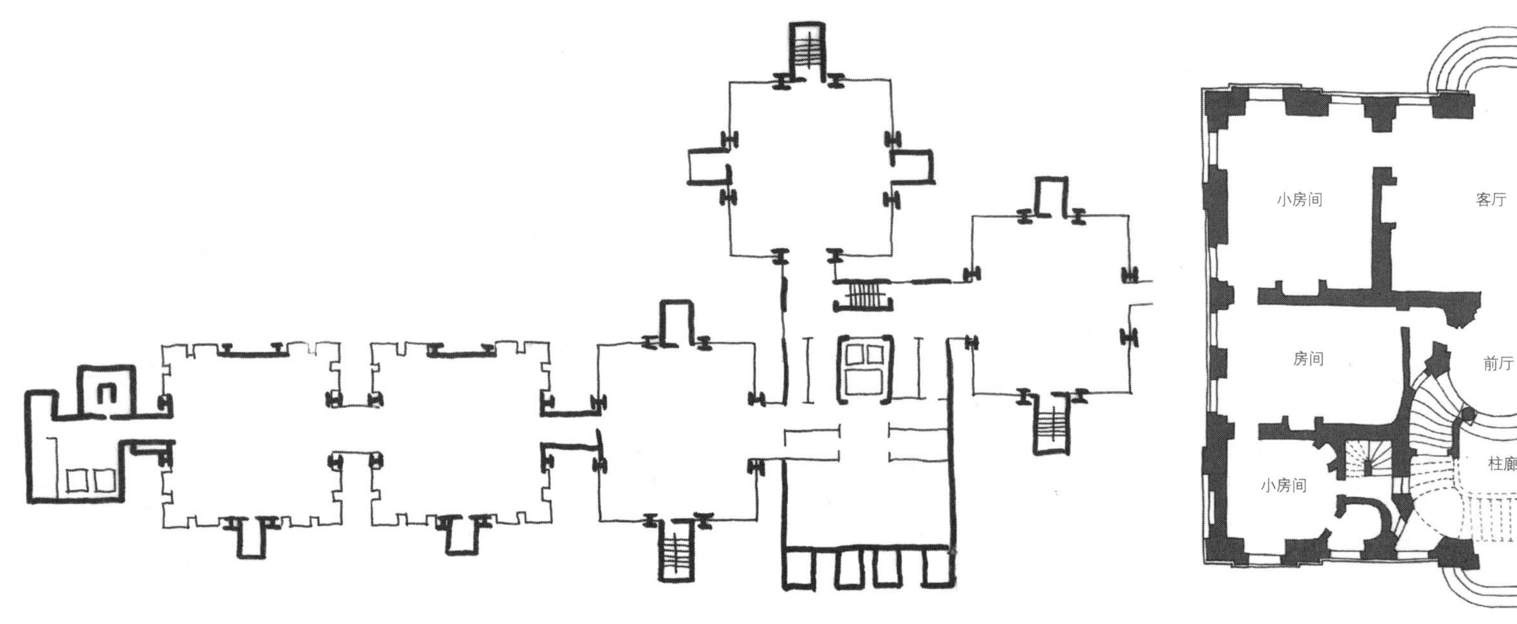

理查德医学研究大楼，宾夕法尼亚大学

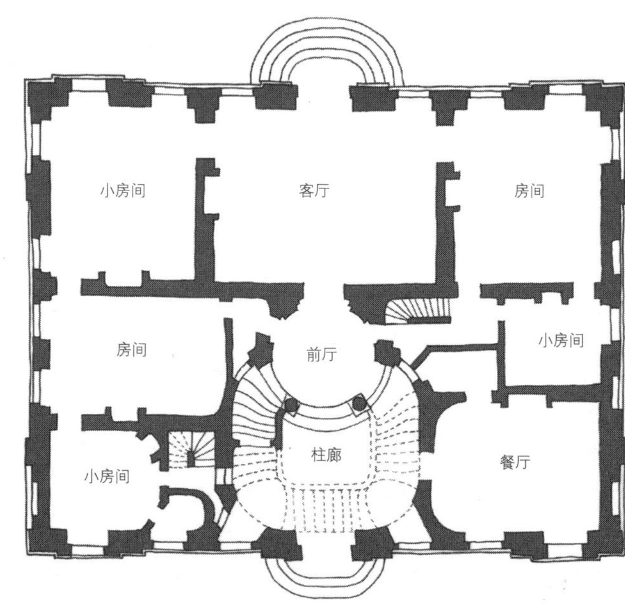

乡间别墅项目

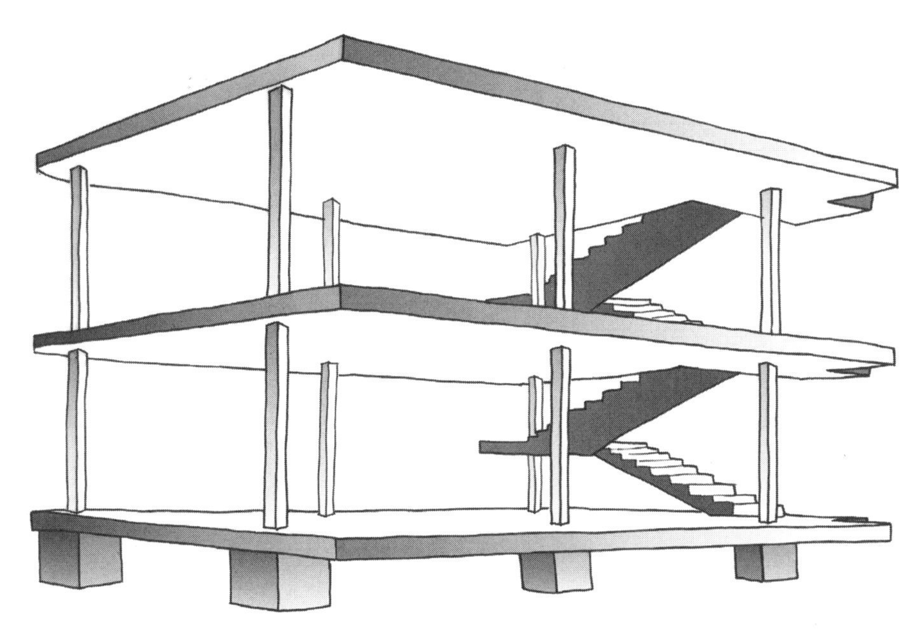

有助于形成自由平面的柱网应用

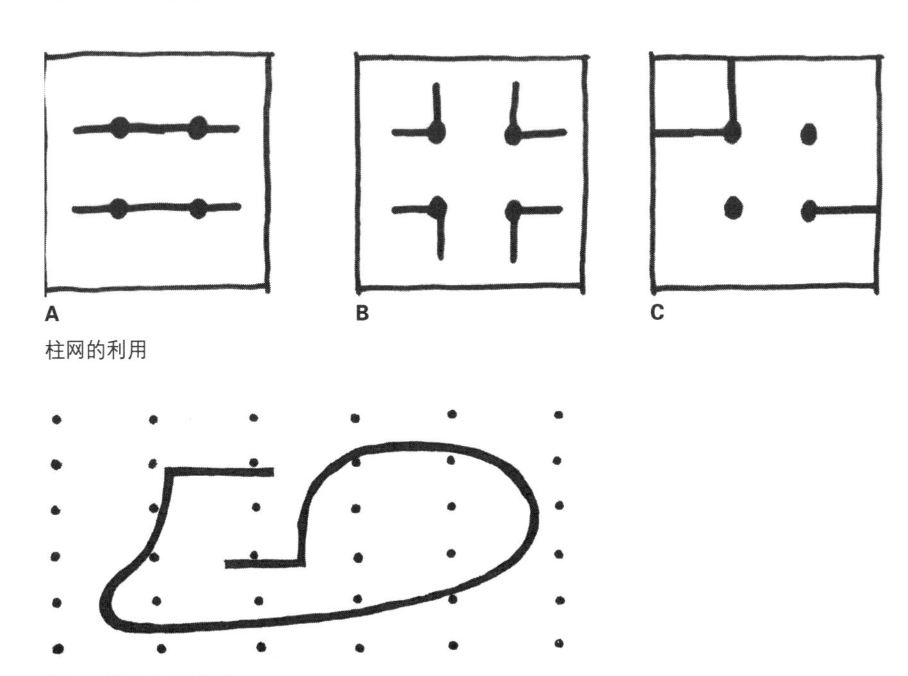

柱网的利用

柱网周边的自由墙面

结构系统是另一个重要的室内设计要素。大多数室内设计是在已建成的建筑内部进行的，建筑结构已经由他人设计完成而且是客观存在的，这一点极其重要，因为这意味着室内设计师需要处理的都是非结构性构件，室内设计所采用的墙面也不用支撑屋顶，因此，设计师可以自由地设计它们！

本页的插图是带有结构柱的设计案例（或说是柯布西耶在剖析自由平面优点时所提出的底层架空柱概念）。如果现存的柱网能够支撑上层楼板和屋顶，那设计师只需要思考如何配合柱网并利用其周围的空间。正如一些案例里表现出来的，室内设计可能受到柱子的限制（或撞到柱子），但是，墙体、隔断、家具设计也可以根据柱网结构而产生流动性。需要记住的重点就是：大部分室内墙体和立面元素都是非承重的，这意味着室内设计师比自己想象的更有设计的自由度。

我们需要明白，书上的案例只是在实际设计中可能遇到的柱网情况，柱网的密度可能比现实中的更密集，而有些项目场地中也可能没有柱子，却可能设有承重墙，或者空间属于大跨度的框架结构或其他结构形成，因此在进行室内设计时必须注意具体的结构状况。

剖析室内平面

空间平面图是进行室内设计的最主要工具，即使没有受过专业训练的人也可以通过看图明白其中的内容。妈妈可以在图上给女儿指出哪里是她的卧室。孩子可以看懂卧室空间中的书桌和床，她甚至能够注意到某些与卧室相邻的重要空间，并且惊呼道：“看，它正好紧挨着游戏室！”

审阅设计良好的平面图是一项令人愉悦的工作，我们能够从中看到空间的使用效率、流动性及房间的适合位置。平面图甚至还能传达出方案很容易实现的讯息。然而，真正画出好的室内平面图就不像看起来那么轻松了，在完成平面图纸之前，设计工作总是需要不断的尝试、纠错和多次改进。

如果拿出一张空间平面图给非专业人士看并且询问：“你看到了什么？”大多数人的回答可能都跟空间有关，“这是厨房、这是餐厅，是的，这是起居室”。他们还可能指出或是抱怨空间的尺寸，比如卫生间看起来太小或者主卧室“设计得很好，而且很宽敞”。那么，当设计师拿到空间平面图时，他们又看到了什么呢？他们当然会比非专业人士看到更多的信息。作为专业设计师，需要识别出以下要点：

设计要素：包括墙体、门等建筑要素，以及设施、固定构件等非建筑要素。

空间与房间：由设计元素所界定的空间。

相互关系和位置：相邻空间在地理上的区位关系，例如厨房是核心，起居室和餐厅位于阳面等。你甚至可能注意到只有一个给定的空间布局在前面，而其他所有空间都位于隐藏的后部。

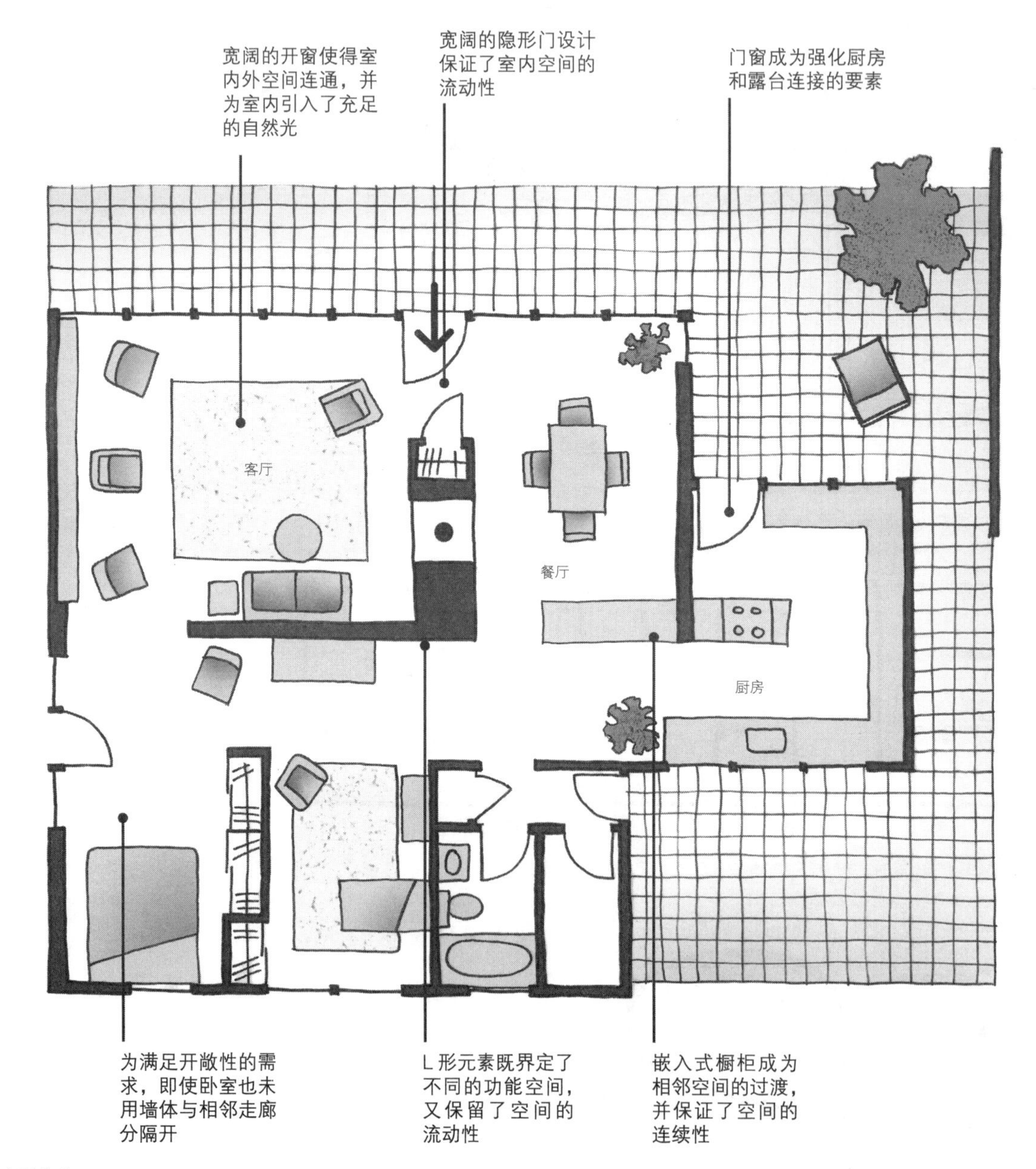

某小型住宅

特性：特性指具体的、可观测到的物化特征。可能表现为狭长型的房间、墙体的角度、室内布局的平直程度、围绕着会议室的弧形墙面。

属性：属性是指具体的、可以观察的物理特征。可以描述为房间的狭长形状、墙壁的角度、布局的平稳性，或是会议室墙面围合而成的曲线形。

请看对页和本页中的两张平面图，对页上的插图是某个现代的两居室，本页插图是办公室环境的平面图。你可以自己浏览平面图了解空间规划，看看平面中都包含了哪些类型的房间与空间。一旦你获得了对房间和空间的认识，就请将注意力转移到其中所使用的设计元素上：墙体是多还是少，是否设置有很多门，封闭型的房间很多吗？接下来，注意一下元素之间的相互关系：现有的窗户是如何与功能布局相关联的，如何最便捷地通向主入口，中心区是否设置了什么要素？再接下来，查看一下空间的特性与属性。最后，想象一下你在这个空间之中游走，哪些是出色的设计节点？哪些是公共区域？私密区又设置在哪里？参考一下关于这两个空间特性和属性的注释文字。

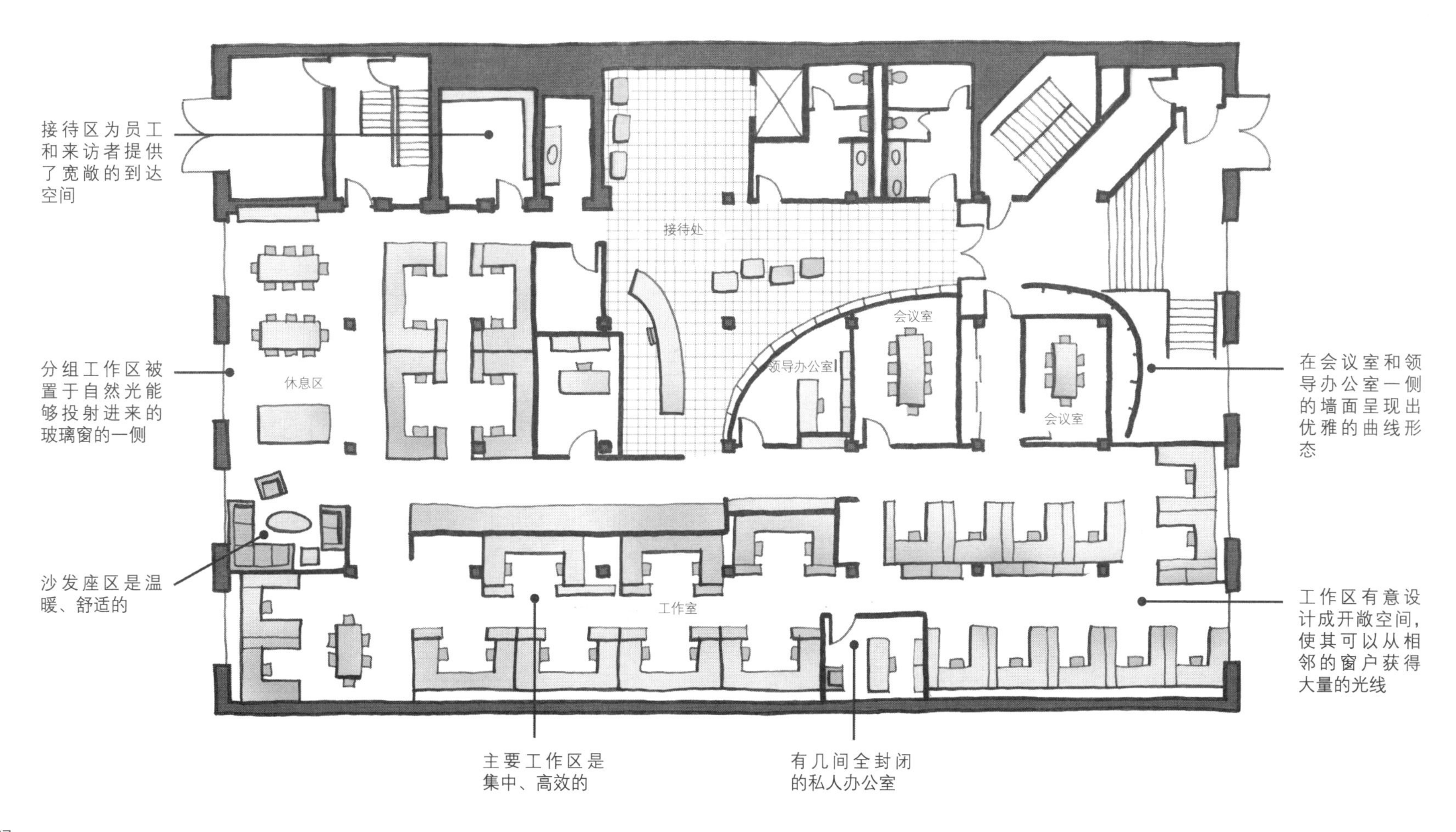

某办公空间

在环境语境中的平面图

在本节中我们关注和讨论的几乎都是**空间平面图**（space plan）。原因是：平面图是理想化的绘图，能够为设计决策提供帮助，例如不同空间的分布方案和家具陈设组织方式等问题。没有比绘制平面图更高效、更适合完成这些设计任务的绘图方式。但是，当进行室内空间设计时，真正需要处理的是充满设计要素的三维空间环境，而这在平面图上却不能完整地表现出来。例如，平面图上可以标明隔墙位置，但是关于墙体的高度和材质如何、不同空间的高矮形态是怎样、顶棚上是否有悬吊的构件等，这些空间的内容却不能完全在图上体现。

建筑空间的平面图是一种很有帮助、多用的图纸类型，但是，二维的绘图方式、朝向地面的俯视视角使它具有局限性。因此，无论在学校练习还是设计实践中，设计者都需要同时采用平面图和其他能够说明设计的图纸来进行室内项目的构想、设计和沟通，从而创造一个三维的整体空间形象（参见“作为设计工具的制图”一节的相关内容）。

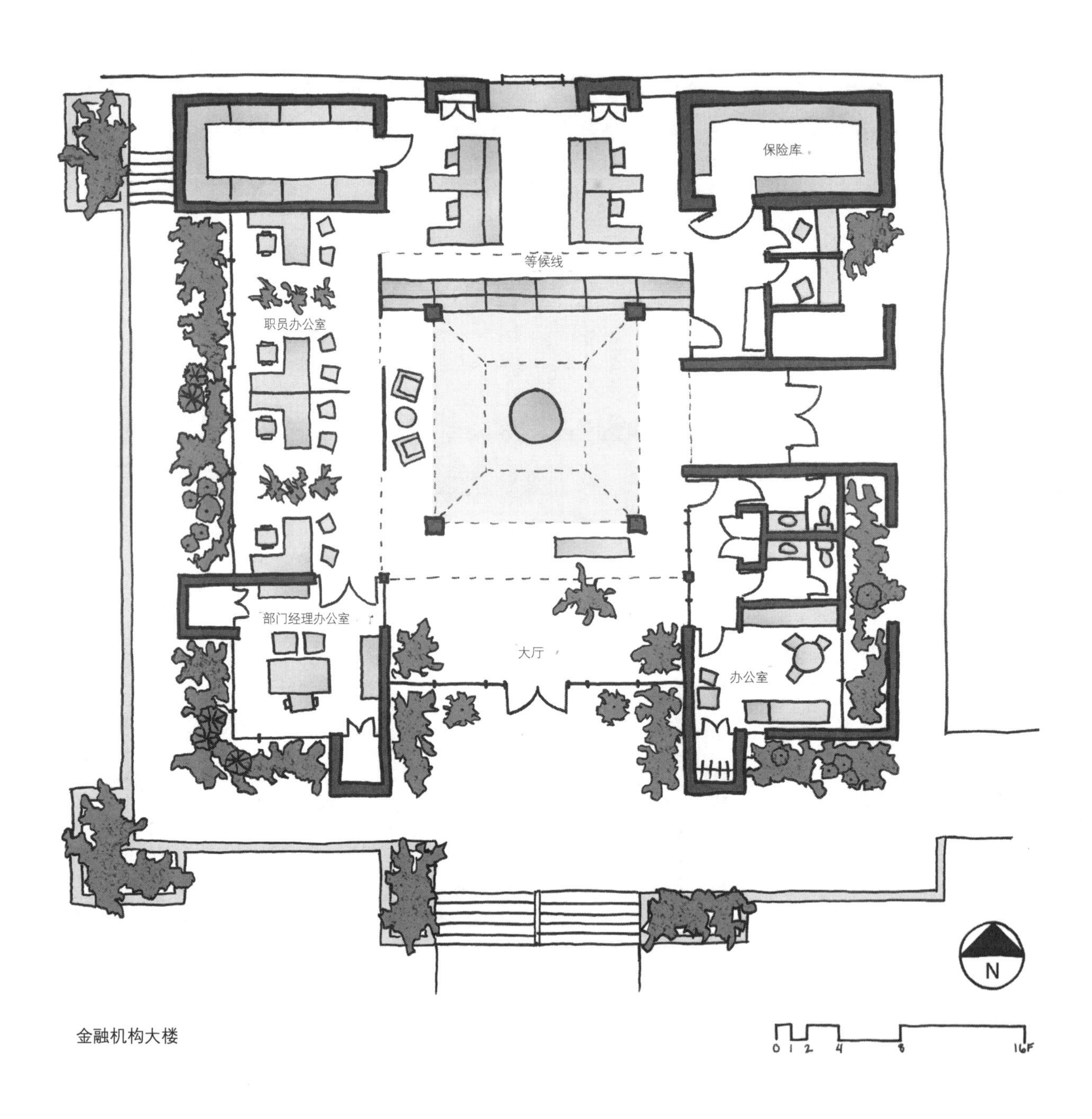

金融机构大楼

本页与前页中的三张图纸是由卡尔文· C.斯特劳布设计的西部金融协会项目，先来分析一下它的楼层平面图（前页），我们能很清楚地看到银行大厅位于中心位置，四个实体围合的空间位于平面的四个角落并满足了多样的功能性需求。同样的，我们还可以了解空间的划分方式，桌子的摆放形式等，这些信息都能很便捷地从平面图中读取出来。另外，用虚线的方式在平面图上标注出上方屋顶的形状，用来辅助说明顶棚设计上的重要内容，以便方案的沟通。在前页平面图上，位于平面中间部分的虚线图形是顶棚上的建筑要素，然而，只有查看本页的剖面图、透视图等其他图纸，才能获得关于这个三维空间的整体印象。否则，我们不会清楚顶棚与立面衔接的方式、多个空间的标高及天窗的形式。作为设计师，你需要对自己创造的三维空间有一个整体的认识，并且需要采用多种类型的图纸来详细说明设计之间是如何配合并实现整体效果的。当我们强调平面图纸或图表的时候，设计师已经从三维空间的层面对自己的方案进行推敲了。

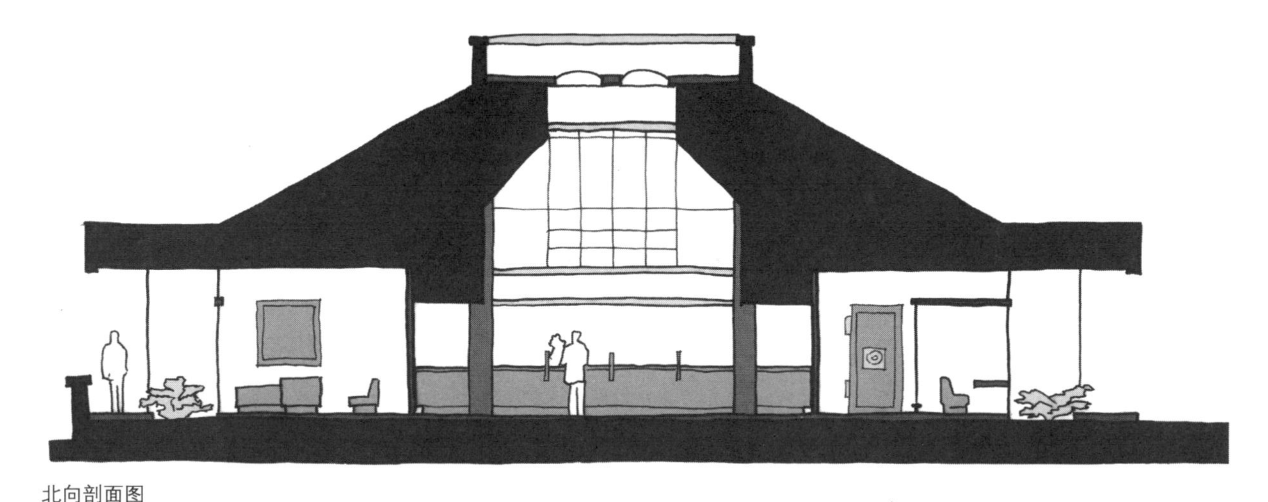

北向剖面图

透视图

作为设计工具的制图

制图是设计师的专业语言。设计师通过制图来形成并与他人交流设计想法。到目前为止，你已经了解了建筑平面图是规划室内空间的基本制图类型。并且，你也认识到如果不配合其他的图纸，光靠平面图是无法对三维的空间环境进行构思的。其他的用于推敲和沟通的设计图纸，包括室内立面图、建筑剖面图、轴测图和透视图。

本节中挑选了一些在方案构思和沟通时常用的图纸类型，包括建筑楼层平面、家具平面（或空间布局平面）、剖面（立面）和三维轴测图。这些图纸配合空间的透视图，就能够全面地表现出设计方案的创意，并带给人们对环境设计的整体认识。

平面、立面、剖面与轴测图必须按照建筑的比例尺度绘制，你可以参照下一页插图中的案例。在绘图时，需要养成使用和标注比例尺的习惯（使用下文所说的绘图名称），如果缩小或放大图纸，包括图示比例尺在内的所有图纸会按照同样的比例缩放，请参见下页的案例。

所有的设计要素包括建筑元素、家具、固定结构、设施等都需要按照比例绘制，以保证所画图纸的不同部分都能够按照同一比例缩放。

另外，需要牢记和标明所设计的建筑物相对于基准方位的朝向，养成在平面图上标注指北针的习惯，用来说明场地的朝向问题。这将在下页的案例中进行说明。

剖立面图

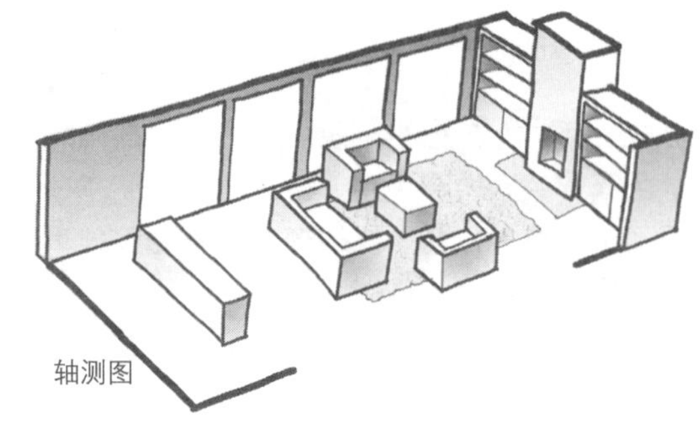
轴测图

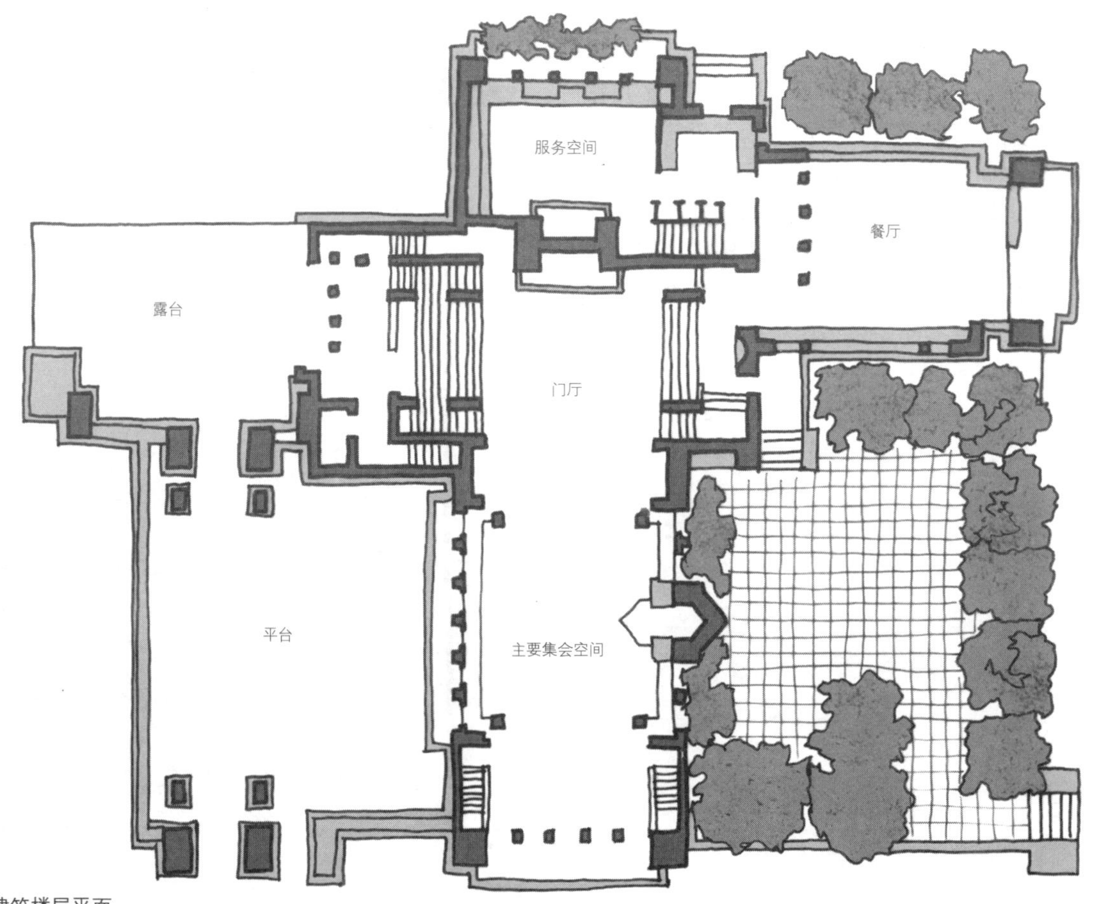

建筑楼层平面

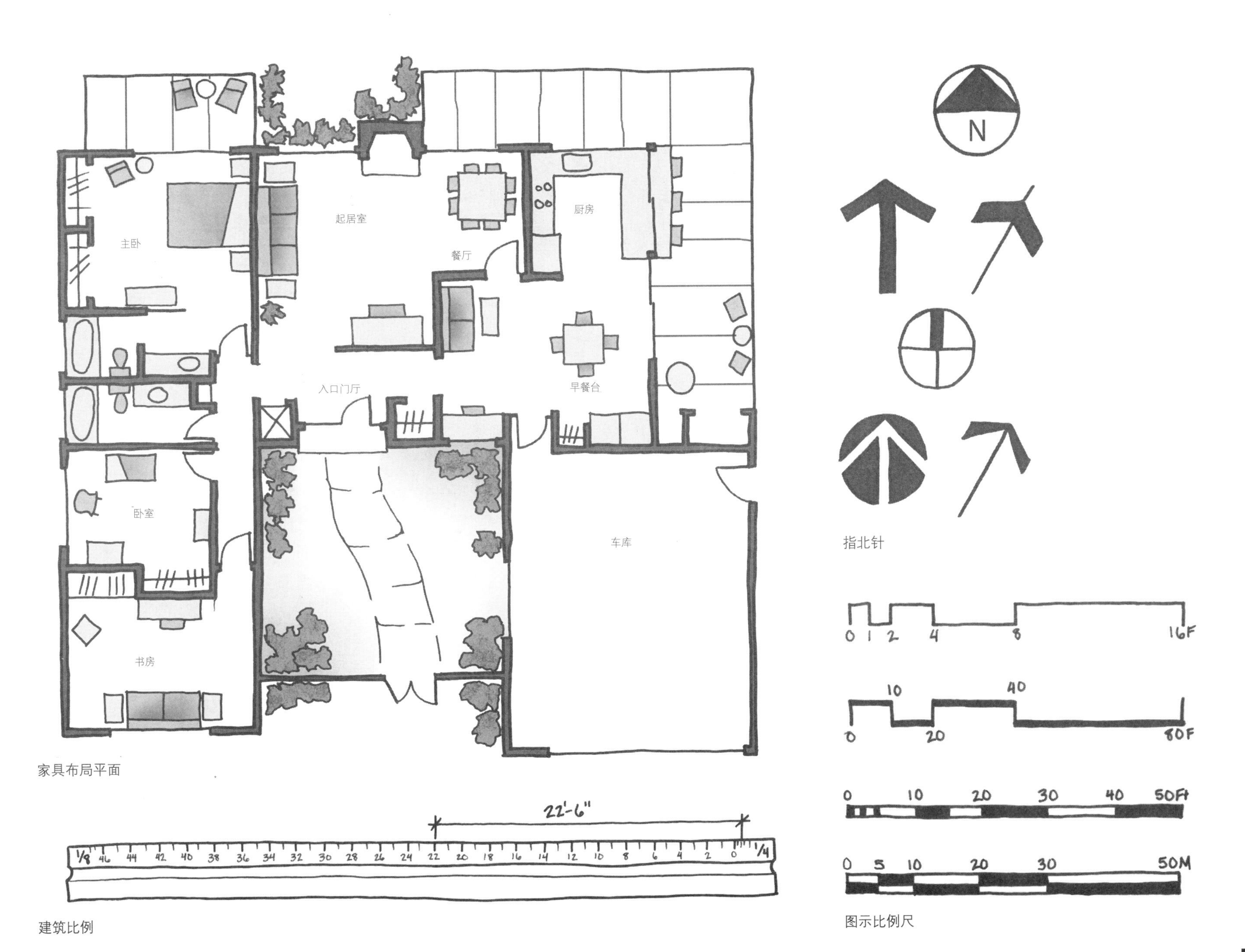

家具布局平面

指北针

建筑比例

图示比例尺

设计工具：图解法

经验尚浅的设计师容易常被那些无用的、杂乱的意见误导，而图解法是室内空间设计的最佳工具之一。图解法可以帮助设计师在不用花费大量时间的情况下，将抽象信息变得更为直观和有意义。图解还能够表现出各部分之间的关系及其空间布局情况，再配合草图的形式可以设计出多种平面方案。当然，如果采用更细致的绘图方式就能够将图解内容转化成更正式、严谨的图纸。总的来看，绝大部分的空间规划工作都可以通过图解法来进行设计。

请看本页与下页中的图表。图 1 和图 2 标示出整个项目中局部之间的相互关联。图 2 表达出一种设计的层级意识，不仅强调了空间 A、B、C 和 D 的重要性，还能使我们了解到空间 A 与 B、C、D 之间的关系（相互关联的需求程度）是非常重要的。图 3 是在固定区域中，用绘制气泡和室内动线的方式进行空间设计，表现出缓冲的空间要素、分隔及视野。图 4 中的图形与气泡形状不同，呈现出一种矩形块的形式，它更趋向于最终完成的平面形式。最后，图 5 中的图解形式与完成的平面图非常相似，虽然还比较潦草和概括，但是对推敲和沟通平面设计的形式起到了良好的作用。（在第三章我中会更加详细地论述设计程序中的图解方法。）

关系图解

简洁的图解形式可以卓有成效地表现出各部分之间的关系、实际空间的视线组织和交通类型。即使不进行过多的解释，我们也能很清楚各种图表中想要表达的内容。

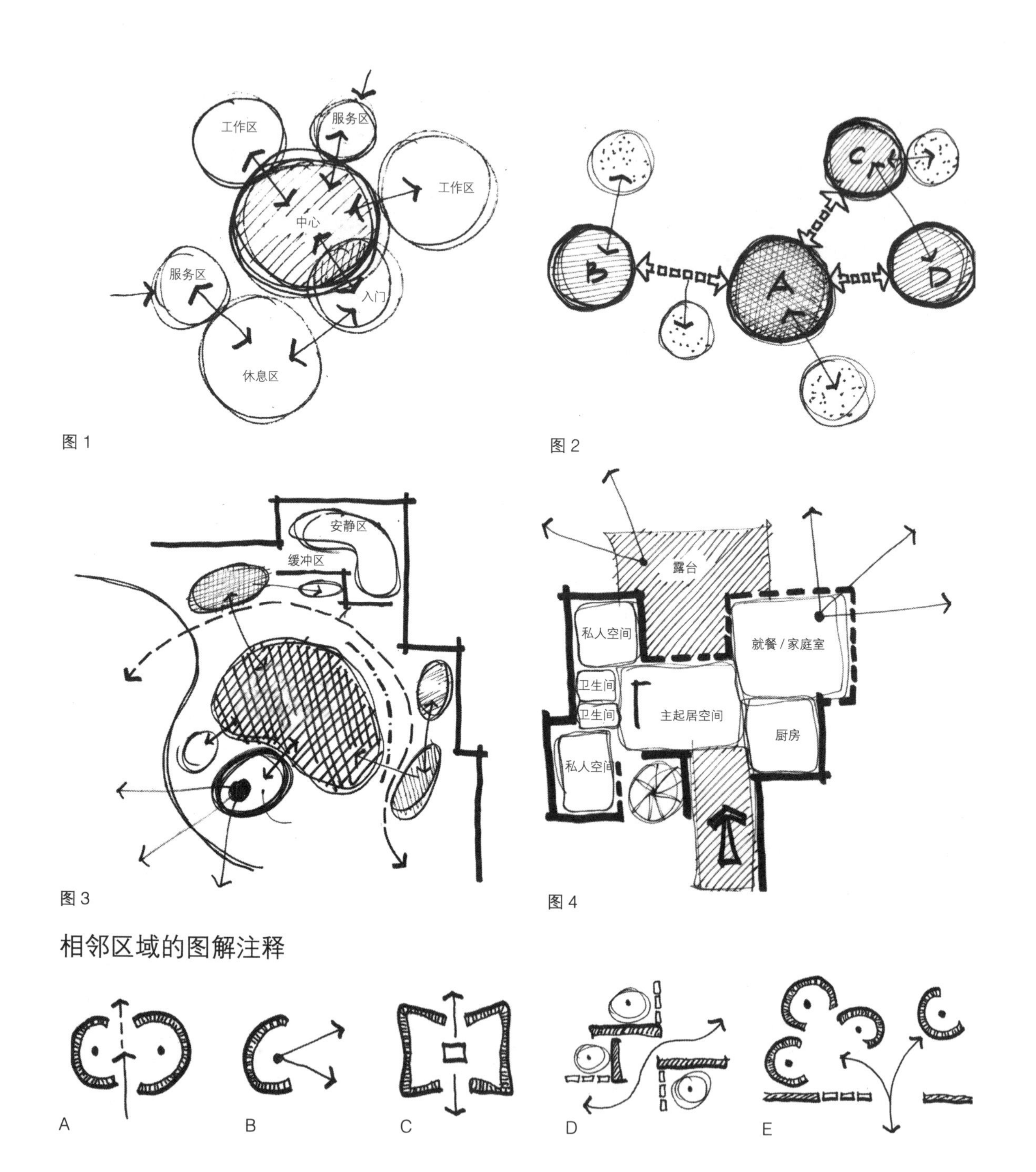

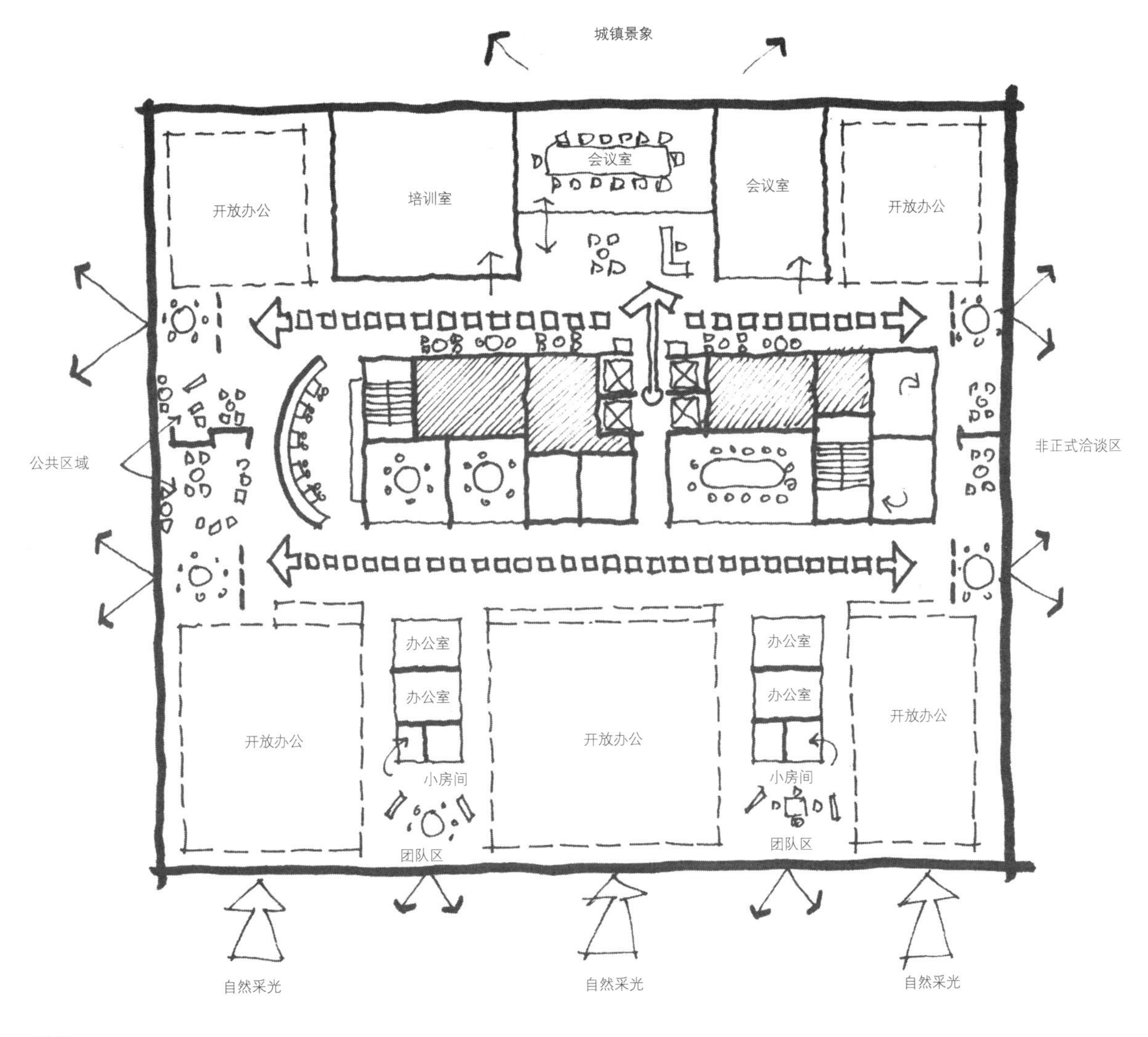

图 5

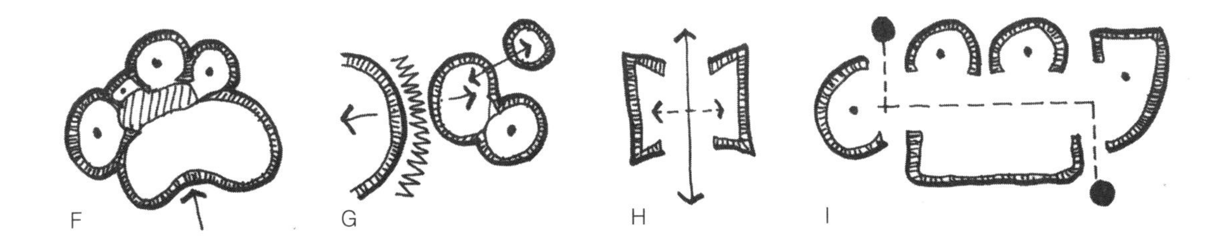

剖面图解

剖面图解用来推敲和沟通相邻空间之间垂直尺度的相互关系，包括分层、层高、边界状况及室内外空间关系。

1. 空间的过渡

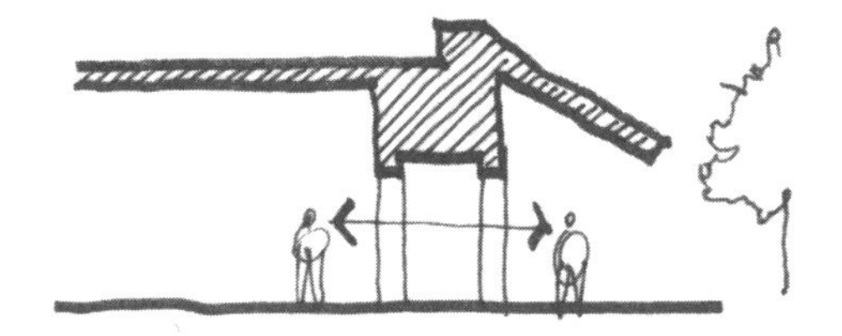

2. 室内与室外

3. 自然采光

4. 空气流通

5. 视线与街景

空间规划：基础

空间设计的过程需要通过一系列的步骤产生有形的成果。通常情况下，设计师需要在给定（已有）的空间中实现大量的功能需求，在项目中为每一个功能区域找到合适、合理的位置。有些功能区的理想位置是显而易见的，例如，门厅或者接待空间一定会被设置在建筑入口附近的空间中，货物储藏空间被设置在服务通道旁等。但是，并不是所有功能区的位置都是显而易见的，在设计时你会发现某些功能在很多不同的区域里都能得以实现。一旦在平面中划定某个功能区，就会在其附近规划和设置与其配套的某些特定的空间或区域。因此，设计师必须确保功能区域附近具有充足的空间来协调和配合这些需求。

右侧的插图是关于某住宅项目的流程图，放置此图是为了介绍和说明设计师在空间规划过程中所经历的步骤及所使用的图纸。本页的矩阵图是用于记录空间之间需要满足的关系，并且协助设计师进行临近空间组合方式的分析。另外，本页右侧还有一张气泡图，说明了如何在给定的住宅空间内绘制不同的功能区域。通常情况下，设计师需要绘制很多这种图纸来推敲不同的空间组合形式。

最终，这些图表将转化成下页插图所示的、精确的楼层平面图。矩阵图和气泡图都是开始阶段的准备工作，需要在提炼之后形成完整的解决方案。提炼之后的平面图上需要标明各个功能区域的最终组合形态（包括所有的家具），并标注更多细节设计特征，例如地面材质等细节设计特征。

相邻矩阵

奈斯特龙住宅
公寓工程

	门厅	壁橱	厨房	A 区谈话 / 电视区	B 区就餐区	C 区小房间 \ 阅读区	阳台	1/2 浴室
门厅		●	◐	◐	◐	◐	○	○
壁橱	●		◐	◐	◐	◐	○	○
厨房	◐	◐		◐	●	◐	◐	◐
A 区谈话 / 电视区	◐	◐	◐		●	●	●	◐
B 区就餐区	◐	◐	●	●		◐	●	◐
C 区小房间 \ 阅读区	◐	◐	◐	●	◐		●	◐
阳台	○	○	◐	●	●	●		○
1/2 浴室	○	○	○	◐	◐	◐	○	

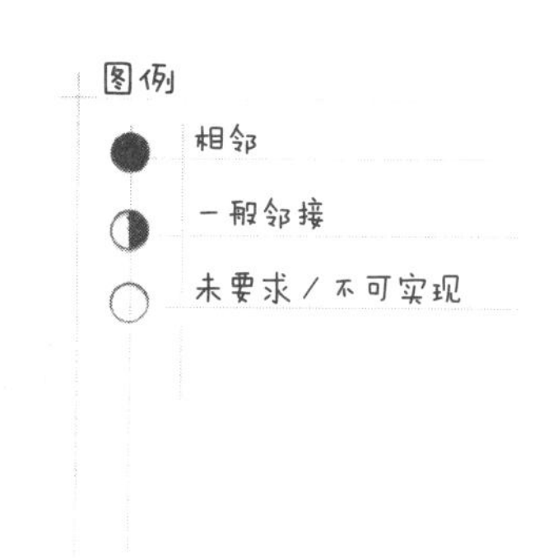

环境中的气泡分析图

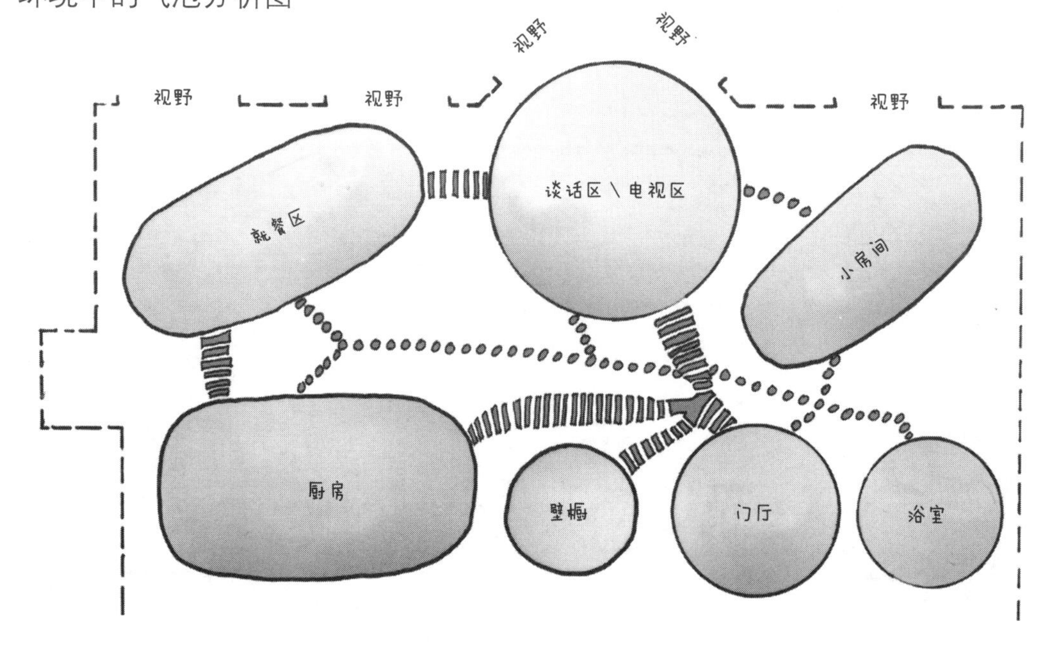

初步平面草图

当我们将气泡图形转化成实际的室内设计元素和家具时，你会发现它们仿佛具有了生命力。如果现在必须将曾经绘制在就餐区的气泡图形转化成餐桌、中式的餐具柜等元素，你需要思考以下问题：什么样的尺寸和样式的桌子比较合适，桌子摆放在哪里最合适，它应该朝向哪个方向？同样的问题在安排座椅和其他家具的时候也会遇到。此外，你还需要考虑如果在图表中已有的某些功能无法实现该怎么办。也许是因为尺寸不合适，或者仅仅是给人的感觉上不太对劲。那么，真正的设计研究从现在正式开始。在平面设计的初步阶段，我们对就餐区、供人们交谈的空间及房间的功能和家具进行具体的推敲。设计过程中，你可能还注意到浴室、厨房和储藏室的位置被移动了，而这些改动都是正常的。

深化设计的平面

深化的平面图能够表现出设计师在就餐区、交谈区等小空间中是如何设置和协调家具的。此外，你还可以从深化的平面图中看到浴室、厨房、门厅区域及地板材料被推敲和精炼的过程。初步草图的设计不可能尽善尽美，所以才进行深化设计，使得室内的相关元素能够得以精炼和精确化。毕竟，设计工作不是仅仅凭借初步设计草图就能完成的。

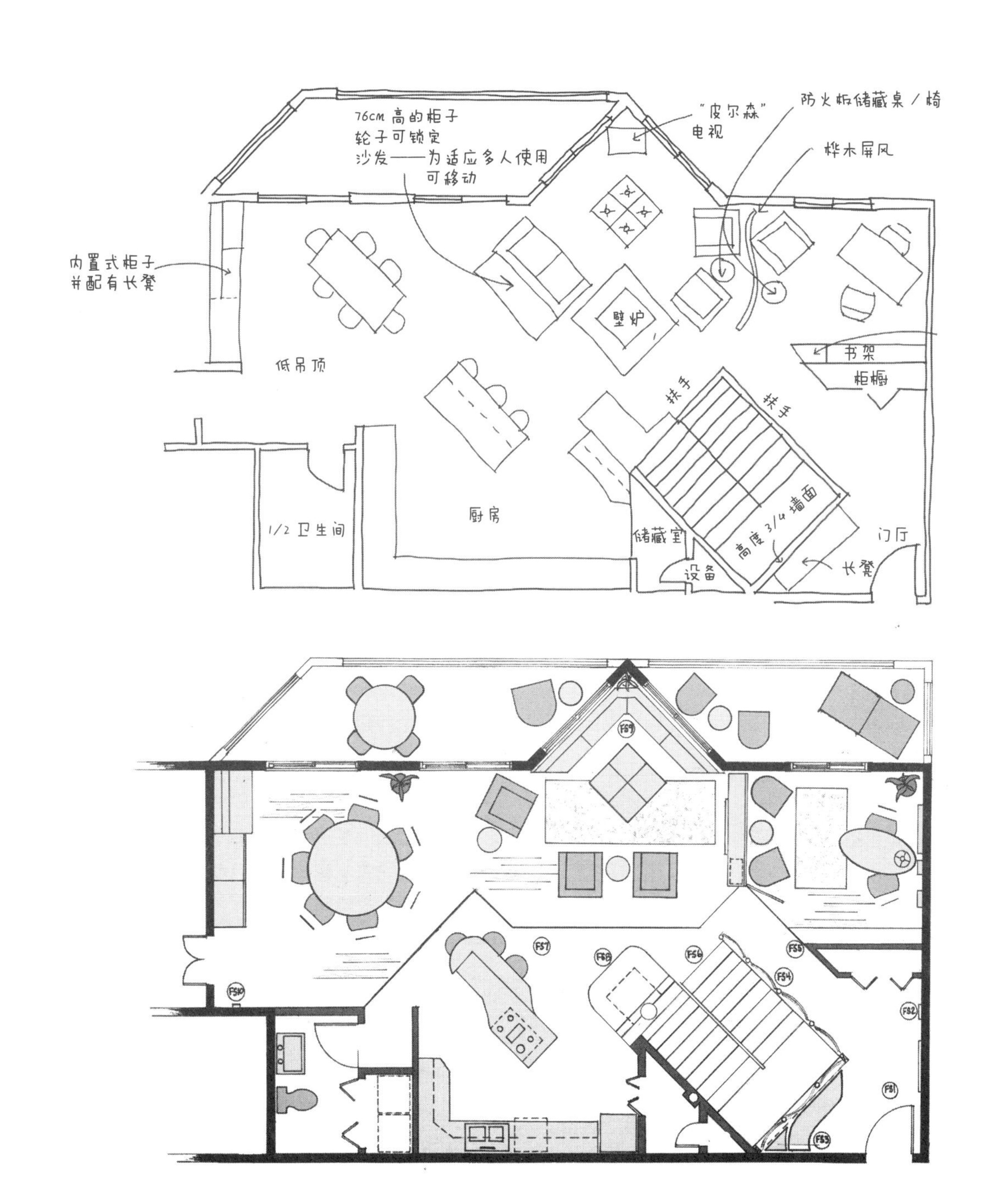

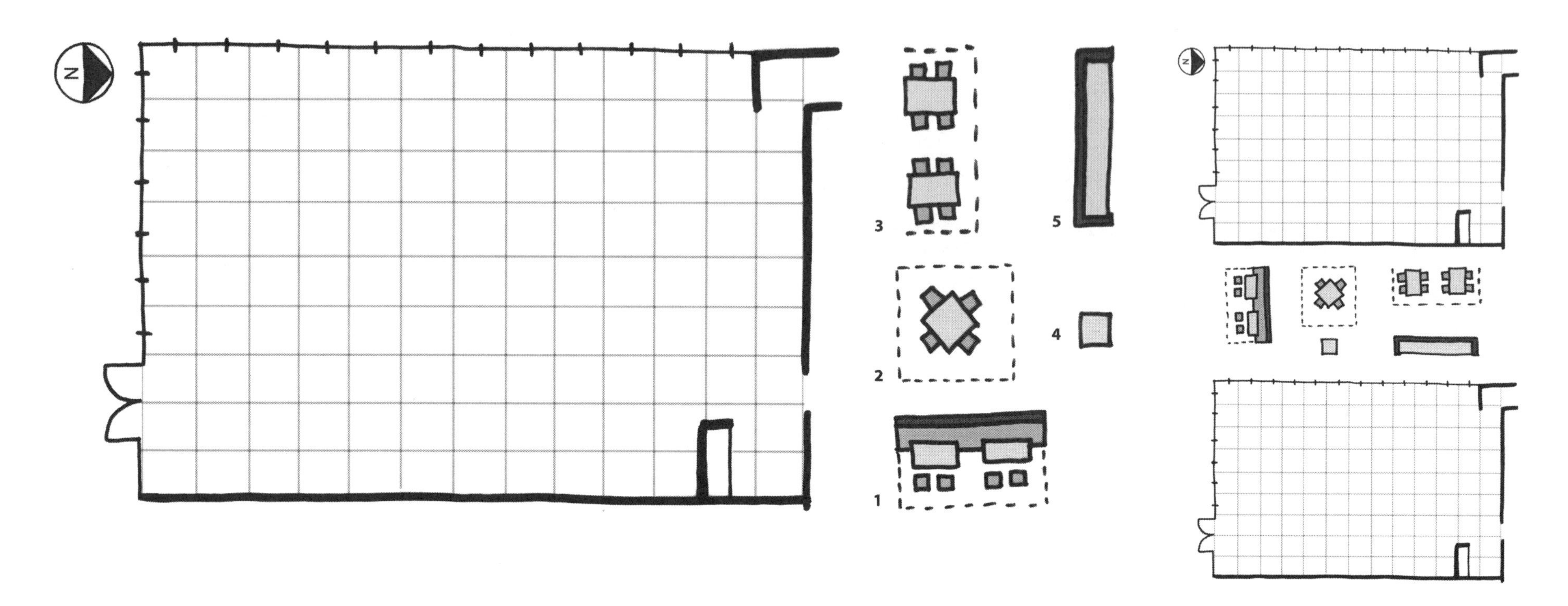

解决设计问题 I

下面，让我们来进行一些空间设计的练习。在练习过程中，这些题目都会有提示和方法的指导。平面图模板的比例包括大、小两种，两张小尺寸的平面图用于画草图和练习，大尺寸的平面图则是绘制最终设计方案使用的。所有平面图上都已绘有 120cm×120cm 的方形网格，用来辅助我们形成对该空间尺寸的认知。

不要将练习想象得过于困难，尝试快速绘图并体会其中的乐趣。此外，也不需要试图去过多地表现自己的创造力，因为在以后的练习中还会用到更多的创意能力。目前，可以采用直接的、功能性的思路来进行设计。需要的家具和其他要素已经按比例绘制在平面图一侧，供设计者绘图时参考使用。如果能够按照给定家具的尺寸绘图，那么你所使用的比例就是正确的。

练习 1：餐厅

长方形空间的长边标明了屋子的南北朝向，右侧是北方。平面的右侧有一条东西朝向的走廊通向卫生间。东北角的开放空间通向后面的厨房，目前已有一个小型的服务员工作区。餐厅入口设在南墙的双开门处，南侧和西侧墙面是非常平整的落地窗。

你的设计中需要包含以下五个给定的要素：

1. 卡座（图例中已画出两把椅子，可以设计更长的卡座区）。

2. 呈 45° 摆放的标准方桌，虚线示意出桌椅周围应该预留的活动空间（可以通过将虚线方块相邻、相接来摆放多组桌椅）。

3. 四人餐桌，虚线示意出桌椅靠墙摆放或放在空间中时周围应该的预留活动空间。

4. 接待区的尺寸。

5. 在东北角设计半高的围墙和柜台，作为服务员工作区。

还需要满足以下要求：

- 在南墙附近设置 3 ~ 4 组四人餐桌。
- 13 组四人餐桌，水平摆放或按照一定角度摆放均可。
- 沿着某一墙面设置 8 组卡座。
- 服务员工作区靠近后面的厨房空间。
- 将接待区和小长凳（图例中没有）设置在入口大门附近。

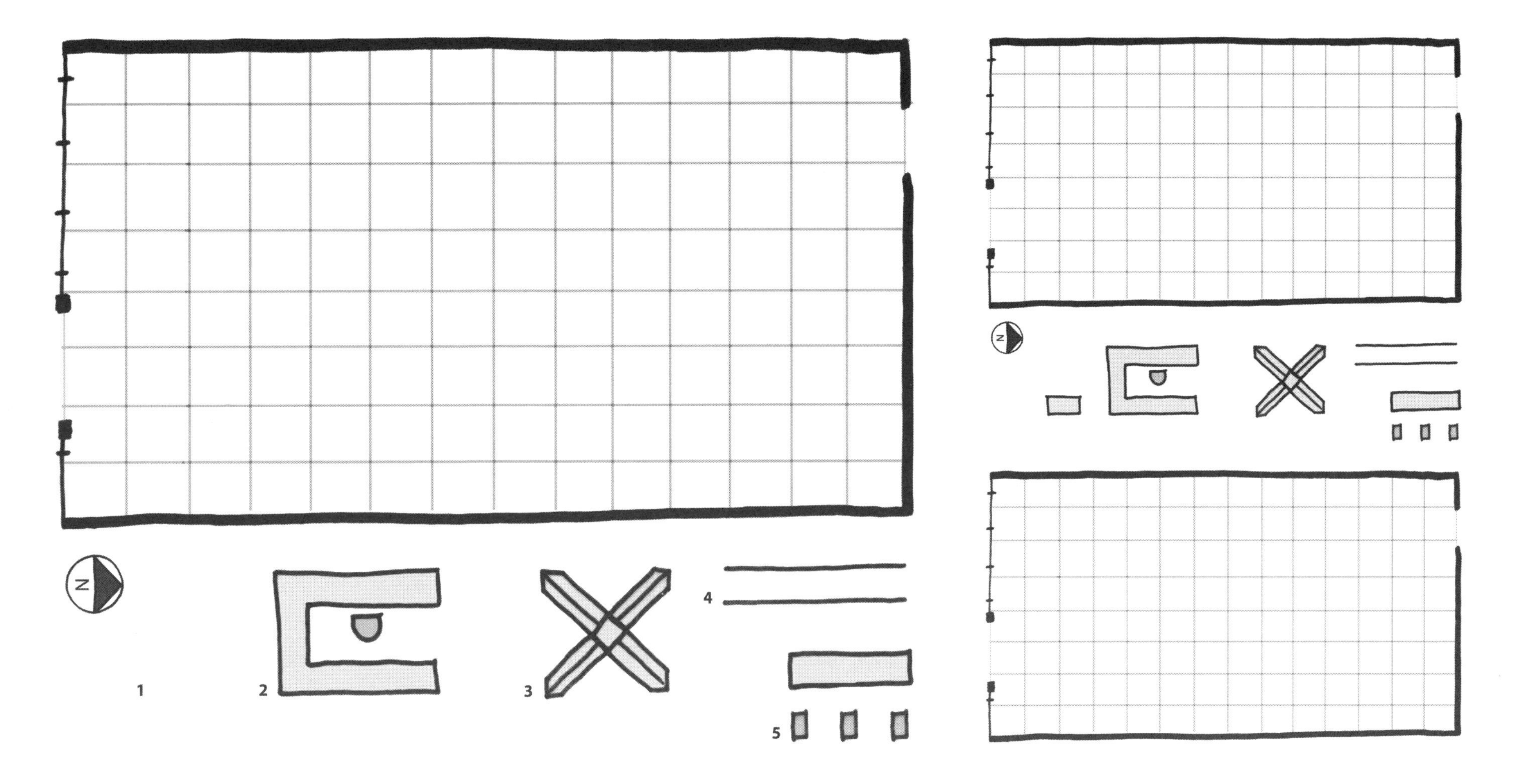

练习 2：鞋店

楼层平面的长边标明了屋子的南北朝向，右侧是北方。东侧、西侧和北侧是实墙，面向室外的南侧为玻璃幕墙，并设有入口。北墙上的门洞开口通向后面的仓库。

你的设计中需要包含以下五个给定的要素：

1. 鞋子的展台。
2. 收银台。
3. 鞋子的 X 形展架。
4. 展示柜或固定在侧墙上的柜子及在玻璃窗内的店面展示柜及其厚度。
5. 能够容纳 3 人就坐的试鞋长凳。

需要满足以下需求：

• 店面展示区域需要沿着窗户设置。
• 3 个大型的 X 形展架。
• 4 个展台。
• 1 个收银台。
• 两侧墙上尽可能多地设置线型的展示柜（展示柜固定在两堵最长的墙面上）。

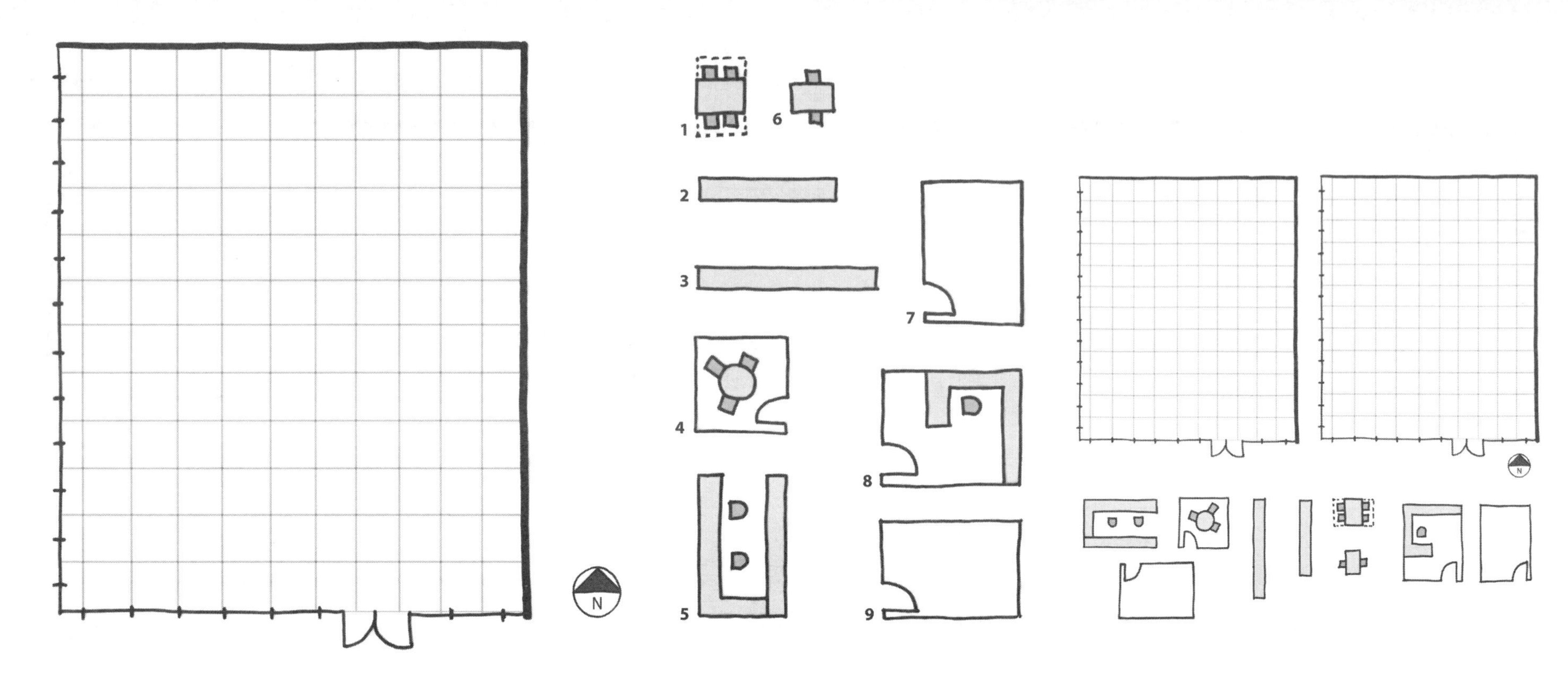

解决设计问题 II

现在，让我们再来进行两个空间的规划设计。与之前的练习相同，这些题目也有文字指导。平面图模板的比例包括大、小两种，两张小尺度的平面图用于画草图和练习，大尺度的平面图是用于绘制最终设计方案的。所有平面图上都已绘有 120cm×120cm 的方形网格，用来辅助我们形成对空间尺寸的认知。

要求与前面的练习相同，你不要考虑得太多，只需要快速地设计并且享受其中的乐趣。不要过分地去表现，尽量简洁地做设计，力求采用直接的、功能性的思路来进行设计。需要的家具和其他要素也已经按比例绘制在平面图一侧，所以按照同等尺寸拷贝这些元素，那么你所使用的比例就是正确的。

练习 1：图书馆

平面是一个矩形空间，长边标示南北轴线方向，以上方为北方。出入口位于南侧墙面，南侧和西侧墙面安装有大面积的玻璃窗，并且玻璃已经过处理可以控制潜在的眩光问题。

设计中需要包含以下 9 个给定的要素：

1. 四人桌。
2. 短的图书馆置物架（双面使用）。
3. 长的图书馆置物架（双面使用）。
4. 小型会议室。
5. 图书管理员工位或柜台。
6. 两人用对接型阅读桌。
7. 中型会议室。
8. 图书管理员办公室。
9. 储藏室。

7、8、9 三个要素的空间尺寸相同，你可以改变房间的朝向和门的位置。

需要满足以下要求：

- 有 3 个小型会议室。
- 有 1 个中型会议室。
- 有 1 个图书管理员办公室。
- 有 1 个储藏室。
- 图书管理员工位（柜台）设置在临近出入口的大门处。
- 有 4 组两人用阅读桌。
- 有 2 组四人桌。
- 有 2 ~ 3 组长的图书馆置物架。
- 有 3 ~ 4 组短的图书馆置物架。

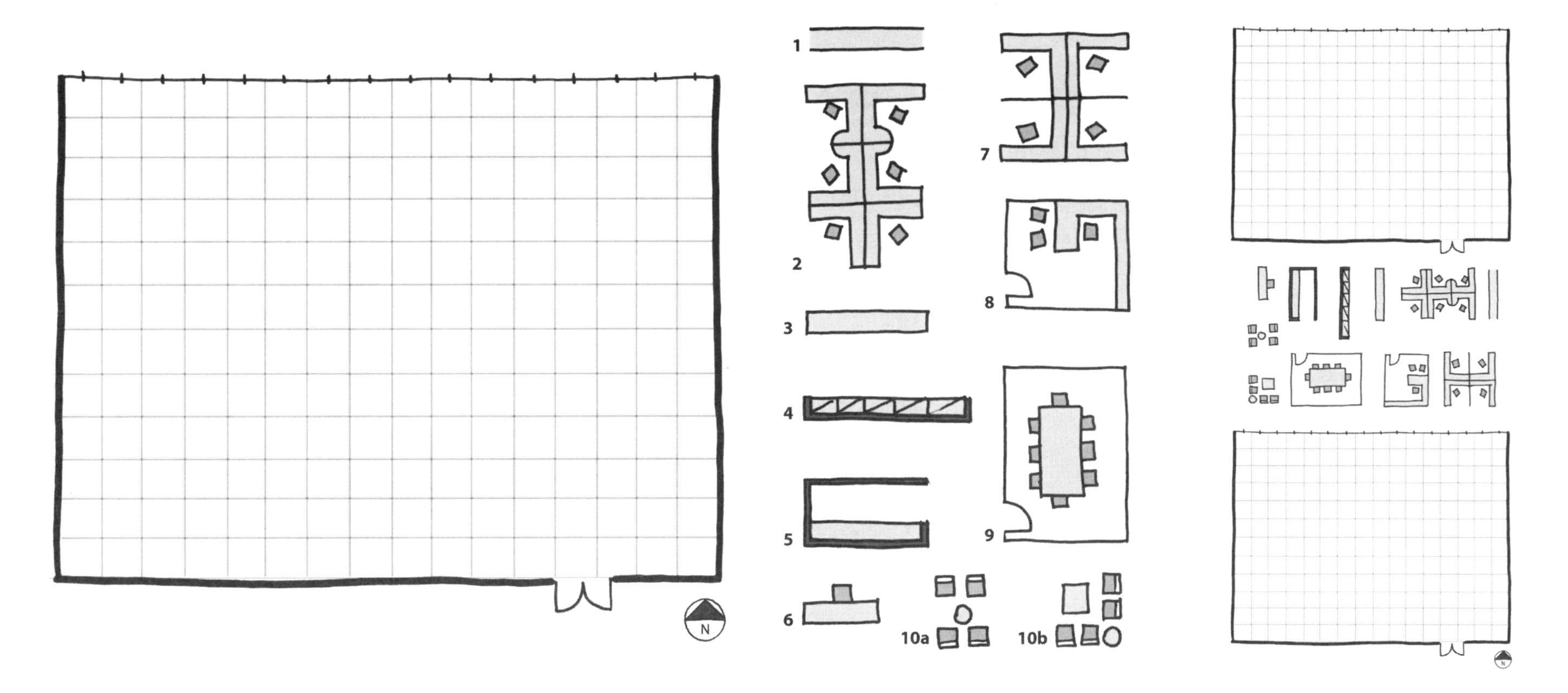

练习 2：办公室

该项目是矩形空间，长边标示东西轴线方向，以上方为北。东侧、南侧、西侧均为实体墙面，北侧墙面为落地玻璃幕墙。南侧墙面上的双开门为空间的出入口，通向公共的走廊系统。设计时，需要在南墙的另一端开设通往公共区域的第二个出口。

设计中需要包含以下 9 个给定的要素：

1. 设有文件柜的工作台面，沿着实体墙面尽可能多设置。
2. 六个工位的基本工作单元。
3. 下面设有文件柜的工作台面（站高适用），可移动或划分空间使用。
4. 不高于 182cm 的半高墙体，一面设有文件柜。
5. 狭长型的咖啡 / 复印区（两侧都可以使用）。
6. 接待台。
7. 四个工位的基本工作单元。
8. 一间私人办公室。
9. 会议室。
10. 图 10a 和图 10b 是等候区的两种布局。

需要满足以下要求：

- 接待区包括接待台和等候区，位置需要靠近入口大门。
- 会议室的位置靠近接待区。
- 咖啡 / 复印区临近会议室，以保证使用便捷。
- 为董事长设置一间私人办公室（必须有外窗）。
- 一个或多个划分空间的要素（4 号要素），长度上尽可能地设置以保护工作区的私密性。
- 提供 22 人的工位。
- 下面设有文件柜的工作台面（3 号要素）用于划分区域和提供储藏空间（数量和长度根据你的设计需要而定）。
- 沿着实体墙的带文件柜工作台面（根据条件尽可能多设置）。
- 第二出口（外开门）设在南墙西侧的远端。

本书的其余部分

为帮助初学者成为专业的室内环境设计师，在接下来的章节中我将重点列举出一些对学习设计有帮助的概念和练习。首先我们将聚焦于使用者的需求，审视影响室内空间设计的人类需求、人性化设计、通用设计和设计规范。在第 3 章中，我们将详细阐述室内空间规划和设计程序的内容，我将用大量的案例来说明如何进行室内规划。在第 4 章中，我们将重点关注室内空间的基本单元，即单独的空间。如果能学会并成功地设计出一个房间，那你就具备了能够设计整个项目所需的知识。单独的空间之后，我们会关注不同的空间群组或一系列房间的设计（第 5 章），以及如何采用最优化的方式使它们之间产生良性的互动。之后，我们将讲授整体项目（第 6 章）并探讨如何将单独的空间和序列的空间组合在一起。通过这些章节的学习，你可能意识到：无论设计单个房间还是整个项目，设计的原则和关注的要点都是非常相似的，只是尺寸和复杂程度不尽相同。

本书将住宅设计（第 7 章）和非住宅设计（第 8 章）作为结束章节，在这些章节中将更加关注具体的住宅、办公室、零售空间和医疗空间的设计。在本书的学习过程中，设置了很多运用所学知识的相关练习。

设计的旅程才刚刚开始，做好学习的准备吧。

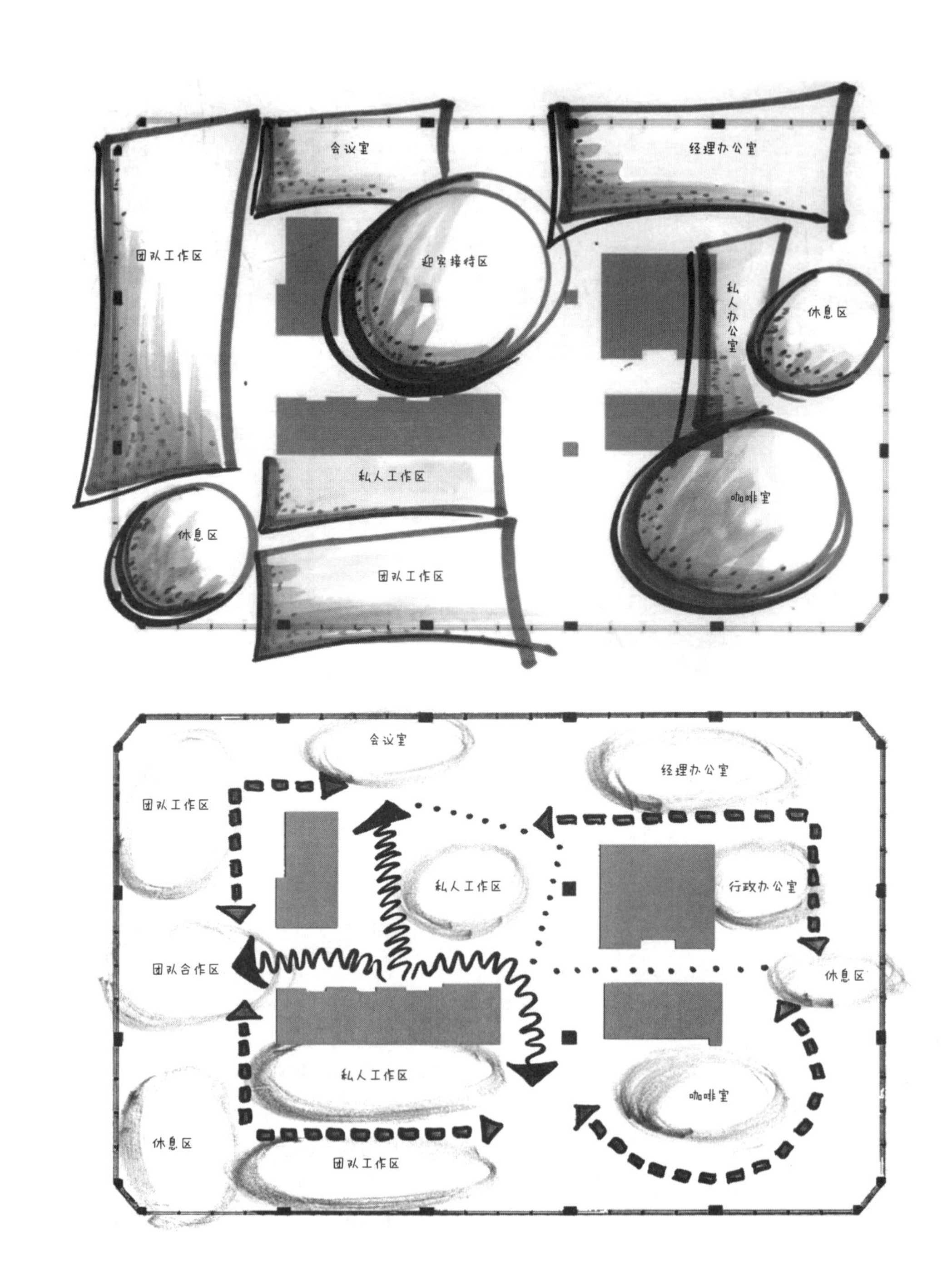

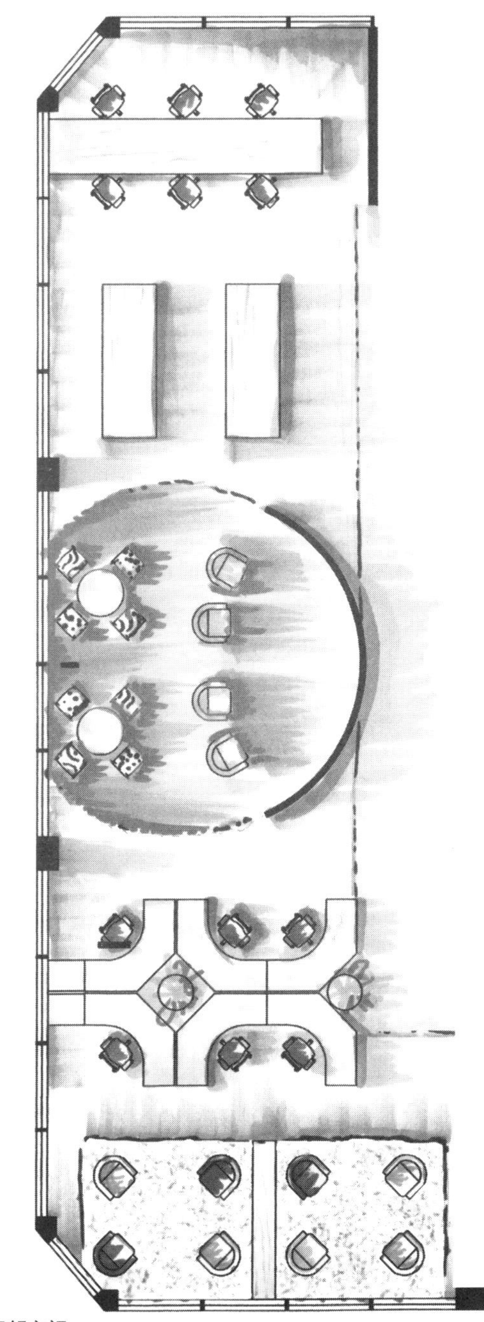

相邻空间

独立房间

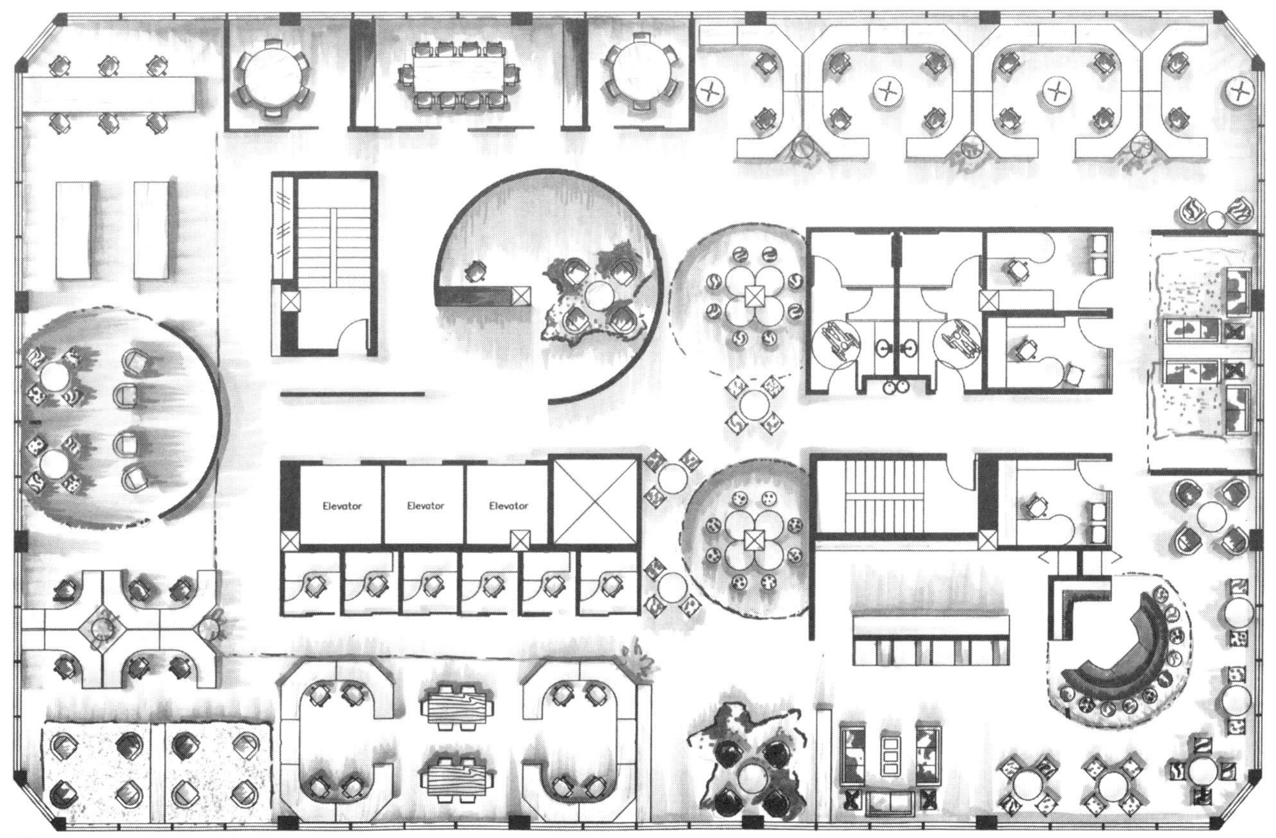

整体项目

人的基本需求

在本章中我们将会探讨人们在使用空间时的一些特点，以及提升使用者身心健康、安全感和幸福度的方法。

景观建筑师迈克尔·劳里[1]将影响人类在环境中行为的因素归为三类：第一，**物理因素**（physical factors），研究者探索人的身体特性与环境样式之间的关系，并研究人体体型及运动方式。这些研究成果可以辅助设计师设计出合适的建筑、房间和家具尺寸，从门的规格到座椅高度都会用到这些人体体型。第二，**生理因素**（physiological factors），处理精神与物质环境之间的相互作用，是非常重要的。关乎生存的基本需求包括食物、空气、水和宜居的气候条件等。在建筑的室内环境中，通过设计合适的遮蔽物，以及提供洁净的空气和良好的日照条件，为居住者的基本需求提供环境保障。此外，建筑规范中明确规定的内容，例如楼梯踏面高度和宽度的比例、扶手的设计规范等，都是强调环境与人生理层面相关的问题，以保证使用者的安全。第三，**心理因素**（psychological factors），这一因素与人类行为模式和社会需求相关。在这一层面，每个人的需求会因个人的年龄、社会阶层、文化背景和过去的经历而产生差异。劳里将人类心理层面的一般性需求划分为五组：社会性需求、稳定性需求、个人需求、自我表现需求和自我提升需求。

社会性需求（social needs）是社会交往、组群归属、同伴关系和爱的需求总和。环境设计可能采用能够鼓励人们集会并交往的独特空间布局，以满足社会性需求。

稳定性需求（stabilizing needs）表示我们需要远离恐惧、焦虑和危险。这里强调的是，清晰的环境设计能够帮助我们的找到方向感，摆脱迷路的焦虑，并且实现人们塑造环境和标识空间的需求。

个人需求（individual needs）关注于个体的特殊性，本类需求中最重要的是关于个人隐私的问题。另外，还有关于自主决策、环境中个人独特表达方式及多元选项中抉择能力等各种需求。人们在环境中应该拥有表达自我独特感受的机会，就如同在公共区域里可以自主选择座椅的位置。

自我表现的需求（self-expression needs）包含对表达个人观点、展示个人成就、表现个人能力及被他人尊重等方面的需求。在物质环境的建设方面，这些需求可以转化为领域性，即个人或群体所划定和占有的区域范围。人类需要多少空间和人际之间最佳交往距离是研究本类需求的重点。基于文化背景和国籍的不同，人们对于领域与分隔的需求各异。

自我提升的需求（enrichment needs）是劳里定义的最后一种人类需求，包含知识、创造力和审美经验层面的需求。环境能够带来审美的愉悦感并提升创造力，这也为环境使用者的自我提升需求提供了积极的动力。

认识这些人类的基本需求能够帮助我们设计出更宜居的环境。需要牢记的是：每个人、每个群体在需求方面都会有不同的表现。所以，以下两点非常重要：第一，对设计目标相关联的需求内容进行全面的了解；第二，提供合适的方案，表明已实现的功能并不会妨碍实现使用者未来可能的需求。

作为设计师，你应尽可能地探寻并创造具有选

择性的空间环境。室内设计要求设计者做出决策，而这些决策终将呈现在环境之中。室内设计需要设计师实现以下内容：

- 结构，有时具有一些自由度。
- 同时满足社会交往和隔离的需求。
- 具有秩序感，但也富于变化和复杂性。
- 具有方向性，但不是网格和军事化的风格。
- 既充满刺激又能安静。
- 既满足个人需求也满足集体的表现需求。
- 既有稳定性又具有可变性。
- 实现安全与控制，但也享有某些自由。
- 具有空间的舒适度，而且不浪费空间。

人们可能有很多种方式来表现行为，但事实上，我们将用来实现使用者需求的基本行为模式概况归纳为六种：站、坐、走、跑、移动、躺。下面的图表阐述了这些基本行为模式与一般性人类活动之间的关联。

思考一下，良好的设计构想将使使用者受益，环境的使用者需要靠设计师的帮助来实现居住环境的安全性、健康性及趣味性。右侧列出了一个简要的清单，内容是使用者对室内环境的预期，在空白的空间中，你可以添加上更多的内容。

注释 1. 迈克尔·劳里，景观建筑学概论，第二版（纽约：爱思唯尔，1986）。

行为	站	坐	走	跑	移动	躺 / 倚
思考	✓	✓	✓	✓	✓	✓
阅读	✓	✓				✓
观看	✓	✓	✓		✓	
吃	✓	✓				
烹饪	✓				✓	
服务	✓		✓		✓	
睡觉						✓
沐浴 / 淋浴	✓	✓				✓
购物	✓		✓		✓	
看展览	✓		✓		✓	
看演出		✓				
跳舞	✓				✓	
脑力工作	✓	✓				
体力工作	✓	✓			✓	
会晤		✓				
慢跑				✓	✓	
锻炼	✓	✓	✓	✓	✓	✓

使用者权益清单

1. 为身体状况和文化背景不同的所有人提供合理的出入通道与居住环境。
2. 用设计元要素创造安全的庇护空间。
3. 布局能够满足使用需求。
4. 环境设计能够保护隐私。
5. 能够保证一定程度的环境控制。
6. 具有一定程度的可变性。
7. 能够享受自然采光并观看室外景观。
8. 保证环境条件的健康性。
9. 与其他关联的部分（空间）能够连接。
10. 能够抵御外部的危险并保证安全。
11. 清晰的空间方向感。
12. 有高效率的紧急避难出口。
13. 提供合理的舒适性。
14. 保证整体使用的便捷性。
15. 令人愉快的环境。
16. 你可以添加：
17. 你可以添加：
18. 你可以添加：
19. 你可以添加：

建筑中的人

室内空间规划要求我们必须考虑人的因素，其中，隐私、领域性、个人空间三个因素最为重要。整本书一直在阐述人与环境的相互关系，意在鼓励学习设计的学生去熟悉这些词汇并成为积极观察人们室内行为方式的设计师。在本节中，我将简要地介绍对空间设计起到重要影响作用的一些重要概念。

隐私

我们对隐私的概念都非常的熟悉，它是关于个人控制环境的能力，个人能够主动控制是否需要在视觉、听觉、嗅觉层面介入到公共环境中。这样的情景会有很多，例如：有些时候我们不愿意被别人听到，也不想听见别人的声音；还有些时候，我们需要能够排除外在的干扰以便集中精力做事情。社会学家艾伦·F.威斯汀定义了四种隐私类型：独处（单独一人）、亲昵（与某人独处）、隐匿（混入在公共群体中）、预留（采用心理屏障控制外来干扰）[2]。进行环境设计时，我们使用墙体（厚的、薄的、实体的、透明的）、隔断、间距或其他真实的（或象征性的）领域性的界限，以实现不同程度的隐私需求。

个人领域

个人领域

心理学家罗伯特·萨默在 1969 年提出了个人空间的概念。个人空间是指环绕着我们身体周围的空间范围，（可能）除了我们的所爱之人，此领域范围不允许一切外人进入[3]。这个领域空间一旦被别人侵犯，就会引起我们的不适并触发警觉的反应。例如，我们都曾有过在电梯里长时间与陌生人相处的尴尬体验。根据不同的文化和生活背景，个人领域范围的大小通常会有所差异。

人际距离

1966 年，人类学家爱德华·T·霍尔[4]在研究人与人互相交往距离时阐述了人际距离的概念。人际距离解释了人际之间适合的距离尺度问题，例如交谈的距离、在走道上设置接待前台与来访者座位的距离、两个人隔着餐桌就坐的距离。霍尔界定了四种类型的距离：

1. 亲密距离：15~46cm。
2. 私人距离：46~120cm。
3. 社会性距离：1.2~3.7m。
4. 公共性距离：3.7~7.6m。

尺度

了解人际之间基于不同情境下的合适尺度范围，这对功能性的设计布局来说是非常有助益的。你可以参考本书或其他书籍之中的尺度要求规范。在一些相似的情境之中，你可以通过卷尺测量，或与朋友们快速地建立模型的方式，来感受和体验某些环境所需要的空间尺寸。

私人距离和社会性距离与室内设计师的工作关系最为密切，因为大多数空间的设计都与这两个距离相关。

领域性

领域就是个人或群体声明其所能管辖的某个空间。领域的边界可能是清晰的，也可能是模糊的。该领域的空间使用者将保护本领域不受侵犯。这个概念非常重要，因为在多数情况下，人们需要有自己能管辖的领域范围，例如住宅中的卧室、办公室中的工位、餐厅中某张桌子。在卧室、住宅和办公室的案例中，使用者常见的做法是将空间设置得充满个性并占为己有，以促成积极的身份认同感。

对设计师而言，侯赛因・M・阿里.沙尔卡维界定的四种不同领域类型对设计非常有帮助 。

1. 附属领域指的是私人的空间。

2. 中心领域是高度个人化的空间（例如卧室、工作间）。

3. 辅助领域具有可分享性，但是临近居住地，因此人们会意识到此区域拥有所有权并将其进行个性化的设置，例如公共休息室或住宅前的人行道。

4. 外围领域具有明确的公共性，人们具有空间使用权，但对其并没有特殊的所有权意识[5]。

可防御的空间

建筑与城市规划设计师奥斯卡・纽曼提出了可防御空间的概念。可防御是指一种增强领域范围界定、监管的布局（空间或者其他），并能够促进形成共同所有权和管辖特殊领域的意识。例如，建筑群中三间公寓入口所共同使用的门廊空间，通过清楚的空间界限和面对门廊开设的小窗，三位邻居可以密切关注他们的共同领域并辨识出不属于该区域的外来者。

向心式／离心式空间

1957 年，汉弗莱・奥斯蒙德医生阐述了关于反社会和社会离心的概念。这对室内设计师而言是非常重要的概念，因为它涉及通过临近空间及家具的布局来决定是否鼓励人际互动。向心式布局，例如通过面向对方的座椅布局促进面对面的交流。离心式的布局，例如等候空间中背对背的座椅形式，虽然人与人之间的距离短，却并不会促进（也不禁止）人际之间的交流。这个概念虽然简单但是却非常有用，一旦理解其中的含义，设计师就可以直接在设计中应用和实施。

朝向

除了明白在不同情境下功能性的人际距离，还需要了解朝向的重要性。在某些项目中需要的是向心式布局，例如住宅的起居室。而另一些项目，如诊所或机场的等候空间，采用向心式和离心式两种布局相结合的形式，能够让使用者根据自己的情况选择适宜的位置。

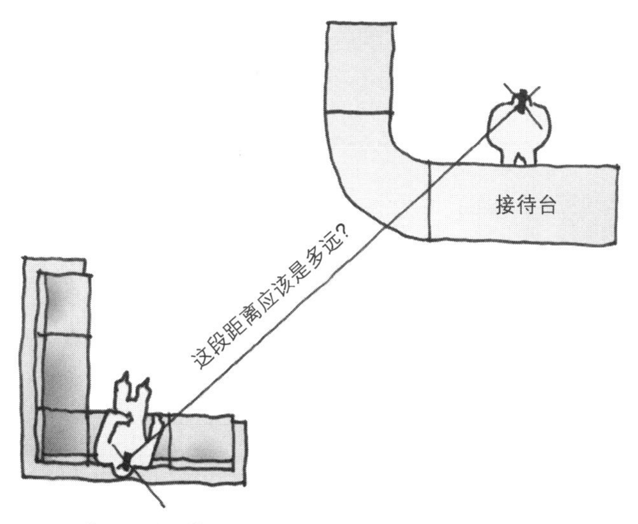

等候区的座位

你认为接待人员与就坐的来访者之间的距离应该设置为多远？这个距离应该属于社会性的距离范围还是公共性的距离范围？

2 艾伦・ F・威斯汀，隐私和自由（纽约：文艺协会，1976）。
3 罗伯特・萨默，个人空间：基于行为的设计（恩格尔伍德，新泽西州：普伦蒂斯・霍尔出版社，1969）。
4 爱德华・ T・霍尔，隐性的尺度（花园市，纽约：双日出版社，1966）。
5 侯赛因・M・阿里・沙尔卡维，领域性：设计模型，博士论文，宾夕法尼亚大学，1979。

人的行为

在决定房间尺寸、选用家具、选择布局方式及处理与相邻空间的关系之前，设计师必须理解这些空间中人的行为属性（主要的和次要的）。

室内环境中人们的行为有很多概念上的划分，本书从两个变量的角度来讨论人的行为模式：人数（单人到多人）和行为发生的类型（从任务相关的活动到休闲活动）。你可以想象出大部分情境（在家里、在工作中、在酒吧）中的两类行为，了解特定空间使用者的身份、人数是多少、有哪些正在发生的行为及这些行为是如何发生的，之后就可以设计出相应的空间及家具组合。基于不同的变量角度，我们还可以从具体的人群和环境类别角度提出类似的行为模式。

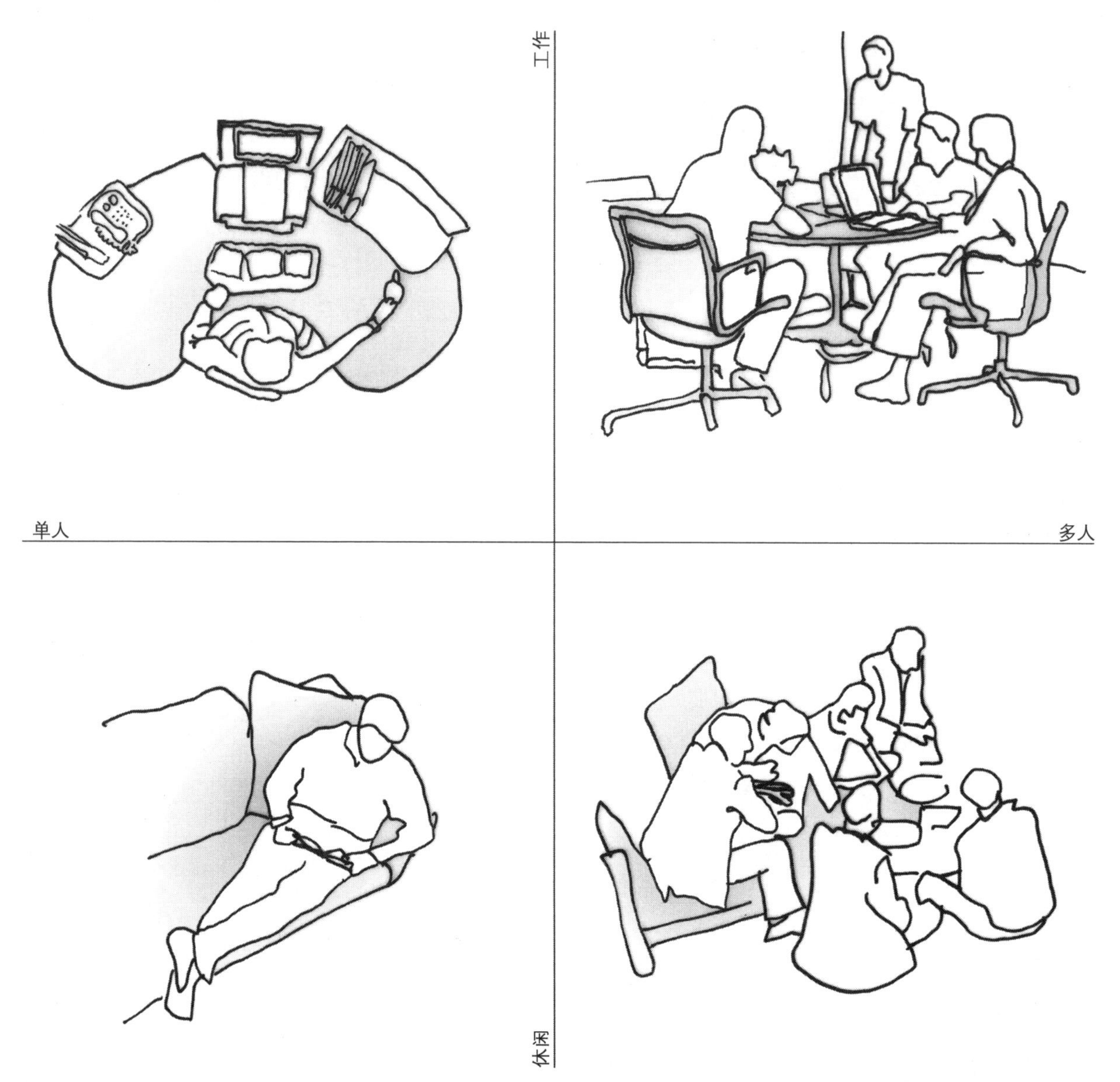

该图展示了一个或多个在休闲、工作相关等场景中可能有的一系列动作。每个案例都有特定设计含义，包括房间的大小、特征、私密水平及家具布局。

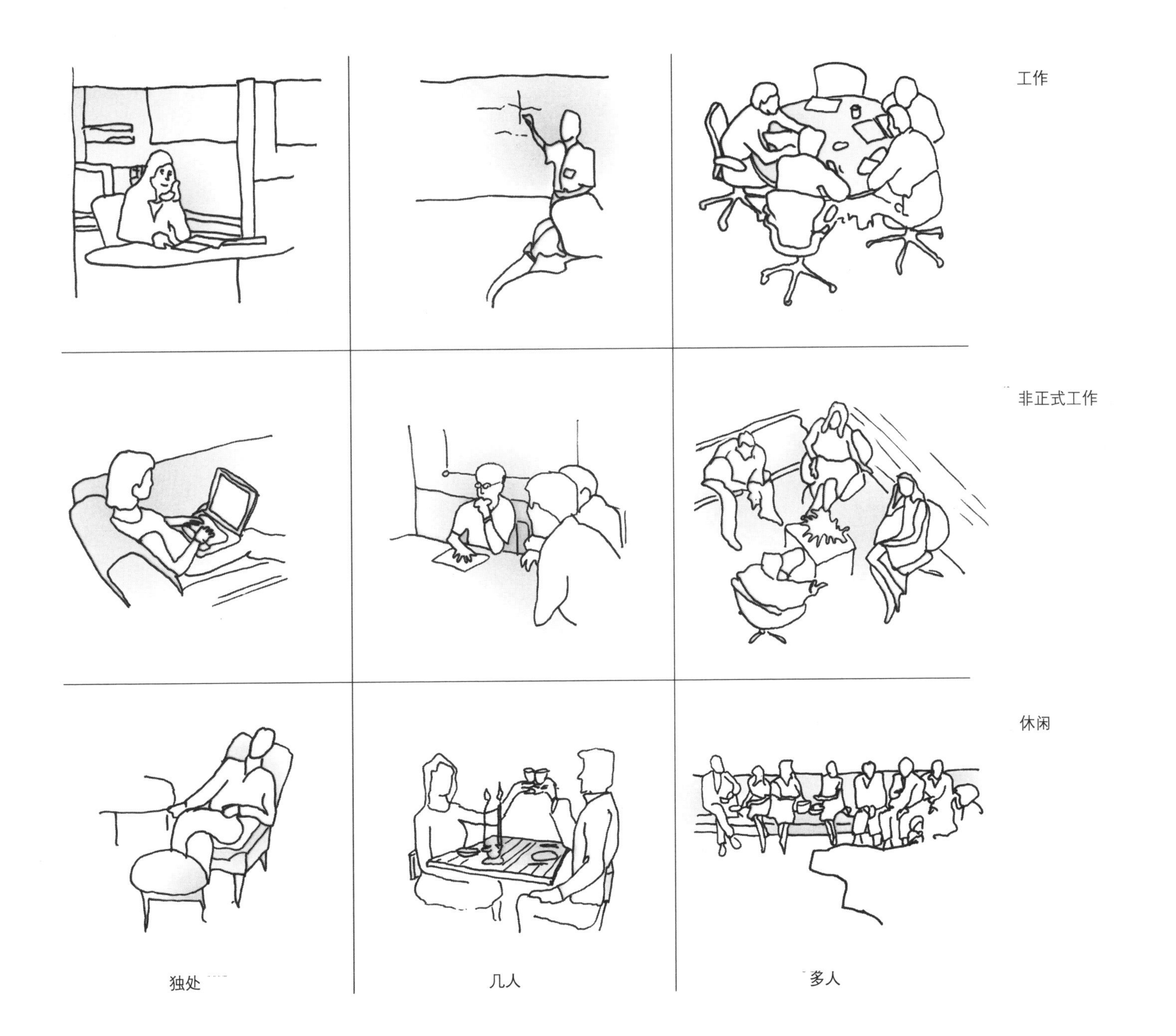
工作
非正式工作
休闲
独处
几人
多人

舒适度

年轻的设计师们会非常努力地想要设计出使人愉悦的、具有表现力的作品。令人愉悦是优秀设计希望实现的目标之一，而大部分优秀的设计案例则是良好地融合了功能与美学，舒适度是设计中必须实现的任务。这是一个简单而直接的评价要素，但它远胜于设计师所定义的独一无二的创新与美化方案。而我更愿意通过环境能引发的、持续的愉悦感来评判设计。

请看右侧插图，一位女孩正在阅读，观察一下她所在的环境——舒适的空间里拥有良好的照明条件、舒服的座椅、插着鲜花的花瓶、带来温暖的壁炉，再加上一本吸引人的书和书中引人入胜的情节。不需要强烈的设计语言，空间就已经具备了令人产生愉悦感和舒适感的完美条件。

一位年轻的女士正在舒服地读书

探讨基于人的尺度的空间

考虑与使用者相关的物体及固定设施的尺寸和高度

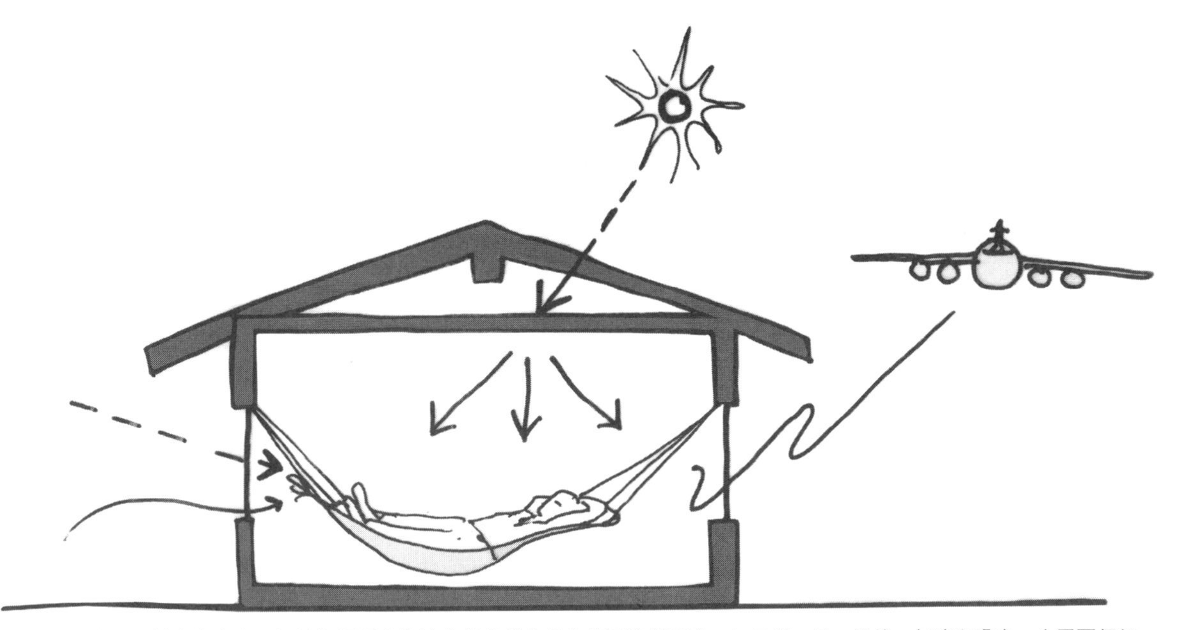

为保证舒适度和愉悦感的产生，设计师需要在设计中考虑并处理室外环境的要素，如日照、风、视线、气味和噪声。也需要仔细地处理外墙设计、开设洞口，以及合理的布局房间与功能。

在室内环境的整体感受中，我们已经明确功能和审美起到了重要的作用，现在再考量一下其他的重要因素：

1. 设计基于人体尺度的尺寸合适的房间；不太大也不狭小。
2. 房间与陈设（如家具）的比例相契合。
3. 物体尺寸适宜并且固定设施的高度舒适。
4. 拥有舒适的家具。
5. 便利的交通动线和行走距离。
6. 控制有害的噪声。
7. 良好的自然采光。
8. 良好的人工照明。
9. 良好的通风，自然通风或其他。
10. 良好的日照控制（适当的遮阳和透光）。
11. 良好的室外（室内）视野。

需要注意的是，所列清单中的内容都不是花哨（或昂贵）的要素。即使是预算较低的项目也可以实现，并且营造出舒适感和愉悦感。

建设一面墙，即赋予人基地；架设一个屋顶，即保护人不受外界侵害；加设一些围合要素、保持温度和添加软枕，就给予了人所需要的能够享受舒适、愉悦午后时光的一切条件。

光照与声音

为营造良好的环境感受，有两个非常重要的因素需要格外重视：声音（噪声）控制和自然光的利用。室内环境中的声音有多种室内外的来源。声音本身是中性的，不好也不坏；我们将不必要的声音称为**噪声**（noise），噪声才成为设计师需要处理的问题。室内或街道上设备的巨大声响也就是噪声，因为它总能使人厌恶并引发抱怨。当你需要集中精力，邻居在电话聊天时所用的中等音量也会让你觉得讨厌（即使手头的工作并不需要集中注意力，但是你可能也不想听见邻居在电话里所谈的工作内容）。在某些情况下你对此无能为力，因为我们必须忍耐并学着居住在一起。但是，很多时候通过合理的空间规划就可以避免和解决声音方面的问题，这里推荐一些具体的方法：

・在声音的敏感区，空间分隔可以延伸至地面或屋顶，减少声音的传播。

・在独立的房间中放置噪声较大的设备。

・将有巨大噪声的设备尽可能放在较远的房间里。

・谨慎规划开门位置以有效地减少侧向传声。

・安静和喧闹的房间要分别设置在相互远离的不同区域内，或者用噪声程度中等的房间作为两者之间的缓冲区。

进行室内设计时，尽管建筑物、开窗、日照轨迹都是场地中已确定的因素，但是，你仍然可以决定，在不同朝向的空间里设置哪些不同的功能和空间，并通过设计围合的墙体界面来控制遮光、光反射等。不要低估室内设计在现有场地条件中能起到的作用。室内设计应该在尽量增加自然采光的同时控制眩光，综合利用遮阳装置和环境的反光表面，最大限度地引进自然光。这样做不仅能够节省能源，而且能提升这些空间使用者的幸福感。

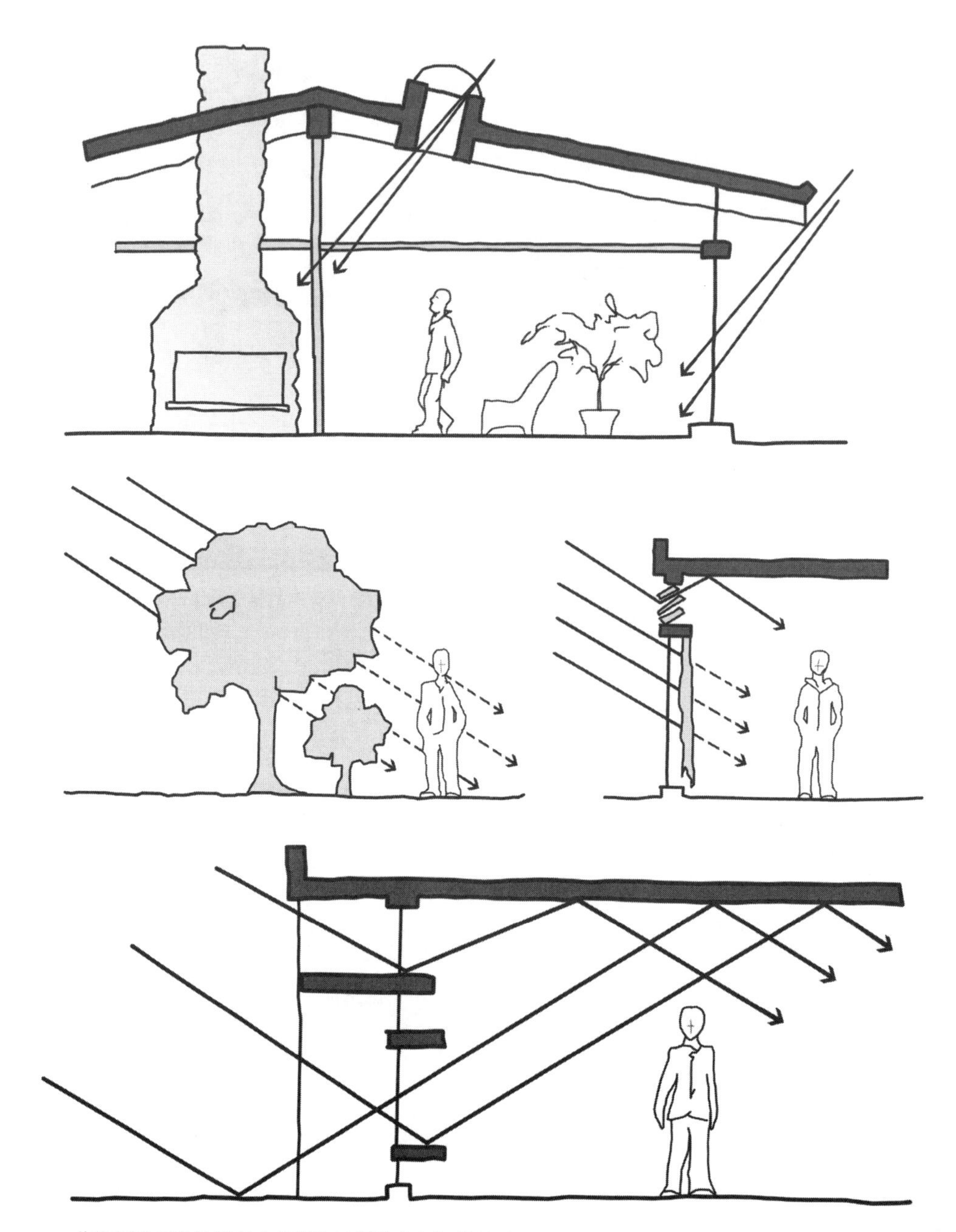

你需要分析设计项目中外墙和日照轨迹之间的关系，最大限度地采用自然光线。有策略地规划需要良好自然采光的房间位置，并且应确保使用遮阳装置来控制眩光。

有时，因为现场条件的限制不可能将房间之间的距离设置得很远。在这种情况下，应尽可能采用高度隔音的隔墙，并使它延伸至地面和顶棚之上形成完全的空间隔断。

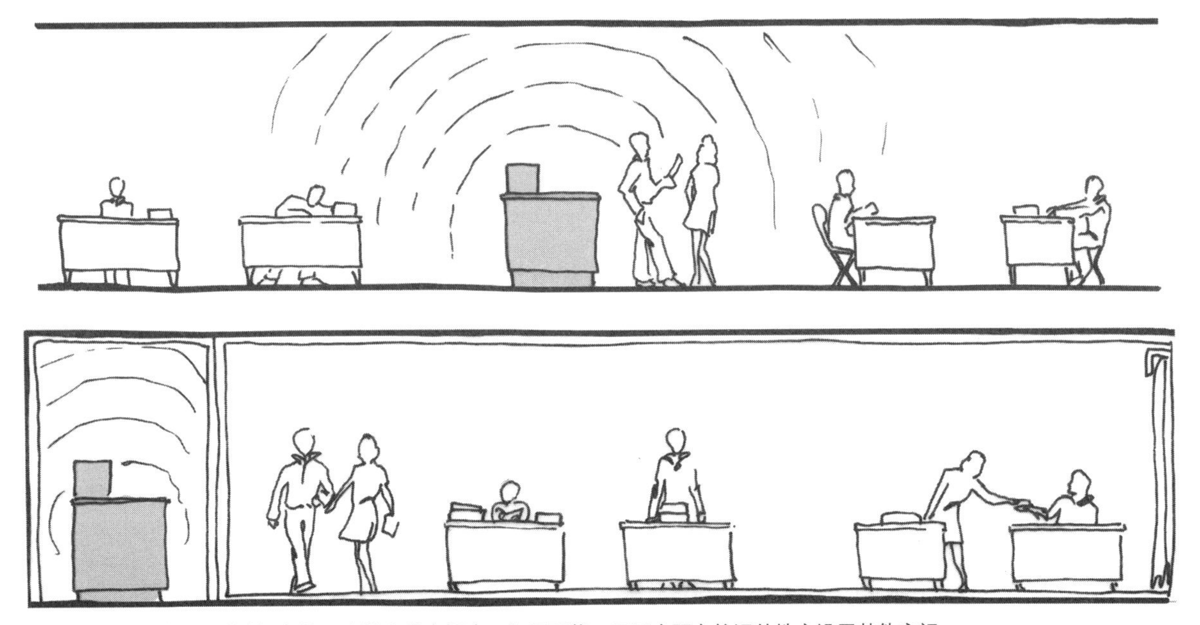

将令人厌恶的巨大噪声设备放置在独立的房间中，如果可能，尽量在距它较远的地方设置其他房间。

谨慎地规划开门位置，在美学需求与实际隔音效果之间找到平衡点，以减少空间之间的声音传导。

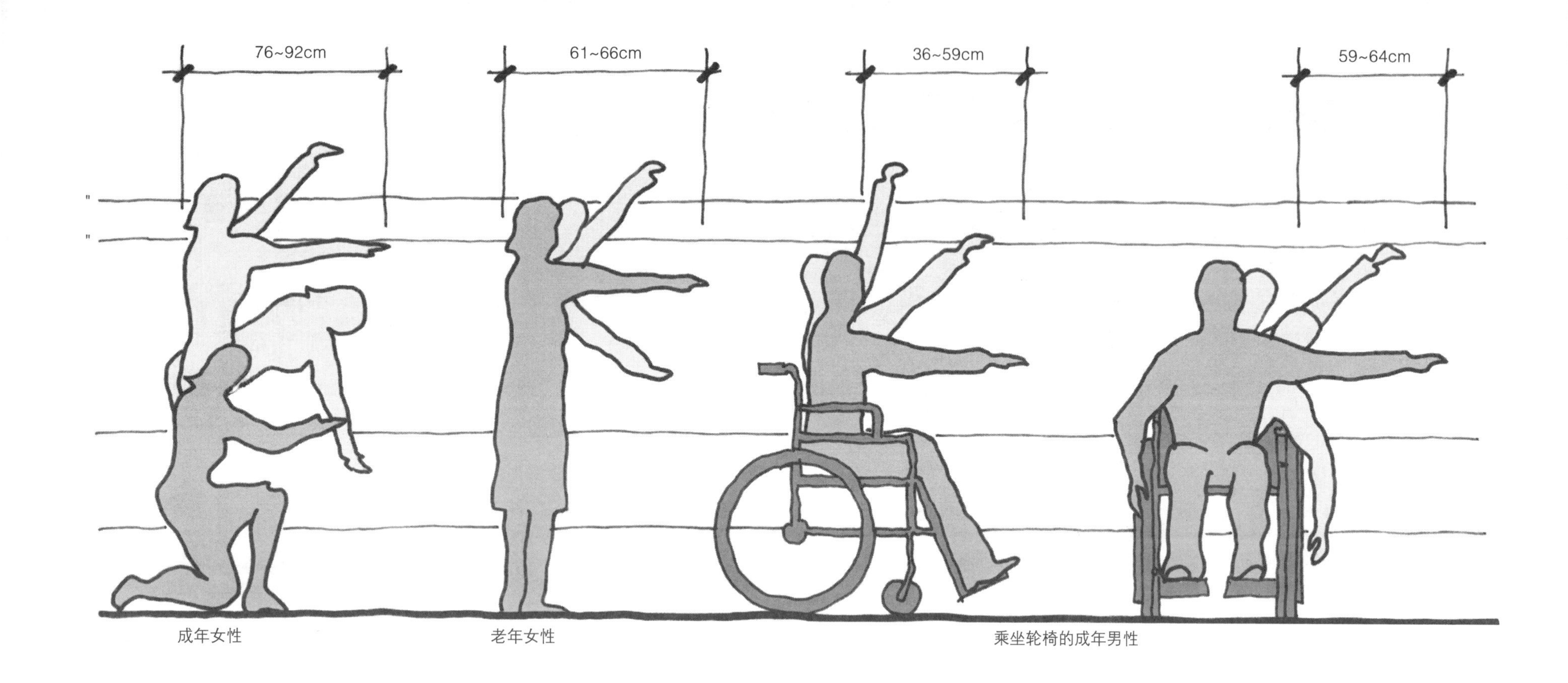

人体工程学

人体工程学是对人身体尺寸的测量，用于制定关于人行为尺度的设计标准。人的体型是千差万别的，因此制定设计标准的目标是使其适用于 90% 的使用者群体，通常可以满足 5% ~ 95% 的人的需求。行为会影响使用者的某些活动特点。弯腰、倚靠、跪或伸手取拿的能力是膝关节和肘关节的功能。体重、性别等很多因素都会影响关节活动的范围。虽然年龄因素本身并不是降低身体活动能力的关键性要素，但是很多老年人因为关节僵硬、关节炎或内耳疾病引起的头晕症状很难完成弯腰或跪下的动作。乘坐轮椅的人在使用空间时，需要在轮椅上完成所有的行为，这大大降低了他们的活动范围。相似的情境是，如果有人需要拄拐杖或使用助步器来保持身体的平衡，那么垂直方向上过高或过低都会导致通行的困难。

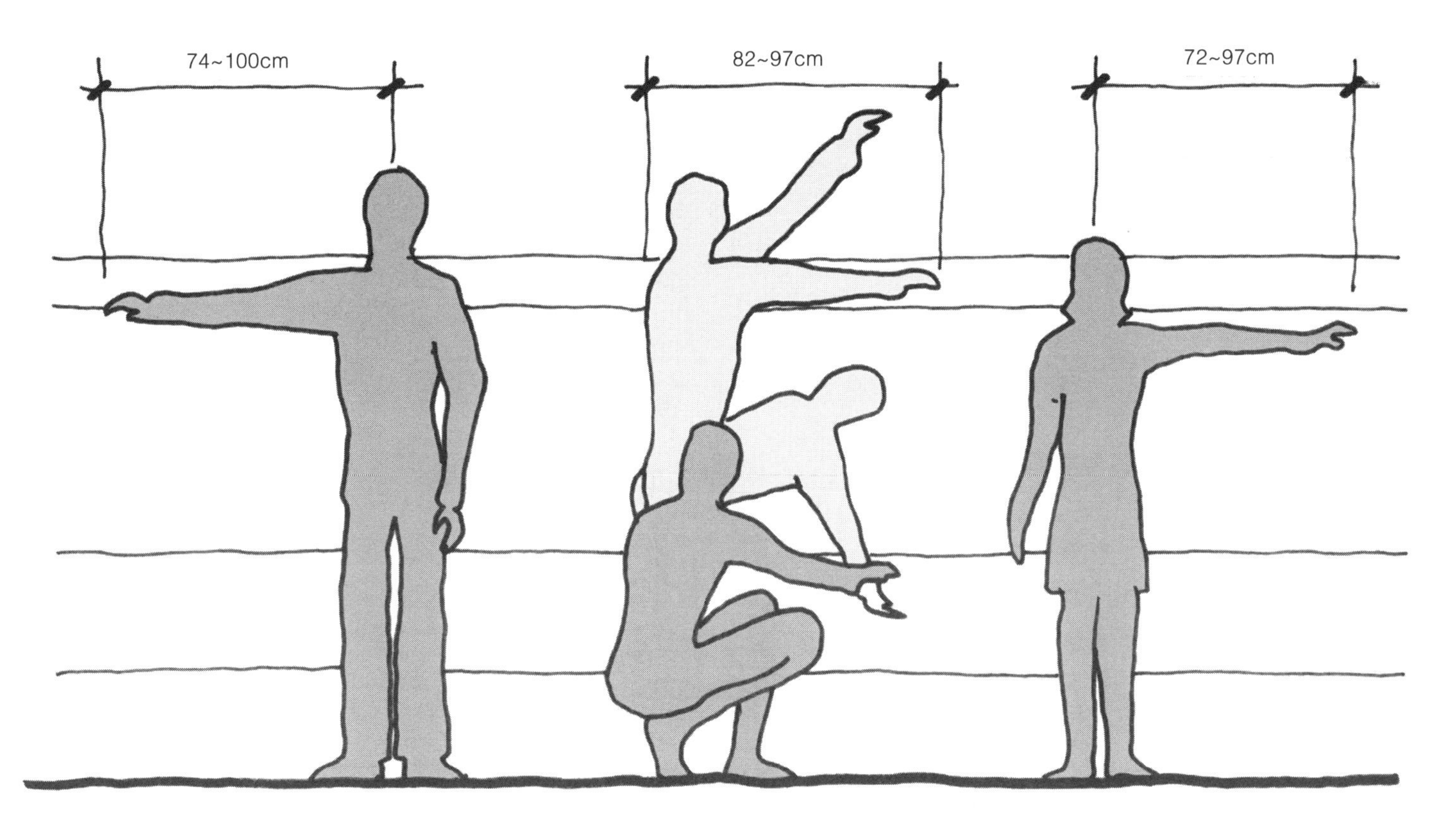

人在空间中的运动范围取决于他们的身体测绘尺寸，以及身体做在弯曲、跪、倚靠或拉伸等动作时身体活动的能力。对大多数人而言，垂直区域内69~137cm、水平区域内61cm的范围是建议的行为舒适区。

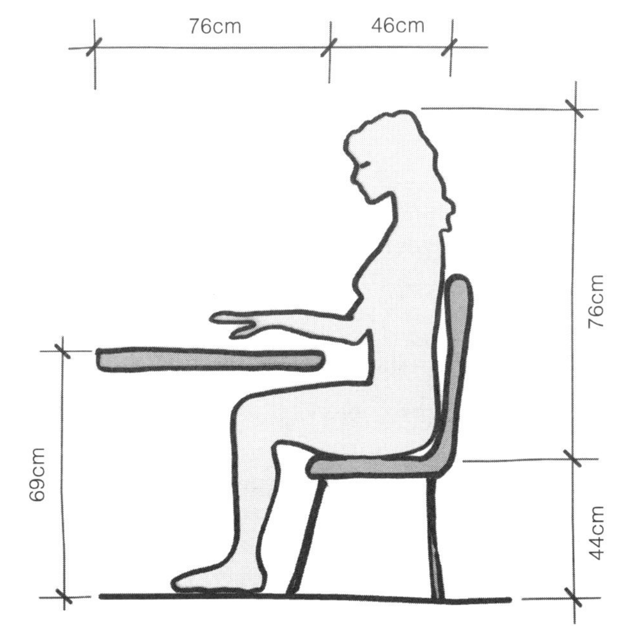

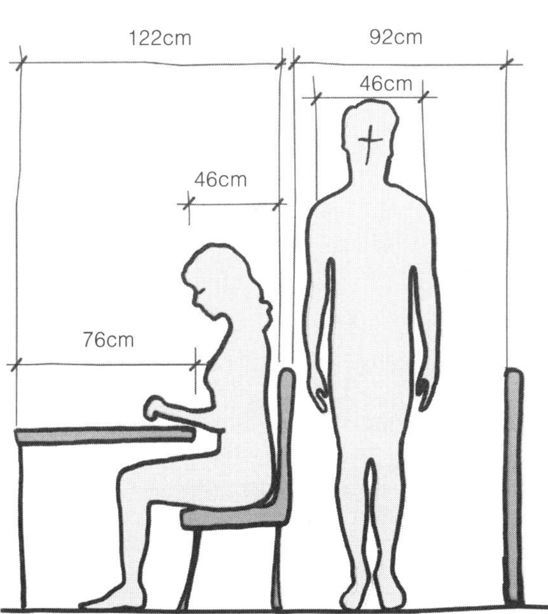

坐着办公的女性基本尺寸和座椅后侧建议的通行尺寸

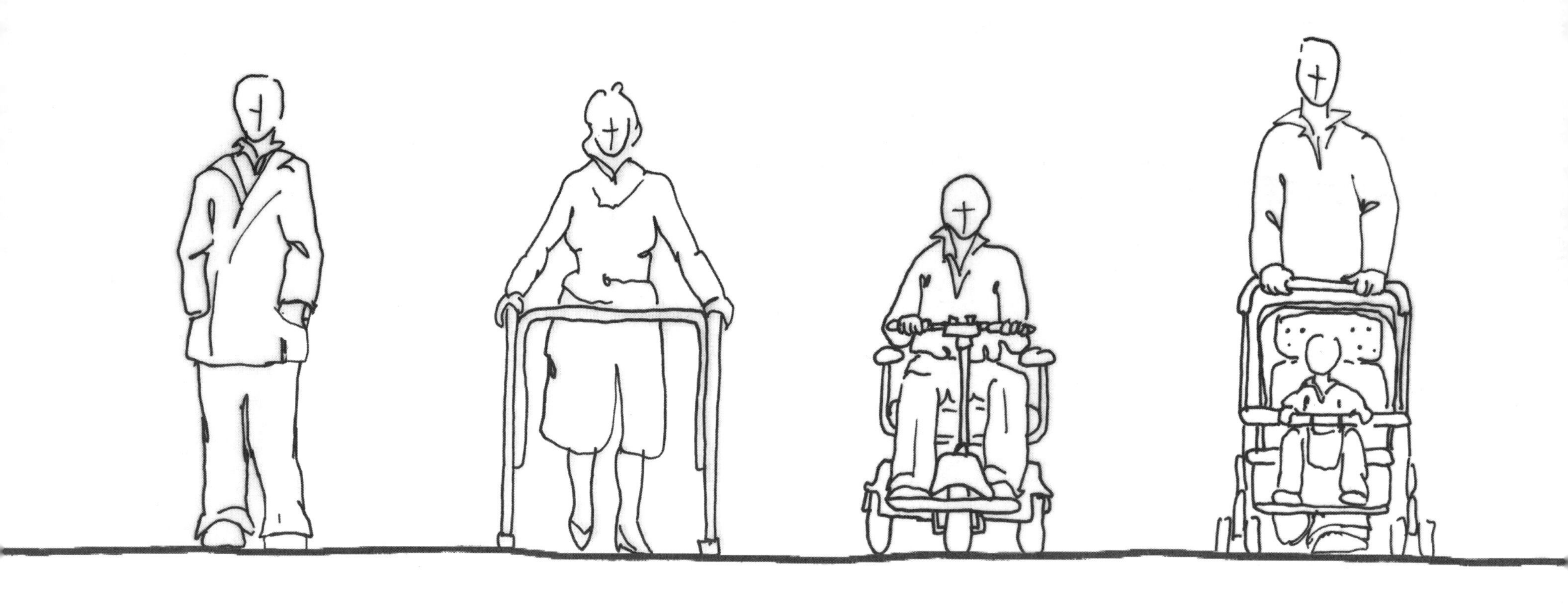

使用人群

你需要明白的是，设计项目所服务的使用人群很可能是非常宽泛的，通常包括各个年龄阶段、在生理和认知层面也处于不同层级的人。美国残疾人法案（Americans with Disabilities Act，下文简称为 ADA）要求，包括住宅和商业设施在内的所有的公共场所必须遵守无障碍原则。在其他国家或地区也有相似的法案，例如英国（平等法案 Equality Act2010 ）和澳大利亚（残障歧视法案 Disability Discrimination Act），加拿大安大略省出台的针对安大略人的残障法案。尽管私人住宅并没有法律上所规定的无障碍设计要求，但是适应性设计（后期可以便捷地改为无障碍空间的设计）已经开始成为一种流行趋势。

使用人群对居住的需求是多样化的，通过设计帮助活动受限的使用者是设计师的工作之一。有些使用者活动范围受到限制，水平面内伸展范围小于61cm，提供安全扶手可以帮助他们平衡身体。随着身体状况和年龄的变化，有些使用者体力和精力不足，难以完成日常的起居活动，可以通过设计为这些人群提供必要的支持，例如设置电梯、自动门，在等候区添加座椅，以及缩短目的地之间的距离。

有些使用者在行走时需要借助轮椅或者其他助步设备（如拐杖、手杖、助行架）。轮椅可以是手动的或者电动的，还有一种前面是单轮的三轮电动轮椅。手杖用来减轻腿部肌肉和关节所要承受的压

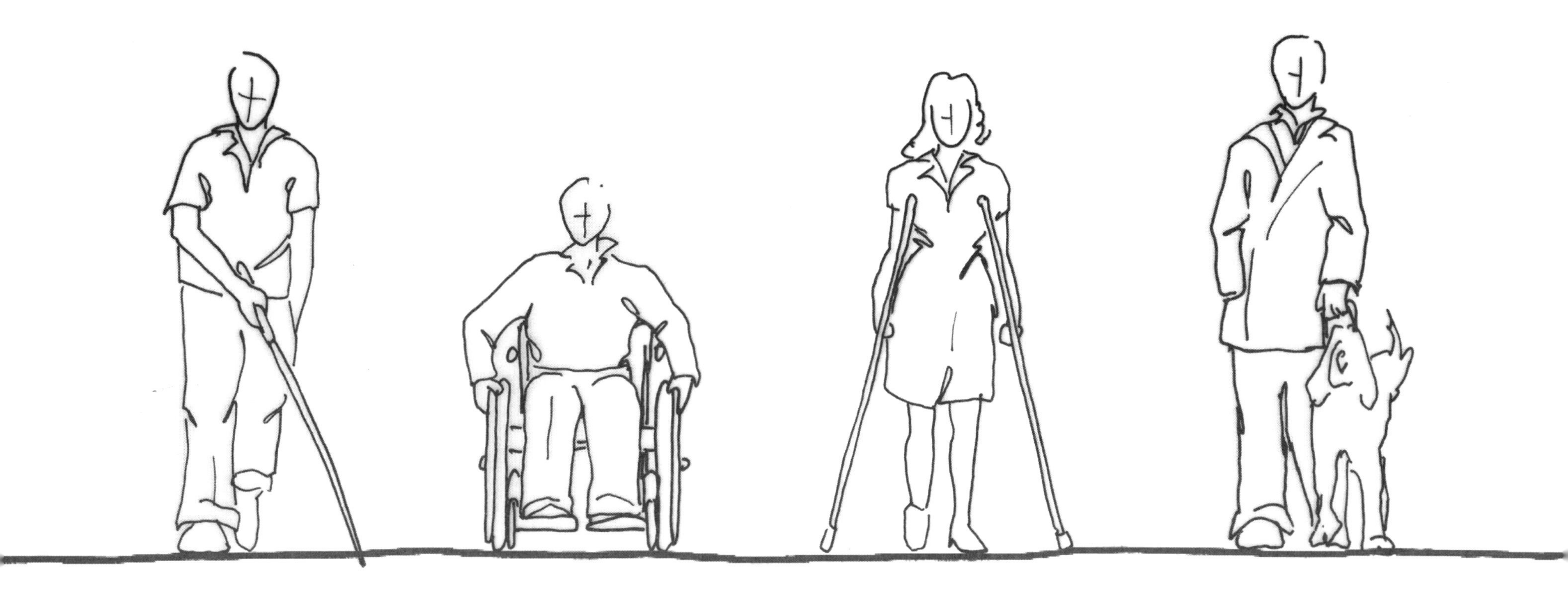

力。对使用手杖的人而言，楼梯会造成通行的困难，因此楼梯扶手在平衡身体方面起到了重要的作用。拐杖也是用于减轻身体下肢所承受的因体重而产生的压力。为维持身体平衡，拐杖通常与身体保持一定的角度，因此需要增加大门和开口处的宽度。助行架也是用来减轻下肢压力并辅助保持身体平衡的设备，它的尺寸较大且笨重，这不仅需要设置更宽的大门和开口处，而且要在有限的空间内提供必须的操作范围。

对于活动能力受限的使用者，需要设计师在大门、开口处、走廊等处提供适宜的活动范围，在垂直交通上，可以设置坡道或升降电梯。其他的设计要点包括：采用合理的布局以减少通行的距离；设置例如栏杆、扶手等辅助身体平衡和轮椅活动的设施；将控制面板和开关设置在舒适的可操作范围之内，并且让使用者不需要拥有强大的握力就能控制和操作。

对于存在认知功能障碍的使用者，例如反应迟缓者或老年痴呆症患者，环境的设计不能使人疑惑或者畏惧，并且需要有设置清楚的交通流线系统和良好的导视标识（符号、色彩及其他辅助识别空间的线索）。

通用设计

《通用设计原则》由位于北卡罗莱纳州立大学的通用设计中心编制，用来指导环境、产品和交互设计等众多设计学科。七个通用设计原则可以用来评估已有的设计和指导设计程序，并且可以使设计师和客户都了解关于更好用的产品或环境的标准。

通用设计原则的目标是在环境、产品和交互设计领域进行满足所有人群的用户友好型设计。室内环境设计中的通用设计与ADA法案、无障碍设计指南中的内容非常相似。本页中是符合通用设计原则的一些项目案例。

设计原则

原则一：平等使用权

设计能为不同行为能力的人提供帮助。

指导方针：

1a. 尽量为所有用户提供同等的使用方式：在可能的情况下应该实现完全相同的设计，如果不可能设计得一样也要使其保持在同一水平。

1b. 避免对任何类型的用户进行分化或贴标签。

1c. 在提供隐私、安全和保险方面，应该对所有用户平等。

1d. 使设计能够吸引所有的用户。

原则二：使用的灵活性

设计能够广泛地适应个人喜好或不同能力水平。

指导方针：

2a. 在使用方法上提供可选择性。

2b. 适合于右撇子或左撇子使用。

2c. 为用户提供更高准确性和精度的设计。

2d. 基于用户的速度提供适应性设计。

原则三：使用的简单与直观

不论用户的经验、知识程度、语言技巧或当前精力集中的程度如何，设计的使用方式要简明易懂。

指导方针：

3a. 摒弃不必要的复杂性。

3b. 与用户预期和直觉判断保持一致。

3c. 依据重要性来排列信息。

3d. 在项目过程中和完成后提供高效率的提示和反馈。

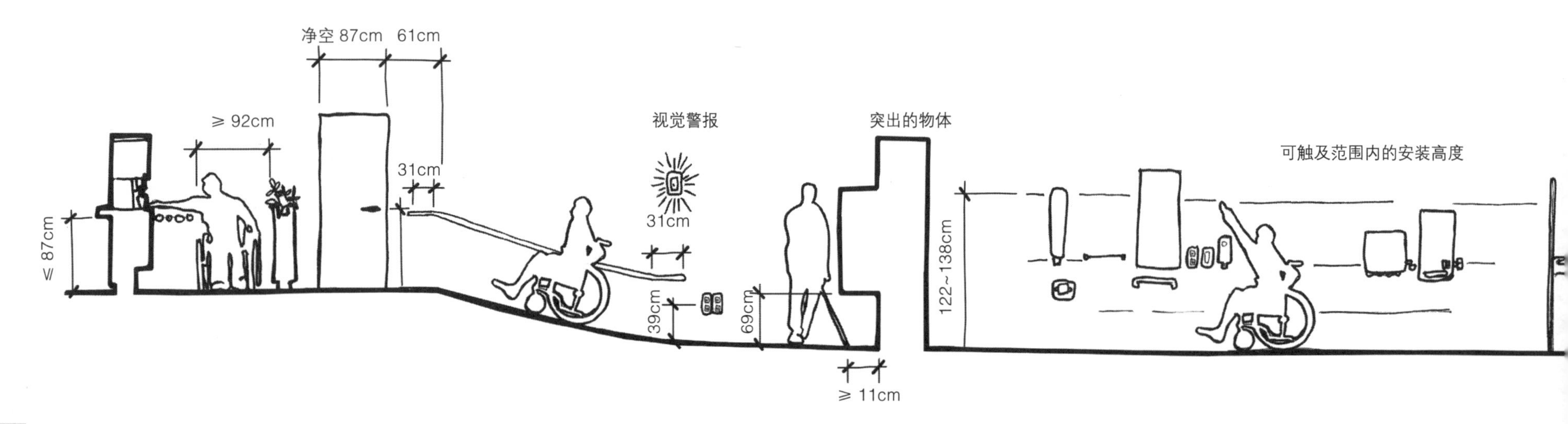

原则四：清晰的信息

无论环境条件和用户的感知能力如何，都能高效的将必要信息传达给用户。

指导方针：

4a. 在冗长的汇报过程中使用不同的方式（图形、语言、触觉）呈现基本信息。

4b. 在基本信息与其背景之间进行适当的对比。

4c. 将基本信息的可识别性最大化。

4d. 用可能的描述方式来区分要素（使它便于讲授或指明方向）。

4e. 兼顾感知能力受限的人，为他们提供多样的技术或设备支持。

原则五：容许错误

设计要能够使风险最小化，并且降低意外或无意识行为的发生概率。

指导方针：

5a. 合理规划设计要素从而降低风险和错误：将最常用的要素置于最便利的位置；对危险要素需要进行消除、分隔或为其设置防护。

5b. 提供危险或错误警示。

5c. 提供故障保护性能。

5d. 在需要提高警惕性的工作中禁止出现无意识的行为。

原则六：低耗力

设计能够保证使用的高效率和舒适度，并使用户的身体疲劳度控制在最小范围。

指导方针：

6a. 允许用户维持通常的身体姿势。

6b. 使用合理的操作力量。

6c. 减少重复性活动。

6d. 降低持续性的体力消耗。

原则七：适当的尺度和空间利用

无论用户的体型、姿势或能动性如何，都要为接近、可触及、操作行为提供合适的尺度和空间。

指导方针：

7a. 为任何坐着或站立的用户提供清晰的视线范围，使他们掌握重要的环境信息。

7b. 保证所有坐着或站立的用户能够舒服地拿取所有东西。

7c. 适用于多种手型和握力。

7d. 为使用辅助设备或个人设备提供合适的空间。

来源于《通用设计原则》. 第 2 版 . 北卡罗莱纳州立大学的通用设计中心 ,1977.

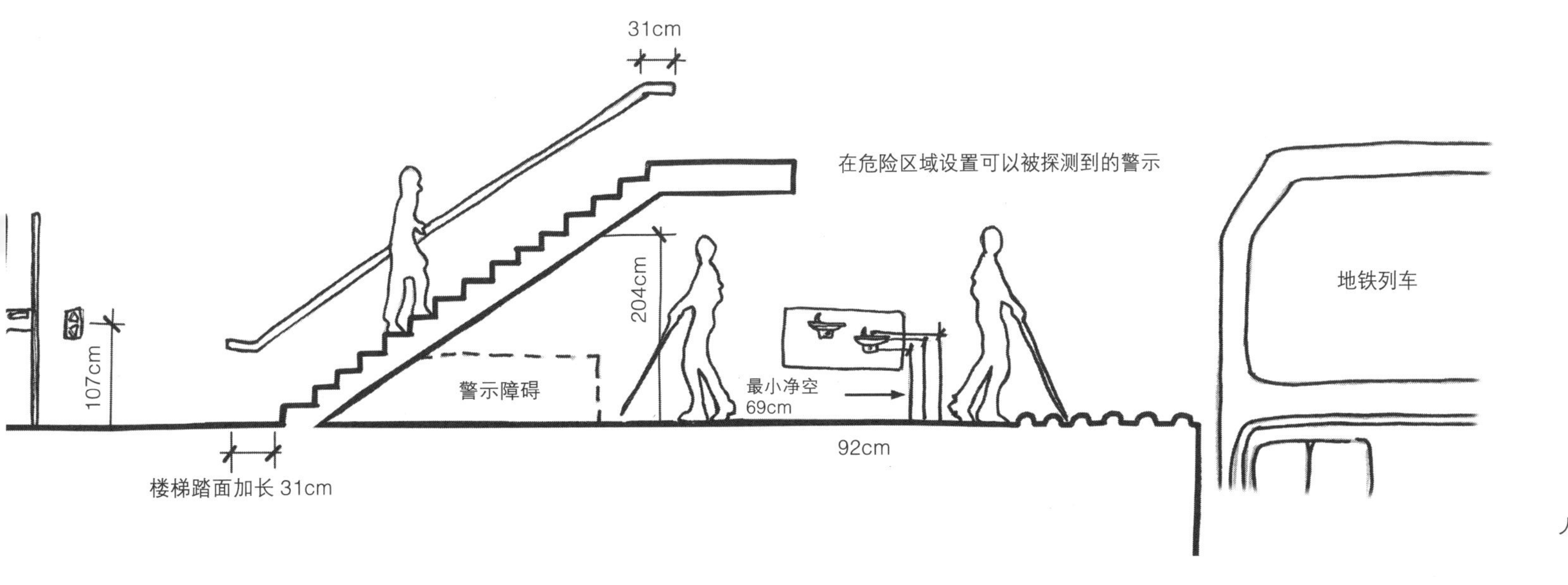

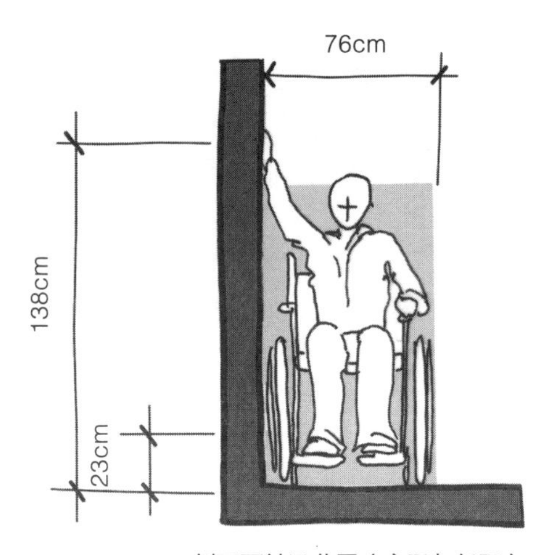

侧面可触及范围（高限与低限）

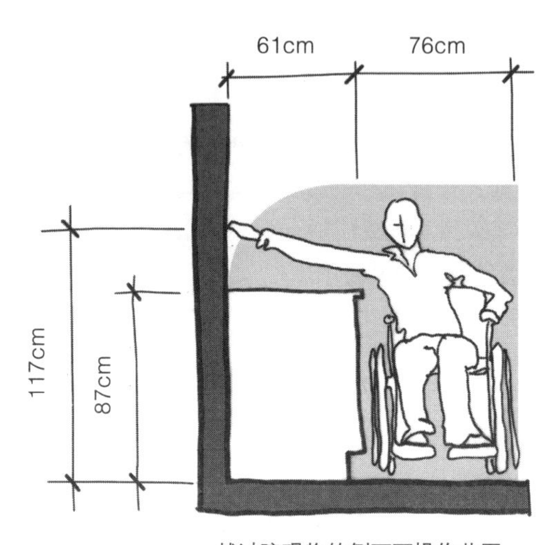

越过障碍物的侧面可操作范围

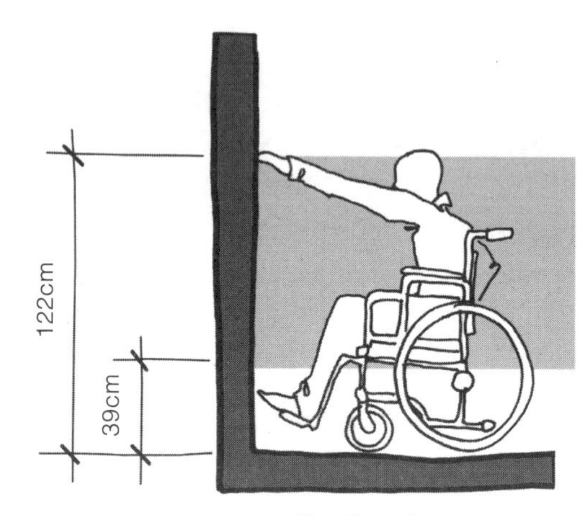

正面可触及范围(高限与低限）

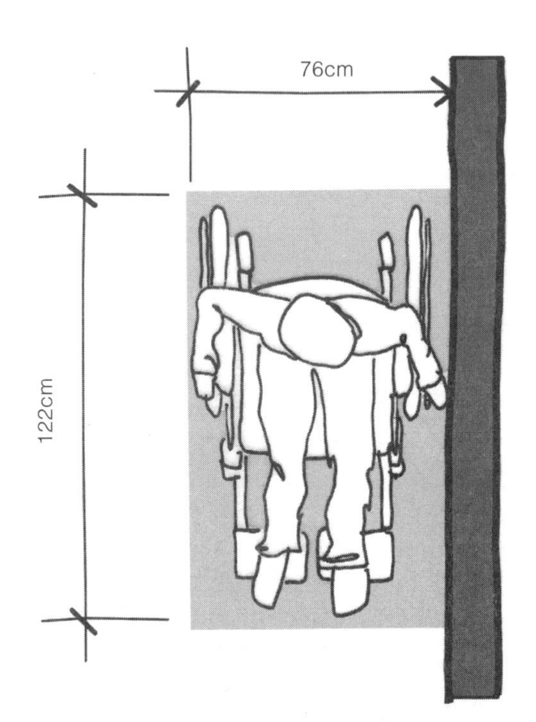

净空尺寸（平行接近）

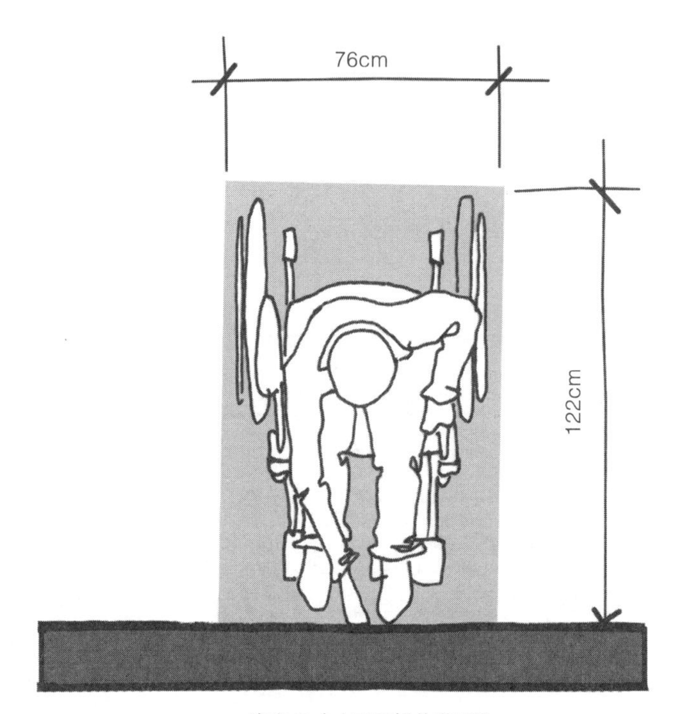

净空尺寸（正面操作范围）

平面中轮椅的基本尺寸

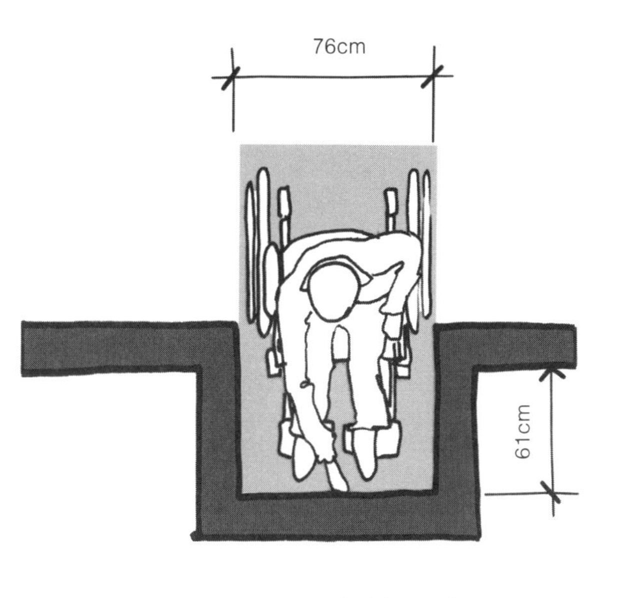

在凹入空间中的净空尺寸

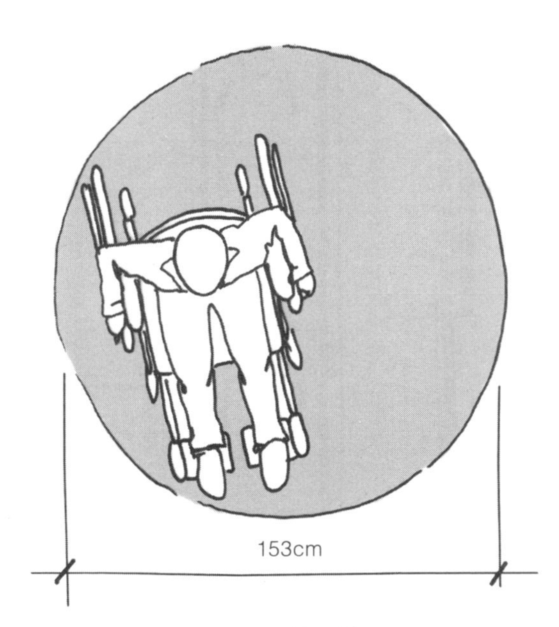

轮椅最小转弯半径

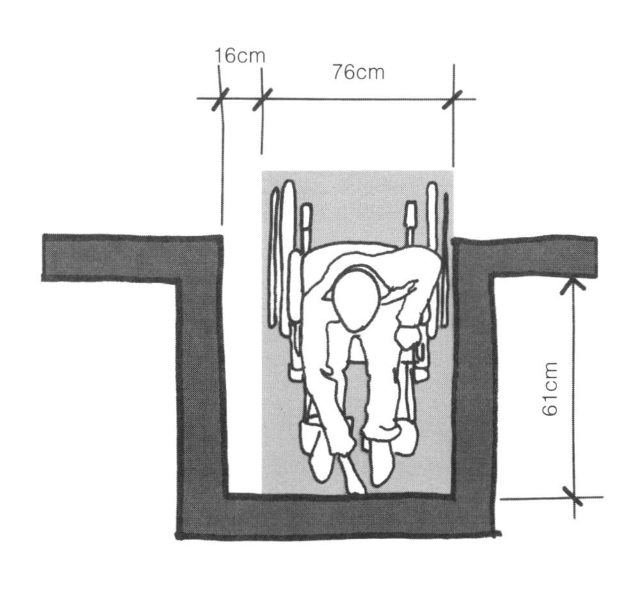

在凹入空间中的操作净空尺寸

轮椅

轮椅使用者与步行者在活动范围上有很大的不同。由于必须保持坐姿，因此轮椅使用者摸高的范围受到限制。此外，因为轮椅必须处于面对目标的位置，所以可触及的低限尺度就更为尴尬和有限。轮椅侧面的可触及范围比正面方向上要大一些，原因是在水平角度上侧面没有正前方膝盖与脚踏板的阻碍。坐姿的视线高度大于30cm，但是比绝大多数成年人站姿的视线高度要低。

轮椅有很多类型和尺寸。在美国，最常见的轮椅用铝管制成，配有大的驱动后轮和小的前脚轮。在欧洲比较流行大的驱动前轮和小后轮的轮椅。后者更容易操作，但是，大前轮的轮椅在靠近书桌、柜台时会受到更多的限制，并且不太适合户外使用。

在储藏或运输过程中，轮椅框架通常是可拆卸的。脚踏板与扶手通常是可移动的，或者通过铰链连接扭转到一侧。绝大多数轮椅可以通过转动安装在后轮上的手扶圈前进。

还有一类电动轮椅，由位于座椅下方的电池供电给发动机驱动。电动轮椅几乎与手动轮椅的尺寸相同，只是更重并且机动性稍差一些。

本页插图中包括基本的轮椅尺寸和轮椅旋转、通行、侧面可触及的范围尺寸。

无障碍环境：通行空间

走廊与其他公共通行区域的设计需要符合 ADA 法案中的无障碍交通设计要求。要求包括：通道最小宽度为 92cm，但是在以下情况下除外，管井开口或通道入口处及需要较大净空尺寸来完成 180° 转弯的通行区域。位于无障碍交通路线上最小的开门尺寸应为 82cm。开门的操作净空尺寸需要根据门的种类及开门方向而定（参见第 48 页至第 49 页）。在垂直方向上，尽可能地避免高差变化。而在有高差的区域内，应该提供坡道或其他可选择的通行方式来代替台阶。

注意：虽然轮椅的无障碍通行宽度是 92cm，但是建筑法中通常要求出入口走廊区的最小宽度应为 112cm。

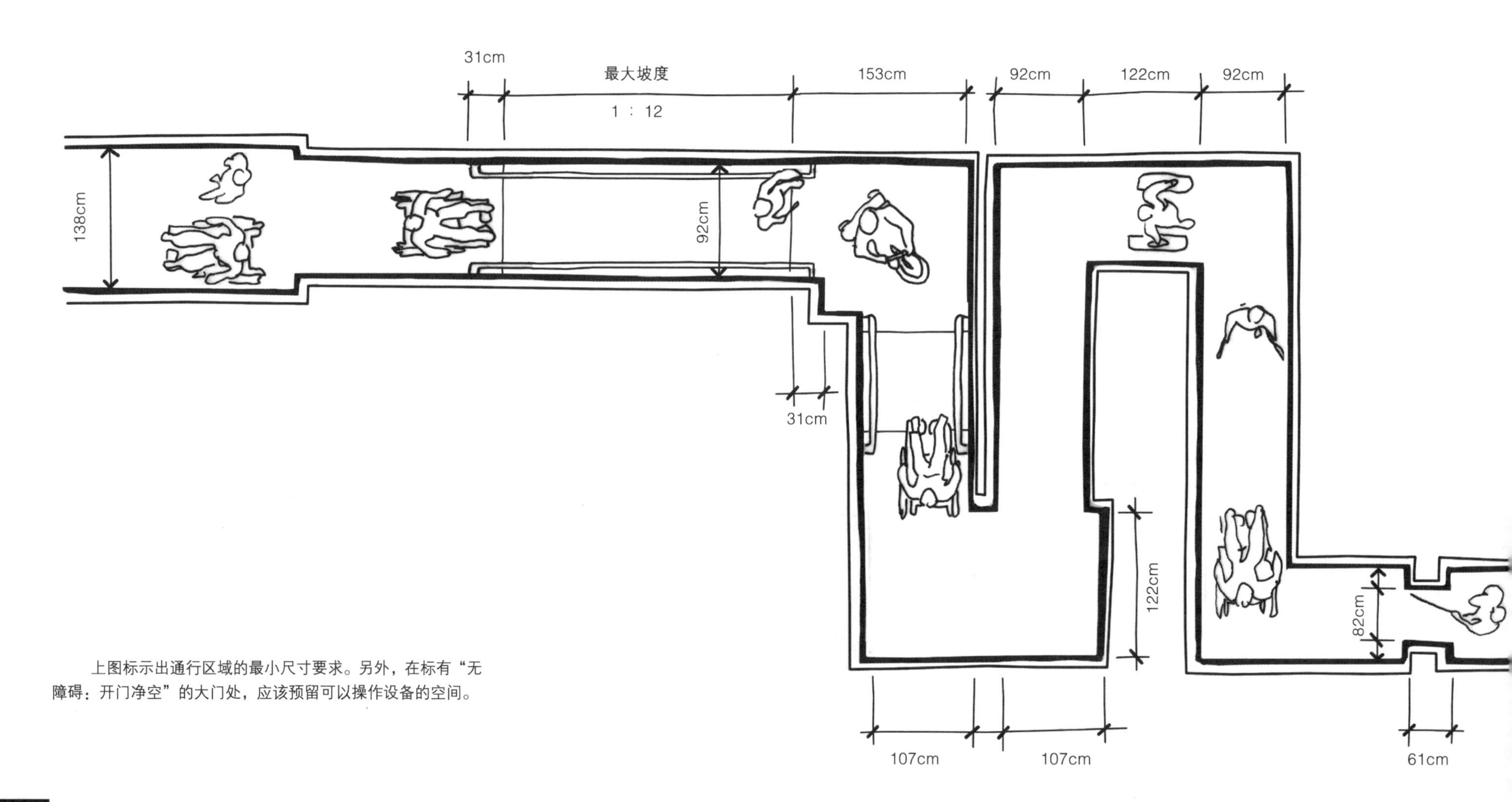

上图标示出通行区域的最小尺寸要求。另外，在标有“无障碍：开门净空”的大门处，应该预留可以操作设备的空间。

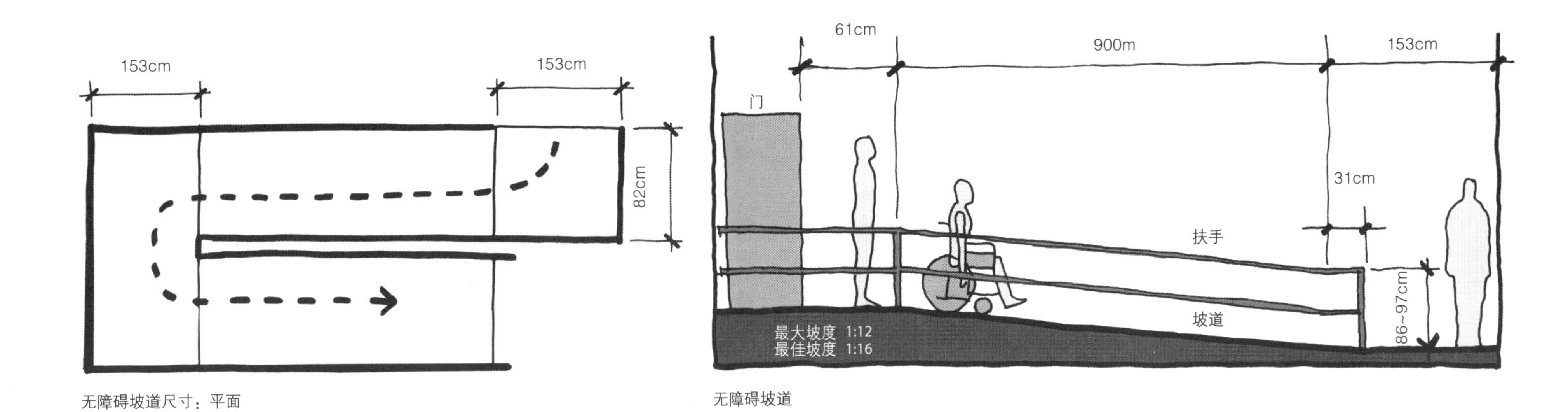

无障碍坡道尺寸：平面

无障碍坡道

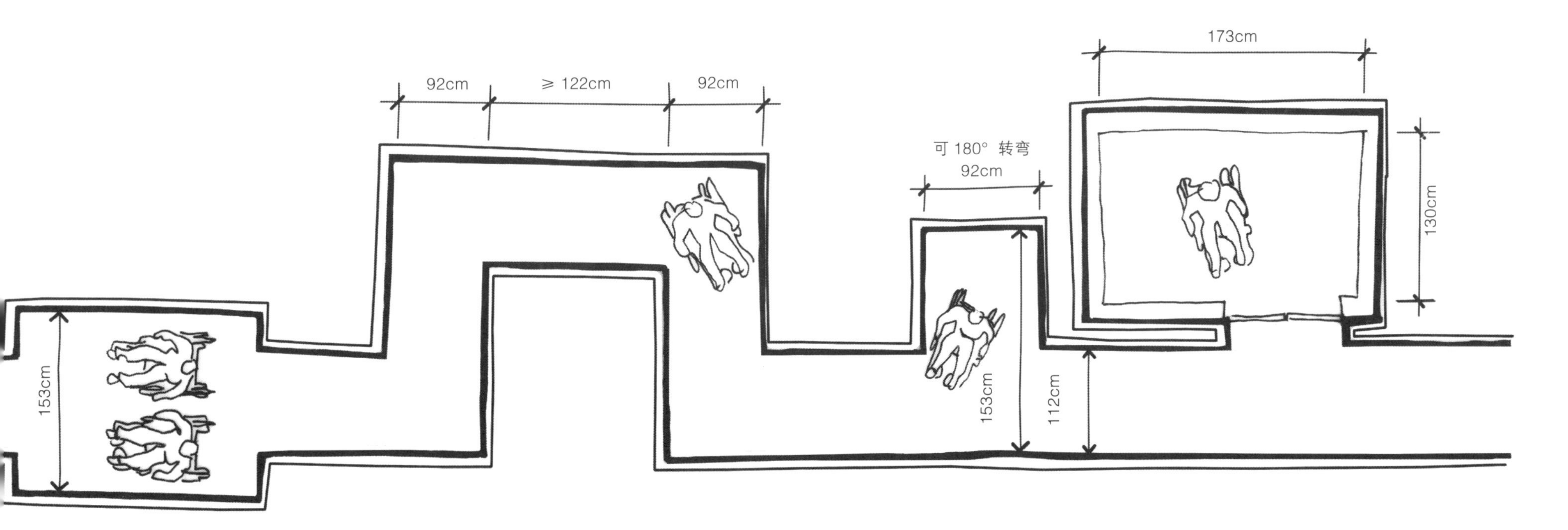

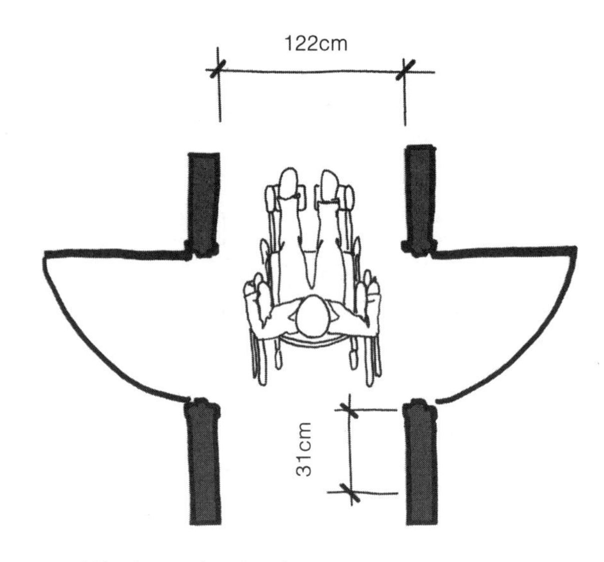

连续开门：反向开门

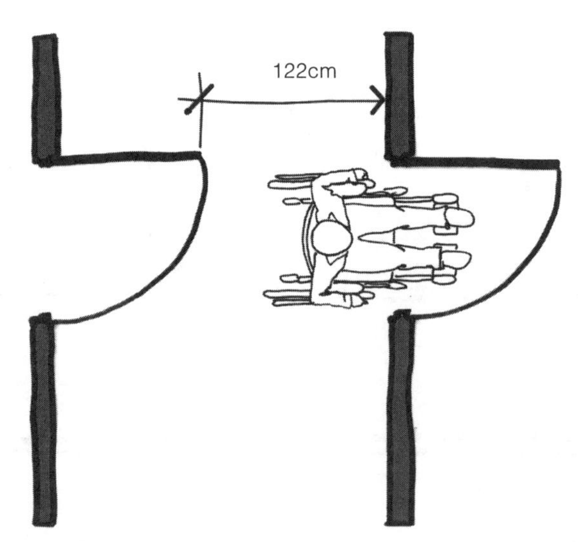

连续开门：同向开门

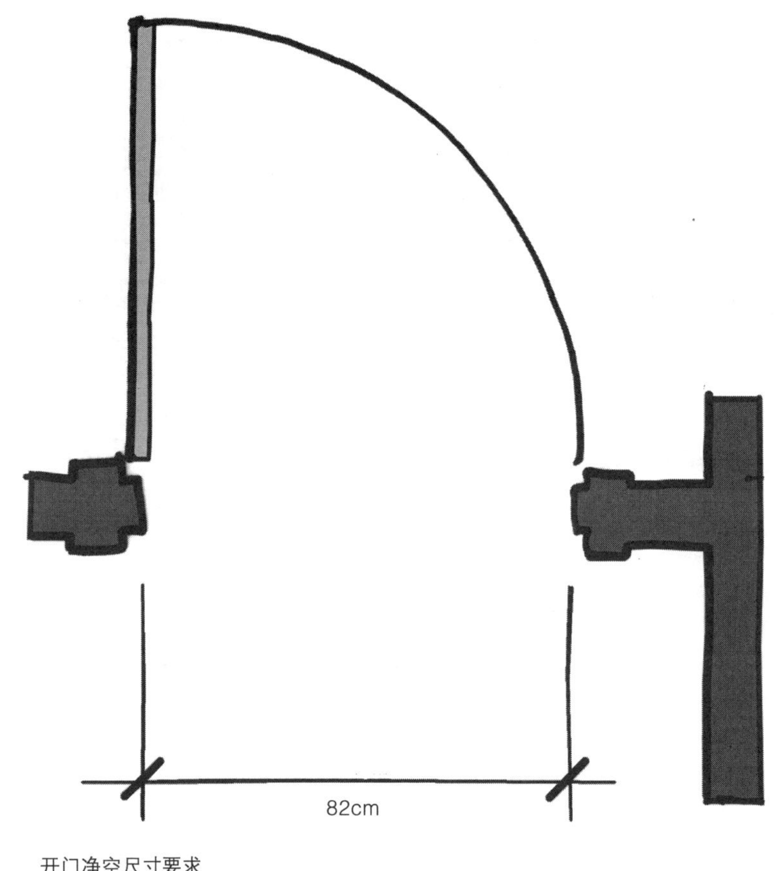

开门净空尺寸要求

无障碍环境：开门净空

无障碍门要求开门净空尺寸为 82cm，测量的距离是门板到开门至反向边框之间的尺寸。非自动门必须预留足够的操作空间，用来保证轮椅使用者从正面和侧面能靠近大门，并完成推门或拉门的动作。不同的门需要设置不同的开门净空，尺寸的依据是开门方向和开门方式。

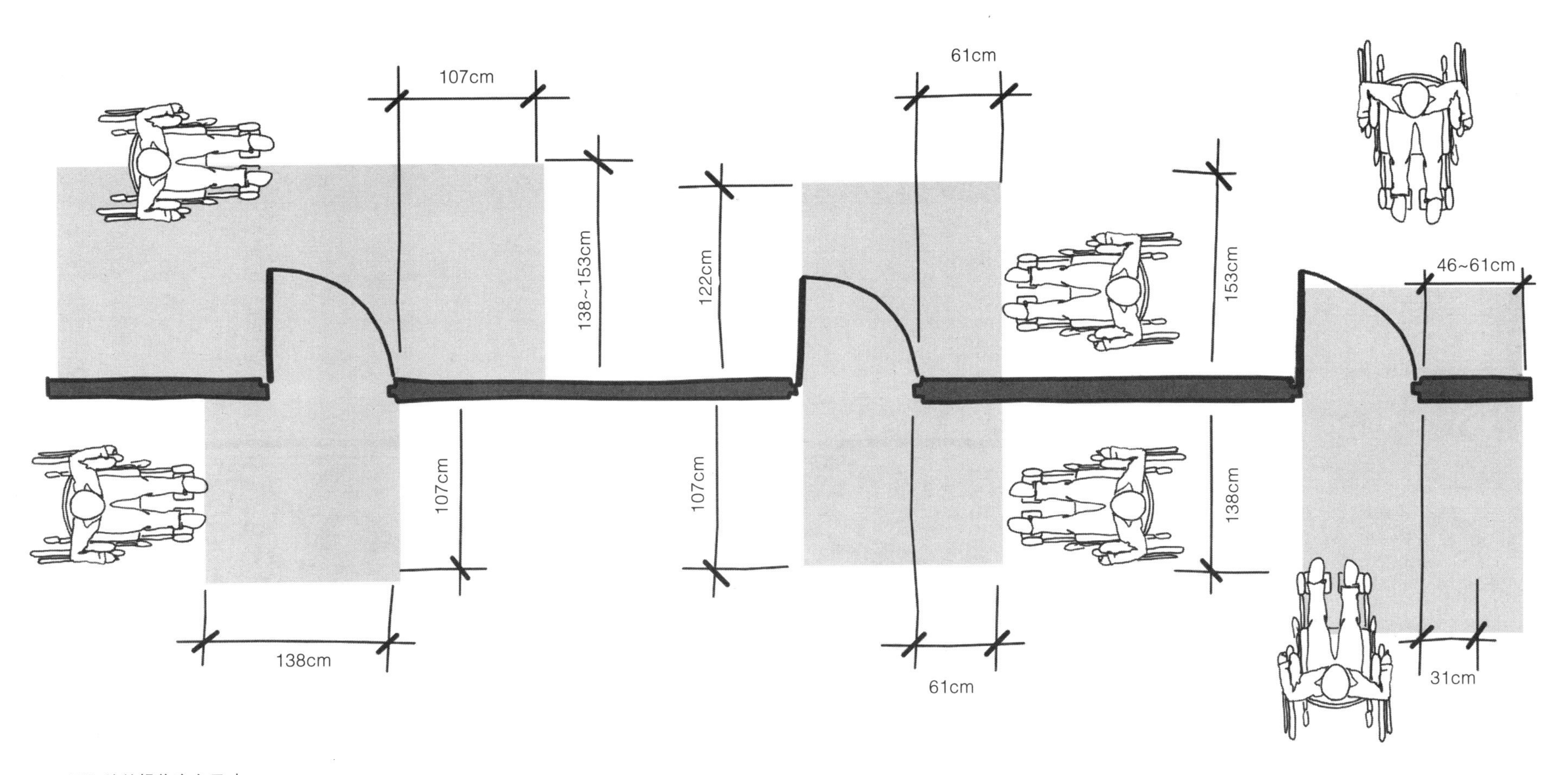
107cm
61cm
138~153cm
122cm
153cm
46~61cm
107cm
107cm
138cm
138cm
61cm
31cm

开门处的操作净空尺寸

无障碍设计：卫生间和饮水器

需要为轮椅使用者提供使用无障碍卫浴设备的合理净空尺寸，必须满足的尺寸要求参见本页插图。马桶和浴缸必需配有安全扶手，用来帮助使用者在轮椅和设施之间移动。马桶的净空间尺寸需要同时适合左撇子或右撇子使用。标准坐便器最小座深是142cm，需要有壁挂式马桶的固定配件。如果座深尺寸增加至少8cm，就需要使用地面马桶的固定配件。改建工程中，只有在无法实施标准马桶的情况下，才可以选择其他的无障碍布局形式。

122cm
43cm
76cm

盥洗池的操作空间尺寸

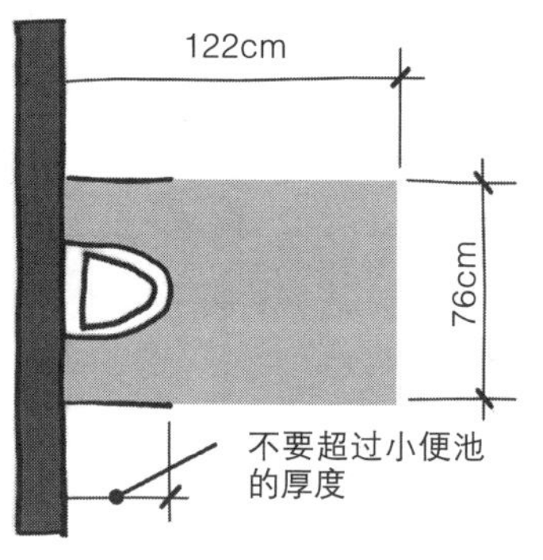

小便池地操作空间尺寸

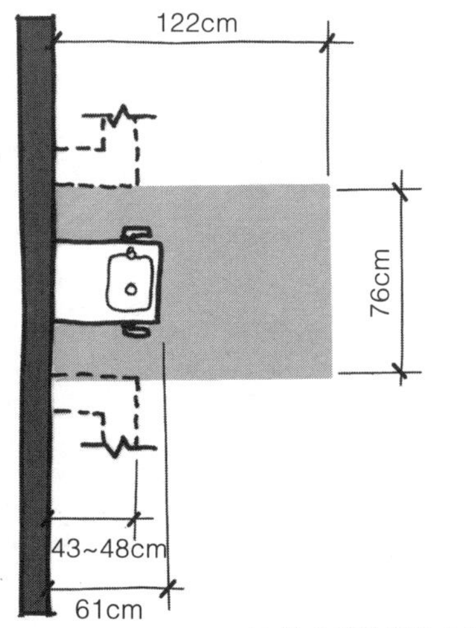

饮水器的操作空间尺寸

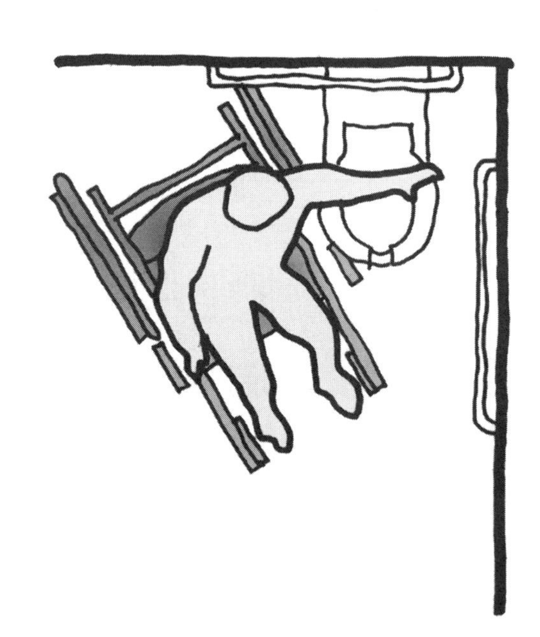

从轮椅移动到马桶上的使用示意图

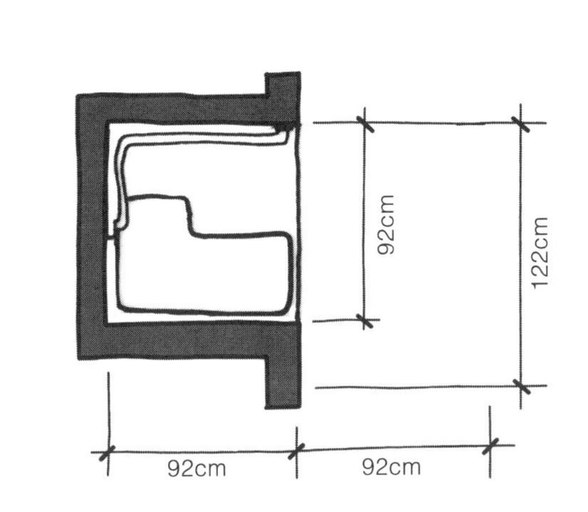

淋浴间的净空尺寸

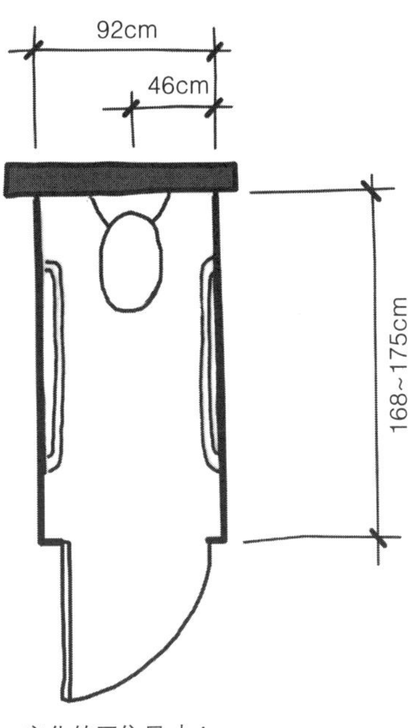

变化的厕位尺寸 A

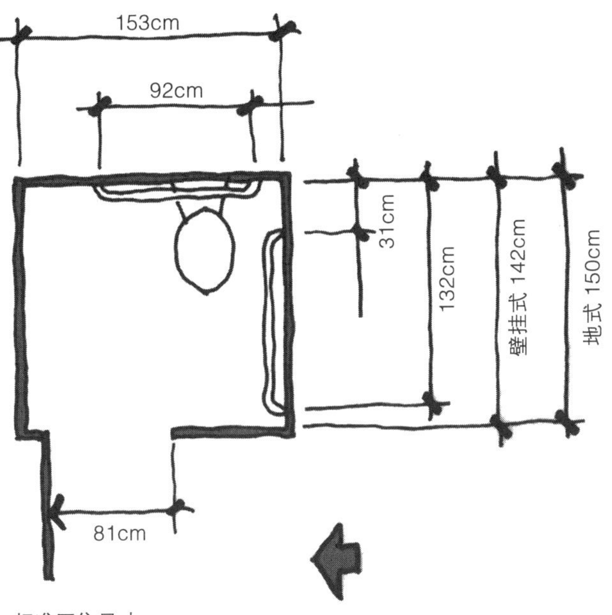

标准厕位尺寸

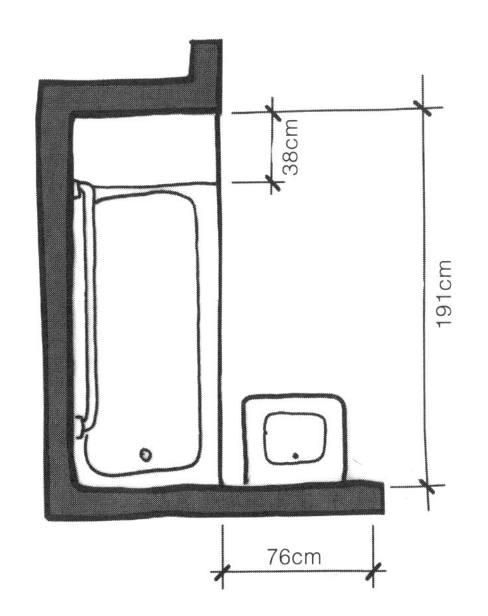

浴缸的净空尺寸

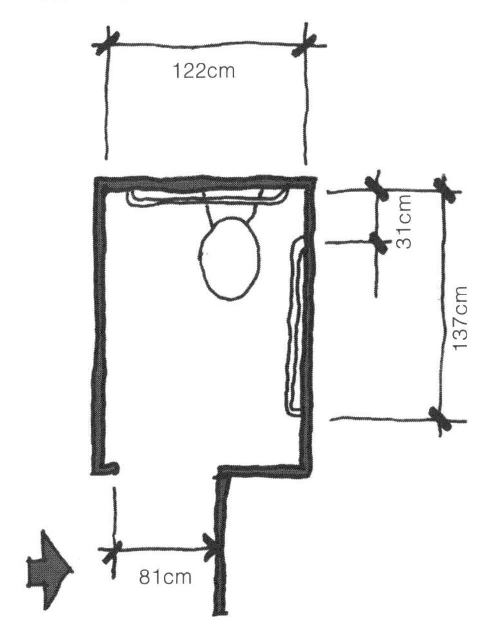

变化的厕位尺寸 B

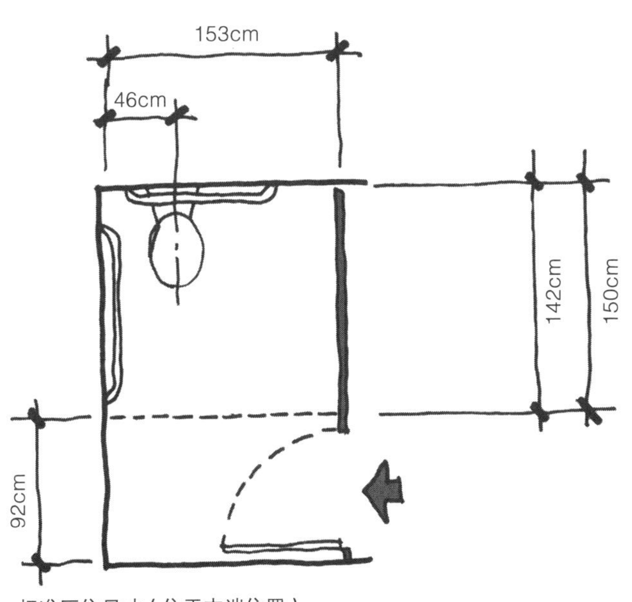

标准厕位尺寸（位于末端位置）

无障碍的应用：主卧套间项目

本小节中的插图是两个设计项目的方案，本页的方案是一个完整地进行了无障碍设计的主卧套房项目，包括卧室空间、主卫、储藏空间和座位区。本方案的业主是一对老年夫妇，他们希望能有基于《通用设计原则》的设计解决方案，比如室内空间能够适合他们未来使用轮椅的空间需求，但业主并不想让他们的主卧看起来像是专为残疾人设计的医疗机构。

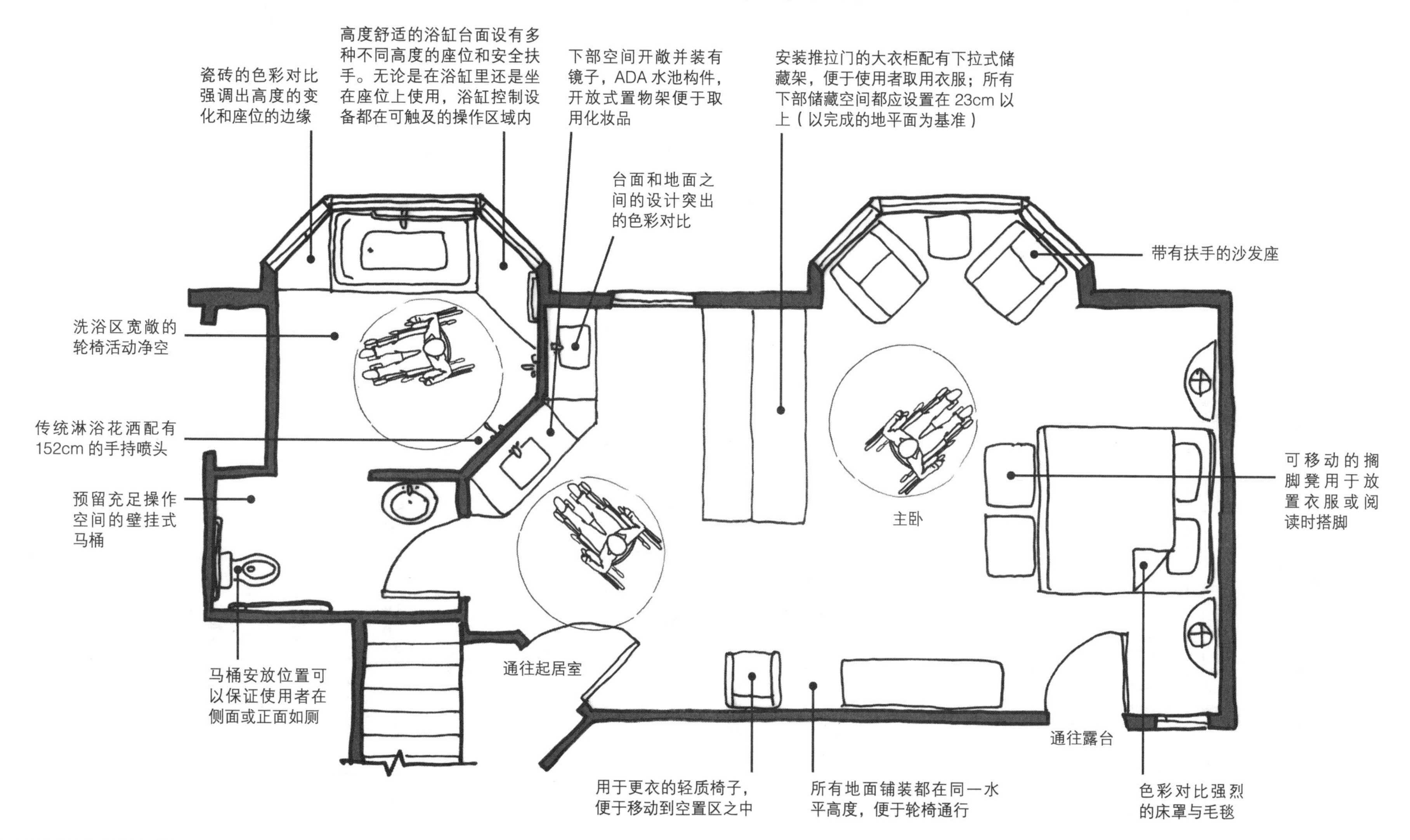

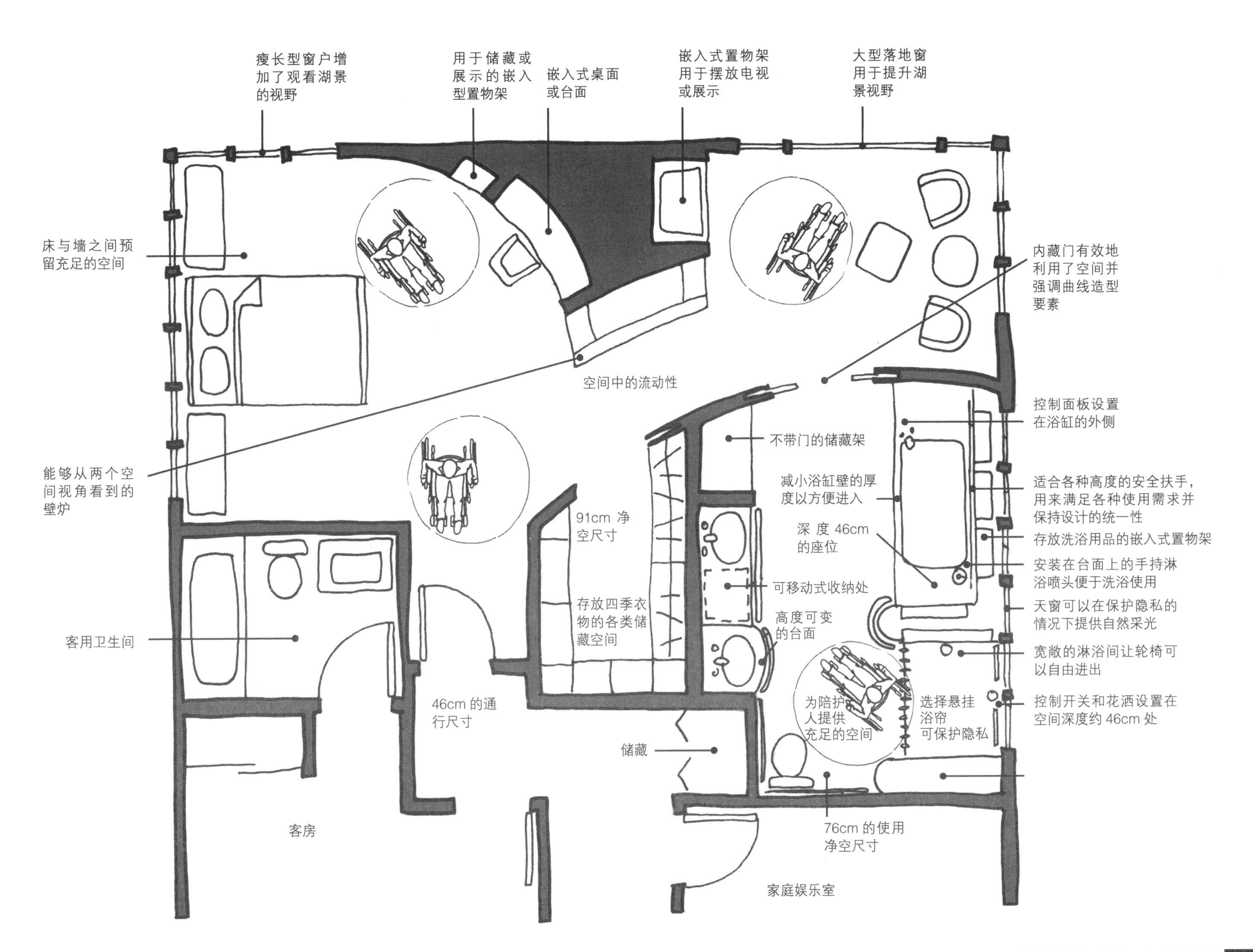
瘦长型窗户增
加了观看湖景
的视野
用于储藏或
展示的嵌入
型置物架
嵌入式桌面
或台面
嵌入式置物架
用于摆放电视
或展示
大型落地窗
用于提升湖
景视野
床与墙之间预
留充足的空间
内藏门有效地
利用了空间并
强调曲线造型
要素
空间中的流动性
控制面板设置
在浴缸的外侧
不带门的储藏架
能够从两个空
间视角看到的
壁炉
减小浴缸壁的厚
度以方便进入
适合各种高度的安全扶手，
用来满足各种使用需求并
保持设计的统一性
91cm 净
空尺寸
深 度 46cm
的座位
存放洗浴用品的嵌入式置物架
安装在台面上的手持淋
浴喷头便于洗浴使用
可移动式收纳处
存放四季衣
物的各类储
藏空间
天窗可以在保护隐私的
情况下提供自然采光
高度可变
的台面
客用卫生间
宽敞的淋浴间让轮椅可
以自由进出
为陪护
人提供
充足的空间
选择悬挂
浴帘
可保护隐私
控制开关和花洒设置在
空间深度约 46cm 处
46cm 的通
行尺寸
储藏
客房
76cm 的使用
净空尺寸
家庭娱乐室

生命安全：出口的概念

设立**建筑法规**的目的是为了保护建筑使用者的**健康、安全和幸福**。建筑法规涉及建筑、材料和系统相关的很多规范。对空间规划师而言，需要特别关注涉及生命安全的消防问题。包括：为防止火情蔓延而设计的建筑防火分区、自动灭火系统的应用（喷淋），以及在火灾或其他紧急情况下楼梯和其他出口设置的位置。**《国际建筑法》**（The International Building Code）已在美国广泛应用，它是建筑规范的主要来源，还有一些专门研究建筑规范的优秀教材。本小节的写作目的是概述一些与生命安全相关的主要概念，了解这些概念非常重要，这些概念会影响空间规划的设计决策。

根据用途和危险等级，建筑法规中对建筑物进行了归类。包括：人员密集场所、经营场所、教育场所、工厂或工业场所、研究场所、商业场所、居住场所和危险场所。诸如结构材料、墙壁防火级别和出口方式等规范，会根据使用**人群流量**（user occupancies）的差别而产生**差异**。所有建筑类型都非常重要，但是，我希望你们主要关注未来可能会经常遇到的三种类型：人员密集场所、经营场所和商业场所。

人员密集场所（assembly occupancies）涉及包含大量人流的高密度项目，例如剧院、宴会厅、餐厅、酒吧和夜总会。这些场所的共同特征是有高密度的使用人群，因此在紧急情况下进行的安全疏散就显得尤为重要。办公场所被划分在商用场所（business occupancies）之中，因此，设计时可以在此类型中查找具体的法规要求。办公场所经常位于高层建筑之中，因此其所处的高度会给消防、应急措施、安全疏散带来挑战。与在街面上疏散人群相比，在地上 30 层疏散成百上千的人员是十分复杂的任务。最后，零售场所被划分在商业场所之中，此类型的法规中包含了具体的设计要求。

在本页和接下来的几页中，我会讲述几个关于人身安全的概念，以期为实现空间规划目标提供帮助。

直接型疏散路线

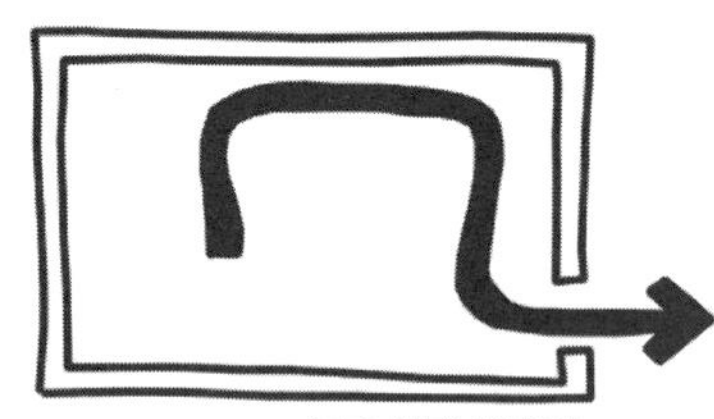
复杂型疏散路线

出口被烟阻挡

可选择型疏散线路

根据法规要求，你的项目中可能设有一个或多个出口。如果仅有一个出口（或者空间距离很近的两个出口）则必须考虑到：出口附近一旦起火，将直接阻碍人群逃生。为此，法规通常要求设置多个彼此相距较远的出口。

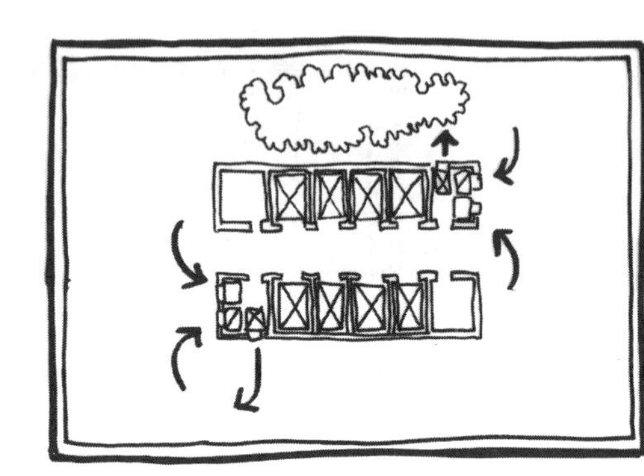

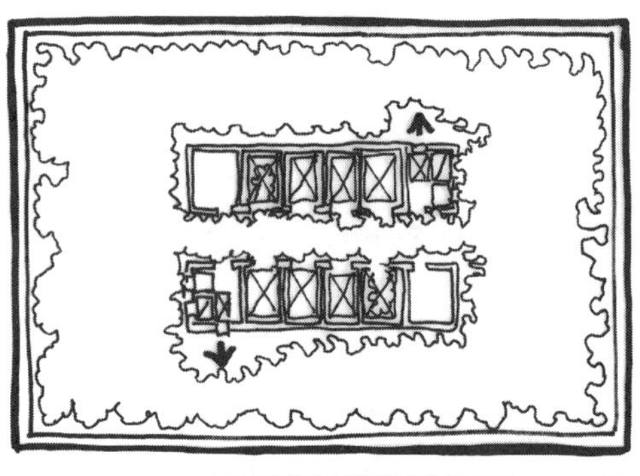

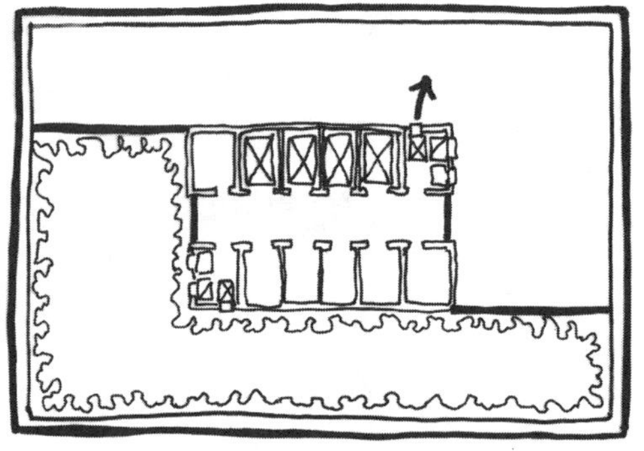

在上面的方案中，假设现场的情况是高层建筑上层开始起火。最上面的插图标明了起火情况和两个逃生通道。中间的插图表明：在未进行防火分区的楼层，火势和浓烟会迅速地蔓延。最下面的插图说明了划分防火分区的建筑内部是如何控制火情和浓烟蔓延的（至少在短时间内），并如何有效地配合逃生通道和出口功能发挥作用的。

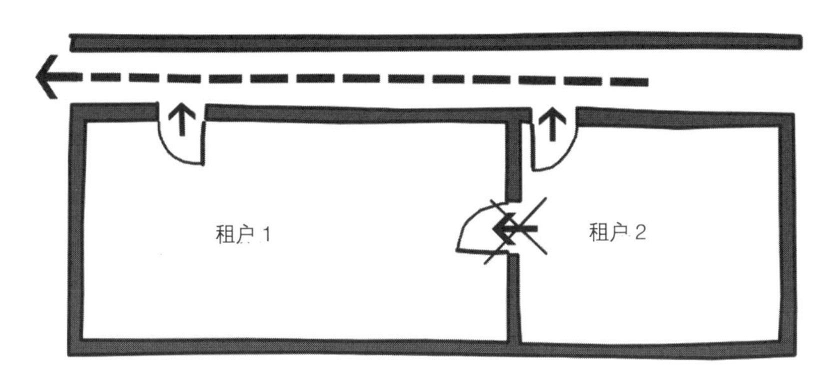

在大量居住者使用的建筑内（例如居住、医疗、商业建筑），要求每户设置自己独立的疏散大门（egress door）。法规中规定，不允许居住者经由别人的空间进行疏散。

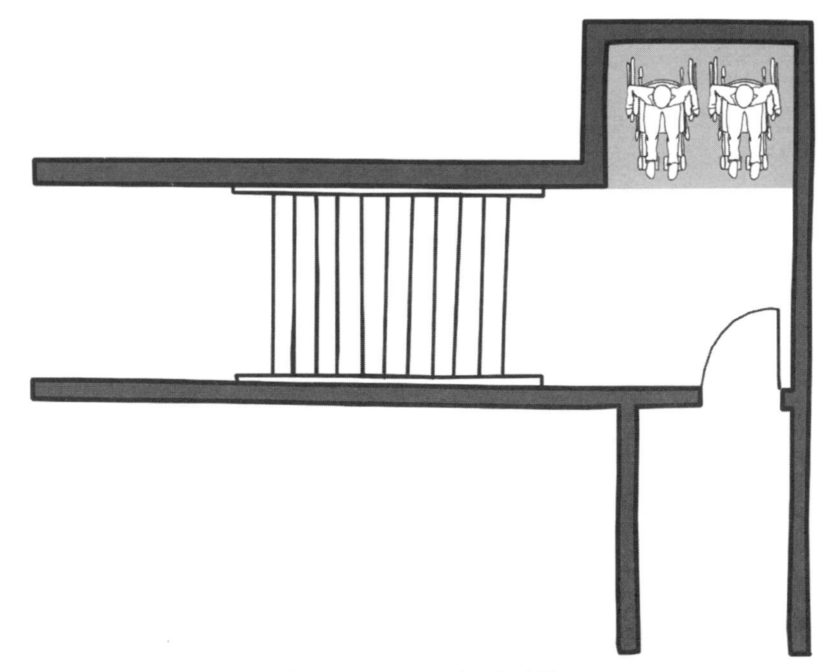

法规要求建筑中提供避难区域（area of refuge），行动受限制的使用者可以安全地在这里等待救援。

逃生系统包括：
A. 房间，B. 通向走廊的出口
C. 封闭的（受保护的）逃生楼梯
D. 出口通向的场地
E. 安全的公共通道

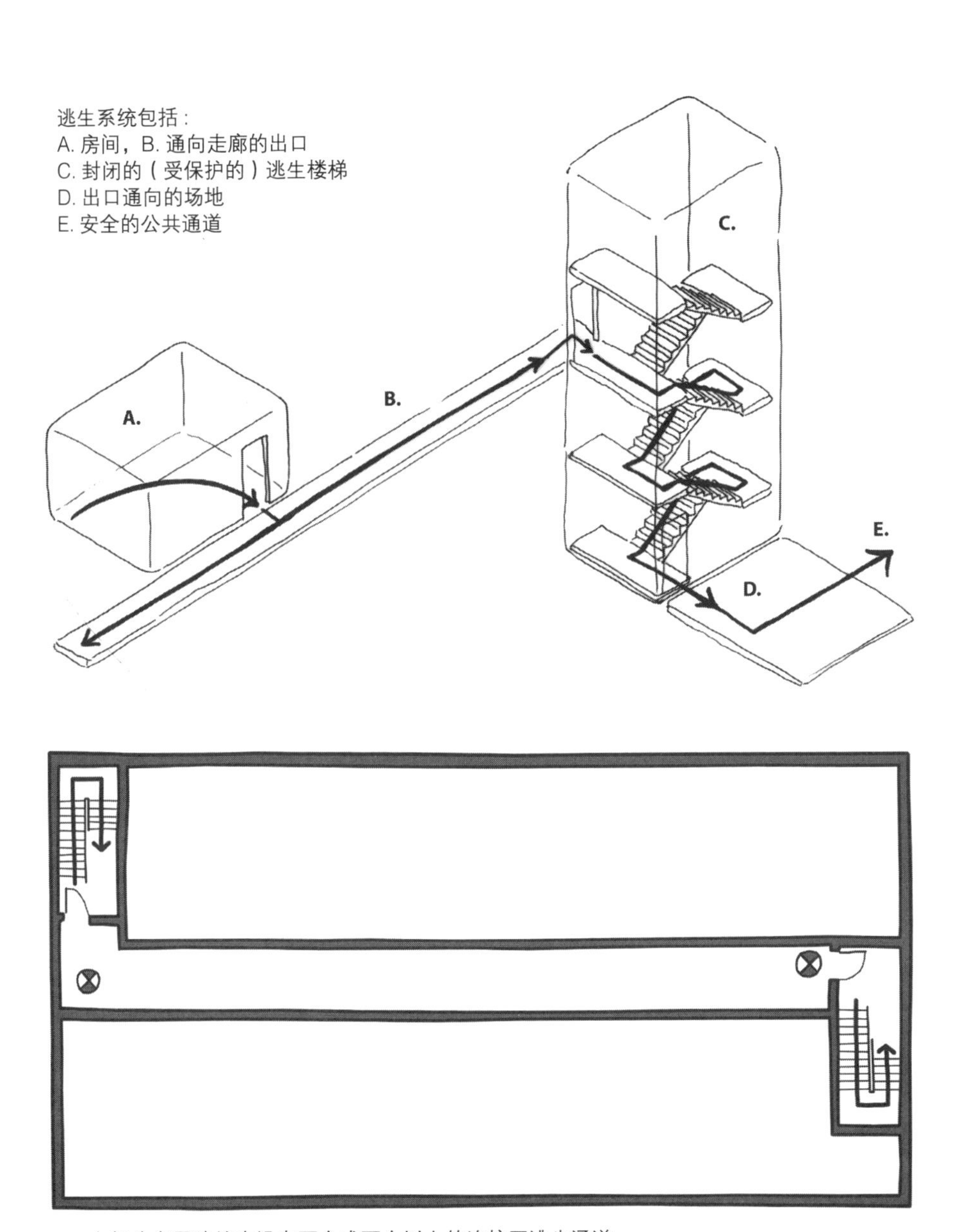

大部分多层建筑中设有两个或两个以上的连接至逃生通道的出口。疏散路线（egress route）必须标注清晰，在逃生路线上安装有安全疏散和出口大门（exit doors）的标志。

疏散：出口和大门的规范

出口数量

一层的经营建筑、商业建筑和综合建筑（位于建筑群中）中，在未超过 50 人使用（根据法规中使用人数公式进行计算）且通行距离为 22.8m 的情况下，可以只设置一个出口。两层的商用和销售建筑中，如果使用人数不超过 30 并且通行距离不超过 22.8m 时，可以只设置一个出口。上述三种类型的建筑，如果是独立租用的空间，当使用人数少于 50 人的情况下也可以只设置一个出口。实用人数大于 50 人且小于 500 人之内的楼层或套间，至少需要设置两个出口。人数在 500 人与 1000 人之间，要求至少设置三个出口，而大于 1000 人的情况下至少要设置 4 个出口。

门宽与开门方向

疏散大门（egress door）需要预留至少 82cm 的开门净空。大门本身必须比这个尺寸更宽，以提供必要的空间，较为常见的大门宽度是 92cm。在使用人数大于 50 人的空间中，大门的方向与通行方向一致（通常是外开，通向外部走廊）。需要注意的是，如果是个人使用的办公室和空间的门，就可以设成内开。通常情况下，在套间中只要求主门的开门方向朝向公共走廊。

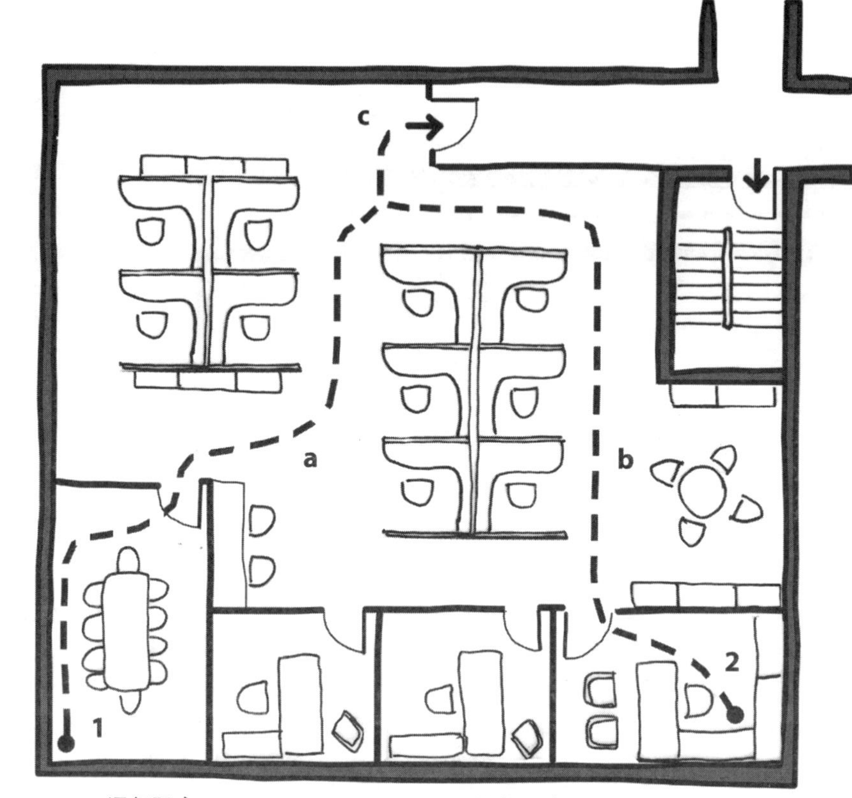

套间中，当使用人数少于 50 人并且与出口大门之间的通行距离未超过 22.8m，可以只设置一个出口。测量的通行距离是从空间中最远端的角落至出口大门之间实际通行路径的距离。

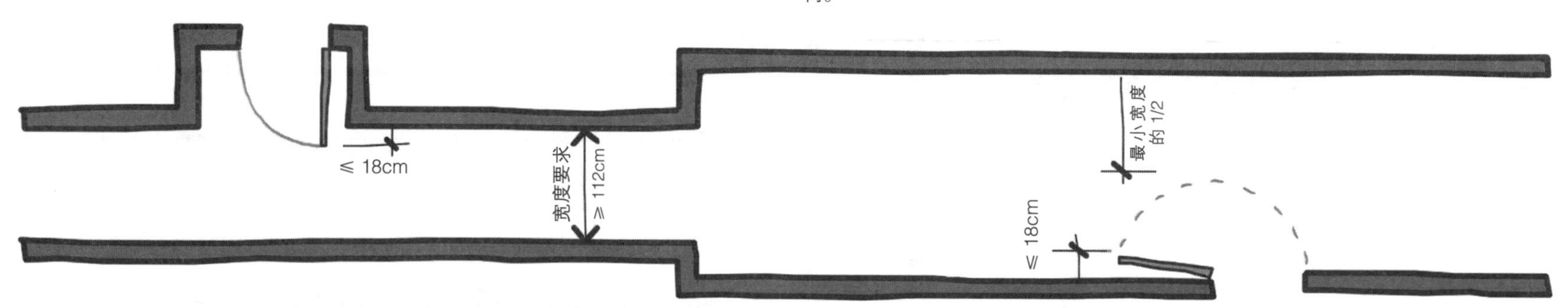

规范要求疏散通道宽度至少要达到 112cm，并且，有较多的使用人数时必须增加通道的宽度。位于开门前厅的大门，超出通道的尺寸范围不能多于 18cm。开门后，如果大门的远端与对面墙面之间的距离仍然可以达到规定所要求净空尺寸的一半，那么大门就可以朝向走廊开启。例如，规范要求的走廊宽度是 112cm，开启大门的远端与对面墙之间的净空距离可以达到 56cm 或者更大，那么安装外开门就是可以接受的。

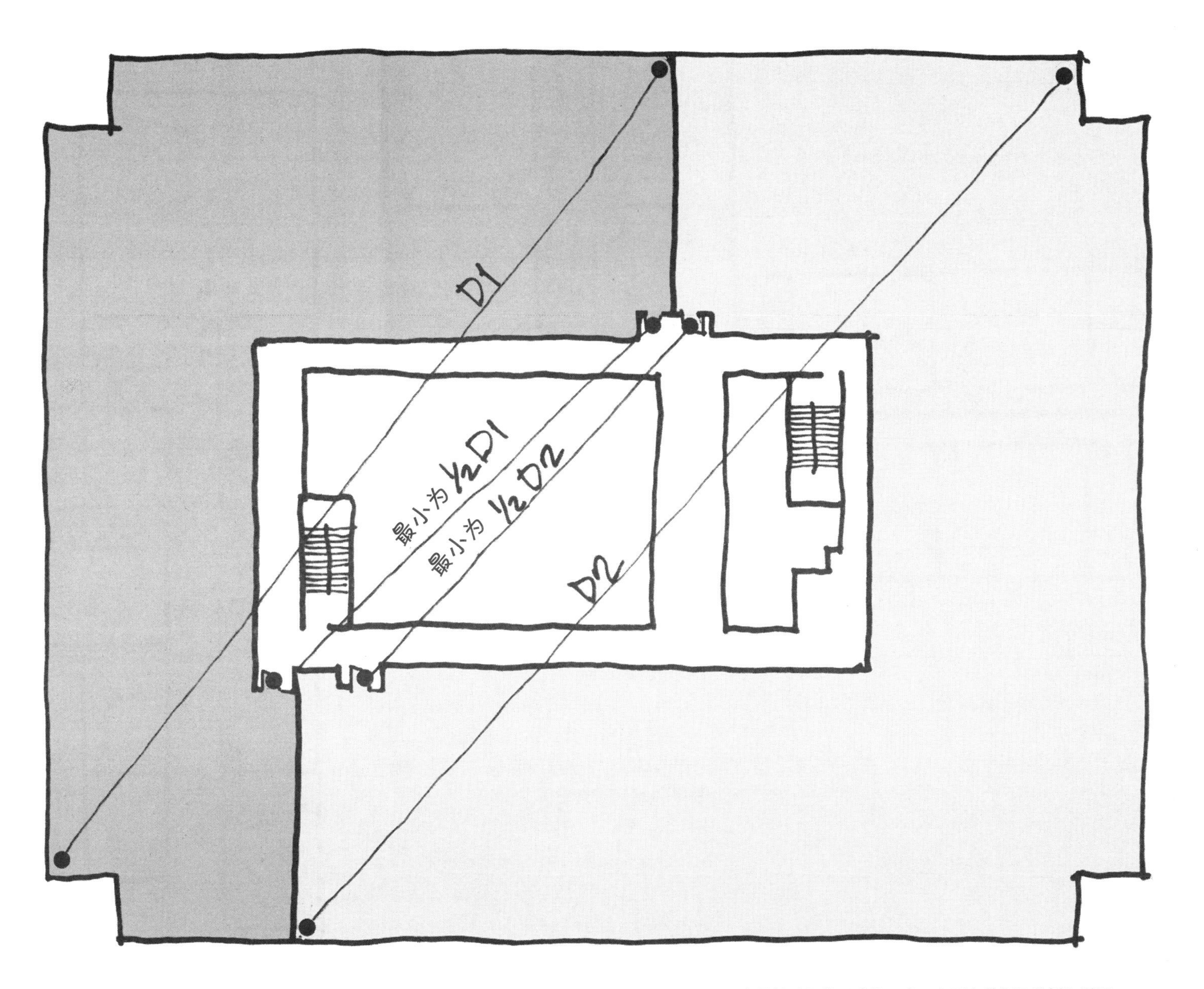

当套间中设置了两个出口，它们之间应该尽可能地拉大间距。规范要求两门的间距至少是平面中最长对角线尺寸的一半。上图中进行了举例和说明。

* 装有喷淋系统的建筑中可以将两门地间距减小到$\frac{1}{3}$D

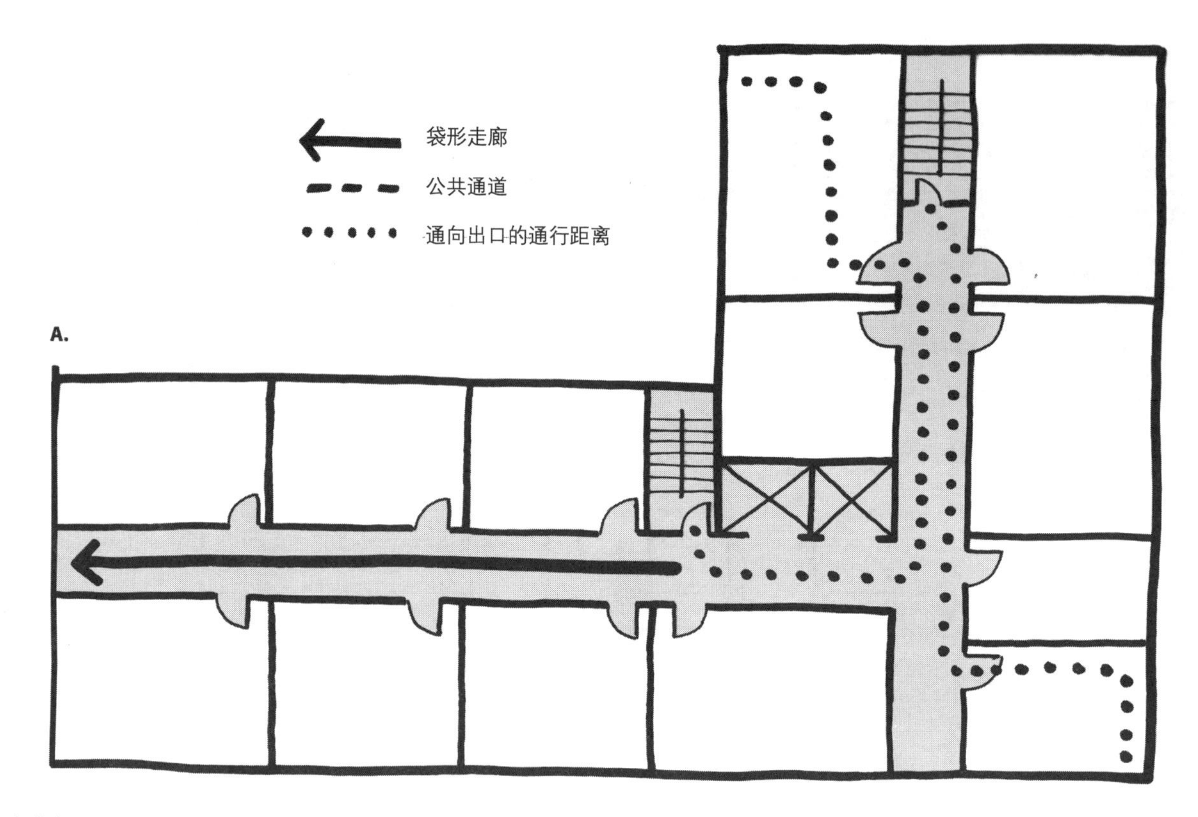

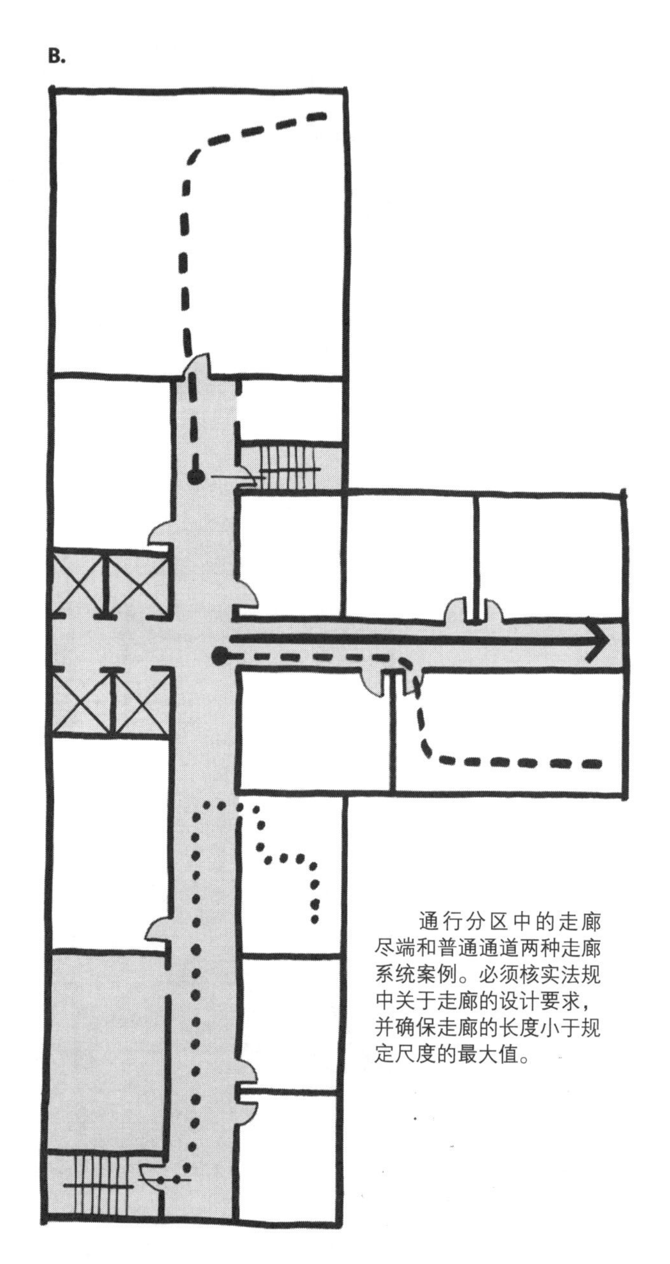

通行分区中的走廊尽端和普通通道两种走廊系统案例。必须核实法规中关于走廊的设计要求，并确保走廊的长度小于规定尺度的最大值。

疏散：疏散通道的优秀实践

总的来说，无论是设计独立单元还是整层的通道系统，都需要实现两个重要目标：

・确保使用者迅速到达某位置时，他们有两个疏散方向的选择；

・避免不通向出口的长走廊设计，这会造成使用者不得不折返，导致在火灾引起的紧急情况中浪费宝贵的时间。

在规范中用到了两个概念，用来强调上述目标。第一个概念是**公共通道**（common path of travel），是使用者到达出口之前必须通过的距离，而且在到达某个位置时有两个可以通行方向可选择。规范要求这段距离要尽可能地缩短，所规定的距离根据建筑类型的差异而不同。例如经营性建筑，普通通道最大长度要求是 22.8m，当建筑内设有喷淋系统或使用人数少于 30 人时，普通通道的长度可以设置为 30.5m。

第二个概念是**袋形走廊**（dead-end corridor），在长度尺寸上同样也有规范上的限制要求。在大多数情况下，袋形走廊的长度限制在 6.1m 之内，也有一些例外，例如在经营性建筑内设有喷淋系统时，可以将袋形走廊的长度增加至 15.25m。

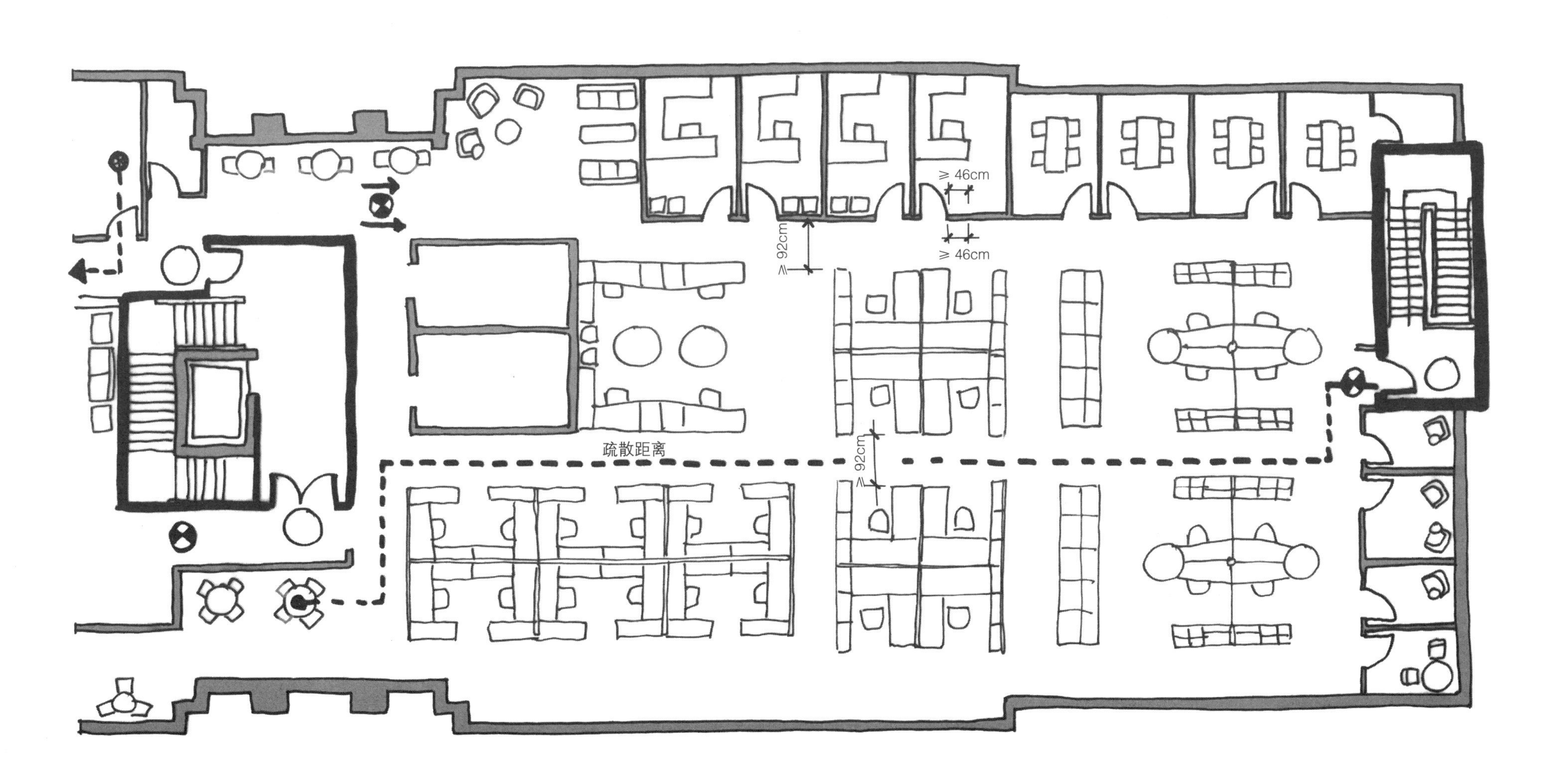

符合法规要求的办公空间项目的平面图。注意其中具有代表性的通道设计特点和走廊、大门、办公空间三者之间的距离，以及出口标志的位置。

多个租户使用的走廊

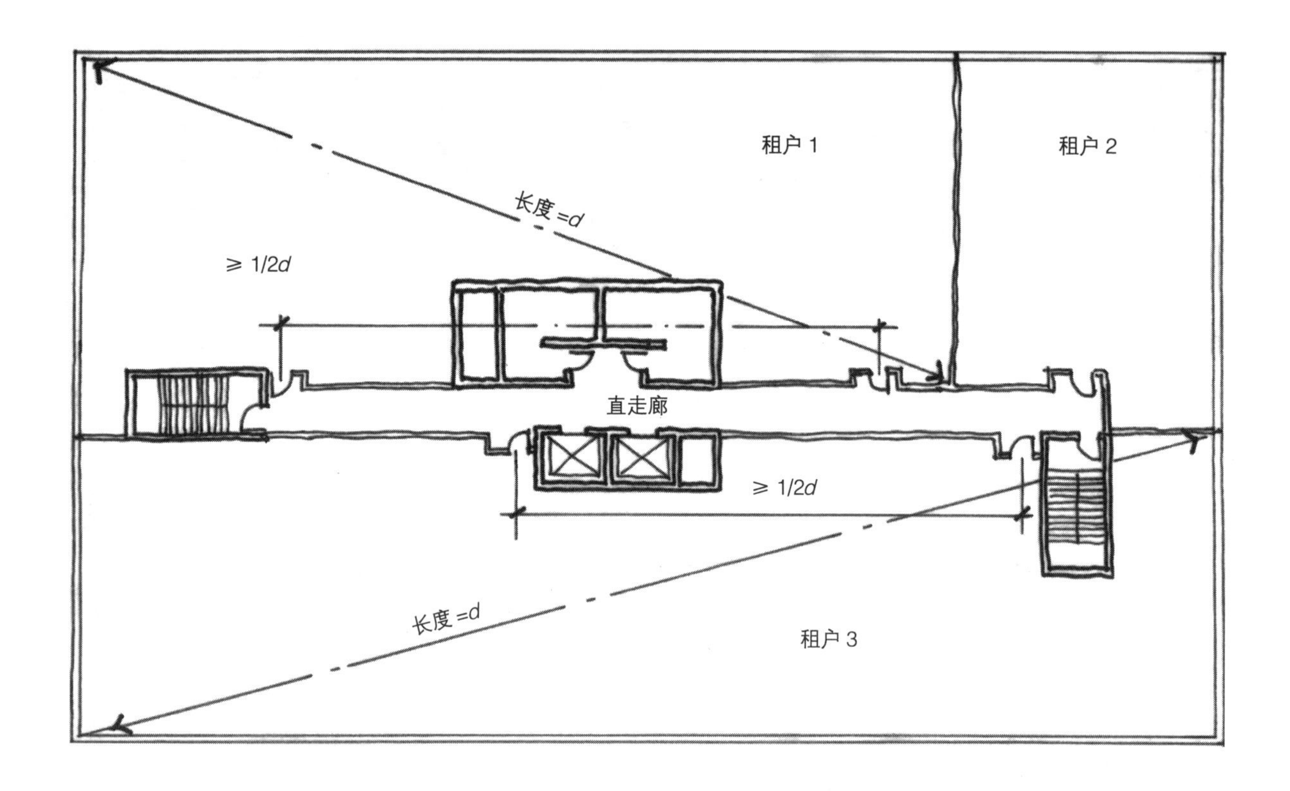

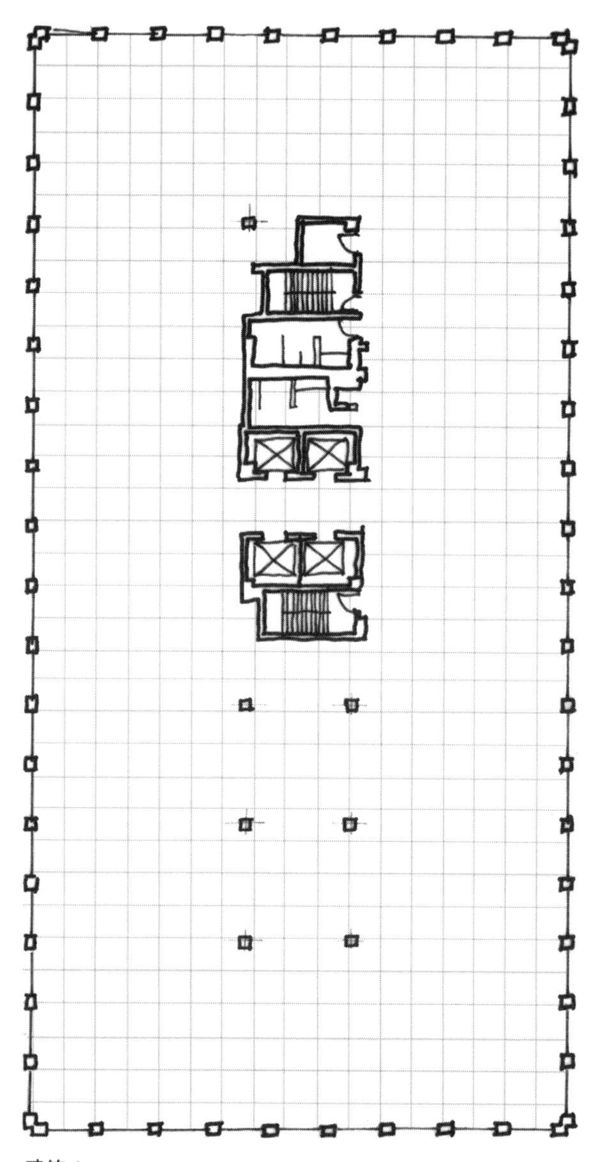

建筑 1

多层建筑中，在同层内经常有公司、医疗办公机构等多个租户。与公寓建筑不同，办公建筑中的出租空间是根据租户的需求进行设计的。当建设全部完成时，一层之中可能包含四个中等规模的出租空间，或者一个大型和两个小型出租空间。根据项目的不同，实际的出租空间构成及位置安排也不同。多层建筑里有**多个租户使用的楼层**（multi-tenant floor）需要进行严谨的设计，才能在万一发生火灾的时候能够提供安全的疏散方式。本章前几节中论述的概念在此也将有所应用。主要问题包括每个出租空间要求的出口数量、出口位置、公共走廊系统的布局及避免袋形走廊的设计。在这类建筑中，常见的走廊系统设计方式包括出口楼梯之间的直线走廊、穿过电梯厅且连接位于相反两端楼梯间的 Z 形走廊、围绕核心筒的环形走廊。设计师需要依据建筑布局及其核心要素来设计走廊系统。

建筑 2

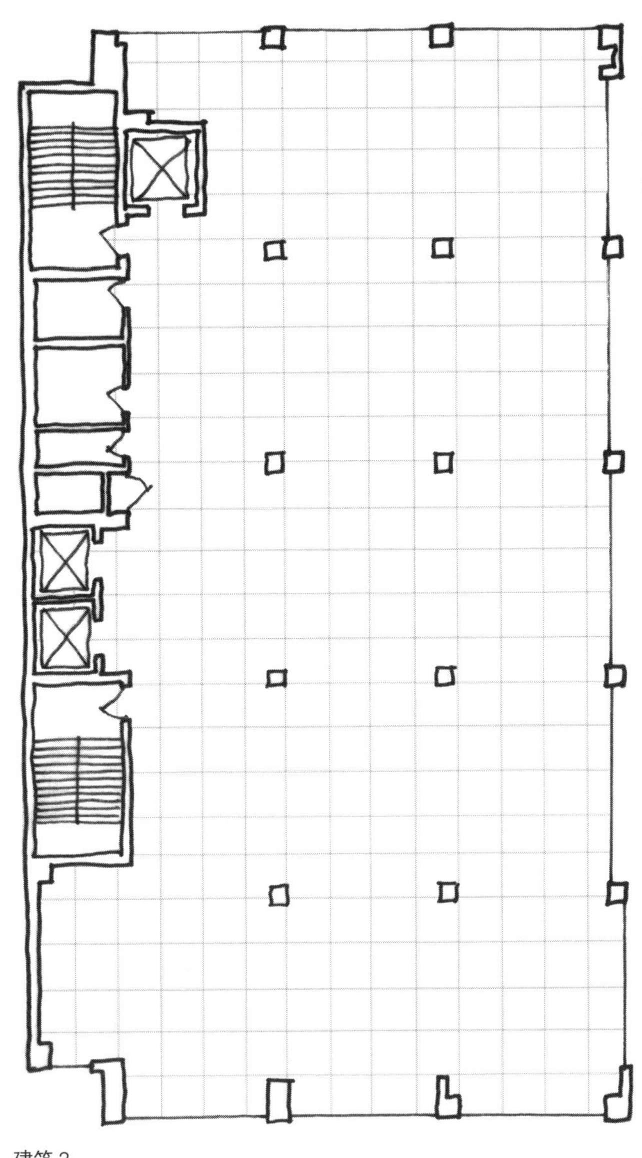

建筑 3

练习

插图中是三张空白的建筑平面图。假设它们都位于乘电梯才能抵达的高层，紧急出口经过平面图中现有的楼梯间。你的设计任务是将每层再划分为三至四个不同规模的出租单元。请仔细检查方案的平面图，保证每个方案都能提出可行的空间使用方案。你需要设置公共走廊系统用来连接所有空间，并设置与每个承租空间相连的疏散方式。特别需要留意以下几点：

- 每个办公单元需要满足最少的大门数量要求。
- 当需要设置多个大门时，它们的间距需要满足规范要求。
- 努力提高楼层的使用效率。
- 避免设置袋形走廊。
- 避免设置令人尴尬的公共走廊布局。
- 避免在电梯厅及其周边设置过大尺寸的大厅。

在平面模板上轻松地画出（手绘）你的方案，标明开门方向并且牢记：几乎在所有情况下，出口大门需要朝向通行的方向开启（即外开）。

对页最左侧平面图是设有三个不同规模租户的案例，可以作为你进行设计的参考。

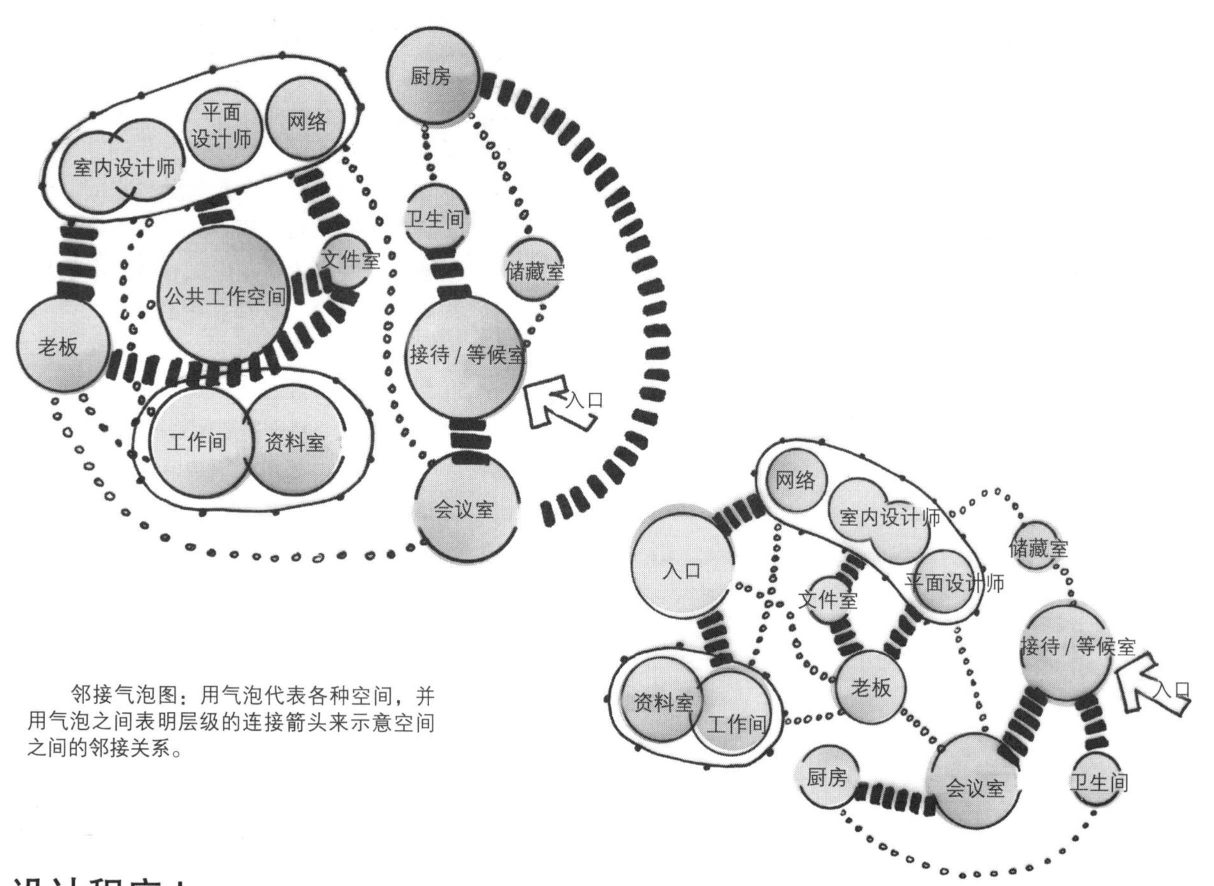

邻接气泡图：用气泡代表各种空间，并用气泡之间表明层级的连接箭头来示意空间之间的邻接关系。

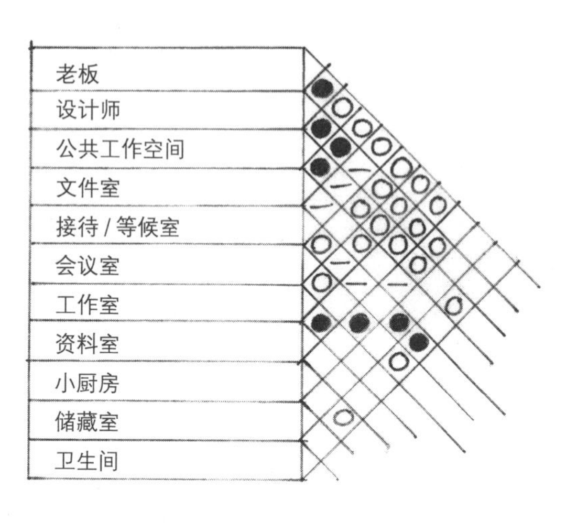

图例

 重要的 \ 强制性的

 次要的 \ 需要的

 中等的

 不需要的

相邻矩阵图：上面的图表列出了所有的室内空间，并且显示出空间之间所需的关联程度：从紧密相连到不需要相邻。

设计程序 I

室内空间设计可以是最令人愉快的工作，也可能成为让设计新手最具有挫败感的工作。在某种程度上，空间设计的过程与智力拼图游戏非常相似，但它们的不同在于设计并没有唯一正确的答案，并且也没有图片线索来说明空间最终该有的样式。

设计程序（design process）可以将某些过程具体分化为一系列的步骤，将所有初始的、琐碎的信息逐步依照顺序转化成最终的空间平面。

简单来说，以下内容就是设计程序的过程：

首先，你拿到需要进行规划的空间功能清单和区域（尺寸）。接下来，你将会产生如何组织空间（例如办公室、商店、诊所等）的一些想法。基于客户的描述及自己的分析，你已经开始了解哪些空间需要设置在一起，而哪些空间不需要。同时，你也开始意识到应该根据不同的标准和需求，按照逻辑关系将空间规划成组。例如，哪些空间需要保证出入通行便捷，而哪些需要设有最好的观察视野。经过一段时间之后，你就逐渐开始理解了这个智力游戏。

你拿到项目所在场地的空间图纸，基于逻辑的、适当的几何形等要点的基础之上开始组织想法。在经历了具有挫败感的某些尝试之后，你会感受到首次灵光闪现

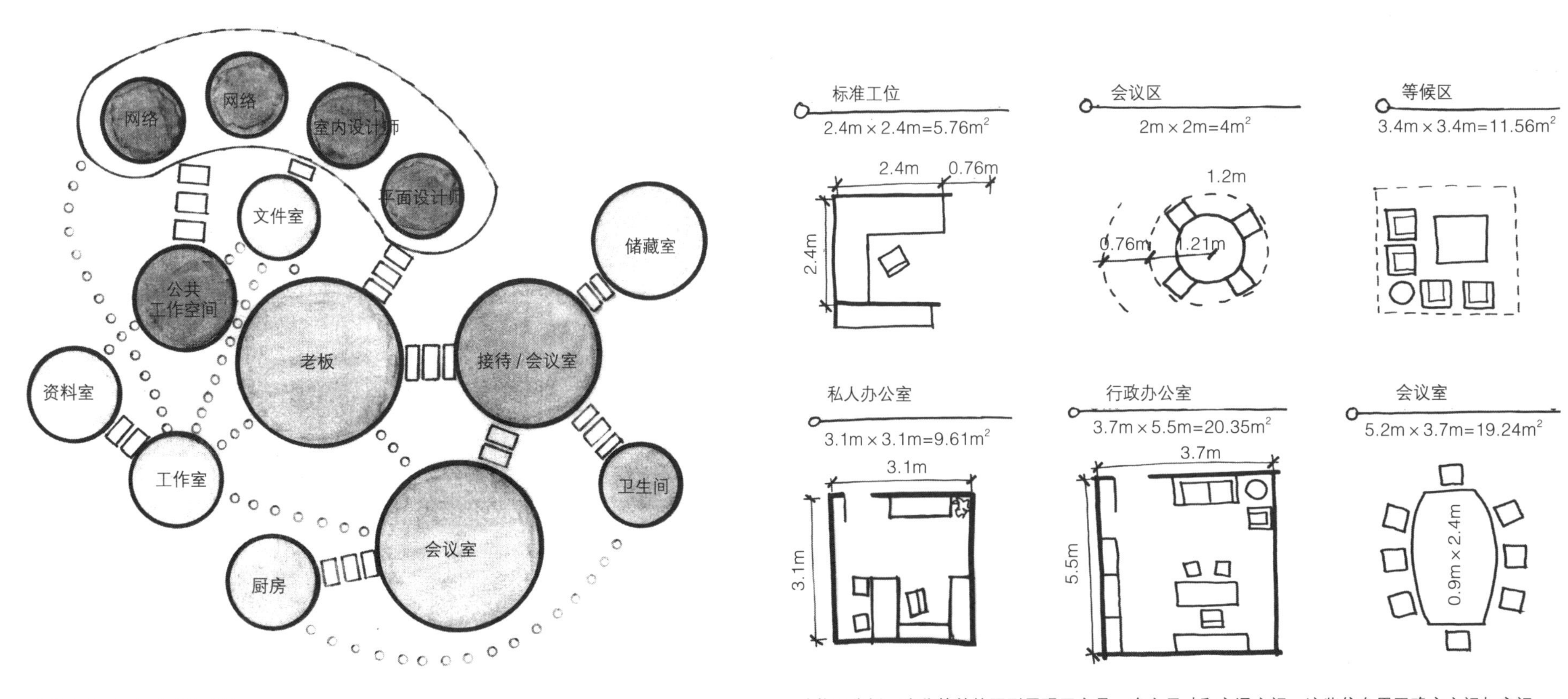

邻接气泡图：深化后的版本

功能区分析：这些简单的图形展现了家具、净空尺寸和交通空间，这些信息用于确定空间与房间的尺寸。

的兴奋。你想法中的某个点具有良好的发展可能性。你会充满好奇心并尝试更多可能的规划方案。发展出两个到三个可能实施的设计想法。在收到反馈意见之后，你可能决定舍弃所有想法从零开始，也可能决定在某一个方案上再投入一点时间并在之后付诸实施。

在开始阶段，室内布局的规划主要基于简单的草图图表，之后，你就需要考虑墙体、房间、家具这些更加具体的内容，根据设计的整体经验开始决定它们的布局方式和陈设效果，画出墙体、大门、家具和其他可移动的设施，并推敲不同的布局形式。

你会选择某个特定的方案继续发展并进行深化。

对选定的方案进行发展与深化，细化设计，并在所有比例层面解决问题。你需要为最终的汇报绘制出完美的设计方案，并且准备好阐述设计解决方案的特色和优势所在。

在实施上文所描述的设计过程中，你会用到设计程序的绘图方式，例如在本页和后两页中的插图。它们会帮助你理解并解决设计难题。

设计程序 II

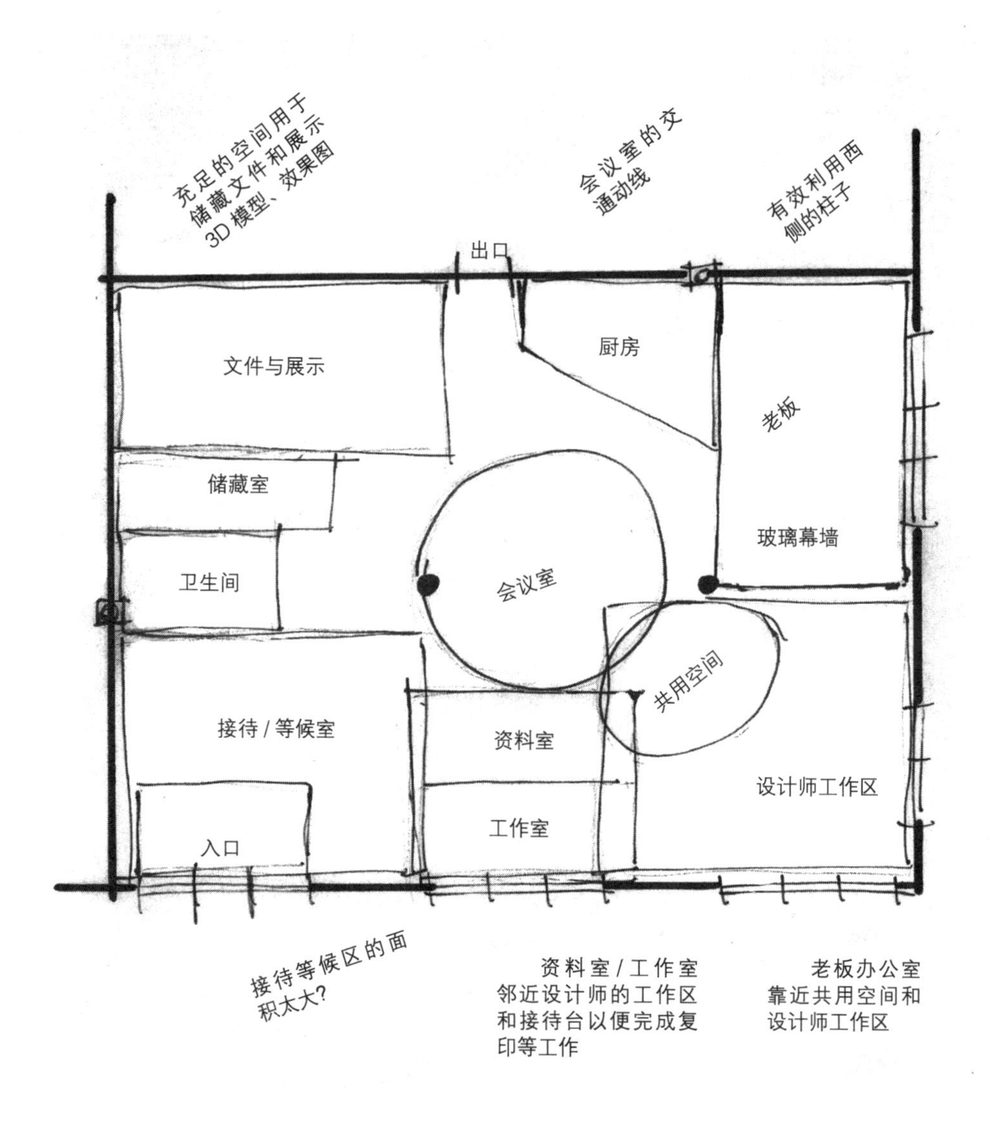

块状平面

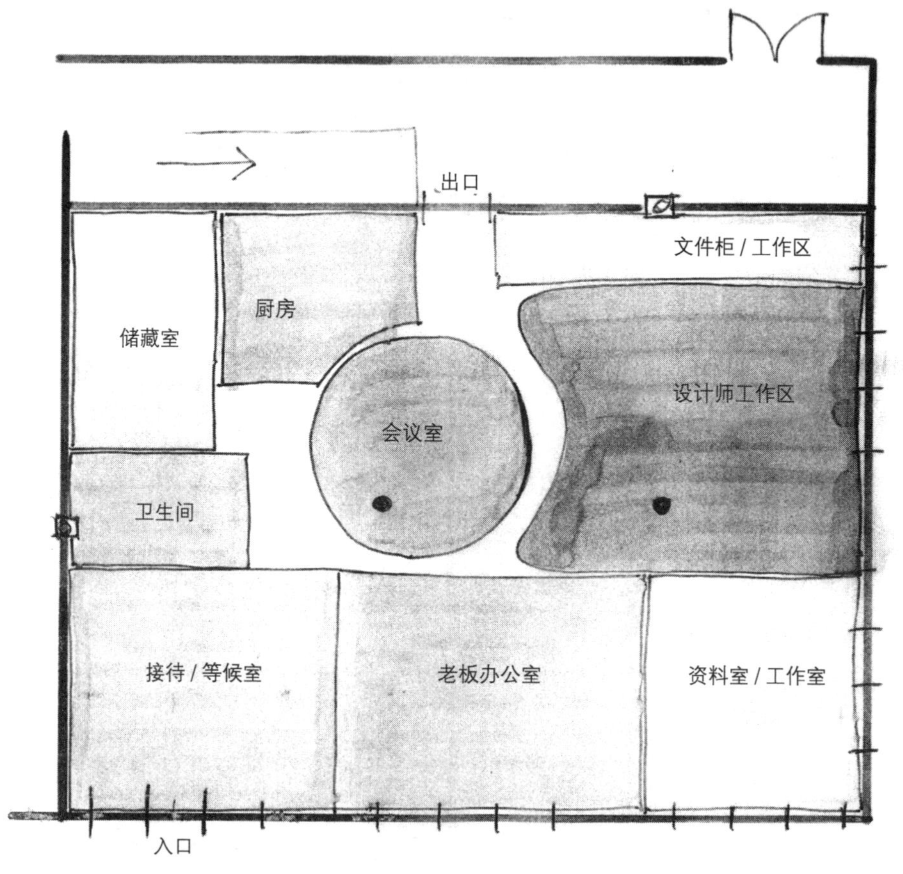

块状平面（或块状图）：块状图采用方块的图形模拟场地中的房间和其他空间形式，看上去像分块的建筑平面图。块状图通常是在整体空间中第一次进行空间布局，很多方案都只是尝试性的实验。

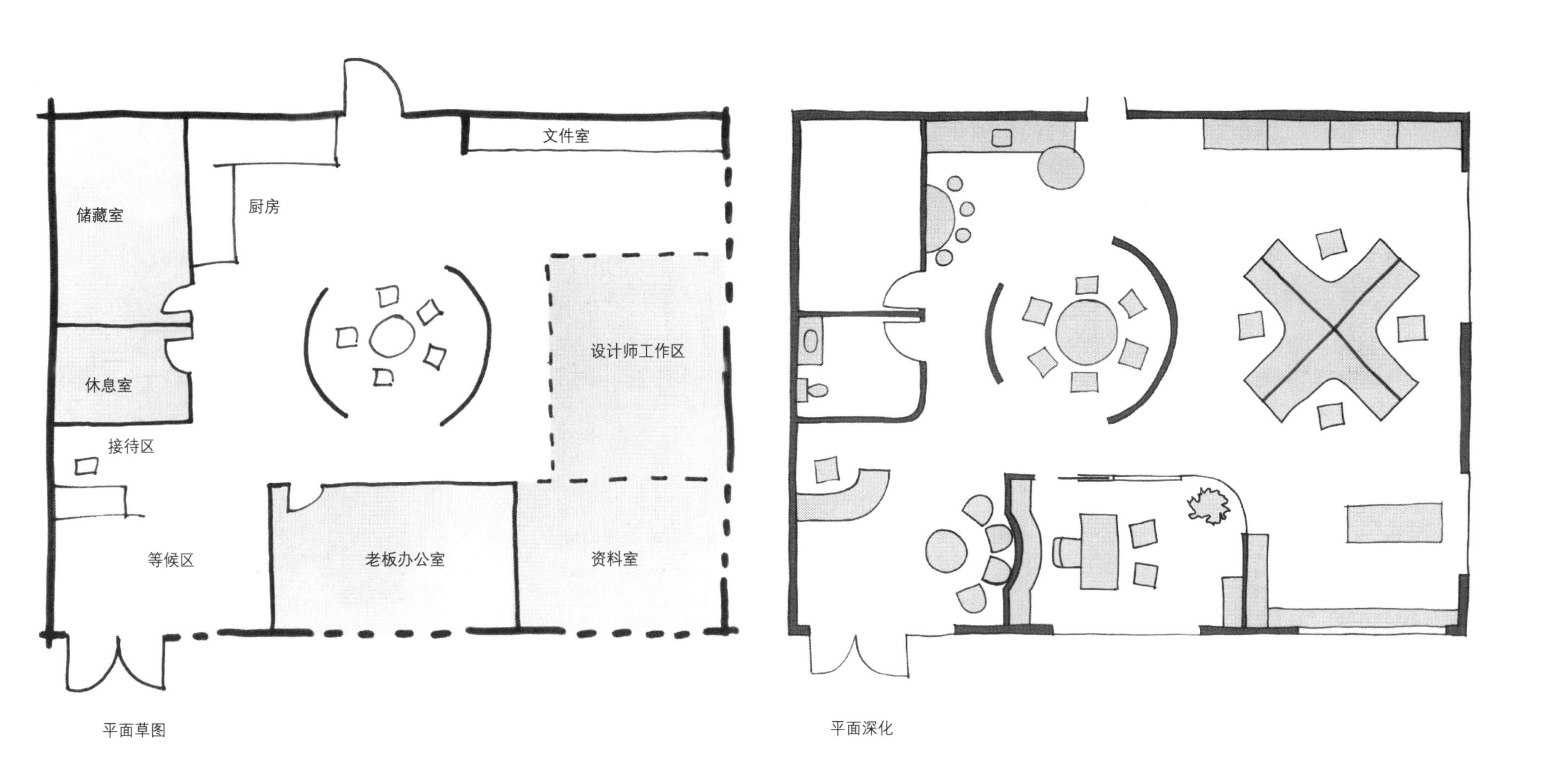

平面草图

平面深化

建筑平面草图：是块状平面发展的下一个阶段，是将方块图形转化成实际的建筑平面成果，展现墙体、大门和一些家具的布局情况。这种平面草图将辅助设计师和其他人推敲设计想法的可行性。

建筑平面深化图纸：一旦大部分问题（项目中存在的）得以解决，并且已经在草图阶段针对空间和陈设进行了多次修改之后，就需要绘制包含更多细节的平面图以展示设计的深化内容。在形成和绘制最终的正式平面图之前，可能还会有两次到三次的重复修改的过程。

定制计划 I

计划书（概要）是包含项目设计所需信息和条件的文档所常用的名称。某些项目的计划书可能很短，仅有一页概括的内容，而另一些则可能长达上百页。你在学校所完成的设计项目计划书长度也不尽相同，特点和详细程度也有差别。因此，不要期望总能从中获得你所需要的每个细节信息，而且，这些信息也不会非常容易地直接呈现出来。在很多情况下，还需要设计师自己去研究相关的信息。

本页案例是一份学校作业练习的办公空间计划书。首先，计划书简要地描述了客户和环境背景。然后，列出需要设计的空间及其平 m 数，但是，其中并没有给出能构成空间的具体尺寸，因为这些内容必须由设计师决定。

需要注意的是，除了“他们彼此之间相当的独立”这一条陈述之外，关于员工之间或部门之间的工作关系并没有太多信息。拥有办公空间设计经验的人，根据这些信息就可以对相邻空间进行比较合理的推断，而经验尚浅的设计师可能还会再提出一些问题。

下页中的**空间数据清单**（space data sheets）提供了关于单个房间的详细信息。这些内容也是较为复杂的项目要求中的一部分，包含的信息内容如家具与设备需求，材质、声学需求及安全需求，也包括了空间和陈设的图示（建筑平面）说明。

所有的设计项目都由某种版本的计划开始，制订计划是一项非常细致的工作，我的整本书都与这个主题有关。如果针对如何制定计划展开充分的论述，就将超出本书所希望的讨论范围。因为我更加关注当获得可用的信息之后该怎么做的问题。

办公室

全国电讯是一家虚拟的通信公司，总部设在美国中西部的大城市。在市中心的高层办公楼中设有几层办公空间。公司的组织构架中合并了一些外部团队，需要把他们安置在刚租用的大楼的二十层。

公司内的从业人员主要是白领，并划分成少数几个层级。工作方式是高度交互式的，工作自主性的程度在中度到高度的范围之内。将会有几个团队共同使用本楼层，但是它们之间是非常独立的。

设计要求

综合需求

接待 / 等候区：28m^2
（容纳 6 人等候）
电脑主机区：56 ~ 60m^2
2 间复印 / 打印室：每间 14m^2
会议 / 培训室：46 ~ 56m^2
信件收发室：370 ~ 42m^2
微型胶片储藏室（2 位职员）：30m^2
综合储藏室：14m^2
尽量多设置储藏柜

A 部门
40 位员工工作区：63m^2
4 位员工工作区：4.8m^2
2 间私人办公室：每间 14m^2
1 间私人办公室：17m^2
最少 16 个文件柜

B 部门
2 间私人办公室：每间 14m^2
4 位职员：5.2m^2
1 位秘书：5.2m^2+2 个文件柜
1 间会议室：14m^2
1 个工作区：14m^2
最少 4 个文件柜
本部门需要与其他组之间进行明确的分隔，但不要邻近大门。

C 部门
28 位员工工作区：48m^2
2 位经理：8.4m^2
6 位员工工作区：6.7m^2
4 位经理：7.5m^2
4 位员工工作区：5.2m^2
16 位员工工作区：5.2m^2
4 间私人办公室：每间 14m^2
最少 12 个文件柜

D 部门
16 位员工工作区：约 46m^2
2 位员工工作区：5.2m^2
2 位经理：8.4m^2
工作区：11m^2
非正式会议区：14 ~ 19m^2
1 间私人办公室 :14m^2
最少 10 个文件柜

某办公项目的简短计划书

空间数据清单

空间类型	
空间	**图书馆**
用途	资料区、样品室和社交 / 团队空间
面积	111.5m²
材质	
地面	地毯
墙面	石膏板喷漆
顶棚	
大门	专用门，但可以在办公室空间开启
窗户	喜欢自然采光，可以是间接采光
系统	
声学	
设备	检索用计算机
安全	
陈设	
固定	书柜
可移动	桌子和椅子
特殊需求	
其他需求和要点	

典型的空间布局

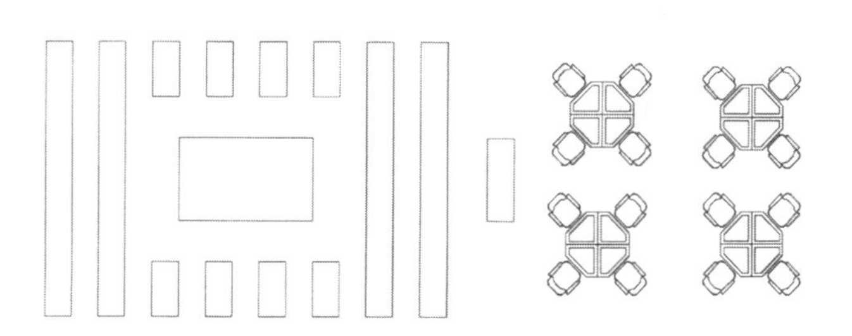

空间数据清单

空间类型	
空间	**典型的私人办公室**
用途	个人工作空间
面积	14m²
材质	
地面	地毯
墙面	石膏板喷漆
顶棚	吸音砖
大门	玻璃门
窗户	直接获得自然采光
系统	
声学	私密性
设备	个人计算机
安全	带锁大门和带锁储藏柜
陈设	
固定	
可移动	桌子、书架、文件柜和电脑
特殊需求	
其他需求和要点	邻近人力资源部 需要根据个人需求定制方案

典型的空间布局

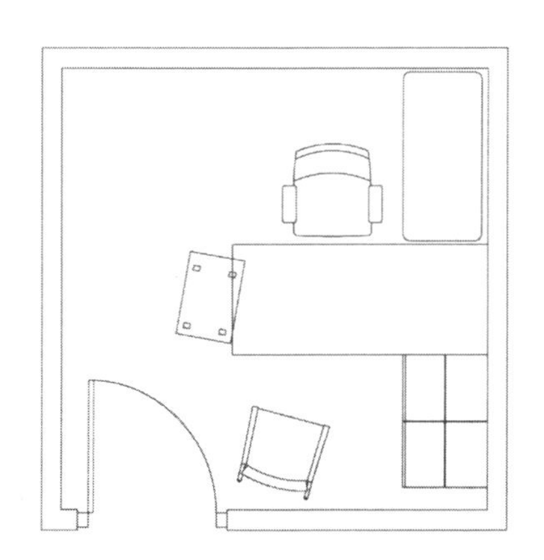

定制计划 II：使用者的需求

拿到项目空间和尺寸清单之后，要开始进行空间设计时，学生们通常会感到焦虑。事实上，有些人可能认为，室内设计只是在给定的建筑和场地中将清单上的空间放置进去而已。然而事实绝非如此。真正的项目与现实使用者的具体需求和愿望有关。涉及的内容包括具体的物质需求，比如需要两间半卫生间，以及某些不那么具体的要求，例如需要设计出一个亲切的并能表达创造性的空间。

看一下本页中的五个关键词，这是某广告机构用来自我描述的专业术语，承担公司项目的设计师会使用这些词语来汇报设计方案。思考一下词语的含义和实际应用。关于应该如何为聪明的、有创造力并且在不断进步的员工提供合适的设计方案，你是否有些想法呢?

关于项目需求，我最喜欢的是从那些客户角度提出的方案。举一个真正理解了客户需求的案例，本案例来源于理查德·沙德林[1]所著的一本较早的书中。他在书中描述了一个情景：在设计公司里，你被一通电话叫到了老板办公室，要求你与想要设计房子的一对夫妇进行交流。下文的内容是对沙德林书中描述内容的转述。

1 理查德·沙德林，设计和绘图：应用方法（多佛，马萨诸塞，1992），38-45。

合作

一同工作——互相学习

经验

清楚我们的工作，50 年商业经验

睿智

明白做正确的事

创新

创造性的解决方案，无论何种工作

进化

处于不断的评价、改变和进步之中

长期思考如何与客户合作的新方法，

以及创造有趣、巧妙想法的方式

你将去对这对夫妇进行采访并记下访谈记录，准备一份清单，上面列出他们的**需求**（硬性方面）和愿望或者**理想**（软性方面，多种多样的建议）。你需要成为好听众、敏锐的观察者甚至聪明的侦探，以下内容就是你在采访中的发现。

大卫・麦金托什夫妇最近在纽约长岛南岸购买了一处临海的房产。大卫・麦金托什先生是一位在市区上班的生意人，不久将要退休。他的妻子康妮是一位艺术院校毕业生，计划要开始进行细布编织的工作。夫妇两人有三个子女，两个已婚并育有两个孩子，女儿帕蒂是大学生。麦金托什一家正在为购买新房产而出售公寓，新房产就是需要你进行设计的项目。

通过进一步的讨论，你发现了下列要点：

・大卫想要一艘帆船，这是他毕生的梦想。

・康妮患有轻度关节炎。

・帕蒂不久后将毕业并移居加利福尼亚州。

・麦金托什夫妇喜欢在节假日与子女和孙子、孙女聚会，他们有时会留宿。

・住宅基地位于第二座沙丘背后。

・这里将是他们唯一的家。

・夫妇两人都擅长烹饪。

・无论丈夫还是妻子都不希望在家庭琐事和整修上花费太多时间。

注意那些具有特定意义的事情，努力发现这些事情所造成的影响。你所列的要点中，有些是确定的条件，而另外一些则是沙德林所称为的“愿望”。

确定的条件即精确的事实，例如住宅基地位于“第二座沙丘背后”，确定的条件是基本的设计关注点。而一切其他的需求就取决于你如何将需求转化成动态的、令人兴奋的完整方案了。首先，你必须列出铁一般的事实清单，这些是我们不能捏造的内容。在本项目中，它们是：

・大卫・麦金托什夫妇。

・一处临海的房产。

・纽约长岛南岸。

・大卫即将退休。

・夫妇俩有三个孩子。

・两个孩子已婚并育有两个孙子（孙女）。

・康妮患有轻度关节炎。

・住宅基地位于第二座沙丘背后。

・这里是他们唯一的家。

・无论丈夫还是妻子都不希望在家庭琐事和整修上花费太多时间。

接下来是他们的愿望，这些需求是软性的，但是也同样至关重要：

・康妮毕业于艺术院校，想要开始进行细布编织。

・麦金托什一家正在为购买新房产而出售公寓。

・大卫想要一艘帆船，这是他毕生的梦想。

・女儿帕蒂是大学生，即将毕业并移居加利福尼亚州。

・麦金托什夫妇喜欢在节假日与子女和孙子、孙女聚会，子女和孙子、孙女们有时会留宿。

・夫妇两人都擅长烹饪。

依据结构化解决问题的方法，基于对项目情况进行理性的分析，你可以得出一些结论并形成一些想法，包括：

・这栋住宅是麦金托什一家扩展型家庭的核心。

・夫妻两人想要购置体现个人偏好的住宅。

・他们不想被家庭琐事所累。

・由于选择了临海的位置居住，他们会期待享受独特的环境特色。

・他们可能想要使用帆船。

・关节炎会限制康妮的活动能力。

・不定时地有来访者。

・他们想要使用无需维护的材料。

・住宅中某些部分需要被抬高以便观赏沙丘后面的景色。

・他们想要通往海滩和帆船的便捷通道。

・有用于就餐、娱乐和编织的并且有防护的宜人室外空间。

・室内可能需要三个独立的分区：夫妇两人的私人空间、活动的起居空间和客人的空间。

・你可能需要考虑在第一层设计居住空间（原因是他们的年龄和康妮的关节炎），如果最终方案建成两层，那么楼上应该是客用空间。

・可以设计设备齐全的厨房和大面积的中心空间。

・住宅是扩展型家庭的核心，设置壁炉等一些令人愉快的设施会非常合适。

・他们想避免常规的景观维护工作。

・你需要考虑环境因素，包括日照、风、流沙和脆弱的海岸生态系统。

・你需要记住有时飓风会侵袭东部海岸线。

以上的设计规划书可能会有助于你的设计，特别是当你询问人们（用户和其他使用者）的特殊需求和愿望时，让你对项目情况和设计需求是如何变得真实而复杂化形成认识。以上案例中仅涉及两个主要的使用者，想象一下如果为一百人进行设计的状况。

定制计划 III：从需求到图表

关于餐厅区域的描述

入口和门厅：

位于前门入口处。

小面积的等候区使顾客必须朝向吧台或酒吧的方向进入空间，要避免客人到达时进门拥挤的问题。

接待台：

设在入口和门厅处，以便欢迎进店的顾客。

接待台和大门之间的距离能够保证客人舒适地通行，并且允许客人对前往的目的地是有不同选择的。

吧台或酒吧：

与主要用餐区分离的空间。

客人在享用饮料和聊天时可以选择多种就坐的形式。

有吧椅、吧台、展架和舒适的休闲沙发、座椅。

拥有可以举办现场音乐表演的空间。

主要用餐区：

更多公共区就餐体验，配有展架和大型座椅组团。

透过大片的外窗观赏街景是在本区就餐的吸引人之处。

需要邻近厨房和厨房的可视窗户。

半私密性用餐区：

视觉上和物理空间上与主就餐区分离，控制噪声。

为小型聚会设置小桌子，创造具有亲密感的座位形式。

邻近厨房。

私密性用餐区：

小型、私密的房间，远离那些为 10~20 人举办聚会的主就餐空间。

邻近厨房。

私人品酒室。

厨房：

干净、宽敞的环境能够保证厨师和助手同时工作。

容纳从事各种各样工作的空间，包括烤架、炉灶、烤箱、水池、清洗工位、洗碗机等等。

食物储藏：

需要长时间储藏大块食品的冷藏库。

冰箱（生鲜与其他食品分开）。

干货储藏架。

可视的厨房：

食物的最终摆盘区域。

在主要用餐区明显可见，目标是展示厨师的技艺和厨房的工作状况。

卫生间：

符合无障碍标准并且有适当的遮挡。

员工办公室：

会议室和休息区，也设有一个卫生间。

使用率：

吧台只能容纳正餐人数的一半。

具体数据根据可用面积来确定。

安保 / 安全问题：

在新设计中能够方便的使用建筑已有的消防出口。

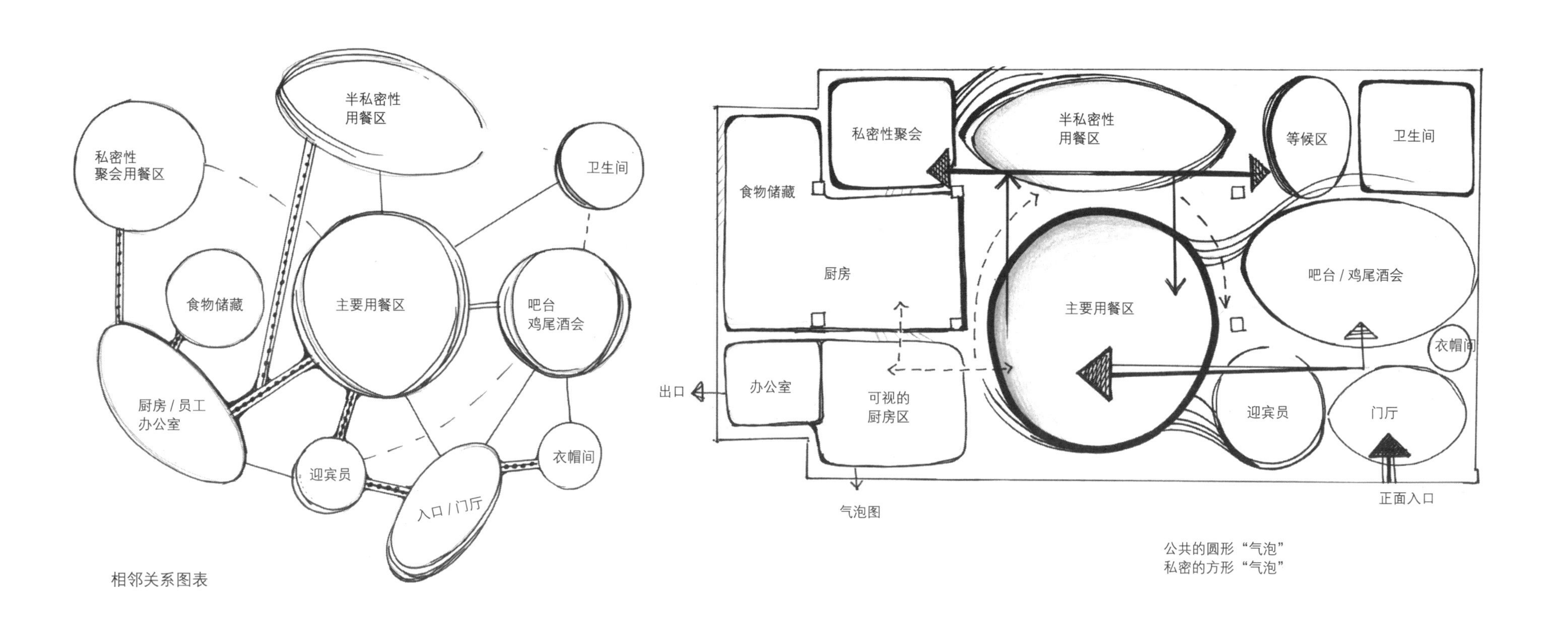

相邻关系图表

设计程序是将一系列需求（关于空间、关系和预期品质）成功地综合在一起，并转化为功能性的平面的过程。本节中列举了某餐厅的空间需求清单，以及本项目的设计师是如何使用相邻气泡图来理解空间之间的关系并形成初步空间平面的。设计遵循解决问题的序列化推进过程。首先，解决一般性的问题并进行具体的决策。然后，你会推进到下一个需要解决的问题层面，根据之前的决策解决新的问题，在这个阶段会产生很多新的决定。最后，你将带着这些决策进入下一个解决问题的阶段，这个过程会一直持续，直至完成设计及其所有的细节。

设计早期阶段广泛采用的图表方式,会有助于我们快速且高效地解决设计问题。最开始时并不需要绘制桌椅，因为你需要先决定如何布局各种空间。

从图表到平面

良好的空间设计是基于对纲领性要求和现有环境有良好的理解基础之上的。所以对项目和现有环境展开深入分析，将有助于做出空间设计的决策。

在开始形成具体的想法之前，要努力地去理解现有的场地条件。在初期阶段，尝试推敲开放区域的最佳位置、规划空间之间需要实现的关系和场地内的各种分区。从松散的、草图式的图表发展到具有更多细节的图纸，直到你根据听来的意见形成可行的最终解决方案。本页插图中的办公空间案例展示了从初步直到最终平面方案的设计过程，并提供了一些关于设计决策的基本要点。

项目由几间会议室、少量私人办公室、一间资料室、一个“社区”空间和两个工作区组成。场地位置提供了朝向北方的良好视野及充足的自然采光。

初步草图表明了建筑的曲线部分通过公共区域中的辐射型布局与整体相关联。并且表现出明确设计意图，即将封闭房间设置在内部、开敞工作区设置在北向窗户附近。看上去，建筑本身的转角空间像是从一个工作区到另一个工作区的合理转换。

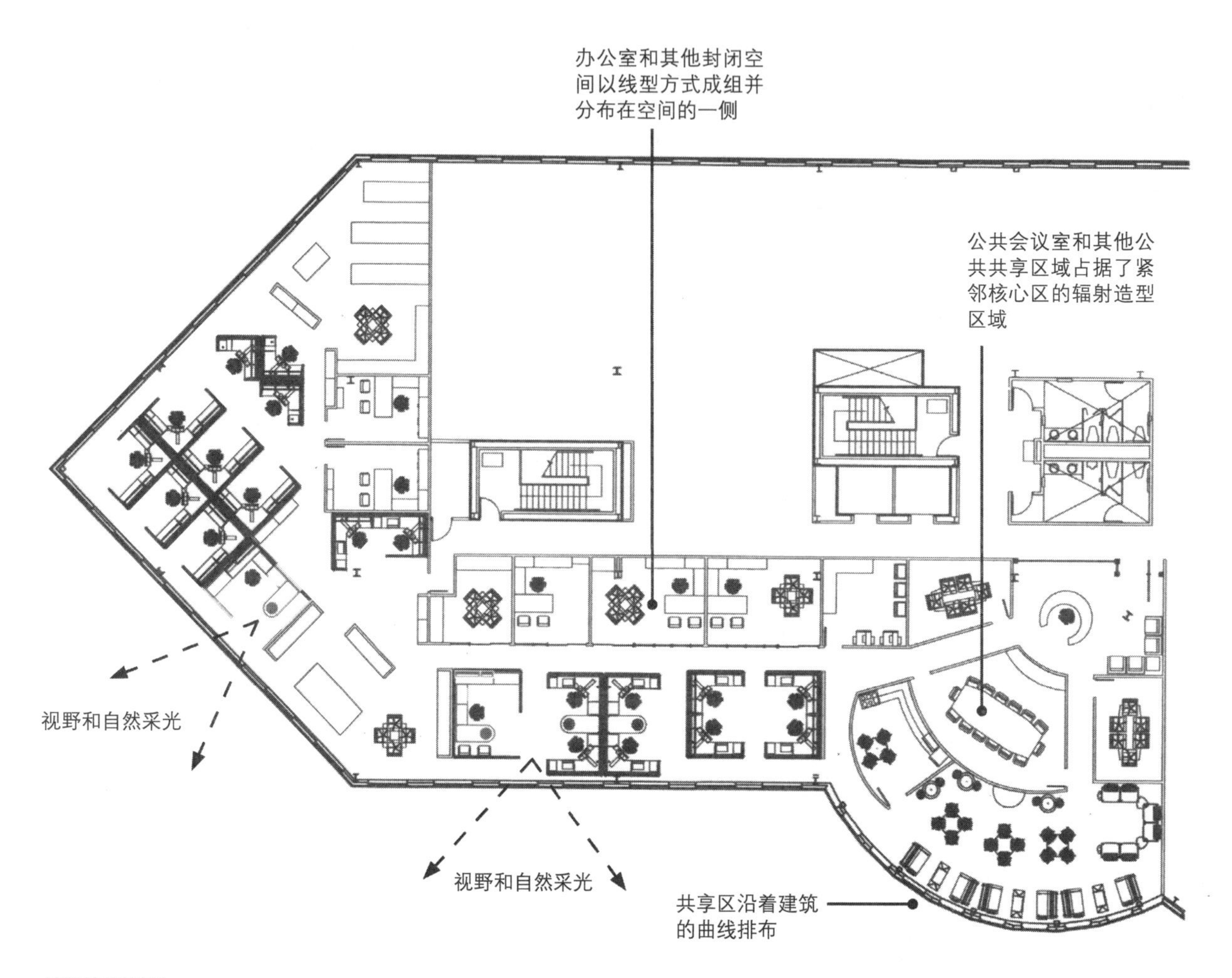

最终建筑平面

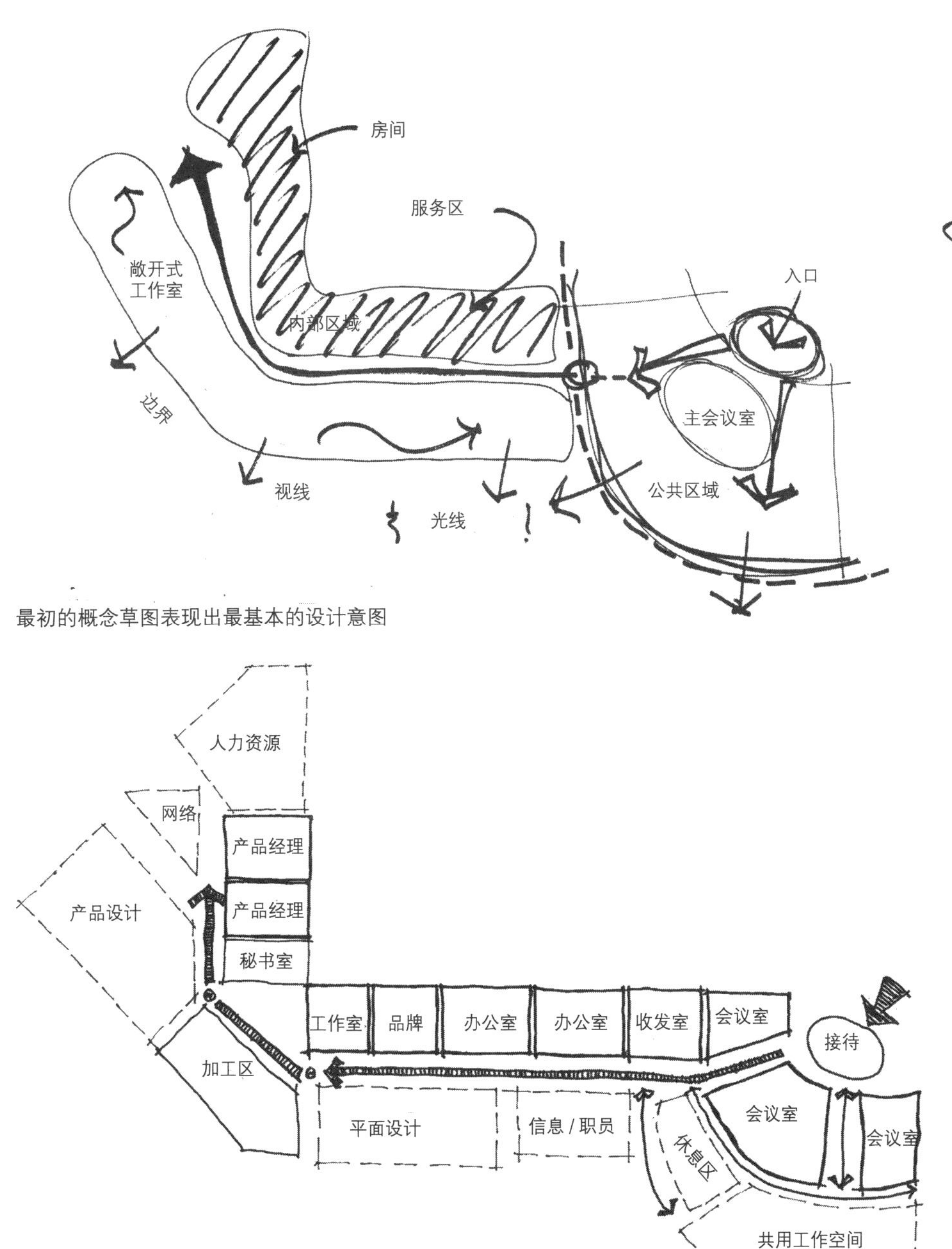

最初的概念草图表现出最基本的设计意图

最初图表转化成按比例仔细绘制的块状平面图

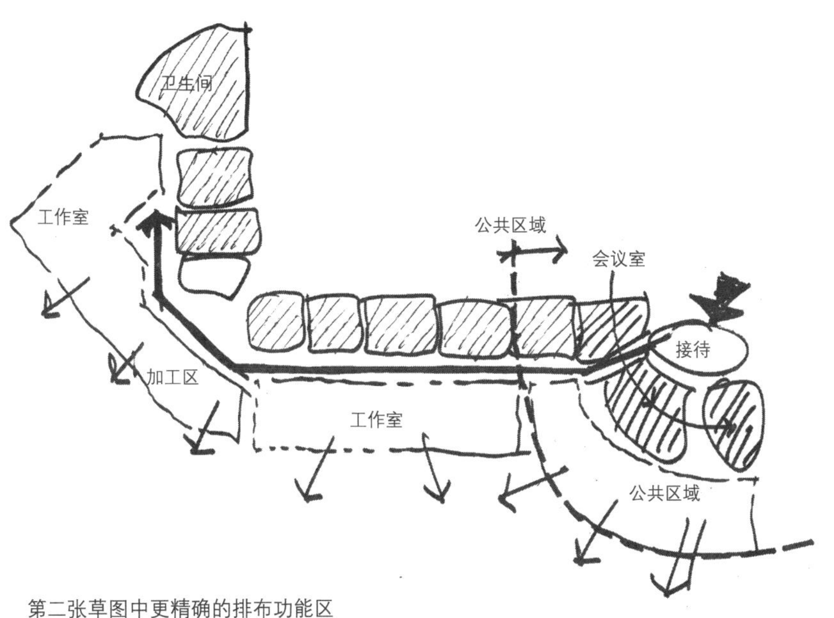

第二张草图中更精确的排布功能区

本页的概念草图表现出设计初步阶段的思考过程，最终产生了前页插图中的最后方案。本项目的设计就是最初图表的深化。

图表草图能够促使你进行纸面绘图的思考并且快速地推敲想法。绘制这些草图并不需要花很长的时间，但却可以帮助你意识到重要的空间关系。所以，这种方法可以帮助你高效地解决基本的空间规划难题。

设置空间布局

根据行为、人群、家具及建筑设备的相关知识，设计师决定好尺寸、房间与空间的大致形状，此后的任务是在给定的面积内进行空间布局。对空间之间及它与环境背景之间需要具有良好的理解力，因此需要进行分区练习。很多时候，虽然空间之间的功能性关系是影响布局的主要因素，但是也有其他因素会对布局产生影响。设计的目标是创造合理的空间群组，在相似的需求中寻找与之相适合的位置。

每个项目中都会有需要相邻设置的功能空间。有时，这意味着共享同一个空间，而有时是两个相邻的独立空间。在某些项目中，在大厅中多设置几个门就已经能体现便捷性。同样重要的是还要了解哪些功能空间之间需要分离开。空间临近或远离的需求具有很多变化，这种关系可以是至关重要的，也可以是一般性的需求。

根据所给的信息纲要和对此类型项目的经验，设计师会得出功能分组的解决方式，要么是根据功能需求而邻近，要么共享某些特征。

能够归纳的行为活动被划分成组，并根据需求安排在空间之中。需要遮阳的房间将被划分成组并安排在建筑的阴面。在布局上需要把安静的房间归为一组后与吵杂区拉开距离。值得注意的是，第一个例子中根据行为与环境之间的关系进行布局（日照与背阴面），而第二个例子则是根据项目的功能（嘈杂与安静）来进行布局的。

好的相邻空间分析将为如何布局空间提供很多有用的线索。设置功能布局通常具有可选择性，但是在进行了空间分析之后，你就会发现对某些功能来说真正良好而且合理的布局位置仅有几个可能性而已。空间分析将辅助你决定各单元之间的相对位置、恰当的围合等级及可行的分组。

可能基于以下原因才使功能之间具有相邻接的需求：

- 人们需要经常地、方便地在空间之间来回往返。
- 需要将材料从一间屋子搬运到另一间。
- 来自不同空间的人们需要互相进行交谈。
- 某空间中的人可能需要监督另一个空间。
- 将某个特定功能设置在一系列空间中的特定位置（开端、中间、结尾）才有意义，例如博物馆中的礼品店需要被安排在展览空间的最后。

功能之间的分隔需求可能基于以下原因：

- 其他房间很吵闹，但是某房间需要安静。
- 其他房间通常很脏（凌乱），但是某房间需要保持干净（整齐）。
- 某房间里的人需要高度集中注意力以完成工作，但是其他房间里通常有很多活动。

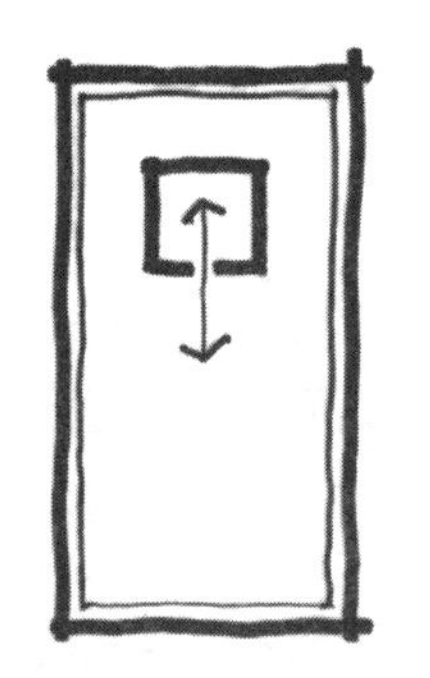

A 套叠在另一个空间中的空间

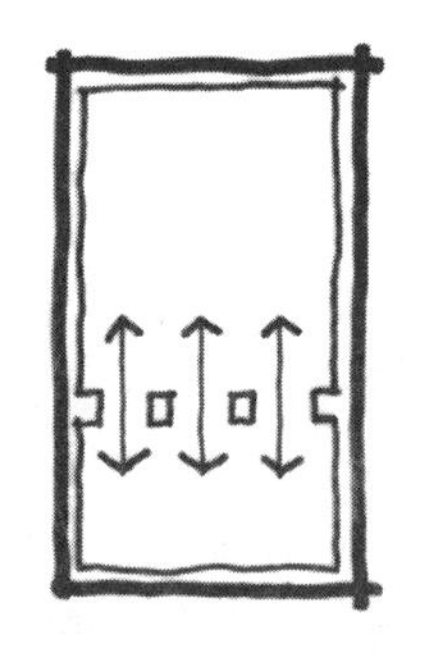

B 相邻空间，流动性

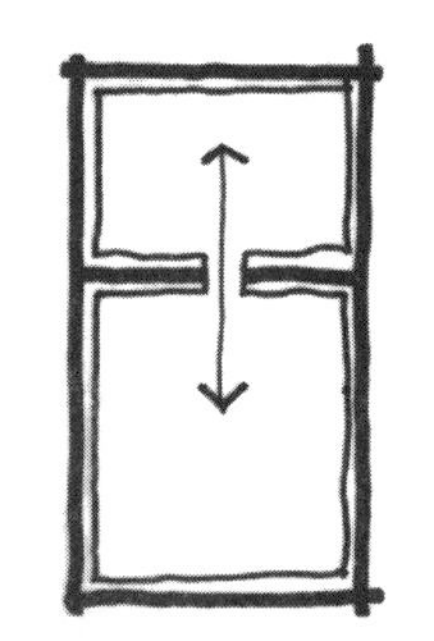

C 有一个开口的相邻空间

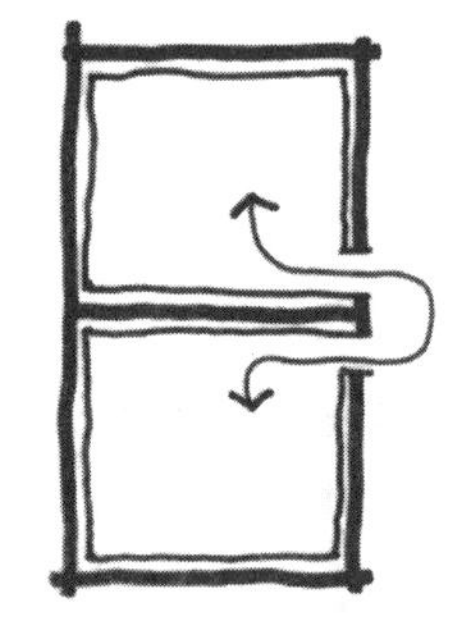

D 由外侧邻近大门联通的相邻空间

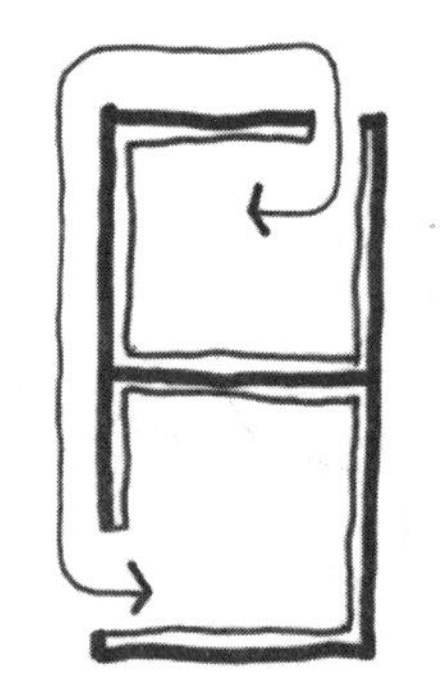

E 由相距遥远大门联通的相邻空间

空间相邻

除了明白两个相邻空间的相对重要性，了解哪种相邻空间类型会有怎样的效果也很重要。插图A到E（左侧）说明了不同空间的类型选择，从密切的互相连接（A）到连续却又分隔的空间形式（E）。在这个阶段，清楚空间之间邻接关系的需求是非常必要的。进行空间规划的可能原因包括：会议室的使用频率、取用共享文件的频率、有时需要使用公共复印机、有时需要去某房间取拿物品、客户通常使用卫生间的频率等。注意这里所用的词，例如经常和偶尔，可能成为空间布局的线索。

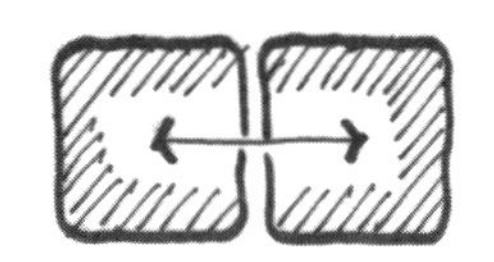

两个相邻空间

被明显界线分隔的两个相邻空间

分开布局的两个空间

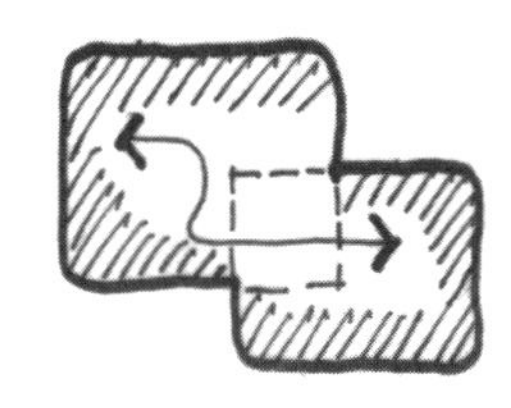

成为一个房间的两个空间

空间之间的关系

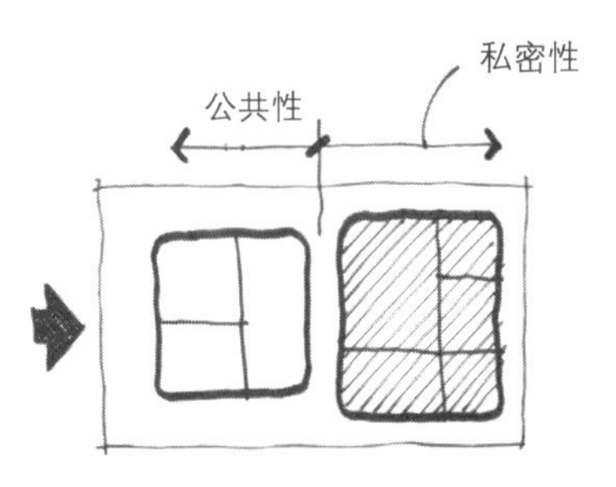

公共性与私密性的对比

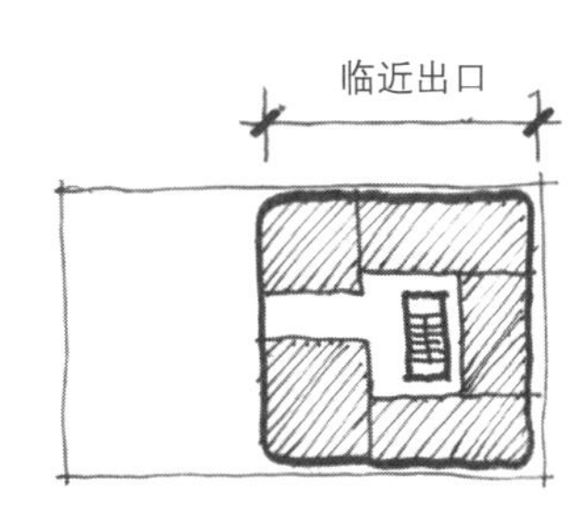

临近出口的空间

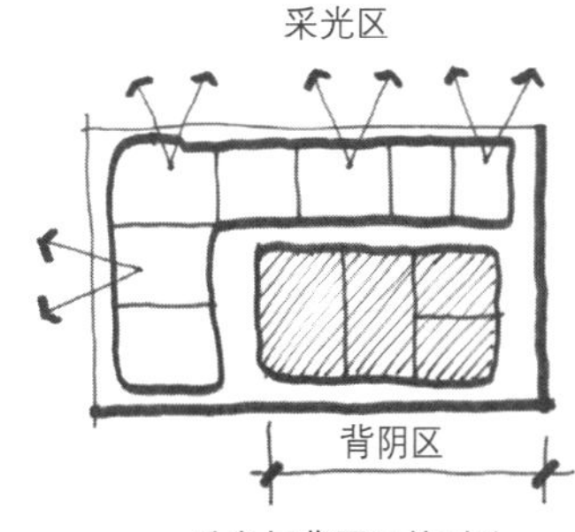

采光与背阴区的对比

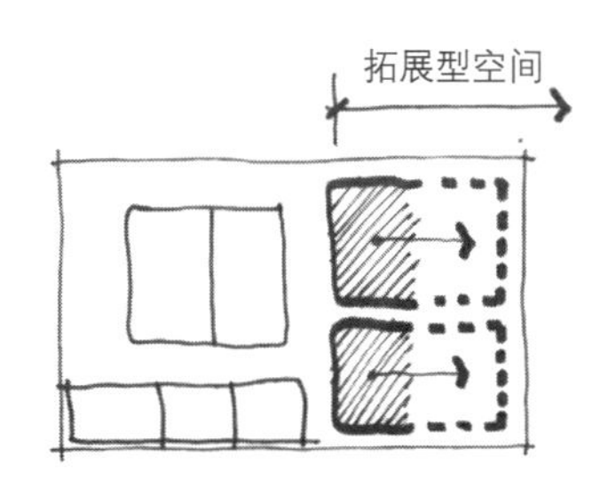

固定空间与拓展型空间对比

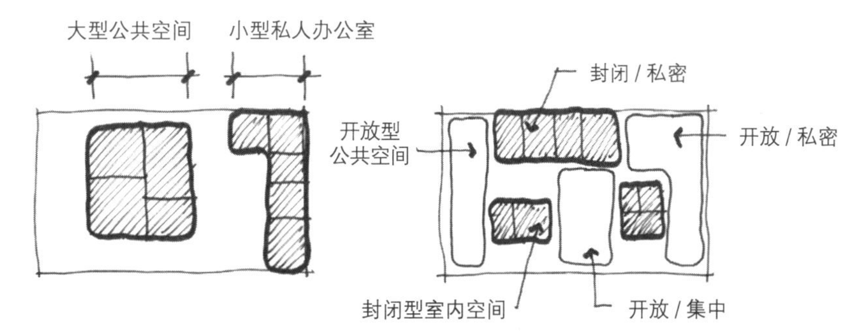

大型公共空间与小型私人办公室对比

开敞与封闭对比；公共性与私密性对比

排序标准

根据各种项目中邻接需求的不同，设计师会采用不同的标准来划分空间群组。除了功能上对空间邻接的要求之外，还有很多其他的需求。某些案例中，需要把某些部门安置在一起；高管们（在具有等级意识的机构）被安置在视野最好的一侧；需要考虑特殊温度控制的房间规划在同一区域；未来需要在空间上扩展的空间被设置在整体房间的一侧，以便于未来的扩张；封闭型空间被规划在一起；开放型空间被规划在一起；公共空间被设置于最前端，易于公众使用；不同人群和单位使用的服务空间应设置在中心区域等。本页插图展示了几个根据不同需求标准形成的概略图解方案。

可邻近的
重要的
关键的

相对重要性

有时，很多空间需要与其他功能空间相邻近，但又难以实现，这就成为室内空间设计工作的挑战之一。基于各种原因，设计师需要努力去了解相邻需求的相对重要性。在某些案例中空间 A 和空间 B 相邻可能是非常重要的，但是在很多其他案例中，这种关系可能变成可以邻接但并非必须的。在这种情况下，两个房间的最终布局可能不会紧挨在一起，而是之间相距一段合理的距离。当我们进行空间邻接关系的分析时，请记住根据不同需求来决定它们之间的相对重要性。这些可能性包括：非常重要、有需求但不重要、需要、中性的需求、不需要的、需要分隔的。

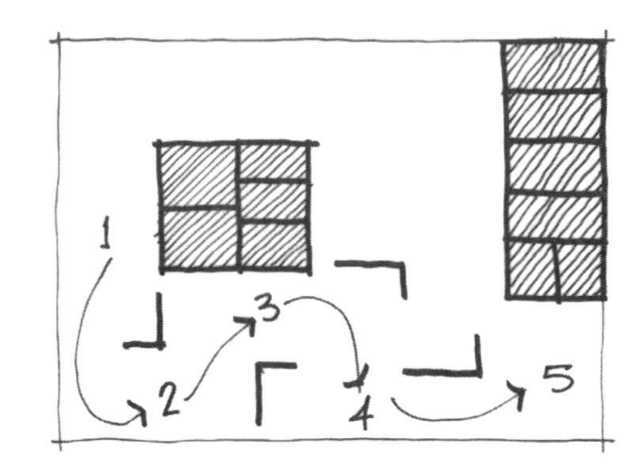

成组和序列

相邻图表和矩阵图能很方便地表现出两个空间之间的关系。需要注意的是，虽然这些信息是非常有用的，但是，设计师通常的任务并不是仅仅处理几个空间，而是需要按照合乎逻辑的方式来进行整体规划。设计师需要从历史的角度去理解空间规划得难题，而且必须决策空间发展的可能性，以组织共享的组群或采用序列式的布局。上图的案例中列举了两组封闭的空间，一组位于平面的边界，而另一组漂浮于整体空间之中，并且有意地设计了序列式的空间体验，从前面（1）的入口空间进入，穿过一系列的空间之后最终到达位于后面的（5）空间。

邻接：矩阵图

设计程序中广泛应用了两种邻接关系的分析图表：**邻接关系矩阵图**（adjacency matrix）和**邻接关系气泡图**（adjacency bubble diagram）。在包含大量空间和错综复杂部门关系的项目中，邻接关系矩阵图能发挥较大的作用。它就像是在设计过程中的参考，用于检查和复核布局方案与邻接关系需求。最突出的一点是，矩阵是一种中性的计划性图解：它并不会对空间布局产生暗示；而只是作为一个参考工具辅助设计师完成布局工作。矩阵图在大部分时候是很有用的，但是也有一种不当的误用方式，就是在非常简单的项目（例如中型住宅设计）中使用矩阵图。在这种规模的项目中使用矩阵图会起到适得其反的作用，导致设计新手做一些不必要的僵化设计。所以，在简单的项目设计中，为何不绘制一个简单的气泡图来进行分析？当然，作为练习而言，绘制一个简单项目的邻接关系矩阵图是可行的，因为主要是用来学习和练习图表的相关知识，但是你也必须明白矩阵图是用于大空间和复杂设计项目的工具。

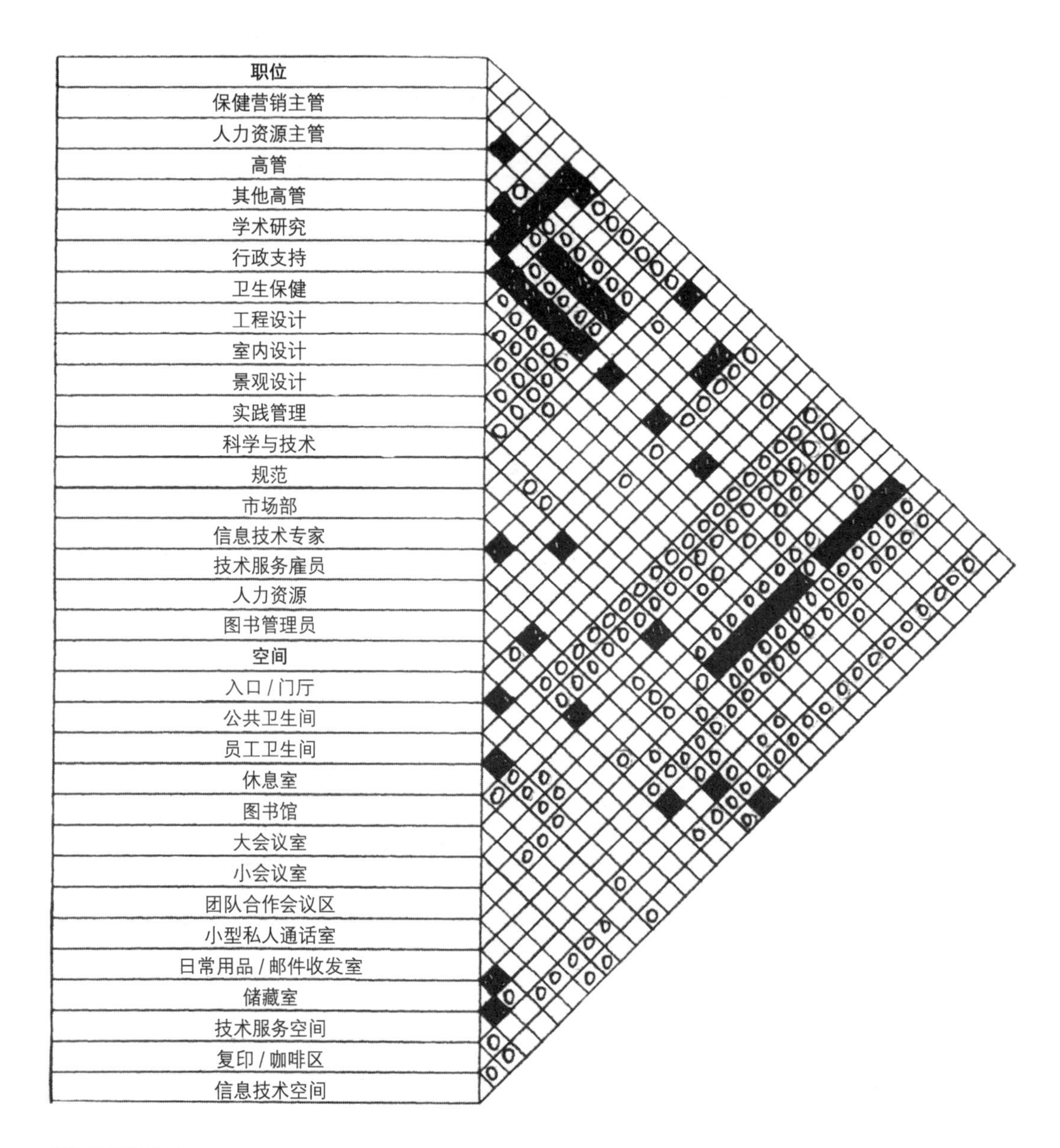

邻接关系矩阵图

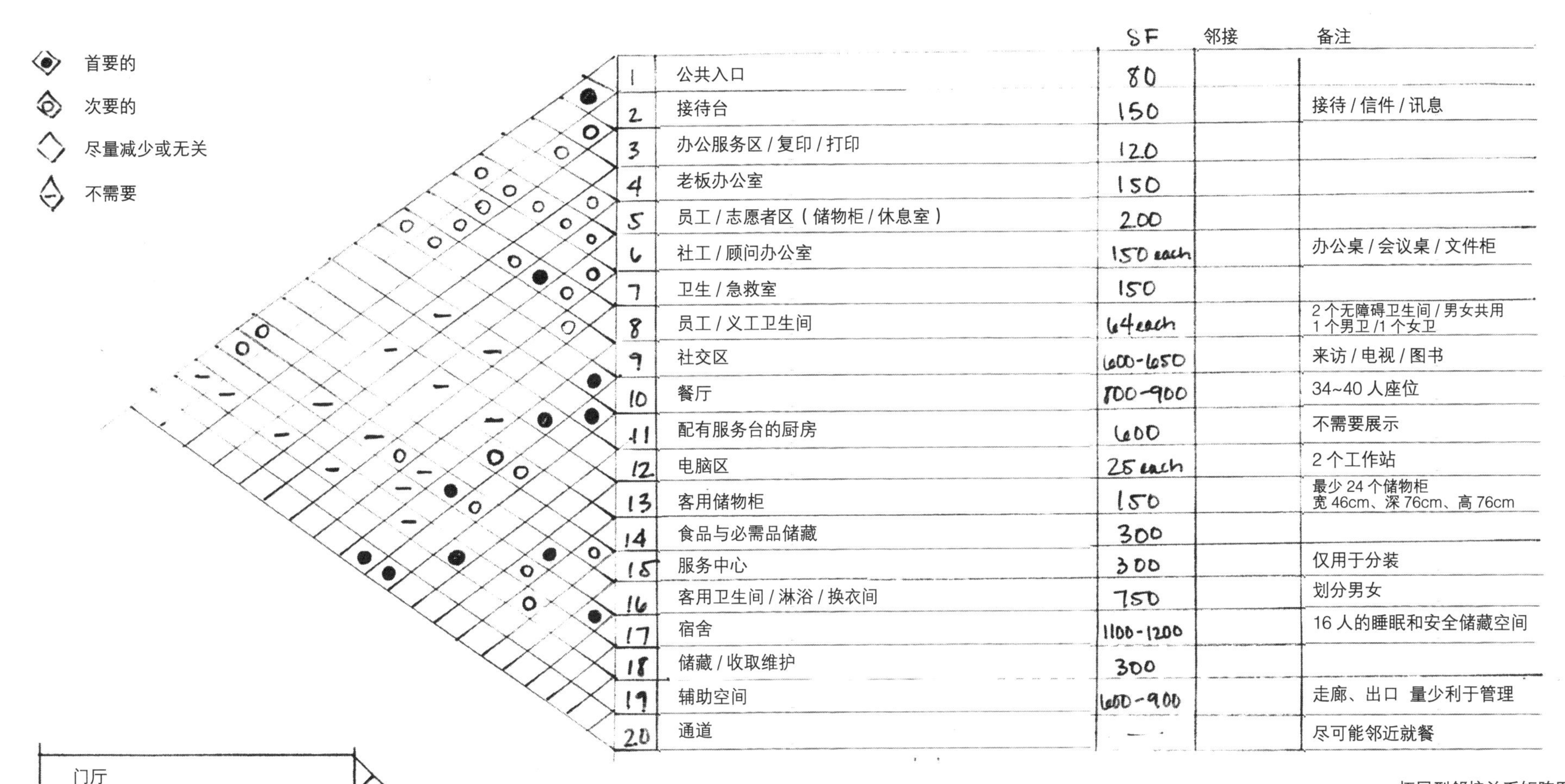

		SF	邻接	备注
1	公共入口	80		
2	接待台	150		接待 / 信件 / 讯息
3	办公服务区 / 复印 / 打印	120		
4	老板办公室	150		
5	员工 / 志愿者区（储物柜 / 休息室）	200		
6	社工 / 顾问办公室	150 each		办公桌 / 会议桌 / 文件柜
7	卫生 / 急救室	150		
8	员工 / 义工卫生间	64 each		2 个无障碍卫生间 / 男女共用 1 个男卫 /1 个女卫
9	社交区	600-650		来访 / 电视 / 图书
10	餐厅	700-900		34~40 人座位
11	配有服务台的厨房	600		不需要展示
12	电脑区	25 each		2 个工作站
13	客用储物柜	150		最少 24 个储物柜 宽 46cm、深 76cm、高 76cm
14	食品与必需品储藏	300		
15	服务中心	300		仅用于分装
16	客用卫生间 / 淋浴 / 换衣间	750		划分男女
17	宿舍	1100-1200		16 人的睡眠和安全储藏空间
18	储藏 / 收取维护	300		
19	辅助空间	600-900		走廊、出口 量少利于管理
20	通道	—		尽可能邻近就餐

拓展型邻接关系矩阵图

门厅
起居室
餐厅
厨房
主卧
次卧
主卫
卫生间
洗衣间

简单住宅的邻接关系矩阵图

邻接关系矩阵图是一种便于使用的参考图，设计者通过快速浏览矩阵图就可以了解其中呈现出的空间关系。基本的矩阵图通常只强调空间之间对邻接关系的需求程度。需要注意的是，平方米和其他信息也可以列入图表中，使矩阵图成为更大的、能够使使用者快速浏览的综合需求的图表，如本页所展示的拓展型矩阵图表。可能选择放入图表的信息包括：主要的空间功能、空间的使用人数、空间中的家具和设备、环境要素（如严格的温度控制、未来增长的预期）等。

邻接：气泡图

另一种被广泛用于说明相邻关系的图表就是气泡图。如果绘制恰当，气泡图可以成为信息量丰富且充满乐趣的图形。通常这些图表并不表现真实的项目环境（如项目场地与面积），只是简单地示意出空间的邻接关系。绘制气泡或者圆圈并在其间用箭头相连，表达需要的相邻关系等级。这些图表是非常有用的工具，还能够将关键的空间关系转化为可视化的图形。但是，气泡图存在一个潜在的问题就是具有限定空间构成的倾向。有人可能会问：“难道这不就是绘制气泡图的目的之一吗？”问题在于，设计时你可能很容易忘记气泡图只是空间关系的抽象代表，而不是空间布局的如实描述。在表达空间关系的工作中，详细的邻接关系气泡图可能会表现出色，但是却“难以胜任”表明具体空间布局的工作。另一个潜在问题是气泡图可能使人产生困惑，参见本页案例中为办公室 1 绘制的图表。

关于第一个问题，让我们用典型案例来进行说明。在大部分项目中会有来自不同部门或空间的大量使用人群，他们进入并使用空间的强烈需求成为重点，例如住宅中的厨房或者办公空间中的某个会议室。通常情况下，这些需求强烈的空间在图表上会被放在邻近中心的位置，其他空间在其四周围绕分布，表示它们之间需要邻接，就像是插图中的中心会议室案例。接下来所进行的设计过程具有逻辑性但结果往往不是理想的。很多学生会坚持把厨房(或者会议室、信件收发室等)放在项目布局的中心位置。为什么这样做呢？因为气泡图上是这样表现的。你需要谨记的重点是：不用把房间放在空间的正中央也可以体现中心式布局的方式。另外，可以用所在位置体现出需求强烈的空间，而不是把它放在图表的中央。

我的建议是将气泡图覆盖在项目的场地面积之上。用这种方法，可以在实际场所中表现出各种空间位置的可能性。这种情况下存在真实的空间前后关系，并且面积的形状也将会赋予气泡图一定的真实性，并产生有价值的反馈信息。例如，图表中方形平面与狭长平面会存在很大的差异。参见下页中过渡性避难所项目和办公室 2 项目。其中左侧图是没有基于环境背景的气泡分析图，右侧图是基于环境背景的分析图。右侧图包含的信息与左侧图相同，只是将分析图放置于真实的建筑场地之内。

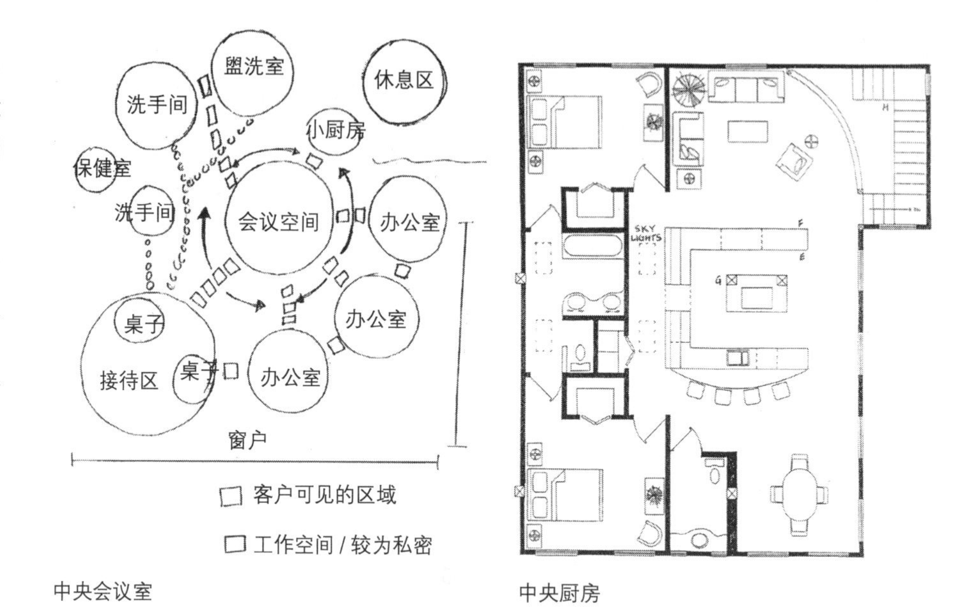

中央会议室

中央厨房

办公室 1：气泡分析图

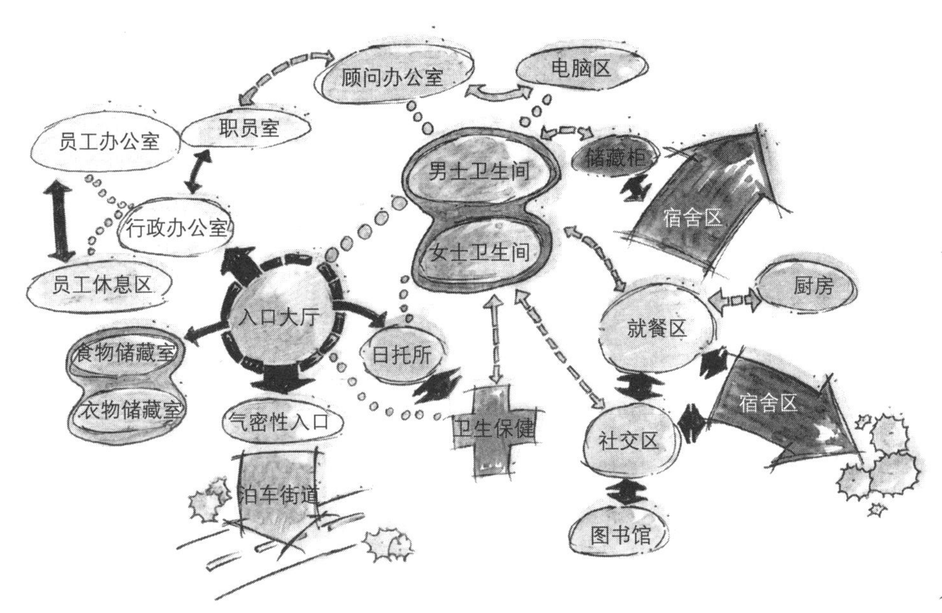

过渡性避难所：气泡分析图 1

过渡性避难所：气泡分析图 2

办公室 2：气泡分析图 1

办公室 2：气泡分析图 2

图表中的平面图形

设计时，要能以在分析图中绘制的平面图为亮点。注意你所绘制的形状，并采用添加阴影和肌理的方法，这需要花时间来绘制精美的箭头和交通动线，并且要使你的平面图形具有个性，下面是一些案例。

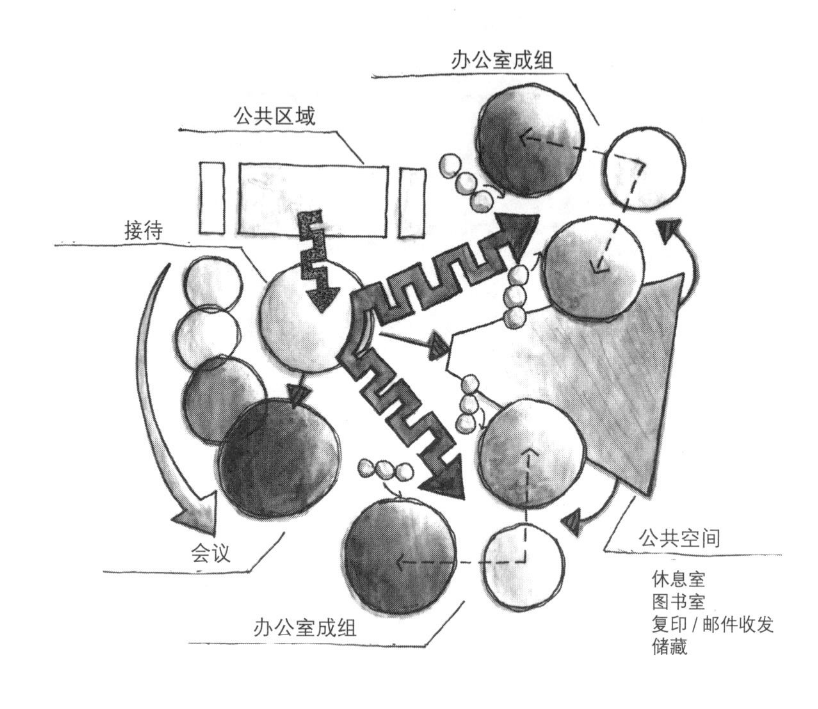

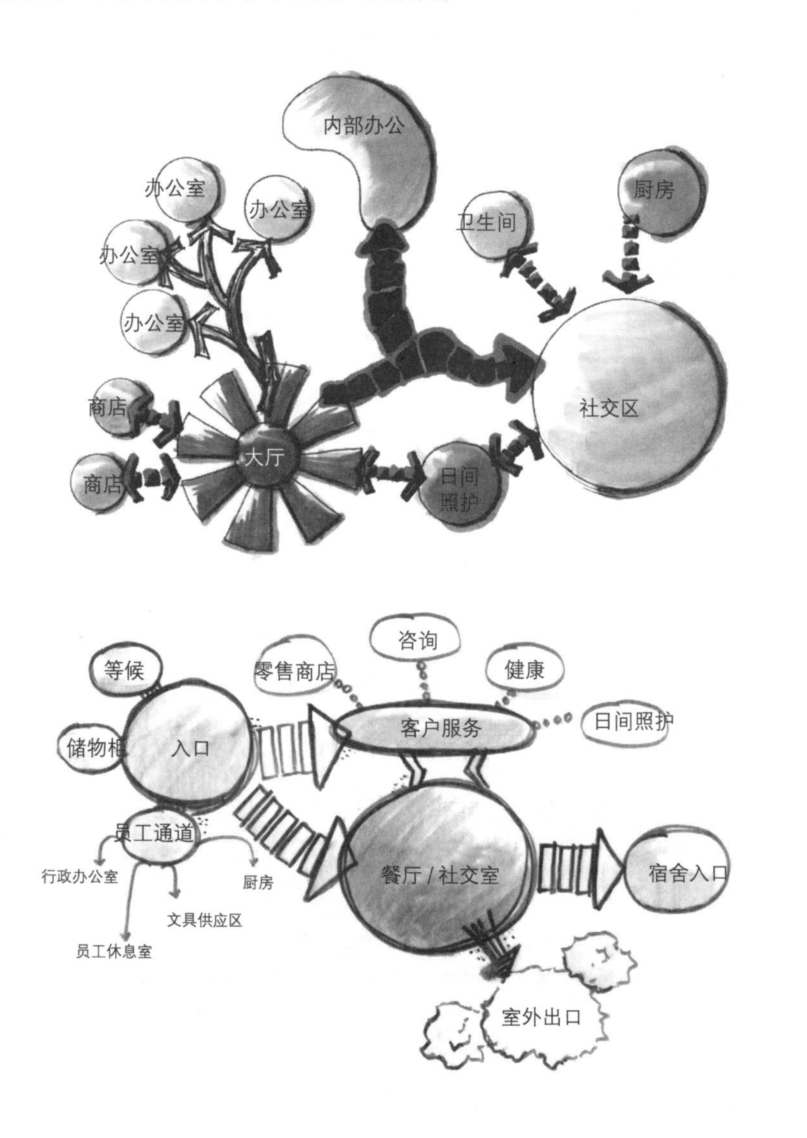

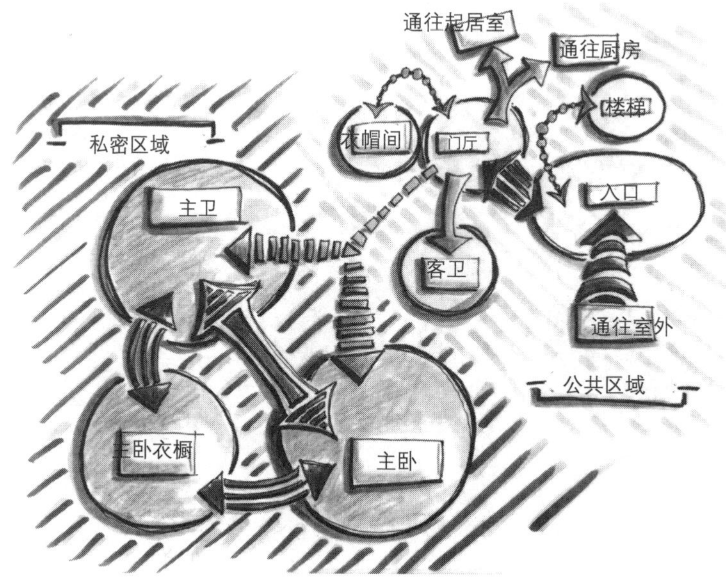

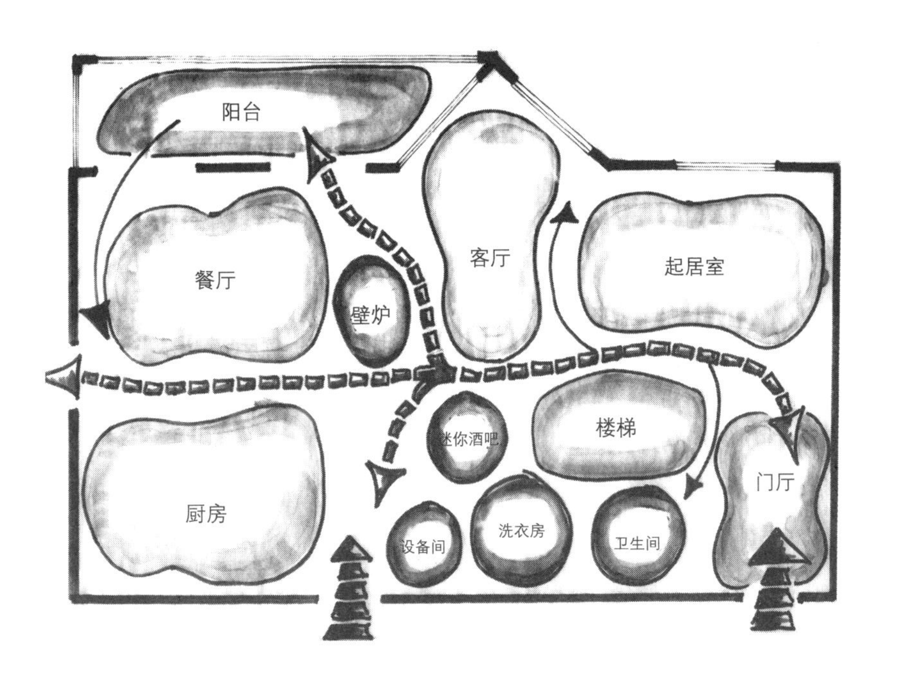
阳台
餐厅
壁炉
客厅
起居室
厨房
迷你酒吧
楼梯
门厅
设备间
洗衣房
卫生间

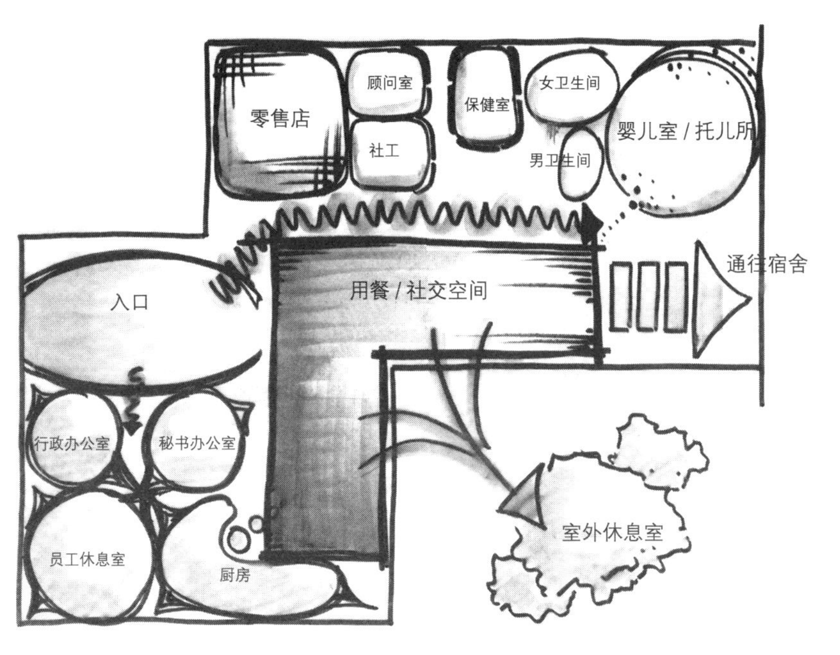
零售店
顾问室
社工
保健室
女卫生间
男卫生间
婴儿室 / 托儿所
通往宿舍
入口
用餐 / 社交空间
行政办公室
秘书办公室
员工休息室
厨房
室外休息室

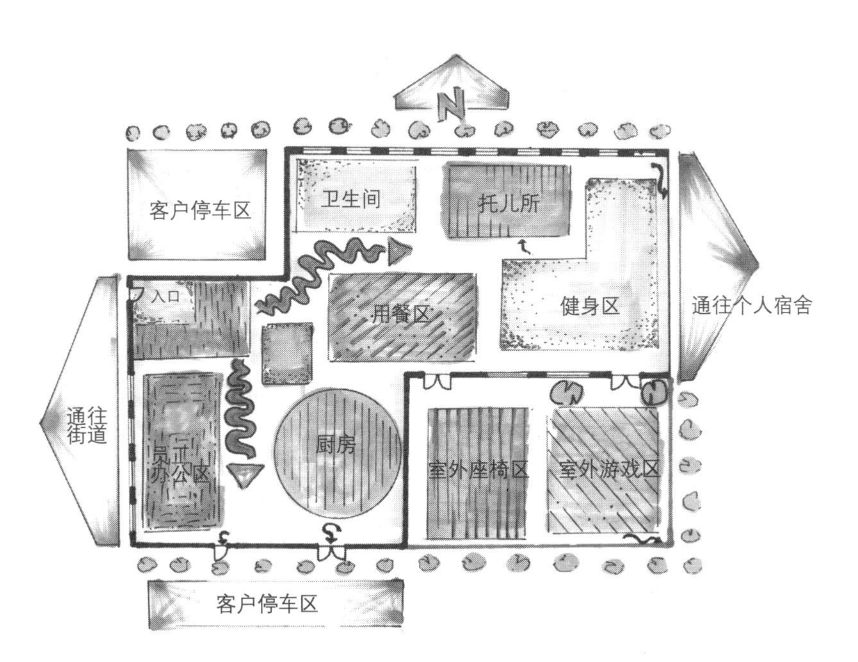
客户停车区
卫生间
托儿所
入口
用餐区
健身区
通往个人宿舍
通往街道
员工办公区
厨房
室外座椅区
室外游戏区
客户停车区

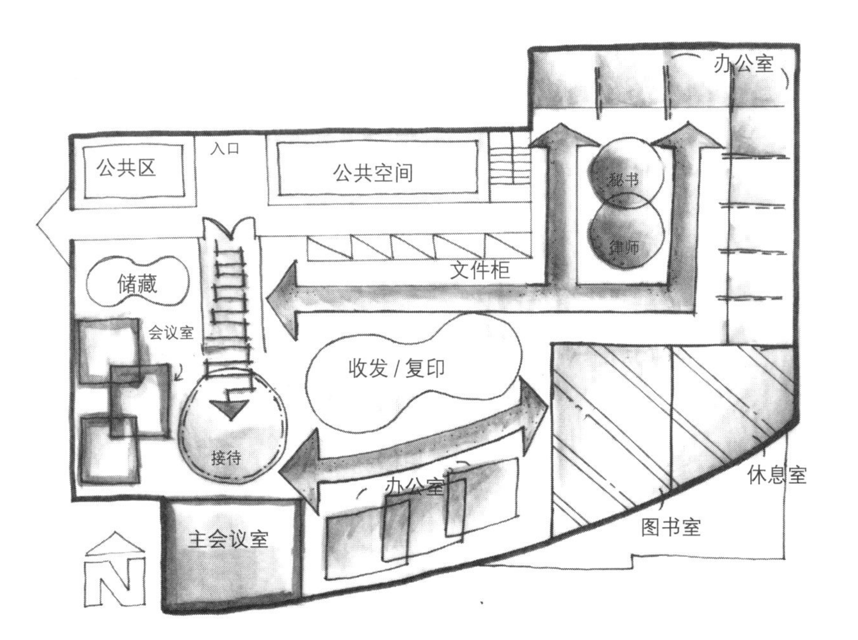
办公室
公共区
入口
公共空间
秘书
律师
文件柜
储藏
会议室
收发 / 复印
接待
办公室
休息室
图书室
主会议室

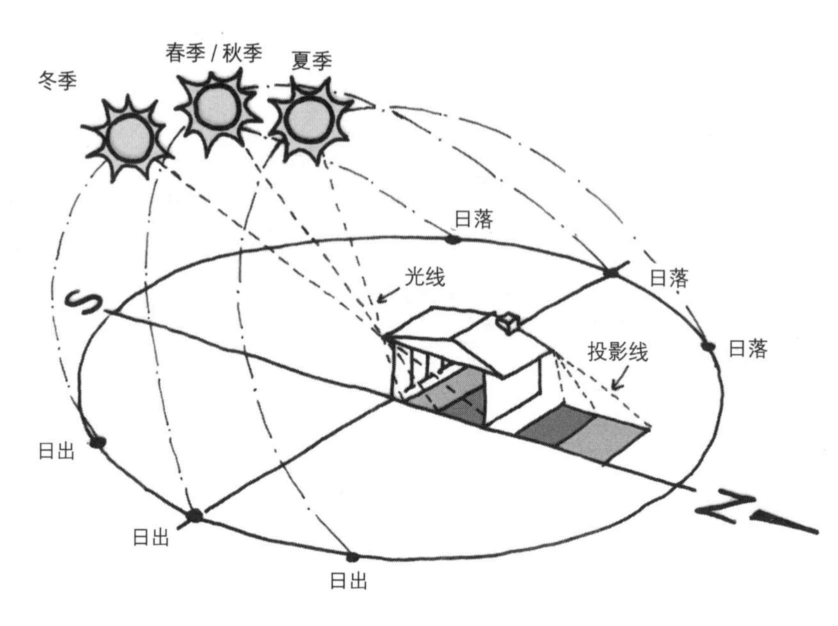

太阳运行轨迹图

环境因素：场地

即使是设计室内项目，剖析与场地相关联的环境因素（建筑物与其周围环境）也是非常重要的。太阳运行轨迹、风的影响、交通模式、视线状况、噪声问题都是需要考虑和分析的变量因素。对于暴露于日照之下的建筑物，太阳运行的轨迹是必须考虑的、非常重要的因素，因为这将决定设计中如何安置某些特定的空间与功能。例如，哪些人将获得清晨第一缕阳光？哪些人需要柔和、分散的自然光？因此，让我们花些时间来了解一下太阳在一天和一年之中不同时间点的位置情况。

在北半球，总体上太阳是从东方升起西方落下。在正午十二点，太阳到达它的最高高度，大约位于日出和日落位置的中间。然而，太阳的运行轨迹不是直线型的，而是向南方倾斜的。换句话说，在正午十二点时太阳并不是正好位于与地面垂直的上方位置，而是略微偏向南方，本页上方插图是太阳运行轨迹的说明。在夏季，太阳沿着从东向西的轨道运行时向着南方略微倾斜。在冬季，太阳高度角会增加，并且最高日照高度会降低。日照高度图表显示出太阳与房屋之间形成的光照角度，早晨和傍晚的光照角度很低，临近中午时光照角度越来越高。需要再次明确的是，在夏季时太阳的光照角度要比冬季时大一些。而在春季和秋季时，太阳光照角度介于夏季和冬季之间。

室内设计项目所在的建筑物往往是已建成的，并且根据太阳的日照轨迹设定了朝向。但是，决定室内房间和其他空间位置的工作则是由室内设计师来承担的。也就是说，由设计师来决定在东侧（清晨的阳光）、南侧（午后的阳光）、西侧（傍晚的阳光）和北侧（无直射日光）各进行怎样的布局。对采光的需求会根据项目的不同而不同。在有些情况下，你可能会得到自己所期望的温暖和光亮，相对的，有时得到的却可能是不需要的热量和眩光。在通常情况下，如果建筑物设有良好的遮阳设施（例如挑檐和百叶窗），那么眩光和过度受热的问题就能够被控制在合理的范围内，不会成为严重的问题。

学习本节中各页中的插图，对太阳的运行轨迹和方式进行了解。可以回想一下你个人的经历，回忆一下你所在的建筑物的日光的照射方式，包括好的与不好的案例。花些时间研究一下国内太阳运行方位图表，确定了北半球地区与日照相关的建筑功能的适当位置。当然，这些只是建议，还需要批判的去思考。比如说餐厅向东设置以获得清晨的日光真的是最好的选择吗，晚餐和日落时又怎么样呢？在炎热的气候条件下，这些项目的室内布局是否会有不同？餐厅是否可能朝向北方远离日照，这样是否能使房间用起来更加舒适？

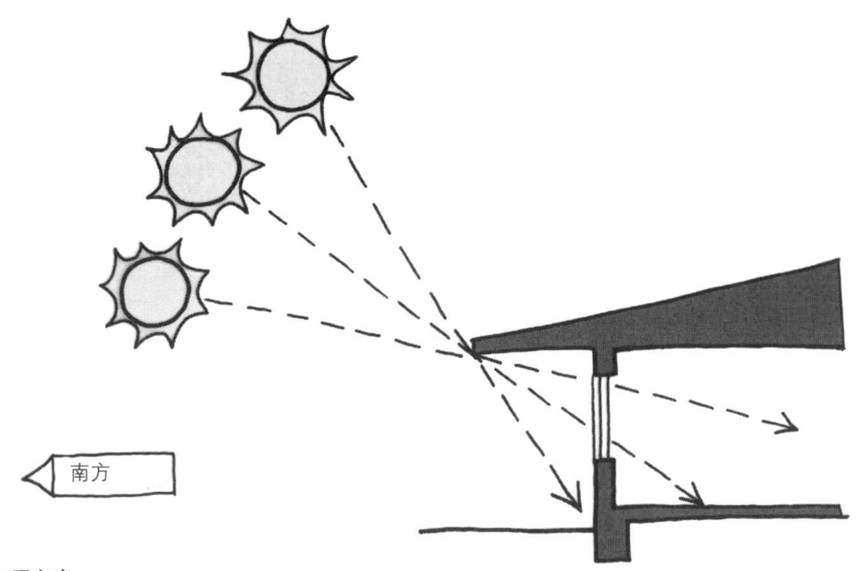

日照高度

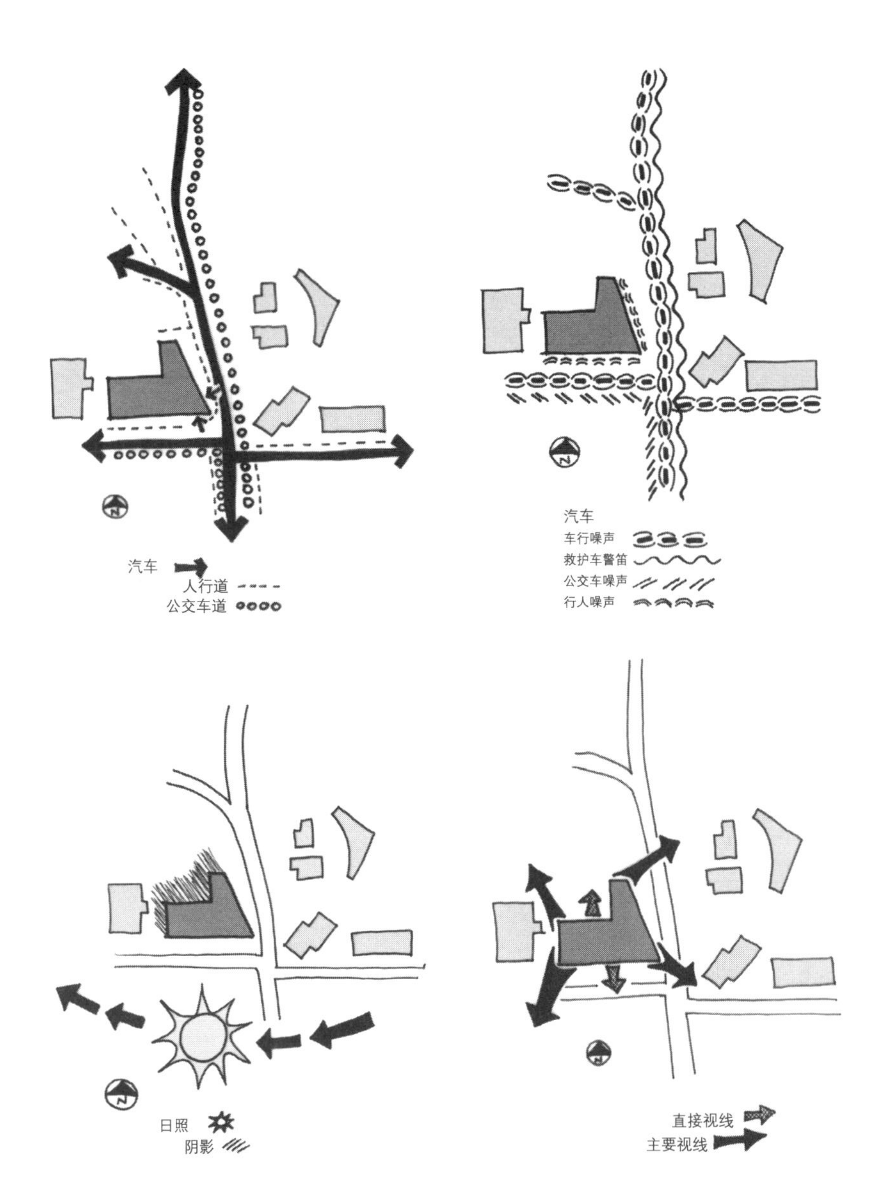

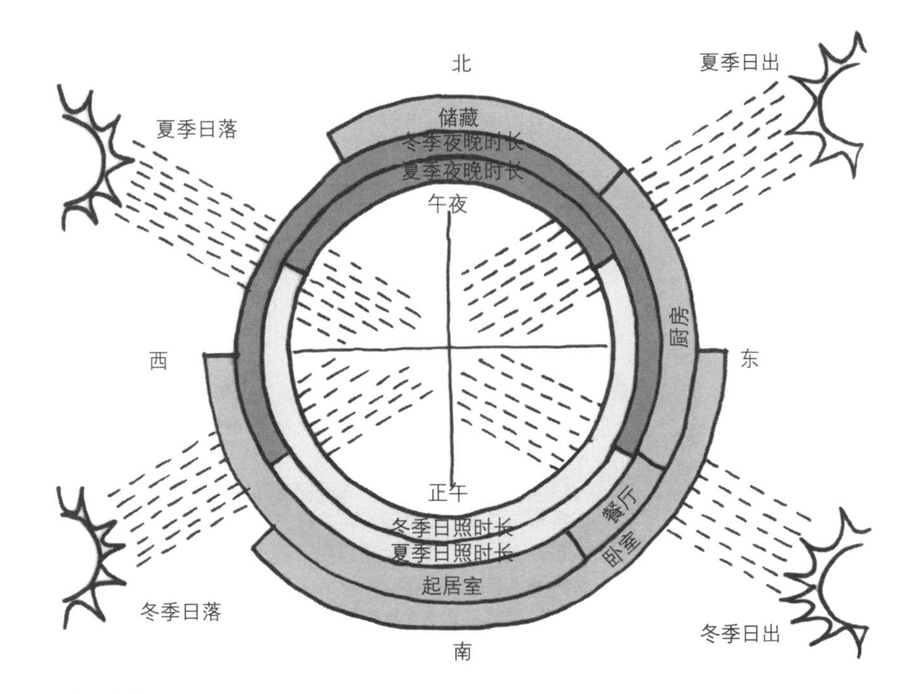

国内太阳方位图

本页的场地分析图是一名学生为某个办公项目所做的。他观察并记录了交通类型（车辆和行人）、噪声标准、日照轨迹和视野状况，把研究结果用四个形式简单却信息量较大的图表呈现出来。你能够从图表中找到为上下班通勤的人提供服务的公交线路及需要注意噪声的问题。尽管大部分情况下只有汽车和公交车的常规噪声，但是本项目中还涉及救护车的鸣笛声，因为这栋建筑物正好位于大型医院急诊入口的拐角处。这会在很大程度上影响需要安静环境的房间布局。日照轨迹和焦点 / 视野分析也将影响对室内空间和功能布局的决策。

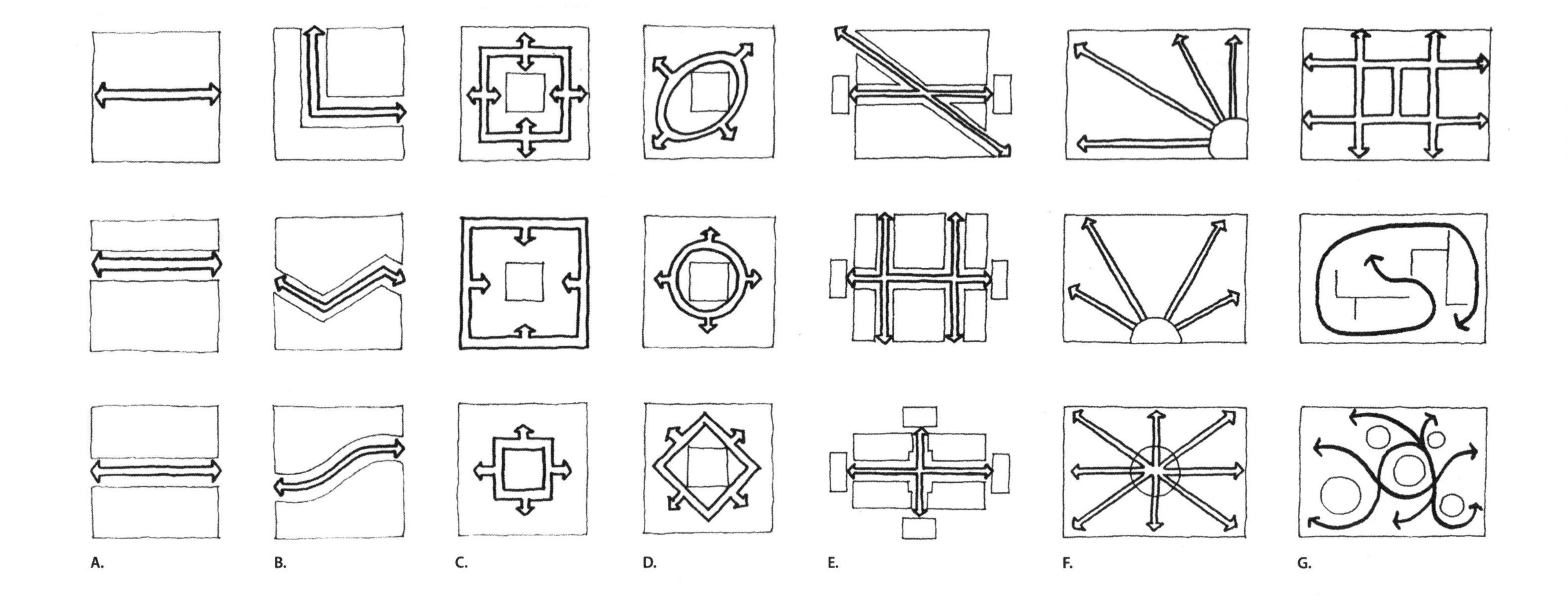

组织：交通动线

为完整地完成某尺度规模的项目，暂时抛开所有空间的功能性细节，并将项目看作是一个整体，这是很有帮助的做法。设计的一项重要任务就是对全局的组织进行创新，从而实现清晰的、内聚的逻辑化的组织效果。为此，在要满足的细节要求和环境背景之间来回推敲是很好的设计方法，例如，尝试设计良好的项目整体结构。

有趣的是，项目的交通动线设计是辅助形成空间形态最高效的手段之一。很多项目中你会发现：解决了交通动线问题也就决定了动线两侧空间的形态，并且对空间形态的具体配置起到了强烈的暗示作用。下一页插图中的三个办公室项目，是基于交通动线设计的快题研究。本页上方的图表列举了一些基本的交通动线模式，以及它们是如何辅助空间界定的。

A. 线型（轴线）：当处理狭长的建筑平面时，此模式通常非常适用。
B. 线型变体：线型的交通系统也可以是“之”字形、波浪形和转弯的。
C. 环状：本模式适合纵深型的建筑空间。
D. 环状变体：环状动线可以是正圆、旋转甚至不规则的。
E. 交叉轴线：本模式可以用于正式与非正式情况下，并适用于多种场地条件。
F. 放射型：此模式具有动态活力，但解决起来较为棘手。
G. 网格和有机型：严谨的网格型和不拘形态的有机型可以适用于不同的空间尺度和布局。

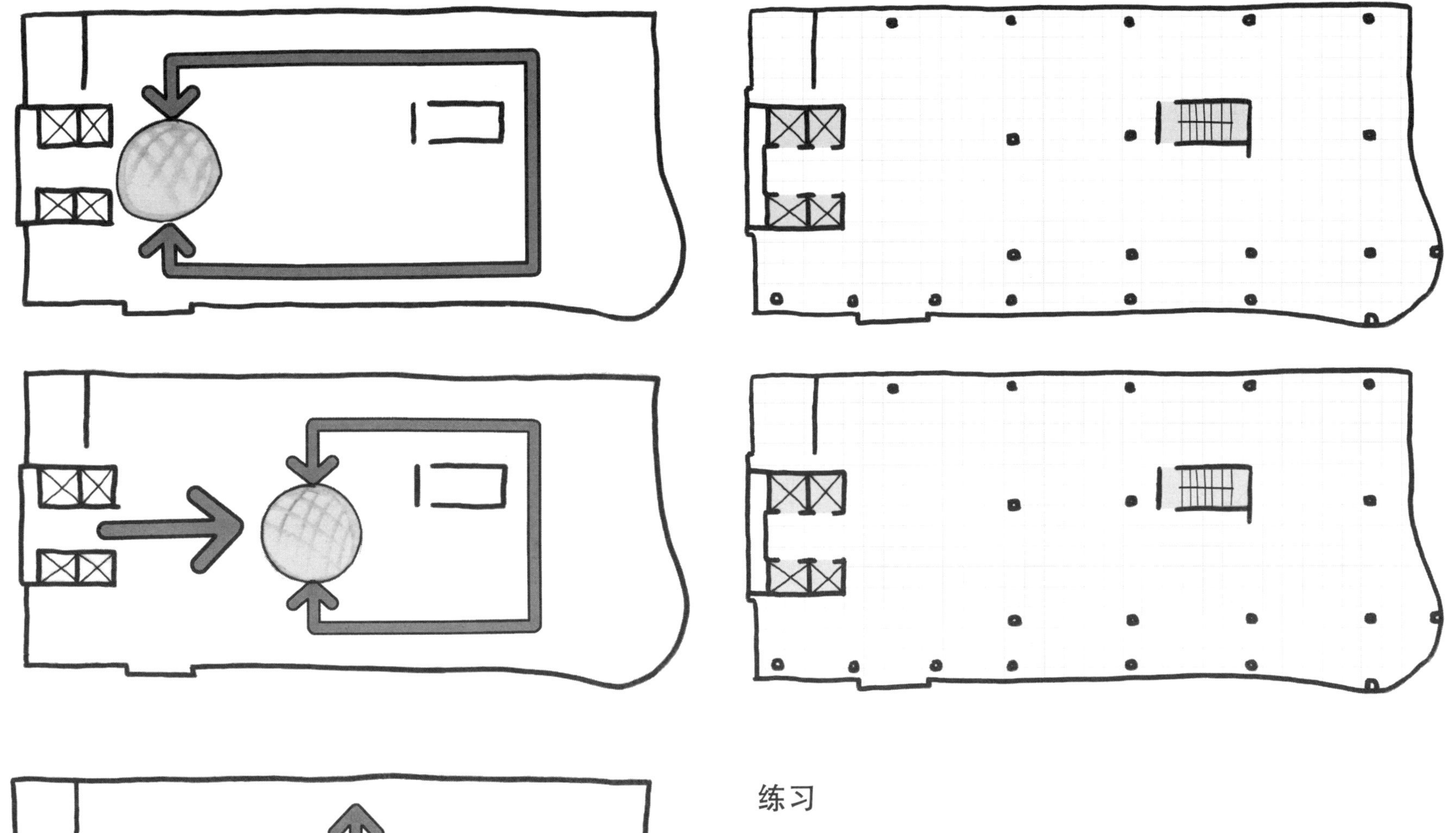

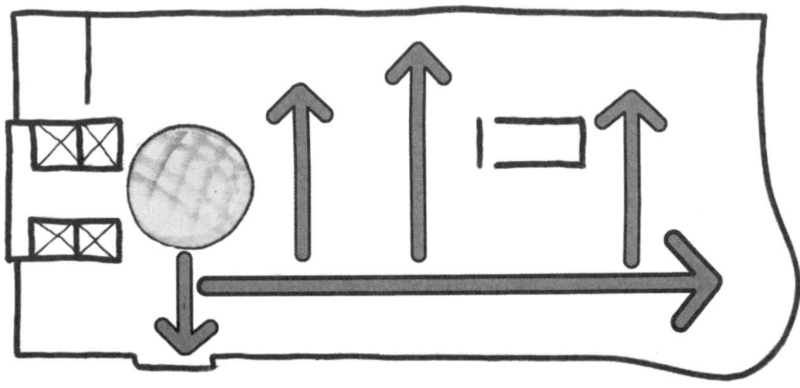

练习

本页插图是在建筑平面图上关于办公室主要交通动线的三个快题研究。图中标示出主要接待区域（圆圈区）和某些情况下的主要通道，以及空间与主通道之间的相互关系。在右侧两张空白的空间平面图内，设计两种可能的交通方案。可以借鉴前页图表中的交通动线模式来进行设计。接待区是否可以放置在其他位置？通道是否必须是直线型的？交叉轴线或放射型模式是否适用？这些都由你来决定。

组织：虚与实

在决定项目的基本组织格局时，除了交通动线以外，对空间的虚实（封闭与开放空间）处理也起到了非常重要的作用。本页的三张平面示意图是某办公空间的空间布局研究成果图，封闭空间成组，在一起形成大面积的实体空间，并用阴影表示出来。设计的目标是创造良好的空间形态，同时确保剩余的开放空间具有聚合性、比例适度并且使用效率高。

项目方案

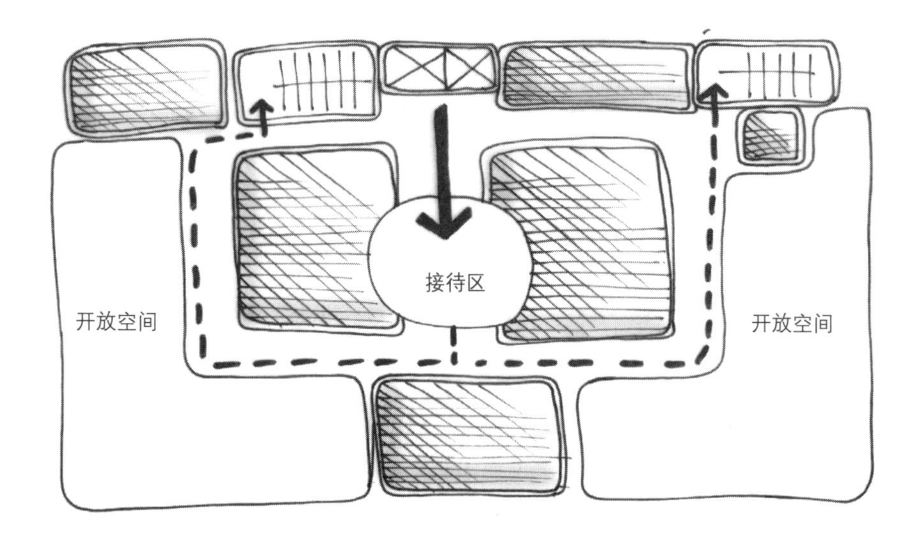

方案 1
直线型轴线的通道通往位于空间中部的接待区，轴线的通道继续向前即到达主会议室。实体空间在建筑平面的中部成组，从而在空间两侧形成了 L 形的开放空间。

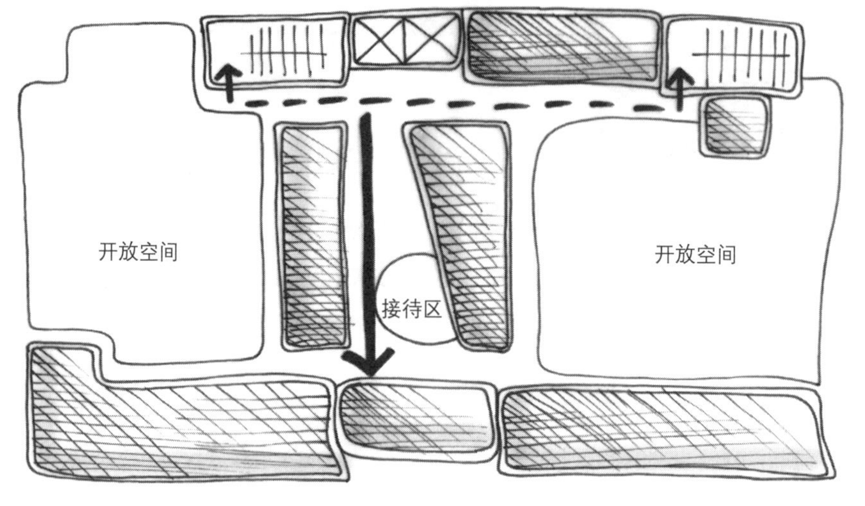

方案 2
直线型轴线的通道通往位于走廊的接待区，继续向前延伸到达主会议室。封闭空间成组形，成狭长的带状，分布在主走廊和主会议室的两侧，从而在总平面的两侧形成了两个大型的开放区域。

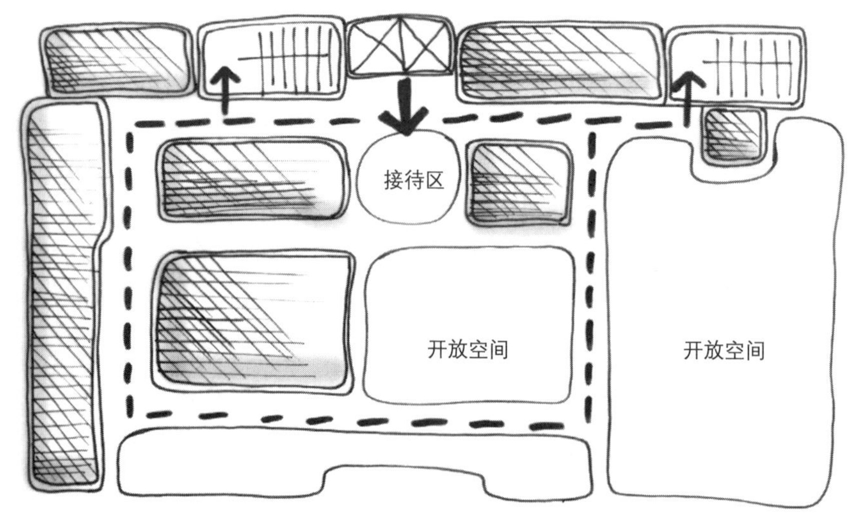

方案 3
通过电梯迅速可达接待区。封闭空间位于接待区的两侧，并且沿着建筑狭长的一侧分布，将建筑的另一侧预留给大部分开放的区域 。

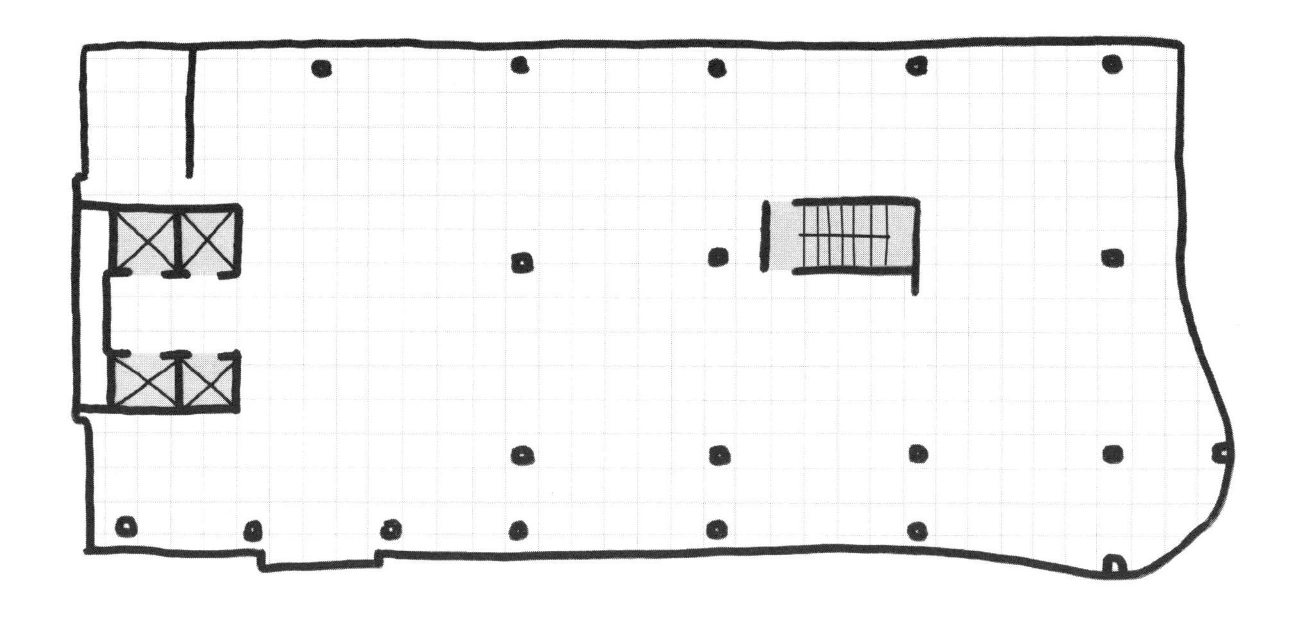

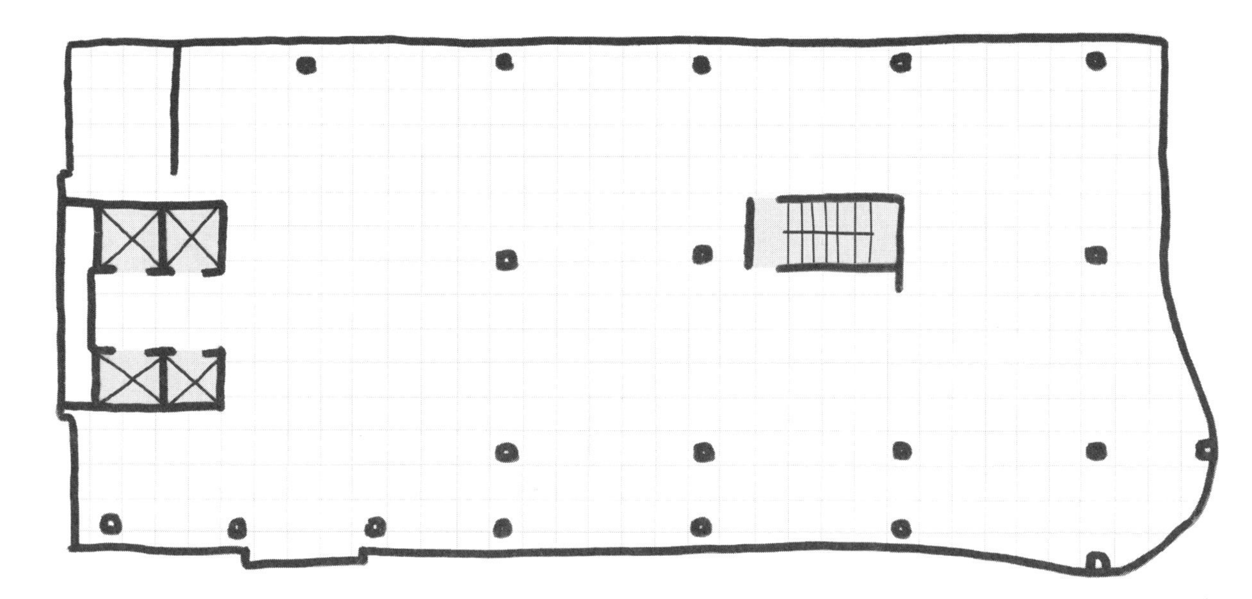

练习

画出两种不同的方案，标示出交通动线、接待区、主会议室和大约占据一半面积的封闭空间（实体），并能保证剩余的开放空间形态完整、具有独立性且便于使用。空间中的实体块是消防梯，另一个消防梯位于穿过电梯的相邻建筑内。你可以借鉴前页的案例，既可以发展前页中的某个方案，也可以设计新的方案。与前页方案 1 ~ 3 的简短说明相类似，也写下你的设计目标。

从气泡到平面：过渡性住宅

接下来的六页中分别介绍了三个项目，展示了从基本概念发展成平面图的过程。设计的过程能够使你了解设计师在不同阶段的关注点和工作内容，因此，请仔细地分析每一个案例。

背景：此项目意在通过职业培训和半自立型的生活方式，帮助曾经的无家可归者过渡到幸福、有作为的生活模式。除了管理用的办公室，此项目内还包括宿舍（不是本项目设计的内容）、图书室、托儿所、计算机区、食物储藏室、衣物储藏室及起居室和就餐区。

思路：管理区靠近入口，并使其与位于空间深处的起居（社交）区域明显分隔。将需要监管的区域设置在管理区附近。将封闭空间成组并置于角落，例如两间储藏室和厨房，但是也要便于使用。将用餐和起居区置于临近花园的位置。努力在器具存放区和用餐区营造开放的感觉，同时也利用家具布局形成小群组。

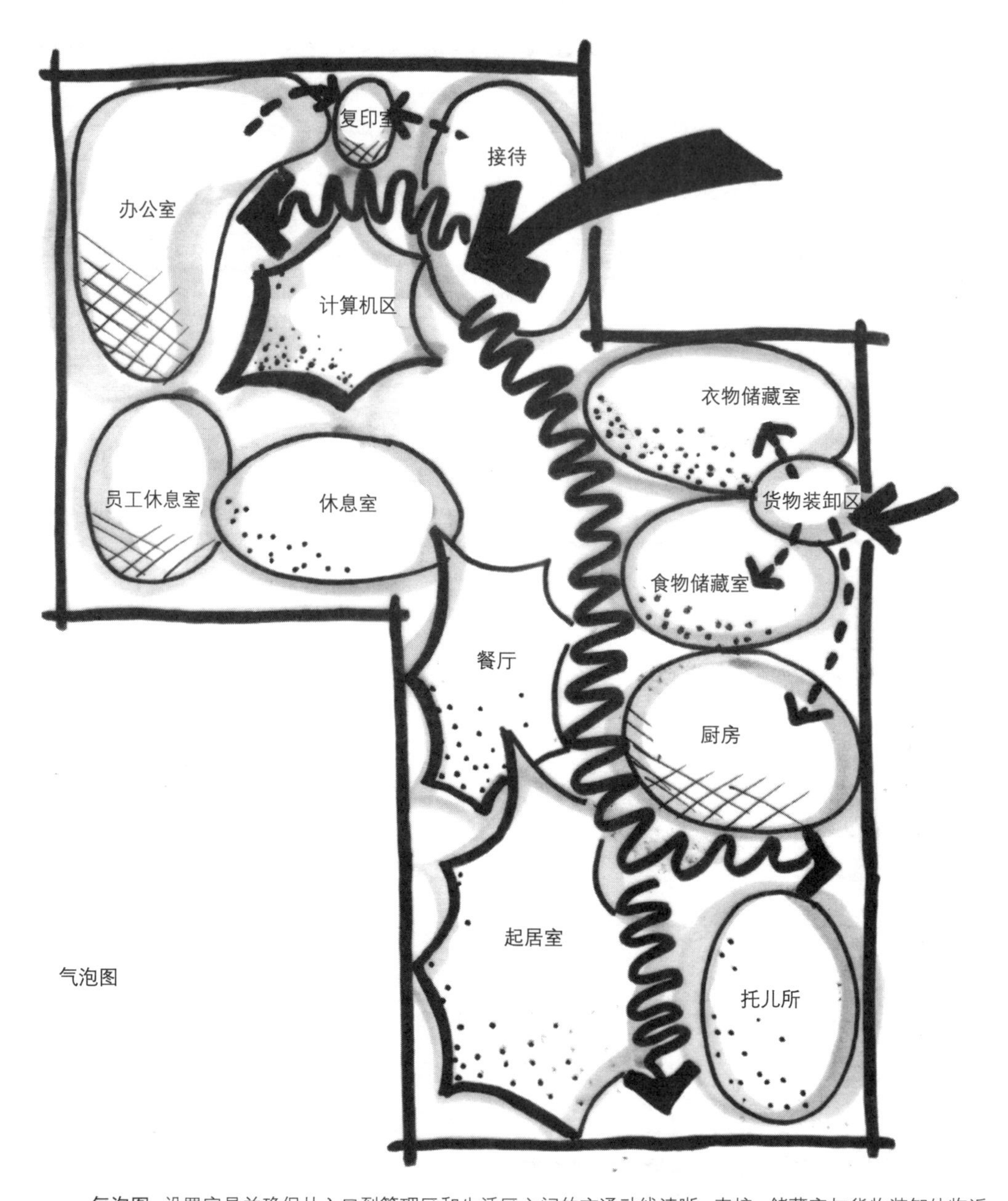

气泡图

气泡图：设置家具并确保从入口到管理区和生活区之间的交通动线清晰、直接。储藏室与货物装卸处临近。

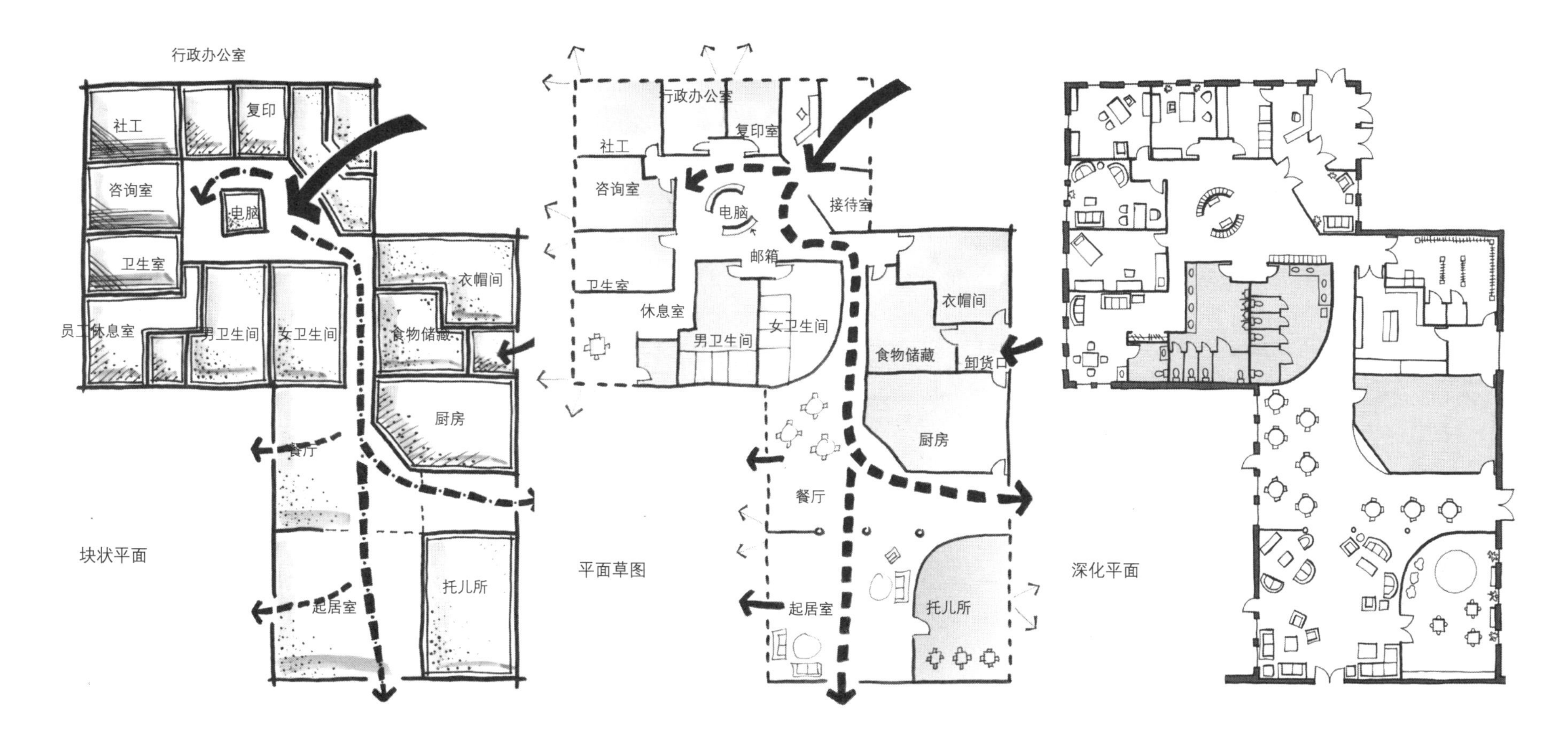

块状平面：更精确且符合尺度地绘制各个区域，推敲如何利用卫生间的形状在管理区和起居区之间设计分隔。为起居和就餐功能设置更准确的区域位置，并且检查通往宿舍的动线。

平面草图：进行将规矩的形式发展成柔和转角形式等的工作，开始放置家具并研究可能的布局形式。

深化平面：绘制全部方案内容包括经过深化设计的家具陈设，表现出所有空间中的家具，并确保家具局部成组和动线的合理性。

下一步：再次检查项目要求以确保所有因素都已经考虑在内。核查平面图是否符合建筑法规，并且根据法规要求修改布局和设计要素。

从气泡到平面：餐厅

背景：全功能型厨房、吧台（休闲区）、主要就餐区和私密性就餐区。

思路：将厨房设置在服务动线上，尝试设计一处相互关联又独立的吧台／休闲区。将主要用餐区放置在空间的中心位置，并且采用家具和软性的分隔将空间划分成各种袋状形式。

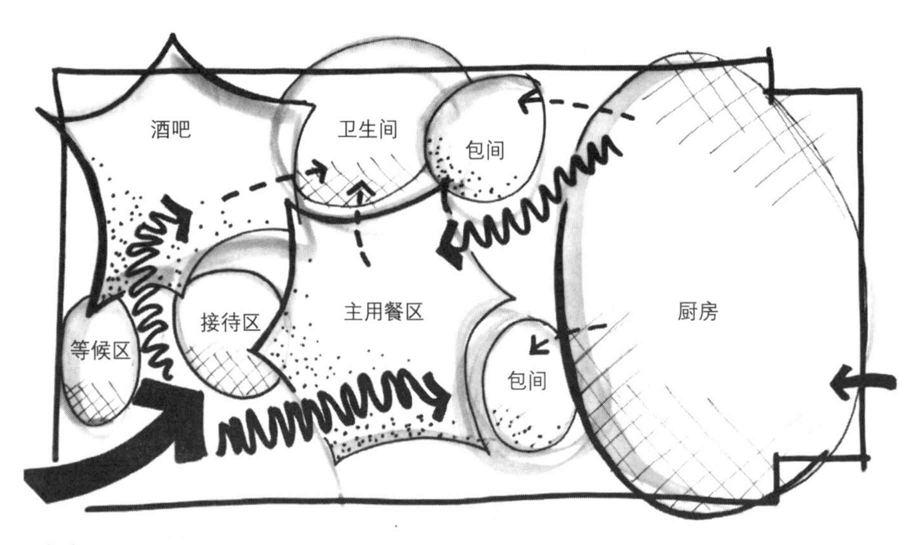

气泡图

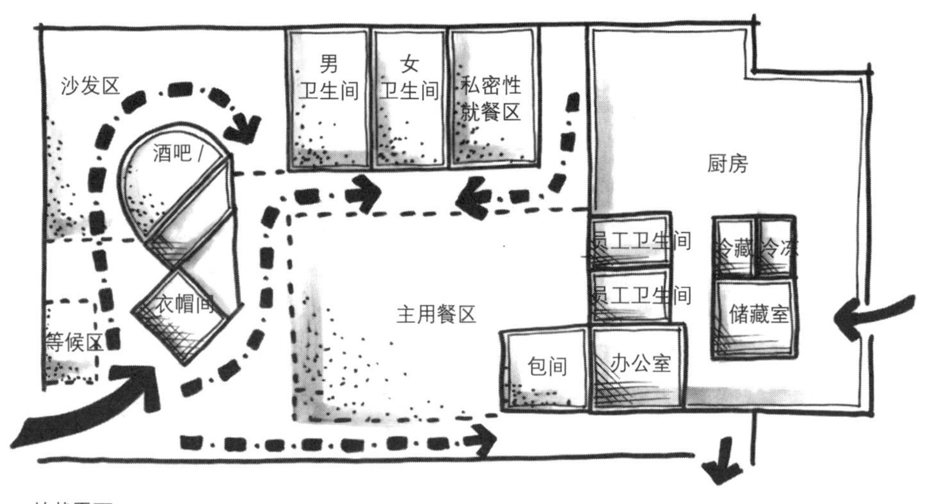

块状平面

气泡图：确保为全功能型厨房预留出充足的空间。推敲可能的空间形式，在场地中心部分设置主要就餐区。研究入口吧台（休闲区）和就餐区之间的关系。虽然卫生间位置偏僻，却也能保证方便可及。

块状平面：推敲图形形状并且将其绘制得更加精确。开始在吧台区域尝试可能的转角布局形式，在厨房区域中设置不同的空间。特别关注顾客与服务人员的交通动线，对主要就餐空间具有尺寸和整体形态上的构想。

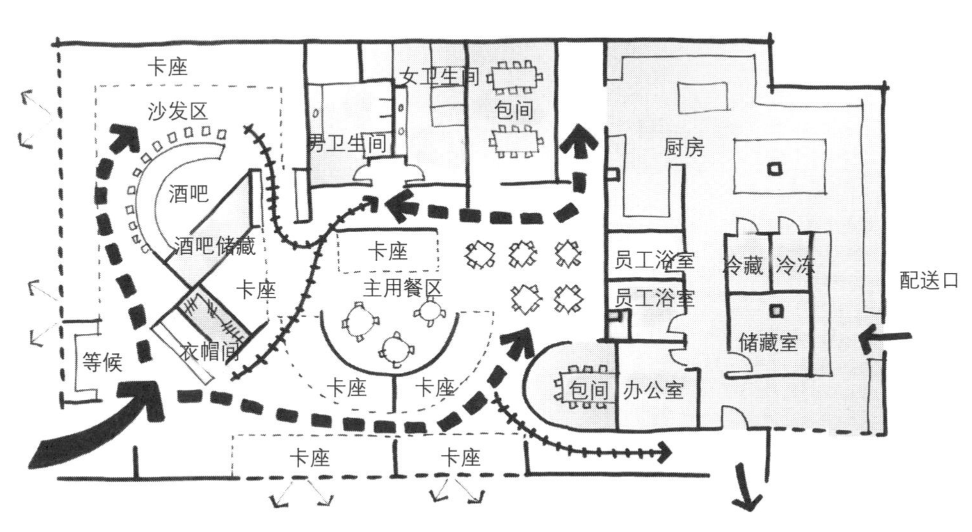

平面草图

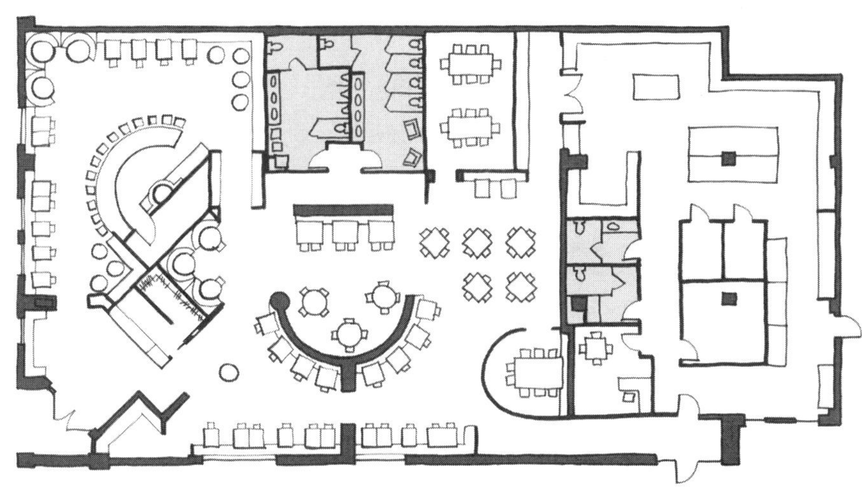

深化平面

平面草图：绘制细节，画出家具。将主要用餐空间再次划分成袋状形式。保证私密性就餐区使用合理，再次研究人流的动线形式及安全出口问题。

深化平面：为第一次阶段性汇报认真绘制图纸，仔细地设置家具所在的空间。确保空间的疏密程度适中。

下一步：检查设计图是否符合项目要求并确保所有内容都已被考虑在内。检查平面是否符合建筑规范，并根据规范要求修改布局和设计要素。检查厨房的出入通行是否有改进的空间。

从气泡到平面：办公空间

背景：本项目是一家商业咨询公司的办公空间，高度合作的工作模式需要非正式的洽谈空间及几个正式的洽谈空间。仅有三间私人办公室，因此绝大部分环境呈现出开放式平面的效果。很多雇员经常出差，因此他们会采用酒店式办的公方式，并且办公空间内的有些空间可以通过预订的方式使用。

思路：将电梯厅打造成一个强烈的、富有吸引力的交通空间，电梯厅后面紧邻的是正式的洽谈室。利用核心设计要素和几个封闭房间（办公室和会议室）的界定，将其余的矩形平面概略地划分成四份。在开放空间内，用工作台对格局进行进一步的分区。让员工感觉到仿佛是在两侧有窗的办公室里上班，努力营造自然的环境感受。

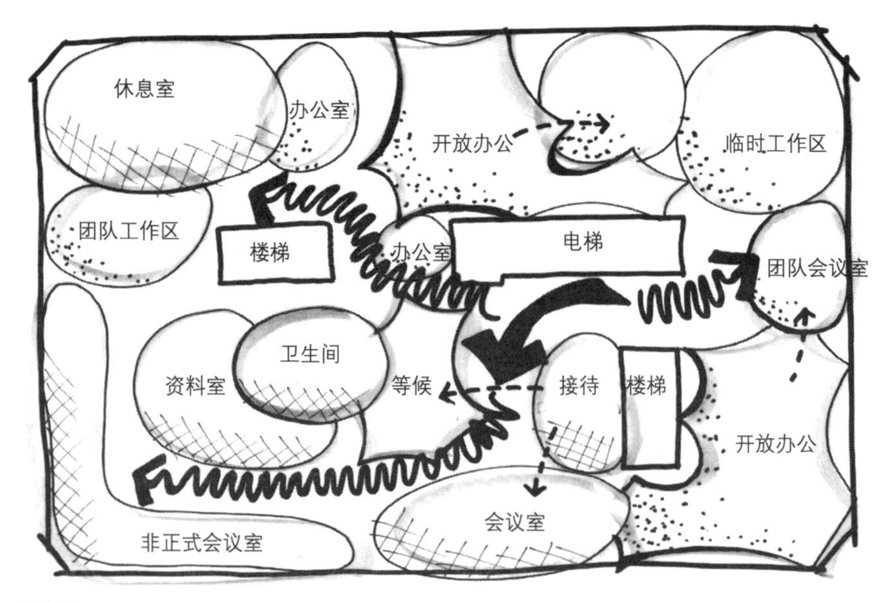

气泡图

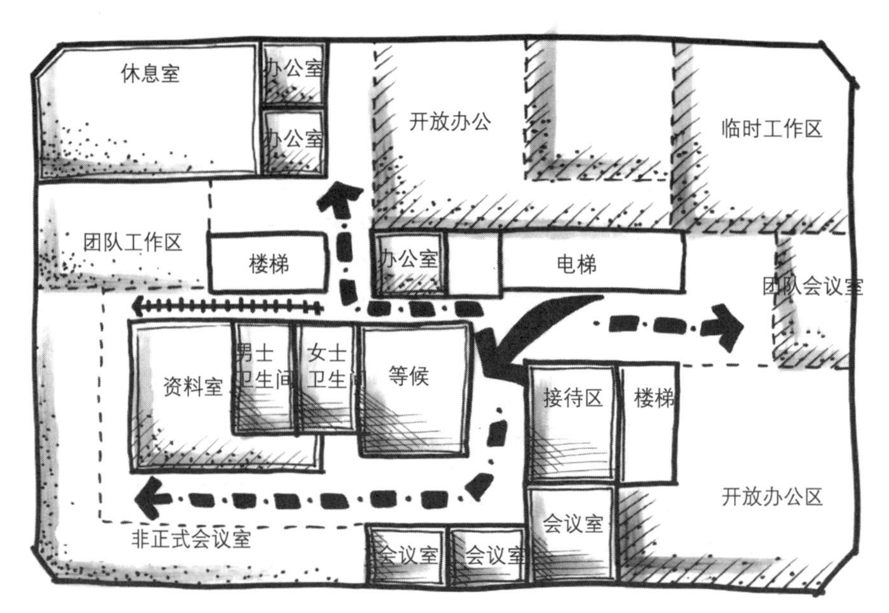

块状平面

气泡图：界定交通动线端点的区域（会议室、转角休息区、转角非正式洽谈区）。定位空间布局（采用气泡形式），尝试所有空间之间的契合程度。

块状平面：在块状或者交通动线平面图中，更精确地绘制各个区域。确保封闭空间和开放空间的面积都能适合家具的使用和摆放。

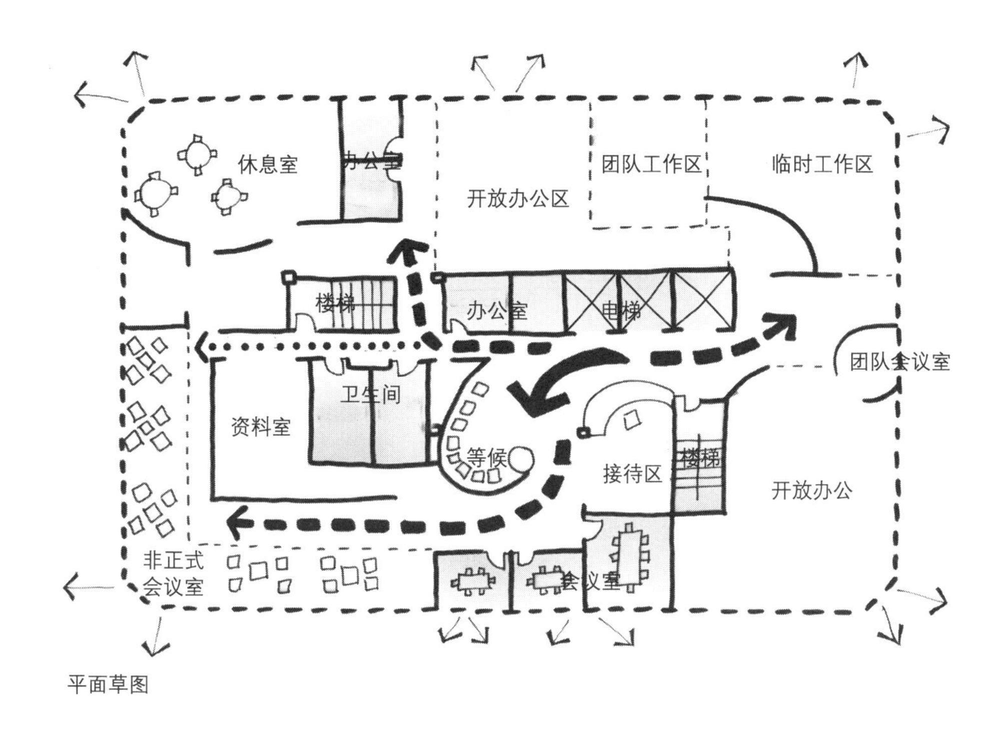

平面草图

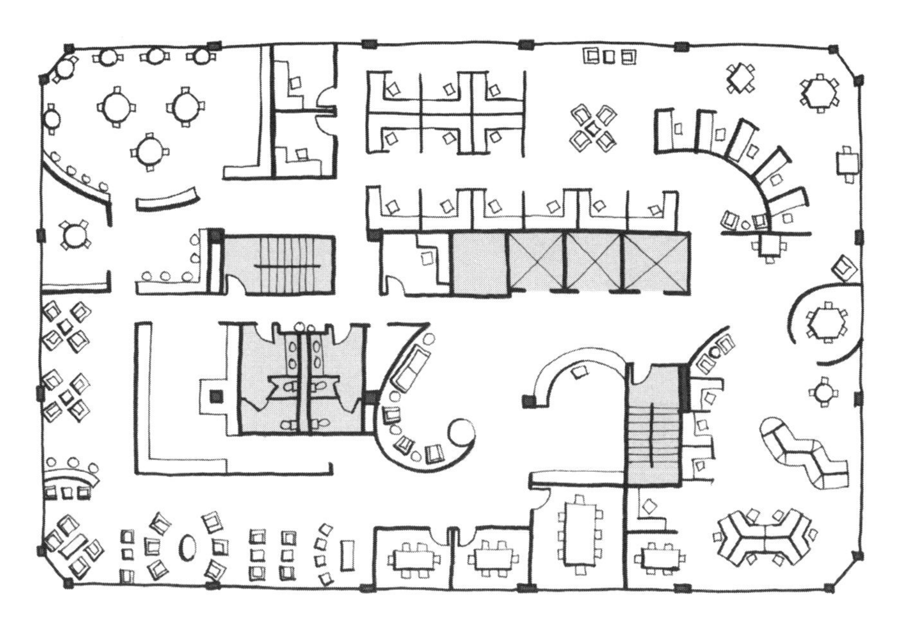

深化平面

平面草图：设计更多的细节，开始推敲如何改变特定区域来营造更加自然的环境感受。检查空间布局是否符合最佳视野的需求。

深化平面：画出所需要的家具和可移动的空间，赋予它们最合适的尺寸。花些时间深化核心区域的设计，例如接待区和临时的“迎宾”角落。为提出隐私保护要求的长期员工提供适合的空间，在保持开放性的同时能拥有一定程度的封闭感。

下一步：检查设计图是否符合项目要求并确保所有内容都已被考虑在内。检查平面是否符合建筑规范，并根据要求修改布局和设计要素。

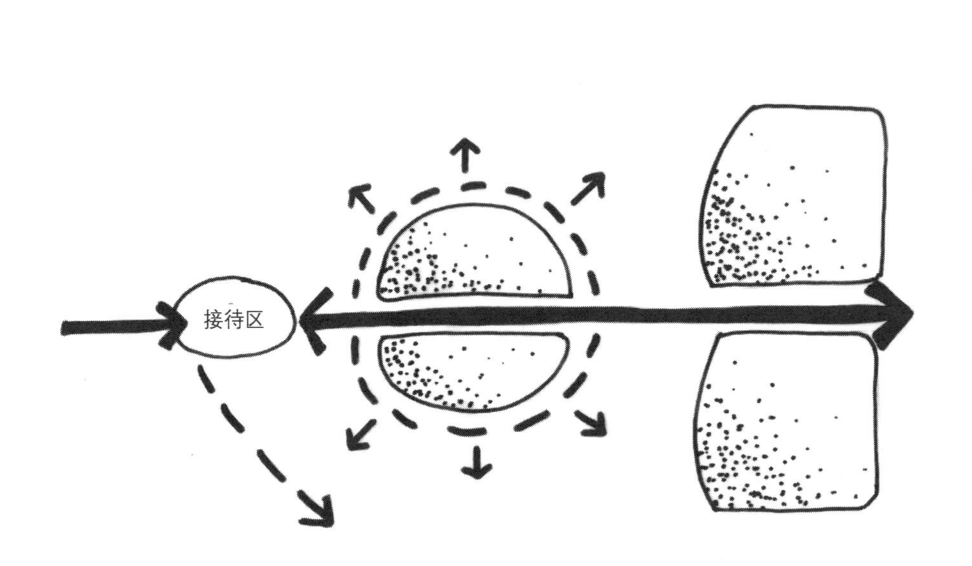

场地分析图：示意图的重要性体现在它是决策的结果，贯穿前后的明显轴线将大块的实体空间分割成轮廓鲜明的圆形要素，主要分布在中心区，其他的房间成组分布于轴线的后方。

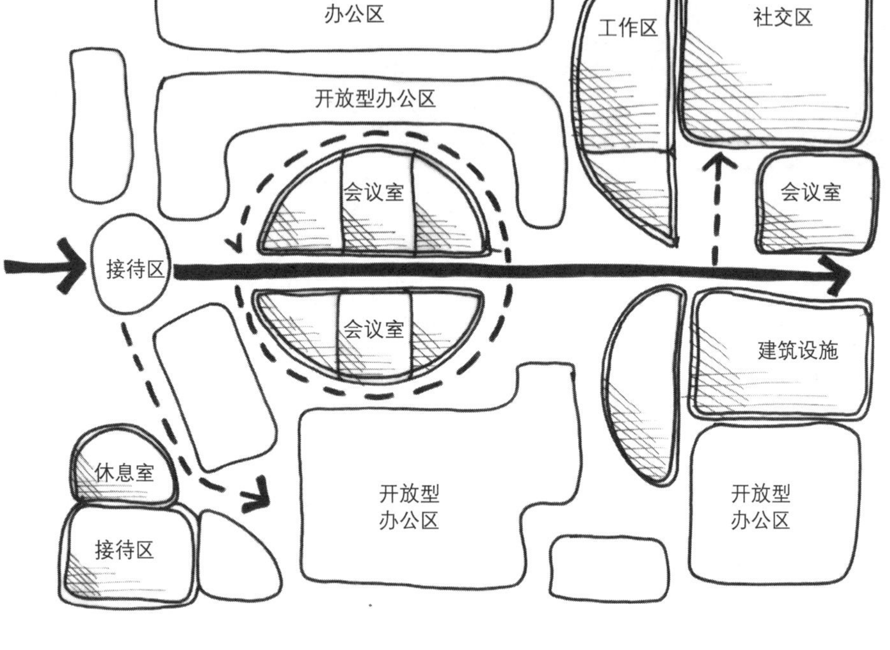

块状（动线）平面：这张示意图整体考虑了所有的区域。你可以从中看到一些细节，位于中心区的是会议室和办公室，其他小型洽谈室和主要集会室（社交）位于后方。围绕着中央圆形空间的是开放办公空间。表示开放区域的气泡草图与成组的工作台互相配合。

示意图的重要性 I

大部分优秀的示意图都是有逻辑性的、明确的组织结构。我们可以遵循动线的逻辑关系和封闭空间的处理手法来形成相应的空间布局。通常，设计方案早期都从示意图表开始，有时还会在建筑平面成型与过程图表之间反复变化，以协助我们了解需要设计什么或是缺少了哪些内容。本页和下页插图列举了一个办公项目的场地平面和示意图。每个方案中有两张图表：一个场地分析图说明了设计的本体结构，块状（动线）平面表现出更丰富的方案细节。

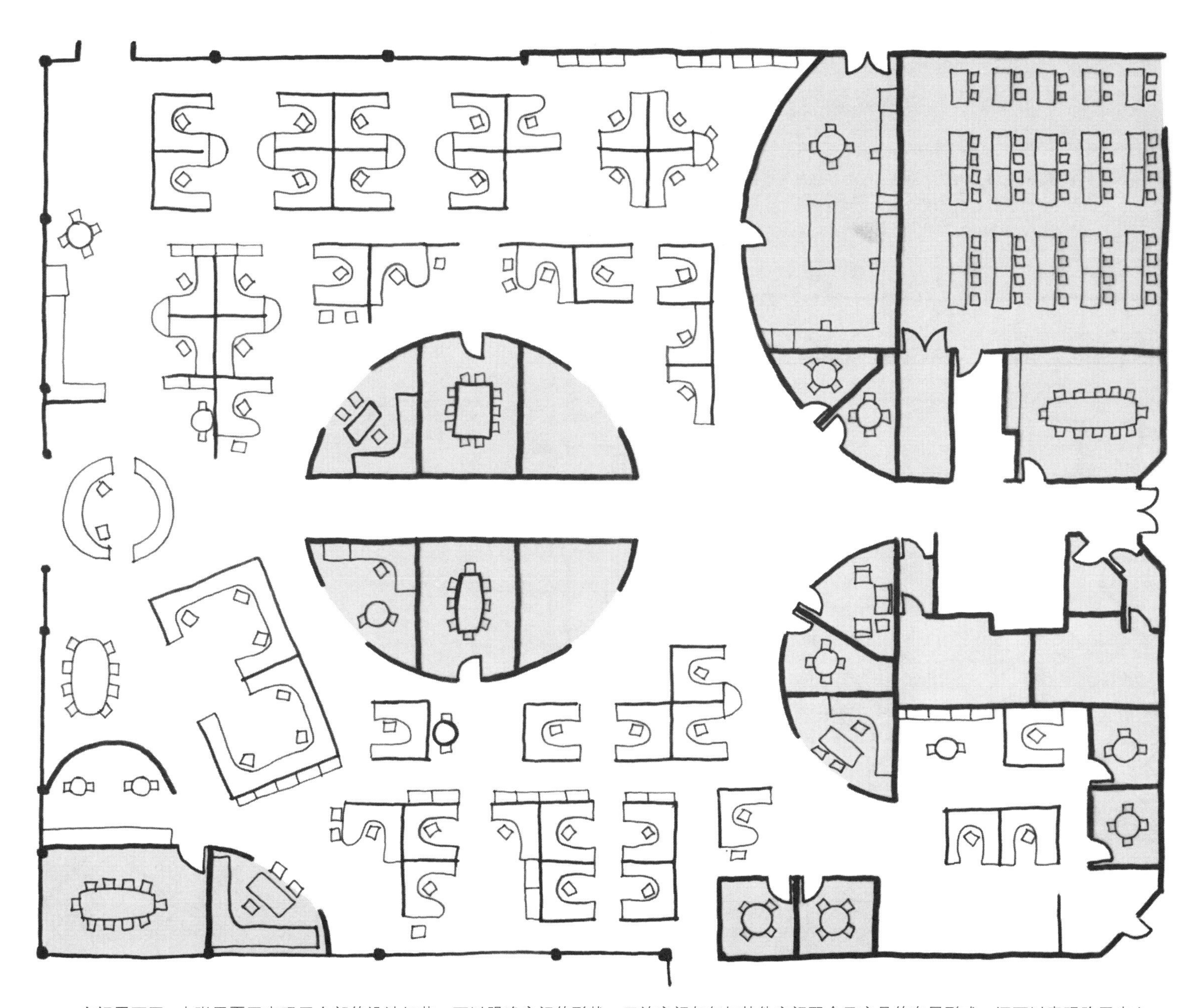

空间平面图：本张平面图表现了全部的设计细节，可以明确房间的形状、开放空间如何与其他空间配合及家具的布局形式。还可以表现除了中心部分线型通道以外的室内交通动线，在局部层面还体现出其他充满趣味的设计，例如入口附近的成组家具旋转成一定角度，并且在某些地方使用了半圆的形状。现在可以比较一下三幅插图，并思考它们之间是如何协调一致的。

示意图的重要性 II

基于清楚的几何形态及与主动线相关的策略性布局，块状（动线）平面和场地分析图显示出明确的组织结构。接待区正对电梯，出电梯后即时可见。旋转 45° 的中心组团界定了两侧的主要交通动线。一间主要的会议室位于中心点，它的后面是配有开放型工作台的主要开放空间。其余的主要会议区位于交通动线的终端处并朝向建筑物的正立面（具有最佳的朝向和视野），而私人办公室沿着建筑的边界布置，以形成舒适的、关联的、开放的办公空间。

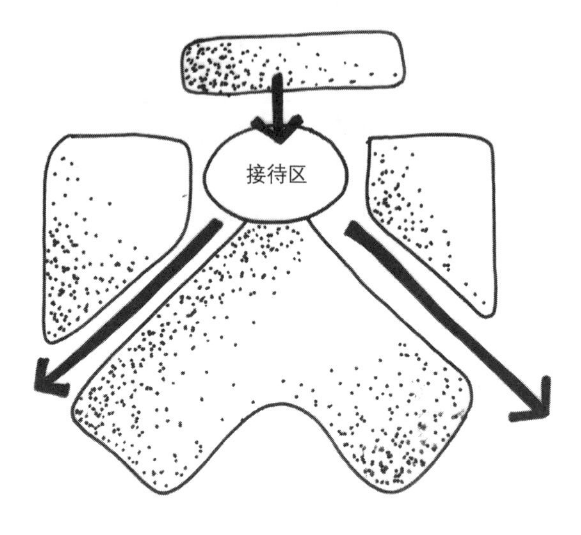

场地分析图

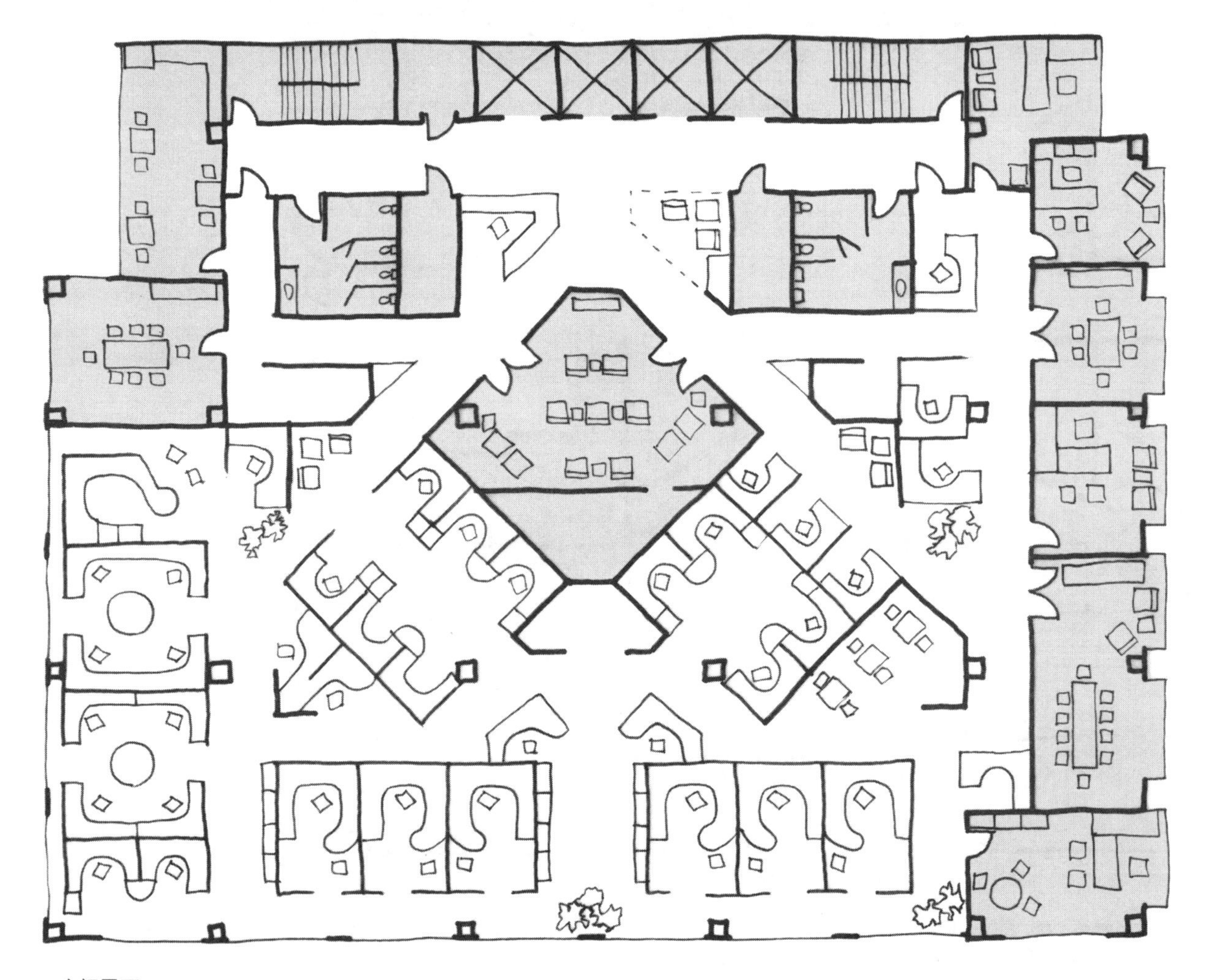

空间平面

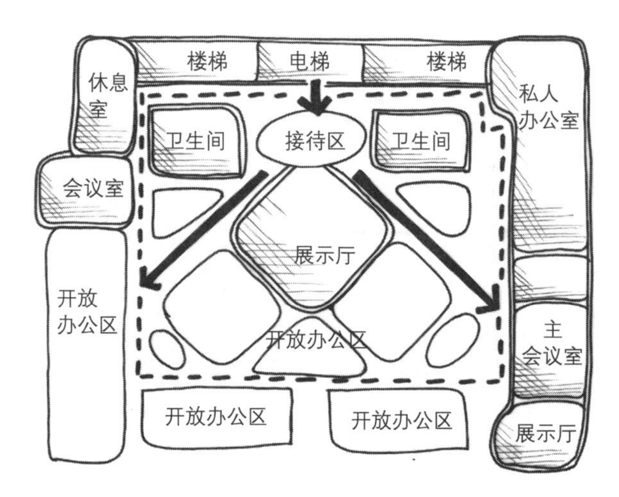

块状（动线）平面

本方案的组织结构也将接待区置于电梯厅前。通往会议室需要穿过接待区背后的T形走道。主会议室被设置于T形的一个端点处，也是沿着空间中正面的窗户布局。其余的封闭空间不仅同样被置于建筑的边界，而且还分布在接待区的周边以便界定T形的动线道路形状。L形的开放空间设置在整个空间的后方，即建筑物的次要边界上。

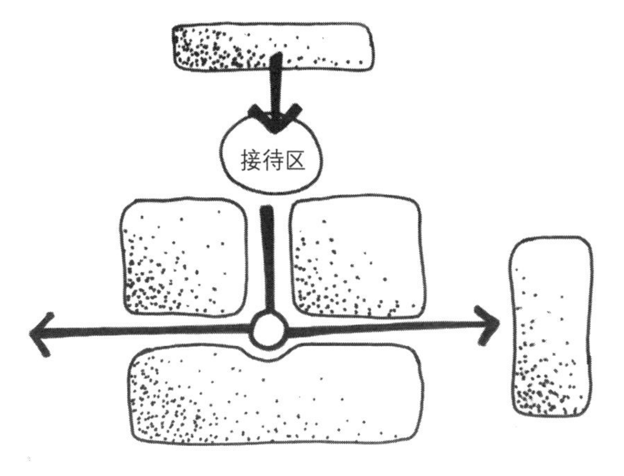

场地分析图

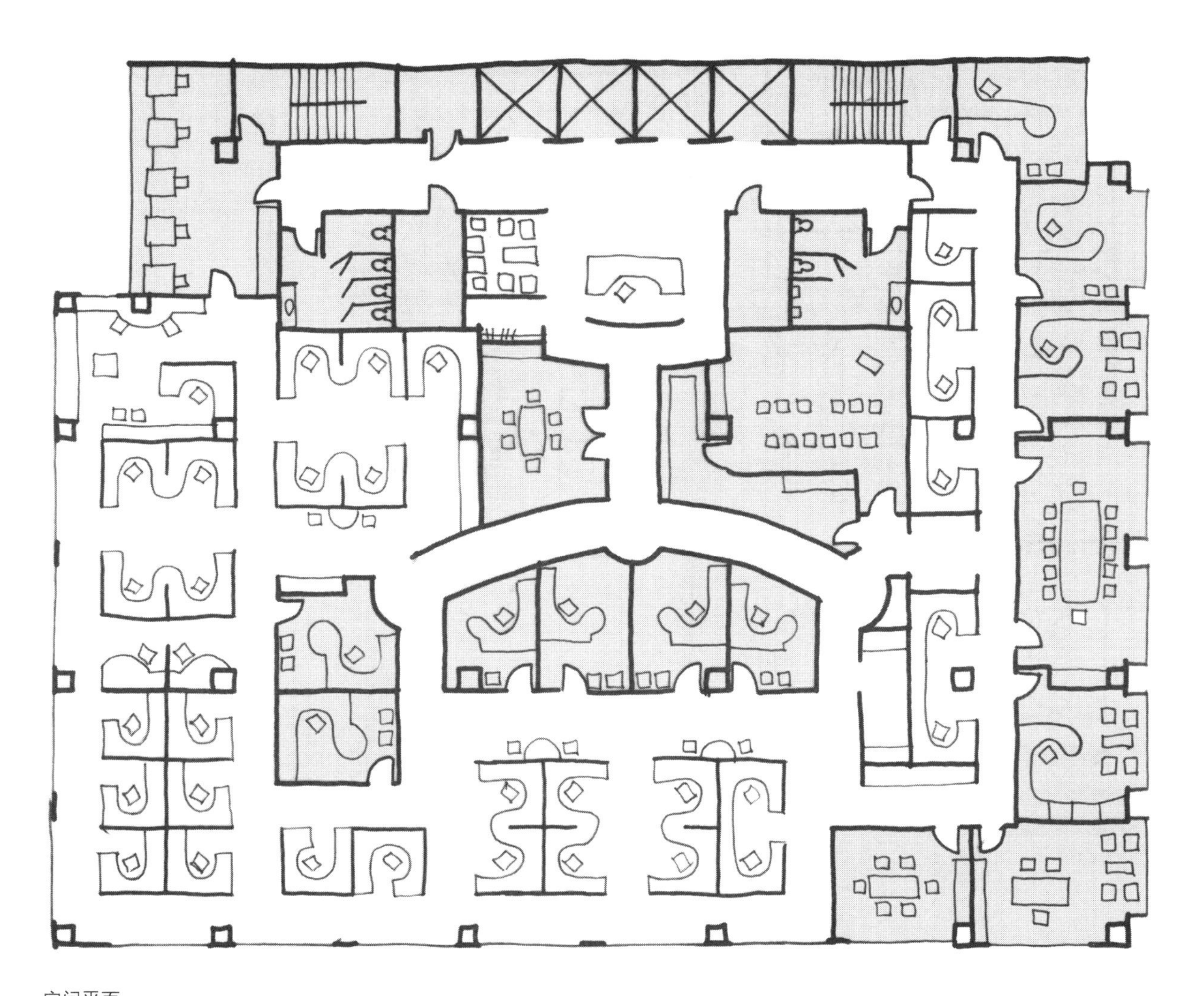
空间平面

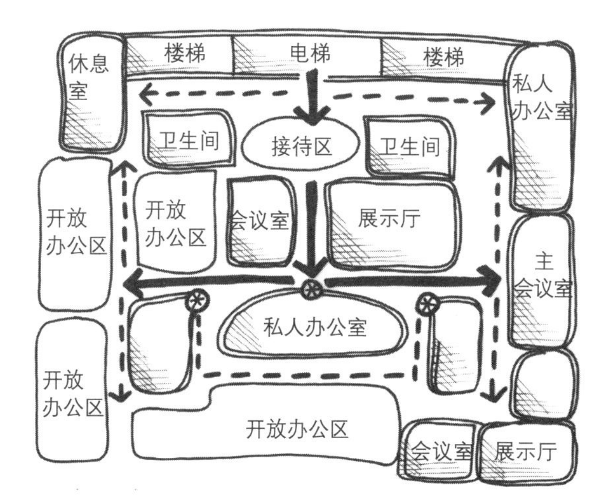

块状（动线）平面

提出备选方案

在确定方案以前，总是需要推敲几个具有可能性的设计方案。第 88 页至第 93 页中列举了关于过渡性住宅、餐厅和办公空间的设计初期发展过程，我们能够看到最初的想法是如何发展的，设计如何从气泡图（在空间内）发展成表现空间结构的块状（动线）图，并形成草图直至完成的平面方案。在最终选定某个平面方案进行深化设计之前，我通常要求进行这些项目设计的学生提出三个方案构思。通常情况下，职业设计师也是这样工作的。当然，这里并没有什么神奇的数字限定，如果时间紧迫或者场地条件不容许有过多的选择，那么就提出两个方案；如果具有很多的可能性，那么就会提出五个方案。无论怎样，你总会希望提出一种以上的设计解决方案。而且，每个方案能够深化发展的程度也不同。在气泡平面阶段通常最多提出三个方案，选择其中的两个进行深入研究（直至块状平面或者平面草图阶段），然后选择其一。

本页的场地平面方案是在众多具有可能性的方案中挑选出来的某办公室项目，下页中展示了前期四种不同的方案，每一种方案都有命名。你将注意到几处不同，这些不同体现在主要动线结构、空间配置、细节的几何形及处理实体和虚体空间方面。

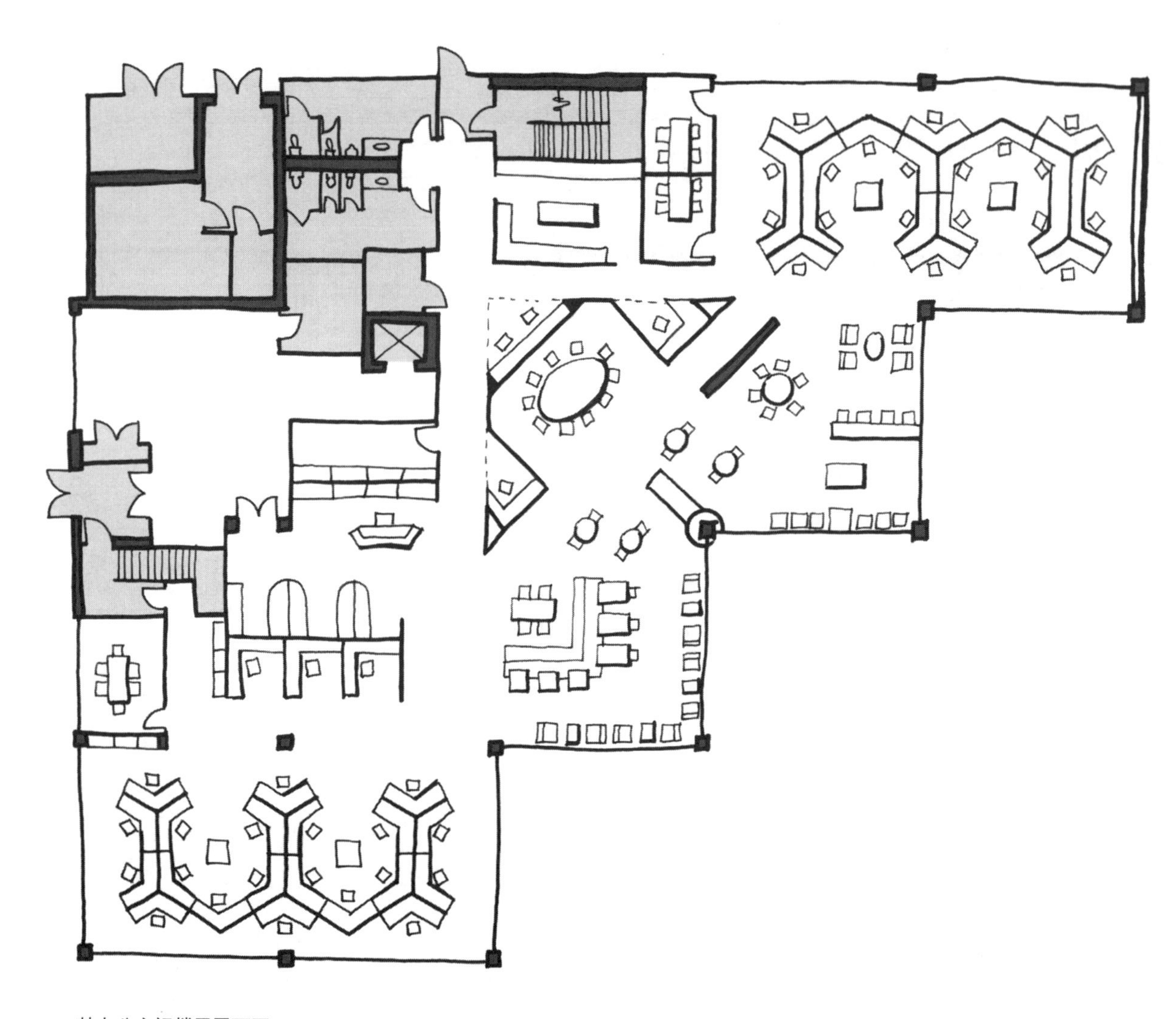

某办公空间楼层平面图

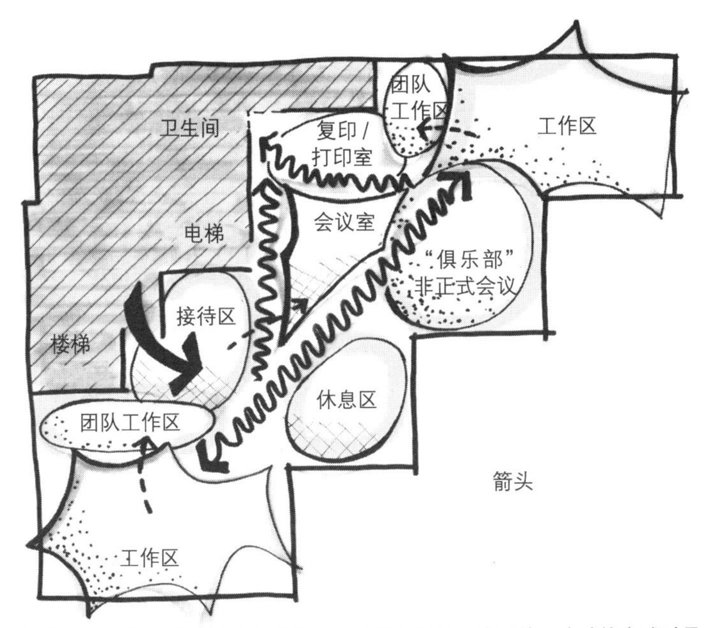

箭头是用来探究清晰的对角型的交通动线方案的。线型的人流动线方式赋予了本方案的名字。开放的工作区位于动线的两端。这是最终选定的设计方案。

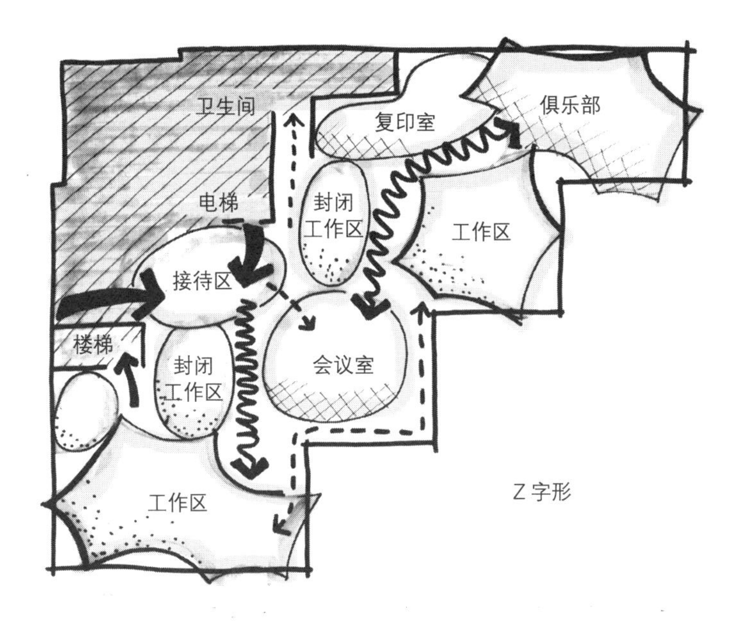

Z 字形方案将会议功能置于场地中心并临近外窗，研究会议室与俱乐部空间可能放置的位置。

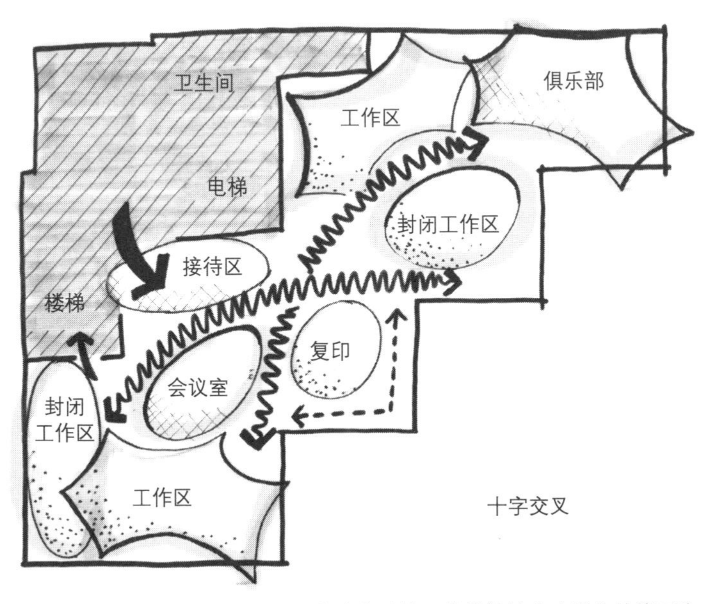

十字交叉形式意在尝试运用交叉的动线系统，并推敲某些功能的其他可选的位置。

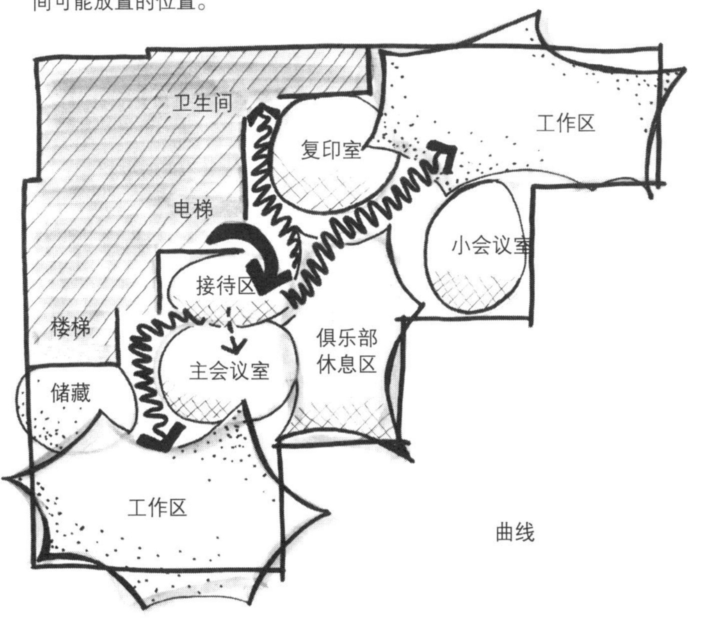

曲线方案探索了曲线型道路的可能性，与箭头形式方案相同，本方案也将两个工作区放在端点处，中间设置次要的空间。

耐心的研究

室内规划需要进行耐心的、持续的研究工作。设计师不仅需要探究多种可能方案的优点，而且还需要在每种变化中找出无尽变化的可能。当然，为了让布局合理总是需要进行某些修改。设计程序中最具有价值的就是那些从未绘出场地边界的草图纸，它们是个人的草图、错误的呈现、通往成功设计方案道路上的各种不成功的想法及没有被采纳的设计方向。

本节的写作目的是想提醒你，设计的过程需要研究。就算是设计得很成功的图表或草图，也许其中的五个最终也会被扔进垃圾桶。你不可能在第一次尝试的时候就能想到最佳的解决方案，研究需要多重信息的迭代影响，总会有推敲、调整、改进、解决旧问题又发现新问题的过程，这就是研究的过程特点。

本页的案例包括图形的推敲、草图阶段的多种尝试，以及为改进设计而用草图描绘的方案。即使在电脑绘图流行的今天，最佳的设计方式仍然是用图纸附在前一个方案上进行手绘。在设计初期阶段应避免使用电脑绘图，因为电脑呆板的程序过程只会生成呆板的设计结果，并且使你只想在这条路上走下去。如果你必须在设计初期就使用电脑，需要养成经常使用建筑平面的习惯，并且在平面上用红线进行编辑制图。

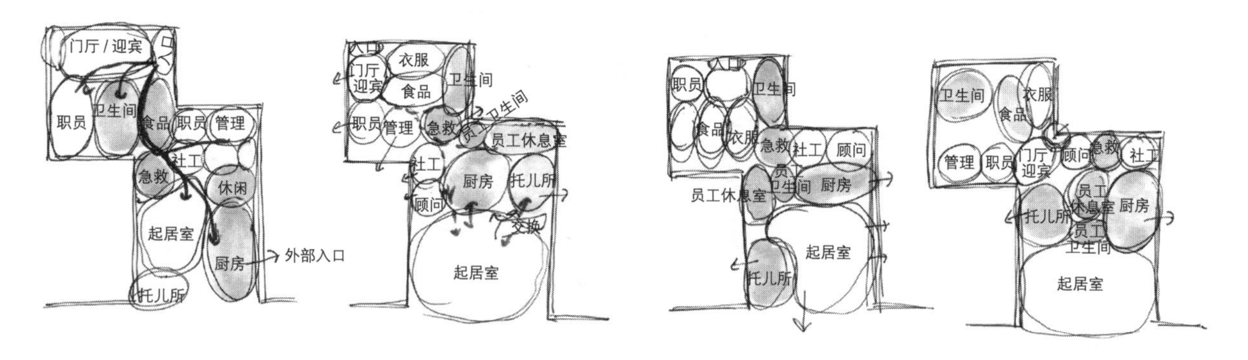

过渡型住宅项目中最多可以有 15 个功能气泡，你能有多少种方法对它们进行布局？即使排除了所有不符合实际或者奇怪的组合形式，至少也会有 10 个优秀的设计方案能够解决这个设计问题。上图是某位学生完成的四张初步尝试的草图。

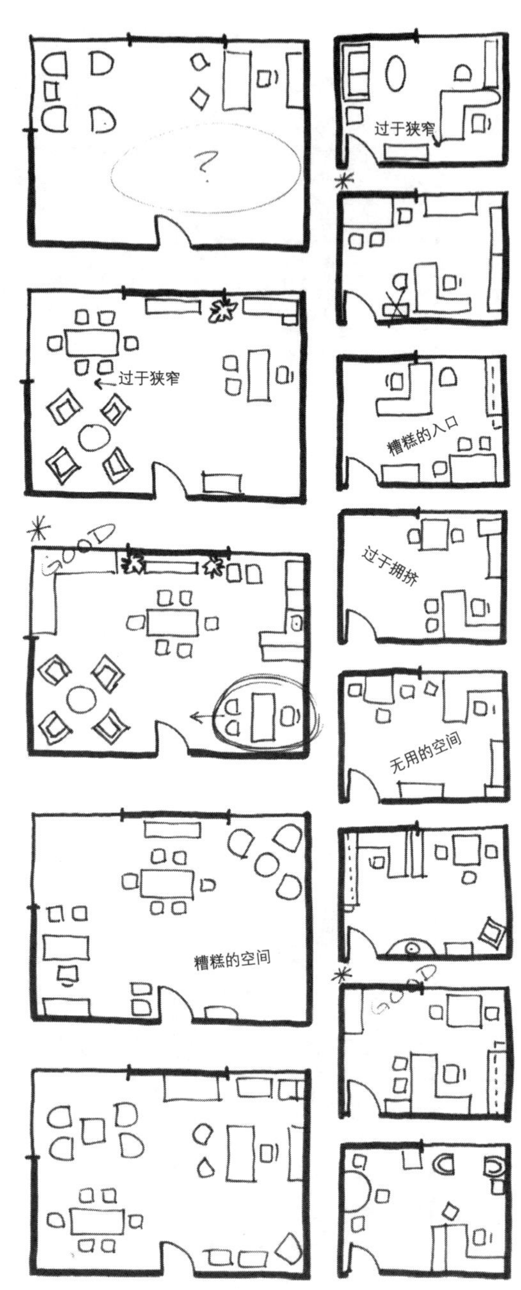

在私人办公室中，你能有多少种布局方式来设置家具？上图是某位学生完成的设计想法的汇总。

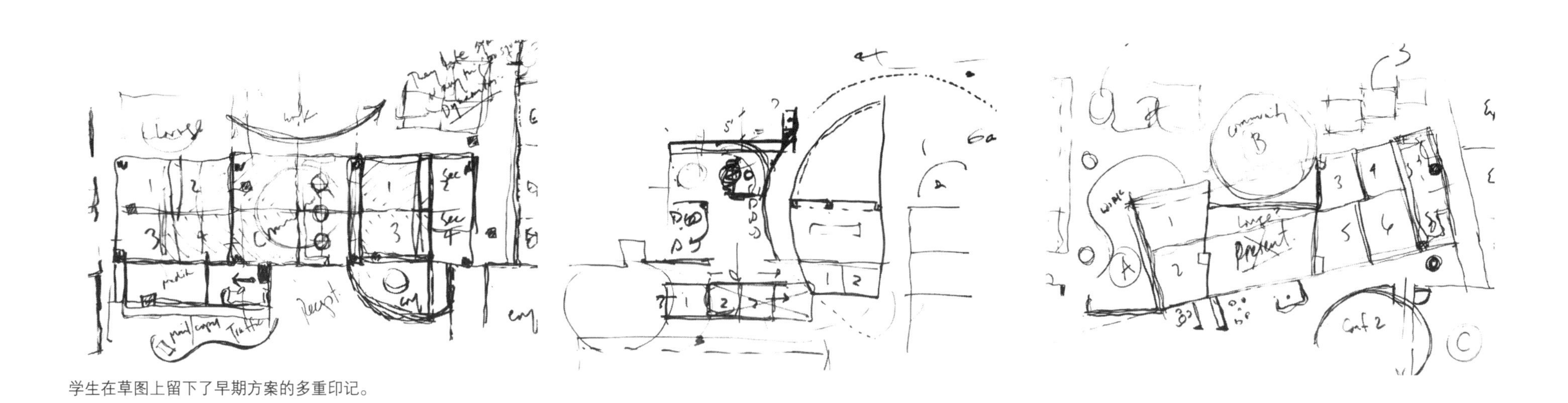

学生在草图上留下了早期方案的多重印记。

楼梯
主要就餐区
就餐区
家庭室
储藏
门厅
卫生间
洗衣房

如果在此处设置空间是否容易分散注意力

家庭室
就餐区
门厅
卫生间
主要就餐区
距离厨房太远
洗衣房

卫生间设备线太远

起居室
就餐区
休闲区
门厅
储藏
洗衣房
转换开门方向

学生探究住宅空间布局形式的多种可能性，并且引入了自己对空间存在的问题和优点的推敲。

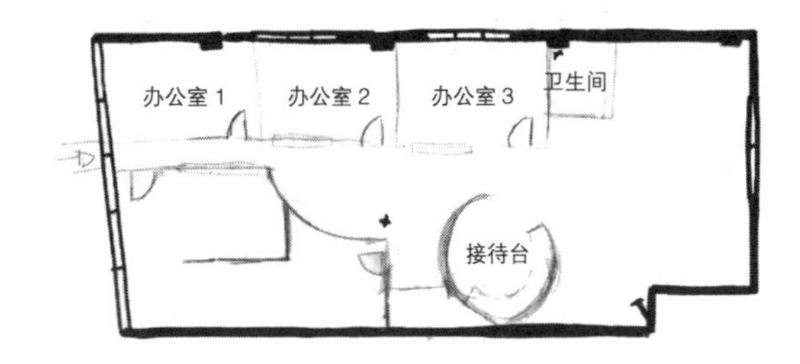

草图 1

探究形式 I

塑造布局：探求趣味性

作为设计师，我们努力创造出激动人心、使人愉悦、具有趣味性的空间。为实现这一目标，其中的一种方法就是采用具有动感的形状或者构图形式。一直以来，基于项目中的问题来进行构思和表达并不是一件简单的事情，需要通过塑造布局从而实现向心性的、协调平衡的最终方案。这确实是一项重任，但也有回报。

我们来看一下某位学生为一个小型办公项目所做的关于有趣味的形式的研究。在某个时间段中，他决定仔细研究一下圆形和曲线的设计形式。草图 1、2、3 表现出他在不断尝试将曲线形融合到平面形式之中。有些想法开始的时候看起来没有规律而且杂乱，但是到第 3 张草图时他似乎就找到了某种感，并且我们能够注意到连贯的设计感觉开始体现在整体方案之中。平面草图 1 表现出草图 3 的深化设计内容。在这张图纸中我们已经开始意识到这个方案的优点及可实现性。最终，复杂的布局被塑造完成。

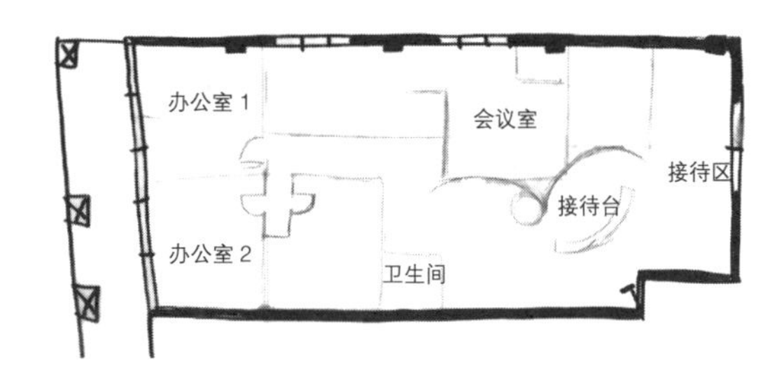

草图 2

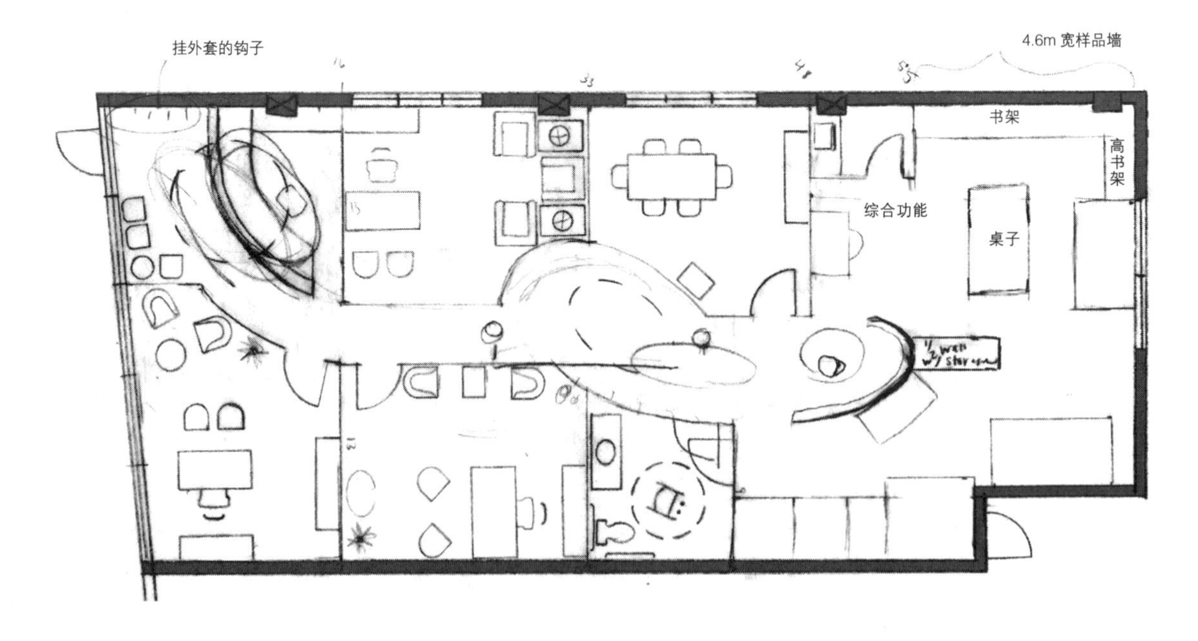

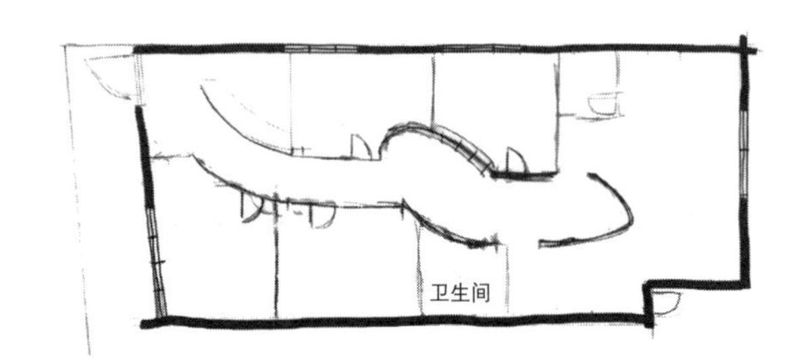

草图 3

平面草图 1

练习

为了创造有趣味的形式，通常会用夸张的方式进行设计。例如，非常努力地采用曲线或者带有角度的设计，使得最终方案看上去非常的失控。本页插图就是此类方案中的一个。这位目标明确的学生很努力地尝试曲线型设计，但是空间中很多角度引起扭曲和转折，在视觉上和实际使用中（当人在走廊通行时）都是让人感到不舒服的。你的任务是重新塑造那些“失控”的角度，使它变得切实可行。在浅色的平面图上直接进行设计，并尝试将原设计简化。仍然采用带有角度的图式风格，看看你能设计出怎样的方案。

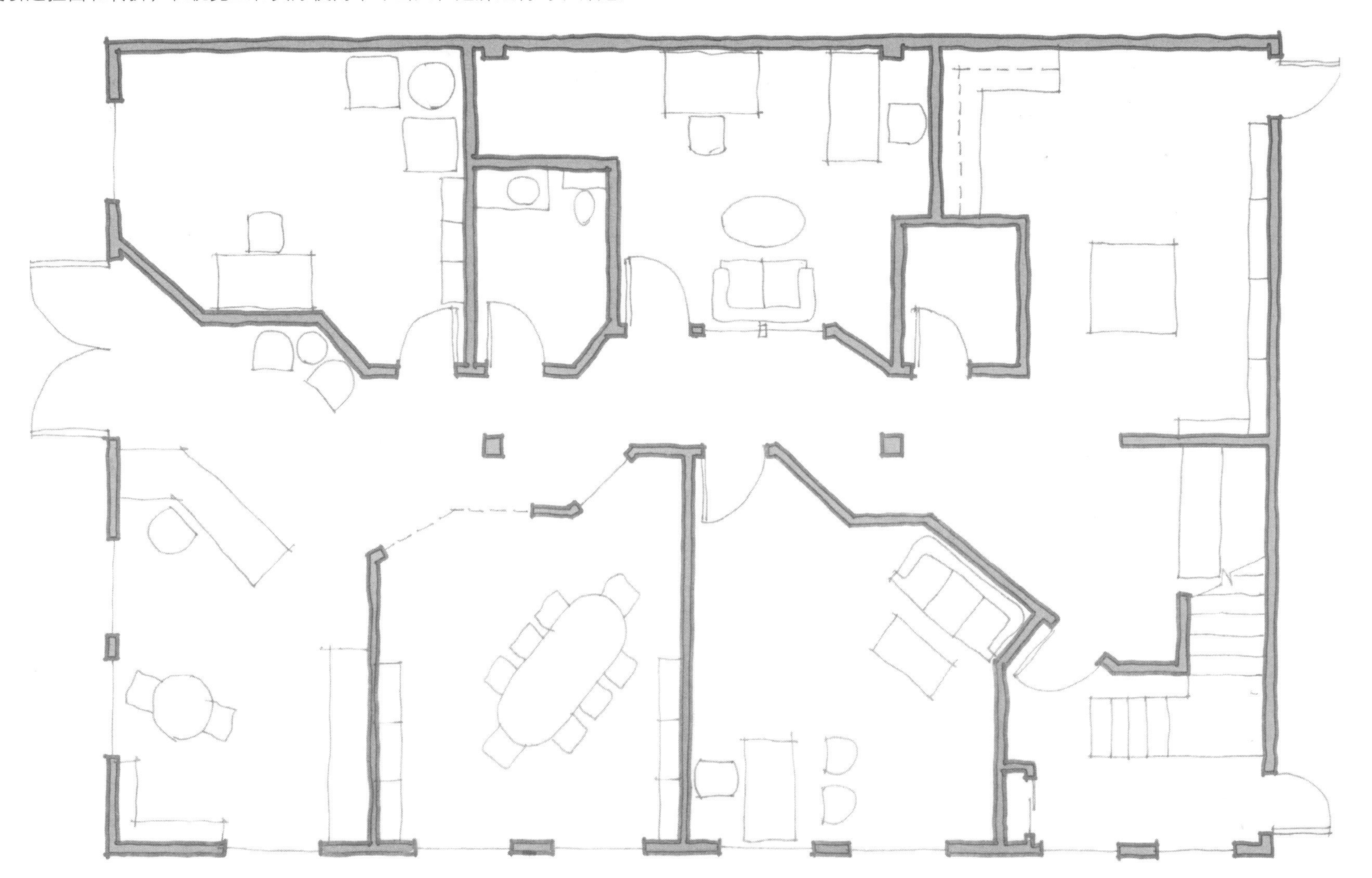

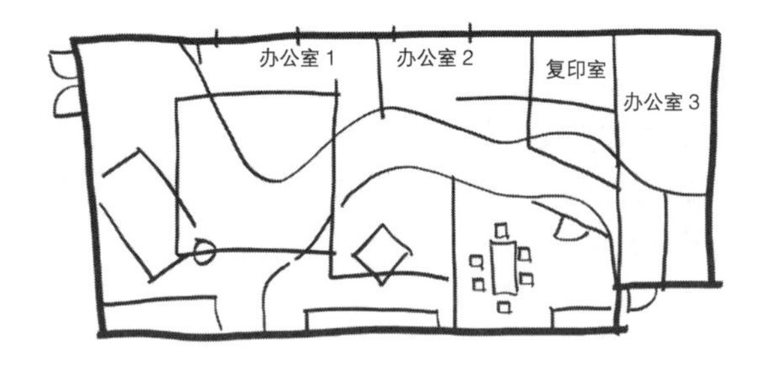

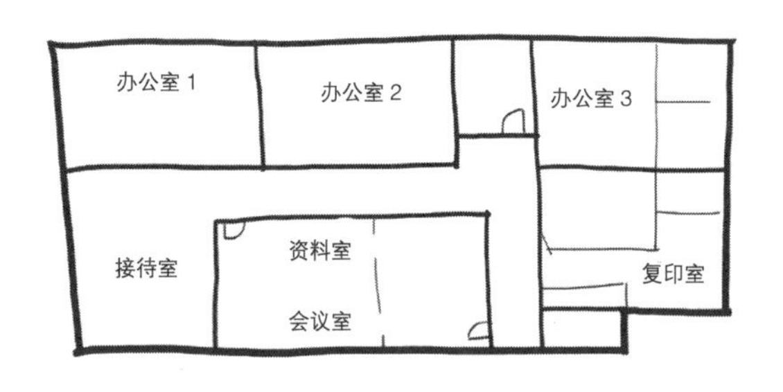

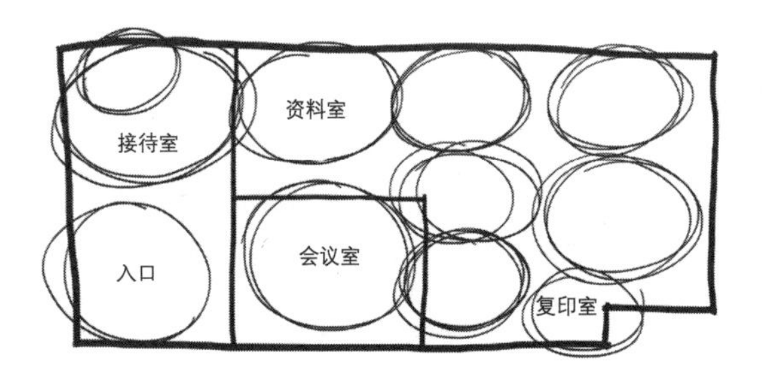

起步

上述草图是几个初步块状平面图和气泡图，将不同的空间置于它们所建议的区域内。

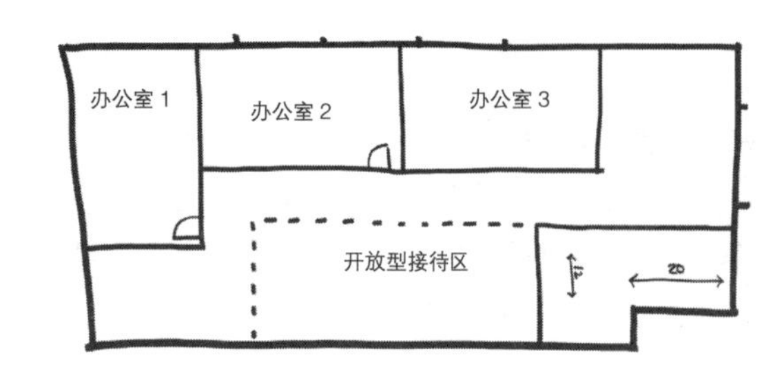

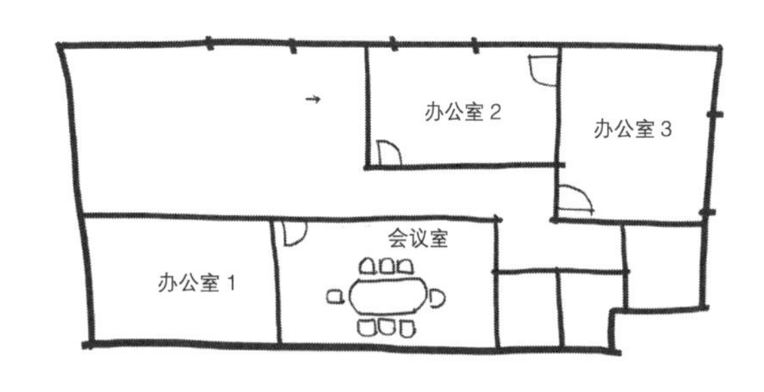

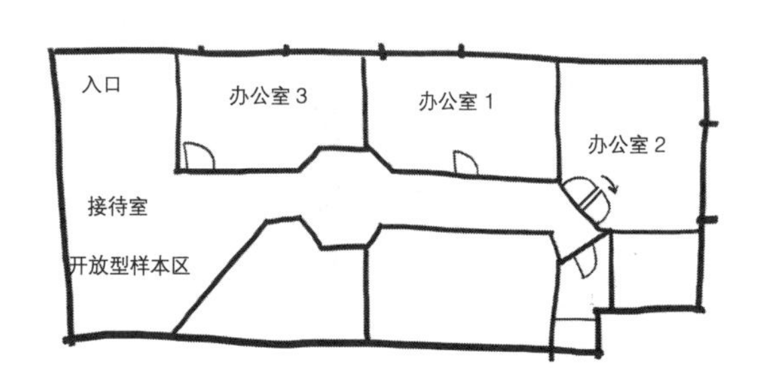

尝试线型布局

上述草图表现出对线型布局的推敲过程，具有特色的设计想法包括设计一条宽敞的内走廊，并在其中部设置一个扩展型的八角形中庭。

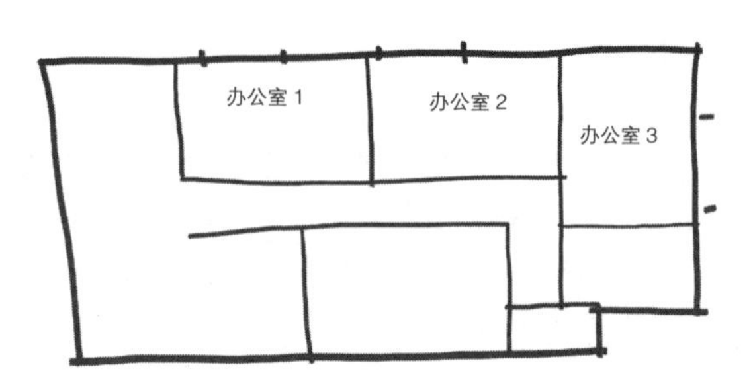

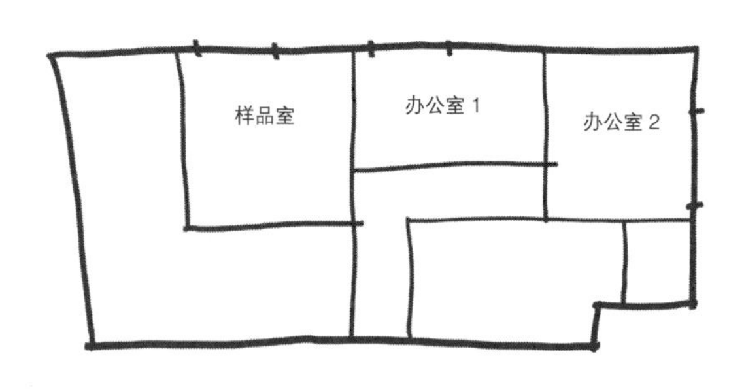

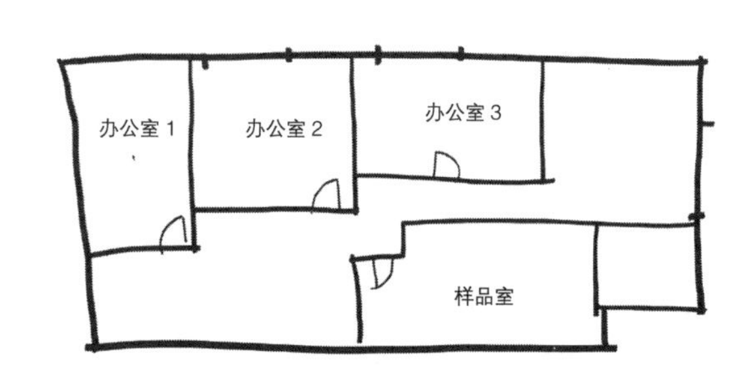

墙体和 Z 字形的推敲

利用这些草图开始推敲墙体形式，并且在下图中，尝试在后侧设有开放区域的 Z 字形的空间结构。

探究形式 II

本页插图是一名学生为某设计公司项目进行的布局研究，通过轻松的方式推敲不同的结构和几何形。让我们来看一下，通过快速的、轻松的平面绘图他都形成了哪些不同的方案。

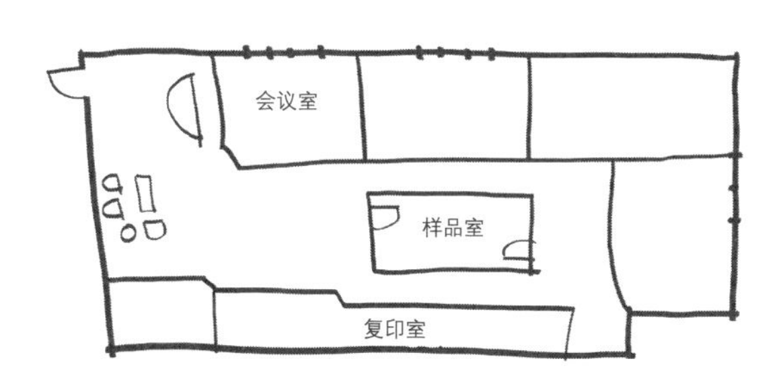

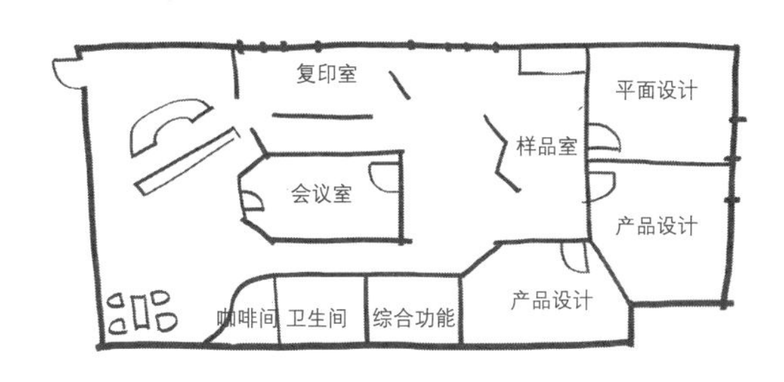

中部设有房间

在这些方案中，设计者致力于推敲在中心部位设置一间房间的想法。在第一个方案中，样本室位于中部；另一个方案中，主会议室是中心部位的元素。那么，你的想法是怎样的呢？中部设置这种房间是否具有令人满意的效果，还是它们会使中部空间变得拥挤不堪？

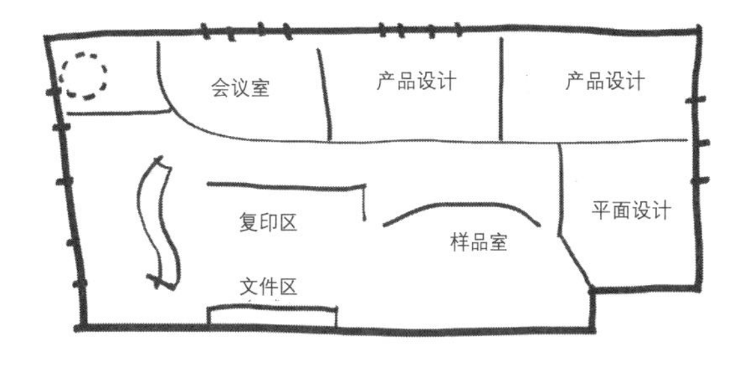

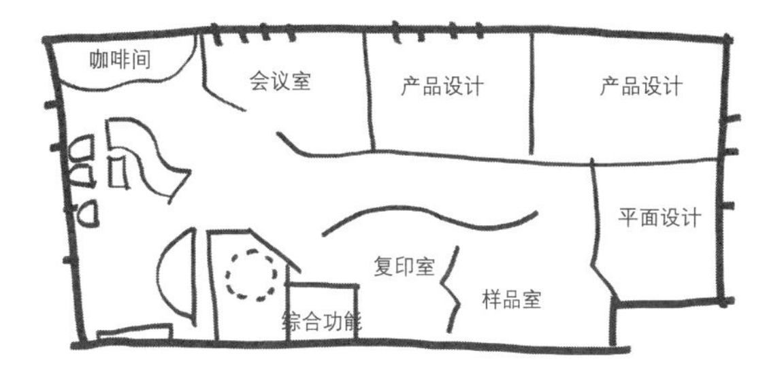

更多地非固定要素和一些曲线

上面插图仍在继续研究中部房间的设计。然而，在下方的方案中，设计师转换了想法，希望能够探究在中部设置开敞区域以形成曲线造型特色的想法，例如采用某种能够自由移动的分隔物，为区域之间提供软性的分隔形式。

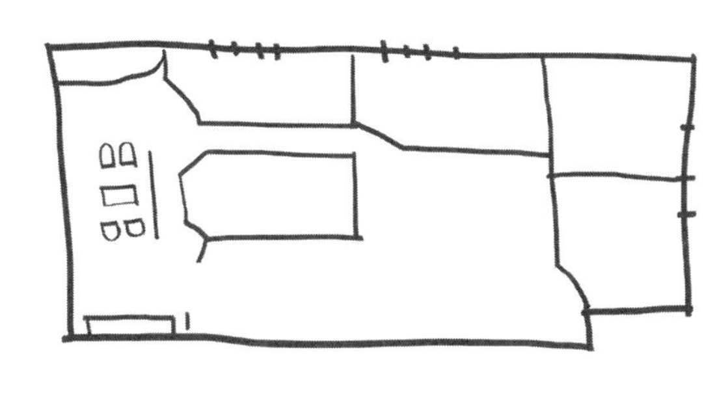

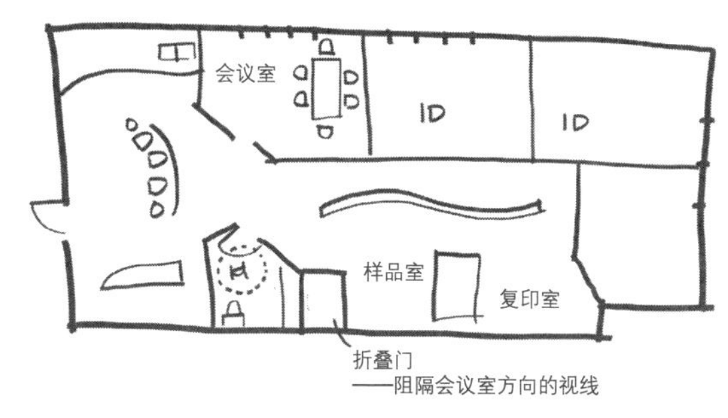

嗯！更多曲线

最后两个方案中仍在继续探讨关于曲线的形式问题。曲线的造型被应用于各种室内要素上，例如接待台、自由移动的分隔物及房间的墙体。你的想法是怎样的呢？如果是你进行设计，在众多想法之中哪些值得你进一步去发展呢？

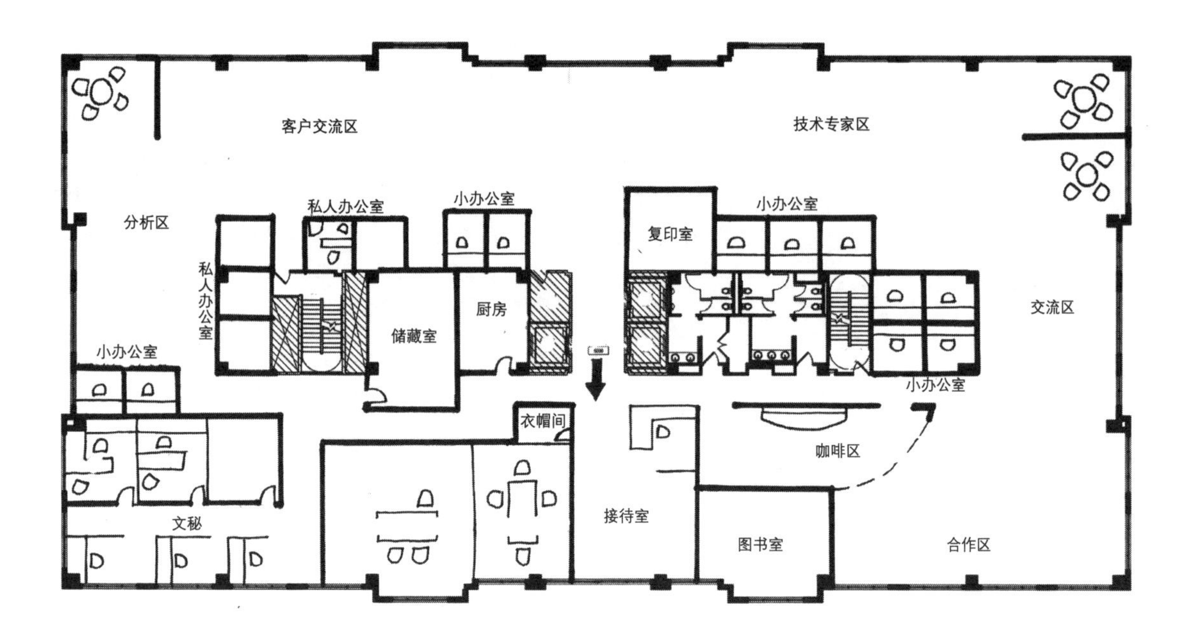

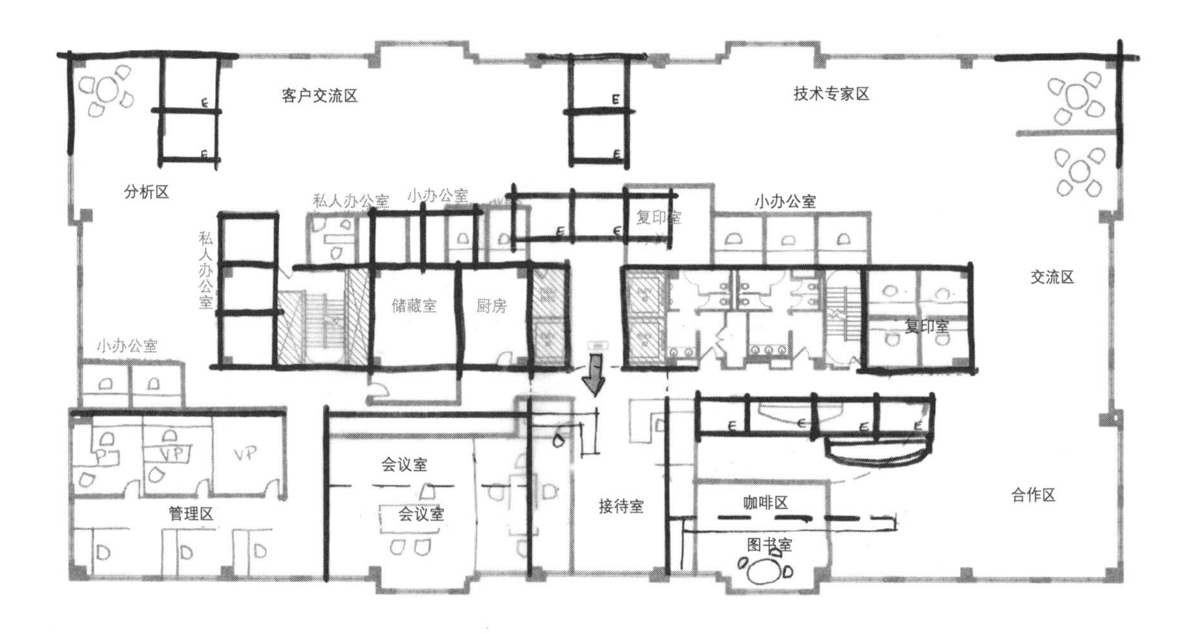

方案 1

设计师将小办公室修改成客户交流区，并采用独立的小房间来分隔客户交流区与技术专家区两个空间。复印室被重新安置，会议室向西移动，资料室变为开敞型，封闭的房间将区域和走廊分隔开。这些都是为进一步完成平面方案进行的尝试。

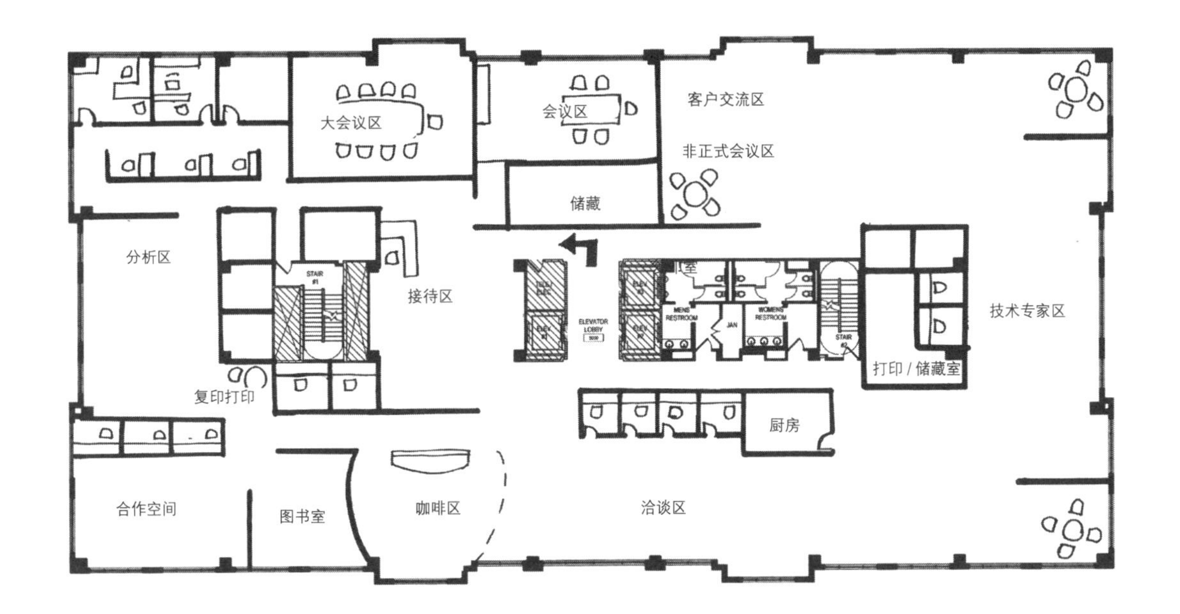

自己进行编辑

空间设计与写作非常相似，你的第一稿很难成为最佳的解决方案。设计不仅需要尝试多种可能性，而且，当你确定某个方案以后仍需要进行深化发展。本节插图是同一位设计师为某办公项目设计的两个方案。在每个案例中，上面的平面图是初始平面，设计师尝试解决空间难题并为每个房间和区域找寻适合的位置，下面的平面图表现出设计师为了改进设计而在初始平面图基础上进行的“编辑”工作。在功能推敲层面我们也这样做（例如，将一个房间移近到另一个它需要相邻的房间），并且这也同样适用于感知层面的推敲。在这个层面上，我们努力厘清设计内容并规范局部关联，以保证设计出的整体效果更加和谐统一和令人愉悦。

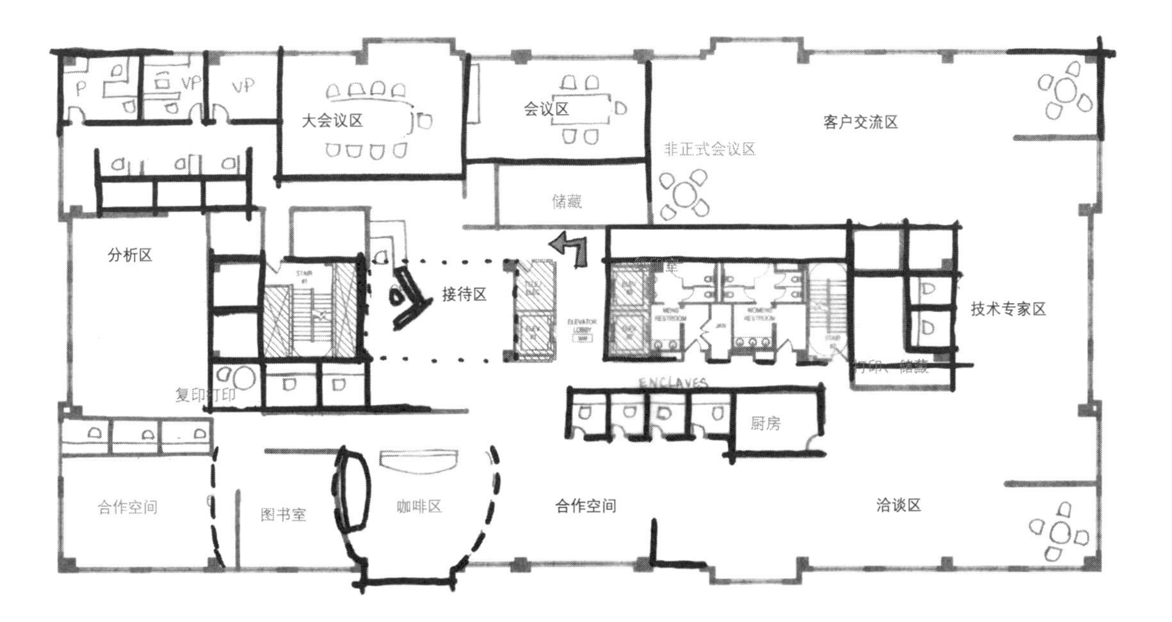

方案 2

方案 2 的修改包括在洽谈区、图书室和咖啡厅区域中营造更加良好的开放感。之前的实体墙面变为部分开放的屏风隔断。场地北边曾位于主要会议室之前的空间被移开，增强了接待区的空间开敞感。

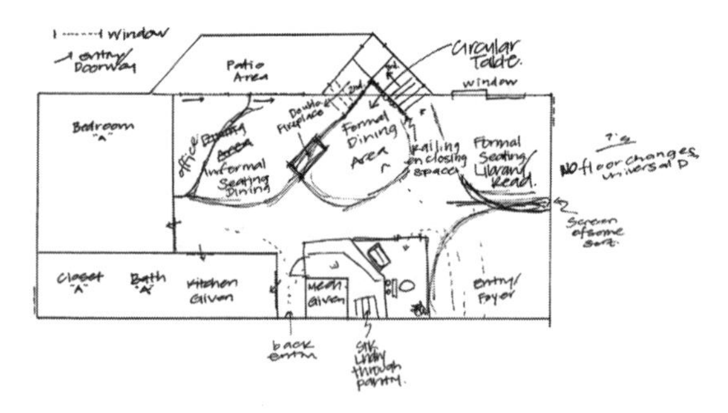

方案 1

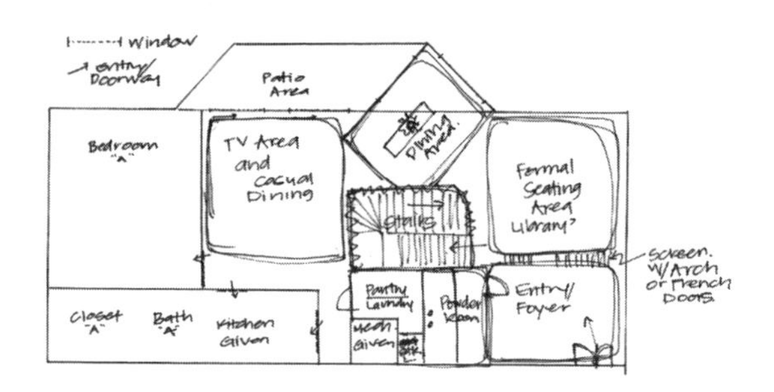

方案 2

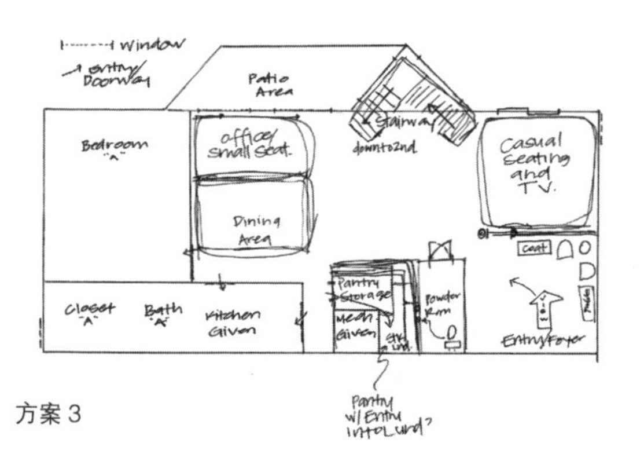

方案 3

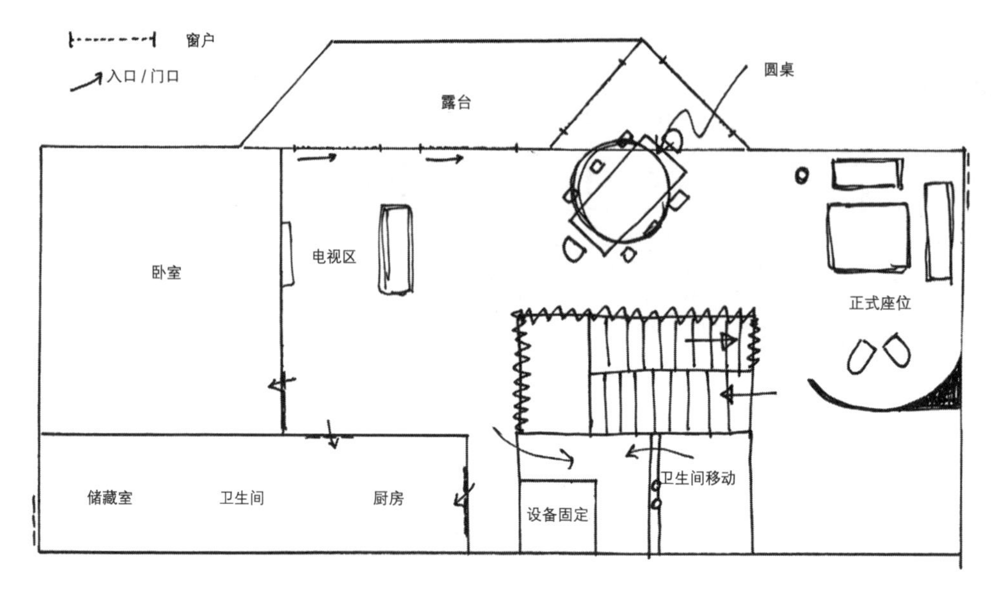

方案 4

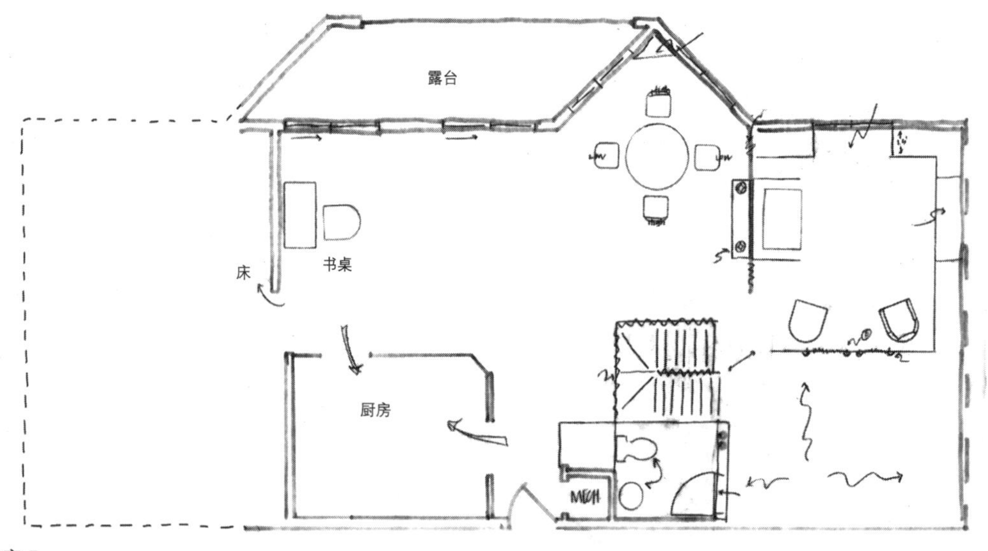

方案 5

社交空间 I

本页与对页的插图是学生为某住宅内社交空间所进行的方案推敲。左侧的草图列举了其中五个不同类型的方案尝试，其中有一种方案呈现尖角形式，将楼梯放置于空间顶端呈 V 字形的突出空间内。其余方案的楼梯设计是直线型（无角度）的，布局方式采用中间式或突出式。

你会发现解决楼梯问题（尺寸、结构、通行和位置）是解决该空间难题的关键所在。设计师最终选定 U 字形楼梯，并在餐桌位置下方留有通行的中间过渡区。当设计师落实到 CAD 第 1 稿图纸时，她已经将内容考虑得比较完善了。你可以看出来设计师是如何在平面中进行标注以便在下一稿中进行改动的。深化设计的平面表现出整体空间，以及最终完整的陈设和结构形式解决的方案。

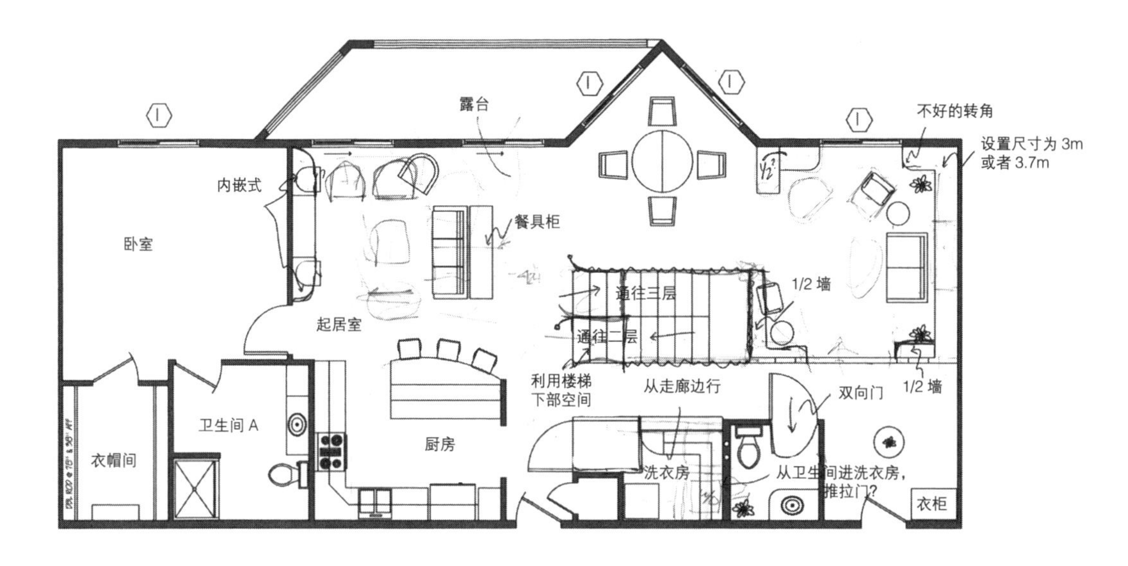

CAD 图第 1 稿

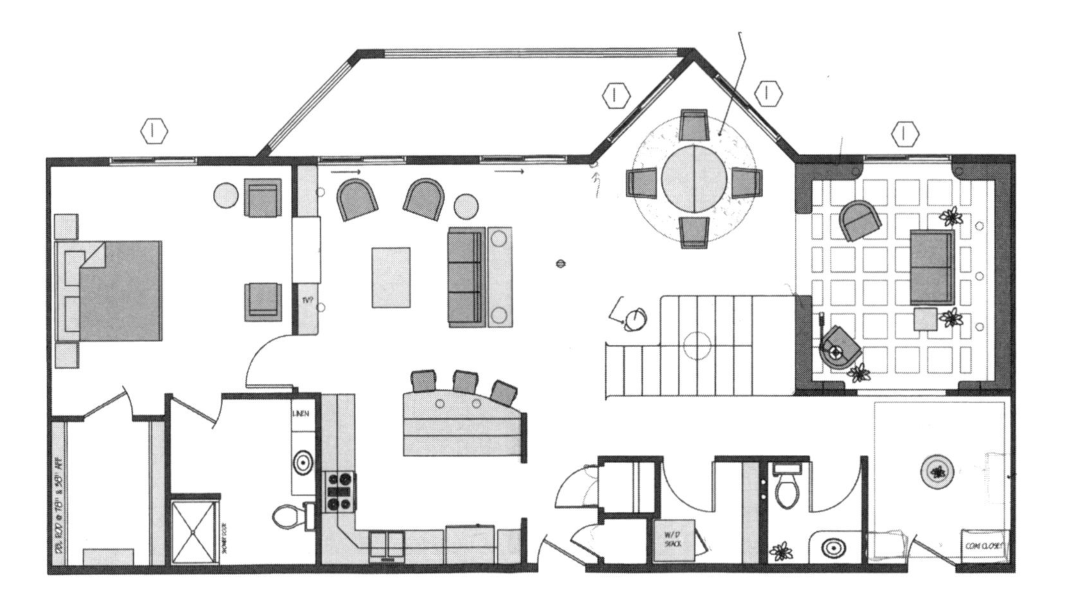

CAD 图纸深化稿

笔记与草图

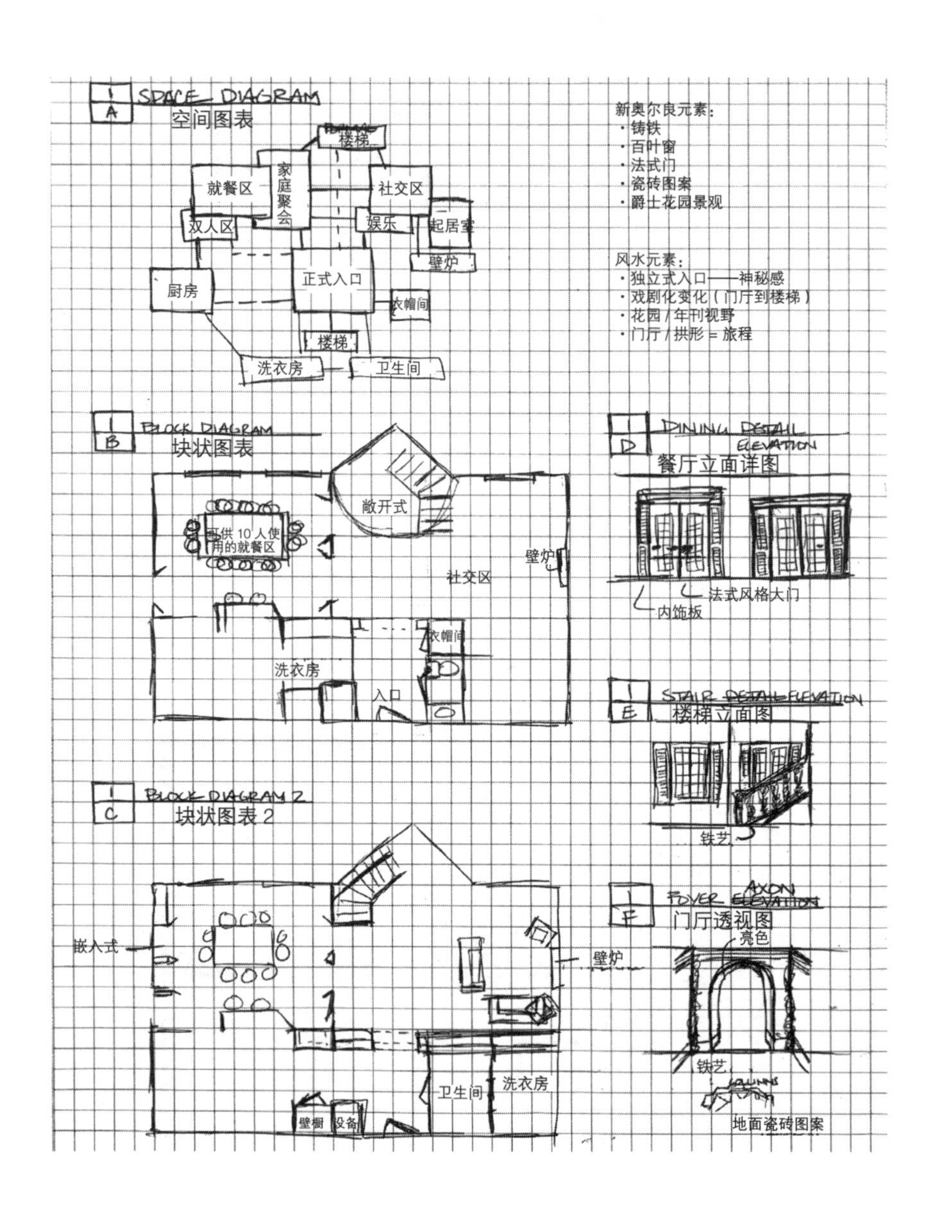

社交空间 II

本页插图是另一名学生进行的同一个项目的设计过程。左侧插图中的笔记和草图包括一个块状分析图和两个最初的方案方向，同时还有立面上相关家具和嵌入式要素的一些想法。可以注意到早期的方案将就餐区放置于左侧空间，楼梯位于突出的 V 字形空间的凸窗位置。

平面草图 1 开始尝试将楼梯放置于室内的可能性方案。初步的陈设布局主要表现就餐区、座椅和小房间区域的内容，厨房和卫生间也初具形态。

下页的 CAD 图第 1 稿将楼梯、家具的成组全部进行了改动。有趣的是方案推敲仍在继续，设计者再次改变了楼梯的形态和通行方式，把餐桌移到凸窗旁边有日照的区域，还将其中一个座位区移动到餐桌曾经所在的位置。改动太多了吗？还不算多。设计的过程经常是这样的，不断地进行调整直至最终将室内元素放置在设计师（和客户都）满意的位置之中。

平面草图 1

CAD 图第 1 稿

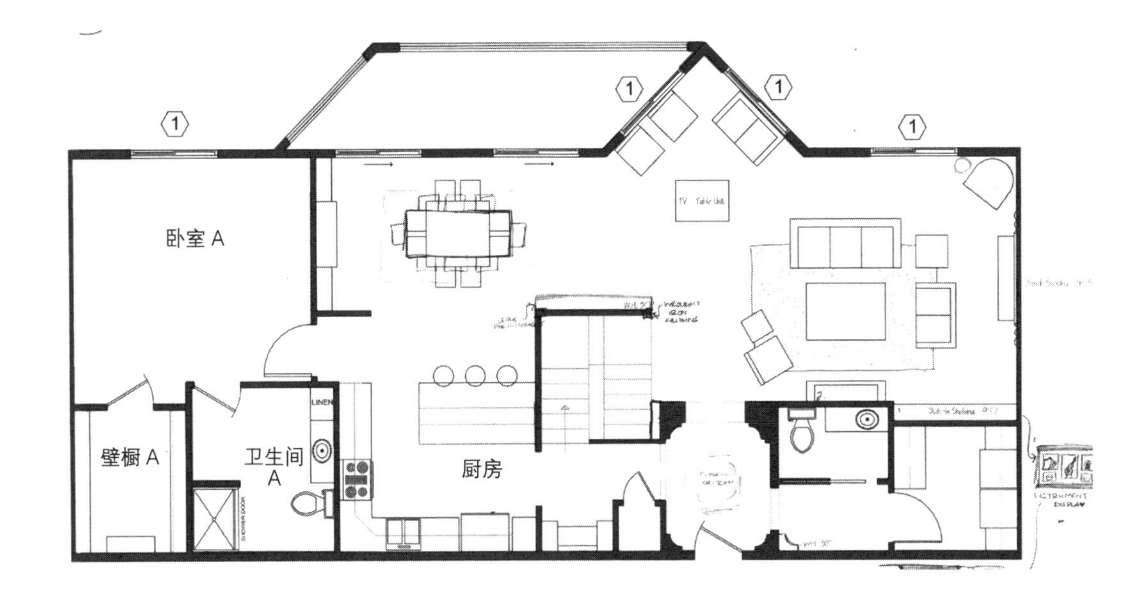

CAD 图纸深化稿

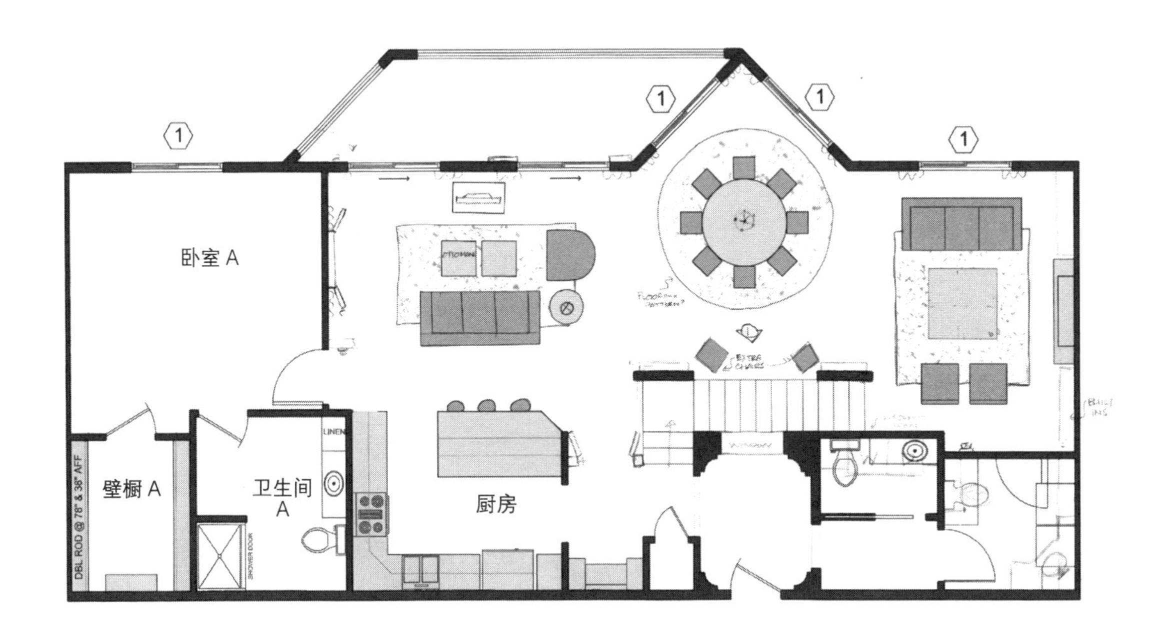

练习气泡图和块状图规划

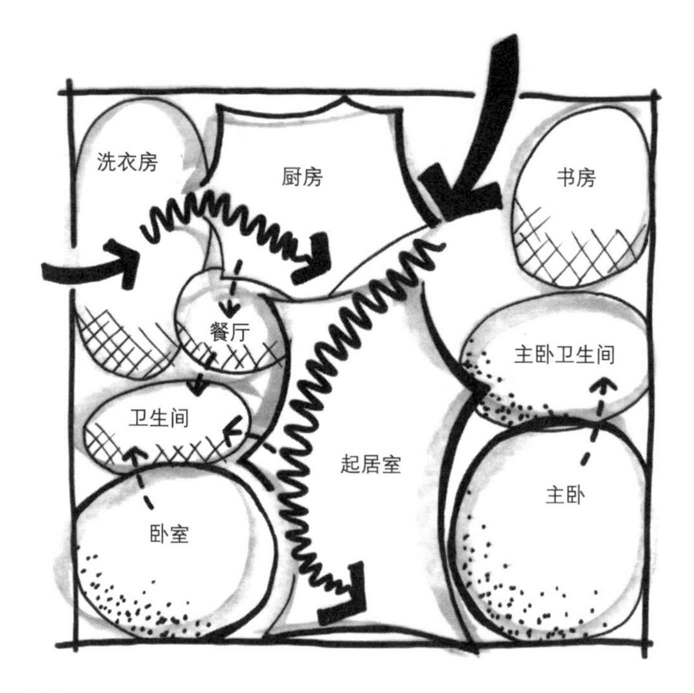

气泡图

练习 1

参照呈方形平面的某公寓的气泡分析图，通过接下来的两个步骤来深化设计想法。沿用气泡图上的基本想法，在右上方的平面中绘制块状平面图，并在其下方的图上画出平面草图。可以借鉴本章中的块状图和平面草图案例。也可以根据推进方案设计的需要自由地进行改善和调整，使用浅色的平面图来深化你的平面设计。

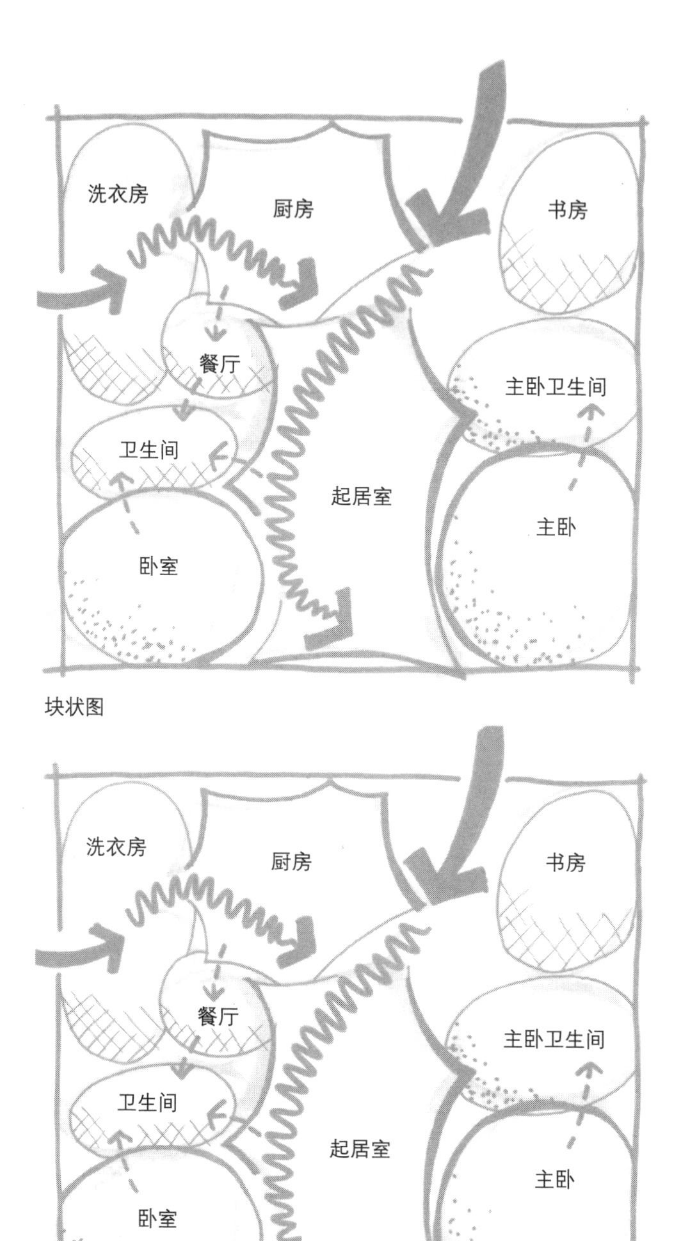

块状图

平面草图

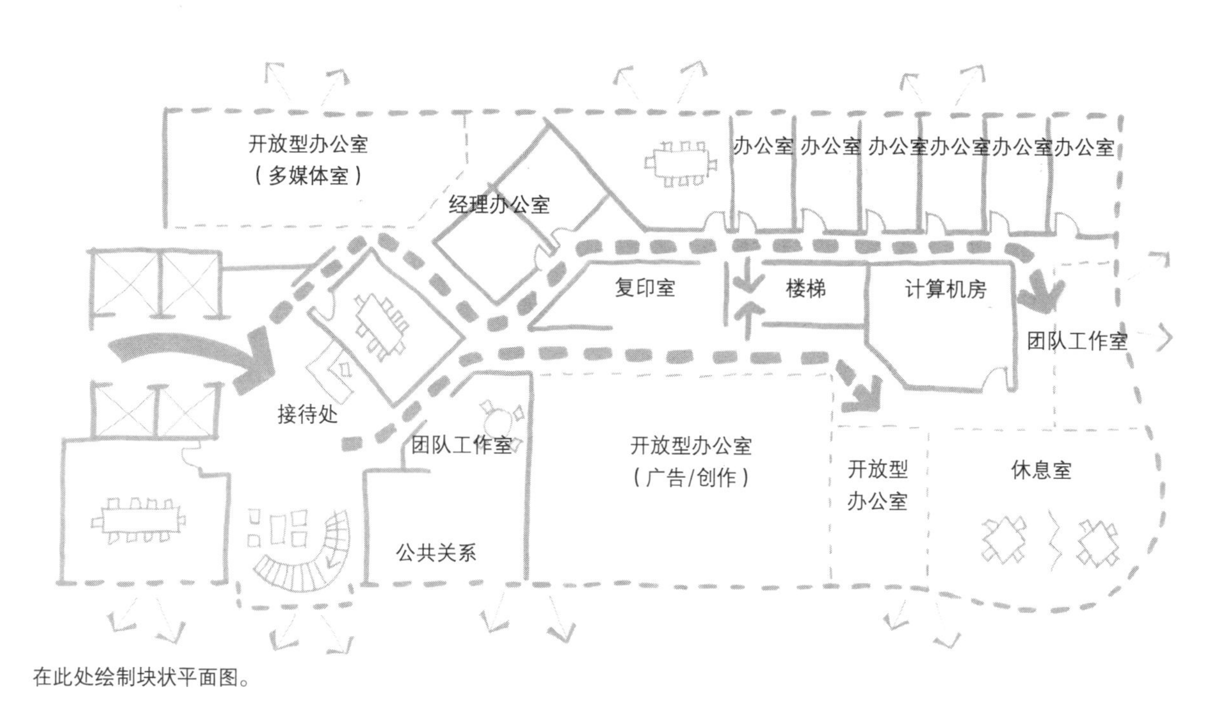

在此处绘制块状平面图。

开放型办公室
（多媒体室）
经理办公室
办公室
办公室
办公室
办公室
办公室
办公室
复印室
楼梯
计算机房
团队工作室
接待处
团队工作室
开放型办公室
（广告/创作）
开放型
办公室
休息室
公共关系

在此处绘制气泡图。

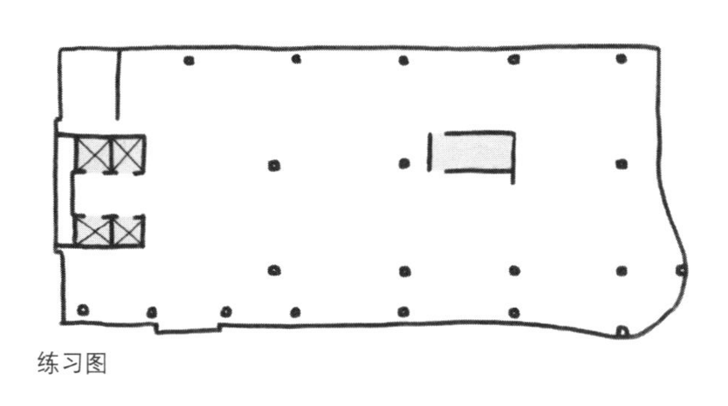

练习图

练习 2

查看插图中关于某办公空间项目的平面草图。图纸颜色较浅，所以你可以看清上面的信息并且能够在上面画图。这次的练习要求是反向的设计程序，在其中一张平面图上回溯一步，画出平面草图之前的块状平面图，在另一张平面图上再向前溯回，绘出项目初步的气泡图方案。你需要发挥想象力，并且可以采用自由的方式。本练习提供了练习绘图技巧的机会，要确保你能绘制出两个好看的图表。享受设计的过程吧。

练习 3

查看关于某公寓项目的邻接关系气泡图。将图表转换为，第一，空间内的气泡图；第二，基于气泡图转化而成的块状图。使用下图所提供的空间，图中的120cm×120cm网格是用来协助你依据比例概略地来绘制气泡图和块状图的。

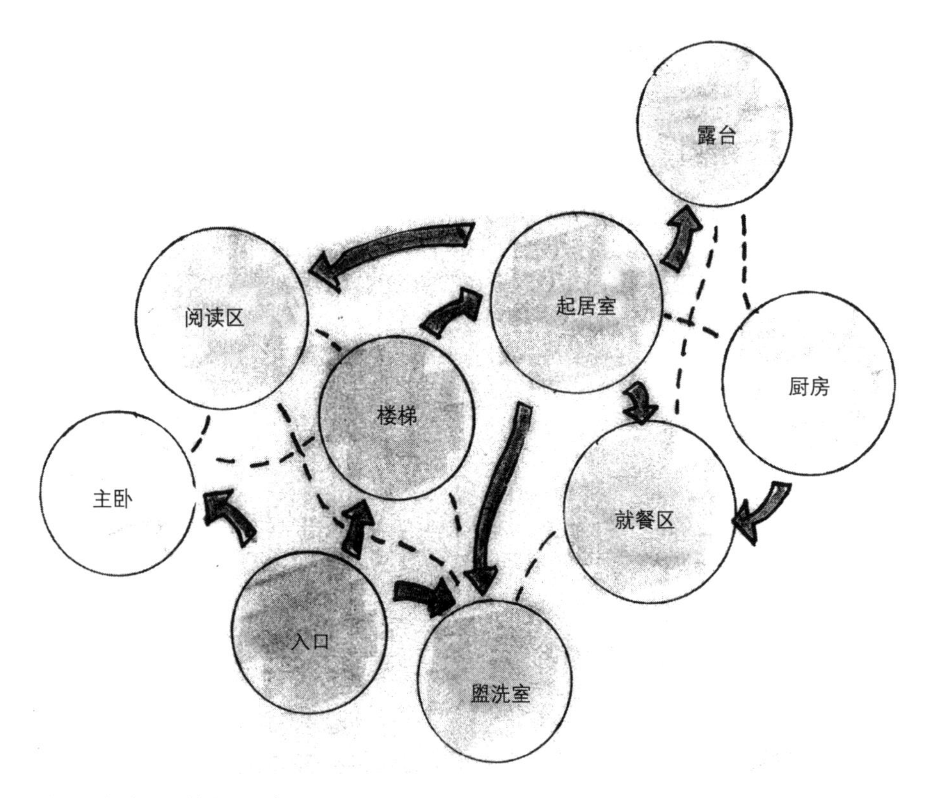

邻接关系气泡图：某小型公寓

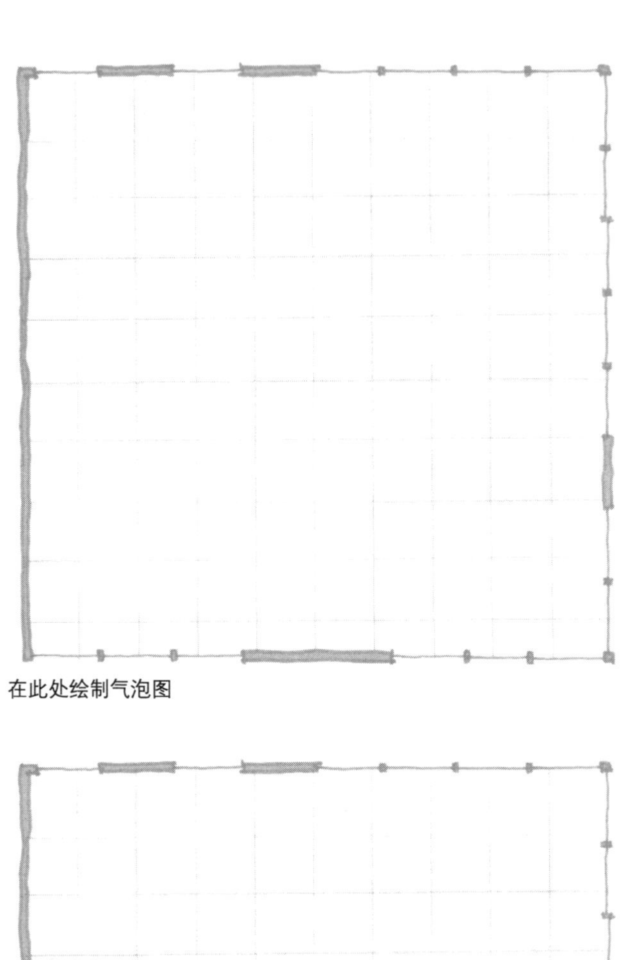

在此处绘制气泡图

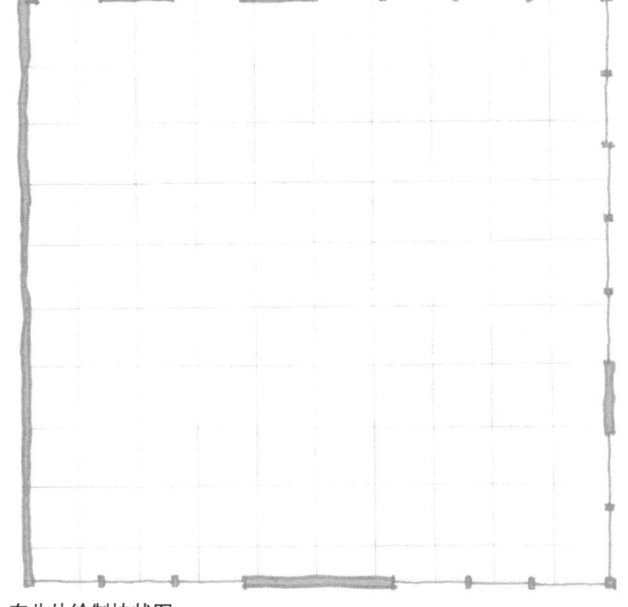

在此处绘制块状图

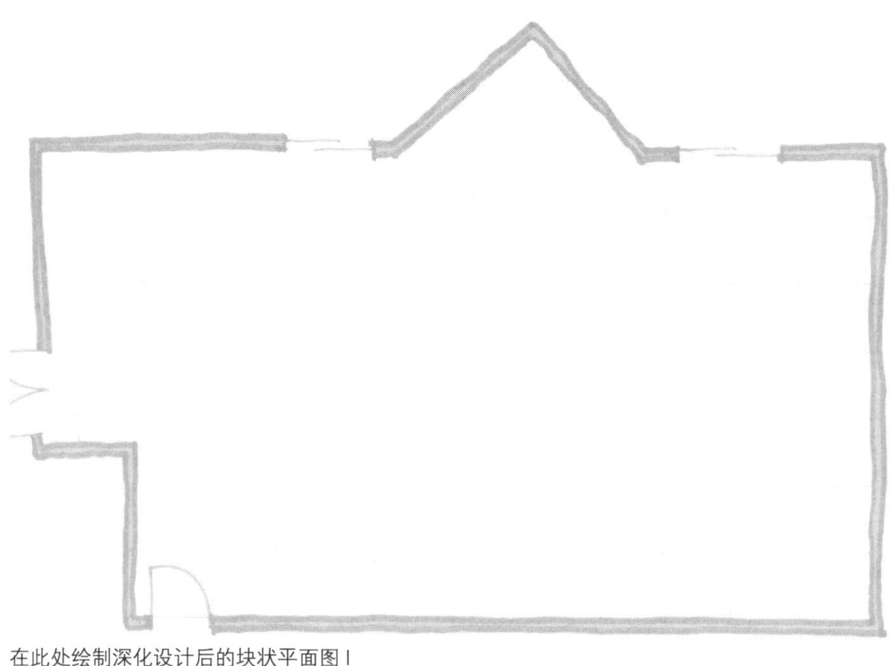

在此处绘制深化设计后的块状平面图 I

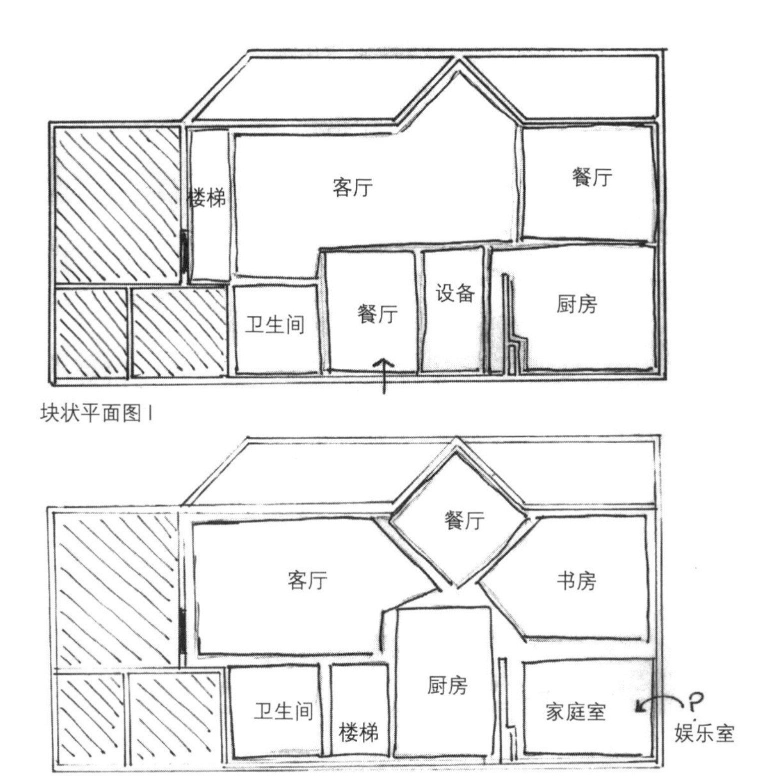

块状平面图 I

块状平面图 II

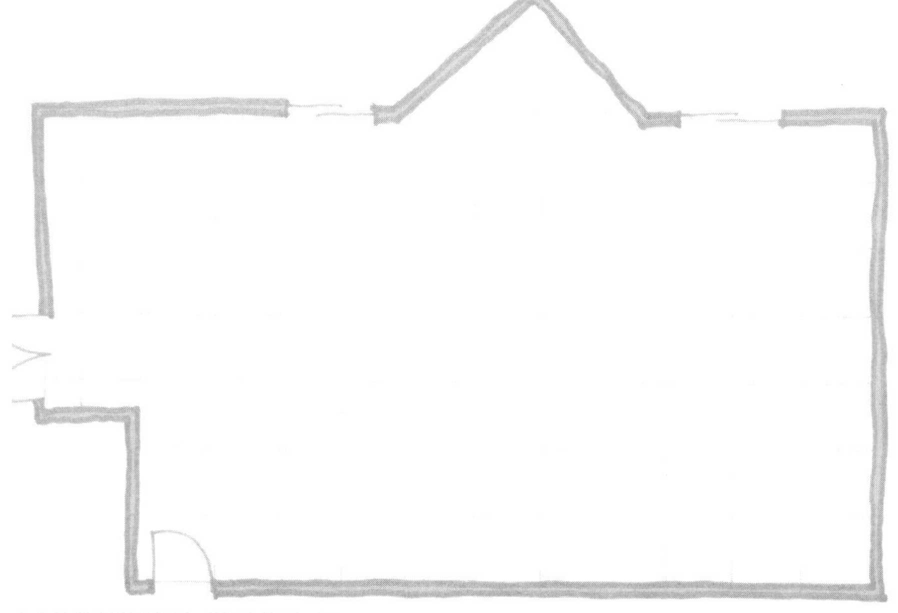

在此处绘制深化设计后的块状平面图 II

练习 4

参考某住宅设计的两张块状平面图，图中反映出两种不同的设计想法。本练习要求绘制深化设计后的块状平面图。如果回看一下本章所列举出的某些块状平面图，你就会发现它不仅仅与方块的形状有关，也表明了交通动线。在重要的空间焦点位置用星号或叹号标注。本练习中需要深入设计的块状图，并能表达出设计的特色。在头脑中要牢记这一点，完成两个块状平面深化后的方案。表现交通动线，并且在空间焦点上用大星号进行标注，代表以后的方案中此处可能会有某种特别的设置，而且要在朝向良好的视野方向（可以自由的想象）画出箭头。与通常的要求相同，需要注意所画图形的品质。享受设计的过程吧。

练习 5

查看某小型办公空间的邻接关系气泡图，在实际的空间环境之中发展出两种气泡图（基于环境背景）方案。需要记住画出交通动线箭头，如同本章中所列举的案例一样。不要根据图表中画出来的中心位置判断会议室的方位，需要记住的是中心式布局并不是意味着一定要在正中心的精确位置布局某个东西。留意你所绘制的图形，使用 120cm×120cm 网格作为尺度的参照。

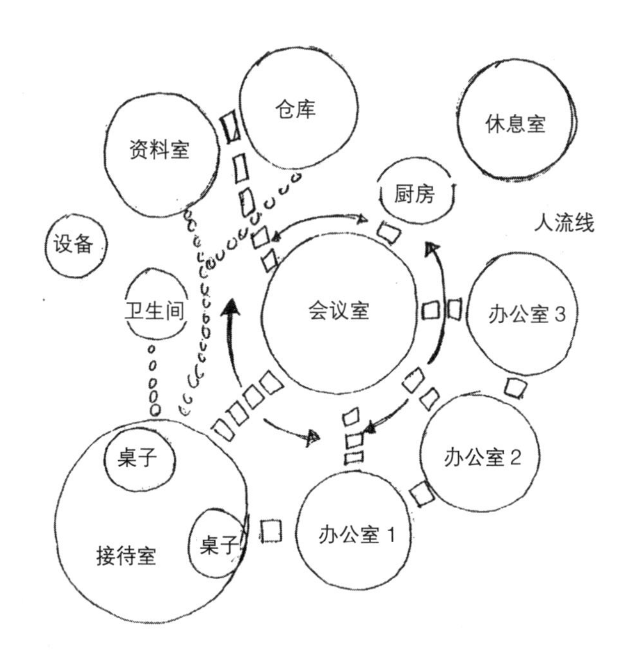

邻接关系气泡图：办公空间

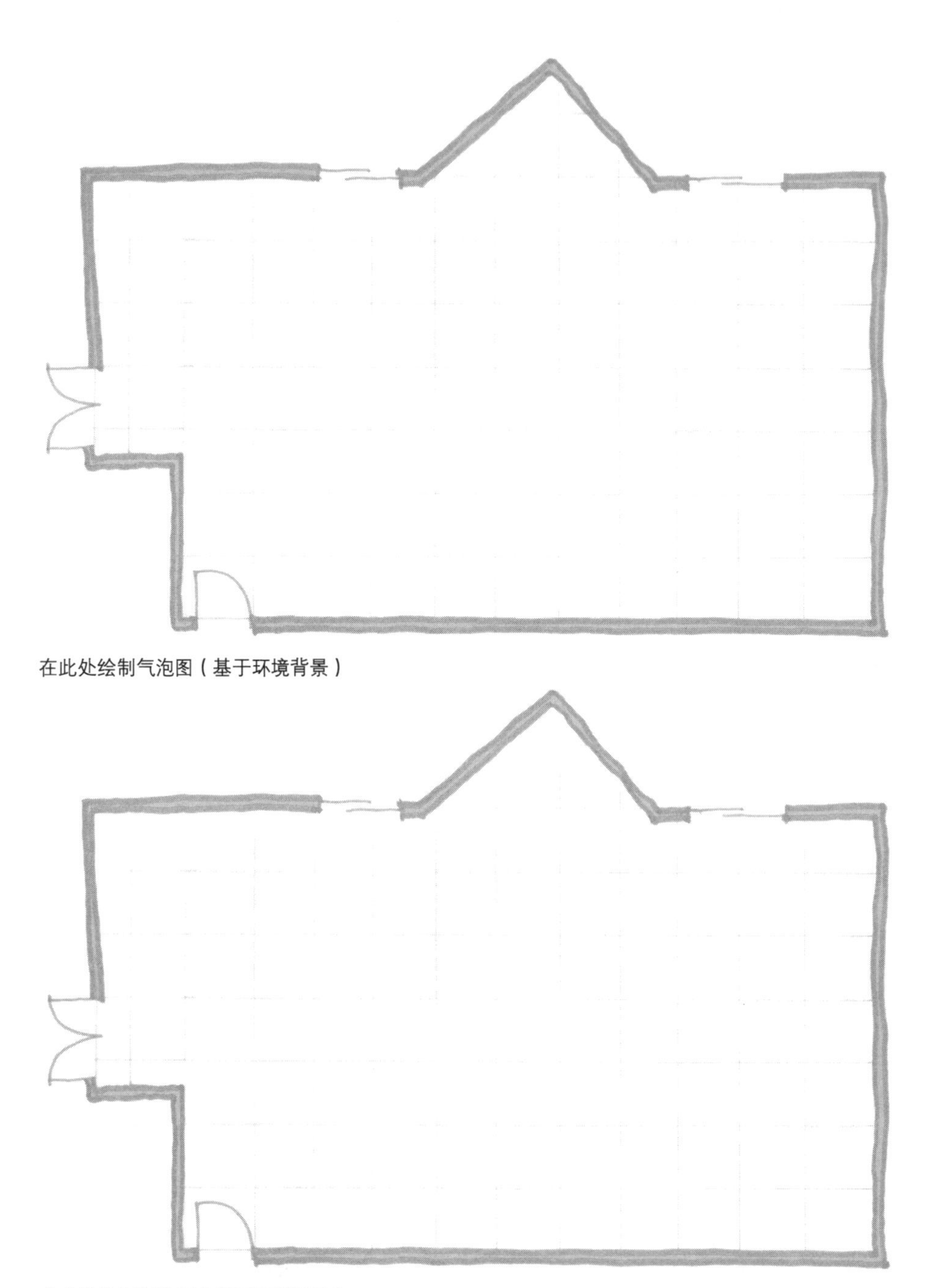

在此处绘制气泡图（基于环境背景）

在此处绘制气泡图（基于环境背景）

诊疗室
休息区
座位区
休息区
接待台
儿童
等待区
衣帽间

气泡图：等候区

练习 6

需要记住的是气泡图在很多不同规模的设计中都很有用。在这里，我们将练习的对象缩小到一个房间。左图是儿科医生办公室的等候区，参见左侧基于环境背景的气泡图，图片表明了不同座位区的空间位置，包括儿童等待区、接待台、衣帽间。你的任务是将气泡图的设计想法发展成两个平面草图。使用所提供的 120cm×120cm 网格作为尺寸的参照。绘图风格可以轻松但需要谨慎，完成两张平面图形上令人满意的图纸。

在此处绘制平面草图

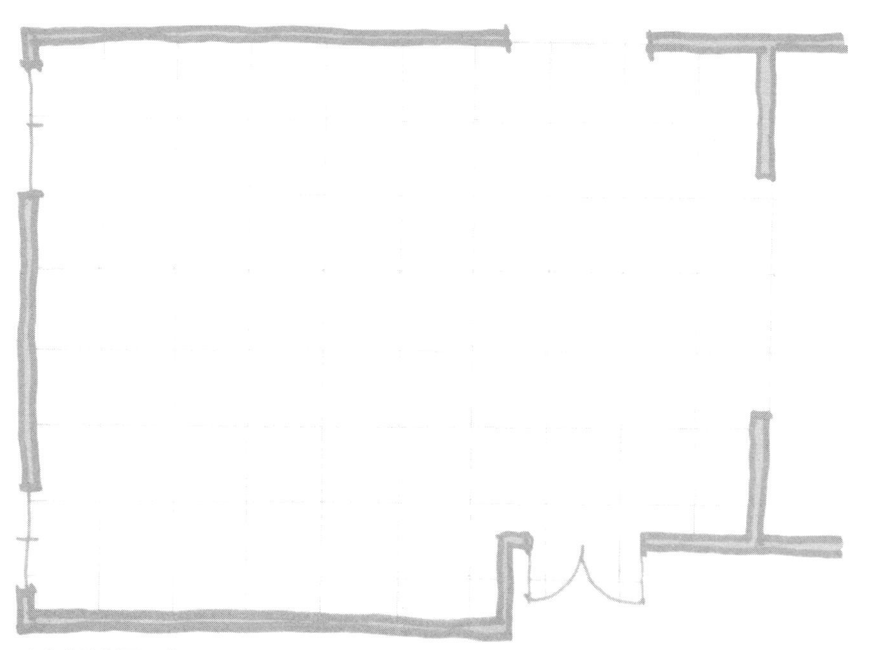

在此处绘制平面草图

良好的空间设计

大多数室内环境是由不同尺寸和特定功能的空间组成的，此外，还包括走廊、开放空间和储藏区等。本章将空间作为室内环境的基本单元进行研究。根据这一研究目标，我们使用普遍意义上的空间一词，即我们对空间的常规认识，例如全封闭型的私人空间，如卧室、私人办公室，当然也有开放式的空间，如起居室和餐厅。

为了出色地完成整体项目，需要能先设计出良好的独立空间。因为，一旦了解了关于良好空间的基本设计方法，就能总结出很多既可以应用于空间设计，又能够适用于整个环境设计的原则。比如说，尽管在设计思路上牙医办公室和酒店大堂项目之间存在巨大的差别，但是，对于设计出优秀空间而进行的思考和设计的原则却是相通的。

良好的空间是功能性的，它为室内功能提供适合的空间支持及家具和设备配置。通过室内布局设计，为环境使用者的行为提供保障及有利的环境条件。

刚开始时，设计出良好的空间可能具有一定的挑战性。即使对所期望的空间已经有了很明确的想法，仍然会有一些重要的问题需要注意。以下列出的是在规划设计层面上的一些关键性问题：

- 空间的尺寸和形状应该是什么样子?
- 需要哪些家具和配饰?
- 这些要素该如何安排布局?
- 人应该如何进入空间及如何在其中通行?
- 如何使某一空间与其他空间相连通？
- 如何使空间与室外环境相连？
- 怎样使空间具有更多的层次和丰富的环境效果?

以上这些问题可以总结成塑造和组织空间的五个基本考量要素：**空间围合**（envelop）、**内部陈设**（contents）、**行为动线**（flow）、**相互关系**（connection）和**比例关系**（scale）。这五个需要考虑的基本要点，不仅可以用于分析现有空间的状况，而且可以作为房间设计的标准。本章主要阐述了与五个要素相关的话题及空间规划其他方面的问题。

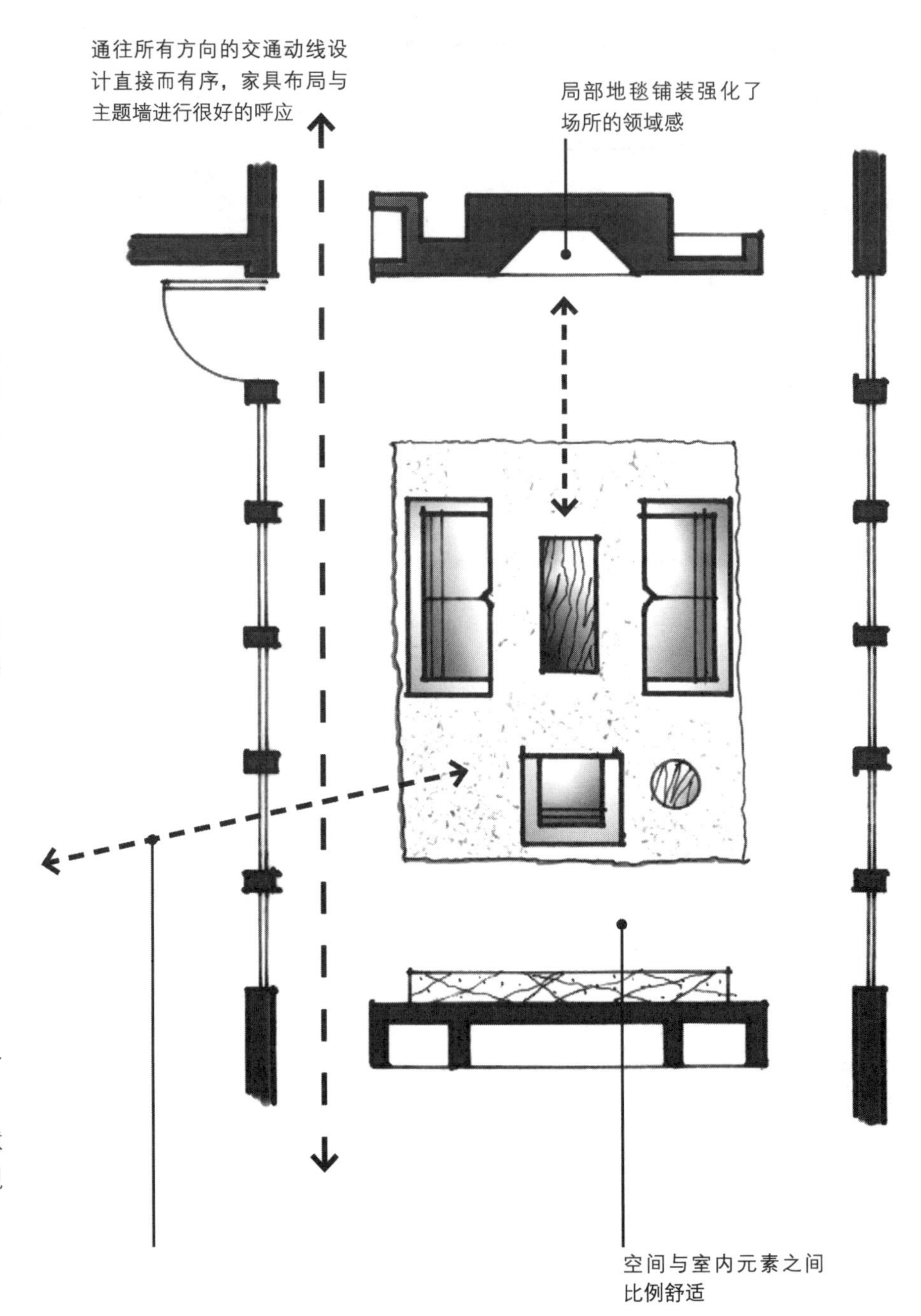

与建筑中其他区域的关联具有流动性并且非常直接

窗和结构梁被划分成小尺寸的重复性单体元素，将宏观尺寸细化到人的尺度层面

为已设定的用途提供适宜的区域和空间

空间内不同尺寸的物体被赋予了不同的尺度感

室内与室外成功的结合在一起，为室内提供了自然采光和令人愉悦的室外景观视野

空间设计原则

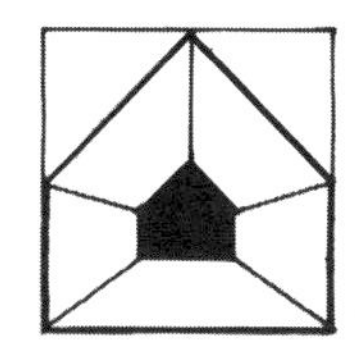

空间围合

空间围合需要满足功能性和舒适性需求，具有适合的尺寸、良好的形状与比例。

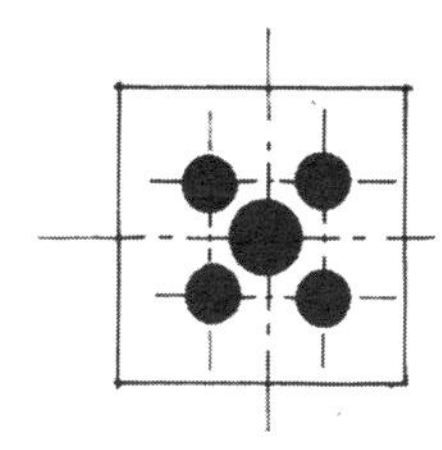

室内陈设

使家具、设备和配饰能够符合房间的功能需求，在围合的空间之内进行恰当的布局，使其具有良好的陈设形式和清晰的结构。

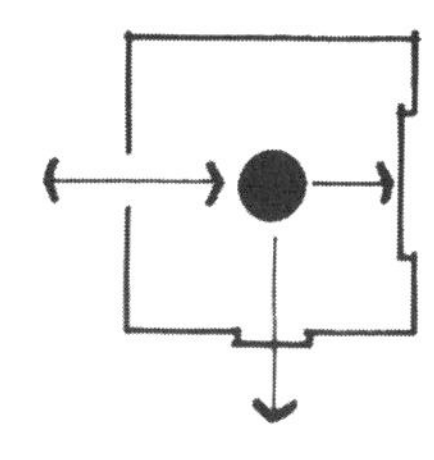

相互关系

与其他室内空间、室外空间、内部的特殊设计形态（如视觉焦点元素）之间形成良好的关联，获得自然光（除非有意设置成昏暗的房间）并提供良好的室外景观视野。

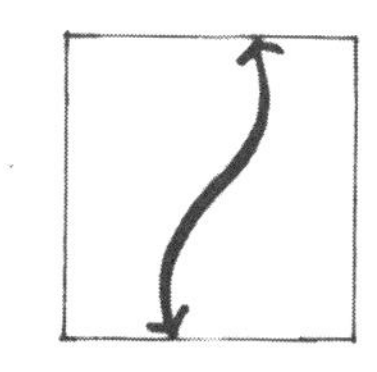

行为动线

空间的入口位置设计合理，并且使室内布局能够保证空间使用的高效率和流畅性。

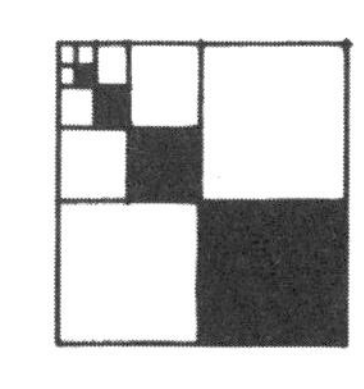

比例关系

空间内的建筑与室内要素具有从大到小的不同尺度，大尺度的墙体被划分成小尺度的单体元素，并且还能成为相互关联的整体。

形状和比例

当你知道了需要设计空间的最大尺寸，下一步就是在平面中决定它的形状和比例。并不是使用了多种形状和比例就能构成良好的空间。事实上，绝大部分单体空间与相邻空间都是矩形的，其他常见的空间形状是圆形和正方形。由于这些形状具有几何图形的纯粹性和对称性，所以在设计正式的空间时经常会要求使用这些形状。一般来说，尽可能地不设计过度狭长或狭窄的空间，或者如雅各布森、西尔弗斯坦和温斯洛所说："设计所塑造的空间形态应该像土豆而不是萝卜，即空间应该相对紧凑，并且是长方形的，而不是长而瘦的。"[1] 在他们公司的设计实践中，这些建筑师在设计初期阶段会将空间草图画成"模糊的土豆块形"。

16 世纪著名的意大利建筑师安德里亚・帕拉迪诺在研究比例的基础上，提出了关于房间的七种基本形状和比例，我会在下一页的插图中展示出来。虽然，你并不需要严格遵循这些比例，但是需要记住的是：当空间的长度远超过宽度时，空间比例就会变成令人不舒服的狭长形。

1. 马克斯・雅各布森，默里・西尔弗斯坦，芭芭拉・温斯洛，家居设计类型：耐久性设计的十个要点（新城，康涅狄格州：汤顿 ,2002）。

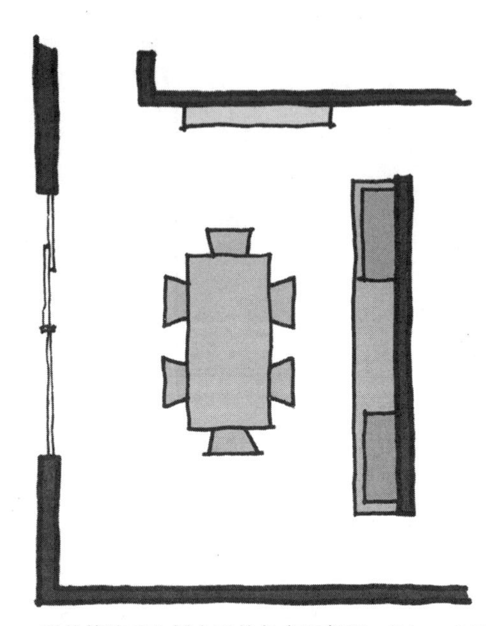

形状简洁且比例合适的长方形餐厅，6.4m × 8.5m 的尺寸形成的比例大约是 3 ∶ 4，换言之，即长边的长度约等于周长的三分之一。

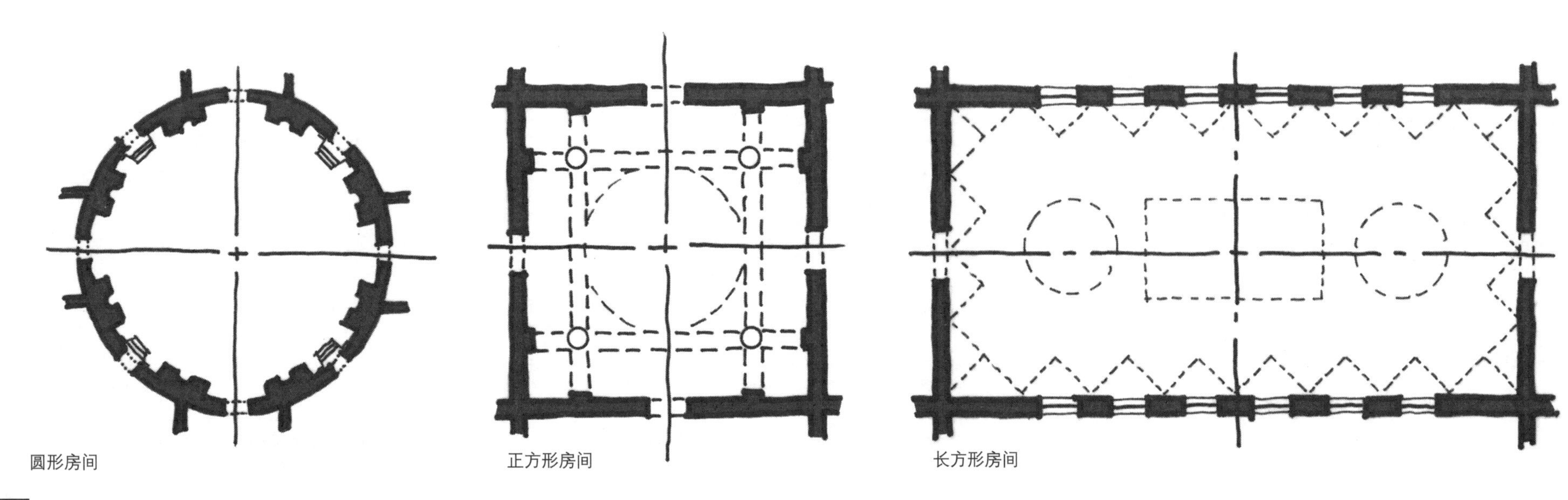

圆形房间　　正方形房间　　长方形房间

伯克哈特住宅

七种比例

圆形

正方形

1 : 1

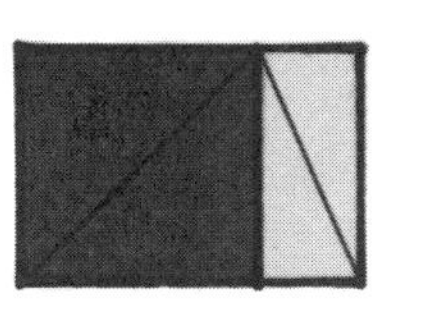

正方形的对角线

1 : 1.414

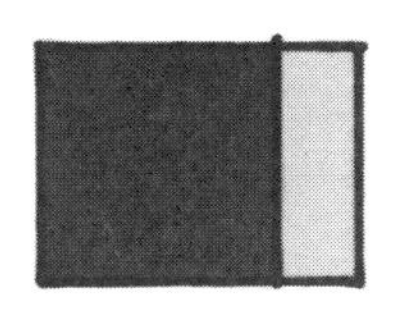

正方形加三分之一

3 : 4

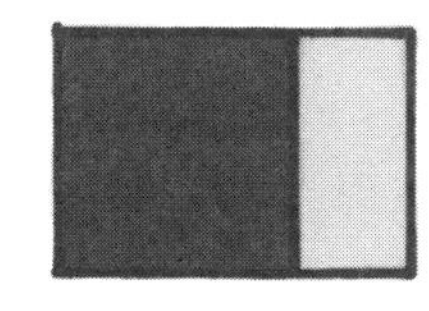

正方形加二分之一

2 : 3

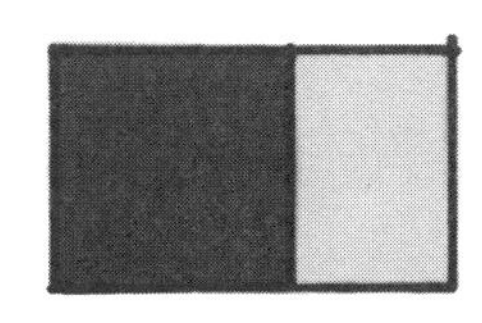

正方形加三分之二

3 : 5

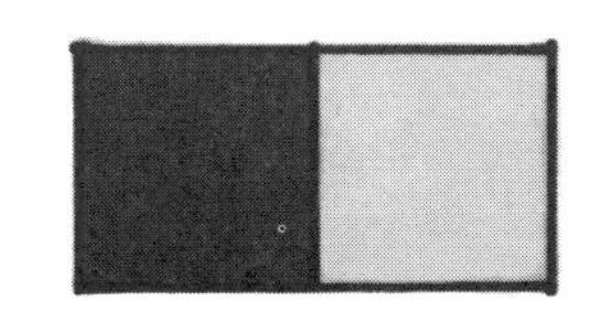

正方形的两倍

1 : 2

基本的平面元素

室内空间规划需要基于建筑物中可以划分的区域进行。采用墙体来划分区域，并根据隐私或其他需求围合成封闭的房间。墙面上的开口用于连接空间，和保证使用者在空间之中的通行。这些开口处通常会设置大门，以便创造更加私密的环境条件。在某些情况下，窗户既可以作为建筑的组成部分，也可以被用作空间之间的分隔。室内的窗户通常使用玻璃这种透明或半透明的材料制成。另外，墙面的开口也可以是完全开放的（就像在空间之间打开连通的孔洞）。很多建筑中还有柱子，可以作为已有的垂直要素在设计中加以强调或利用。总之，墙体、门、窗和柱子是用于室内空间规划的主要建筑要素，其中每类要素都包含很多种形态，本页的插图中列举了其中一些最常见的形式。

墙体

墙

可以设计成各种厚度

翼墙

有助于围合嵌入式的设施并避免薄墙收边的不雅

翼墙

在比例上形态与柱子类似，并为构建厚墙提供精确的尺寸

壁龛

需要设计更厚的墙体并为视觉焦点提供陈设空间

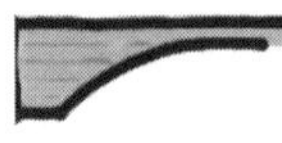

造型

可以通过巧妙地处理墙体厚度来实现

柱子

混凝土柱

常用构造柱；有时左侧露明

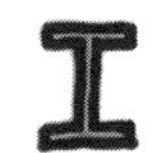

钢柱

因有防火喷涂而通常左侧不露明

非固定柱

有时是为了配合现有柱子而作的假柱

装饰柱 1

装饰柱 2

装饰柱 3

为实现更完美的外观效果，柱子表面覆有石膏板或其他人造材料，可以做出很多形状

装饰柱 4

有时装饰柱的内空很大，用于安装管道等设备

附连柱

可能与邻接的墙面相连

墙体 / 柱子

两侧突出

在两侧形成凸起

一侧凸起

另一侧为平面

深度突出

有时无法避免，但不要让突出的尺度过深

转角突出

形成清晰的柱状

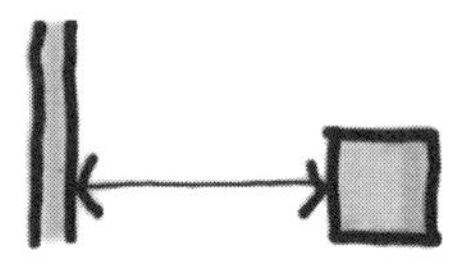

非固定柱

有时难以避免，这类柱子经常会给设计师制造麻烦

窗户

带窗台窗户

（简图示意）

简单的室内窗

通过型窗

凸窗或幕墙

有时是带状窗，有时是通高尺寸的店面橱窗

门

典型的室内门

可以向内或向外开启；除非按照规范要求设计大门向外开启，大部分的门都朝内开启

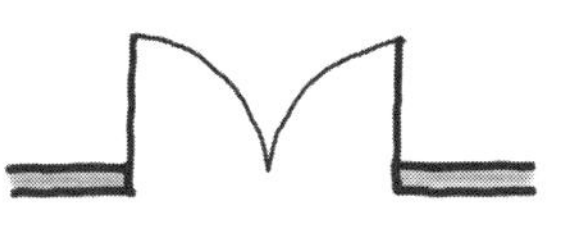

双开门

仅用于重要的聚会空间或者容纳大量人群的房间

角门

很常见且使用效率高

角门

注意：门应该向侧边墙开启，除非室内需要视觉上的隐私保护

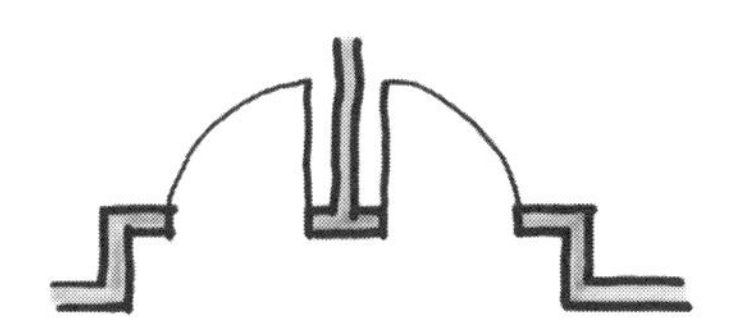

凹进的隐蔽对门

将相邻的门组合成内聚性的、尺度较大的设计要素

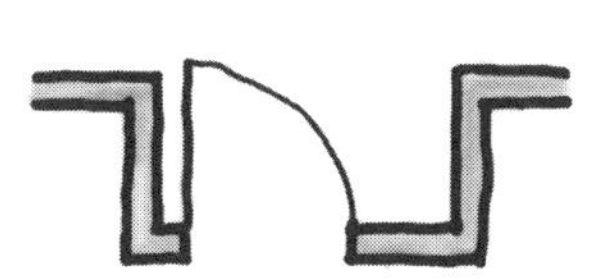

前厅中的门

可以避免向公共走廊开门所产生的问题（见第 6 章中阐述建筑法规对净空的规定）

转轴门

有时可以向两个方向开启

直接开口

通常最佳的出入口设计方案就是不设门

多扇门

由于法规或者经验的原因，通常用来满足房间之间对宽阔型开口的需求

对门

有时用来满足双向进出的需求

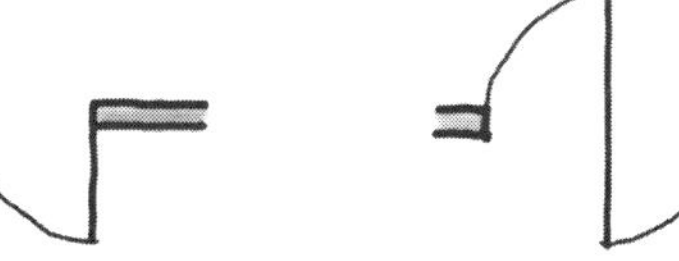

带转轴的门

有时用于在空间之间创造宏伟的入口形式

折叠门

通常用于小空间

内藏式滑动门

高效而且不需要占用开门空间

内藏式滑动门

也可以是双扇门

双滑动门

通常用于小空间

墙面推拉门

有时采用精细化设计以达到某种特定的效果

家具群组

空间内可移动的要素包括家具、设备和配饰，例如艺术品、装饰物和植物都属于室内配饰。你还可以将房间想象成一个配备有家具和其他小道具的舞台。通常，单体家具组合在一起形成向心型的家具群组，例如起居室内的座位区、餐厅中的餐桌和餐椅、餐馆中的座位分组及各种场所中等候区的家具。可能你已经见过那些不同家具成组的案例，有很优秀的例子，也有非常糟糕的案例。

采用家具进行空间规划是很有难度的任务，设计时必须满足一些要求：第一，根据心理和功能方面的双重需求，空间内需要放置一组（或多组）家具；第二，需要将每组家具本身进行合理的组织。必须了解特定家具组合所包含的家具类型、尺寸和形状及它们的摆放方式和家具间恰当的净空尺寸。

本页插图中的案例是常见家具组合的标准的布局形式，包括起居室的座位区布局、餐桌布局、等候区座椅布局、餐厅座椅布局及会议室办公桌布局。有些布局形式非常简洁和程式化，例如包含桌椅的布局；而有的家具能够实现更多的变化组合形式。但是，对所有的家具组合而言，通常只有少数几种组合形式能够真正合理、适用。此外，虽然创新具有价值，但是大家也不要认为设计就必须不断地改造既有事物，比如为餐桌配备一组椅子时，它的布局形式并不会有很多选择，所以，在这种情况下不进行创新也是没有问题的。

起居室

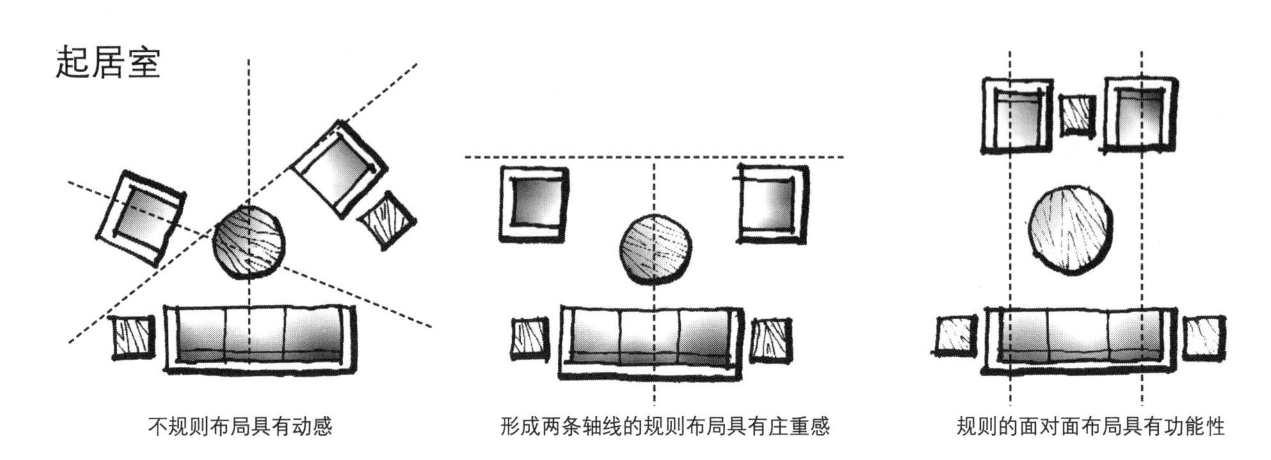

不规则布局具有动感　　形成两条轴线的规则布局具有庄重感　　规则的面对面布局具有功能性

会议桌

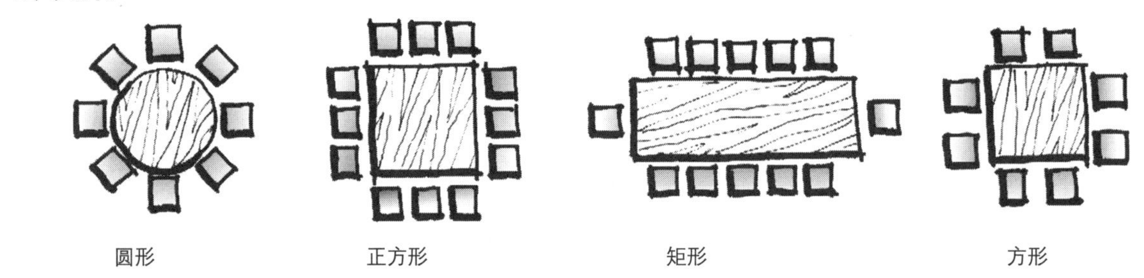

圆形　　正方形　　矩形　　方形

餐厅桌椅

沿墙摆放矩形餐桌的方式效率较高

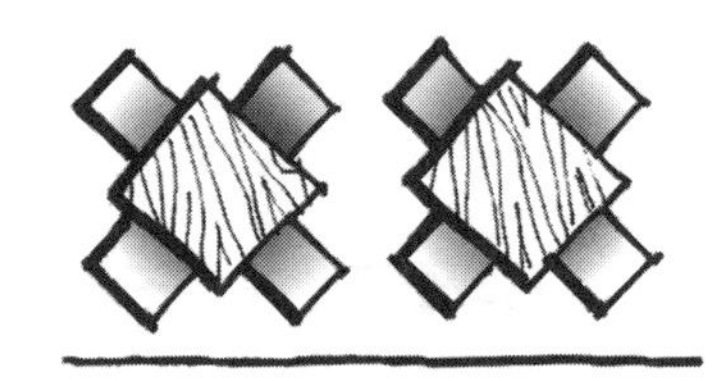

单独的成角度摆放的餐桌具有动感

两人卡座和座椅适合多种用途

等候区座椅

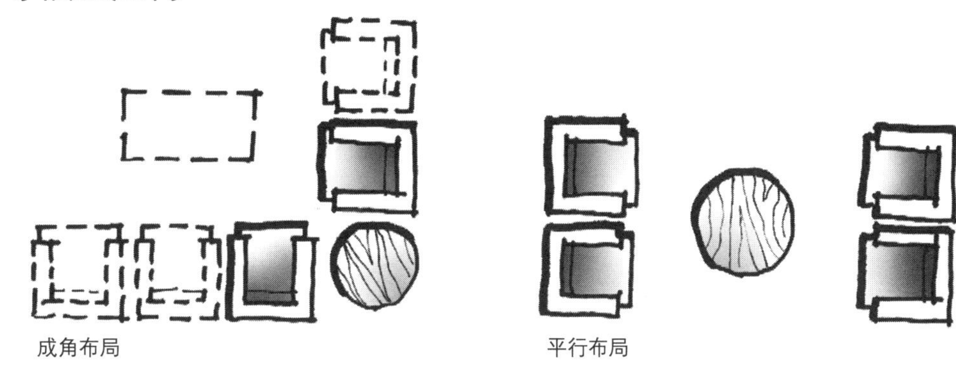

成角布局　　平行布局

餐桌

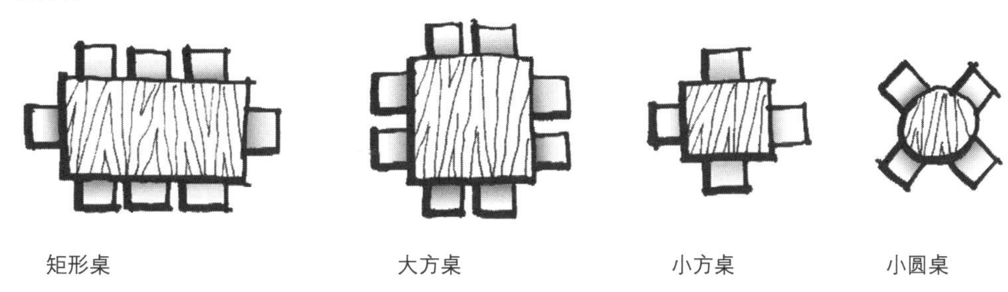

矩形桌　　大方桌　　小方桌　　小圆桌

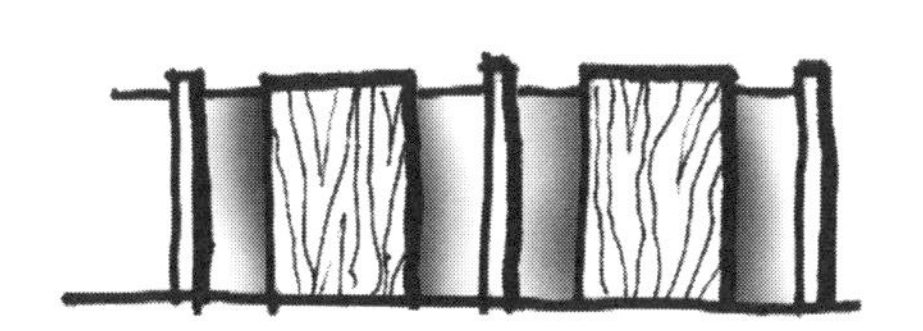

火车座式布局虽然高效但适用于非正式场合

四人卡座形式使用效率高

练习

为假设的等候室设计两组座椅，每组需包含八把椅子，采用图中给出的家具样式作为尺寸参照。为绘图方便，下图提供了 60cm 的网格。

家具群组是重复性的设计要素：两组桌 / 椅

椅子是重复性设计要素：每组四把椅子

成组

在很多设计工作中，都要将局部或单体要素组织成具有向心性和功能性的群组。尽管我们会迅速识别出某个单独的物体，例如一把放置在角落的椅子，但是，人们还是更倾向于将多个单体家具视为组团。成组的家具布局设计应该简洁和直接，没有必要把它设计得过于复杂化。

大部分的群组只包含少数几个组成部分。在空间中，这些家具群组往往是重复的，例如一间教室里摆放了六张桌子，每张桌子有五位学生使用，还有餐馆中设置的许多四人桌等。常见的家具组团大部分是两个、三个或四个成一组，观察一下餐厅、酒店大厅或公司的等候区，你将会发现大部分的家具组团是重复设置的。

当然，也会有很大的家具群组，例如会议桌和餐桌一般可以供四人以上使用，有时也可以容纳十个人或十二个人就坐。其他常见的案例比如酒店大厅或者医生办公室的等候区，在那里也许你会看到八把以上椅子组成的家具群组。

我们需要熟悉常用的小型家具的成组方式，因为在设计的大部分时间里你都将用到这些方式。

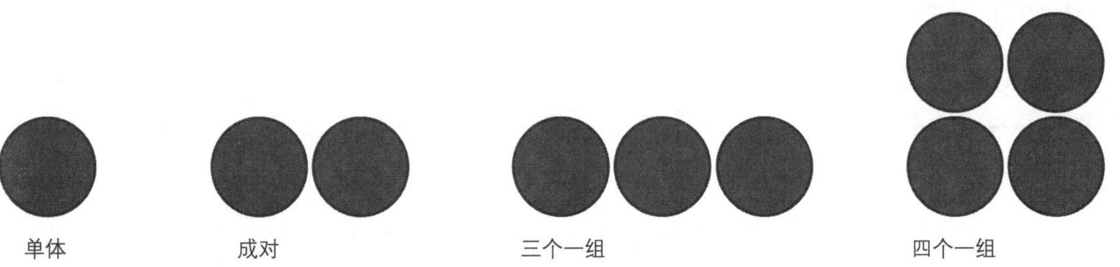

单体　成对　三个一组　四个一组

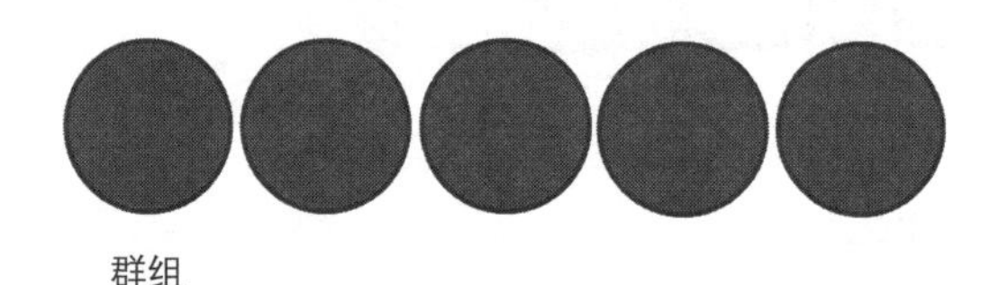

群组

通常情况下会在群组中看到多把座椅，但也有一些单独摆放的案例。

成对摆放是最常见的成组方式，两个一组的家具元素通常会比单个元素使人感到舒服。

与并排摆放的布局相比，三个一组的家具更像是较为封闭的群组。

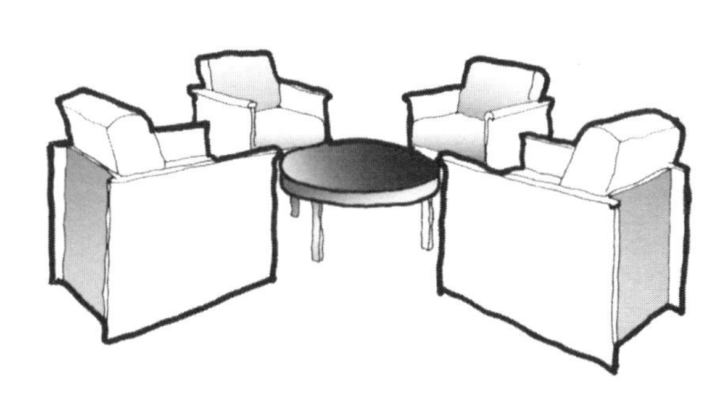

在等候室这样的聚集区中，四把椅子成组是最常见的布局形式。

练习

在下图中设计三组可自由选择的座椅组团，每组包括四把椅子，画出每组家具的平面图。在本页的插图中已经给出了其中一种座椅成组形式的透视图，请尝试其他可能的组合形式。采用下图的家具尺寸和 60cm 的网格作为绘图参照。

区域和范围

空间可以有多种尺寸和造型。室内空间设计的挑战之一就是如何在房间中放置各种可移动的要素。幸运的是，事实上并没有太多的选择。因为，如果对一个中等尺度的普通空间进行规划，你就会发现室内要素只可能设置在四类区域内：角落、中心、边界或者空间中不固定的某处。设计中型或大型空间时，使用标线来划定区域的潜在用途是非常实用的设计方法，因为可以依据标线来放置家具或其他要素。另外，室内要素的布局方式可以居中、对齐或在标线之间。通常情况下，标线与房间边界或与房间的几何中心平行，或者在空间尺度允许的条件下设置在房间内的某个位置，下图是一些布局方式的案例。

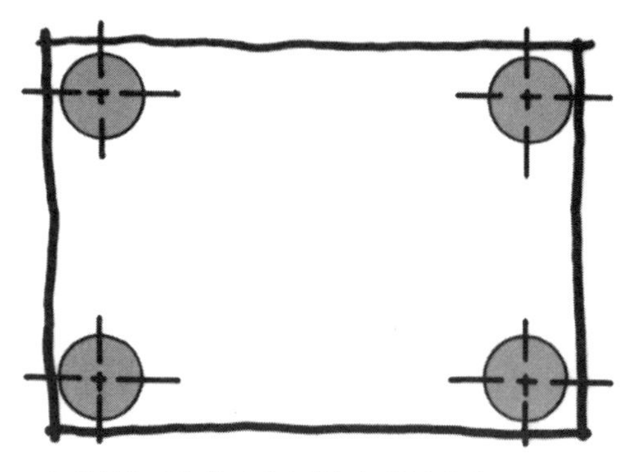

角落的位置能够形成遮蔽与保护的感觉。

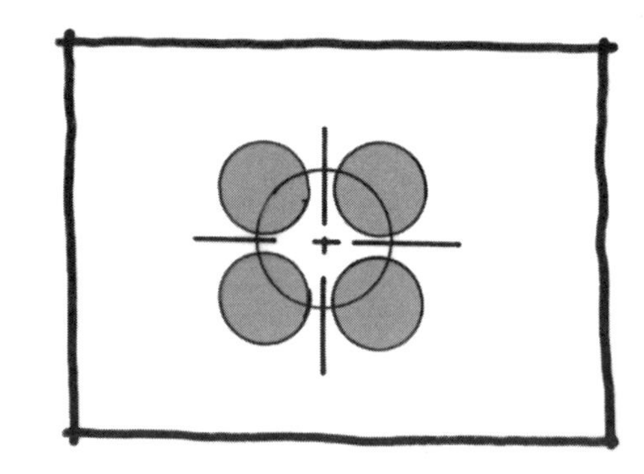

居中的位置能够形成正式与庄严感。

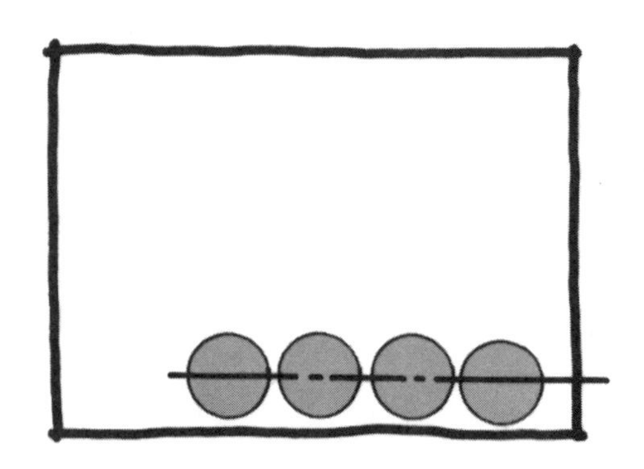

边界能够为摆放家具提供适宜的背景。

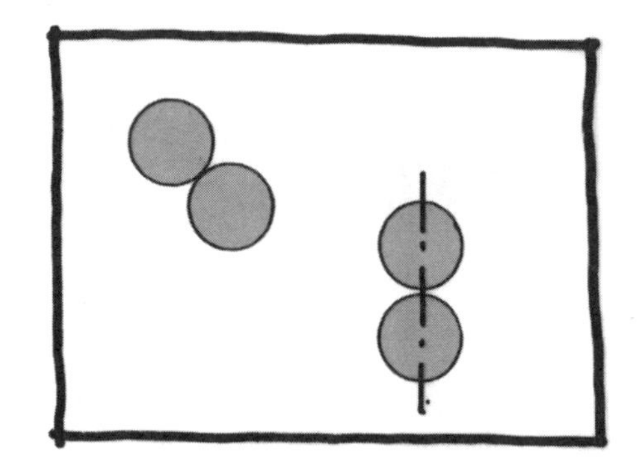

想要实现非固定要素和群组之间的平衡感是很具有挑战性的，通常要与室内其他元素之间建立有效的关系。

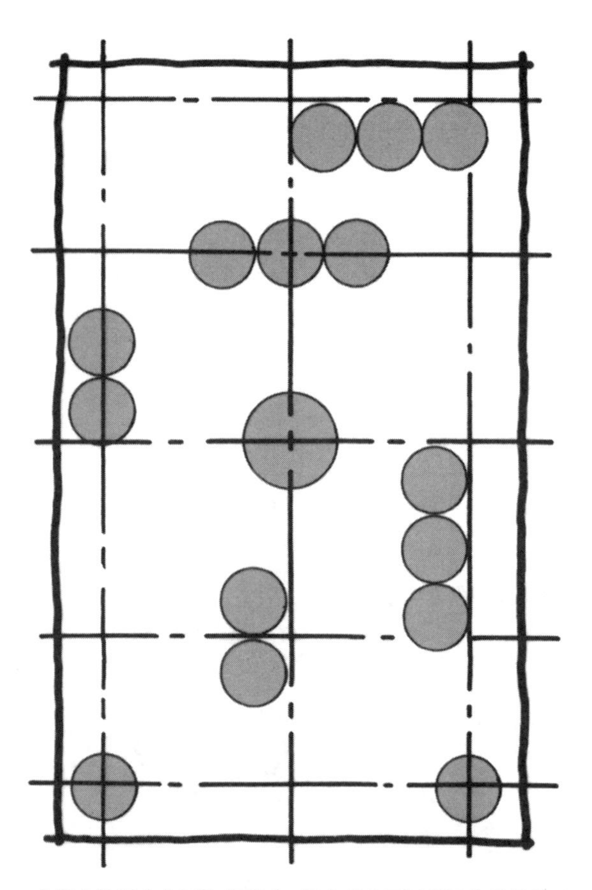

空间中除了中心区和角落区，还有很多可以放置家具的位置。

角落形式本身就具有庇护效果，人们会很自然地倾向于将家具、植物等物安置在此处。
在紧凑的空间中，被置于房间四个角落的家具布局方式表现出平衡感，而且，角落的位置让每一组家具都具有各自的场所感和独立性。

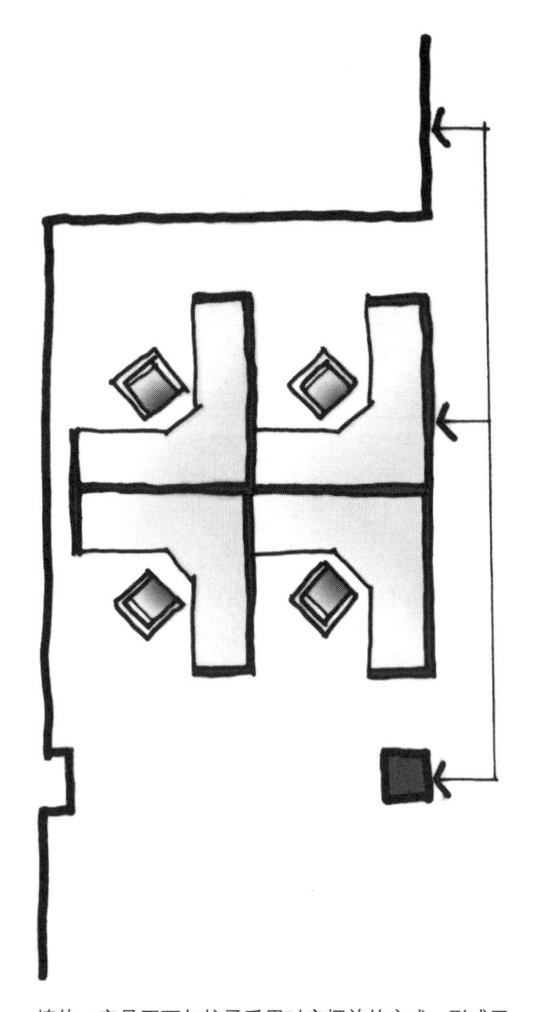

墙体、家具正面与柱子采用对齐摆放的方式，形成了一条意向强烈的假想边线。

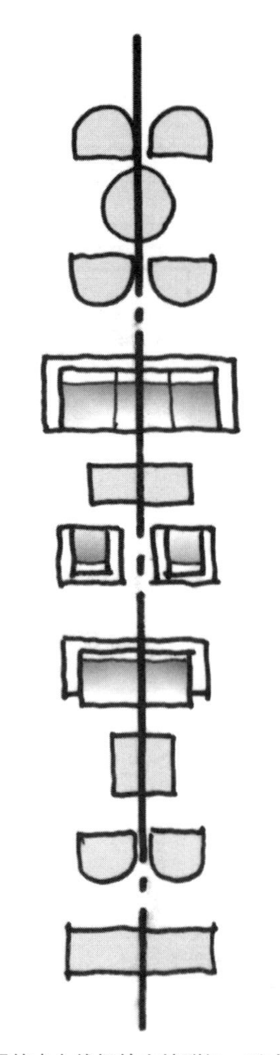

沿着一条共用的中心线摆放座椅群组，形成了中心对称式布局。

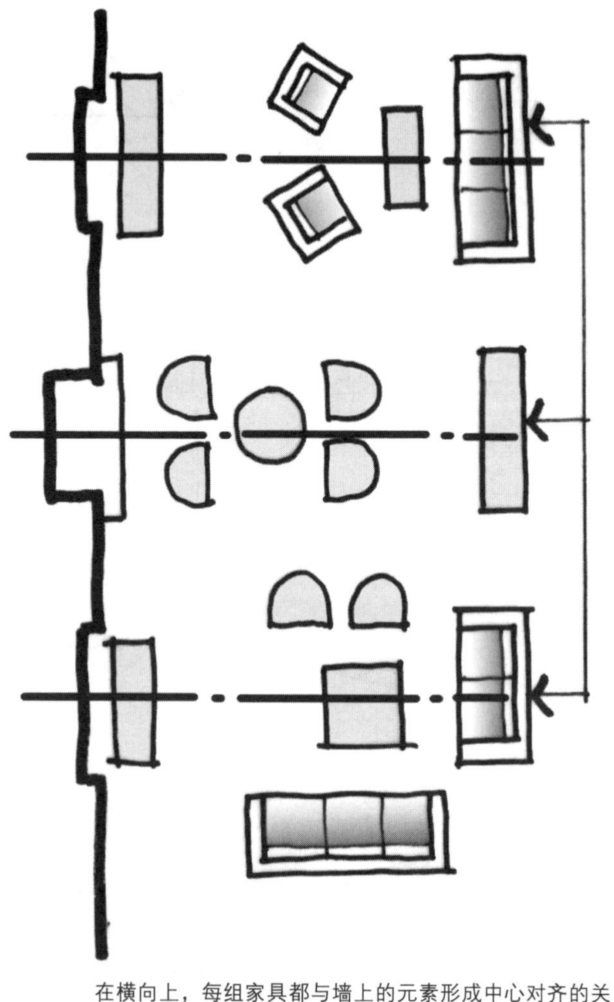

在横向上，每组家具都与墙上的元素形成中心对齐的关系；在纵向上，家具布局则是采用外部轮廓对齐的方式。

居中和对齐

在所有的设计方法中，居中和对齐是最强大、应用最广泛的构图策略。从印刷页面的文字组织到空间内的家具布局，都会应用到这两个策略。你也会经常使用它们。

居中（centering）是将各种单体或者物体群组中心进行对齐的排列方式。

对齐（alignment）是将单体或者群组的边缘依据共同的参考线排列的方式。这两个策略既可以单独使用，也可以结合在一起使用。

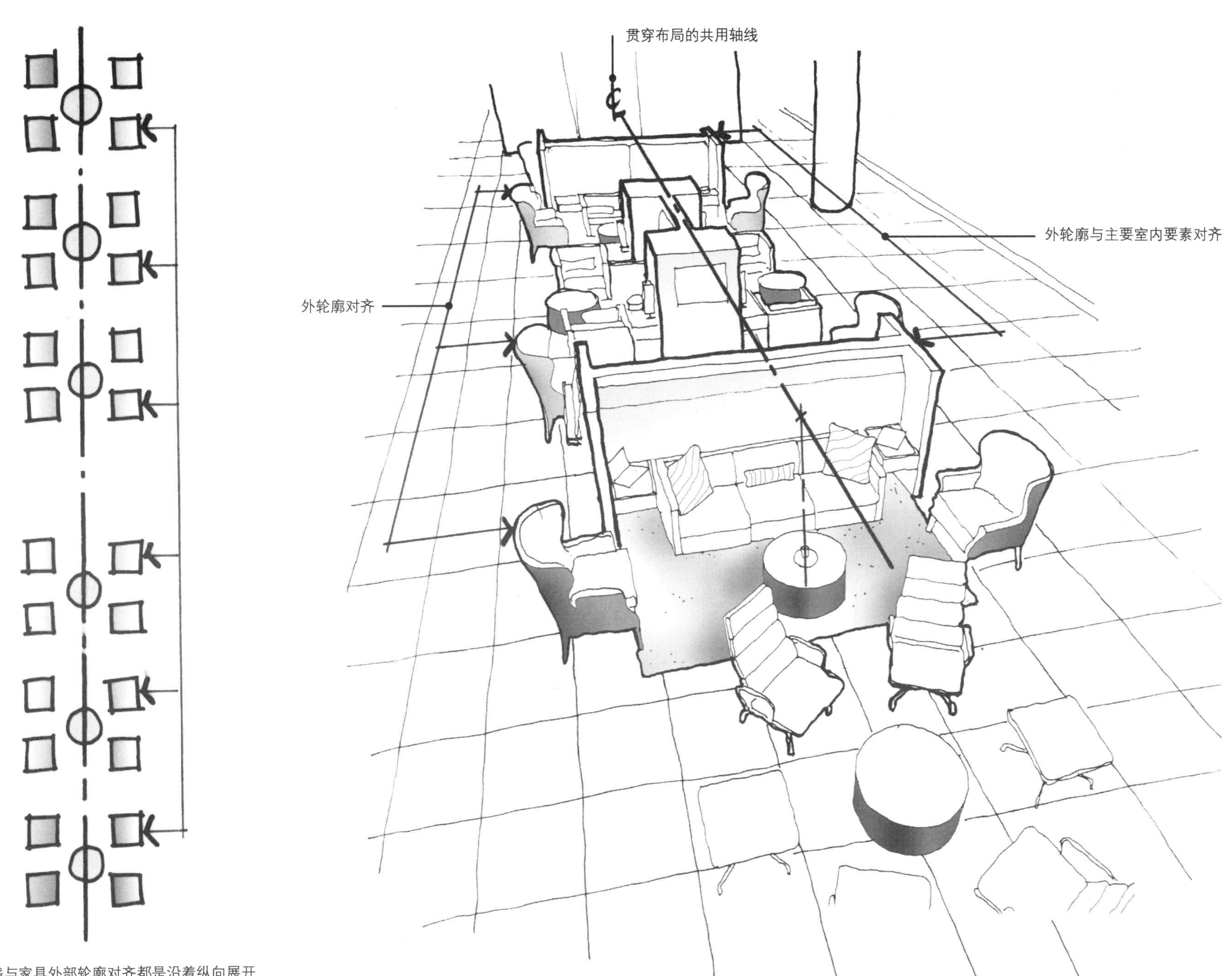

桌子中心轴线与家具外部轮廓对齐都是沿着纵向展开

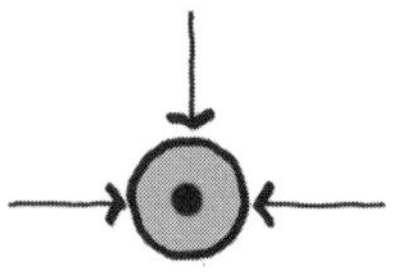

主要中心焦点——本设计方案中是纵向上的独立壁炉——将空间使用者的注意力吸引到内部空间，在中心点与宽阔的外部空间之间营造一种具有趣味性的空间张力。

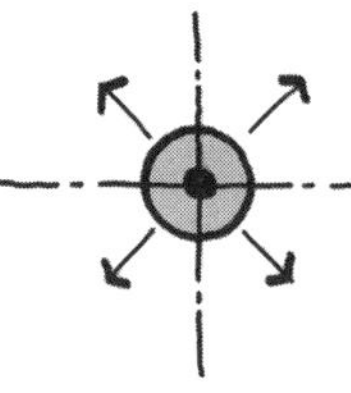

在需要进行空间划分的小空间内，中心点经常成为空间分隔的原点。

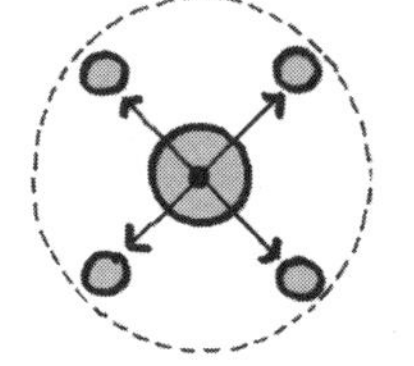

在大空间内，非固定式的、居中设置的聚会场所成为突出的设计要素和令人愉悦的空间。

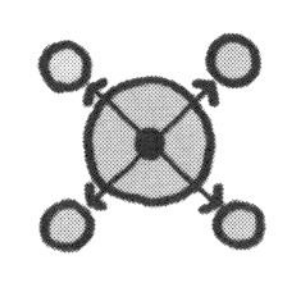

在某些项目中，居中的元素既可以成为视觉焦点也可以是聚会的场所

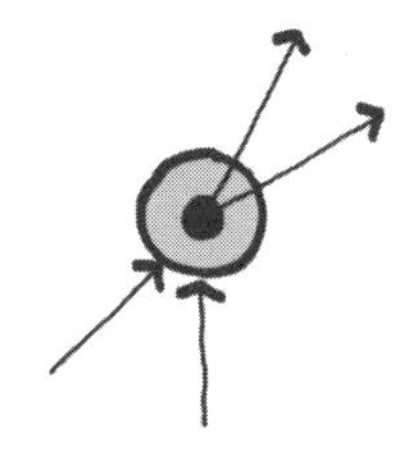

在正方形、圆形、八角形等纯粹几何图形的空间中，设置居中的元素是显而易见的设计选择，例如图上的餐桌。

在圆形空间中居中设置的装饰桌迫使人们必须围绕着桌子按照同心圆的路径通行，从而提升了使用者对圆形空间的感知程度。

中心

空间里的中心区通常是最具有张力的位置，你可以试想一下圆周区、中心区和两者之间的区域中心位置应该有什么，或者说应该将什么东西精确地设置在空间的几何中心。通常来说，无论在中心区设置了什么，并不需要它一定位于严格的几何中心的位置。例如，一张餐桌可能放在接近中心的区域，但是会略微靠近两侧墙壁中的一方，这样可以方便另一侧的交通动线组织。

中心区可以是聚会的场所，例如很多起居室（家庭）和会议室（工作）的设计。中心区也可以是一个视觉焦点的要素，例如喷泉、大型绿植、壁炉或者某设计元素向外延伸的起点，如空间隔板。另外，可以在中心区可以设置一张桌子或一盆植物等单体要素，这种布局方式会迫使空间使用者向房间外行走。

并不是每个空间的中心都要设计某种东西，有时为了让空间使用者通行或集会，中心区也会空置。

布局

如果单体或成组的物体（例如家具）形成与空间浑然一体的感觉，我们就会评价这个空间的布局很好。试想一下野餐垫，它是如何界定场所的，它为使用者提供了行为活动的背景，也就是在空间中划定了一处安全的区域。在空间中，能够被感知的布局品质取决于空间内物体之间的相互关系。在某些情况下，物体的拓扑性位置就足以表现空间布局品质；角桌、中心喷泉和侧墙边成列的绿植都具有形成良好布局的潜质。

然而，通常情况下，除了已有的室内焦点以外，还需要很多要素来实现或强化空间布局的感觉。有时你需要布局元素，在典型性空间中的布局元素（Grounding elements）可能是现有的，也可能是设计师设计出来的。如果是像壁炉或华丽的窗户这种已有的现成元素，设计时需要考虑如何根据这些元素来安排新的室内元素。如果没有现成的室内元素，就在需要的地方进行添加，为组织室内陈设提供一定的场所。

在常规的空间中，布局元素会位于墙面、地面或者头顶的顶棚之上。组织室内陈设的区域，并且经常会使用到居中与对齐的构图策略。

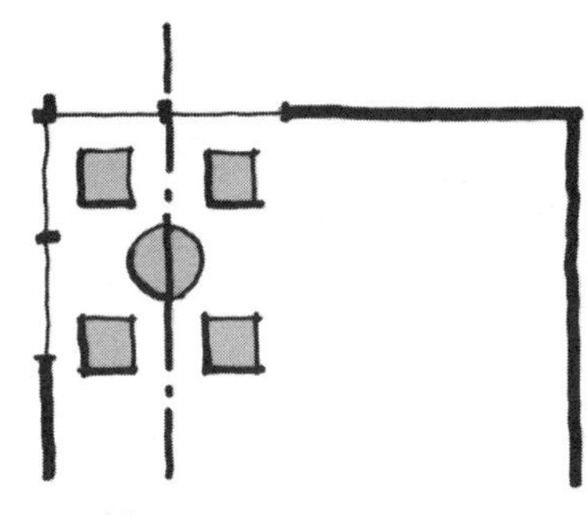

大型窗户作为布局元素。

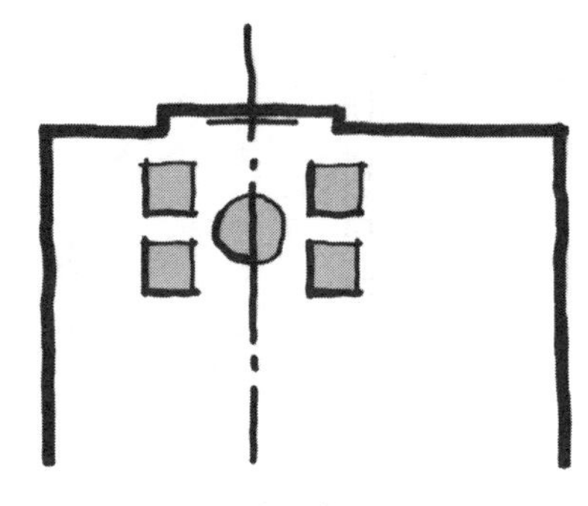

放置艺术品的壁龛墙面作为布局元素。

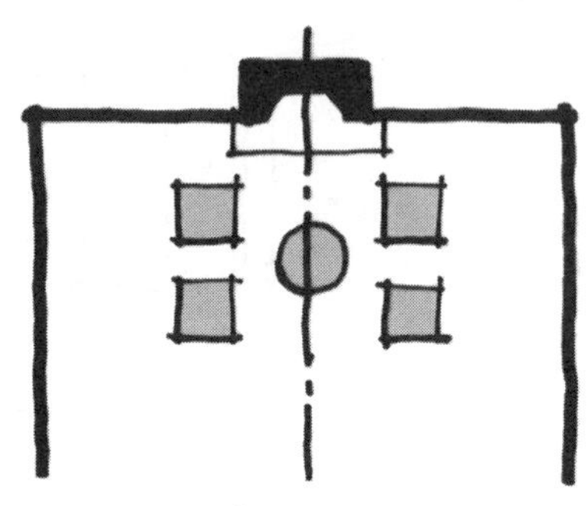

壁炉作为布局元素。

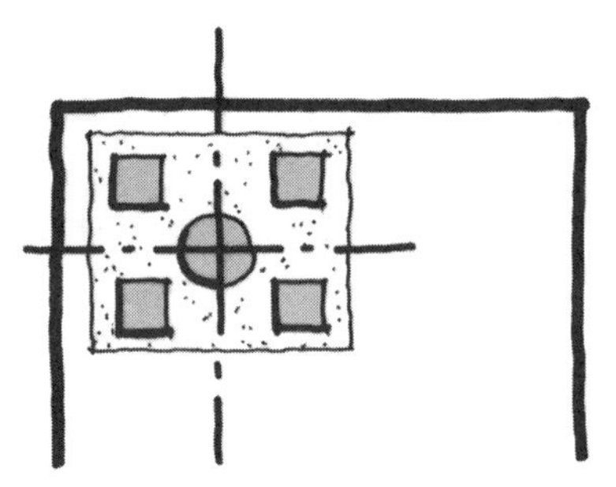

角落处地面铺装的变化作为布局元素。

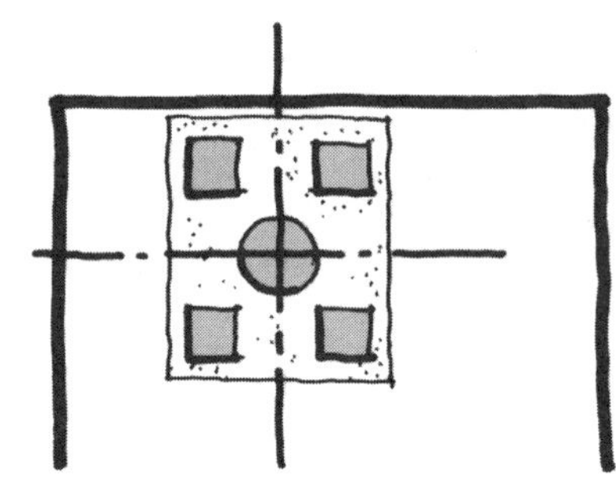

非固定式的地面铺装为布局元素。

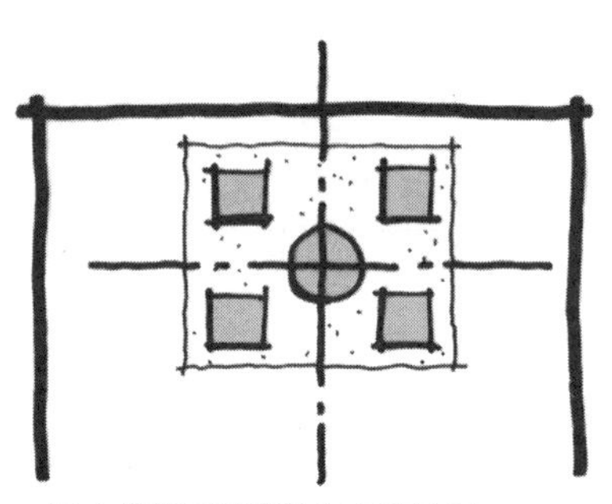

居中的地面铺装作为布局元素。

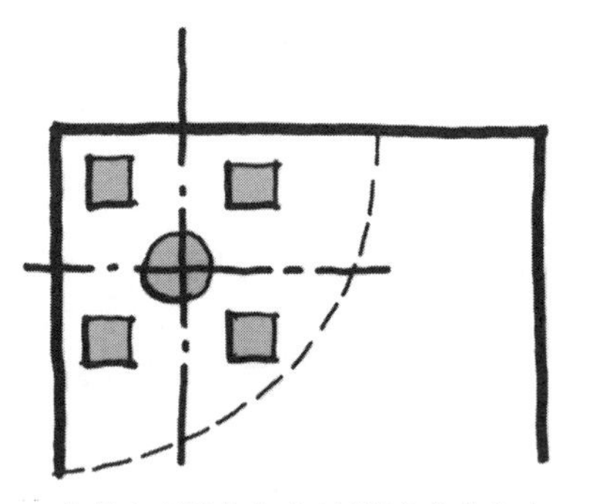

角落上顶棚的高度 / 材料变化作为布局元素。

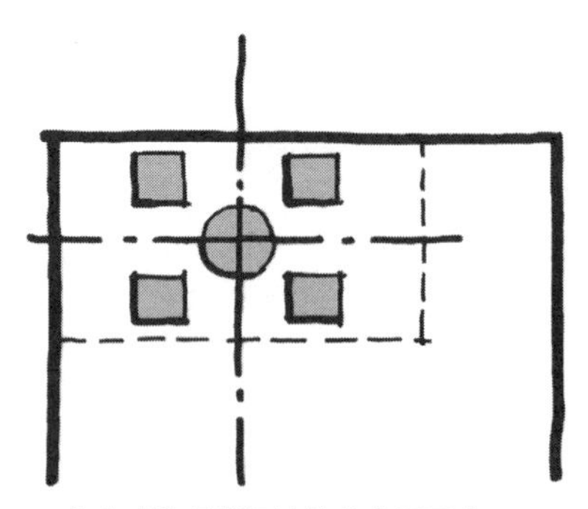

自由式的顶棚设计作为布局元素。

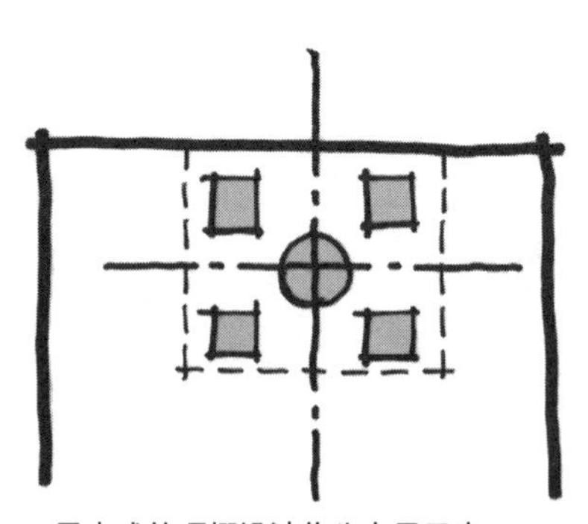

居中式的顶棚设计作为布局元素。

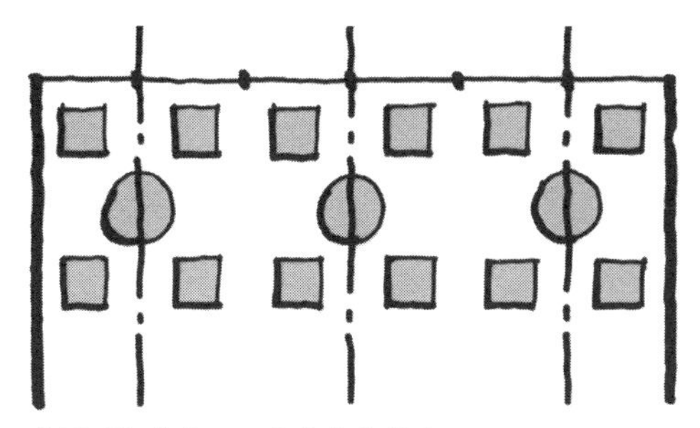

家具群组的布局配合窗户的节奏。

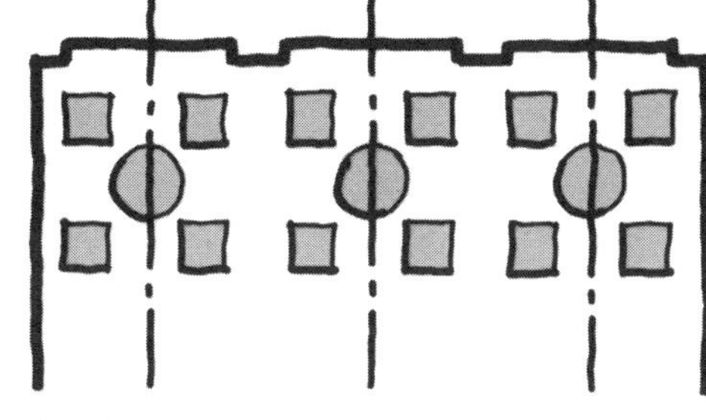

家具群组的布局配合墙面设计。

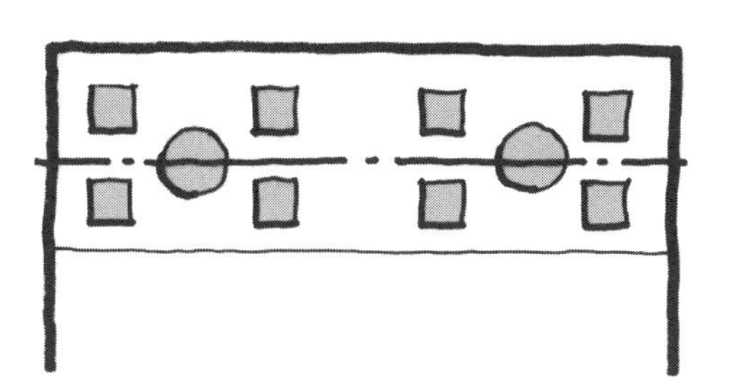

在地面铺装变化的区域内进行家具群组的布局。

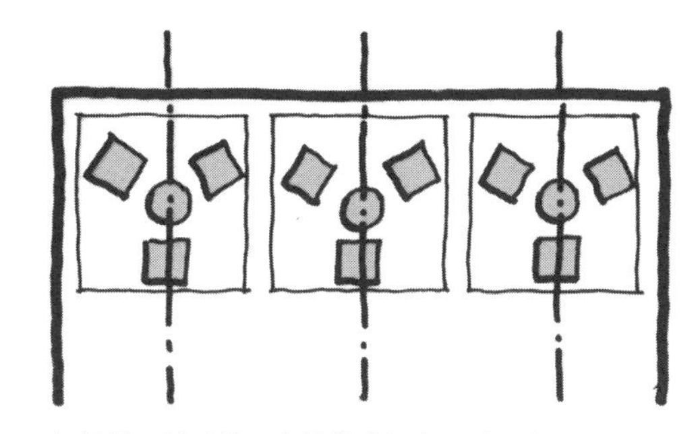

根据地面铺装的三个模块进行家具群组布局。

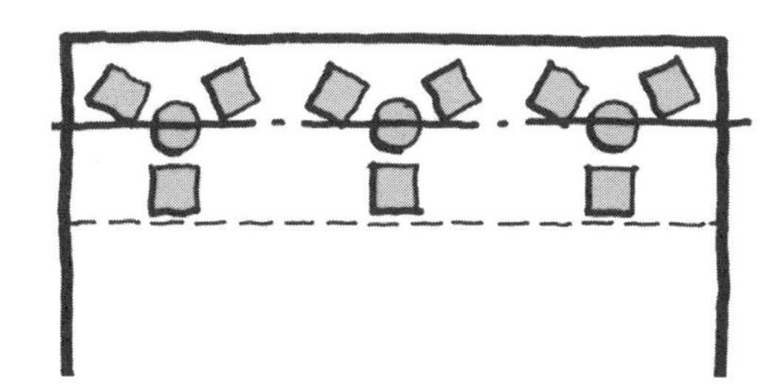

在顶棚界定的范围内进行家具群组布局。

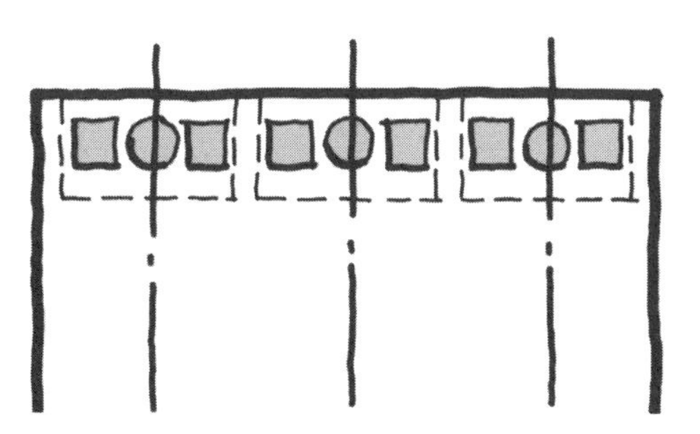

根据顶棚上的三个模块进行家具群组布局。

练习

在下面三个空间中绘制家具群组的布局，每个空间包含两个布局元素。可以选取墙体、地面和顶棚等多种元素，使用图中的家具作为尺寸参照，在空间的最大尺寸和布局元素的范围之内进行设计。

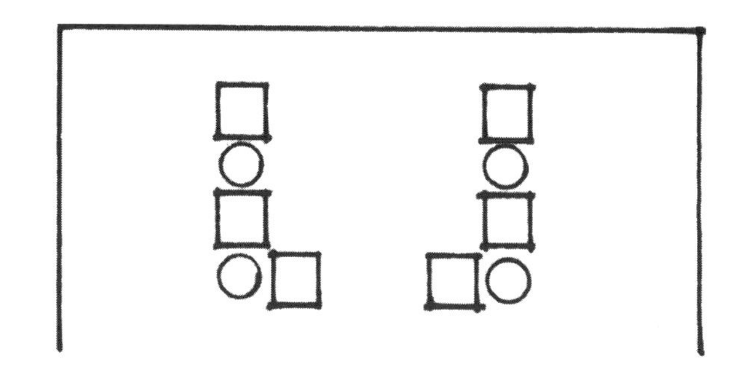

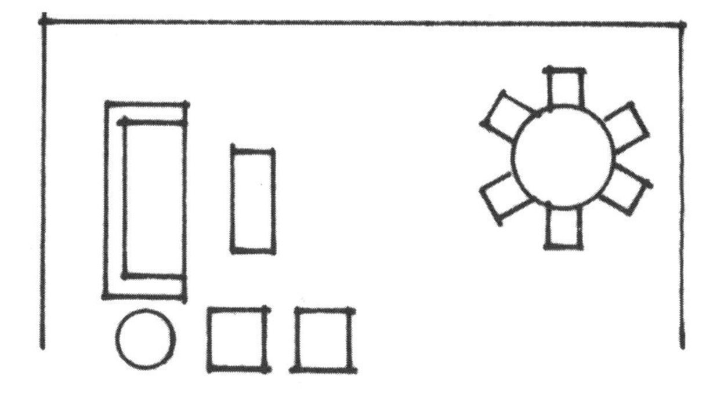

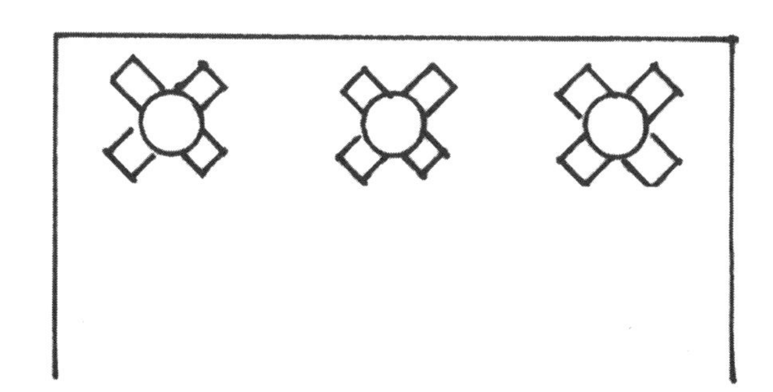

像磁石一样的视觉焦点元素

某些设计形态会成为空间中的焦点要素，吸引我们的注意力。有些要素给人们提供了视觉上的焦点，例如用一幅出色的艺术作品或是一处不错的风景，来唤起人们的注意力和愉悦的心情；有些要素不仅引人注意，而且还能提供一些不同的功能，例如信息亭能够提供信息资讯；还有些要素能够营造出友好的邀请氛围，让使用者愿意走近和聚集在一起，例如喷泉或壁炉。本节插图中展示了一个小型的设计项目，是某个设置壁炉的房间中角落的几种布局方式。像壁炉这种非常突出的室内元素，通常会对室内家具的布局造成很大的影响。下面，让我们来分析一下几种不同的设计解决方法。

方案 1 主要是利用壁炉的重要视觉焦点作用，将主要家具在壁炉前方摆放成组。壁炉作为空间形式的主导，决定了所有陈设之间的关系。

方案 2 也利用了壁炉的重要视觉焦点作用，但是在家具陈设时，家具与壁炉拉开了一些距离，感觉上像是并不需要为了享受壁炉带来的愉悦效果而距离太近。

方案 3 中的家具布局已经和壁炉没有直接关联，当然也没有完全无视它的存在。设计师仿佛在说：“你看，整个房间太小，无论你在何处都可以感受到壁炉的作用，所以我们不必拘泥于壁炉的视觉焦点作用，还是把家具放在我们真正想放的地方吧。”

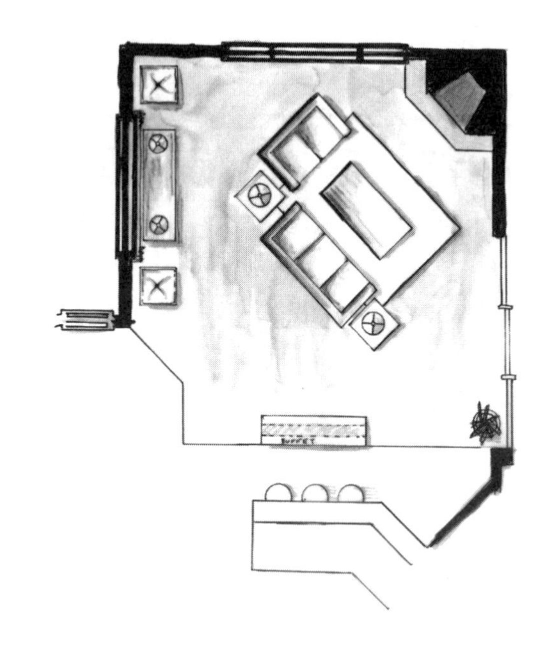

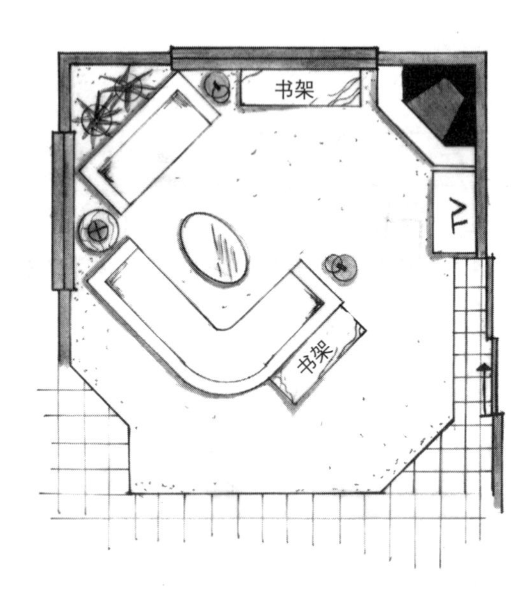

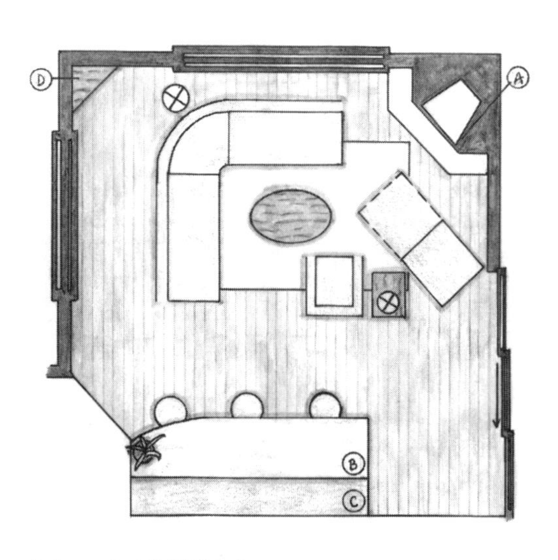

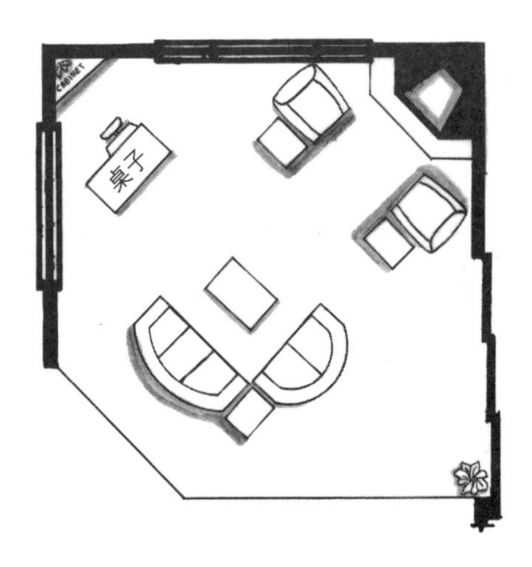

方案 1：完全的视觉焦点

方案 2：部分视觉吸引作用

练习

右侧图是一间相同的带壁炉的房间。现在请你设计一个家具布局方案，尝试不同的布局方式。你会怎么做呢？是直接将壁炉作为视觉焦点，还是和其他设计师一样采用比较间接的关联方式进行布局。如何设计都取决于你的想法。

当你完成设计方案后，请对两个平面图进行评价。在下面的横线上写出你的设计想法并简单地阐述一下方案的优点。

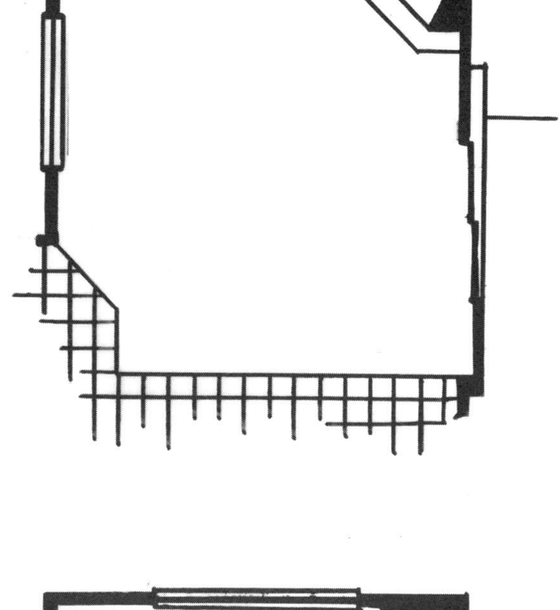

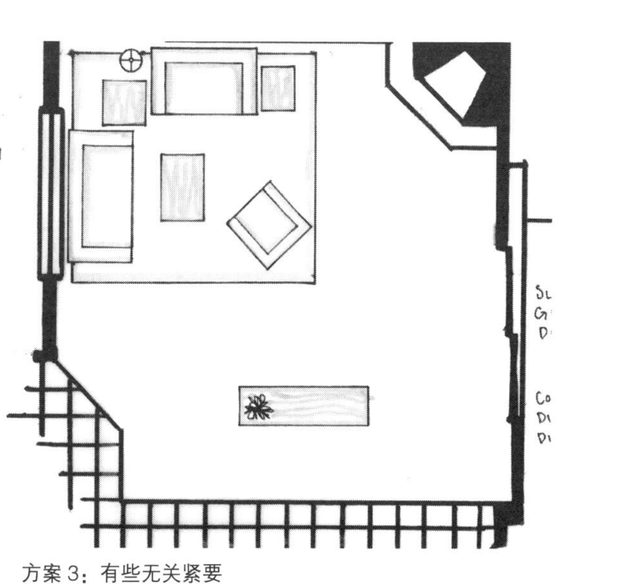

方案 3：有些无关紧要

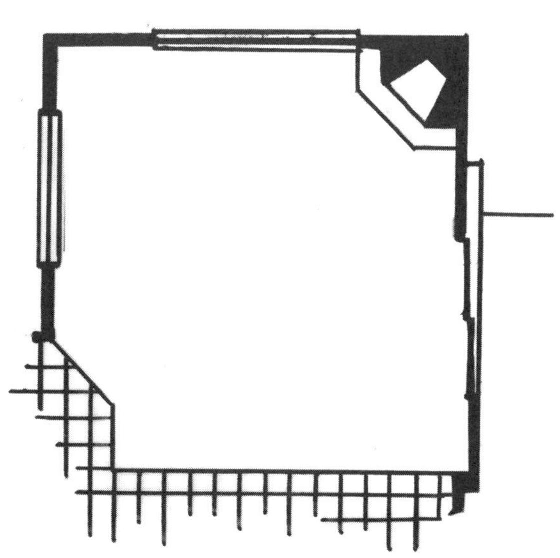

开窗

通常情况下，窗是常设的建筑元素。只有在建筑与室内设计同时进行的项目里，室内设计师才可能影响开窗的位置。在放置家具和规划室内行为的朝向之前，应该预先考虑房间的开窗情况。总的来说，窗是积极的空间要素，它能够提供自然采光、温度和视野。但是，开窗也会带来问题，例如：除了良好的自然光还有我们不需要的眩光；除了温暖还有过多的热能；除了良好的视野还能看见几 m 之外的邻居家的窗户。

要根据实际情况来处理空间与窗户之间的关系，考虑空间的功能和窗户的属性（包括好的和不好的两个方面）。根据每个项目的实际情况来决定是要面向、背向、临近窗户，还是在某些情况下忽略它的存在。

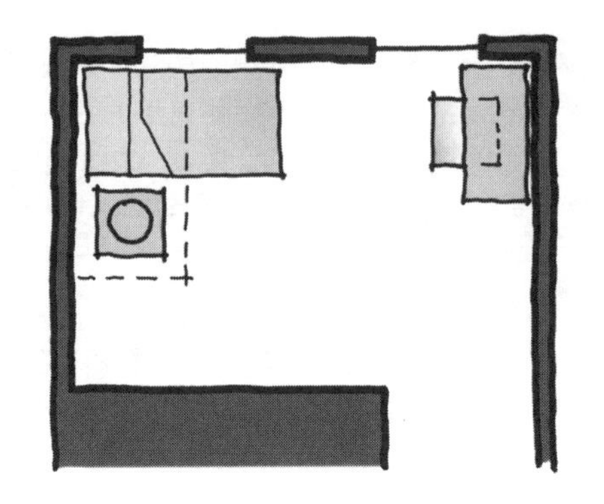

床与书桌的位置能与室外环境产生直接的联系。

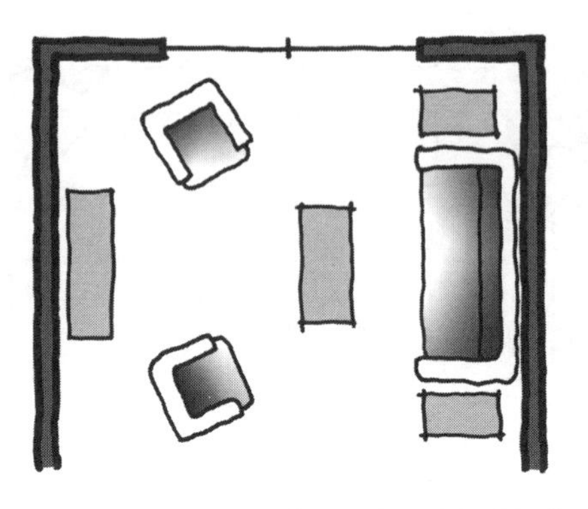

起居室家具没有直接朝向窗户，中规中矩放置的家具与窗户形成了便利的联系。

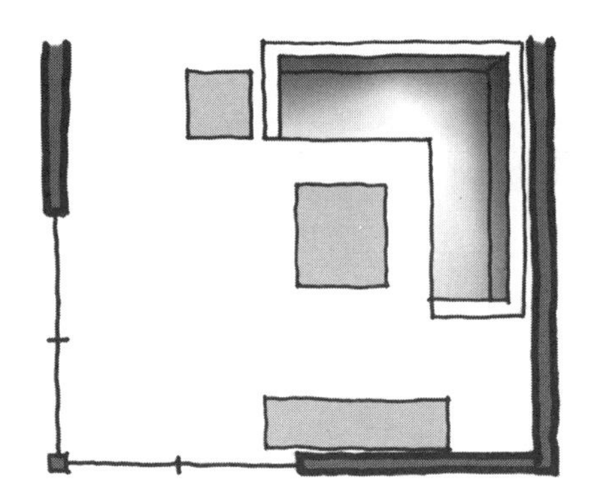

家具与窗户呈对角式布局，界定了使用者和窗户之间的面对面关系。

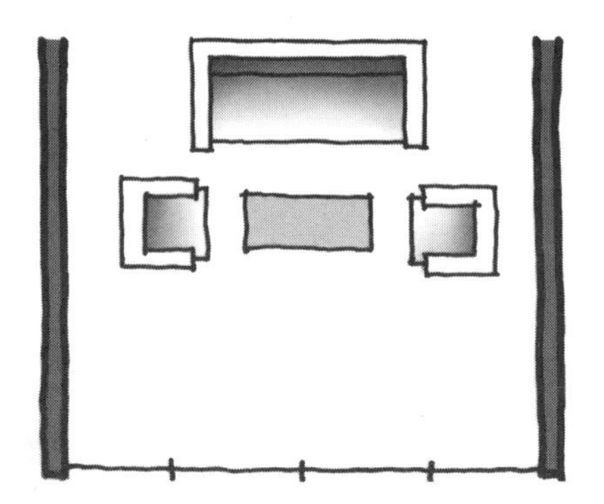

家具的布局保证了空间的使用者都能面向窗户，并且都有直接通向外墙的路径。

常见的住宅外窗。

常见的商业外窗。

练习

在下面两个房间的局部平面图中放置家具，请根据你理想中的家具与窗户的关系来进行布局，并且使家具与房间的尺寸相契合。为了保证家具能够适合室内空间，你可以进行必要的旋转。

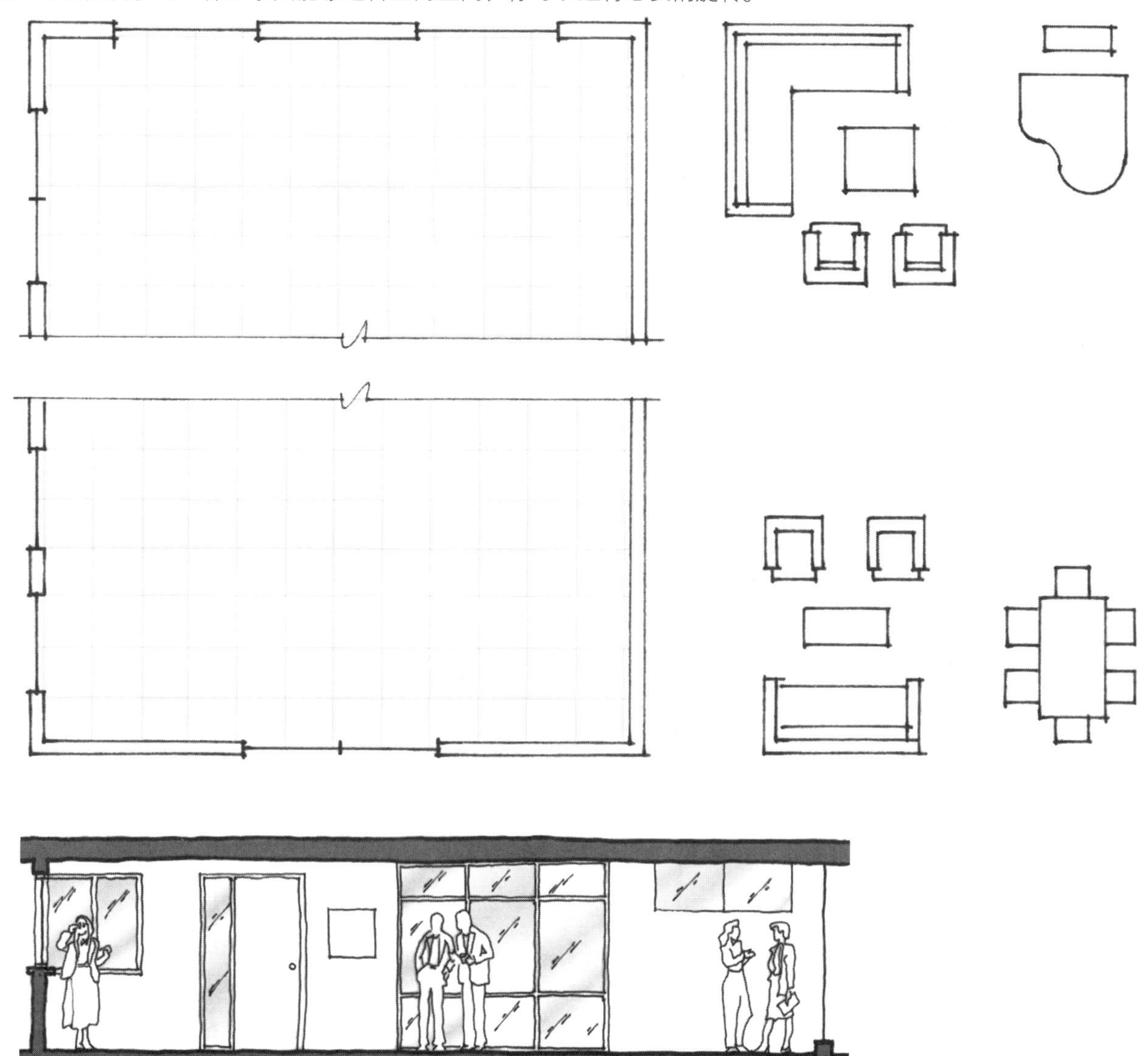

常见商业环境的室内开窗。

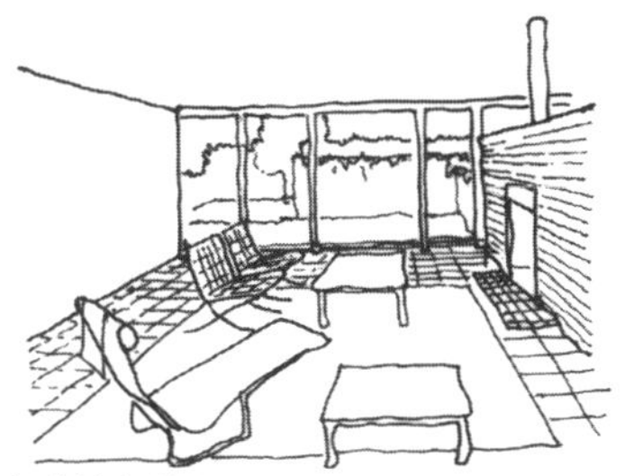

全落地窗使空间开敞。

两扇窗户能够连接房间两侧的空间。

中部开窗使桌子的布局平稳。

高处的通气窗同时保证了采光和隐私。

交通动线

人在通行和进行活动时需要适合的空间，这是空间设计最简单却经常被遗忘的原则之一。例如，某会议室不仅需要放置主会议桌和周边的椅子，还需要人们能够方便地进入空间及在家具周围顺利通行的空间。这些空间就是室内的“小巷、街道和主干道”。交通动线（circulation）是谈及空间时的常用词汇，项目中需要整体的动线设计，用来连接各种各样空间和每个单独的房间。在本节中，我们先来讨论动线连接的问题（整体动线设计将在第6章中讨论）。

房间中的动线系统包括入口处、通行和游走的主要空间、次要空间，以及到达所有区域需要的净空，有时还会附加另一个入口（出口），例如为某些房间提供相邻空间的便捷通道。室内空间中的动线设计常见问题包括空间不足、空间冗余，以及各种关于位置和动线轨迹之间的问题。

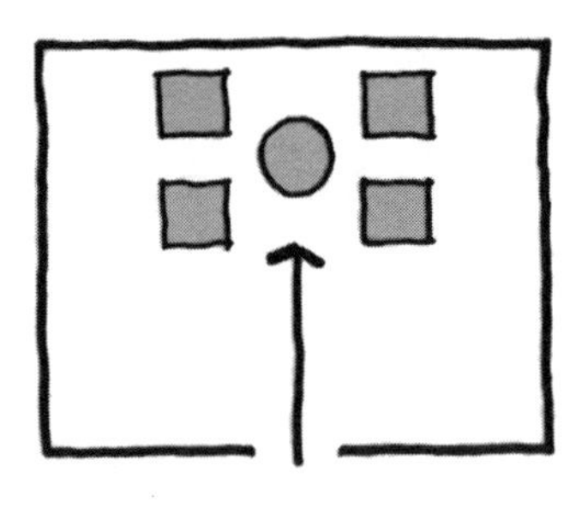

中间通行 1
目标区域和入口都位于轴线上。

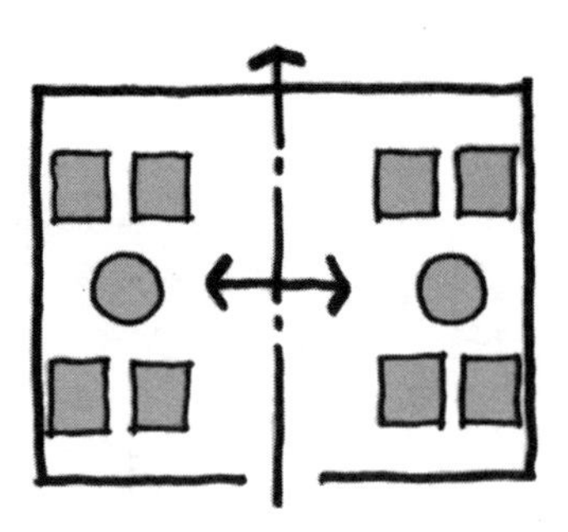

中间通行 2
标区域位于入口的两侧。

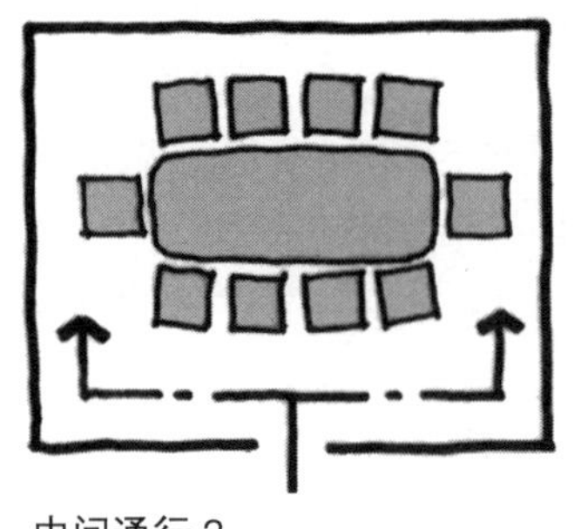

中间通行 3
沿着房间墙面通行以到达目标区域。

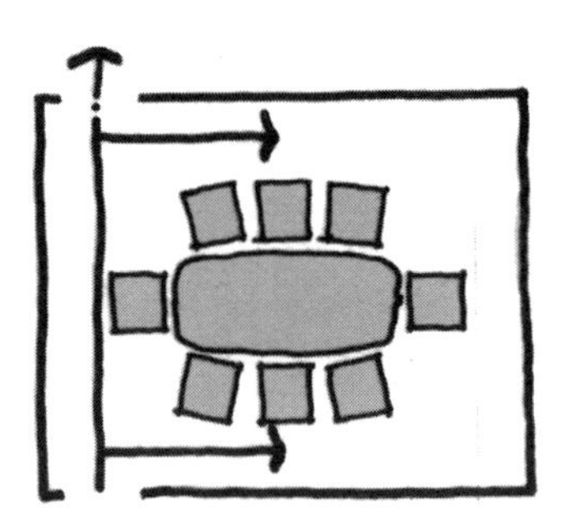

侧面通行 1
从最左侧进入再向右转通向目标区域。

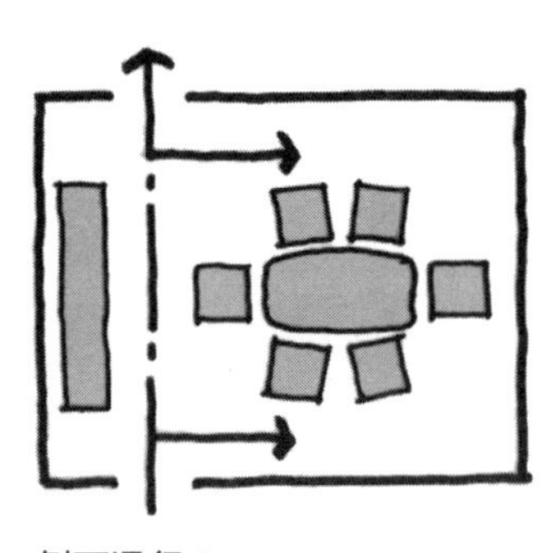

侧面通行 2
偏向左侧进入然后向右转通向目标区域。

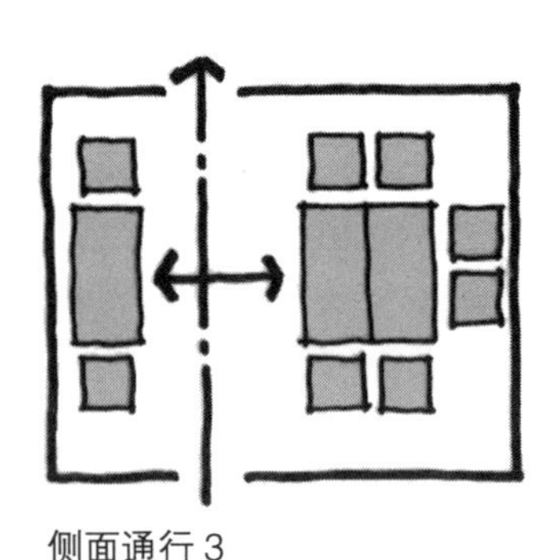

侧面通行 3
偏向左侧进入而目标区域位于动线的两侧。

斜向通行 1
注意：这种布局将家具推至墙角，而且动线空间过大。

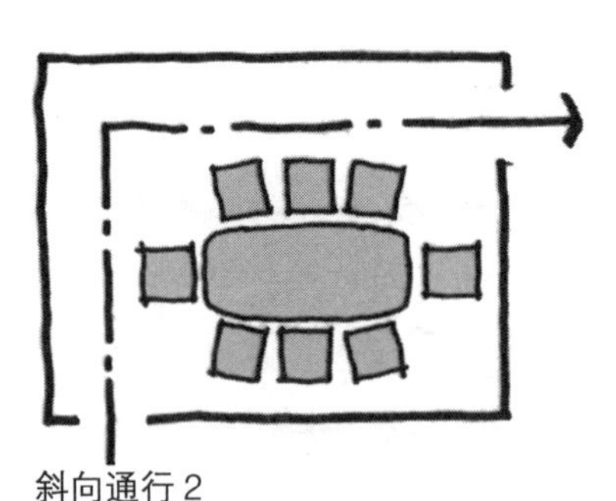

斜向通行 2
注意：这种布局也是将家具推至某个角落，而且动线占据的空间总面积过大。

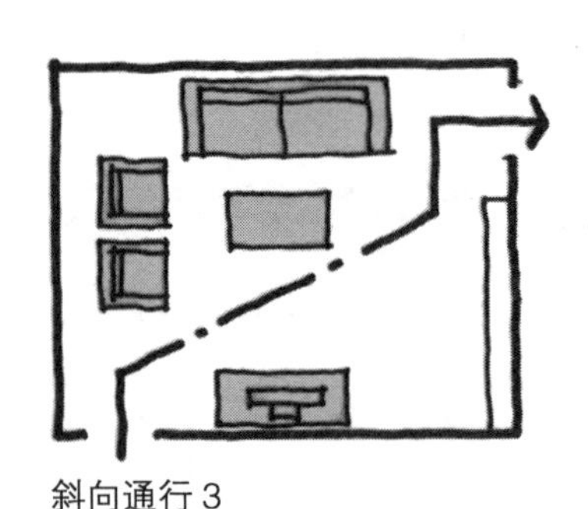

斜向通行 3
注意：虽然在可以忍受的范围之内，但是这种布局方式会打扰到正在看电视的人。

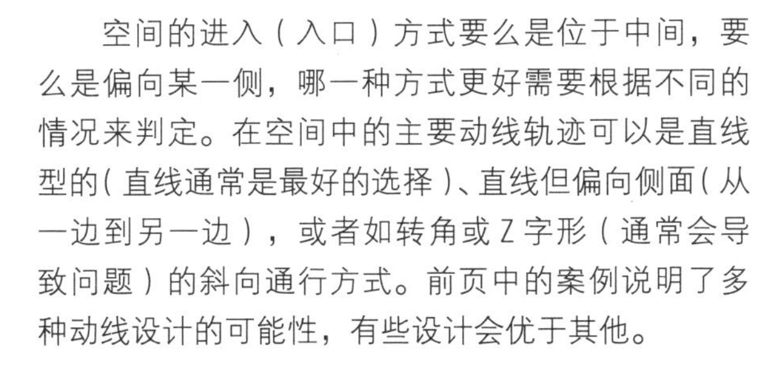

空间的进入（入口）方式要么是位于中间，要么是偏向某一侧，哪一种方式更好需要根据不同的情况来判定。在空间中的主要动线轨迹可以是直线型的（直线通常是最好的选择）、直线但偏向侧面（从一边到另一边），或者如转角或 Z 字形（通常会导致问题）的斜向通行方式。前页中的案例说明了多种动线设计的可能性，有些设计会优于其他。

努力将动线系统设计得更高效、流畅、具有独立性，并能够为多种家具布局提供可能性。在本页的右侧对这四个设计原则进行了概括。在设计时，如果你能够时刻意识到这些原则，它们就会提供逻辑上的思维引导，并指引关于动线设计的决策。

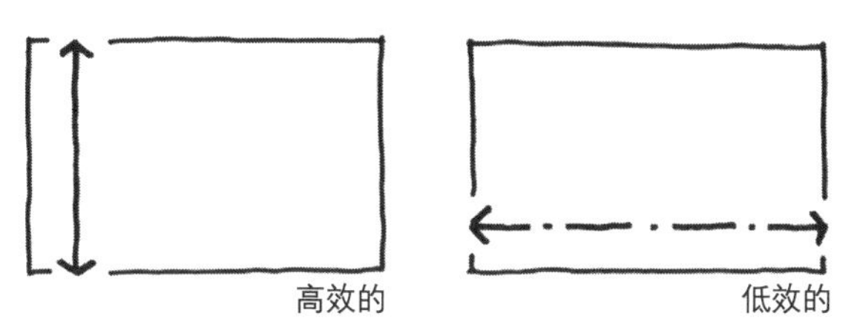

效率

努力缩短动线，这样可以减少对室内通行面积的占用。

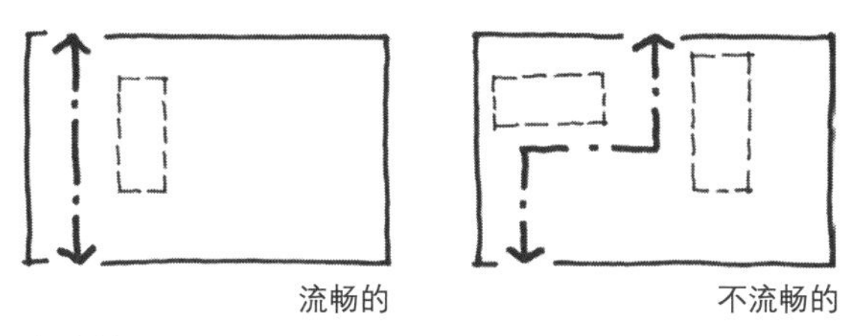

流动性

设计流畅、连贯的动线路径，减少中断、转弯和障碍。

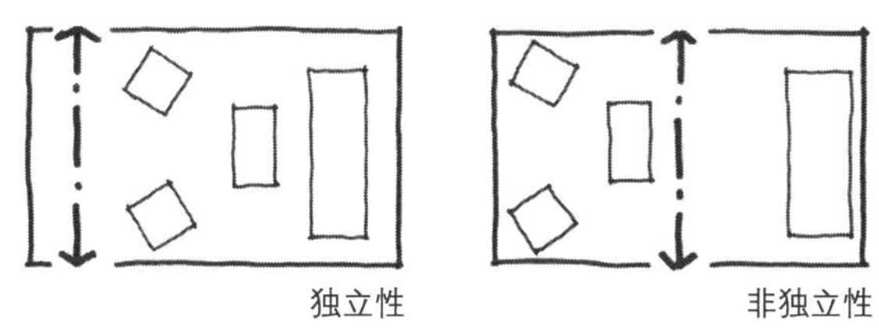

独立性

动线设计应该避免穿过内聚型的家具组团布局，以防打扰他人。

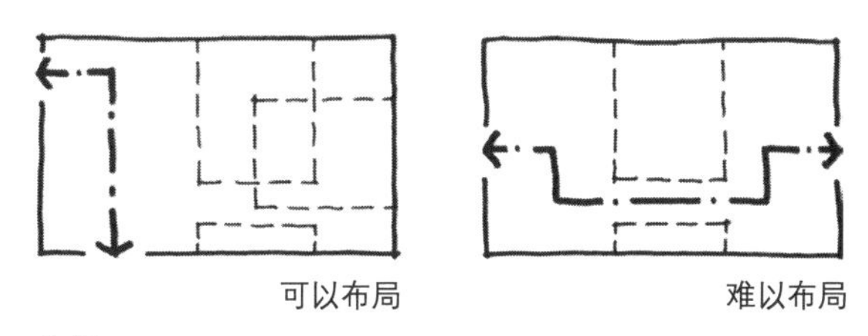

布局

动线设计需要能为家具布局成多种形式提供可能性。

厚墙

所有的墙体和隔板都有厚度，它们并不是我们在图上所绘制的单薄线条。墙体占据着空间，而且事实上最终会在整个项目的地面区域占据非常显著的位置。很多年以前，在梁柱结构成为主流之前，大部分建筑的室内墙体因为是作为承重结构而被设计得非常厚重。根据现场的情况，我们会告诉学生非承重的石膏板墙常规的厚度在10~15cm，当学生能够绘制出合适的墙体厚度时老师会非常欣慰。然而，如果我们将所有的室内墙体厚度都以此为准的话，就会带来很大的设计局限性。

现在，让我们来探究一下关于“厚墙”（thick wall）的概念问题。设想一下你需要设计一面室内石膏板墙，你希望墙上有两个放置艺术品的壁龛，并在墙面中心设置一个雅致的凹形弧线。墙体划分了两个房间，壁龛和曲线部分只是位于墙体的其中一面，另一面则是普通的垂直墙面。你的设计方案可能看起来很像下图中的方案。

恭喜，你已经设计了一堵厚墙！我们注意到，这面墙必须比常规尺寸厚一些才能做出壁龛和凹形的设计。只有在中间凹入部分的墙体厚度才接近于常规的薄墙尺寸。

你可能会说：老师会告诉我这是在浪费空间，为了墙面的凹形造型制造了太多无用的空间。而采用这种设计方式的设计师的回答会是：只要你有这样做的充分理由，并能够为项目设计带来创新，那么设计有凹入造型的厚墙是可以的，而由此产生的空间浪费也是可以接受的。

现在让我们将厚墙的概念的探究范围再扩大一些。想象一下你所设计的空间中，有一个或多个墙体都不是常规的薄墙（无须担心，因为绝大部分的室内隔墙都是常规尺寸），可以将它们设想成46~76cm的厚度，这样就可以将墙和置入型书架、文件柜与座椅结合在一起。结果就是，常规的薄墙转化成了一系列的空间。如果可以将某个建筑外墙也这样设计的话，你可能会像下图一样设计一个内置型的靠窗座椅。你不仅创造了另一个厚墙的形式，而且与前一个案例不同，这次是满足了人们在使用上的功能需求。

无论是为容纳壁龛、设计凹入造型、实现储藏功能，还是满足就坐和活动的需要，设计中总会频繁地用到加厚墙体的设计方法。你可以把厚墙作为你自己的一种设计语言来不断应用。

弗兰克·劳埃德·莱特在为杰拉尔德·B·唐肯住宅设计的餐厅中，为了配合餐具柜和橱柜的尺寸而使用了加厚墙体的设计。

弗兰克·劳埃德·莱特设计的巴泽特·弗兰克住宅起居室，方案以设有嵌入型座椅和书架的长条厚墙为特色，顶棚吊顶强化了本区域的领域感。

想象一下，一位现代的建造者想要建一个空间，尺寸和比例上大致上仿照罗伯特·亚当斯的肯特伍德图书馆。他或她想要使用大部分建筑构造中常用的标准薄墙，建造出来的结果类似上面的插图。建造者可能会说：如果需要存放图书的话，你可以出去买些书架放在空间里。

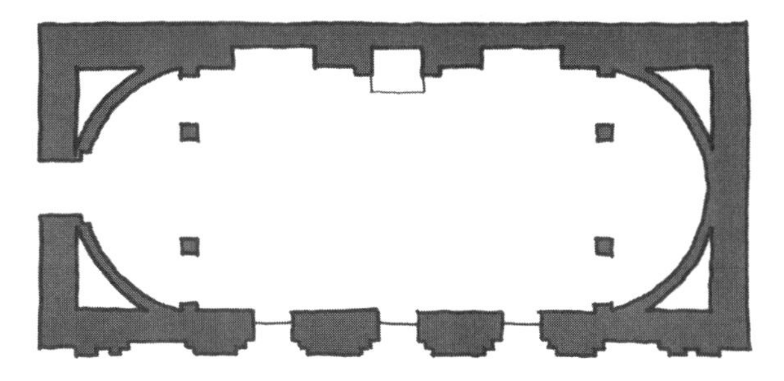

查看一下由亚当斯设计的真正的图书馆建筑平面，可以注意到那些加厚的墙面。总的来说，当时（1768 年）的墙体都很厚重，但是请注意墙体的弧形、窗边墙壁的深凹龛及中央壁炉表面的间隙。与上面使用薄墙的方案进行对比，本方案具有大量的设计细节。

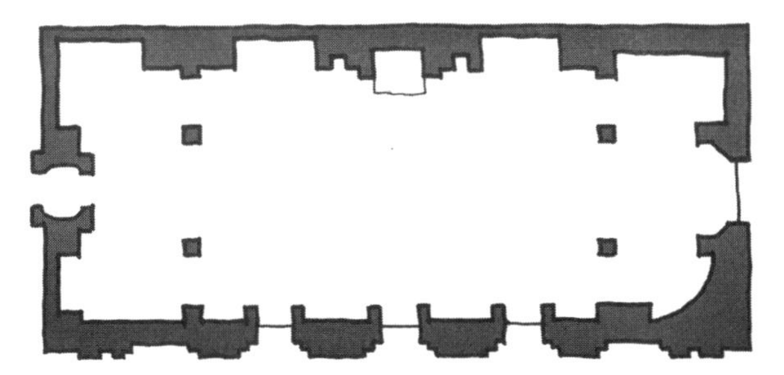

现在让我们来增加点趣味性，就是在空间内的平面上增加更多的间隙。增设门厅、壁龛，为壁炉添加了深凹龛、为藏书设置的口袋形角落，甚至让窗边的墙体设计在纵轴上延伸到更深的尺寸。这些都是加厚墙体设计理念的应用。

厚墙：实际应用

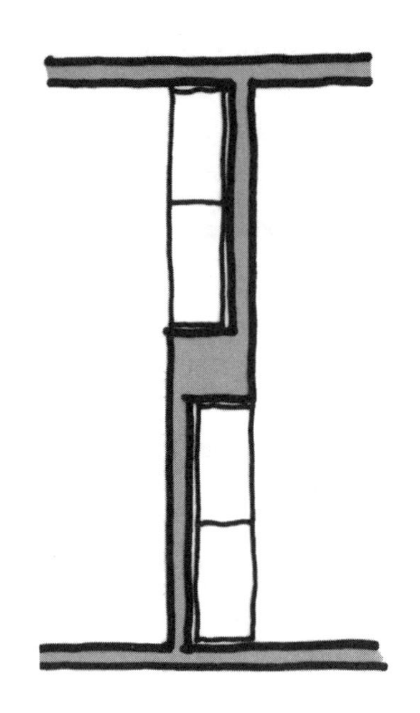

分隔两间办公室的一面厚墙为每间办公室提供了放置文件柜的空间。

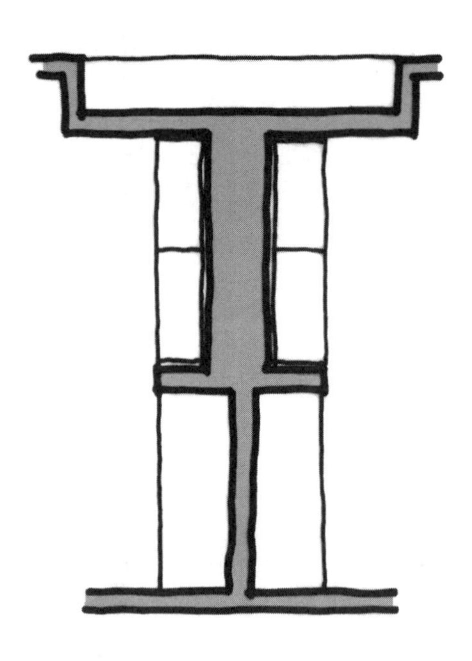

墙体的设计配合了两侧文件柜与工作台的设计，并在走廊设置了储藏或文件存放的空间。

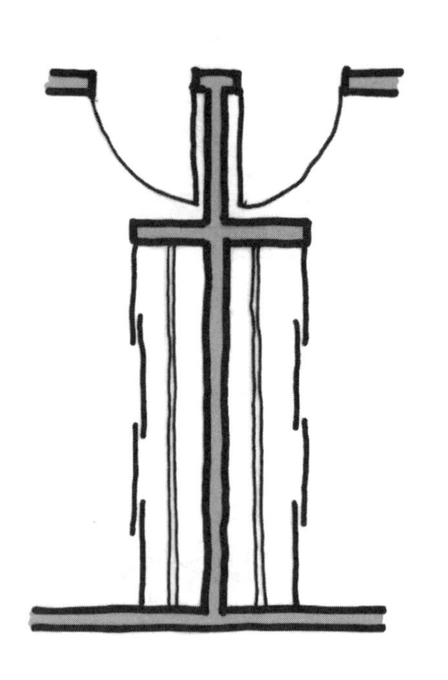

卧室设计中典型的为放置衣柜采用的背对背式设计。

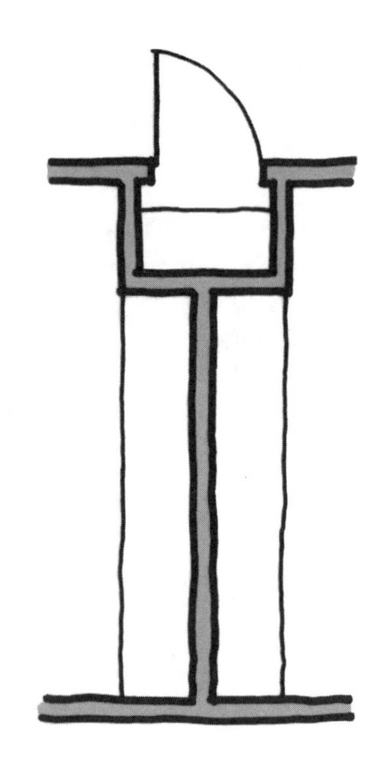

在这个布局方案中的走廊里增加了壁橱，房间内的区域可以设置衣柜、工作台和搁架。

建筑师和室内设计师已经设计出大量运用厚墙方式的出色案例，很多加厚墙体的应用是很直接而具有实用性的。厚墙通常用于放置橱柜、台面、办公室的储物单元及住宅卧室里的衣柜。查看上面简单案例的说明，注意墙体是如何配合不同单体的精确尺寸要求的，并且关注空间分隔的墙体和外走廊空间是如何设置了更多壁橱空间的。

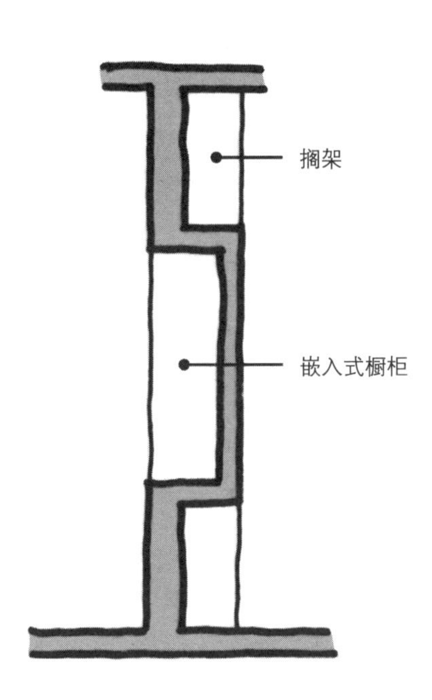

注意之字形设计的墙体是如何通过变化来同时满足窄搁架和宽橱柜的储藏需求的。

练习

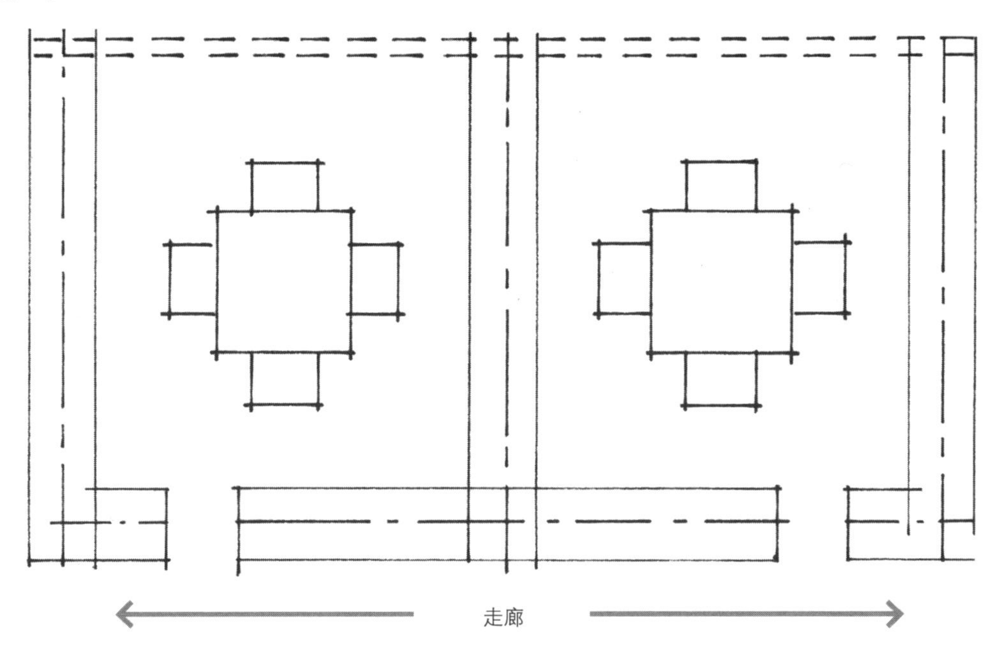

如果你对厚墙有了基本的了解，那么在设计中对它进行应用就不是什么难事。在本练习中你将有机会来进行实践。希望你能开心并且具有创造性地进行设计。

上图中有两间办公室，请在四周添加加厚的墙体，画有 __.__.__ 的墙需要为每间办公室设计以下内容：

1. 储藏空间（柜子）；
2. 台面空间；
3. 嵌入型书架；
4. 两个文件柜的空间。

另外，在面对走廊的厚墙上，设计一个文件柜。

注意：最大尺寸为 60cm 的墙厚范围，可以作为绘制墙体的尺寸参考。

分析集会空间

下面四张平面图表现的是老年人无障碍设施中公共区域（社交区）的布局设计。基本的空间形状和巨大的壁炉位置是固定的，要求学生设计多个用于聚会的区域，包括交谈空间、看电视区、阅读区及吃零食或玩牌的空间。在白天和特别活动时，经常会有音乐家来访演奏钢琴，因此，还需要配合钢琴演奏的需求。

你的任务是探究每位设计师头脑中的想法，试着了解他们设计出室内布局方案的原因。假装你必须对每个方案的优点进行宣讲，在每个方案下方列出它们的特点、价值和布局方案能提供的优势，并将这些特点牢记。这种做法像是给平面设计做注释，请列出重点或编号清单。

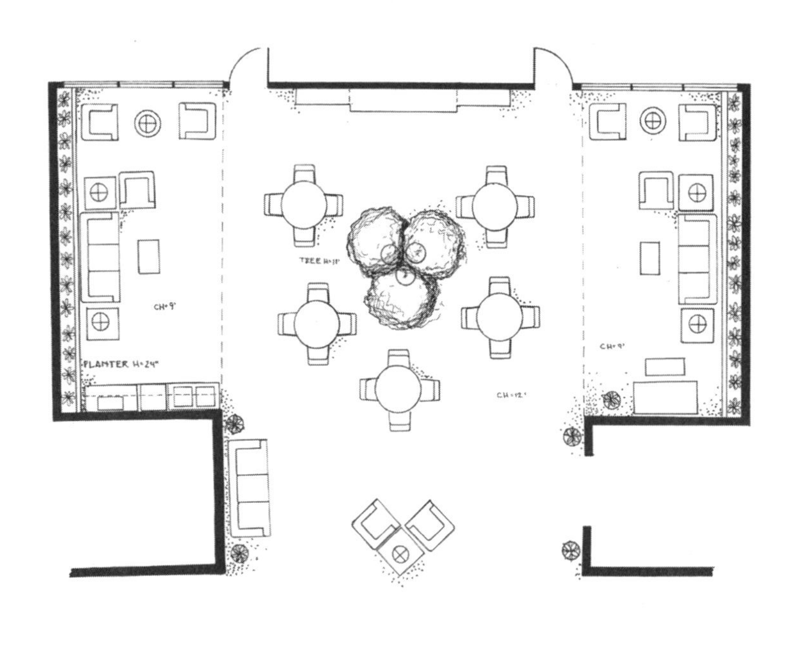

方案 1

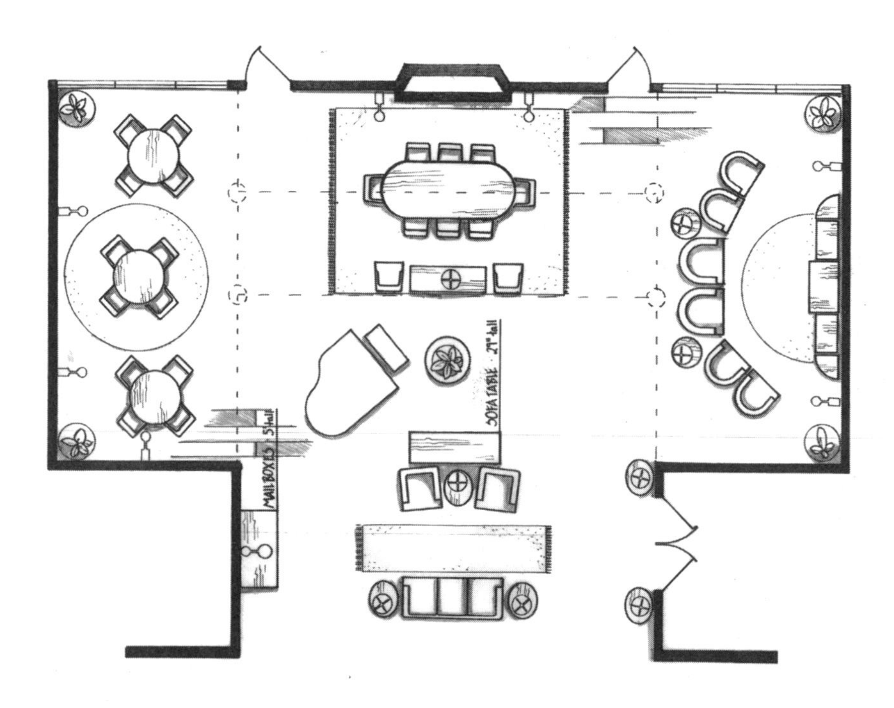

方案 2

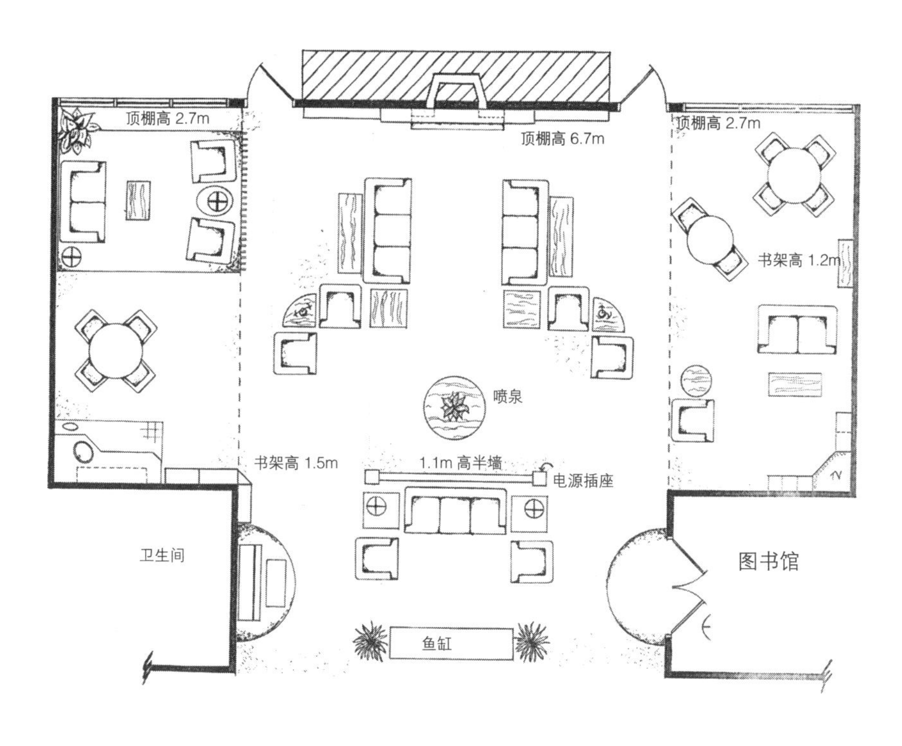

顶棚高 2.7m
顶棚高 6.7m
顶棚高 2.7m
书架高 1.2m
喷泉
书架高 1.5m
1.1m 高半墙
电源插座
卫生间
图书馆
鱼缸

方案 3

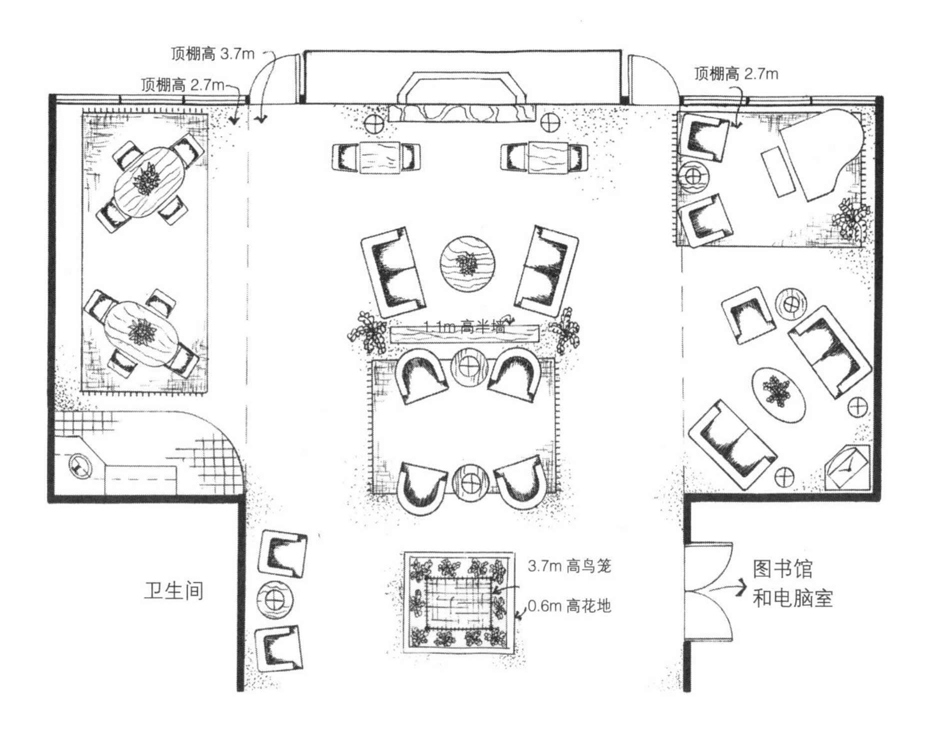

顶棚高 3.7m
顶棚高 2.7m
顶棚高 2.7m
1.1m 高半墙
卫生间
3.7m 高鸟笼
0.6m 高花地
图书馆
和电脑室

方案 4

评价酒店大堂设计

这是一个设计酒店大堂座位区的项目。空间宽阔并有多种分区的可能性。主要的人流动线从右向左通行。你的任务是对四个设计方案进行点评，你会注意到不同的空间组织方式。

方案 1 中包括三个线型区域，两个沿着边界布局一个位于中间。后面两个线型区域的布局方案中，中间区域都设置了单体的视觉焦点要素，一个方案中摆放了钢琴，另一个设置了喷泉。最后一个方案非常的不同，在布局中需要配合喷泉，形成松散的、不对称的布局方案。

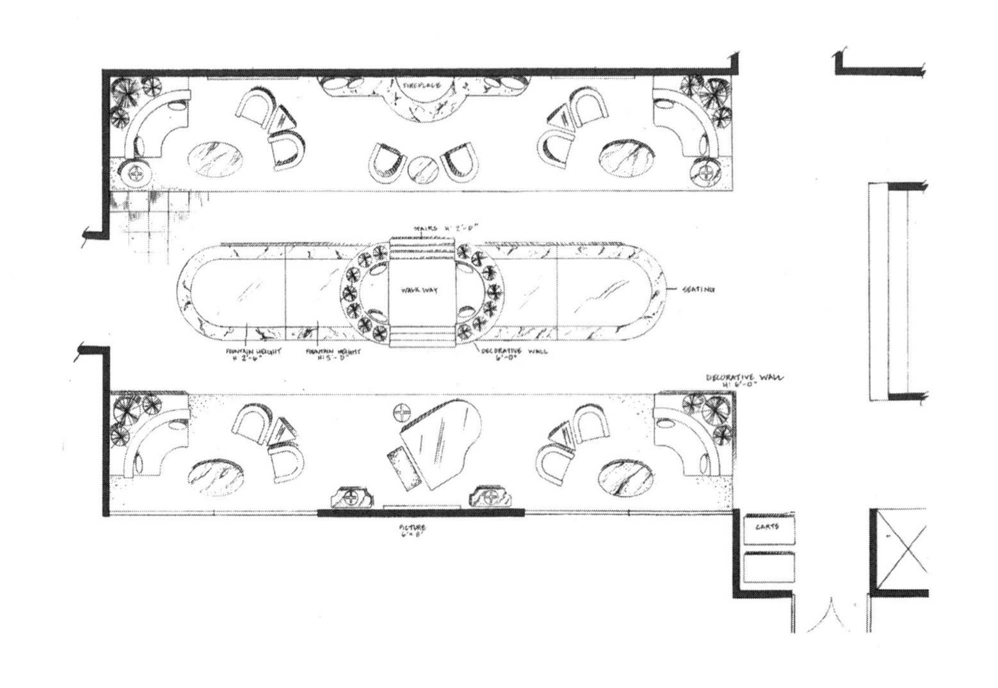

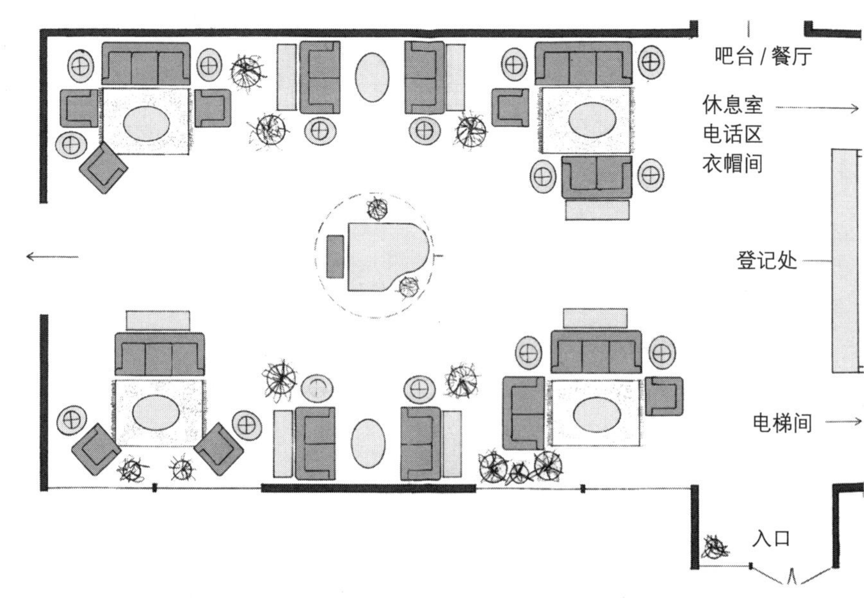

方案 1

方案 2

练习

思考一下怎样才算是优秀的酒店大堂设计，怎样容纳众多不同的人群在此聚集。交通密集区的人流动线应该具有什么样的品质？你还能想到哪些其他需要实现的空间品质？在每个方案下方写下评论。如果必须选择其中一个方案深化设计，你会选择哪一个？原因是什么？

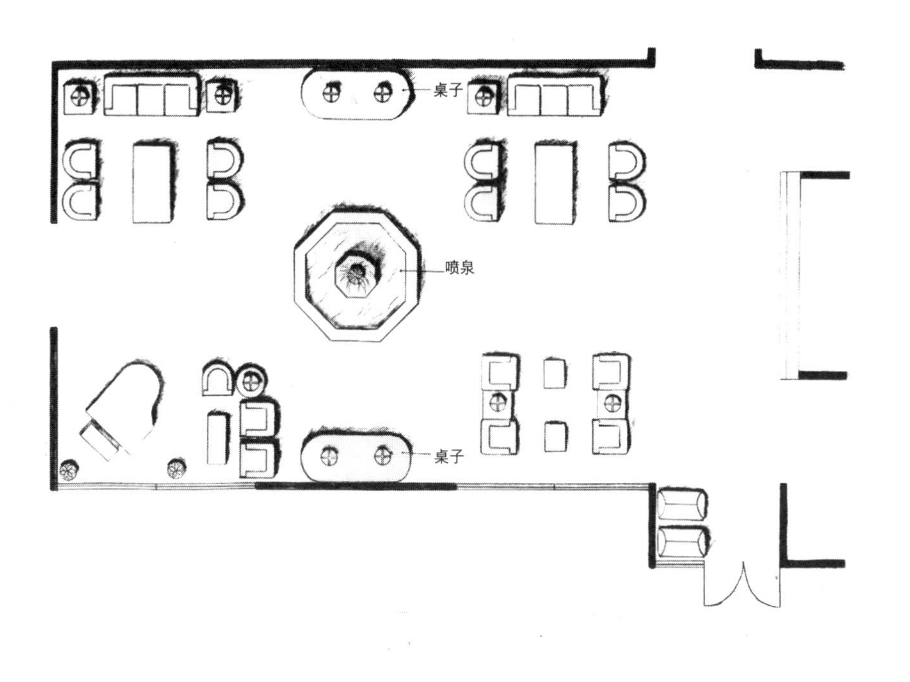

方案 3

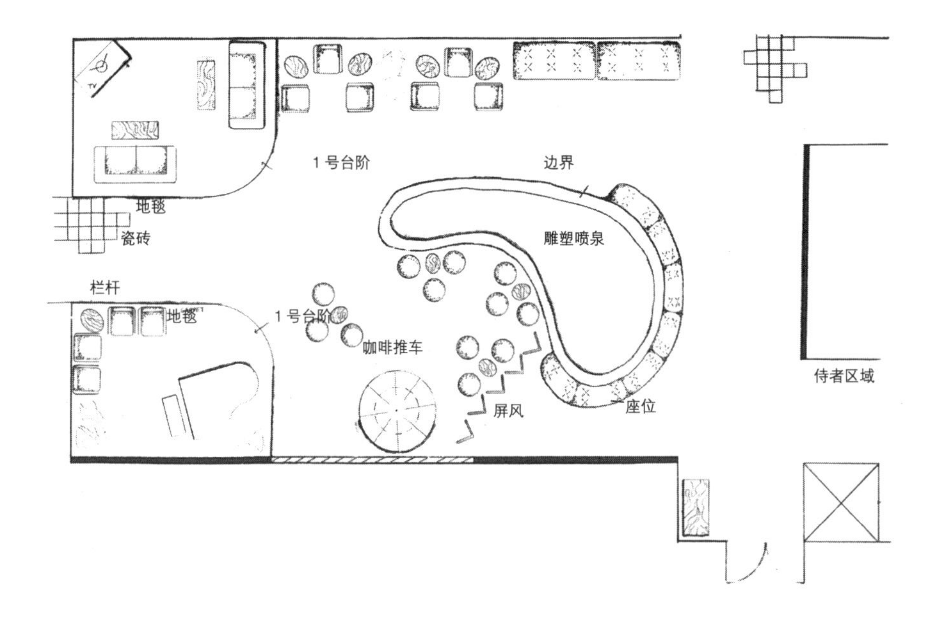

方案 4

空间之上

空间是室内环境最基本的容器，绝大部分室内项目都由大量房间与空间组成。在本章中，我们将会探讨空间与房间群组、论述相邻空间（空间的序列）及其连接和分隔的多种设计方法。撰写本章的一个重要目标是希望说明，除了围成房间里的四个边界以外，墙体在设计上还有多种用法。

设计出优秀的室内项目的关键是处理好空间之间的关系，设计过程中有很多需要设计师考虑的问题，例如：人们第一个看见的空间是哪一个，接下来看到的空间是哪一个，是否可以在所处的空间中看到另一个空间，空间的朝向是怎样的，空间是如何分隔的，如何在整体中实现独立而又统一的空间感觉。

请看本页插图中约瑟夫·霍夫曼设计的斯托克雷特宫项目的部分平面图。有人可能注意到一个公共大厅串联起多个公共空间，我们可以想象出这里举行晚间聚会的欢乐情景：客人抵达后在门口受到迎接，走进大厅与其他客人聚在一起，之后从公共大厅前往音乐厅、客厅或者餐厅。这个项目从 1911 年开始建设，在建筑平面被设计成开放式之前，这里的空间是非常封闭和独立的。

请看下页插图中两个建筑局部的平面图，它们采用的是更加现代的平面布局方式，空间开放而且具有流动性。虽然每个功能都有其专属的空间，却并没有被封闭在其专属的空间之中，从某一功能空间到另一功能空间的过渡非常流畅，例如，起居室邻近餐厅并形成视觉上的关联。虽然，厨房具有很强的空间界定和领域感，但是与它主要服务的就餐区在视觉上具有联系。可能你已经注意到起居空间与辅助空间在设计上的区别，例如客厅和餐厅、厨房和卫生间。

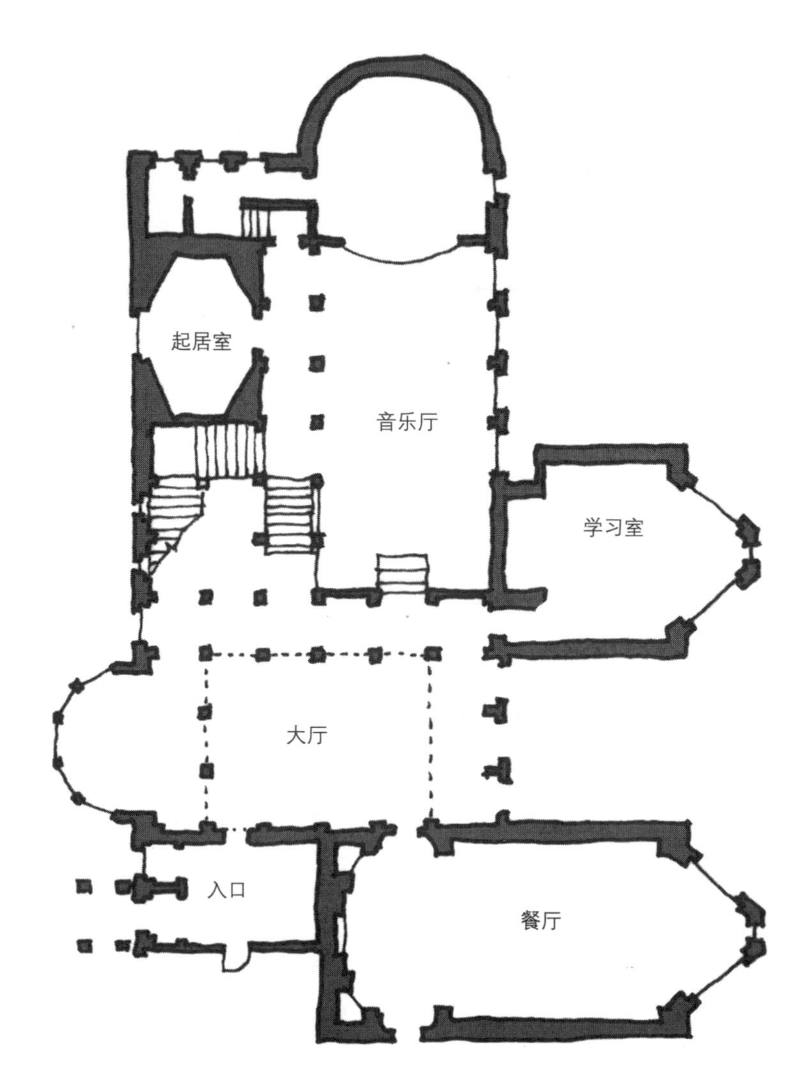

斯托克雷特宫

公共空间也需要有空间的界定和划分，但是却并不一定必须有四面墙。上面的插图中，壁炉所在的墙面清晰地标明了空间的范围，并成为起居区中令人愉悦的视觉焦点。壁炉区的开敞氛围使其能与旁边的空间形成良好的连接关系。虽然是两个空间、两个完全不同的区域，却没有采用墙体和门进行空间分隔。

大尺度的单体空间

有些房间的面积相当巨大，已经超越了我们对房间常规尺寸的认识，因此，我们不会把这样的房间看作是房间，而是视其为空间或区域。这样的巨大空间内部通常设有一种或多种功能，并且需要设计师在每个单元空间内合理地布局多组家具。本页插图中的案例是某酒店的大堂（酒吧区），在这个区域中并没有类似于墙体这样的硬性分隔，而是通过家具组团来界定区域和范围。

你可能还记得前面章节中我提到过的关于房间内部区域的知识，例如，边界区和中心区，以及室内元素（例如家具）的空间布局的需求和人在室内通行（动线）的需求。在酒店大堂的设计案例中，请注意设计师是如何进行边界区和中心区划分的，也可以学习如何使用相似的家具要素进行布局的，例如图中靠近中心区的两组座位，是采用带高隔断的家具来划分特定区域的，而在周边留出较宽尺度的通行区域，为两组座位划定了更加明确的区域分隔。带有局部吊顶的酒吧区设计风格明显，并且在视觉上效果很突出。球状的照明设施配合地面家具成组的布局方式形成了一种节奏感。尽管这个空间面积很大而且放置了大量的家具单体，但是其中每一个元素都具有布局的逻辑性，从而形成了一种秩序感。该方案中不同区域之间是相对独立的，但是又存在某种程度的相互关联。

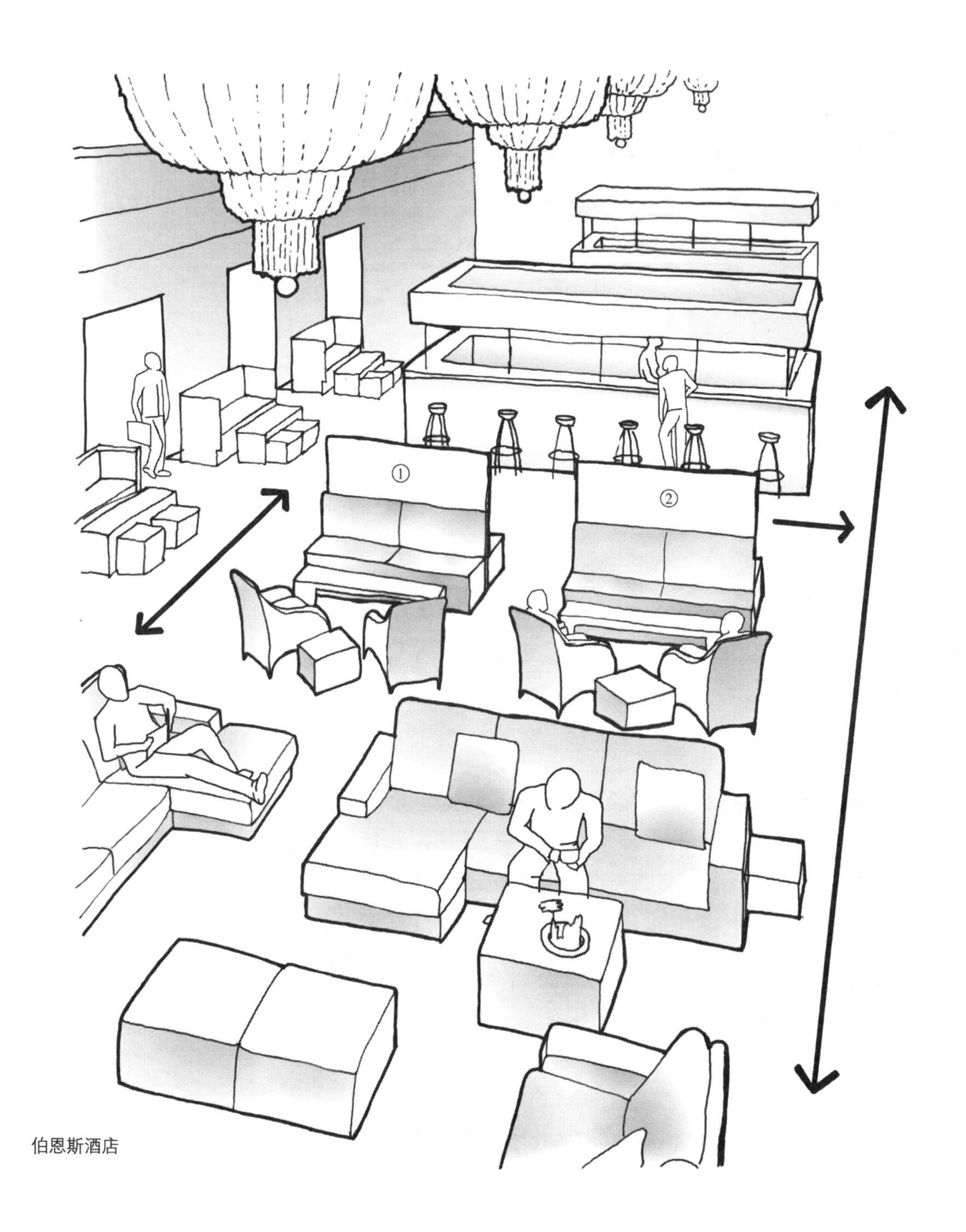

伯恩斯酒店

黛维·加思酒店

上图是一处宽敞的室内座位区，一排拱形的门洞使这片区域环境具有严谨的秩序感。家具布局分为三组，跟前页的案例设计（酒店大堂设计）相类似，不同使用人群可以在同一时间使用不同的区域，区域之间存在关联性，但是也有明确的空间划分和领域感。

沙里宁住宅

该案例起居空间面积不是很大而且使用起来并不舒适。注意一下空间中的家具布局，这个设计方案与前面的两个设计案例非常不同，它并没有将家具组织在一起形成一个或多个紧凑的群组，而是将家具推到房间的边界区从而形成了一个很大的座位区。虽然，这也是可选的家具布局方式中的一种，但是必须谨慎使用。因为，从实现谈话的舒适性角度而言，本方案两侧家具之间的距离过于遥远，而且房间中部区域是交通的密集区，频繁往来的人群会对交流造成干扰。

空间的亲缘关系

某些空间看起来总是一起出现。就像厨房和餐厅通常会紧邻在一起；步入式衣橱和卫生间通常是主卧套间中的一部分；办公空间的接待区域中不仅经常设有等候区，而且在位置上也会邻近供来访者使用的会议室。这些案例都说明了空间的亲缘关系（spatial affinities）——基于功能上的密切联系而将相关联的空间划分成组，这些空间通常会互相邻接。

在任何项目中，房间与空间的位置都会受到其内部功能和相互关系的极大影响。有些空间需要并排设置才能让人舒适地使用（例如厨房和餐厅），而有些空间之间只要求设置较短的、便捷的动线（例如卧室和位于客厅的浴室），还有一些空间需要相互之间拉开距离（例如，用于排练打击器乐的房间需要远离冥想室）。

本章中的很多案例都说明了空间的亲缘性关系。这也是为什么空间被组织在一起并形成互相关联的整体的原因。大多数案例是住宅环境中的公共区域设计，因为公共区域不需要像卧室那样必须有绝对的空间分隔，而是多采用非固定式的布局关系来实现良好的空间效果。这些案例还可以帮助我们重点关注：在保留空间流动性和关联性的基础上，如何划分空间并进行分隔设计。

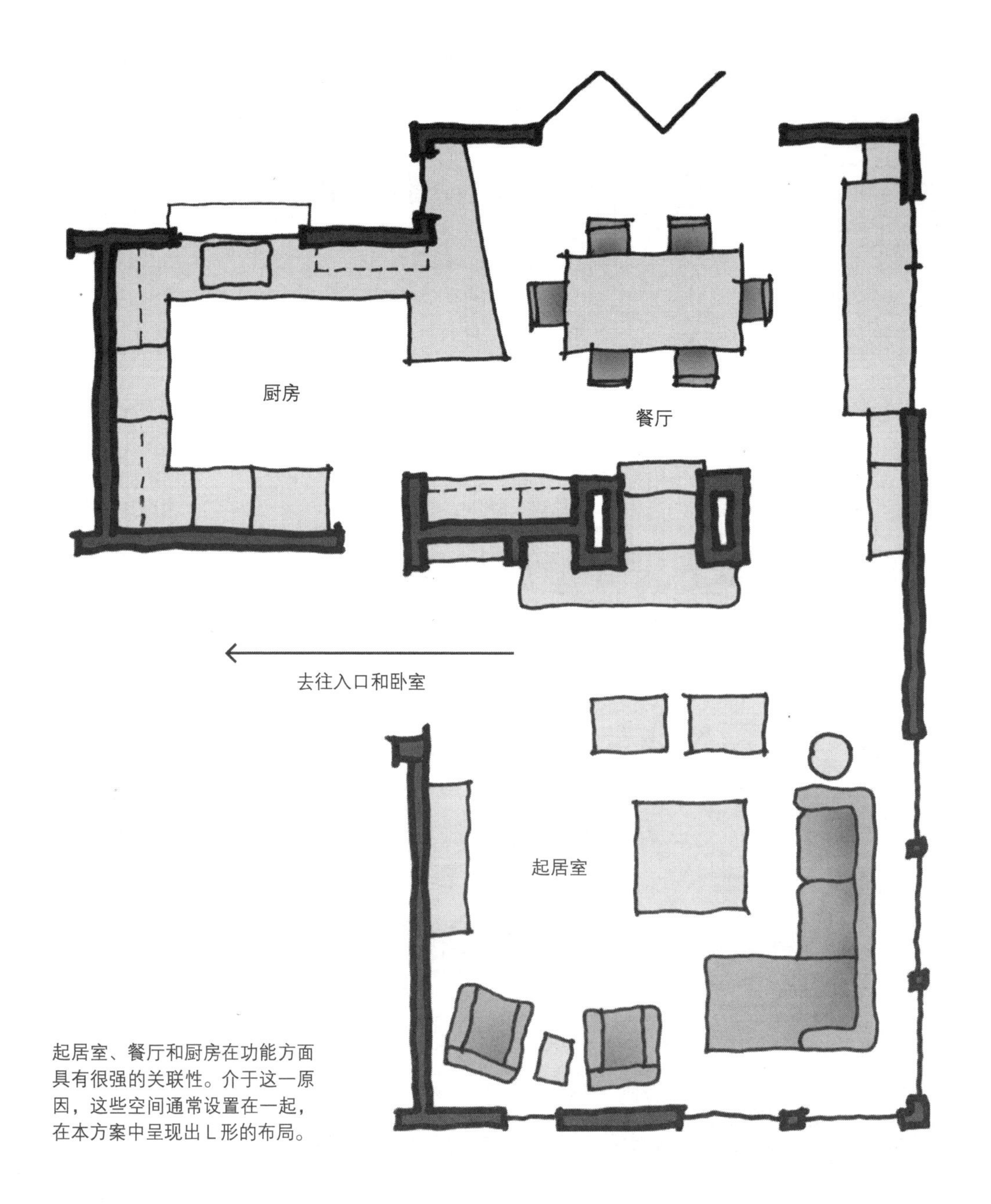

起居室、餐厅和厨房在功能方面具有很强的关联性。介于这一原因，这些空间通常设置在一起，在本方案中呈现出L形的布局。

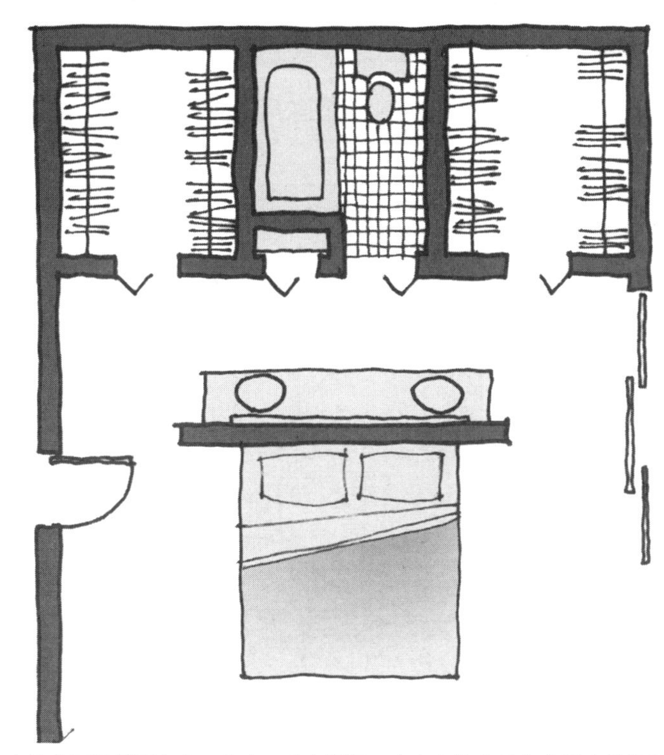

主卧套间通常配有主卫和步入式衣帽间，本方案的布局将次要功能放置在主卧室后面的区域中。

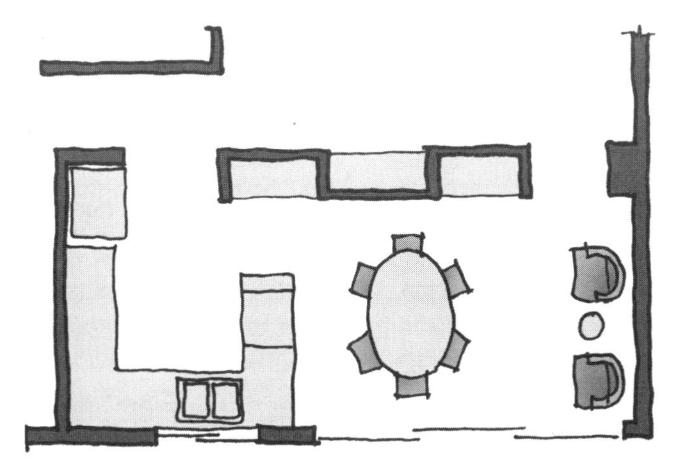

这是某公寓的局部平面方案，厨房与餐桌紧挨在一起，能够便于居住者在两个区域之间递送餐具。

李氏住宅

有一种最常见的空间并置做法，就是把起居区与就餐区相邻设置。这两个区域都位于住宅室内的公共活动区，而且也是家人一起共度时光和接待访客的场所。所以，这种布局方式可以让空间在视觉上和功能上都互相关联。因为对很多家庭来说，用餐时从起居区走向就餐区是非常自然的行为动线。但是，这种相邻方式只是可选的布局方案之一，而不是必须的。因为，有些家庭可能还会坚持在室内设置一个更加具有私密性的就餐空间，或者需要特殊的室内的布局才能够保证当一些人（例如孩子们）在用晚餐的时候，另一些人（例如父母和朋友）能够在起居室里进行较为私密的谈话。

A . 半高的墙体和层高变化

B . 非固定的建筑要素

划分空间

除了采用实体墙面，还有很多种方法来划分和分隔相邻的空间。本节提供了几个案例，用来说明如何在划分空间的同时保持空间的关联感。案例 A 说明了划分相邻空间的三种方法。第一种使用尺寸较高的半高墙体；第二种采用低矮的（本案中是栏杆的高度）墙体；第三种在两个区域之间设置高差。需要注意的是，虽然在大多数住宅项目里，根据高差的变化来设置台阶是很常见的设计方式，但是，由于高差会引起通行障碍问题，因此应该尽量避免在非住宅项目中使用这种方式。方案 B 说明了如何采用家具或建筑元素作为空间划分的非固定要素。在本案中，不固定的、具有雕塑感的壁炉成为分隔两个室内区域的要素。方案 C 中，室内的一段短墙结合矮柜的设计，在厨房、餐厅和起居室之间创造出有效的空间分隔与联系。方案 D 中列举了一种可以移动的空间分隔方式（本案中是折叠屏风），能够根据需要进行开合，满足三个睡眠区内使用者对空间分隔和联系不同等级的需求。

C 隔墙和橱柜

D 可移动的分隔

练习

为下列三组家具设计空间分隔元素，请沿着虚线来划分空间。从墙体到独立的储藏柜，任何物品都可以作为空间分隔元素。图片中上方的家具位于某住宅的起居室和餐厅中，中间一组家具是某办公空间的办公组合家具与会议桌，而下方的家具是某个教学环境中使用的三张非正式的工作台。

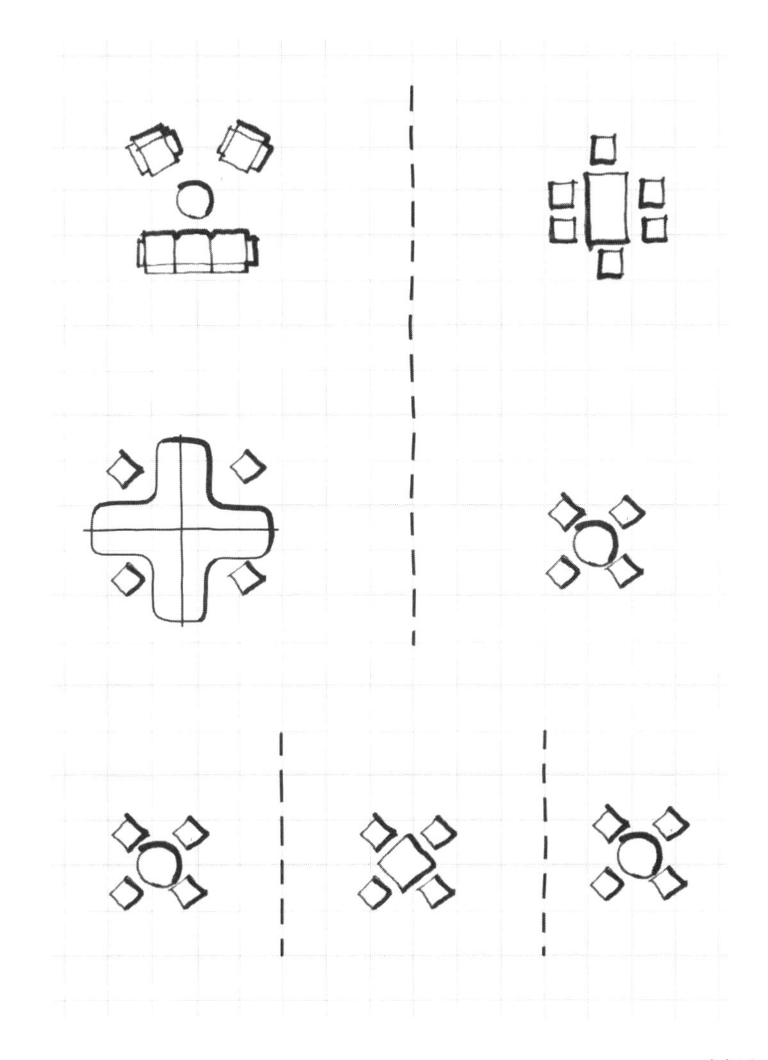

划分空间：平面视角

了解了多种设计策略之后，在设计上同时实现空间划分又能维持空间的开放性和关联感就不是那么困难的任务了。在相邻空间之间，设计策略通常会告诉我们应该放入墙体和屏风等一些局部设计元素，这些元素的尺寸和范围各不相同，但设计目标都是提供必要且不过分的空间分隔。当然，具体的环境需求因项目不同而各有差异。在某种情况下，小尺寸的非固定式壁炉可能是适合的选择；而另一种情况下，可能需要使用类似实墙这种狭长且高大的元素才能满足需求。用于空间分隔的墙体造型可能是直线的、带有翼墙或者 L 形的，而更加复杂的空间分隔构造物包括柜子和各种厚墙，例如住宅项目中配合壁炉的厚墙。用于空间分隔的构造物可以设计成包含储藏、搁架等功能的综合性结构，下面的插图案例中，案例 C 与案例 E 中就有类似的分隔构造设计。在某些情况下，独立的房间也可以用来划分空间，案例 D 就采用了这种设计策略。

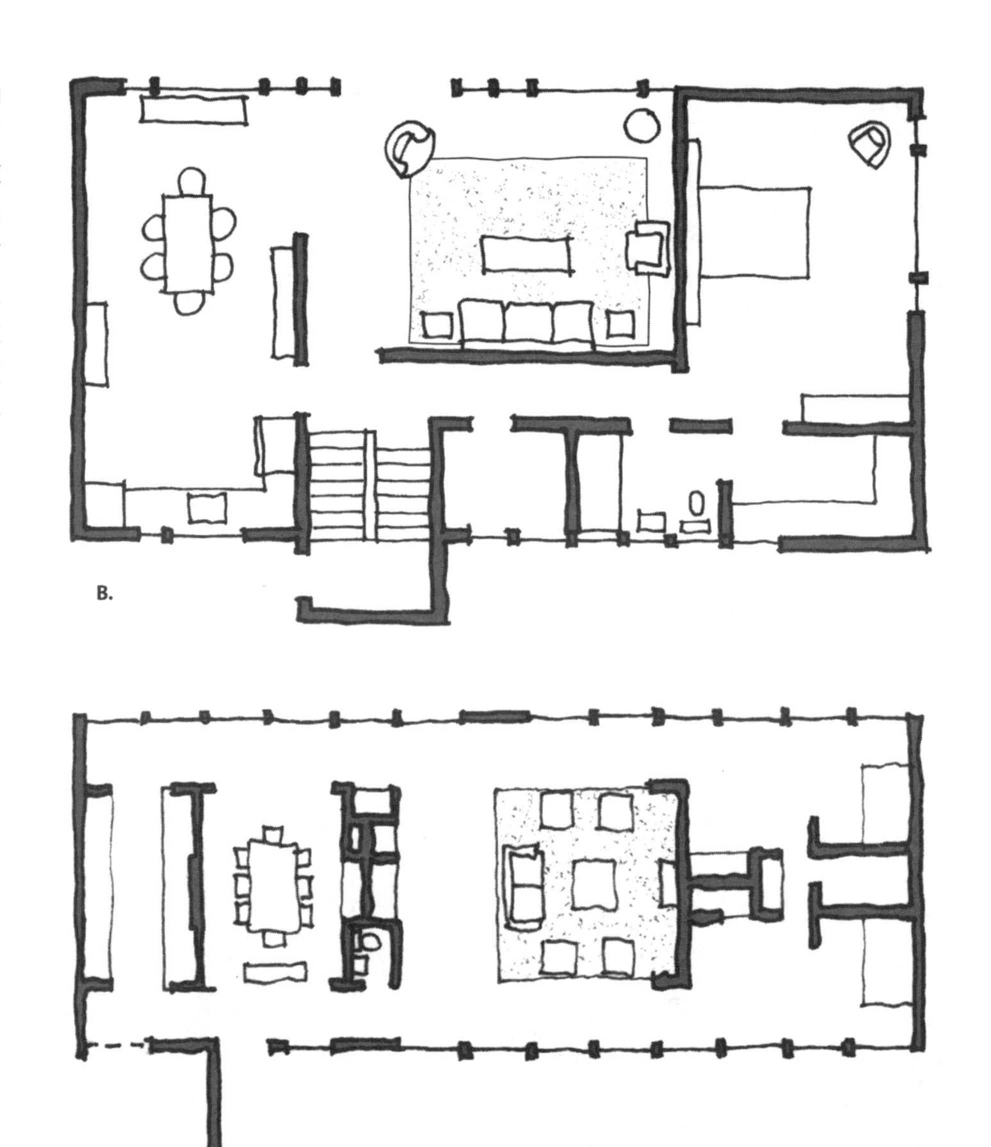

B.

C.

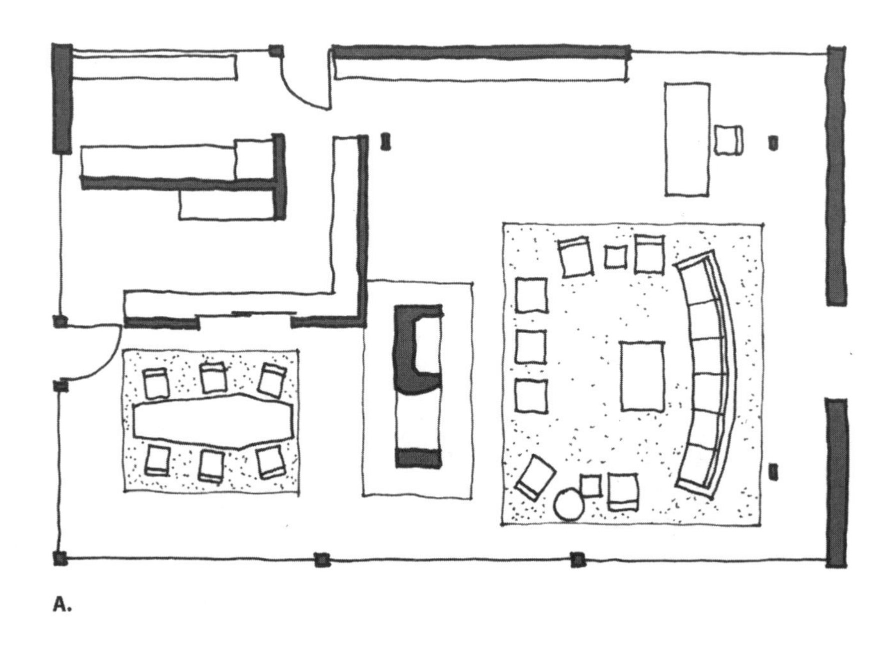

A.

D.

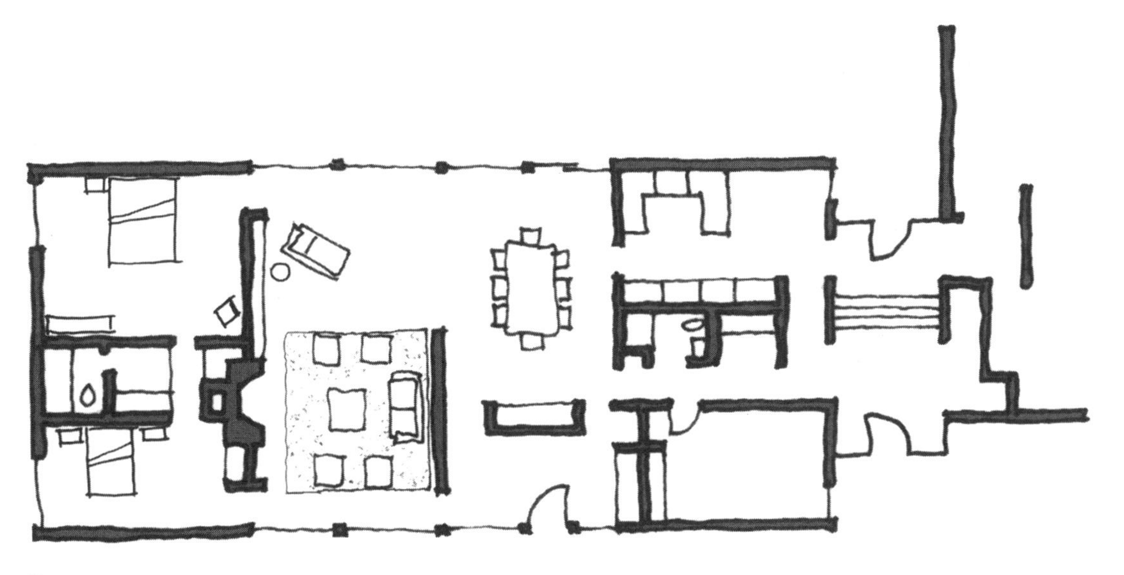

E.

创建两个空间的五种方式

1. 空间向外伸出，在主空间旁边形成从属空间。

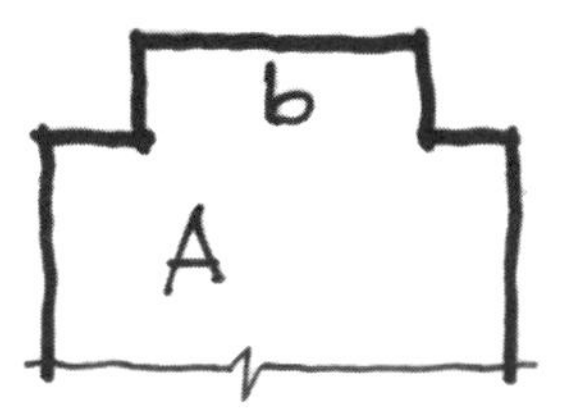

2. 添加一面可移动的（或端点相连）的墙体（无论直线或L形都可行）。

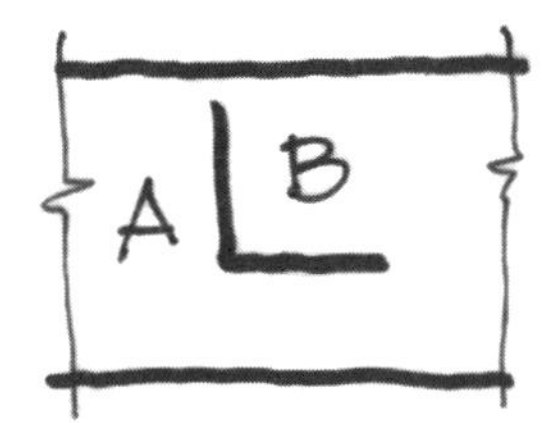

3. 添加一个可移动的（或端点相连）的复杂构筑物，可以包含柜体、隔板、操作台或以上所有功能的结合体。

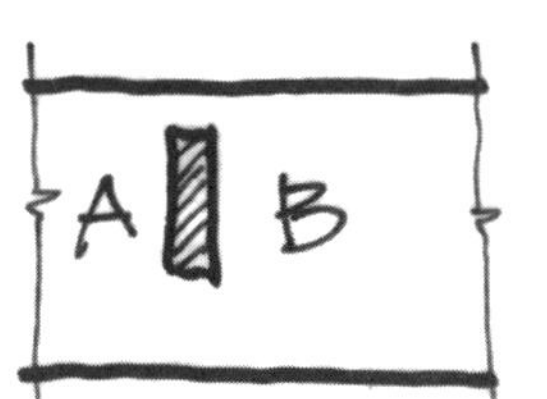

4. 添加一个可移动的（或端点相连）的房间，或者一系列房间。

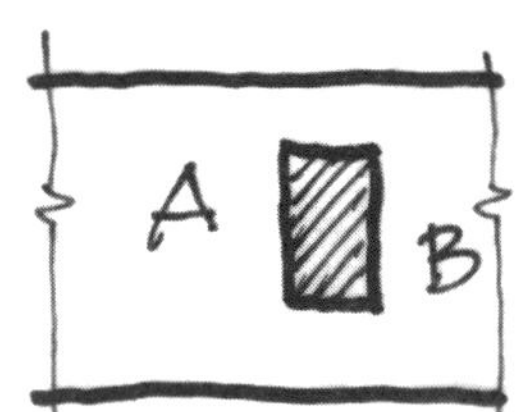

5. 添加一处转折来形成两个区域，如错开空间 。

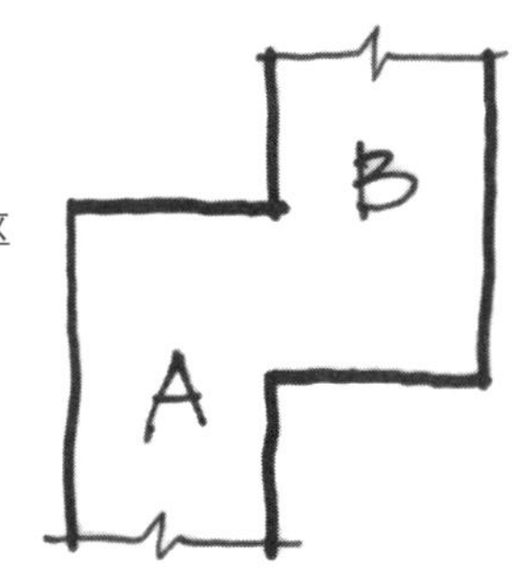

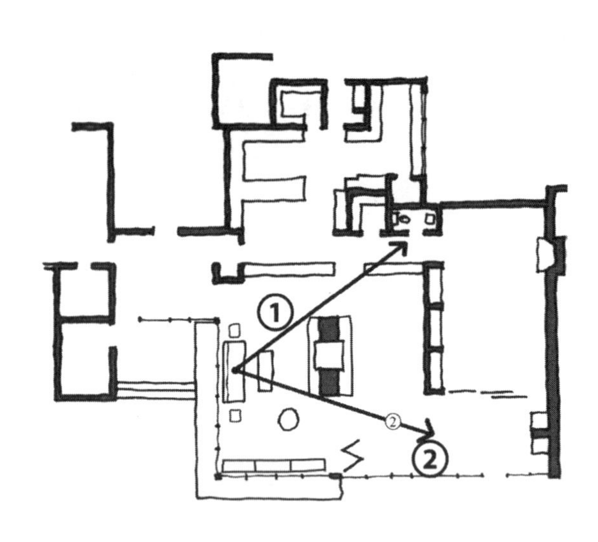

A 独立的中央壁炉把主空间划分成两个子空间。

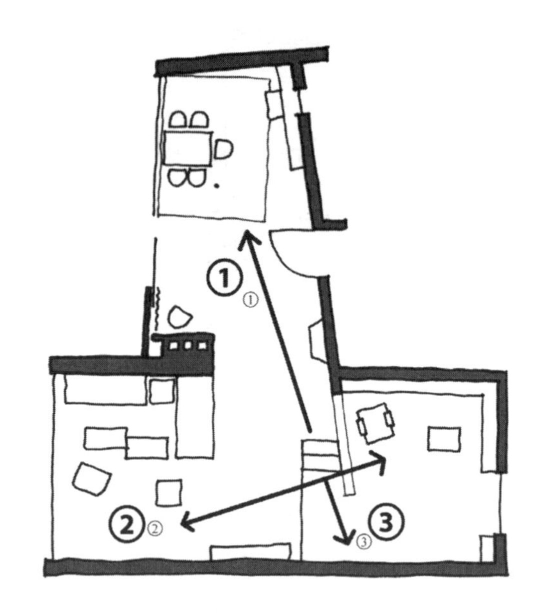

B 三角形布局配合延伸的墙面将空间划分为三个区域。

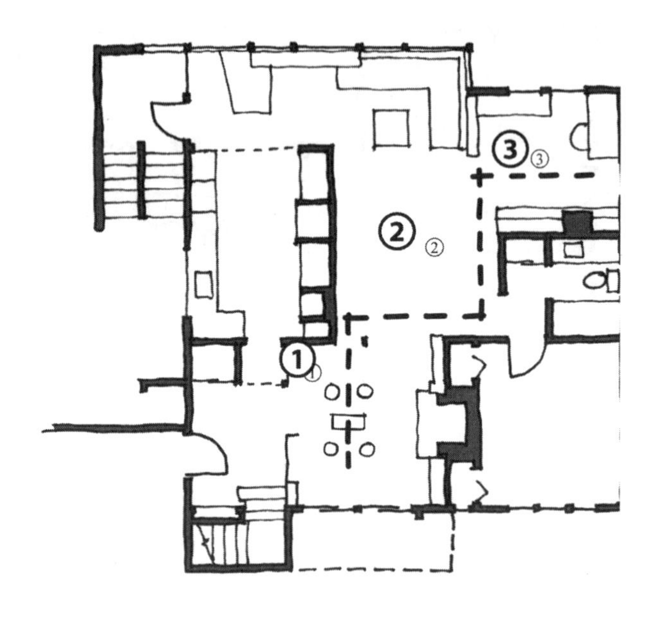

C 两处空间转折用来界定三个连续的室内空间。

合并空间

在室内环境的实际体验中，如果室内的条件能够让使用者从某个有利的位置看到相邻空间的局部环境，这会成为最令人愉悦的空间感受之一。这种布局方式会让使用者将局部空间的印象与整体环境相关联。当然，在私密性需求程度很高的环境里这种关联显然是不需要的。然而，在私密性需求一般的项目中，如果能够使人看到更远处的场景，尤其是从一个安全的、受保护的环境中向外观看，是可以给空间使用者带来愉悦享受的。本页上方的三个平面方案说明了室内布局是如何实现我所说的“此处和彼处”概念。案例 A 的特点是用一个非固定的建筑元素划分了主要起居空间，半高的设计元素将它与周围其他相邻空间分隔开。案例 B 的布局类似三角形的构图，在三角形的每个角上都设有空间。分隔元素在空间中略微进行了延伸，弱化处理的分隔保证起居室和书房更多私密性的同时，也使三个空间之间形成了相互关联的空间。案例 C 是采用空间转折的优秀范例，空间平面的主要特色是通过设计两个空间转折，形成了起居室、中心就餐区和学习角顺序连接的三个空间。

位于轴线上的视野给人带来正式和强烈的感觉。用来划分空间的通高隔墙中部打开了一个宽阔的洞口，从而将人们的视线汇集到远处空间中的床上。

水平方向的视线能给人带来非正式感并且引起观看的兴趣。在本案中，挑高的拱门起到了对角视线的引导作用，可以使人正好瞥见位于远处的座位区。

A 分支的走廊设计和位于大拱门远处的雕塑作品增加了室内空间的纵深感。

B 酒杯、座椅、钢琴、床和墙上的油画所形成的感知顺序（从前景到背景）增强了空间深度的层次及使用者的空间体验兴趣。

分层的空间

特定的“此处与彼处”的视觉体验是令人愉悦和兴奋的。某些空间布局不仅可以使人看到相邻的空间，还会看到更深远的地方。这种方式能够使人们在一瞥之间看到多个空间层次，从而形成对空间进深的真实感受。案例 A 表现出从某个房间看向具有交错感的走廊空间场景，其中设置了两个雕塑艺术品作为视觉焦点，一个位于拱门之后，而另一个远在后方的通道之中。案例 B 是一个狭长的、多层次的房间，此房间之后还有另外的房间。人们能够获得对于前景（此处）、中景（彼处）和背景（远处）的清晰感受。案例 C 表现了平面中的空间层次，人们进入房间走过几步的路程之后就能够看见入口门厅、钢琴区、采用壁炉划分了空间的客厅，以及后面的餐厅和厨房区域。案例 D 中，前面的开放搁架对后面的空间进行了框景的方式。非常有趣的是，与完全开放的视线效果相比，框选的取景和局部的视野能够引起观看者更多积极的空间感受。

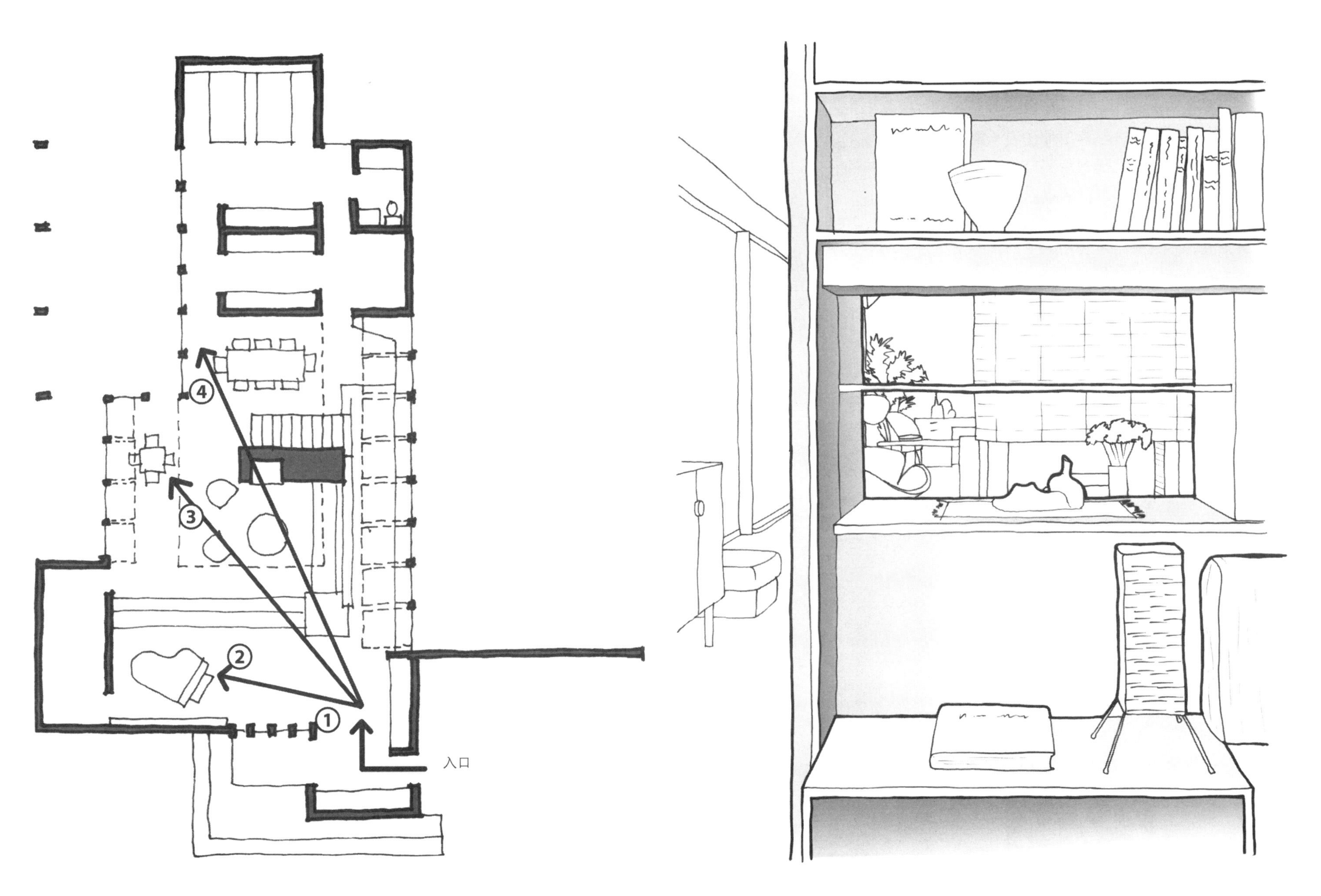

C 入口门厅处至少可以连续看到从近处一直到位于后面的餐厅（反之亦然）四个空间，这赋予了空间极其深远的纵深感。

D 遮挡部分视线的做法通常比完全开敞的或全景式的视野更有趣，并且还能带来空间体验的趣味；透过局部镂空的搁架形成取景框式视野，能够让使用者在视觉体验过程中产生特殊的兴趣。

正式的空间序列

经典的传统设计案例与现代室内设计为我们提供了完全不同的设计经验。传统设计更倾向于正式和雅致的风格，而现代的大部分室内设计更钟情于开放性和非正式的布局形式，只有在某些特定的项目中，设计师才会使用传统的设计语汇。传统设计强调轴线，并且使用者在空间中的体验是受到控制并且呈序列式展开的。在每一个转角处，将人们任意游走的视线范围尽可能地最小化，视线路径是经过仔细规划的。认真研究一下本页插图中的设计案例，注意其中的墙体是如何连接的，同时，留意一下对称设计手法的应用，这种手法不仅体现在整体的层面，而且应用于每一个独立空间的局部层面。

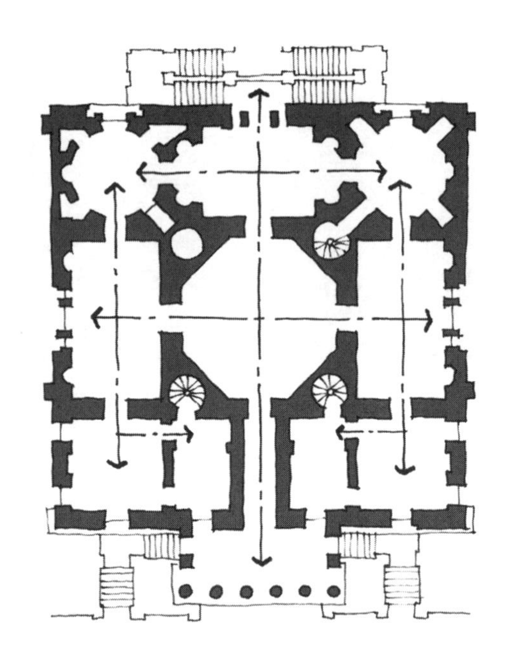

奇斯威克别墅

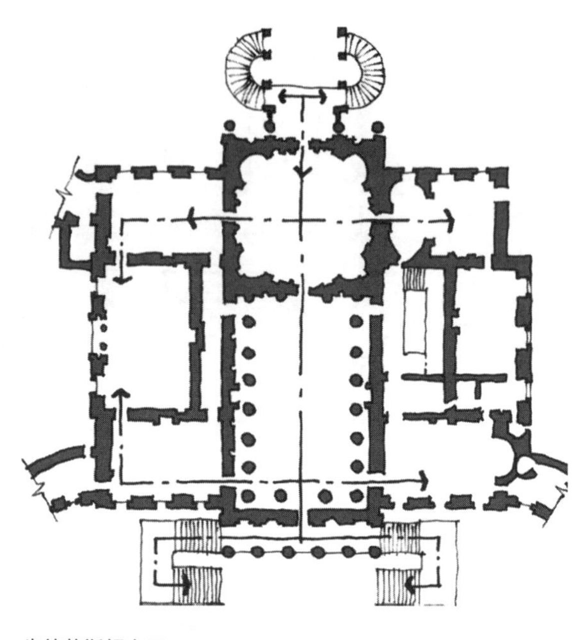

肯德莱斯顿大厅

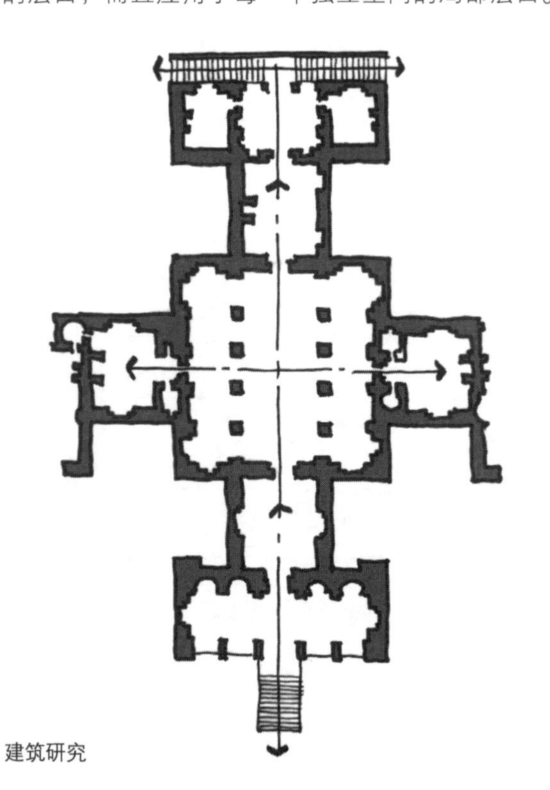

建筑研究

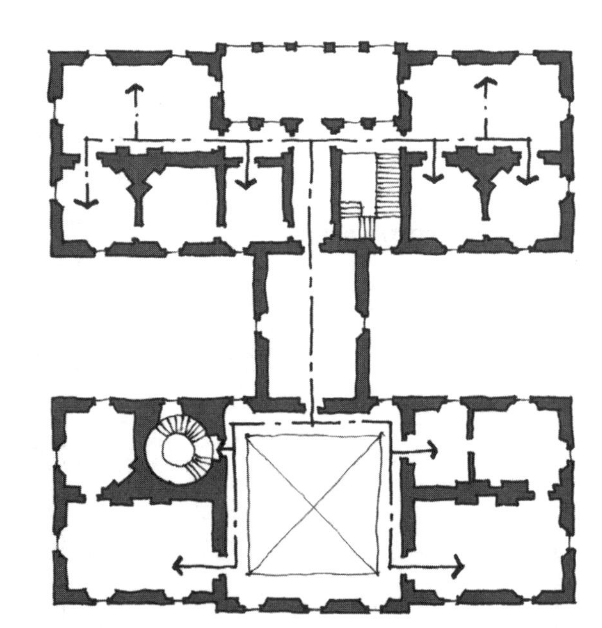

王后住宅

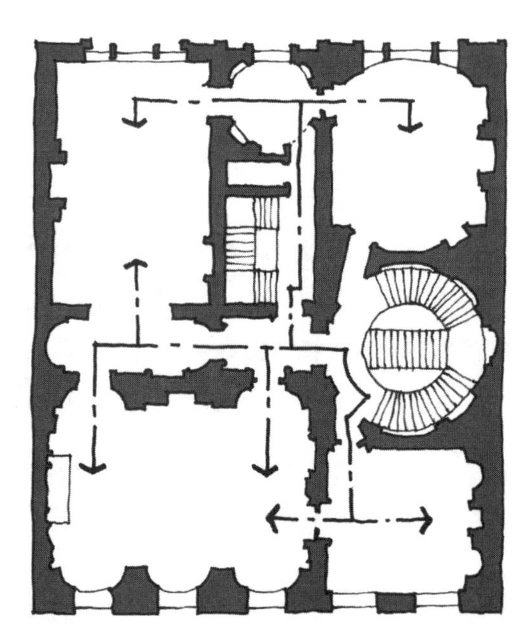

家庭住宅

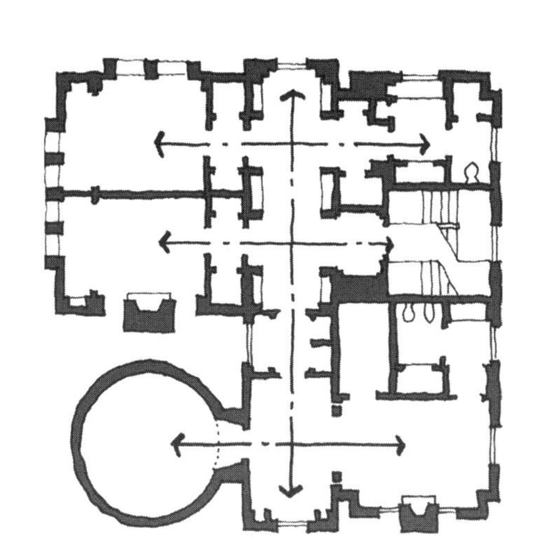

赫尔德思别墅

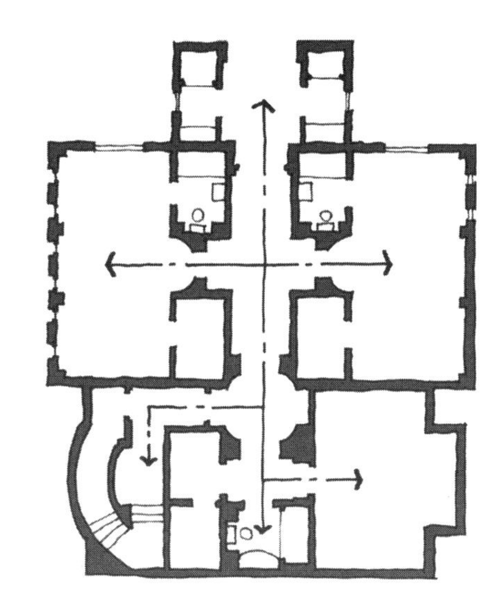

奈曼住宅

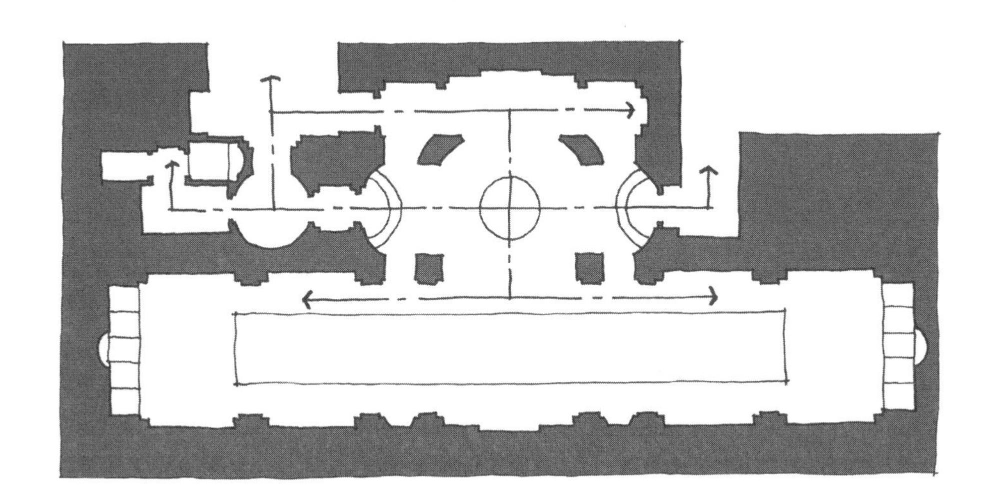

池屋，位于新泽西的别墅

美国国务院

正式、经典的布局形式主导了室内交通动线的顺序排列，并且具有突出的轴线特点和经过认真规划的视觉焦点。正如图中视角所表现出来的，此类空间的体验通常是多层次的。

非正式的空间序列

非正式的空间序列是开放而自由的。与那些只能向前看的严格轴线视野空间不同，通常非正式空间的使用者在很多方向上都能形成不受限制的视线。在非对称的布局中，人的行为也较少受到限制并倾向自由化。非固定的设计要素在非正式空间内是非常常用的，我们在前面划分空间的一节中（详见第 158 页）已经分析过这一点。

案例 A 采用的是轴线式的动线布局形式，但并不是中心对称的而是偏向一侧，因为这样设置不太可能遮挡前方的视线。楼梯旁的局部墙面和钢柱将视线遮挡程度降到最低，远处地面抬高的区域使空间在垂直方向上产生变化，当人们从一处前往另一处时，观看和通行的行为必须根据环境条件而产生相应的变化。

案例 B 和案例 C 在平面上设置了开放式的空间序列，使用者可以随意、自由地从前向后通行。案例 D 采用了不固定的、半高的墙体形成直角布局的形式，虽然这种形式在观看和通行方面会起到一定程度的空间引导作用，但是，空间的体验感受仍是开放、非正式并且不受限制的。

空间布局序列的正式与非正式形式之间并没有对错之分，只要适合所在的场地就是最佳的选择。在很多设计项目中，根据实际的情况一种方式总是会优于另外一种。

A 起居和就餐空间序列

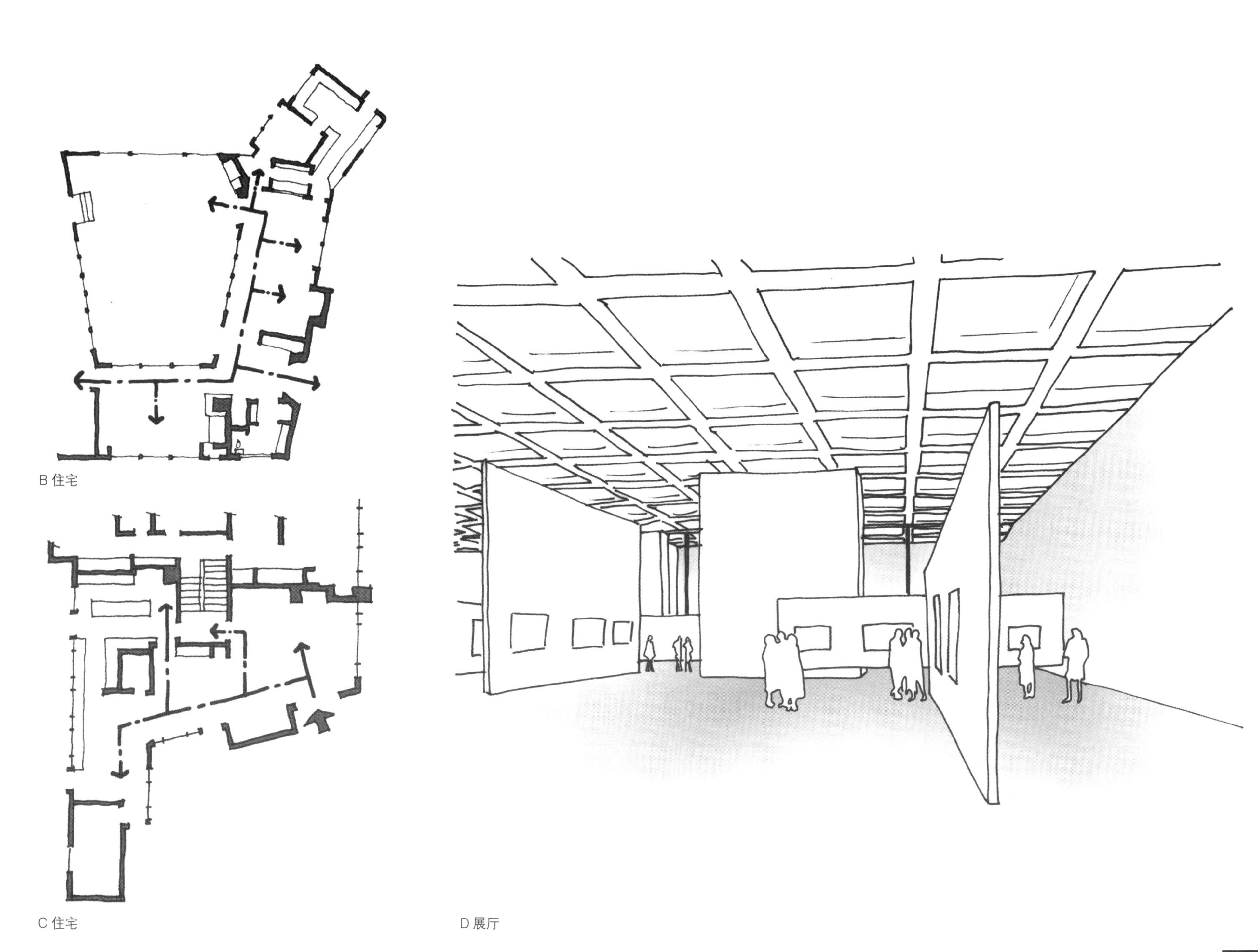

B 住宅

C 住宅

D 展厅

新颖的分隔

在前几页中我已经列举了很多划分空间的元素类型，其中之一就是非固定（附联式）墙体，其他非固定的元素包括柜子、壁炉等。然而，现代建筑设计的先驱者们有着不同的设计喜好，例如密斯·凡·德罗喜欢简洁的水平墙，弗兰克·劳埃德·莱特更钟情于非固定元素之间复杂的关联性。莱特的设计通常从壁炉开始，然后在初始的方案中加入延伸的墙体和翼墙，接下来再放入座椅、柜子、搁架、储藏空间，最终的设计方案带有各种侧翼和突出物，平面形式看起来像是蜘蛛或章鱼。

在大尺寸的空间里，通常只要使用单一的要素就可以划分和界定空间。插图案例中莱特设计的埃m尔·巴赫住宅中，单一的非固定元素位于平面的中心位置，莱特不仅对三个不同方向的边界进行了处理，而且整合了壁炉与储藏功能（平面图F）。仔细研究一下这个空间中的分隔元素，思考一下它是如何同时、高效地实现空间分隔、焦点视觉和空间储藏设计的。

其他案例平面的分隔设计也很出色，从简单的L形分隔（平面图C）到包含了座椅、橱柜、壁炉甚至一个小卫生间（平面图A）的瘦长T形分隔。花些时间仔细研究和理解这些案例，注意一下它们是如何由单一元素（壁炉）为起点，逐步发展成高效、复杂的体系，并最终满足多方位多功能需求的。试着理解这些分隔元素是如何起作用的，了解构思和发展布局的过程中需要考虑哪些因素。在下一页的练习题中，你就会有自己进行空间分隔的机会。

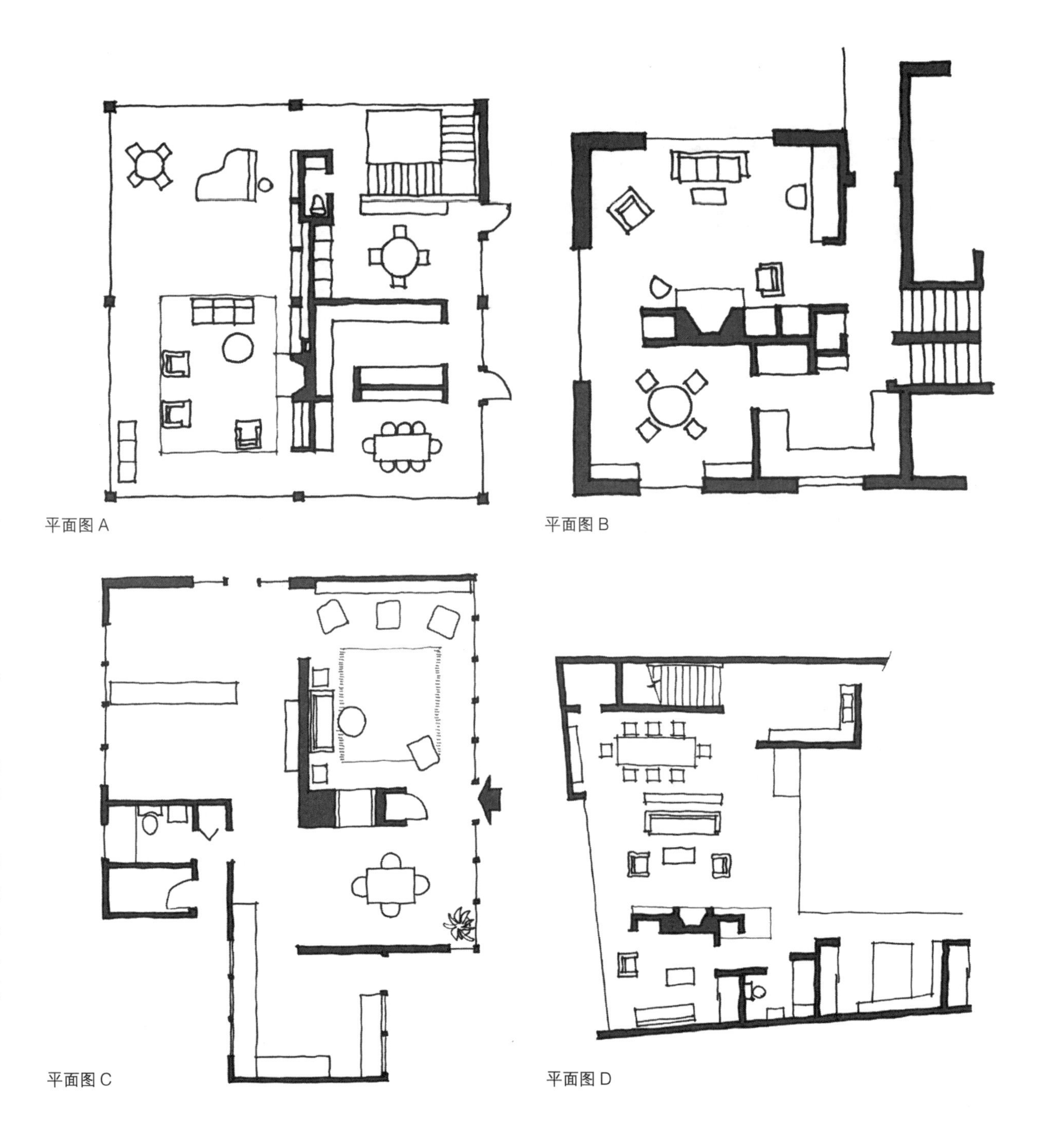

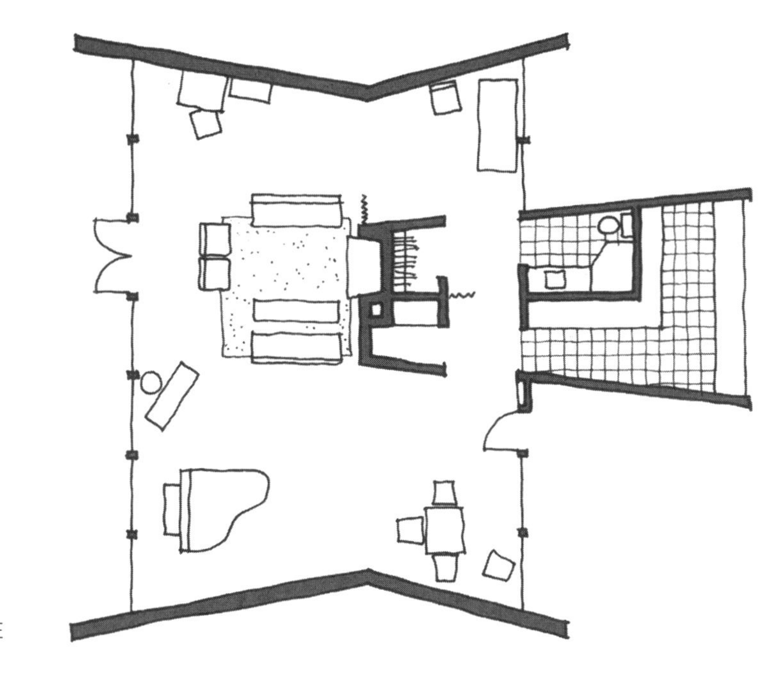

平面图 E

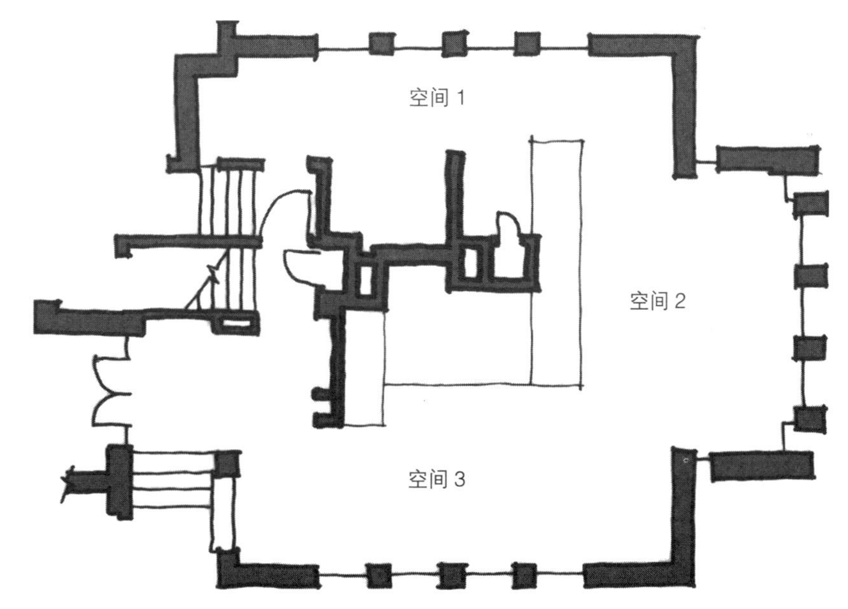

平面图 F

练习

使用 90cm×90cm 网格作为参照，设计三种不同的、新颖的空间分隔，可以将前几页中的案例作为启发并借用其中的想法。确保你设计的分隔至少要能划分成两个或更多的空间。可以尝试将壁炉、墙和储藏空间多个元素结合在一起。

空间序列中的人流动线

从单个房间到整体项目，在任何尺寸的空间都需要设计高效而且便捷的人流动线。本节中，我们将关注如何在连续的空间中设计良好的动线。设计出良好的人流动线与设计出曲折且不连通的动线一样的容易，良好设计所要做的就是保持动线的清楚、简洁和高效，最佳方式就是少设置一些墙和门，空间之间采用直线型的交通路径。

你并不需要用到所有的室内元素，因为有的时候并没有现成的元素来适应已有的空间。例如，在正式的空间序列中虽然有很多墙体和门，但是在设计时运用简洁的、便于识别的路径形式就能创建良好的动线系统。本页所列举的项目中没有经典案例中所常见的、简洁的轴线式动线系统，而是通过采用开放空间的方式辅助人的通行。而且，为了创造空间的开放性并有利于形成良好的动线，我们在设计中应将墙体和门的数量减至最少。

仔细研究本页中的项目案例，有些是简洁的，而有些是比较复杂的。无论形式的差别如何，所有交通动线设计都以方便空间之间的人流动线为目标。

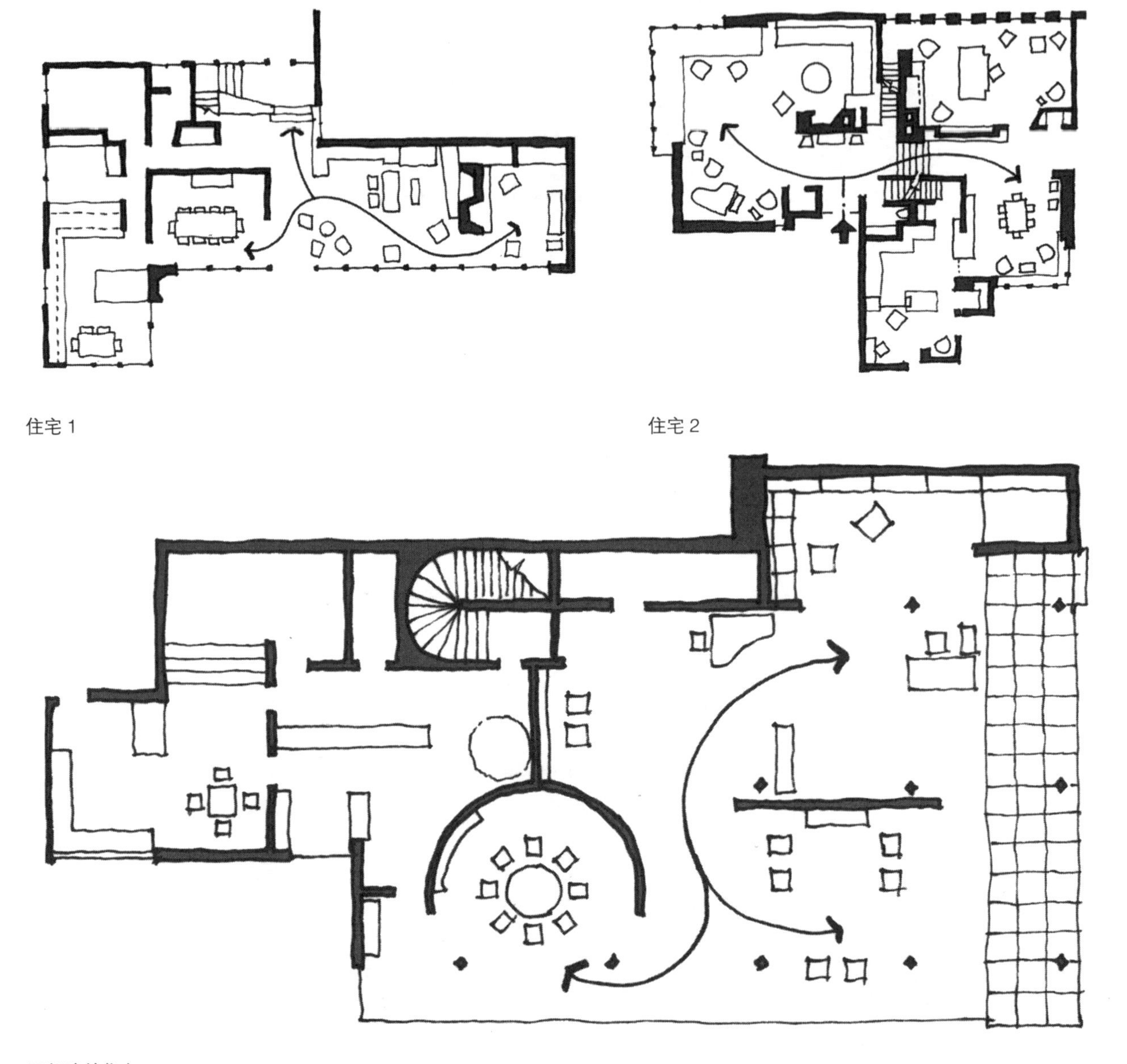

住宅 1

住宅 2

图根达特住宅

大尺寸空间内，线型动线便于在厨房与起居、餐厅区域之间的通行。

某酒店套间内，巧妙设计的门洞为室内房间之间提供了空间连接，并且能够在众多家具之中保证动线的流畅性。

思考一下你将如何进行空间布局设计，需要重点考虑的是既定房间或空间与整体交通动线之间的关系，因为这将直接影响使用者的空间体验。右侧图表中的空间 1、2 和 3 紧邻主要交通动线。空间 4 的位置比较奇特，所有在主要交通动线两端之间往返的通行行为都必须穿过这个空间。空间 6 的位置也很有特点，人们必须穿过空间 5 才能找到它。而空间 6 的位置并不是那种随意通行就能偶遇和到达的空间。空间 7 的位置设定是非常具有策略性的，位于主通道的端点处使它更加具有私密性，并且容易被发现。最后，空间 8 的位置在主通道远端的角落中，这个位置让房间看起来很特别，也使它变得非常的孤立和具有私密性。

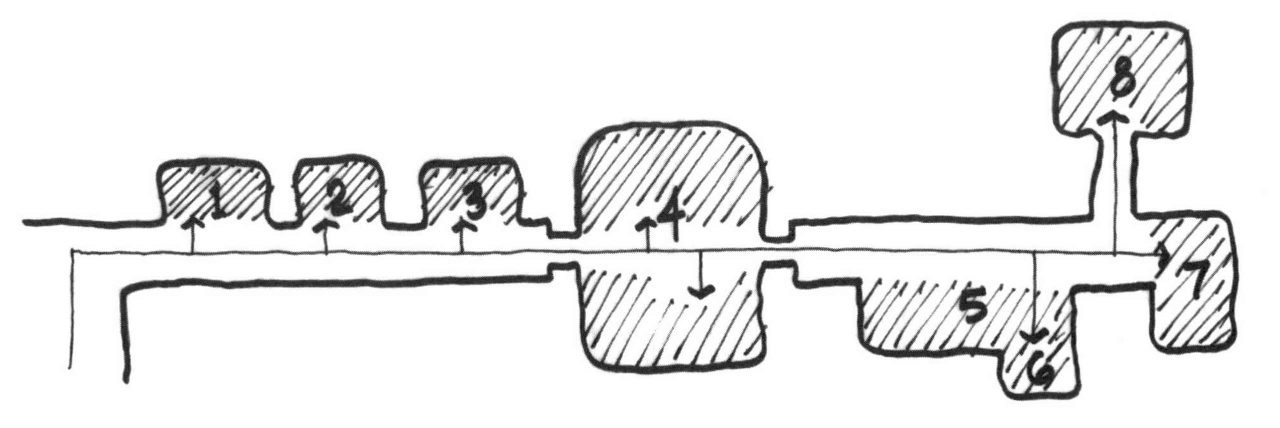

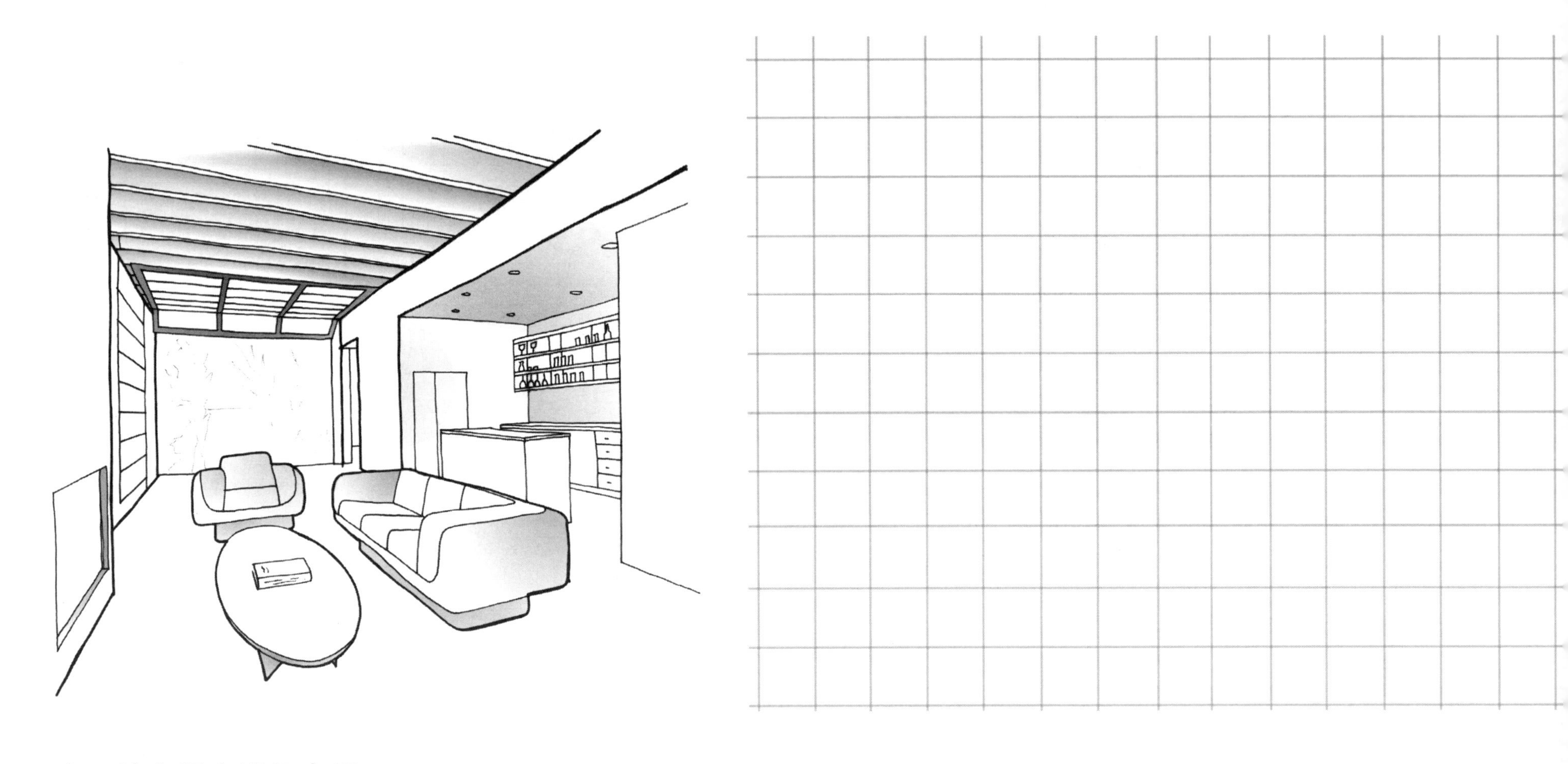

在开放空间中进行布局

第 4 章介绍了关于**布局**（grounding）或**设置**（anchoring）的概念，主要阐述了家具和其他陈设与室内内部布局元素之间的关系，内部布局元素包括墙体分段、使用袋状空间、设计凹入造型、设置转角、采用吊顶元素和改变地面铺装等。在一般情况下，室内设计通过布局元素进行内部空间的界定，例如，布局元素能够使人感到座椅家具隶属于这个空间而不是漫无目地随意安放的。上面透视图中的座椅家具是因为与壁炉之间的关联而陈设在空间之中的，相邻的厨房区域设在座椅后方凹入的空间内。通过这种设计方式，使座椅与厨房的布局各有归属，没有漂移不定的感觉。

作为设计师，我们既会利用现有的自然元素，也会为了布局需求设计新的元素。实际上，本章中列举的很多空间分隔物都起到了限定周边家具布局的功能。对页上的家具布局平面图说明了一些相关的布局策略，空间周边或内部的墙体及柱子、吊挂物和铺装变化都是为室内布局而设计的。

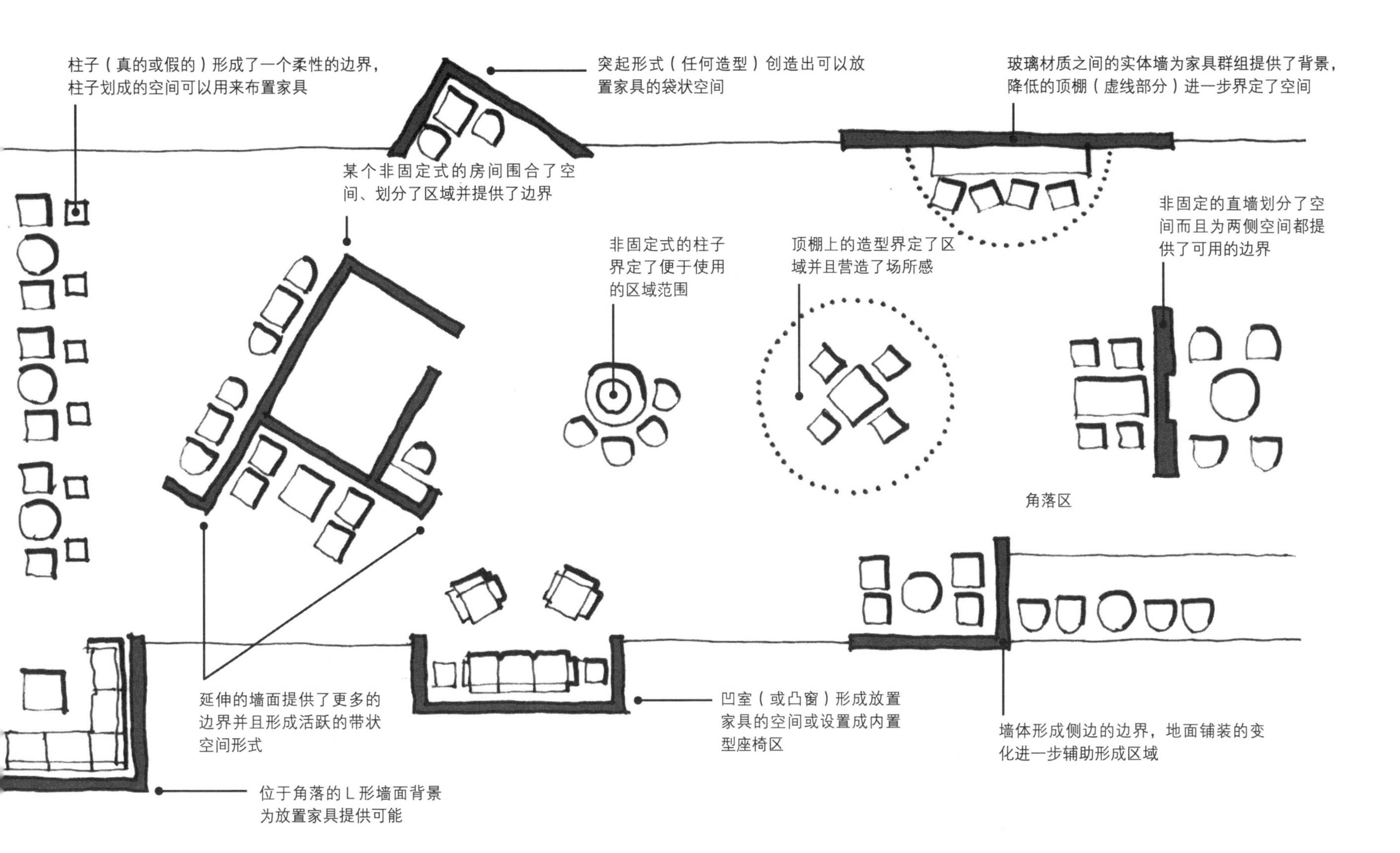

练习 1

使用上页左侧的 120cm×120cm 网格，对本页的平面方案进行空间扩展，设计新的布局元素并把家具置于其中。本页的平面图可以作为创意和尺寸的参照，在练习时也许你会采用相同的家具群组。

练习 2

与前面的练习相似，使用左侧的 120cm×120cm 网格，对本页的平面方案进行扩充，设计新的布局元素，并且在其中安排家具。本页中的平面图可以作为创意和尺寸的参照，也许在练习时你会采用相同的家具群组。这次，请尝试一些新的想法和造型。

空间边界上某个宽阔的线型窗成为家具群组的背景

抬高的踏步形成的 L 形凹室不适于安放家具

不固定的直线墙体（为配合壁炉）划分了空间并用于放置家具群组

非固定的墙体（可以根据需要变化造型）有助于界定多个区域，并形成了放置家具的边界

居中的壁炉主导了空间的布局形式并且成为视觉焦点

非固定的墙体元素（任何造型与高度）划分并界定了空间

墙与窗的节奏变化能够为相邻桌子的重复性布局设计提供依据

过门石和视野

本节介绍的两个概念对空间的交通、连接状况及空间中的行走体验都会产生影响。它们并不是难以理解的概念，但是在日常的设计工作中，确实有很多设计师没有对这两个对象予以足够的重视。

过门石

你也许听过**过门石**（threshold）的概念，因为它会出现在对门槛的解释之中，一般是木头或金属的基石铺设于住宅或其他类型建筑的入口大门之下。这个定义是正确的，而且指出了过门石概念的广义内涵。过门石是一个起点，意味着在此处是新的开始（室内项目中指的是房间或空间），它也是标定区域边界的界线。回想一下入口大门的过门石，事实上，你会意识到它是室内与室外汇聚的焦点和交通动线的重点，我们通过大门才能由一个空间进入另一个空间。

过门石的概念通常用于项目中交通转换的设计。它的形式不一定是门前地面上的一条线，也可以是纵深型和狭长型的空间。如果希望连接两个空间，我们可以选择设计一个短走廊、“隧道”或一个房间作为空间之间的过渡。参照一下本页插图中案例 A 表现出来的设计想法。

过门石通常与狭长空间的过渡设计联系在一起，它也会被用在两个空间之间，从而使空间相互可见。换句话说，位于室内的窗户在作用上与过门石很相似，透明的玻璃分隔能够使人从一个空间看到相邻空间，所以它起到的也是过门石的作用。插图中的案例 B 列举了一些关于室内窗的概念设计，它的作

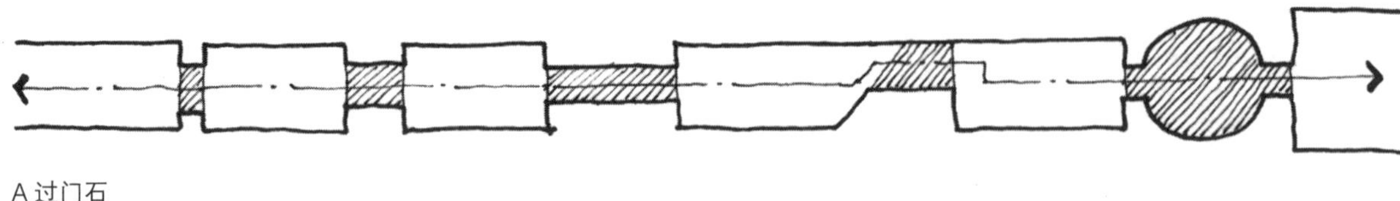

A 过门石

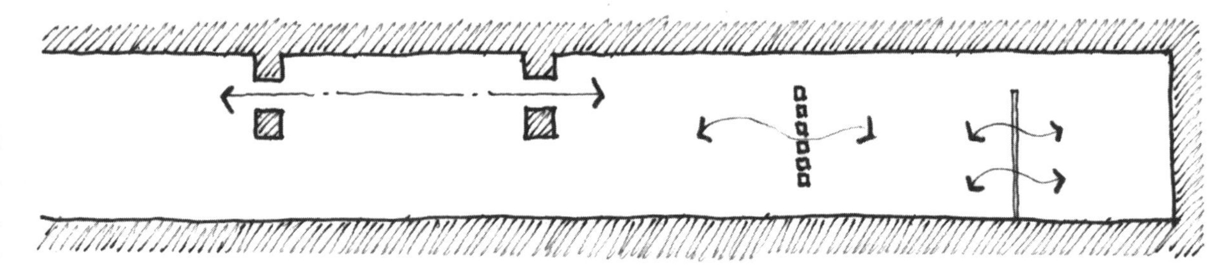

B 窗和屏风

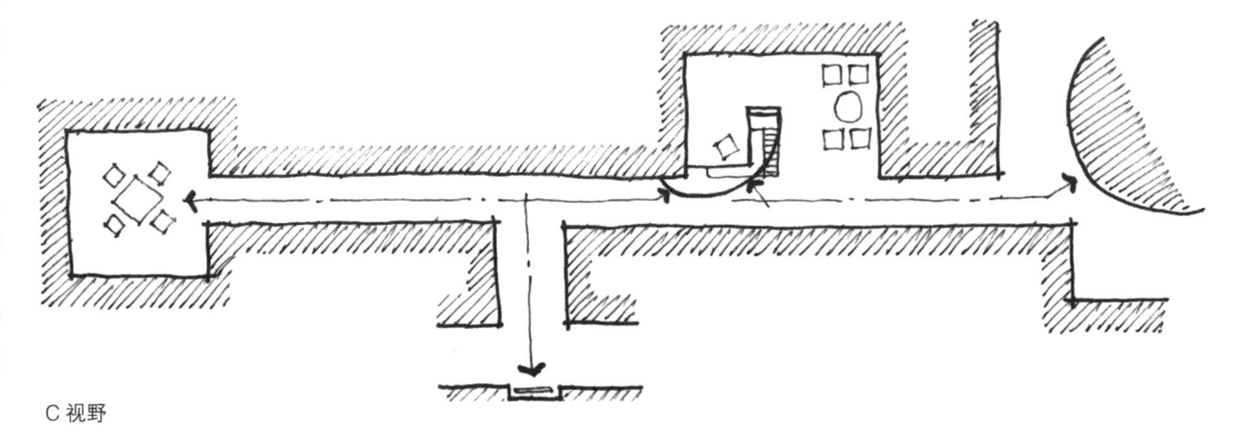

C 视野

用与过门石相似，都是将一个空间与另一个相连接。

视野

视野（prospect）一词有多个定义，在建筑术语中，视野通常是前方所看到的风景或场景。在这里所指的是，当我们在室内空间或走廊中游走时，室内空间和陈设品自身所呈现出的特征。我们也许会看见那些经过巧妙设计的室内场景，例如在空间远端设置的艺术作品或是椅具。我们也可能只看到某个场景的局部，这样设计的目的也许是为了引起

窗在空间中起到连接的作用。

入口区可以作为两个空间的连接。本案中的入口区不仅是通道，而且还设置了书架，前方可见的场景是座位区环境的局部。

楼梯的下方空间形成了类似过门石功能的区域，用来连接走廊与前方的空间。本方案采用的是以壁炉和座位区家具为轴线的对称视觉形式。

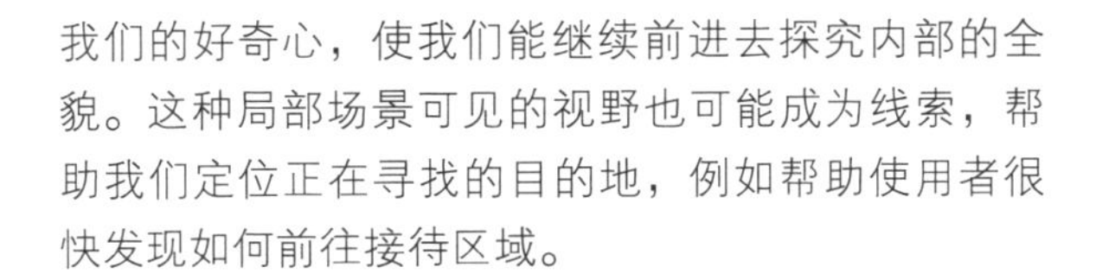

我们的好奇心，使我们能继续前进去探究内部的全貌。这种局部场景可见的视野也可能成为线索，帮助我们定位正在寻找的目的地，例如帮助使用者很快发现如何前往接待区域。

当进行空间序列和区域内交通动线设计时，空间使用者能够在通行的前方或转角处看到什么内容都是设计师需要进行不断思考的内容，例如，是否有吸引视觉焦点的东西；你希望空间呈现出来的是优雅的、对称的取景视野，还是仅仅某个家具群组的局部；在前方有什么东西能够吸引使用者前去进一步探索。下图中给出了一些案例。

连接封闭空间

到目前为止，我们一直在讨论的大部分内容都是开放空间的划分和连接问题。我故意强调这部分内容的原因是，精心布局开放空间的序列比连接多个房间的设计要更有难度。对设计新手来说，将封闭空间连接成组是项复杂的工作，而且新手通常会忽略很多设计探究的可能性。本节中，我们来讨论一下将封闭空间布局成组的一些方法。

在讨论这一主题之前，我们先来看看一些大型的单体空间和子空间的设计，这将有助于我们厘清隶属于主空间的次要空间和第二层级空间之间的区别。请看本页右上角由莱昂·巴蒂斯塔·阿尔伯蒂设计的圣安德列大教堂的建筑平面图，注意教堂主要中殿空间两侧配有很多辅助的小型礼拜堂，这是次要空间沿着主空间分布的典型案例。当走到面向教堂正面的十字拱顶区域时，我们能够看到位于主空间两侧的巨大空间，它与主空间一同形成了教堂平面的罗马十字构图形式。这种巨大的空间不是依附于主空间的小型礼拜堂，而是尺度足以改变整体建筑形式的大型空间，它使空间平面变为十字形或 T 形的复合造型。

由罗伯特 .A.M. 斯特恩设计的华特迪斯尼演艺中心（右图）可以用来作为阐述封闭空间成组的典型案例。可以注意到以下几点：（1）空间中有很多相同尺寸的房间；（2）沿着建筑外墙周边的房间，除了偶尔几处空缺之外都是成排排列的形式；（3）内部的房间有多种尺寸并在整体上形成了完整、规则的矩形形状。关于室内封闭型空间的设计，通过对上述案例的观察我们可以得知以下两点：第一，房间的重要程度和尺寸是有等级划分的，小房间和大房间都需要在空间中协调配合。第二，很多房间通常会成排排列（通常是位于平面周边的房间）或者成组排列（通常是位于内部的房间）。

研究下一页中的案例图解，图中列举了一些房间常见的组合形式。

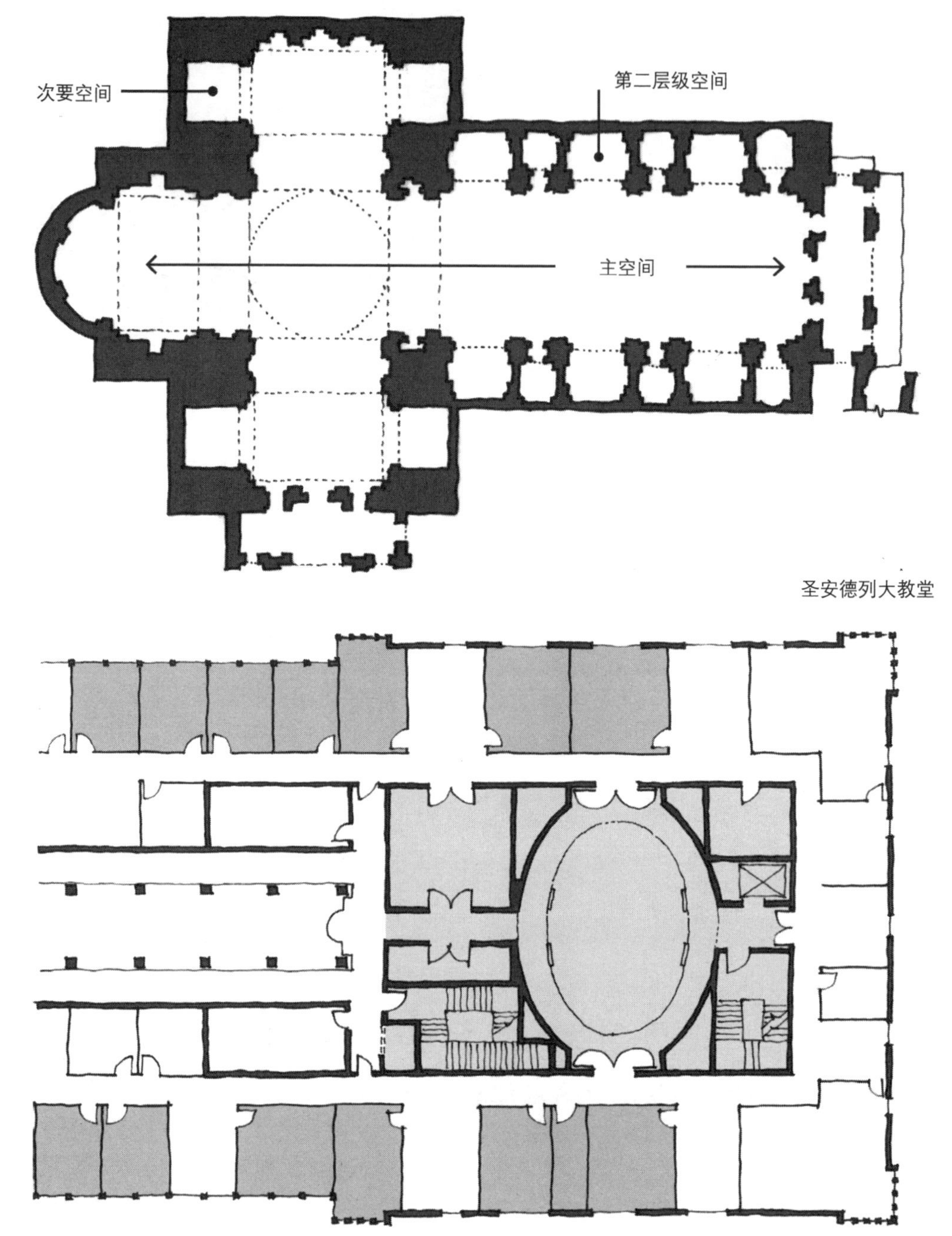

圣安德列大教堂

华特迪士尼演艺中心

同样尺寸的房间

像办公室这样面积大致相等的空间，可以根据现场条件和位置成排或成组进行布局。如果简单地将房间进行背对背成排布局，平面上会形成双侧通道的形式，那么开门的位置需要认真地进行设计。需要考虑的设计条件包括声学方面的隐私、门的布局形式（节奏），以及某特殊情况下还需要设置没有门的完整墙面。

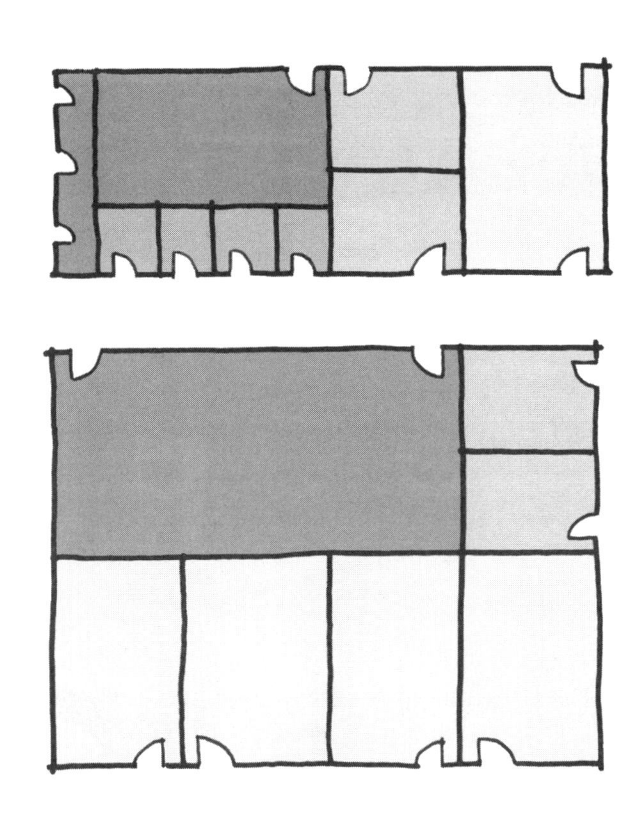

尺寸不同的房间

大多数时候，设计师需要去创建不同尺寸的房间群组，并附加例如多组文件柜或壁橱等储存区。上图是在此种情况下的两个图解案例。需要注意的是，设计的目标是希望空间在整体平面形状上能够形成良好的矩形形状，虽然并不是必须形成平滑完整的矩形，但是，在设计时我们仍需要一直努力创造出某种完整的、规则的几何图形。在这种情况下，认真考虑门的位置也是非常重要的设计任务。

划分空间

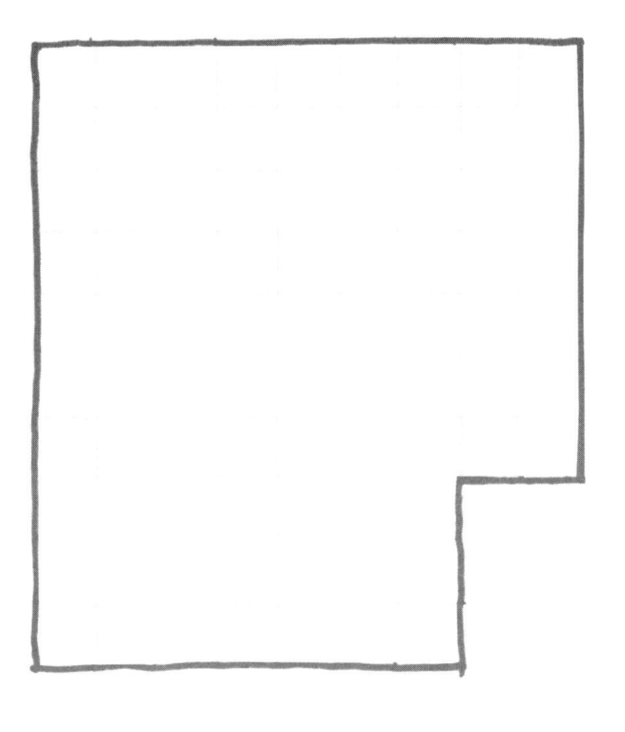

练习 1

用网格作为尺寸参照，在上面所提供的平面内按照下面的要求划分空间。标示出门的位置，并且可以选用所有的形状，但是，请在整体的矩形平面中预留一角（如图所示）用来合理地布局座位区。

- 4 个（2×3）m^2 的空间
- 2 个（4×5）m^2 的空间
- 2 个（2×2）m^2 的空间
- 1 个（3×3）m^2 的空间
- 1 个（1×3）m^2 的空间

高级静修中心

练习 1

插图中是某高级静修中心项目，研究图中六个关于聚会空间的设计方案。这些方案只是在同一主题下进行了局部变化。在下面的空间中，选出你最中意的设计方案并且用文字说明原因，同时，也请写出你最不喜欢的方案和原因。

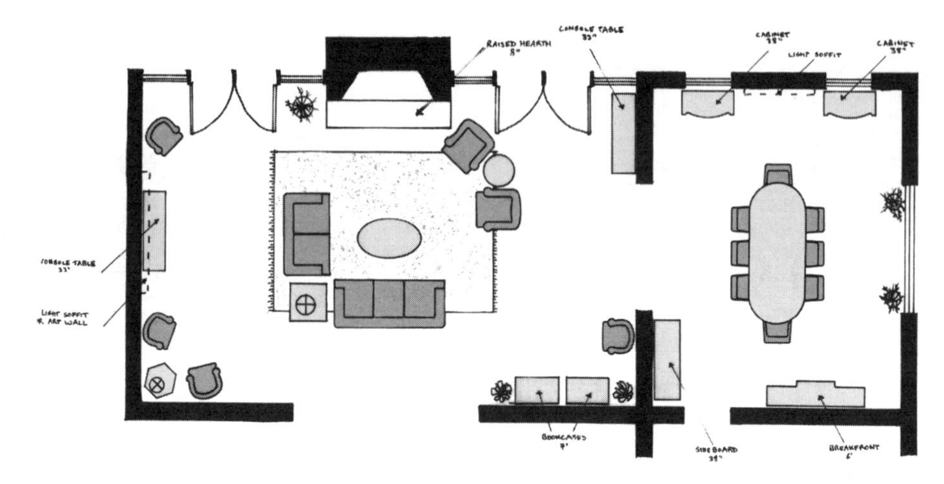

方案 1A

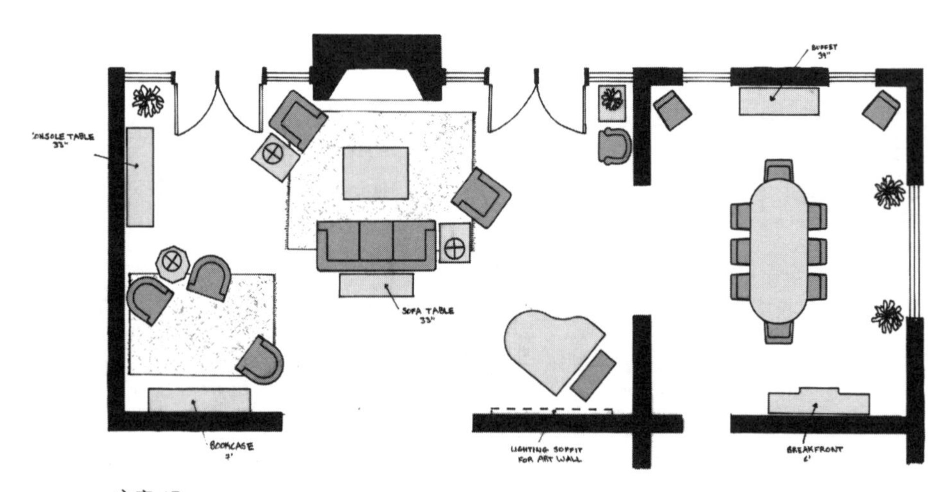

方案 1B

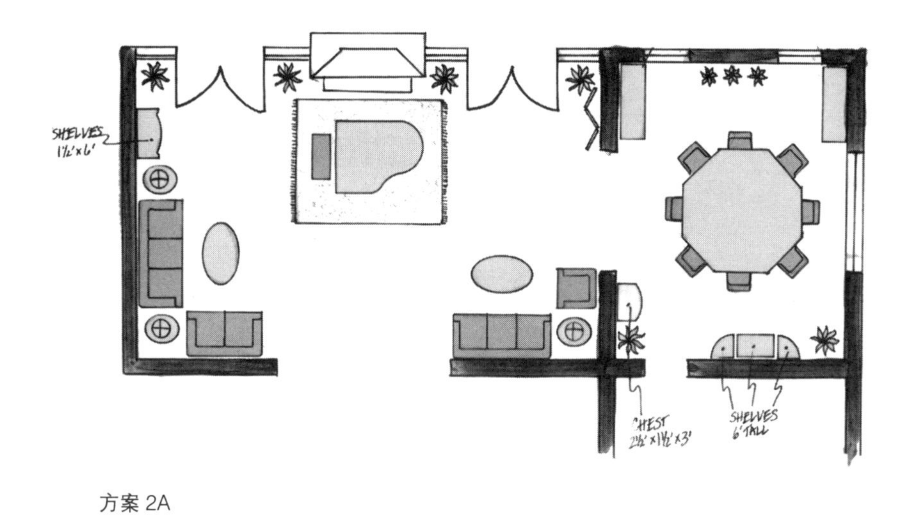

方案 2A

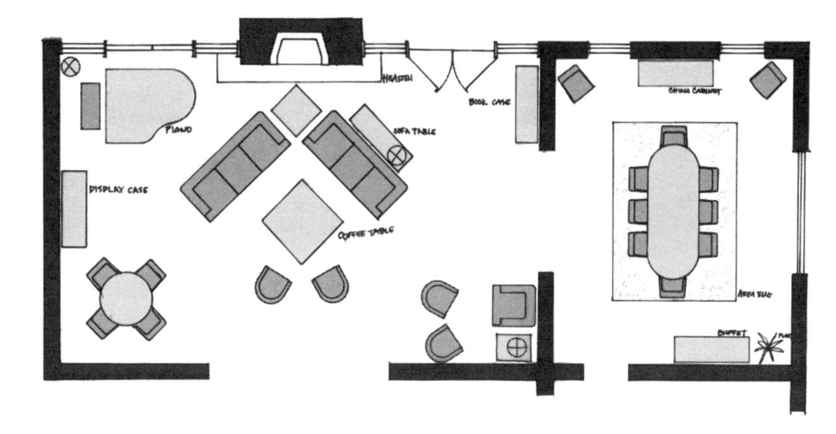

方案 3A

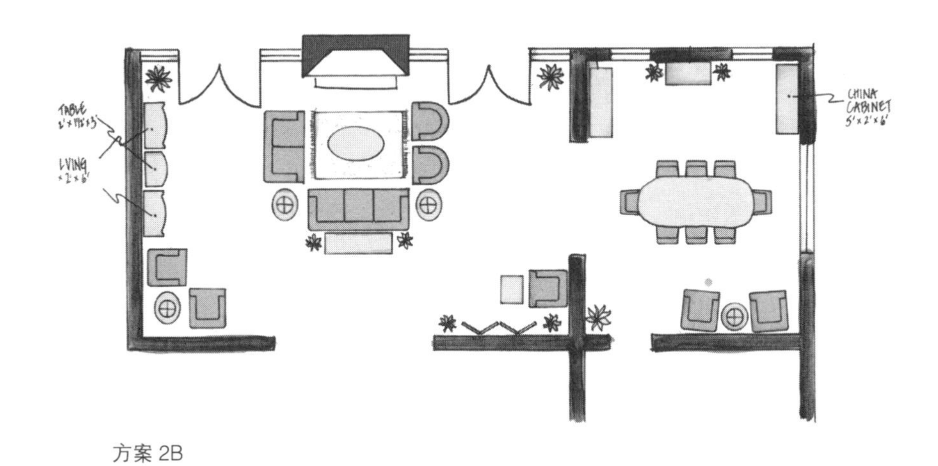

方案 2B

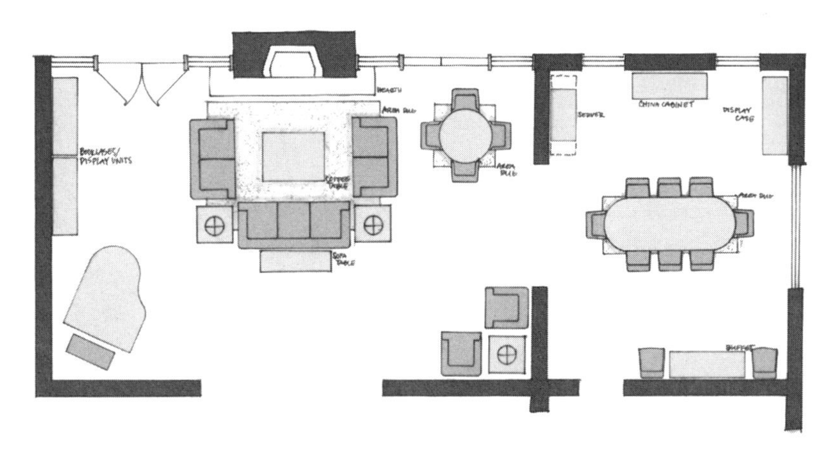

方案 3B

练习 2

在下图 120cm×120cm 的网格中，根据下列描述进行空间划分。

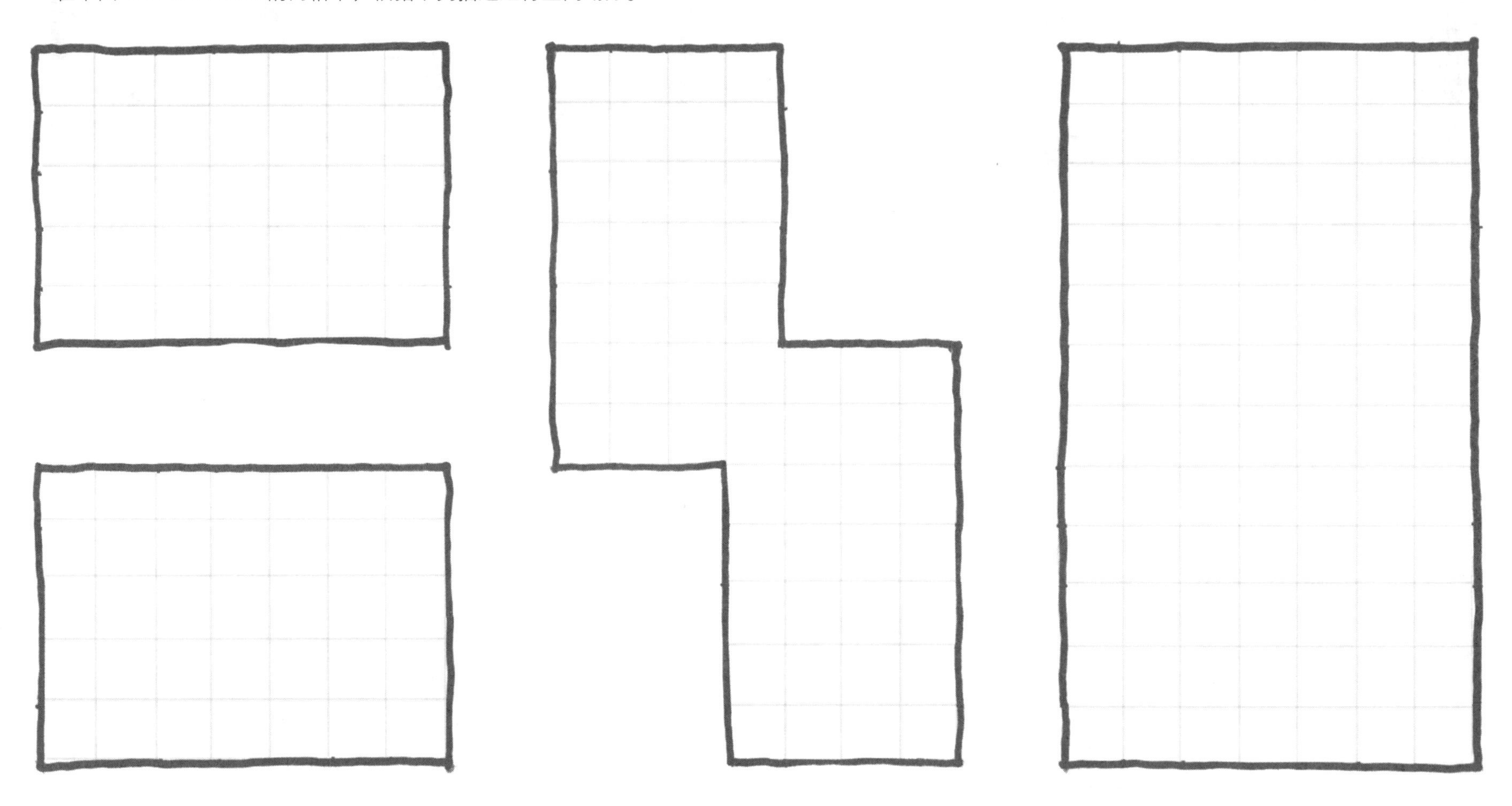

A 在上面两个矩形区域中进行空间划分。一张平面图中，用一个空间分割元素创建两个空间，一侧的较大的是主要空间，另一侧是次要空间。在另一张平面中，采用一个空间分割元素创建三个区域：一个主要区域和两个次要区域。

B 在给定的平面形式中，划分出一个厨房空间（最大尺寸是 6 ~ 8m^2）。并且，利用厨房的隔墙、墙体的延伸及一两个所需的空间分隔元素，划分出一间起居室、一间餐厅和一个小书房。设计方案需要能实现良好的空间连续性和行为动线。

C 在矩形平面的任意位置设置一个房间（最大尺寸是 12m^2）。根据设计需求延伸房间的隔墙，用来配合壁炉、搁架和其他储藏区域的需要。最终需要设计出四个界线清晰且尺寸不同的区域。此外，良好的空间衔接和行为动线也是设计方案的重点。

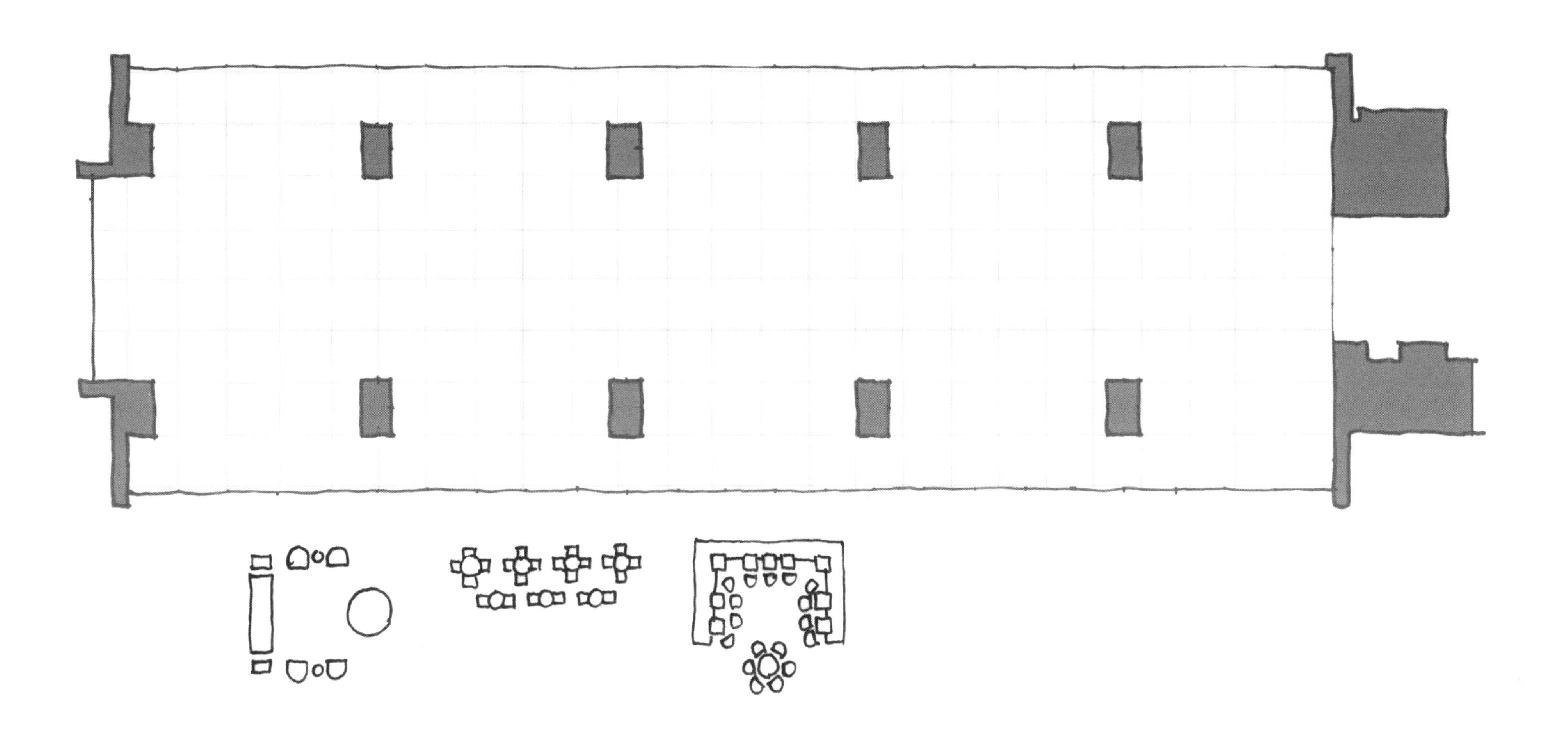

练习 3

假设上图给定的单元网格尺寸是150cm×150cm，家具类型如图所示。在上图的酒店大堂平面图中尽可能多地设置座椅区。采用墙体、屏风或其他元素来划分空间。可以采用选择任何给定的家具样式进行组合，组合的形式不限。请仔细规划交通动线，并且用线和箭头标示出空间内的主要交通动线。

项目

设计项目可以从很多不同的角度来进行评价，本章提出了四种方式来审视项目的整体空间规划。当你进行建筑平面分析时，会注意到很多的要点：第一，平面是具有特定物理特征的空间（房间）的集合，有些空间是开放的，有些是封闭的；有些尺度宏大，有些狭小。第二，空间可以采用不同的方式进行组合。空间可以是独立的或者互相连通的，可以朝向室内或者布局在外墙周边。第三，可以依据空间所承担的功能对它们进行划分。有些是主要空间，有些是辅助空间，还有服务空间、储藏空间和用于通行的交通空间。最后，可以根据公共性或私密性的级别对空间进行概念性的划分。有些是明确属于“住宅门面”的公共区域，而有些则是私人的和有使用限制的空间，来访者只有获得进入的许可才可以使用。我把这些原则在下一页的右侧进行了概括，并在本页和下页的插图中选用了两张建筑平面图进行说明。

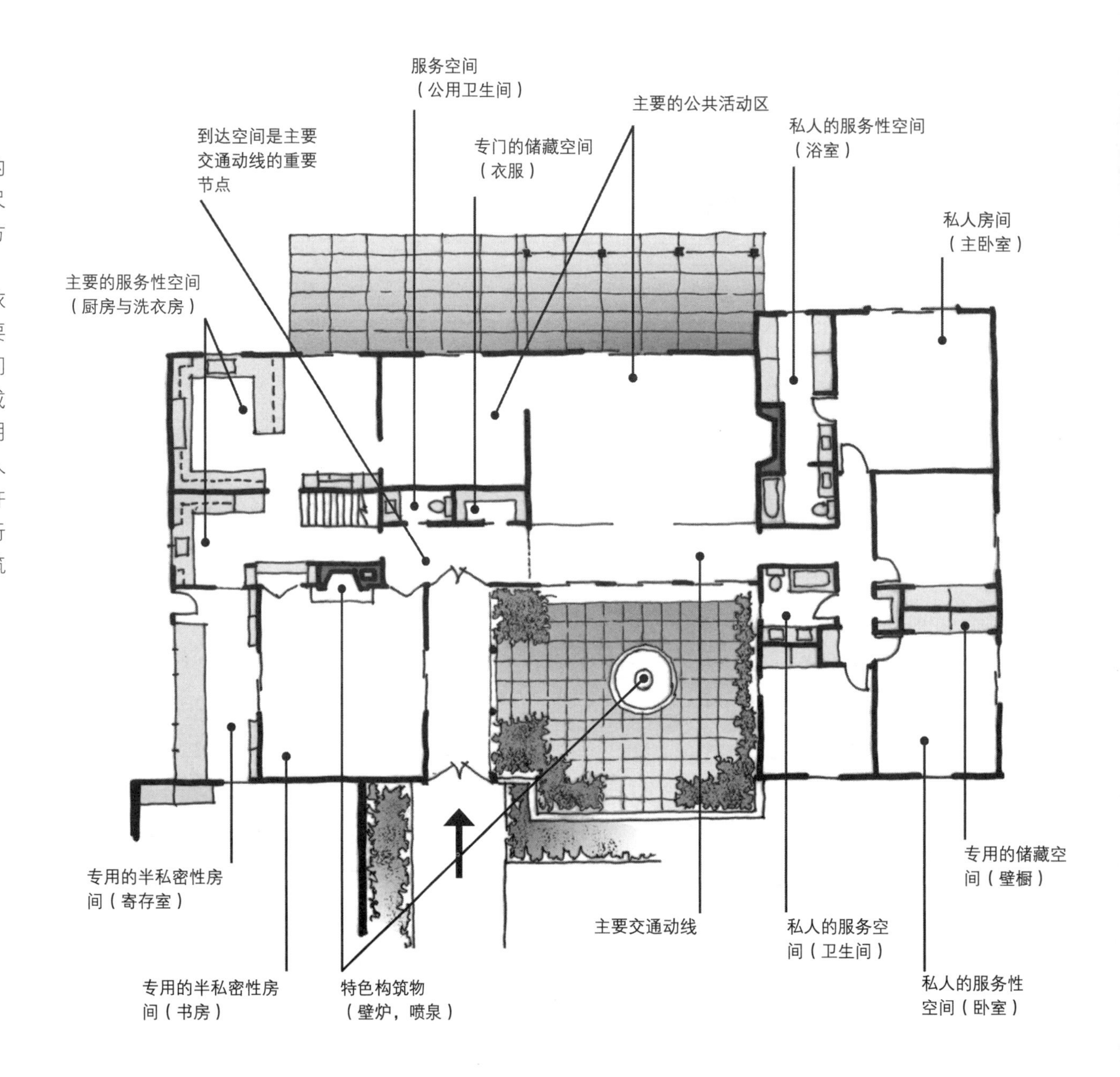

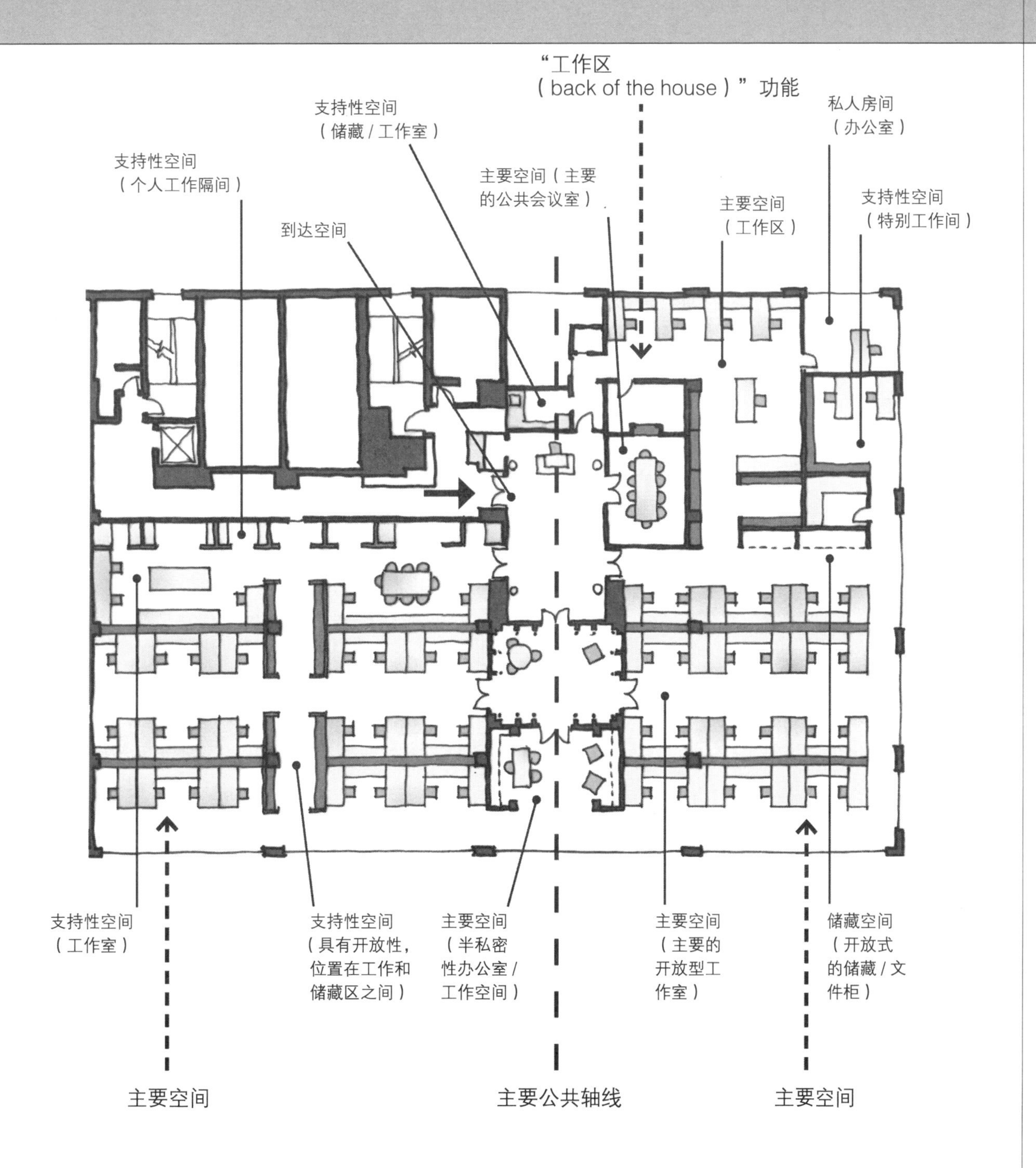

用于分析空间规划的四种方式

可以依据以下要点进行空间分析：

1. 空间的物理特征
- 开放空间
- 封闭空间
- 半封闭空间
- 小型空间
- 大型空间

2. 空间的结合与布局方式
- 独立空间
- 连接的空间
- 内部的空间
- 外墙周边的空间

3. 空间的一般性功能
- 主要空间
- 支持性空间
- 服务性空间
- 储藏空间
- 交通空间

4. 空间的开放程度
- 公共空间
- 半公共空间
- 私人空间

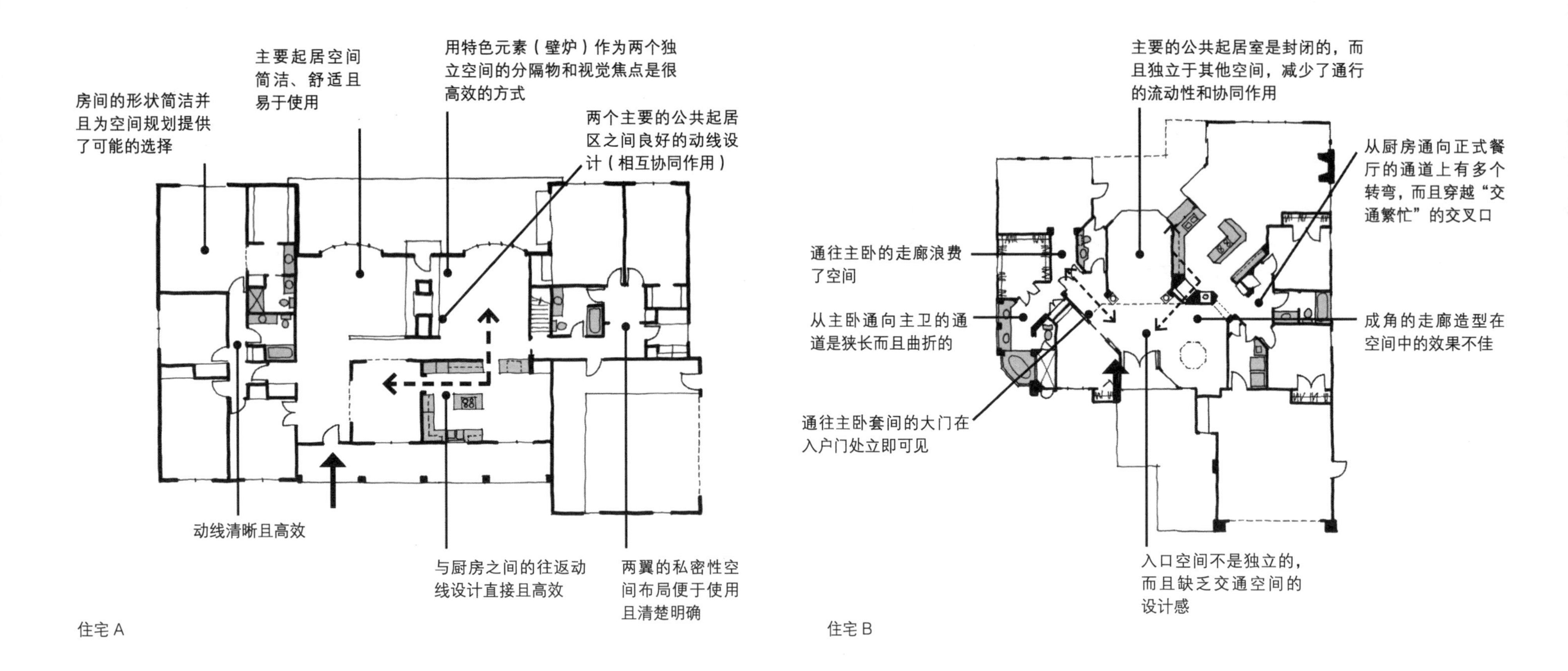

住宅 A

住宅 B

项目的品质

为完成一个成功的设计项目，设计师必须对基本功能和知觉方面的要求进行认真的思考。本页插图呈现了两组案例，第一组设计案例中的第一个项目是独栋住宅，它的平面设计是从标准住宅平面书籍中改编而来。住宅 A 的设计特点是简洁、具有向心性、实用且使用效率高，设计方案比较低调而且直接。

住宅 B 中，几何图形设计师非常努力地尝试将矩形和其他几何图形的空间结合在一起，虽然可以成功实现空间的使用功能，但是，直角与其他角度结合的造型在室内造成了过多的弯曲和转折。

这种设计方式有可能产生成功、复杂的方案，但是，通常也需要设计师投入更多的精力去解决这种设计方式所产生的问题。为此，我建议设计新手们避免那些不必要的复杂性设计。

第二组设计案例包括两个就餐区的设计方案。我们对两组方案的实用性进行比较，选用的功能性标准主要涉及入口（等候区）、酒吧区、服务员在厨房之间往返的交通模式。方案 A 看起来更合理，等候区与其他空间的分界清晰定并且使用起来很舒适，吧台位置醒目且容易到达。更重要的是，通往厨房的两条独立的通道能够有效地减少服务员与顾客之间的交通动线交叉。方案 B 存在几个问题，例如，等候区旁边的餐桌虽然有用但是会妨碍人员在繁忙区域的通行；把吧台设置在房间后面某个独立的空间里，这个位置表明它的作用不那么重要，明显被划为次要功能；从厨房通往就餐区只有一条通道，容易造成服务员与顾客通行动线之间的交叉与冲突。

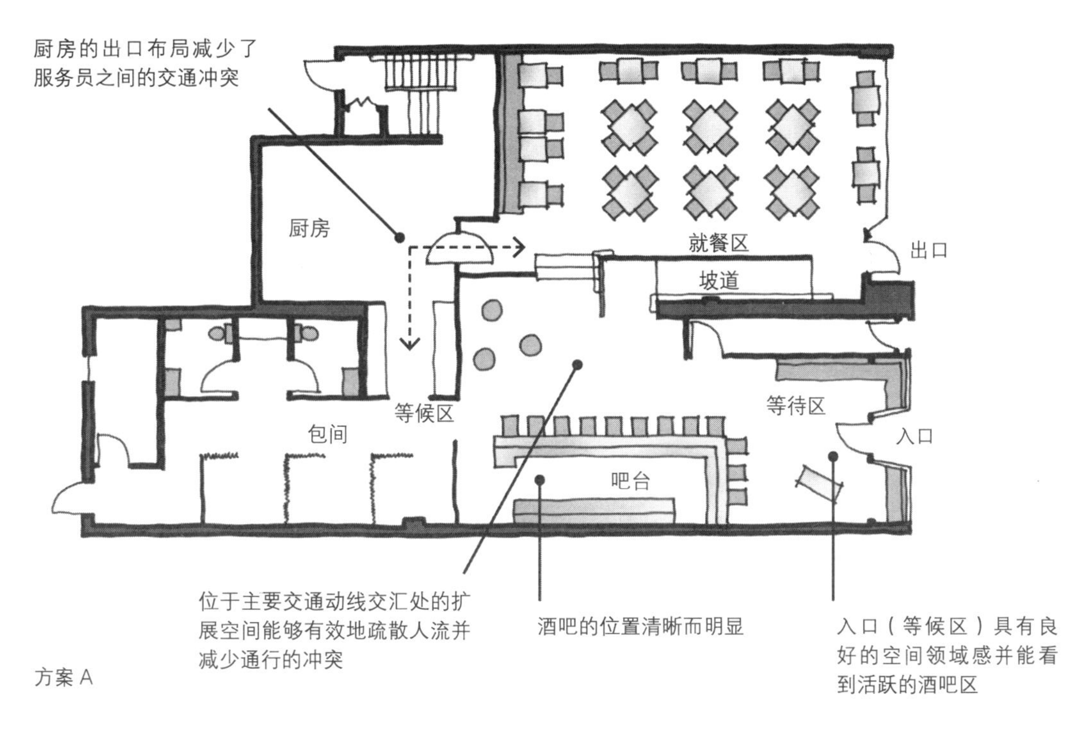

方案 A

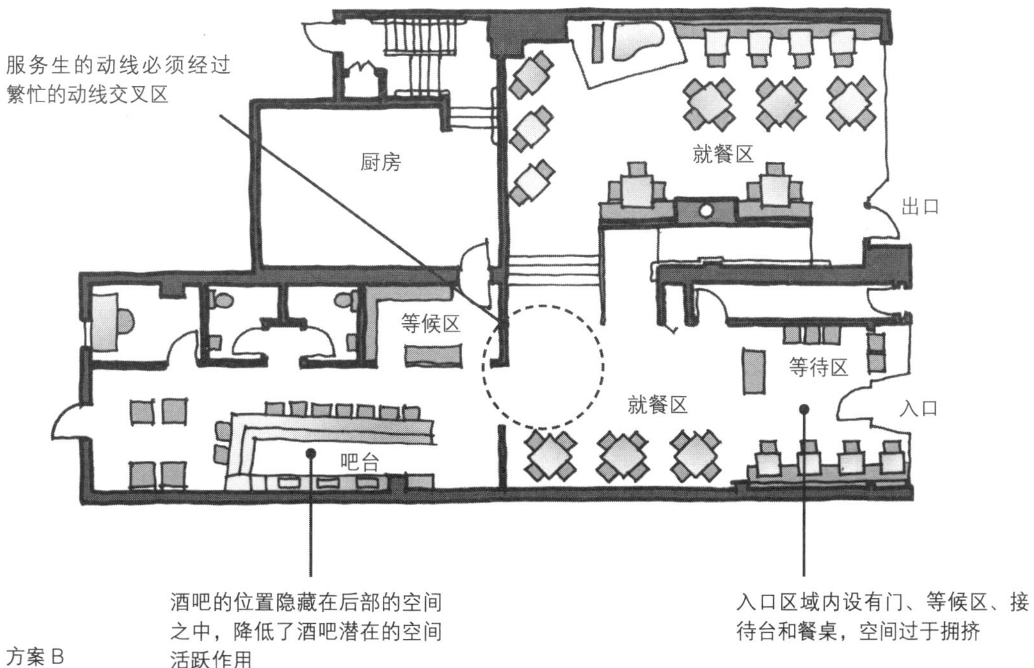

方案 B

四个基本品质

对整体项目进行设计是非常复杂的，需要将很多需求和环境条件相契合，最终形成具有凝聚力的整体。在第 3 章中，我们已经论述过空间设计的流程，因此本节将主要关注平面设计之初，应该保证空间的哪些基本品质。

简约

努力实现设计的简约性。简约并不意味着很容易实现，有时，学生们为了展现设计的表现力和创造力，会有意地回避简约的设计理念。设计应该为要求繁多的复杂项目提出逻辑清晰且直接的解决方案。努力将你的设计方案变得简明扼要，而不是令人费解。当进行设计决策时，锻炼自身的控制力并需要压制过度表现的冲动，不要为了表现创意而强迫自己设计出奇异的造型和空间环境。

和谐

努力实现和谐的设计方案。每个设计要素都能“默契配合”，这对整体设计具有更大的价值。应该避免设计过多的零散细节。项目最基本的组织原则应该是具有易读性和逻辑性。

实用

努力实现使用便捷和舒适的设计方案。合理的布局空间，认真地规划交通系统以保证良好的空间使用动线。设计方案能够传达出空间的功能需求，并有助于这些功能的实现，而不是成为实现功能的阻碍。

高效

努力避免浪费，例如短的行为动线设计要优于长的。以使用舒适为目标，在此前提下应该避免超过现实需求而过度地扩大空间。设计时，尽可能使空间和陈设具有一种以上的功能（多重功能），即用最少的设计要素实现最多的功能。

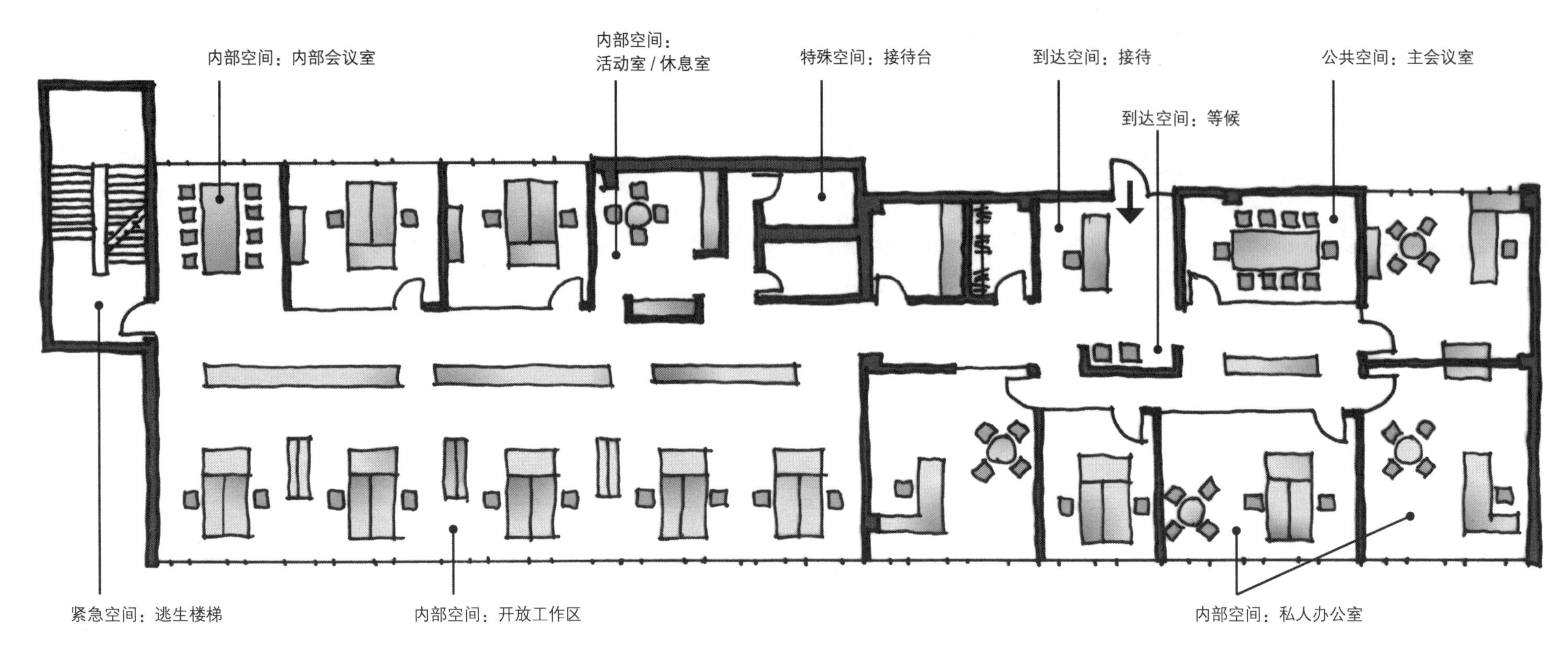

办公室

项目的局部

除了用于居住的住宅、公寓或者宿舍，我们还会作为访客前往其他场所，室内设计师设计的大部分项目是我们临时使用的场所。通过衡量这些场所的使用时间，我们能够区分出所谓的内部人员和来访者。内部人员是经常长时间使用空间的人，通常是其中的工作人员，例如医院的医生、护士、诊所助理、办公机构的雇员和商店的店员等。一般情况下，这些内部人员能够使用整个场地内部的所有设施。来访者是指那些前往医院、商店、餐厅赴约或为了某种交易短暂来访的人。他们可能是常客也可能只是一时的访客。

室内设施需要为所有的空间使用者提供所需的功能。为了给内部人员和来访者都能提供最优的环境体验，我们在进行空间规划设计时需要富有洞察力。在脑中牢记这一原则，现在我们来考虑与大部分室内环境相关的典型的使用情境和设计目标。

首先，我们从抵达并进入空间的行为开始思考来访者的环境体验感受。通常情况下，在入口空间会设有安全门。通过以下相关的问题来思考设计中应包含的要点：主入口的位置在哪里，是否容易寻找？进门以后是否很容易就能找到想去的地方？人们对空间最初的印象是什么样的？入口空间与其他空间是分隔开的还是连通的？通常情况下，入口的到达空间是控制出入的大门：在办公机构、诊所和很多餐厅入口处都会有迎宾人员向来访者致意并要求其等待。这是人们常有的等待经验。入口处空间是舒适的、闭塞的吗？家具的布局方式是否能有助于减少陌生人之间的尴尬？是否能在等候区看到其他空间？是否具有能看到外景的视野？是否有视觉的焦点？如果某些人需要全天都坐着等待，接待台和周边环境是否舒适、宜人？

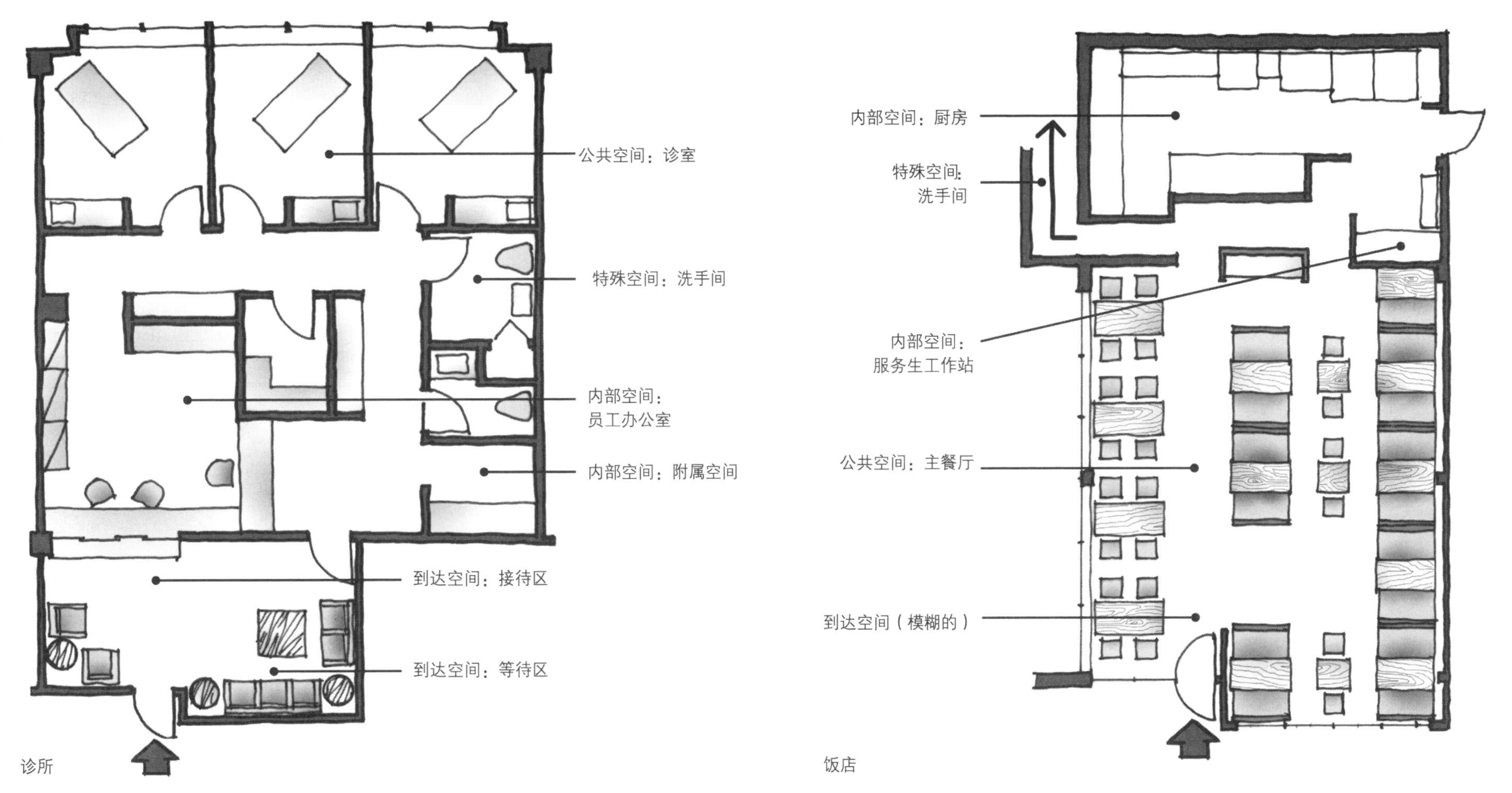

诊所

饭店

此外，设计需要设定各种不同的目标，而这通常成为空间构成和功能布局的主要方向。例如，在商店设计中零售空间就是主要目标；而在设计诊所时，诊室就是最重要的、经常产生行为需求的设计目标；如果是餐厅，让客人坐着消磨一小时或更久的桌子就是设计目标。有些场所通常仅供内部人员使用，而在另一些场所中，内部人员和来访者会有行为动线上的交叉。例如在餐厅中，厨师只在厨房工作，服务生在厨房与用餐区之间往返穿行，而客人只能在用餐区活动。在办公空间中，每个员工会拥有自己的办公室或工位，来访者通常只能在等候区和其中一间会议室中活动。

请思考一下，在需要你进行设计的各种场所中可能发生的行为。一般来说会有一些通用的思考要点，比如行为的内容是什么及它在哪里发生？在会议室的桌边、在餐桌旁、在某诊室的就诊台边、还是在交易柜台旁？然后，根据行为划分成内部人员使用的内部空间和来访者使用的公共场所。还有专门的附属空间同时供内部和外部人员使用，例如活动室、试衣间和空间中的卫生间设施。了解场所中关于内部人员和来访者的活动，并且明白采用何种空间类型和设施来实现这些行为。这些研究工作能够促使你成为更好的设计师。在本节中，我列举了三个简单的环境案例（办公室、诊所和餐厅），并且指出其中某些行为活动和工作发生的场所。

开放的空间和房间

室内环境的空间形式一般是开放或封闭的，还有介于两者之间的结合体。在绝大部分的零售、餐饮环境及很多办公空间的设计中，开放空间的形式能够发挥良好的作用。开放空间可以充分保证使用的灵活性，人们通过移动非固定式的家具和陈设就可以进行空间的重新组织。

封闭空间能够起到分隔与保护隐私的作用。围合封闭空间的墙体能够有助于界定周边开放空间的形状和特征。因此，空间设计工作在很大程度上就是在布局封闭与开放的空间。此外，在空间中增加非固定式的墙体，虽然这是一种简单的设计方式，但也是进行空间造型的有效方式。家具及固定陈设和设备为室内设计增加了另一个层次，此外，还有配饰、艺术品、植物等室内要素。目前，本章还是主要关注房间与公共空间的问题。

事实上，在空间中进行房间布局的方式并不多，设计师会根据需求将房间排列并组合在一起，使其成排排列，形成规则或不规则构图形式的群组。从布局上来说，房间可以布局在建筑外墙附近或者散布于空间之中。从结果上看，空间中的房间布局有八种一般性规律，在本页右侧的插图中进行了归纳。

开放空间

除了满足功能性需求，开放空间可以是令人舒适和满意的。然而，它要求对场地之内的家具和固定设计进行合理的规划。根据需求，开放空间可以形成不同的使用密度。上图的案例中，采用整体办公家具和三个非固定式墙体来划分空间和界定区域。

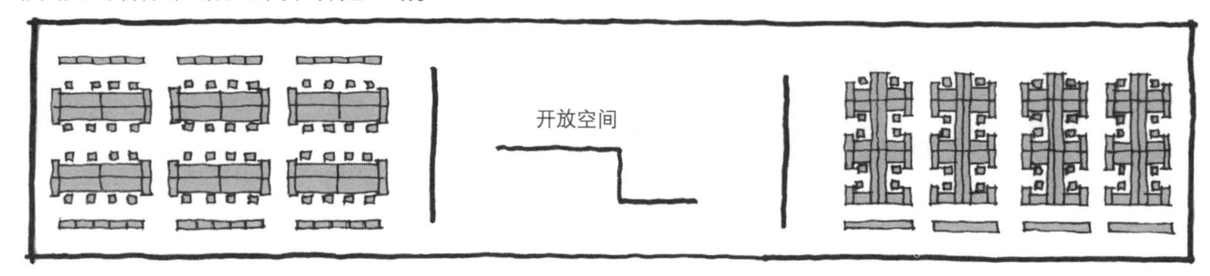

房间与开放空间

很多项目的设计内容都是房间、走廊和公共空间的结合体。房间的数量与布局取决于客观的需求和场地的环境背景。在可能的情况下，需要设计公共的、袋形的开放空间来满足使用者的需求，使光线投射到建筑内部并调节空间的封闭感。

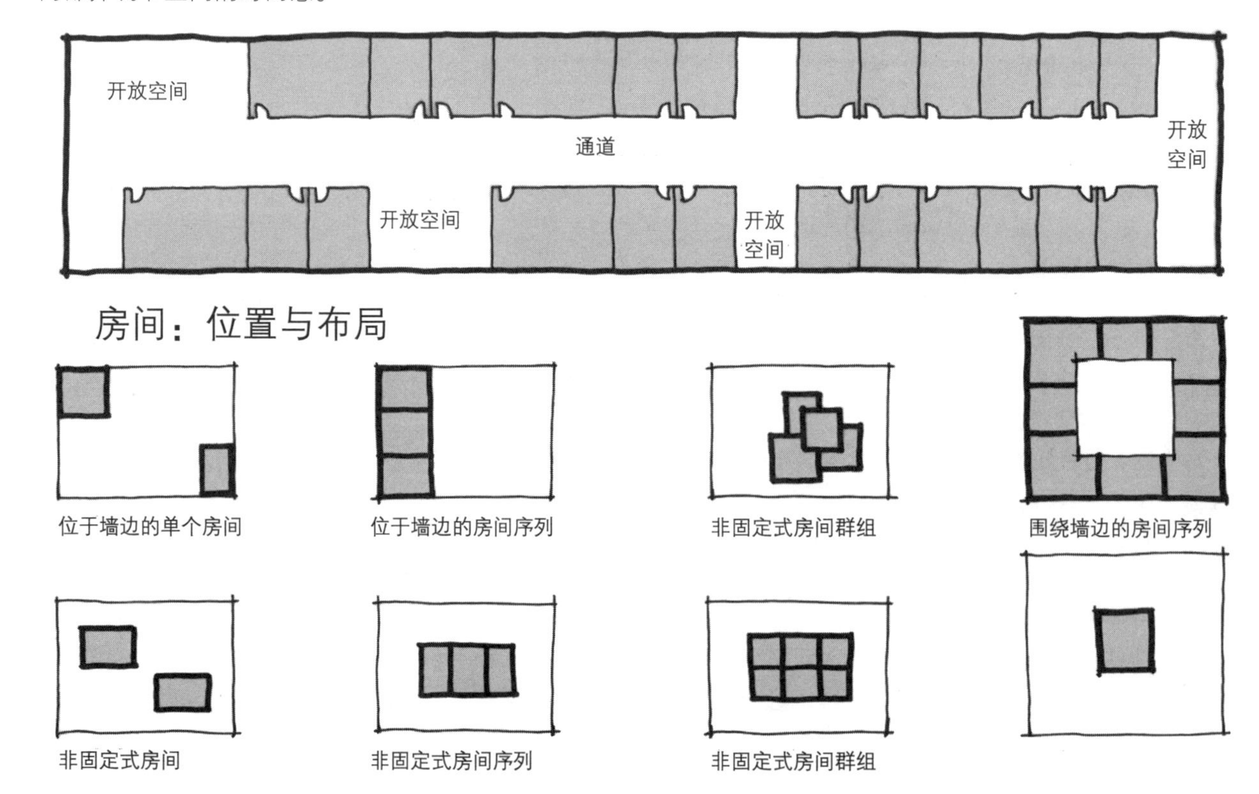

房间：位置与布局

位于墙边的单个房间

位于墙边的房间序列

非固定式房间群组

围绕墙边的房间序列

非固定式房间

非固定式房间序列

非固定式房间群组

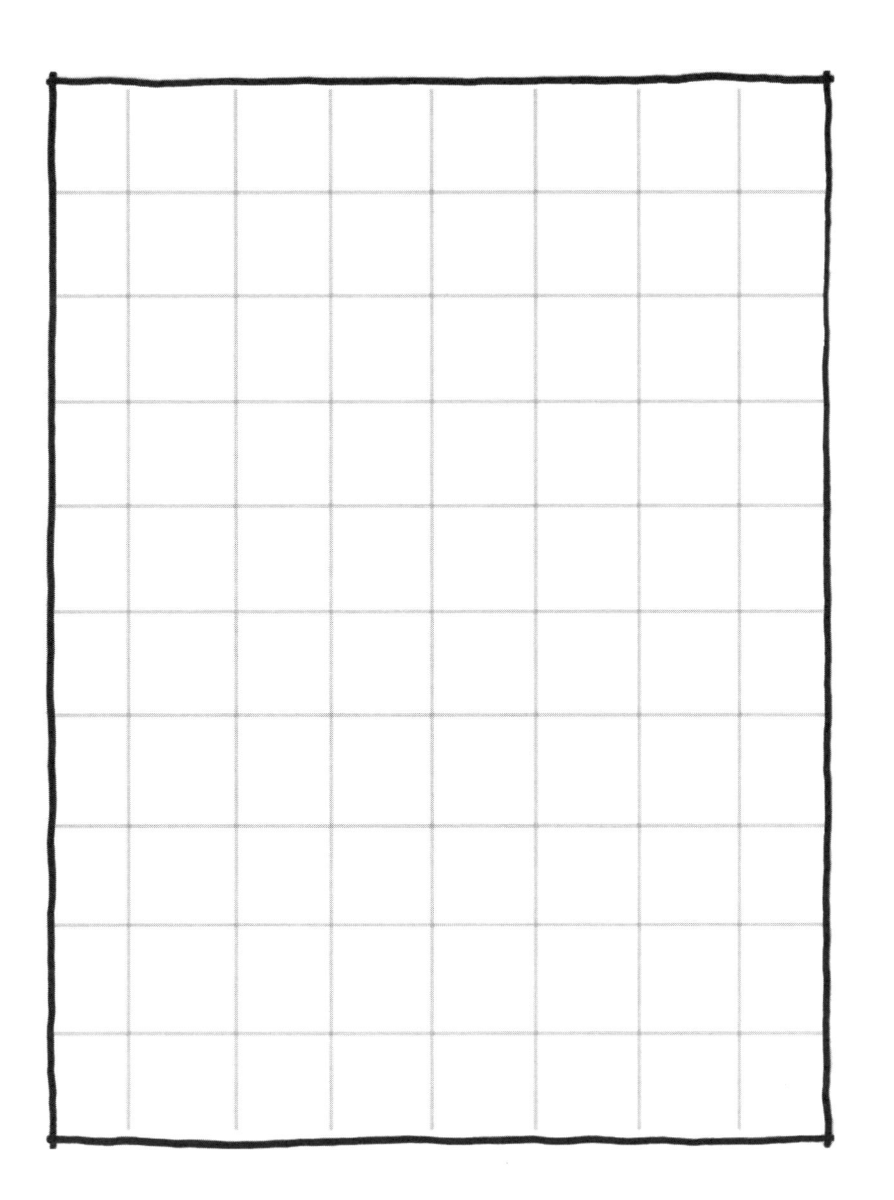

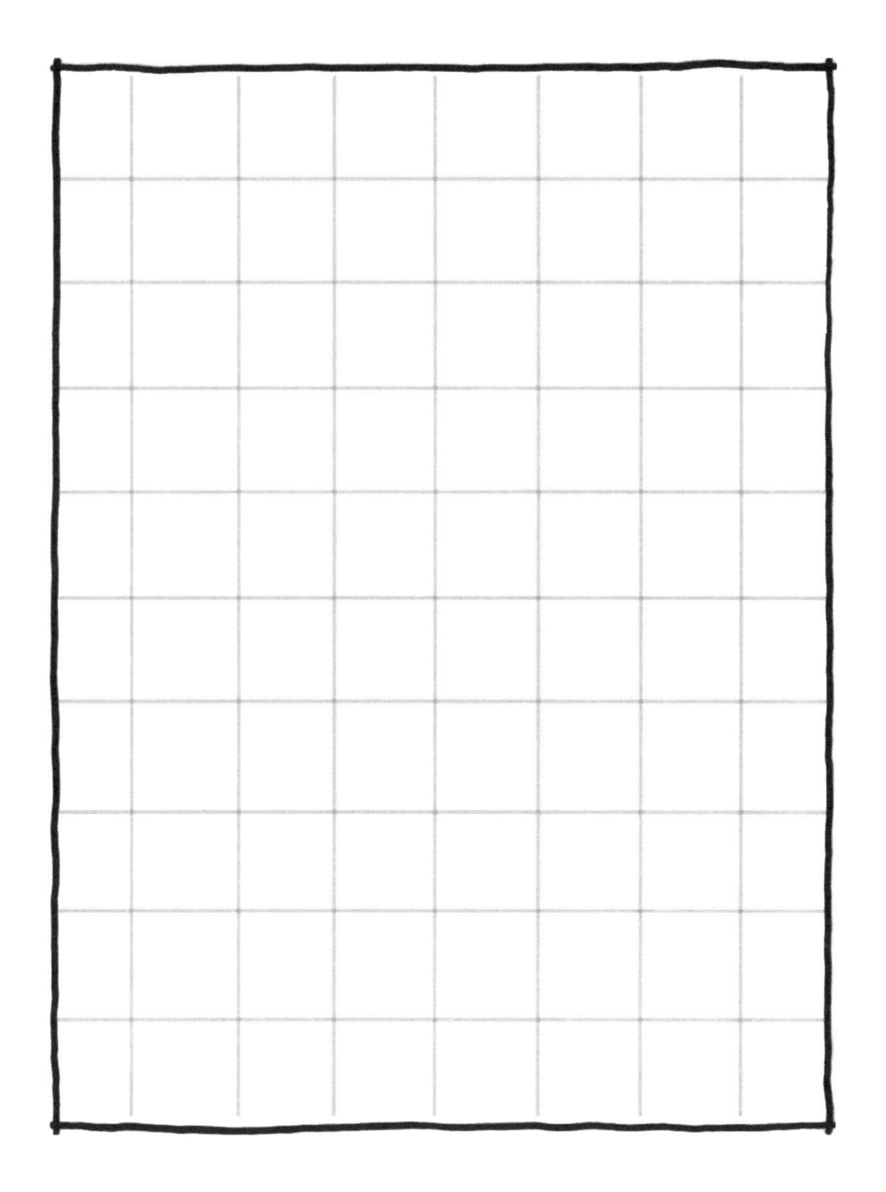

练习

上图是两张常见的平面图纸。网格可以作为绘图的参照，假定第一个网格尺寸为6m×6m，第二个网格尺寸是5m×5m。

在6m×6m网格的平面中，在墙边或平面内部自由地绘制房间排列或房间的群组。需要留意划分空间后所余下的袋形开放空间，你可以根据自己的想法来决定设置几个大尺度的开放空间还是多个小型开放空间。

在另一个5m×5m网格的平面中，为某办公室项目绘制多种家具群组。需要4到8个工位，每个工位尺寸大约是2.4m×2.4m。另外，至少在空间里设计一个非固定式隔墙，用来划分或界定空间。

重复的局部

绝大部分项目中，尽管所设计出的房间形式具有唯一性，但也有很多重复的室内单元。例如，诊所中的诊室、办公机构中的私人办公室和工位、商店中的零售展台和饭店中的餐桌，这些是设有重复性室内要素的场所。有很多种设计方法可以对局部要素进行复制，在某些情况下可以根据需要设置相似的单元，本页中的图书馆项目就是这方面典型的案例。具有节奏感的书架和书桌通过重复的方式形成了八个相同的单元。当连续单元过于呆板时还可以设计出多种多样的单元。在这种情况下，采用旋转和尺寸变化等设计策略就可以形成充分的变化。

重复性的房间可以布局成各种形式，这主要取决于房间的数量和它们所处的项目类型。房间可以布局成两三个群组，或布局成很多组合在一起形成大型的群组，或者只是简单的排列成长长的行列。下页插图中的瑞士学生会馆和西华盛顿州立学院宿舍项目就表现出了两种不同的设计方式。

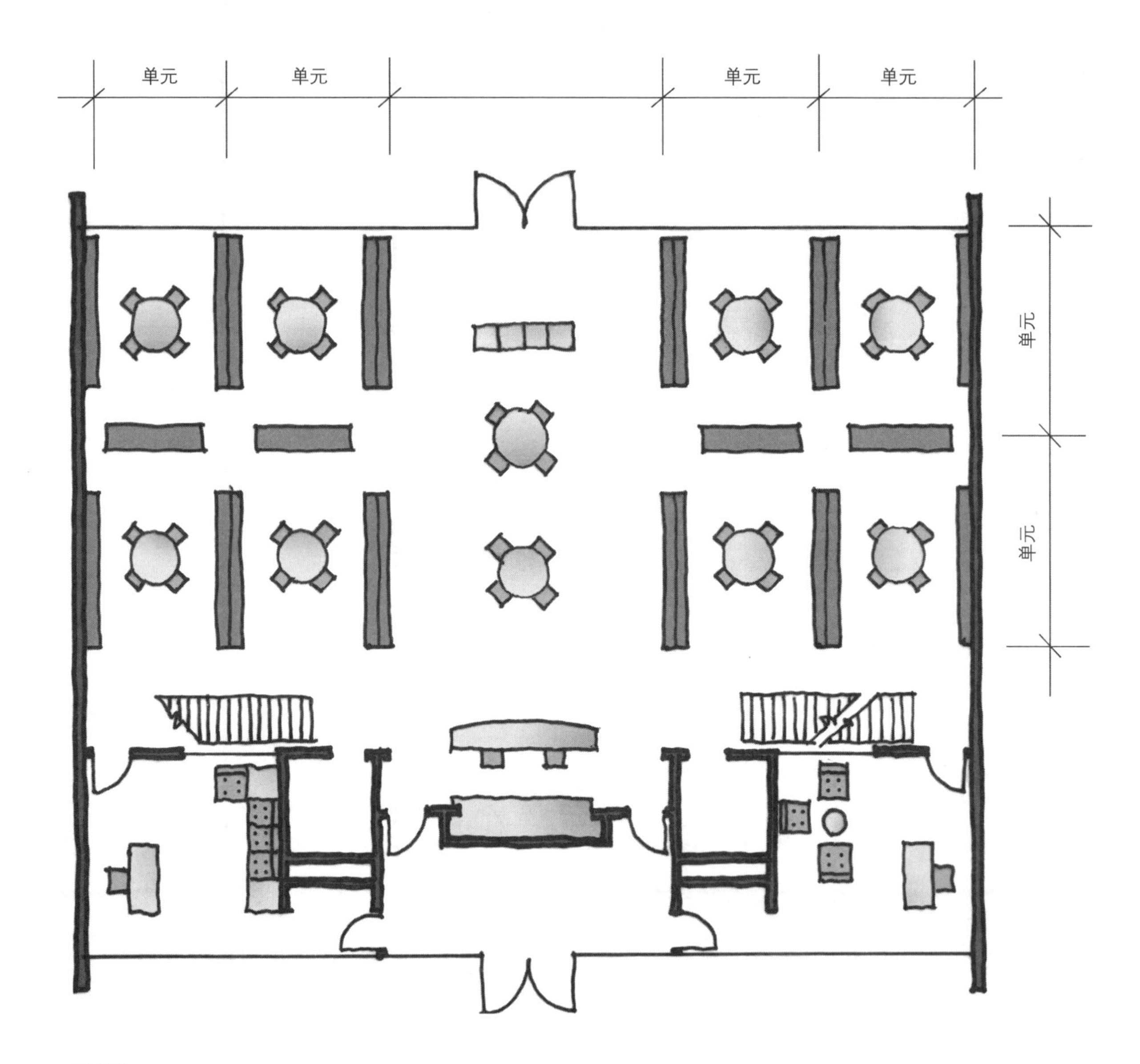

图书馆

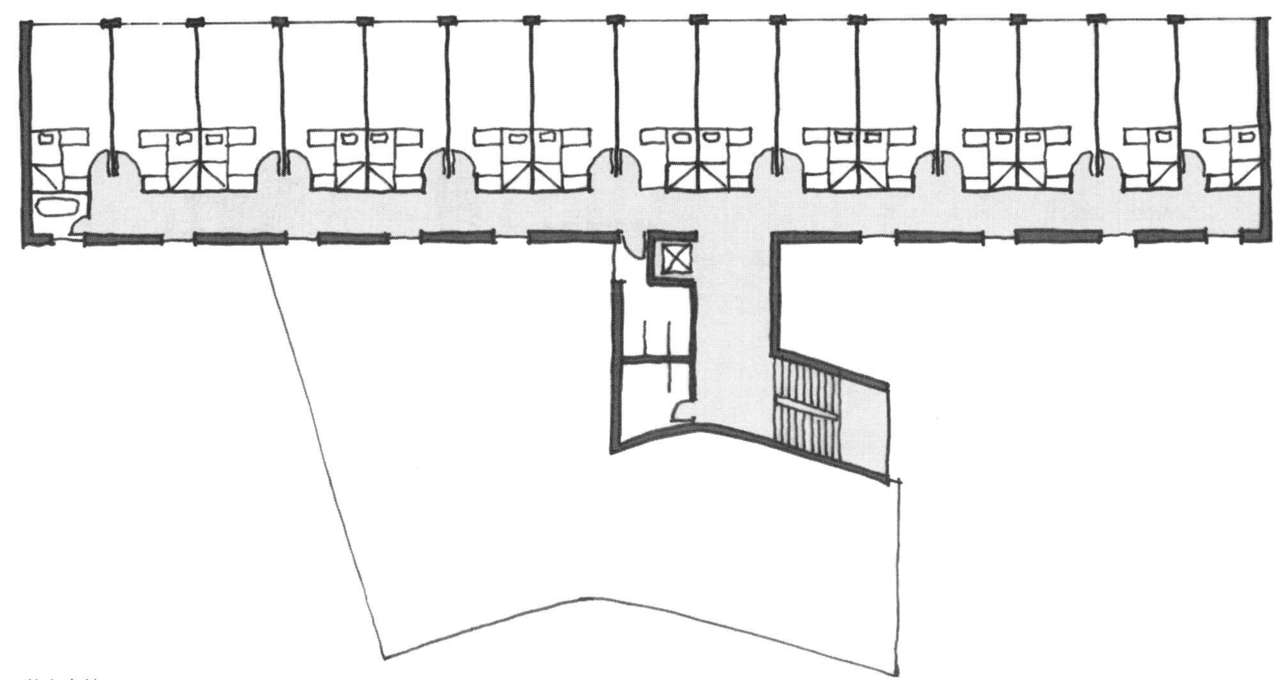

瑞士学生会馆

位于巴黎（1930 年）的瑞士学生会馆是严格而精确进行重复设计的案例，也是宿舍、公寓单元和酒店类建筑的典型代表。勒・柯布西耶在设计中，并没有试图去改变项目要求的、必须性的重复要素。相对于精确重复的单元排列而言，建筑侧翼的有机形态、纵向上的交通、公共卫生间和阳台设计成为具有趣味性的要素。

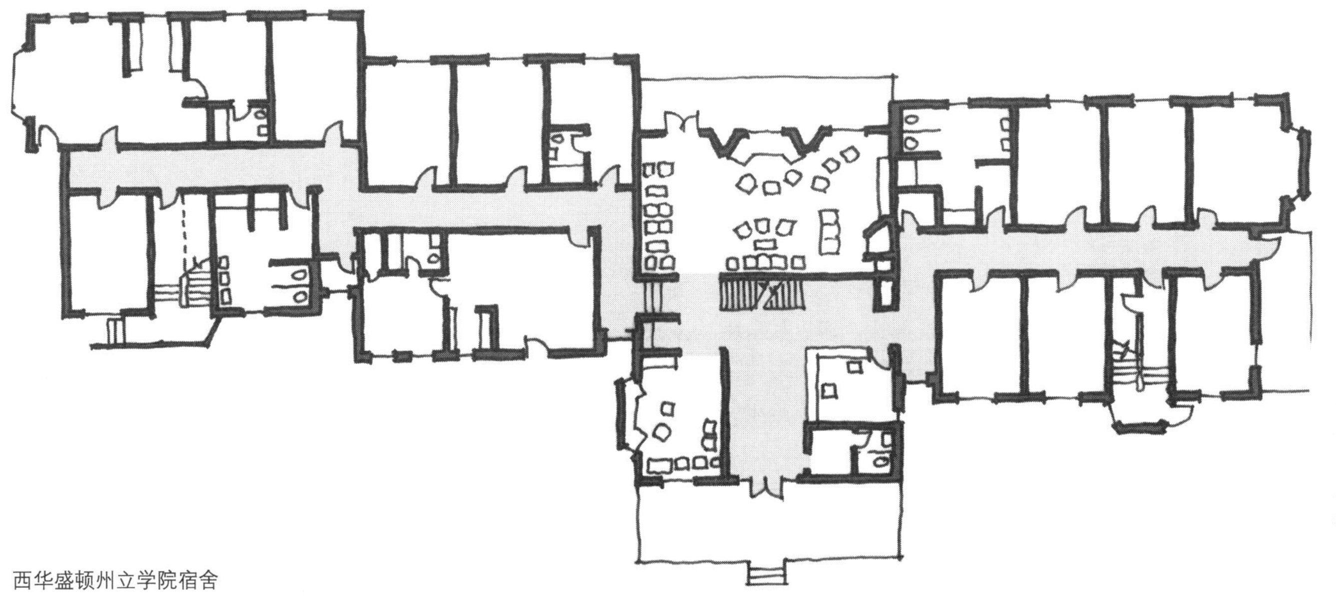

西华盛顿州立学院宿舍

大学生宿舍建筑案例表现出较为简单的重复设计方式，只有标准间单元是重复的。但是，本案例的平面构图形式使重复性要素具有变化，主要设计形式将楼梯、浴室、休息室和其他独特的、唯一的房型与重复性要素组合在一起，从而实现一种动态的多样性效果。从设计结果上来看，基本的房间单元根据其所在的场地位置，主要表现形式为单独、成对或最多三个一排。上面所列举的三个案例中，本方案的重复性要素设计加入了最多不同类型空间的混合。

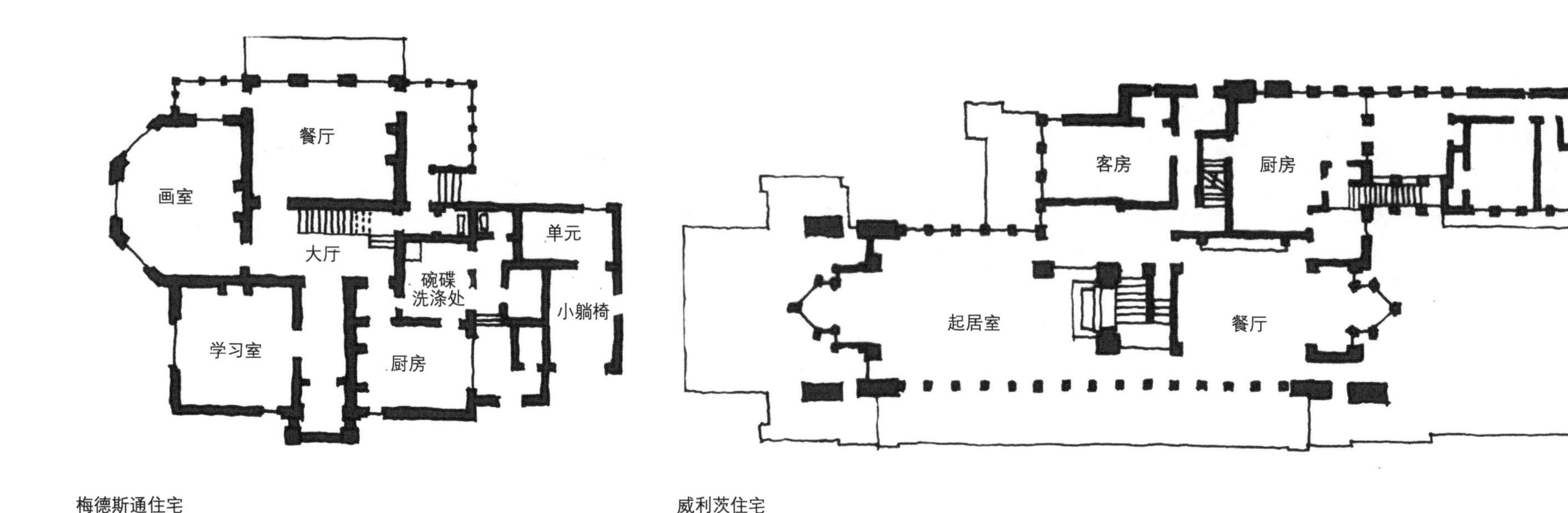

梅德斯通住宅

威利茨住宅

平面设计的发展

所有的新旧建筑都需要进行室内设计，室内设计师或多或少都会受到已有建筑特点的影响。在旧建筑和当代建筑中进行空间设计的方法是完全不同的。20世纪以来，在设计发展的过程中设计手法越来越自由、具有流动性。在本节中，我将简要地论述一下建筑设计的变化，尤其是现代设计的先驱者们在结构设计发展和空间创新层面所带来的重要影响。

直到20世纪早期，建筑仍需要承重墙作为支撑结构。因为种种原因，建筑成为由很多封闭房间所组成的空间，房间之间通过墙面上狭窄的门洞形成连接。这种设计方式使空间划分模式单一。（上图）英国梅德斯通的乡村住宅平面就是这种平面设计的代表。

在20世纪早期，弗兰克・劳埃德・赖特第一个舍弃了“方盒子”的建筑形式，将更加自由的设计风格展现出来。建筑物的角落被打开，墙体消失了，分隔物与半墙被引入设计。墙体再也不是单纯的连续围合，不是只能被精确的设置在每个房间的边界或在转角处封闭起来，而是开始有了意义。现在，通过移动和缩短墙体的设计方法，将室内空间打开并形成室内外环境的连续性。本页上方的插图中，莱特设计的威利茨住宅的公共区域就是这种设计方式的典型案例。

另一位现代设计先锋是德国建筑师密斯・凡・德・罗，他在建筑及室内的新型开放性设计方面做出了极大的贡献。他为1929年西班牙巴塞罗那国际博览会设计的德国馆，采用了不受结构墙体影响的流动空间设计方式，至今仍是最经典的设计案例。很多建筑师和设计师都秉承了这种设计理念，避免方正的空间形式并保持了开放的平面设计，例如，由亨里克・布尔（1959）设计的克劳森・布朗・鲍德温

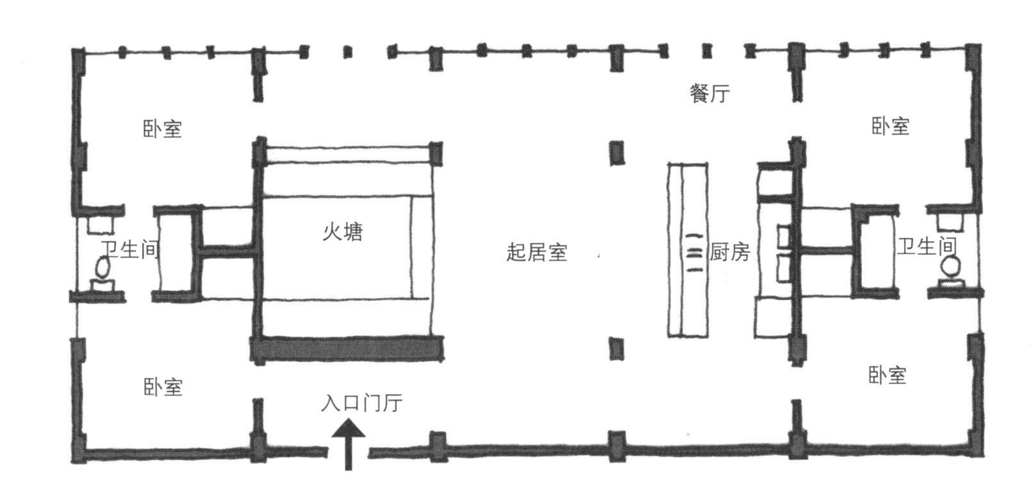

克劳森・布朗・鲍德温住宅

住宅也是采用开放的、流动的方式进行空间设计的出色案例。

我们之中的很多人都是居住在木框架的方形住宅里，并且已经习惯了根据分隔的方式去思考空间。虽然私密空间仍然需要空间分隔，但是在商店、饭店、办公室和酒店大堂等大部分的公共空间中，开放式的空间比方形的封闭空间要更加适用。

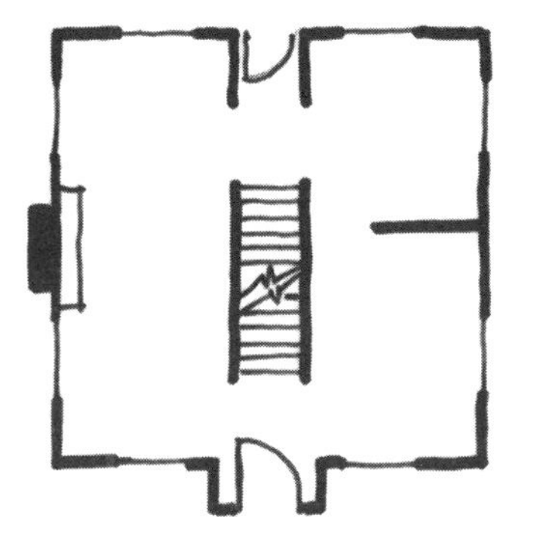

美式方形平面形式已经被用过上千次。它的构成内容是三个矩形空间和一个设有通往二层楼梯的走廊空间。起居室、就餐区与厨房空间都是分开的，长长的楼梯成为两侧空间之间的巨大分隔。

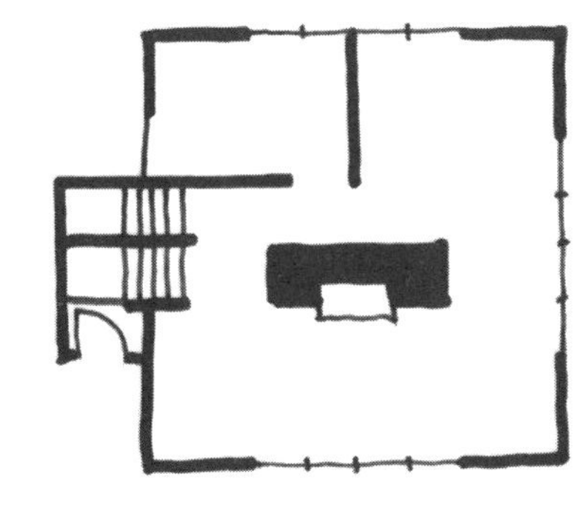

弗兰克・劳埃德・赖特的方盒子与上图比例相似，但采用了不同的设计方式。壁炉从建筑边界移到了建筑的中心，入口移到了建筑的一面外墙上并向外突出，墙上的开口由一组横窗取代，强化了室内外的视觉关联。方案中的平面形式更加开放，在起居与就餐空间之间形成了更好的交通与行为动线。

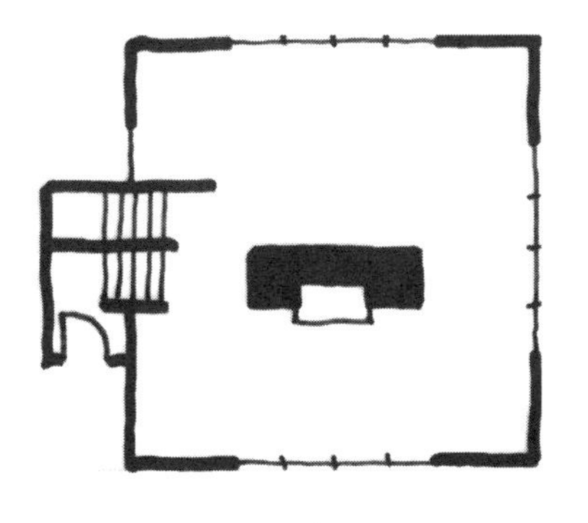

我们可以将莱特的设计再改动一下，像今天常见的设计方式一样将厨房空间打开，例如移开厨房和餐厅之间的墙体并将厨房中的岛形备餐台作为两个空间之间的分隔。通过缩短楼梯一侧的翼墙长度，厨房空间还可以再进一步开敞，当然，墙体的长度仍然能够为安放 L 形形橱柜提供适宜的背面支持。

场地建设

商业设施通常设置在租借的空间内，有专门为零售和办公用途而建造的建筑。在你所需要进行设计的场地中，建筑的特定环境条件会在布局上影响空间设计的决策。

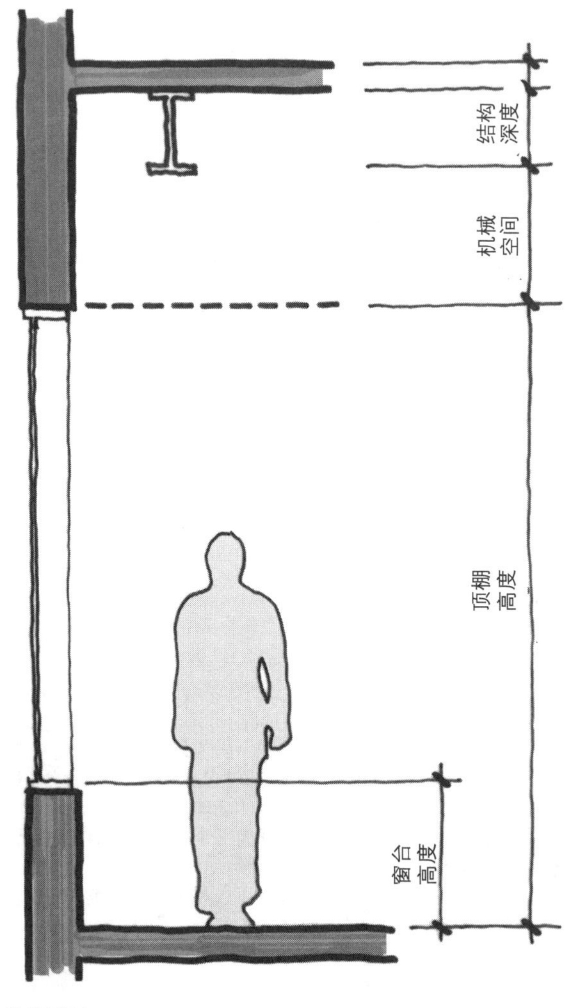

外墙剖面

首先需要注意的就是核心筒（或公共走廊）到外墙的距离，即所谓的空间进深。你所设计的空间进深可能较浅，也可能很大。对于需要容纳很多私人办公室等办公空间的话，那么进深大的空间会比进深小的空间更实用。你可以在本页插图案例的剖面图中看到，在最大进深 14.63m 的大进深空间里不仅可以设计出内部和靠边界的办公室，还能在办公室之间加入工作台和走廊。

建筑外墙纵向上的窗台和结构也会影响空间设计。位于中央 122cm 高的窗洞尺寸将决定私人办公室隔墙的高度为 3.65m。同样的，柱间距尺寸会在很大程度上影响室内房间的布局和独立工位的设计。

另一个需要重点考虑的要点是建筑外墙上的具体状况，尤其是连续的玻璃、窗台和窗楣的高度。因为这些场地条件会决定你在建筑外墙附近如何布局家具，以及如何处理顶棚到外墙的结构交汇问题。

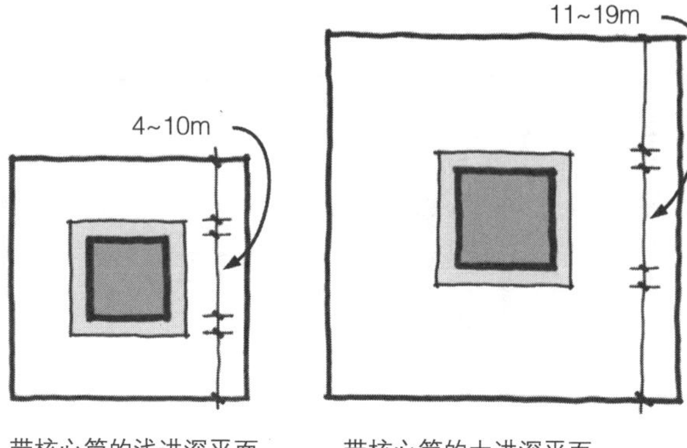

带核心筒的浅进深平面　　带核心筒的大进深平面

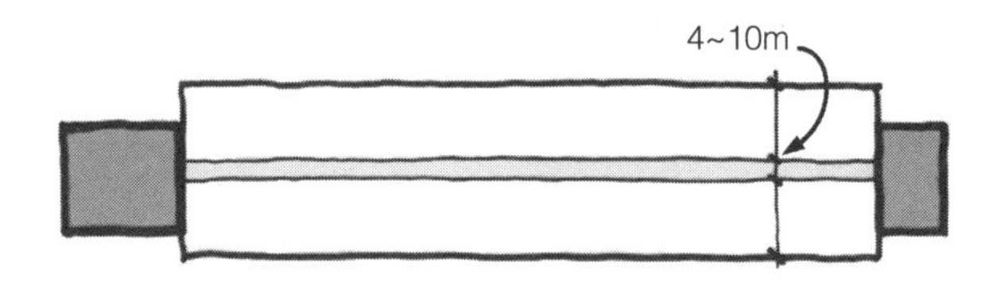

带中心走廊的浅进深平面

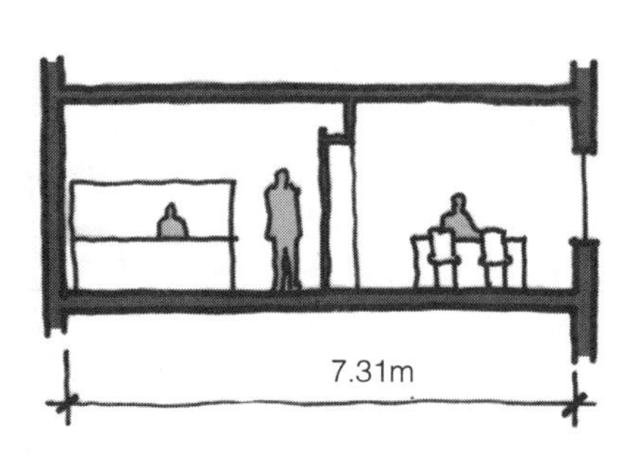

核心筒——外墙：浅进深的剖面

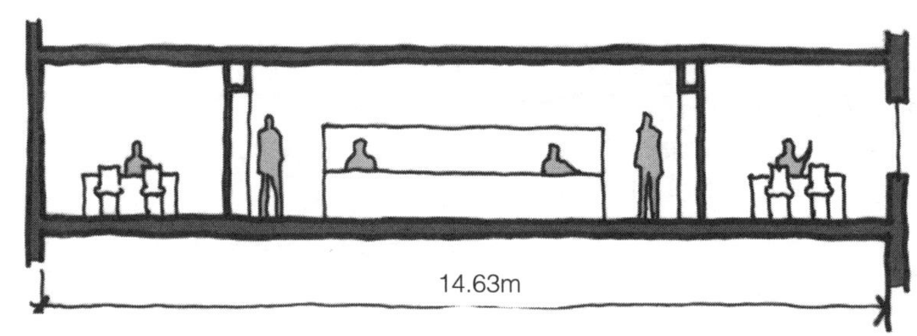

核心筒——外墙：大进深的剖面

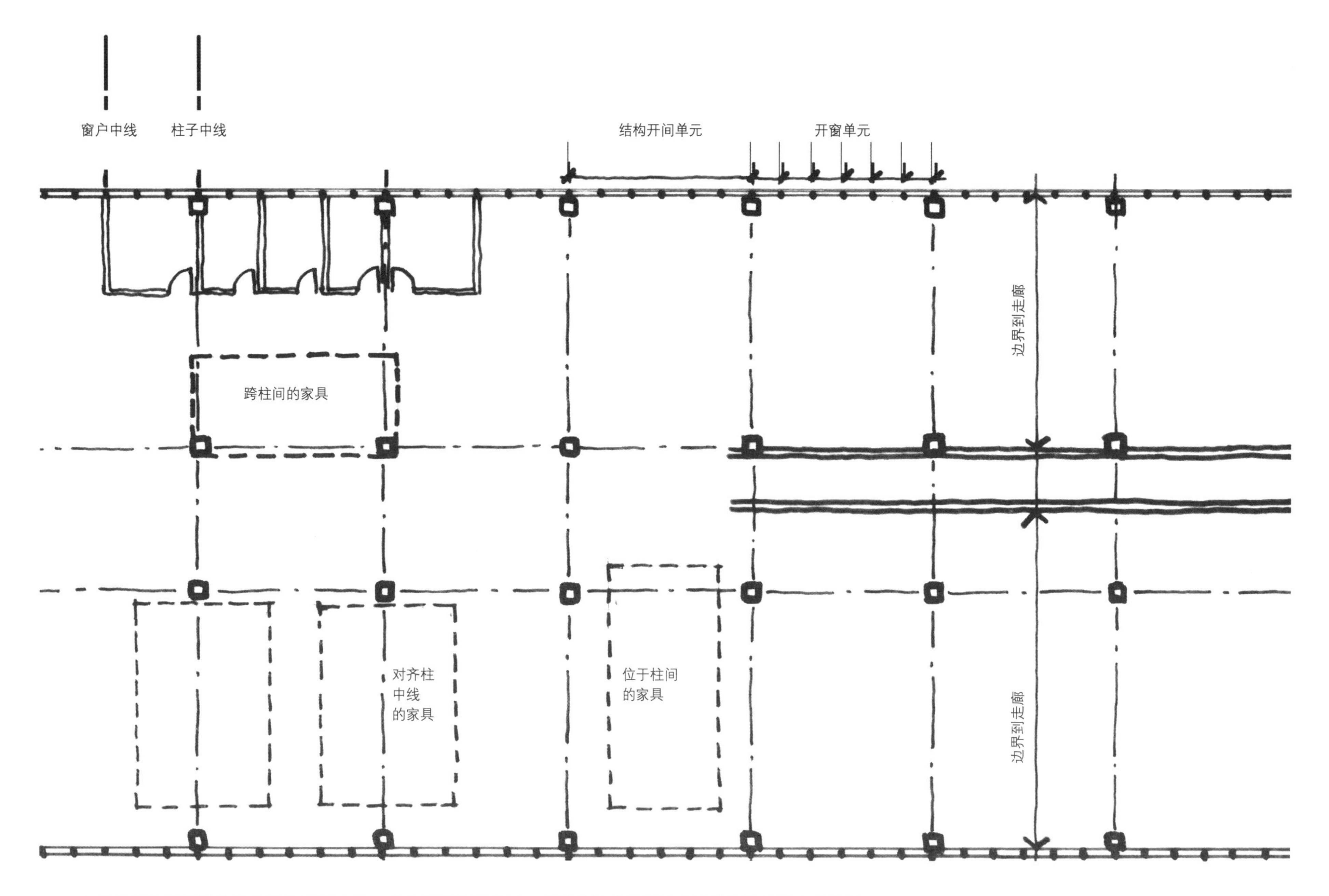

上图是标准建筑结构图的部分平面内容。尤其需要注意的是：建筑的结构网格决定了柱距和外墙上的窗洞尺寸。这两个已有的现场条件会决定你该如何设计靠近外墙的空间（基于窗洞位置），以及基于柱网条件如何设置室内隔墙和布局家具群组。

实与虚 I

正如前面所讨论过的，室内设计项目是在建筑外墙之内，根据不同的组合方式将封闭空间（实体）与开放空间（虚空）相结合。现在，我们通过练习将这一观点付诸于实践。首先，我们来看看由学生设计的四个平面方案。设计要求是在空间中布局 13 间办公室和 1 间会议室，同时，为了实现开放性设计的目标，还需要在靠近外墙的区域预留出开放空间。那么在所有方案中，哪一个开放区域的设计最清晰、和谐并具有高品质？是否有非常成功的方案或存在问题的方案？

现在就开始进行设计练习，设计要求与前面的练习会略有不同。

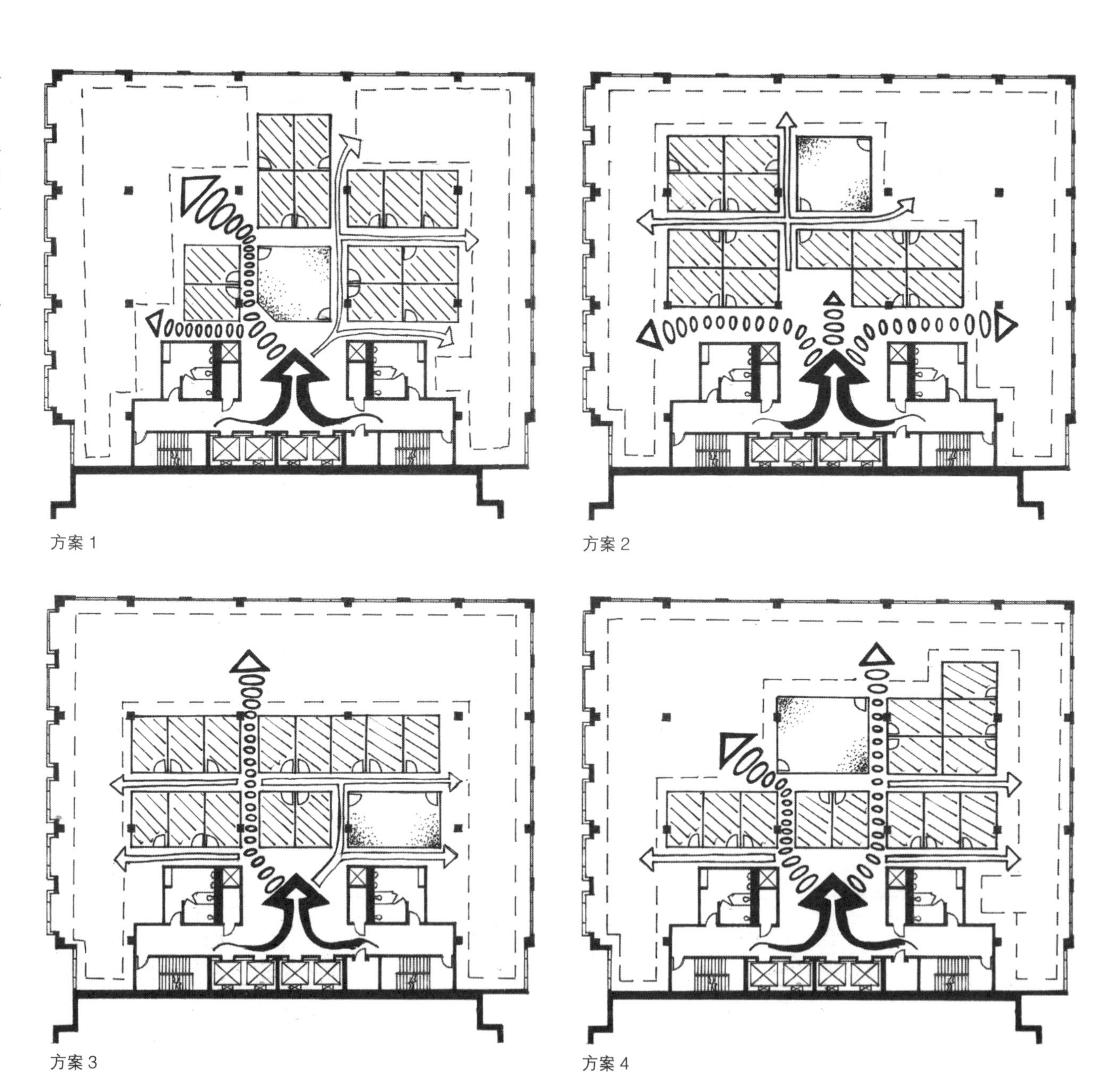

方案 1

方案 2

方案 3

方案 4

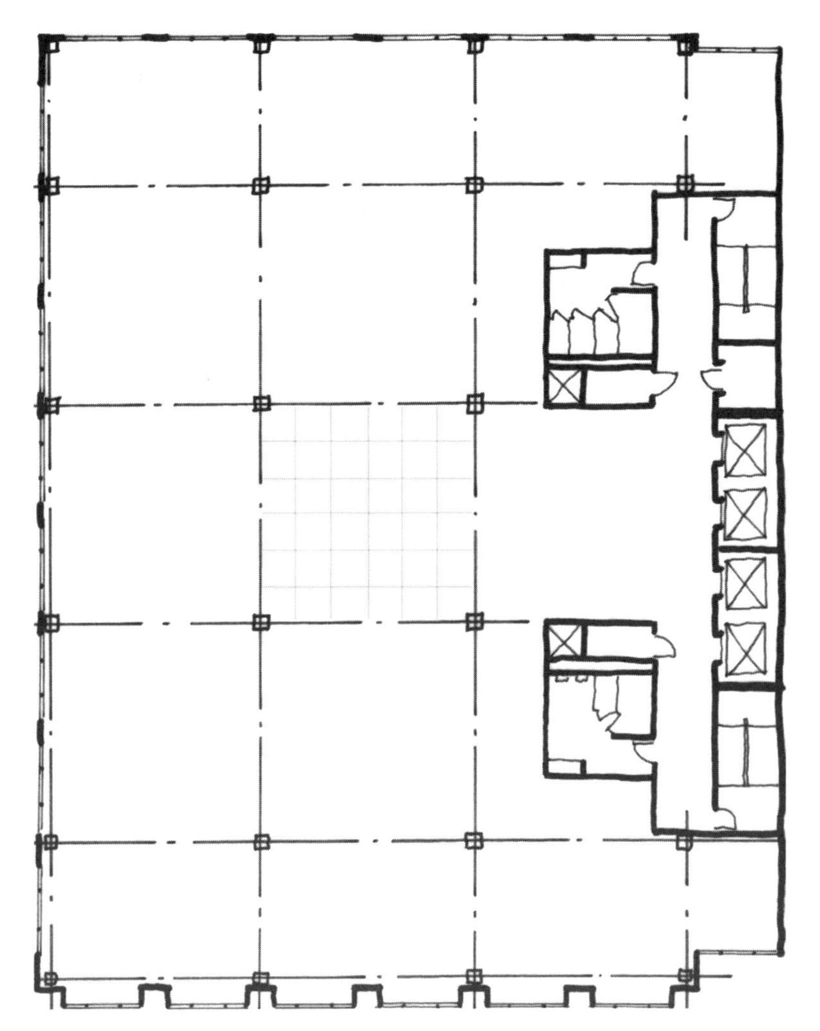

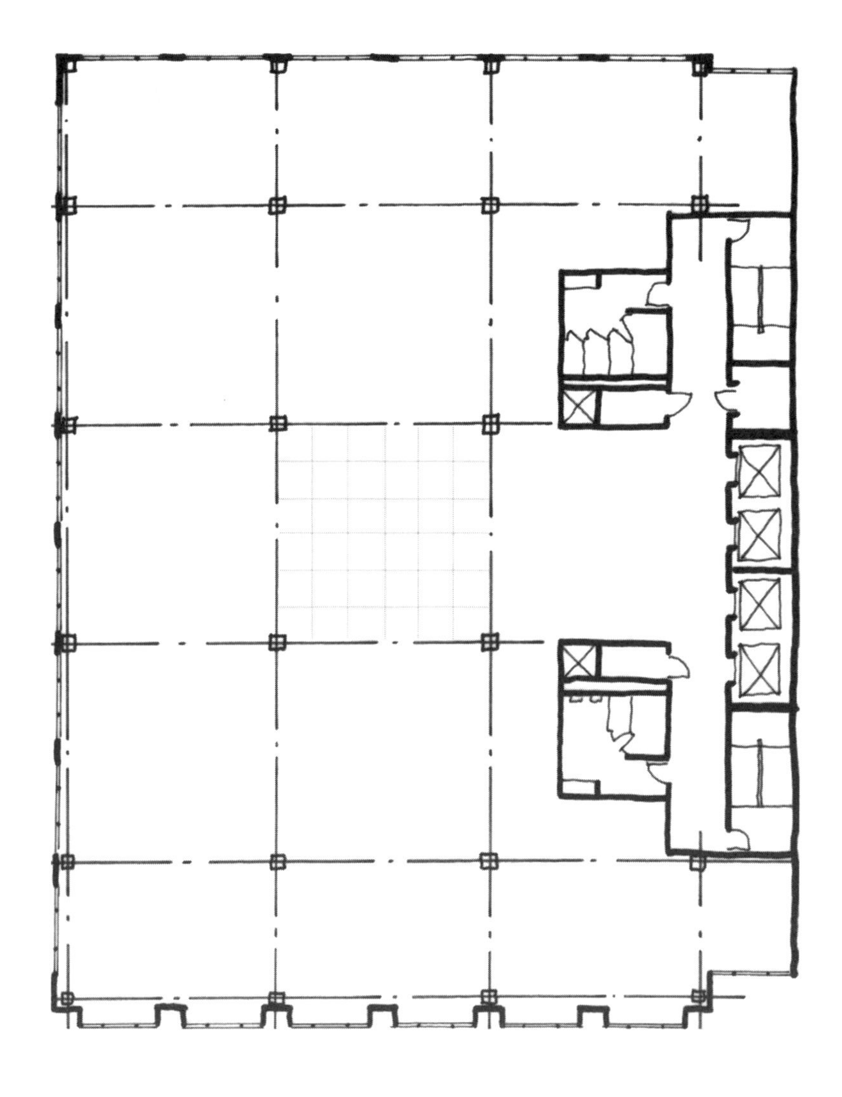

练习

上图是某公司所在的建筑平面，由于整个楼层都是一家公司使用，所以电梯厅就是空间的入口处。你的设计任务是研究建筑平面并且提出两个布局设计方案，包括最大面积 13.94m^2 的 11 间办公室和最大面积 32.52m^2 的大型会议室。中心网格标示出 1.5m×1.5cm 的单元尺寸。在你的两个方案中，可以有一个方案占用靠近外墙的区域，但是只能占用一侧外墙，其余临近外墙的空间需要开放以保证自然采光。要避免对单个办公室进行布局，而是应该将它们至少两个以上成组再进行排布。首先，推敲设计草图用铅笔轻轻地在第一张图上绘图，一旦决定了最终的布局形式就用铅笔或水笔正式画(手绘)出来。可以用网格线作为参照，这样绘图的线条就会美观而且平直。

确保能够为将来放置单元系统的办公家具预留出开放区域。最后，在进入空间的主入口处画出大的五星或星号标志，并用线条和箭头标示出主要的交通动线。

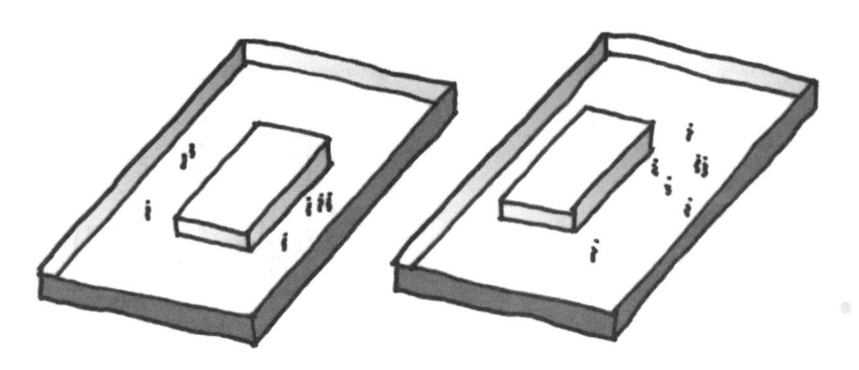

非固定式实体

两个方案中的体块一个位于中心，一个位于靠近外墙的位置，注意两个方案里实体之外的空间有什么区别 。

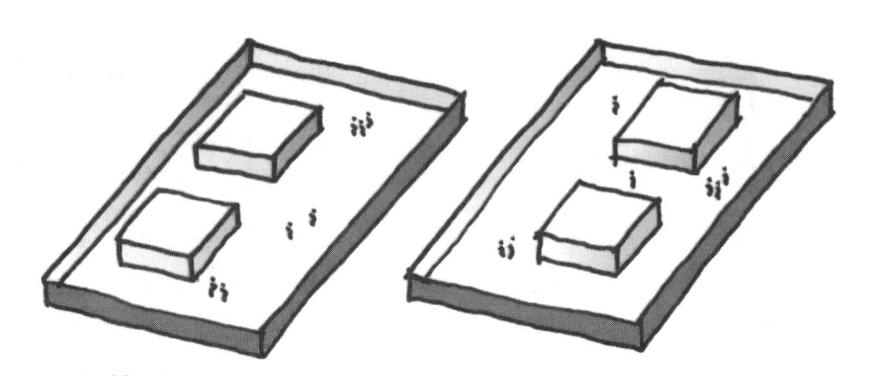

两个非固定式实体

这两个方案也表明居中布局和靠近外墙布局的方案之间的区别，当非固定式实体靠近外墙时会在相反方向形成一个大的公共空间。

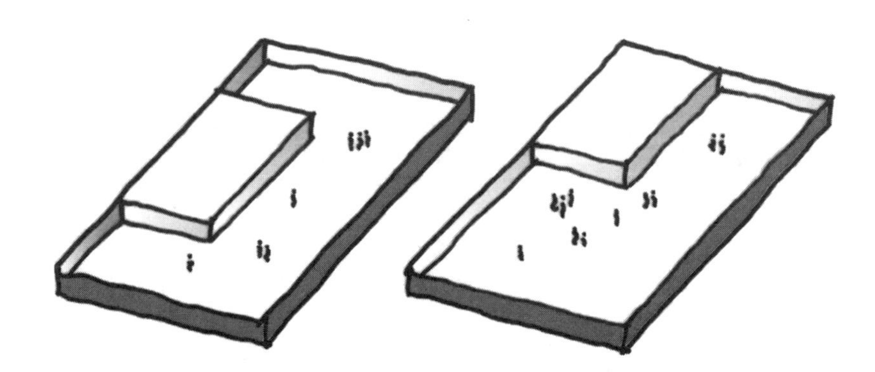

与外墙相邻接的实体

注意上面两个方案中开放空间的不同特点。左边案例在实体块的前方形成了主要的开放区域，同时两侧形成较小的次要开放空间。右侧案例只形成了一个大尺度的 L 形空间。

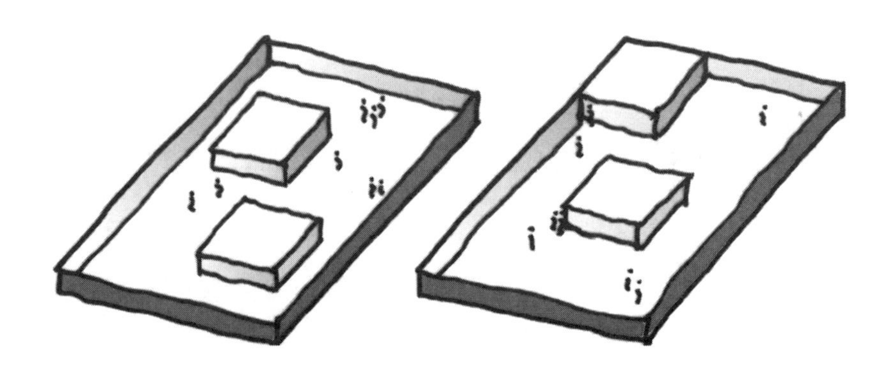

两个实体块

左侧方案中形成了很多小型空间，右侧方案中空间数量虽然少但是尺度较大。根据项目及其对开放空间的具体要求，总有一种设计方式能产生适合的方案。

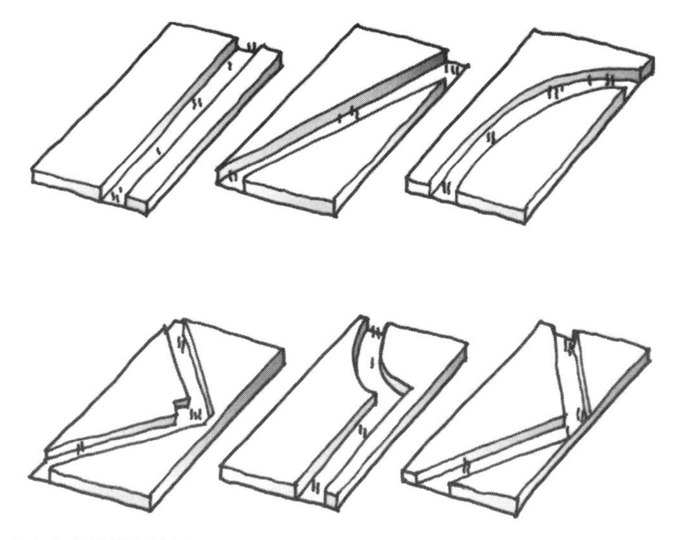

六个走廊的概念构思

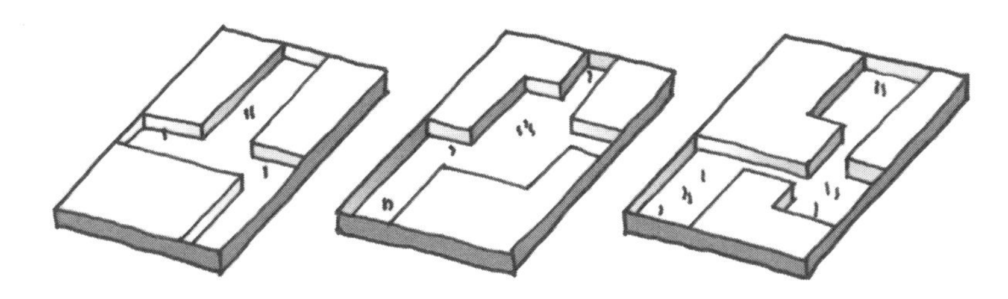

开放与封闭空间的三种组合方式

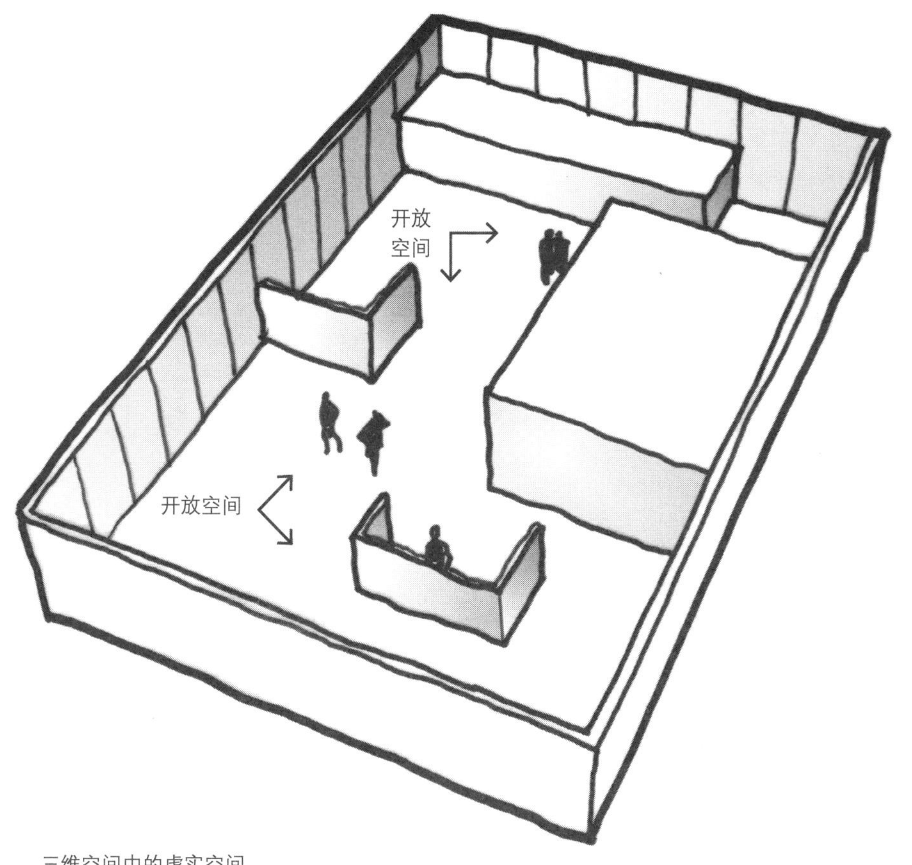

三维空间中的虚实空间

实与虚 II

那么，究竟什么是好的开放空间呢？衡量开放空间好坏的标准是空间中设计要素的种类和数量的布局情况。有些项目可能只需要划出走廊空间，有些可能需要为文员设计中等规模的开放空间，还有一些项目中可能需要安放单元化工位的大型开放空间。在人体感知方面，自然采光和良好的景观视野会给人带来愉悦的空间感受。因此，在外墙附近设置开放空间是非常理想的设计方式。如前所示，实体（封闭空间）位置可以与外墙相接或散布于空间内部。

研究上页中所列的插图，四组图中的两个实体的布局位置非常相似，但构图形式上存在略微的不同。请仔细比较每组中的两个方案，在什么情况下一种布局方案可能会优于另一种？

本页左上方插图中，上面两行示意图用来说明假想的实体在空间构图中所产生的不同通道形式。当通道过长时，在交通动线上加入其他的活动内容是不错的设计方法，例如改变通道的方向。（后面的室内交通设计章节将阐述通道中的通行体验内容）左上方插图的第三行是包含三个体块的复杂构图形式，主要强调余下的开放空间设计的重要性，致力于推敲如何为良好的开放区域设计适宜的比例，从而同时满足功能与舒适性的需求。

形成核心筒 I

为实现简洁、明晰的设计目标，关键要点之一就是把局部要素结合在一起。将多个房间组合在一起通常会比把它们分散布置在空间中更好。分散的房间只会增加局部要素的数量进而导致空间的零散和混乱。如果，需要设计的空间中已经有封闭空间形成的实体块，那么可以考虑继续增大这一实体的体量而不是再去建一个新的体块。很多项目中已有的核心筒内主要包括逃生梯、电梯井、公共卫生间及各种机房与配电室，它们都可以很方便地成为用来增加体量的核心实体。

楼梯间两面墙延伸后形成了工作台和座位区。

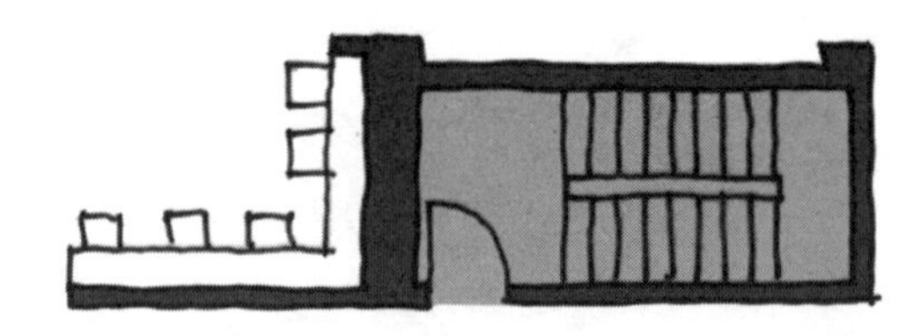

楼梯间其中的一面墙横向延伸形成了 L 形的开放工作区。

三间办公室与核心筒背对背布局，其中一个突出来的空间形成了袋形的座位区。

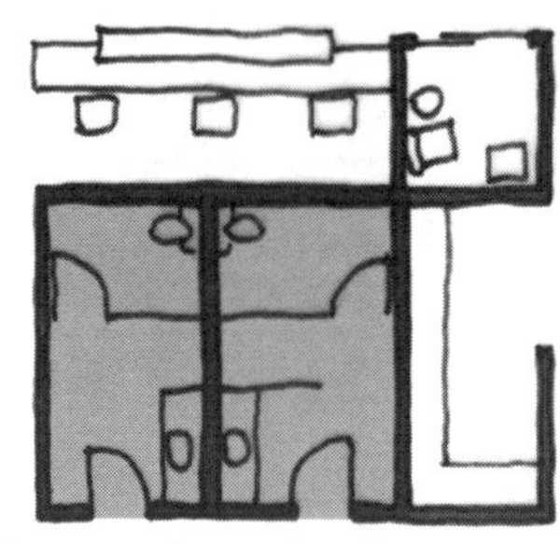

核心筒向外扩展，形成了一个开放的工作间、一个小型的通信室和浅进深的开放工作区。

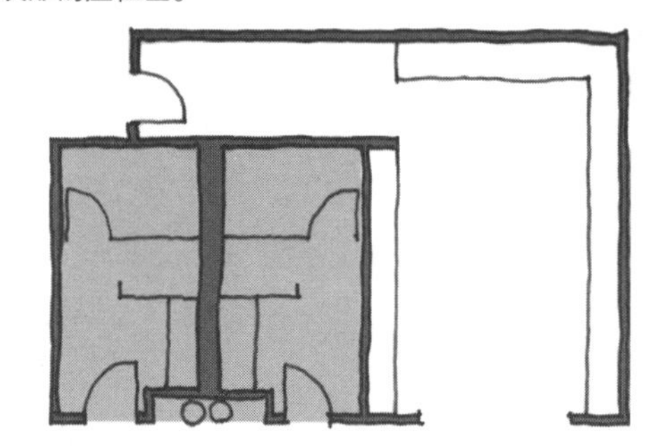

核心筒一侧增加了一个大型的工作室，工作室的一侧是开敞的而另一侧设有大门。带门一侧的墙面没有与核心筒的墙面对齐，而是故意后退形成了入口处的前厅空间，而核心筒另一侧的交通流量会比较大。

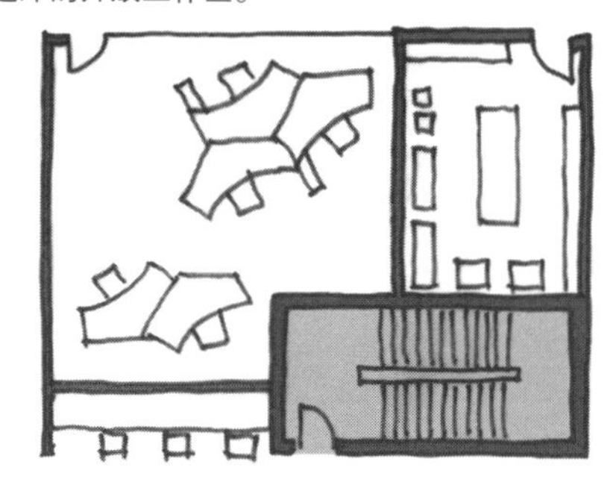

核心筒后方放置了一大一小两个房间，大房间从核心筒区扩展出很大面积，其中一面墙体的设计有意地与核心筒墙面形成偏移（未对齐），目的是设计一处放置工作台的狭长空间。

形成核心筒的基本原则非常简单：将项目要求的房间划归到现有的核心实体中。上面的插图案例说明了这种原则是如何实现的，设计时在电梯厅后面增加了一间会议室，并且房间墙体与现有的核心筒两侧对齐，另一侧墙体由核心筒向外扩展直至达到所需面积为止。比起在空间里设计出两个实体核心体块，这种设计方式能够完整地将两个功能结合在一起。

我在接下来的几页中将继续列举一些如何在室内形成核心筒的案例，案例主要根据项目的复杂程度进行排列。我们就先从本页比较简单的几个案例开始进行分析。需要注意的是，除了房间以外，文件柜、开放工作区、座椅区等很多要素都可以布局在核心筒周围。另外，还需要注意：最终形成的核心筒形状虽然不需要总是完美的长方形，但也必须是简洁和规整的形状。研究本页的案例，然后在下页中尝试核心筒的设计练习，添加封闭空间、开放空间、储藏柜或是文件柜，设计的方法都由你来决定。请注意：添加的房间和空间需要位于核心筒的某一侧或后方，而不是它的正面，以免堵塞通往楼梯、电梯和卫生间的通道。

练习

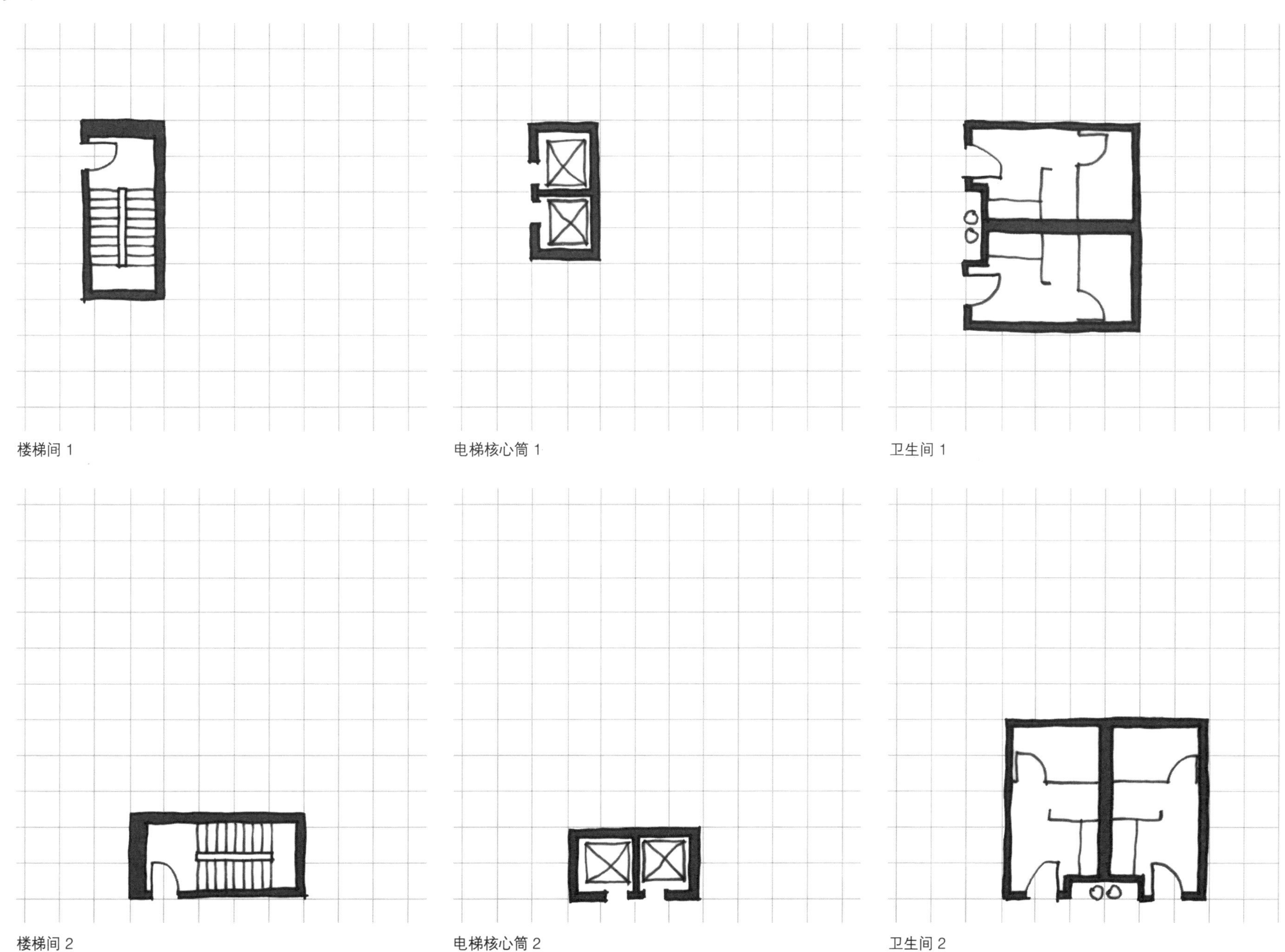

形成核心筒 II

本节中列举的案例也是基于前面所论述的设计原则，只是讨论的情况会更加复杂。不仅是在核心筒的附近增设房间和空间，而且是关于核心筒与其他远离的墙体之间如何设计空间的问题。虽然，在大多数案例中这些墙体指的是建筑外墙，但是该设计方法也可以结合临近的其他墙面使用。

研究本页和下页的插图案例。需要注意的是：在某些情况下，如何在核心筒与临近墙面之间形成新的区域，以及如何采用中间隔墙划分两个区域——一个区域位于核心筒和隔墙之间，而另一个区域位于隔墙与临近墙面之间。

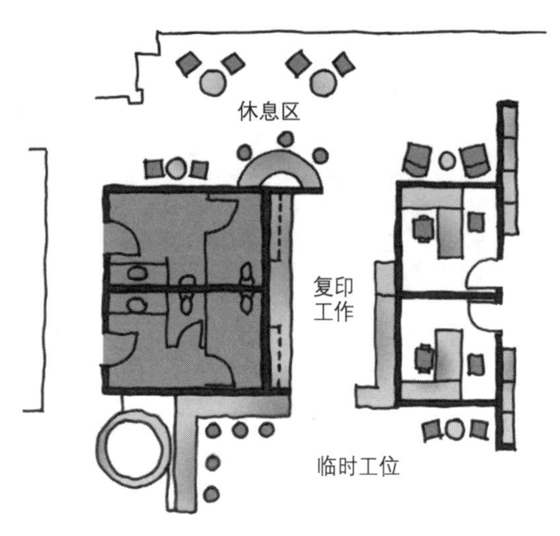

实体空间增加了两个小型办公室，虽然位置与核心筒分离，但是仍然与其两侧墙体对齐，小办公室与核心筒之间形成了一个工作间。在实体空间与上方外墙的狭长空间之间设计了工作区（或休息区）。实体空间的相反一侧，袋形的工作空间与座位空间突出出来。

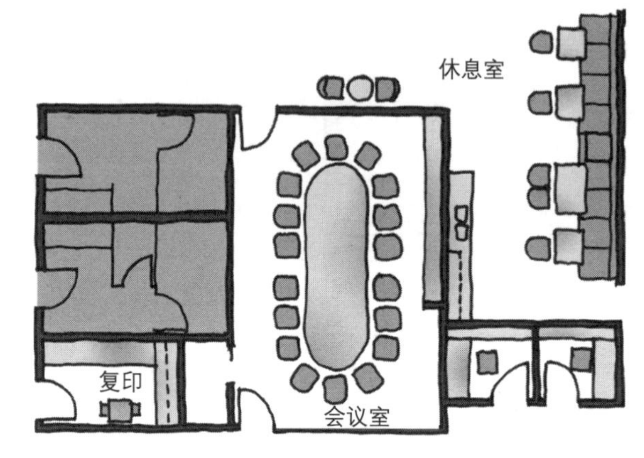

在卫生间的核心筒下方与后方增加了多个房间，由于在会议室后方又增设了两个房间（两个小型自习室），所以实体核心筒的体量进一步增大。在空间的转折处，结合移动式隔墙的设计形成了一个小的休息区。

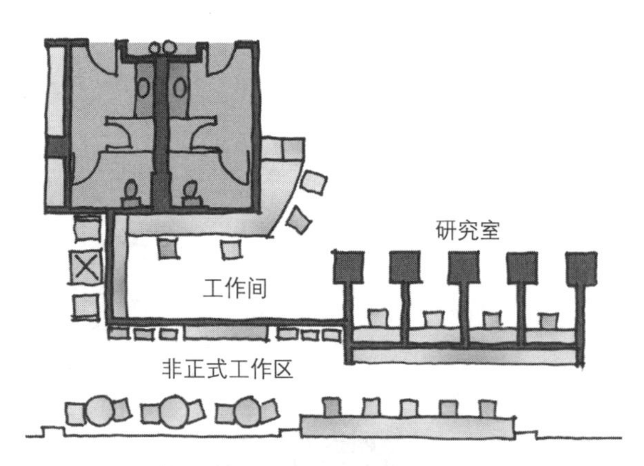

从卫生间核心筒开始的一系列墙面创造了多个空间形式。靠近卫生间的区域设置了背靠核心筒的 L 形台面并形成工作区，新增的墙面继续延伸并形成了系列的研究室空间，而在墙的另一面则设置了小的座位区、小型设备区和设有桌子和台面的工作区。

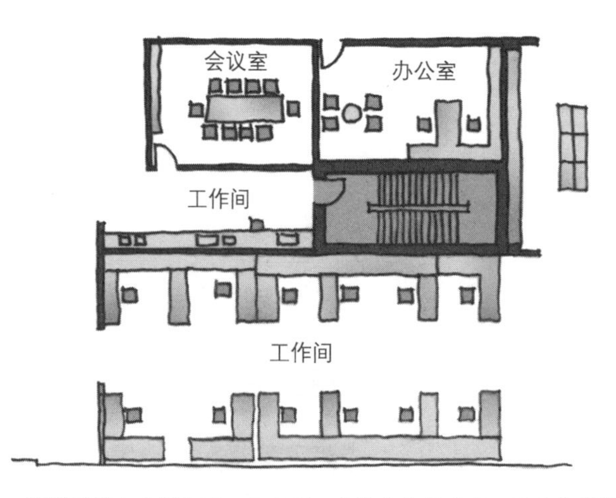

在楼梯间上方增加了一个房间，会议室向前突出。通在往楼梯间的交通动线上，会议室对面延伸出来的墙面有助于形成开放的工作区。另一个工作区位于楼梯间的下方，在楼梯核心筒与外墙之间。

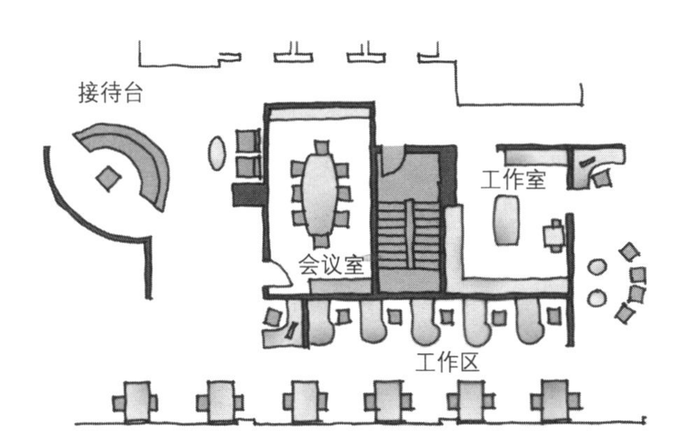

在楼梯间的两侧都增加了房间。接待台位于新增的会议室与相邻的弧形墙面之间。在扩展后的核心筒下方与临近的外墙之间设计了另一个工作区。

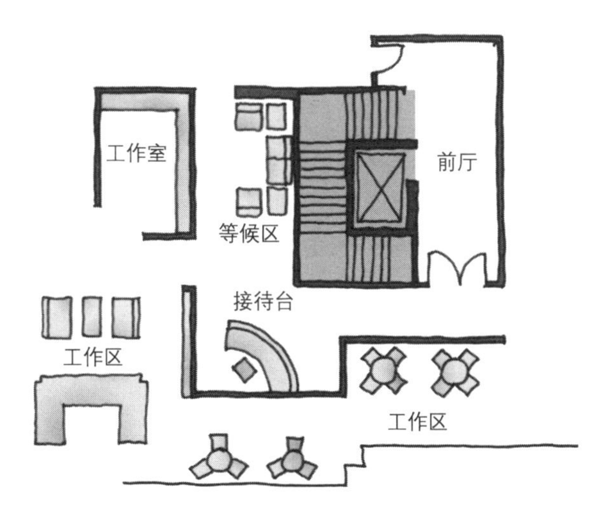

本案例的核心筒包括了楼梯间、中央电梯和一个小型的封闭前厅。通过在核心筒外增加的一堵短墙，工作间（左侧）位于空间之中又同时与核心筒对齐；通过增设可移动式的Z形墙（下方），设计师划分出接待、等候区和工作区，工作区临近外墙并布置了桌椅家具。

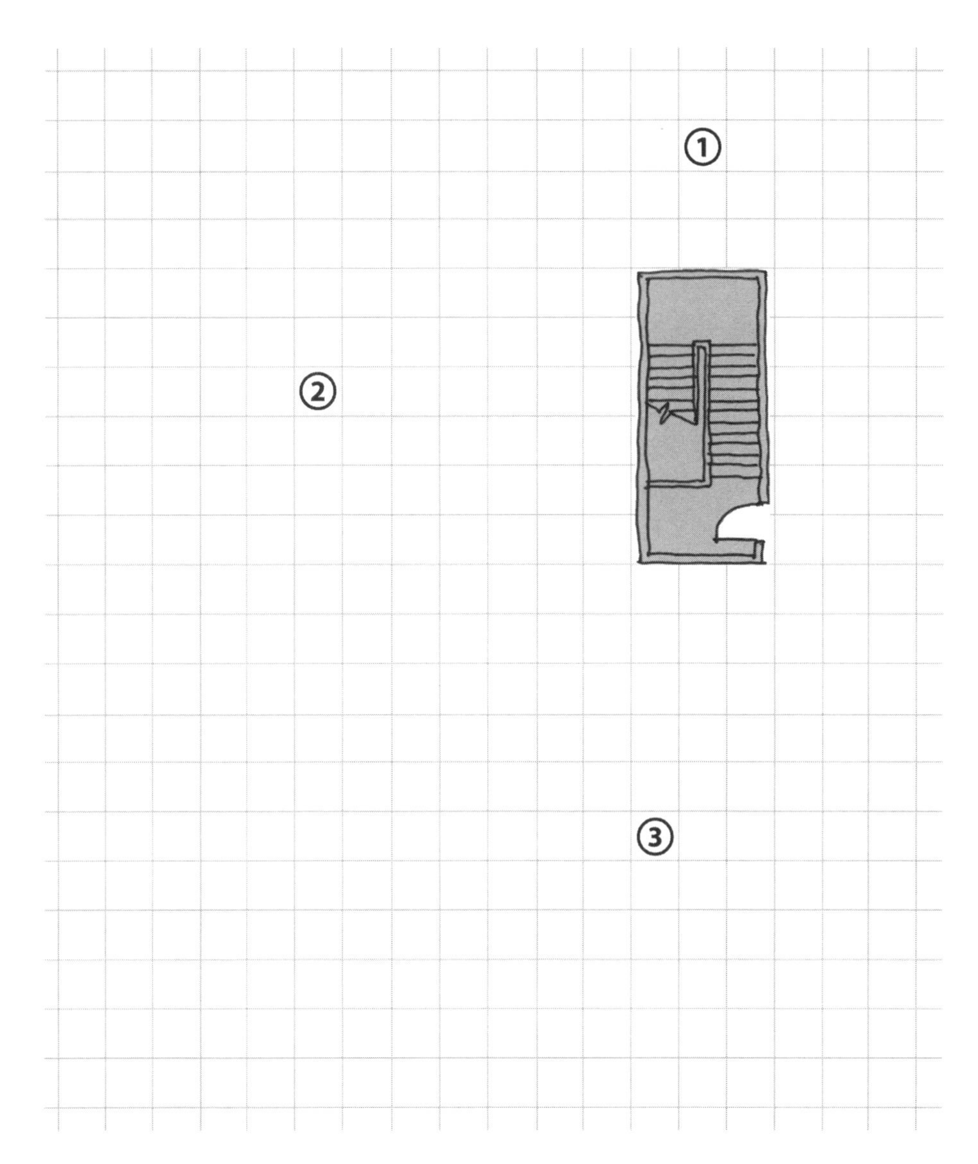

练习

在上图的空间中扩展楼梯的核心筒体块，并实现以下要求：与插图案例相似，在狭窄空间的一侧①将核心筒与相邻墙面之间设置空间。在核心筒旁边较为宽敞的一侧②，采用墙体元素划分出两个空间，一个临近核心筒，另一个靠近外墙。在核心筒的另一侧③添加房间或空间（根据自己的想法），同样的，可以参照前面列举的方案作为设计指导。

形成核心筒 III

本节内容继续详细阐述在现有核心筒的基础上添加房间和空间体块的方法。将探讨包含两个相邻核心筒的设计，虽然设计原则与之前相同，但是本节将讨论连接和整合两个核心筒要素的设计，使核心筒与增加的设计元素能够在功能上形成一个整体。

下图的案例是这种设计手法简单应用的结果。你会注意到楼梯间和电梯间各居一侧且没有关联。在本方案中，在它们的后方增加了一个房间，而入口就设在两个核心筒之间。在另一边增加了几间小办公室从而在整体平面上形成矩形造型。

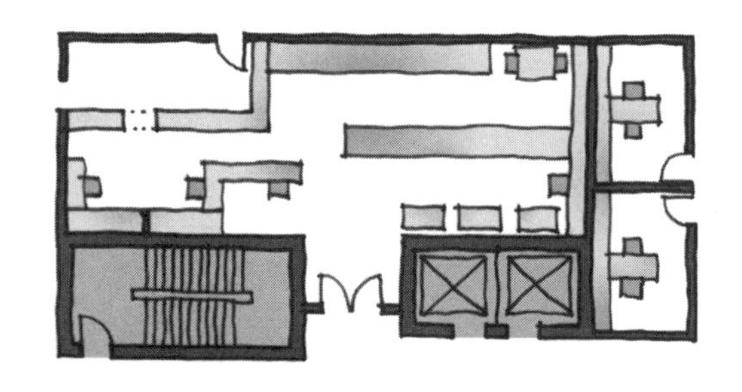

请再认真研究一下所给出的案例，从本质上看，它们所采用的设计方法都是将两侧核心筒连接起来，在中间空间加入一个或多个功能，然后在核心筒后方或旁边或两侧再加入新的功能。现在，请尝试设计出本小节后面提供的设计练习。

这一次的设计练习相当复杂，不仅需要将两个核心筒元素连接起来，而且要设计出它们周围的空间和区域。为了使你的注意力只放在构图本身，图中已经给出对各种类型的室内行为所建议的布局位置，就像是你已经通过分析项目的具体要求而得出的结论。

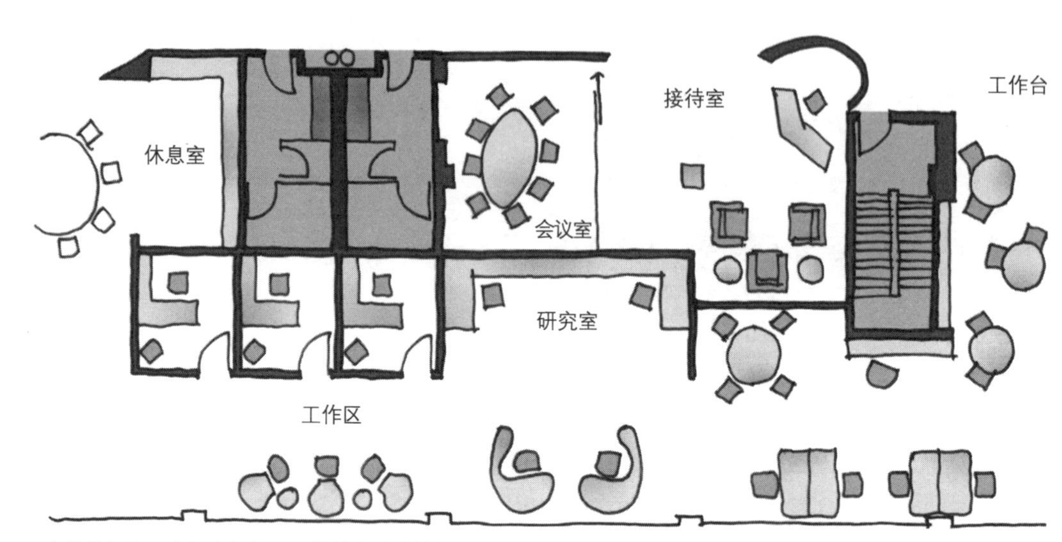

在楼梯间和卫生间之间设置了接待台（或等候区）和会议室，卫生间核心筒后方增设了三间私人办公室和细长型的工作区。卫生间周边依次设计了休息区、沿着外墙布局的工作区和接待区。最后，楼梯核心筒被作为办公桌和工作台倚靠的背景。

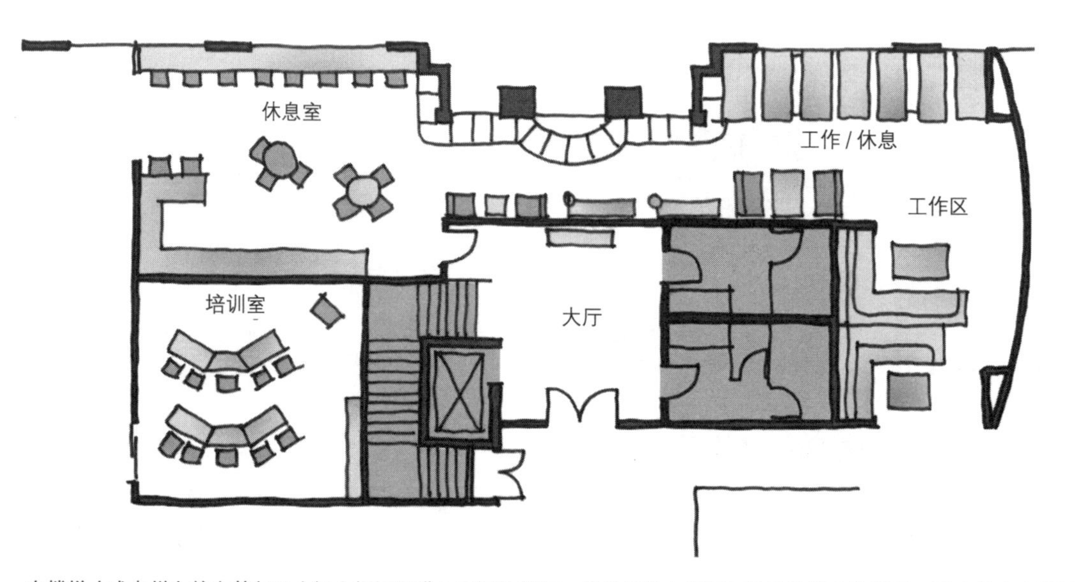

在楼梯（或电梯）核心筒与卫生间之间设置进入空间的前厅，楼梯间的左侧墙面作为培训室的背景，而在其上方设计了一间休息室。在卫生间墙面的后方设计了座位区，并在核心筒与外墙间的狭窄区域中设置了工作区或休息区。

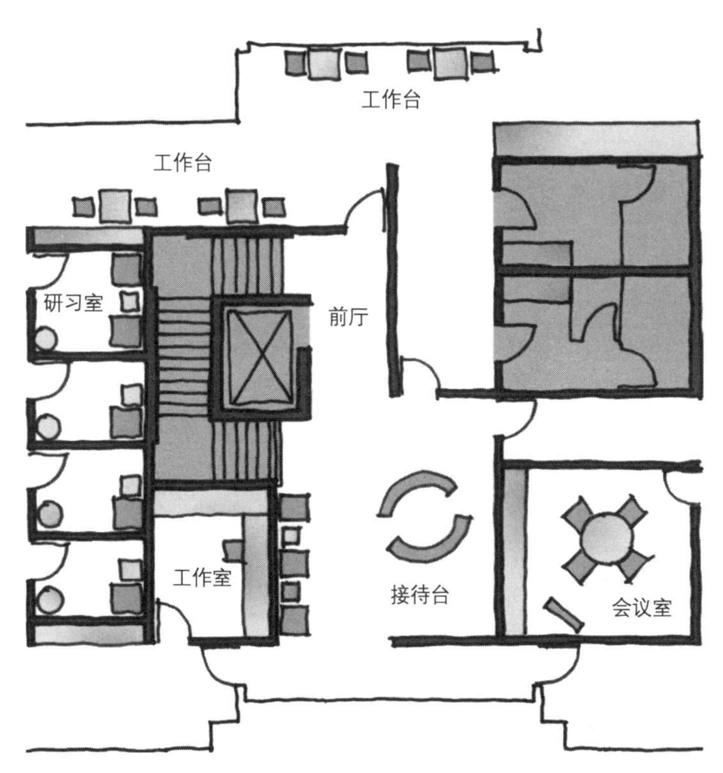

楼梯（或电梯）间与下方增加的工作室界定了接待空间，之后，在楼梯（或电梯）间核心筒的新体块后方添加了四个小型研习室，新核心筒上方的墙面作为工作台和几张小桌子的背景，而且有助于形成上方Z形的整体空间形式。用新增的一面墙来分隔开洗手间与入口前厅，在卫生间下方增设了一间小会议室，这个房间有助于整体平面形式上形成正方形。小会议室延伸出的一段墙面，对接待区域的空间进行围合。

练习

在右侧的空间中，添加一张接待台、一个等候区、一间大会议室、三间小研究室、两间私人办公室、文件柜、半封闭的开放工作区、一个工作区（或休息区）和一间休息室。将所有空间都尽量布置在图中建议的位置上。

在设计过程中，协调上述功能需求、整合给定的两个核心筒，并且在核心筒之间、之侧和之后的区域中设计具有功能的区域。这是一个关于多种核心筒设计方式的综合练习。

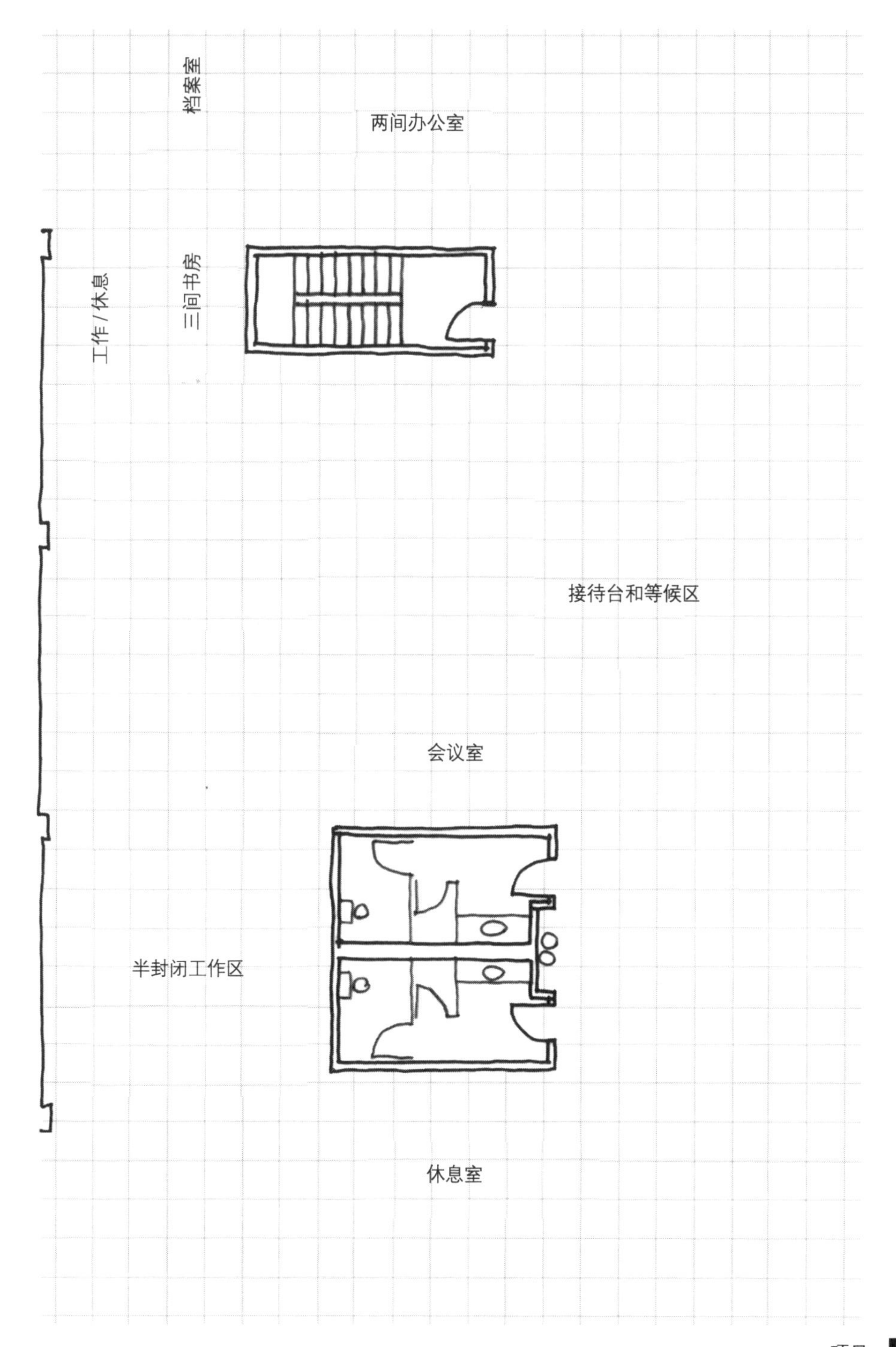

空间与设备 I

屈灵顿更衣室是我用来论证服务性空间与被服务空间分隔的第一个建筑项目。我设计的作为收纳用途的空心柱成为建筑空间内的服务区，这样其他空间就可以变得开敞。需要对这些提供服务功能的构造要素与空间本身的构造进行区别性的设计，体现出它在空间中的从属地位。[1]

我们来思考一下室内空间和房间的类型，主要有起居室和卧室，此外还有厨房和卫生间这种提供服务的功能空间。在一切居住或非居住类的项目和建筑中，都会包含主要空间与功能空间这两种空间类型。本节主要讨论这两类空间与其他空间之间的多种布局方式。

美国建筑师路易·康将空间分为**服务性空间**和**被服务的空间**，并说明了两者之间的不同。他提醒设计师必须找到适合的设计方法，将服务区合理地融入到被服务空间之中，而且不会破坏其空间的整体性。但是，不要将服务性空间和被服务空间分成两个单独的问题进行思考，它们在空间中是共同作用的。

查尔斯·摩尔、杰拉德·艾伦、唐林·林登将提供服务的空间称之为**设备间**（服务性空间）和**房间**（被服务的空间）。设备间不仅包括例如冰箱、马桶、炉灶等实际使用的设备（固定装置和器具），也包括容纳了这些设备的空间（以设备的功能为主导的空间），柜橱、楼梯等其他辅助型空间也被归于这一类型之中。与路易·康的想法相类似，这些建筑师也提到："设备"空间的存在目的是为了提供"服务"，只有将它们合理地纳入到被服务的空间之中而且不破坏该空间的主要功能，才能实现最好的设计效果。

摩尔和他的同事们还对设备进一步进行划分，将其分为自动控制的设备间，例如火炉、空调、热水器等设备及其放置的空间，以及需要人进行操作的设备，例如在卫生间和厨房中的设备。

他们对于空间的组合方式提出四种建议：

1. 围绕设备来设置空间；
2. 将设备放在空间之中；
3. 将设备放在空间之外；
4. 将设备夹在空间之间。

在下一页中，我们来分析三个住宅案例，并说明关于主空间与提供服务的辅助空间的多种设计方式。

---

1. 理查德·索尔·沃尔曼，永恒是什么：路易斯·I.卡恩的世界（纽约：Access Press,1986）。

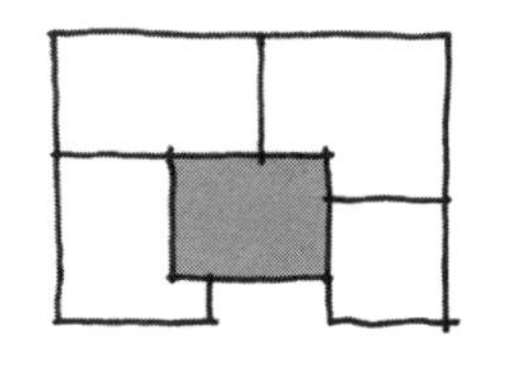
围绕设备布局的空间。

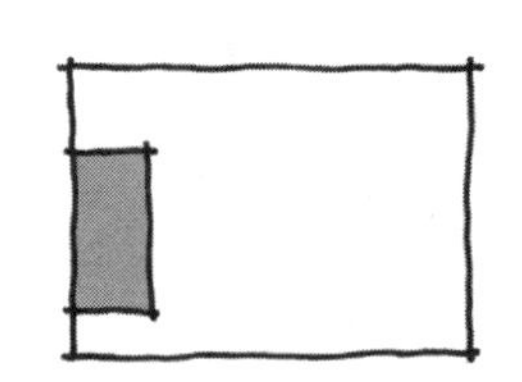
设备位于空间之内。

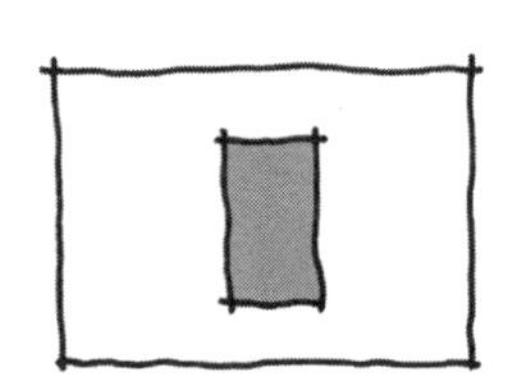
设备位于空间之内。

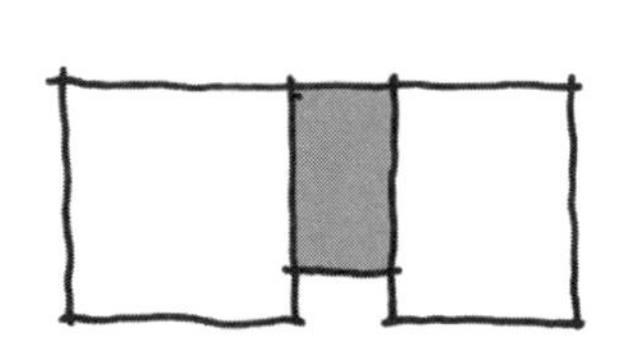
设备位于空间之间。

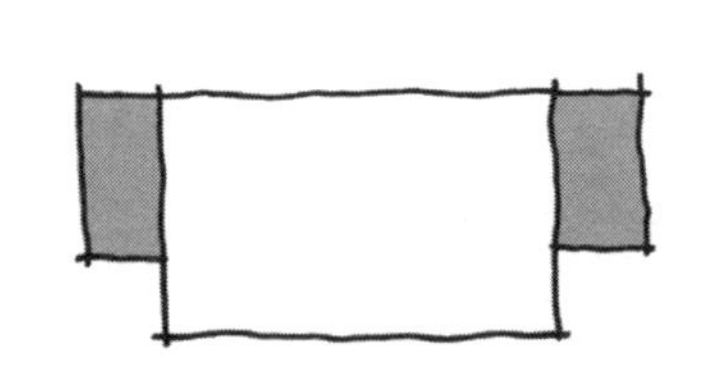
设备位于房间之外。

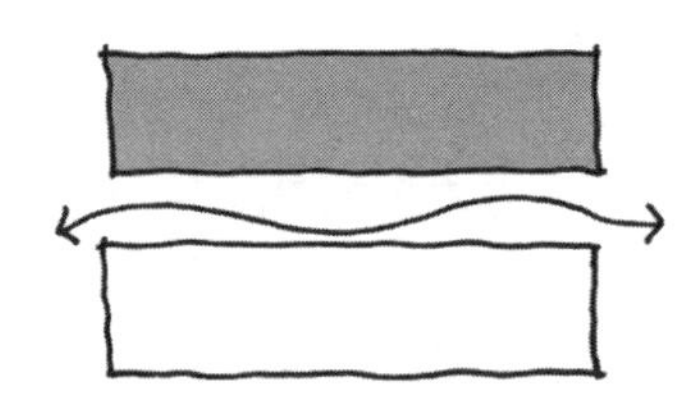
设备位于房间外的走廊对面。

备餐区位于建筑侧翼的大空间内。存放设备的岛形操作台设置在空间中央，划分了厨房和餐厅空间

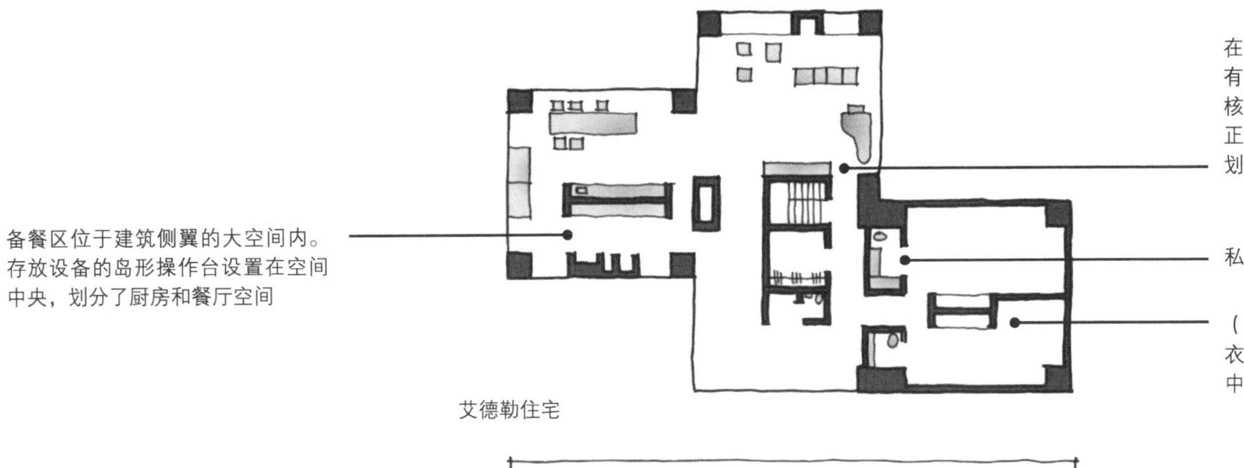

在建筑的主空间里，中央核心筒内设有楼梯、衣物间(或储藏室)、盥洗室。核心筒的位置设计得非常具有策略性，正好对建筑内的三个主要区域进行了划分

私人卫生间位于所在房间的端点一侧

（相邻）衣橱的设计，在一个房间中衣橱是突出在外的，而在另一个房间中则与墙平齐

艾德勒住宅

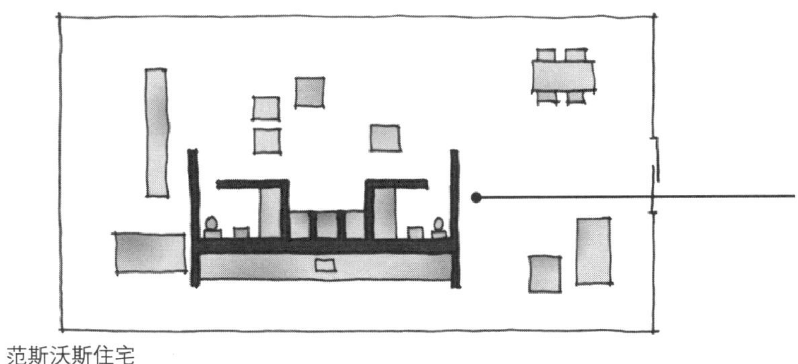

唯一的核心筒元素包含卫生间、储藏和厨房功能，服务于整个建筑空间。这个经过认真规划的核心筒体块将整体空间划分为三个独特的区域，各个区域都与公共区相互连通

范斯沃斯住宅

私人卫生间位于其所服务的客房内，但设计时选择在角落并向外突出的位置，目的是减少对主要房间平面造型的影响。盥洗室位于主入口空间的角落处

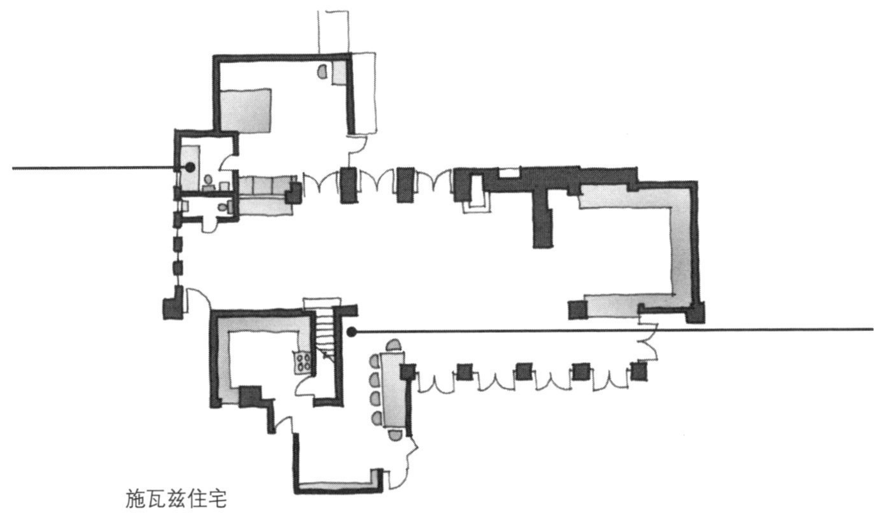

设有厨房和楼梯间的封闭空间位于主体空间的一角。这个封闭空间的位置并没有完全位于空间之内或之外，而更像是一个外部体块嵌入到整体的矩形区域之中

施瓦兹住宅

空间与设备 II

请在下面所提供的平面中设计服务区的布局。图中已经给出这些区域的相关尺寸，其他起居、卧室空间的尺寸和形状由你自己决定。将方案直接画在平面图上，在设计想法确定之前请用铅笔轻轻地绘图。如果画出非常满意的布局形式就可以用铅笔或水笔加重方案的线条。根据需要，设计时你还可以对所给出的服务区进行旋转。

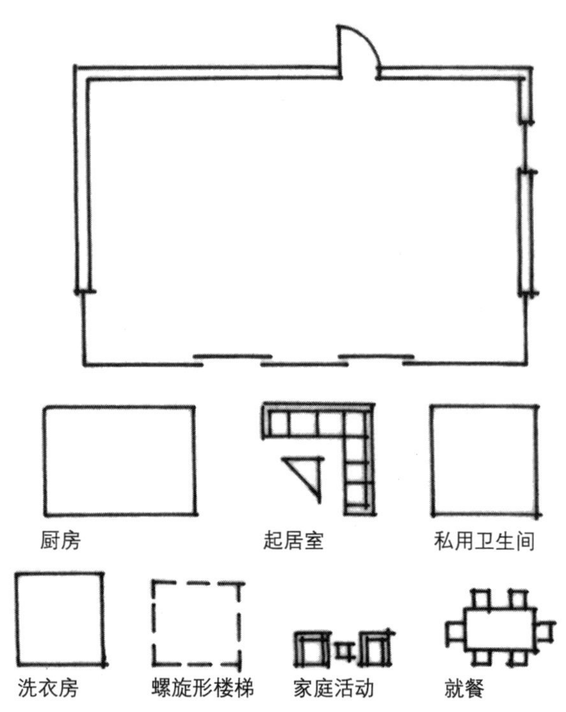

练习 1：住宅的主平面图

在空间中布局“设备”（卫生间、洗衣房、厨房、楼梯），并界定出主要的起居空间（起居室、餐厅、家庭活动区）。在上图中已经给出了房间平面和起居区的主要家具。

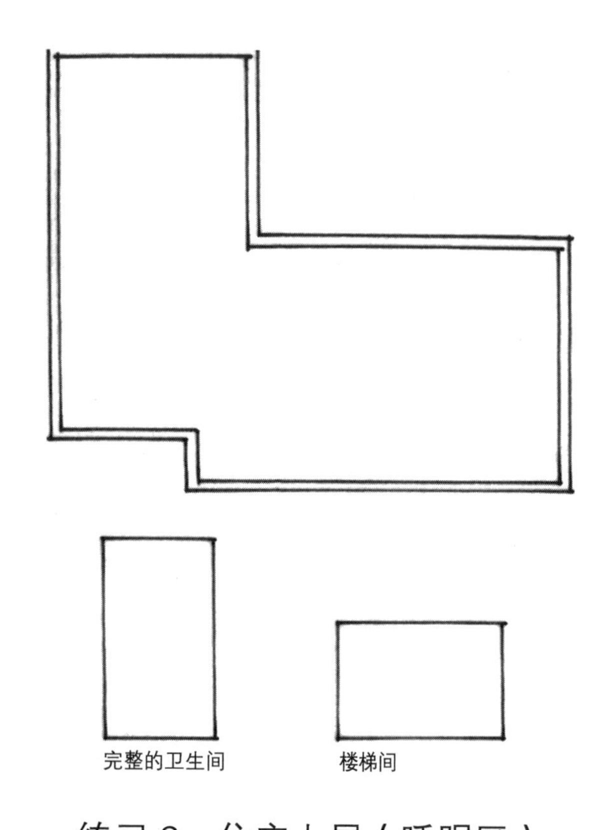

练习 2：住宅上层（睡眠区）

在空间中布局卫生间、楼梯、两间小卧室（相同尺寸）和一间主卧。

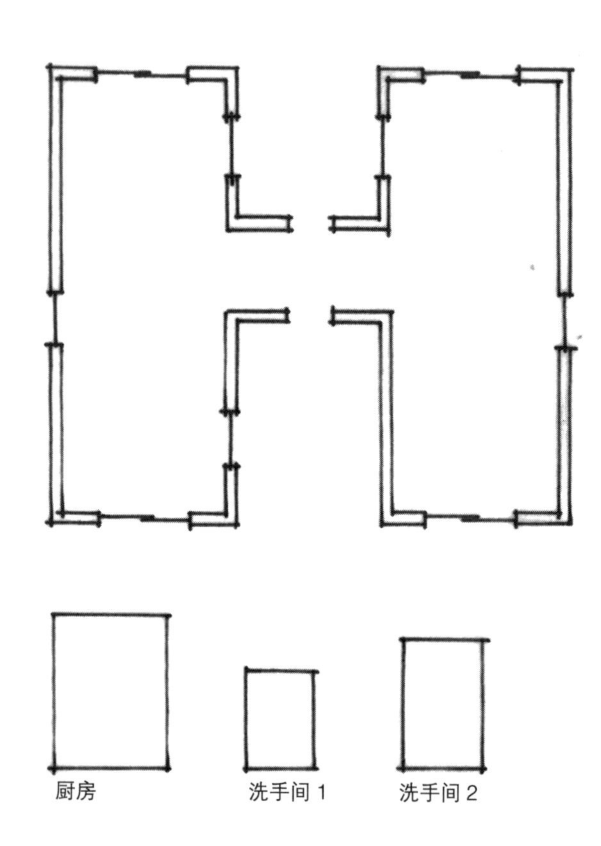

练习 3：位于同层的两间卧室

在两个空间中，将一侧作为公共活动区（起居区），另一侧是私人使用区（卧室）。在公共区域内布局厨房、一间起居室、一间餐厅。在私人区域内布置两个卫生间和两个面积大致相同的卧室。

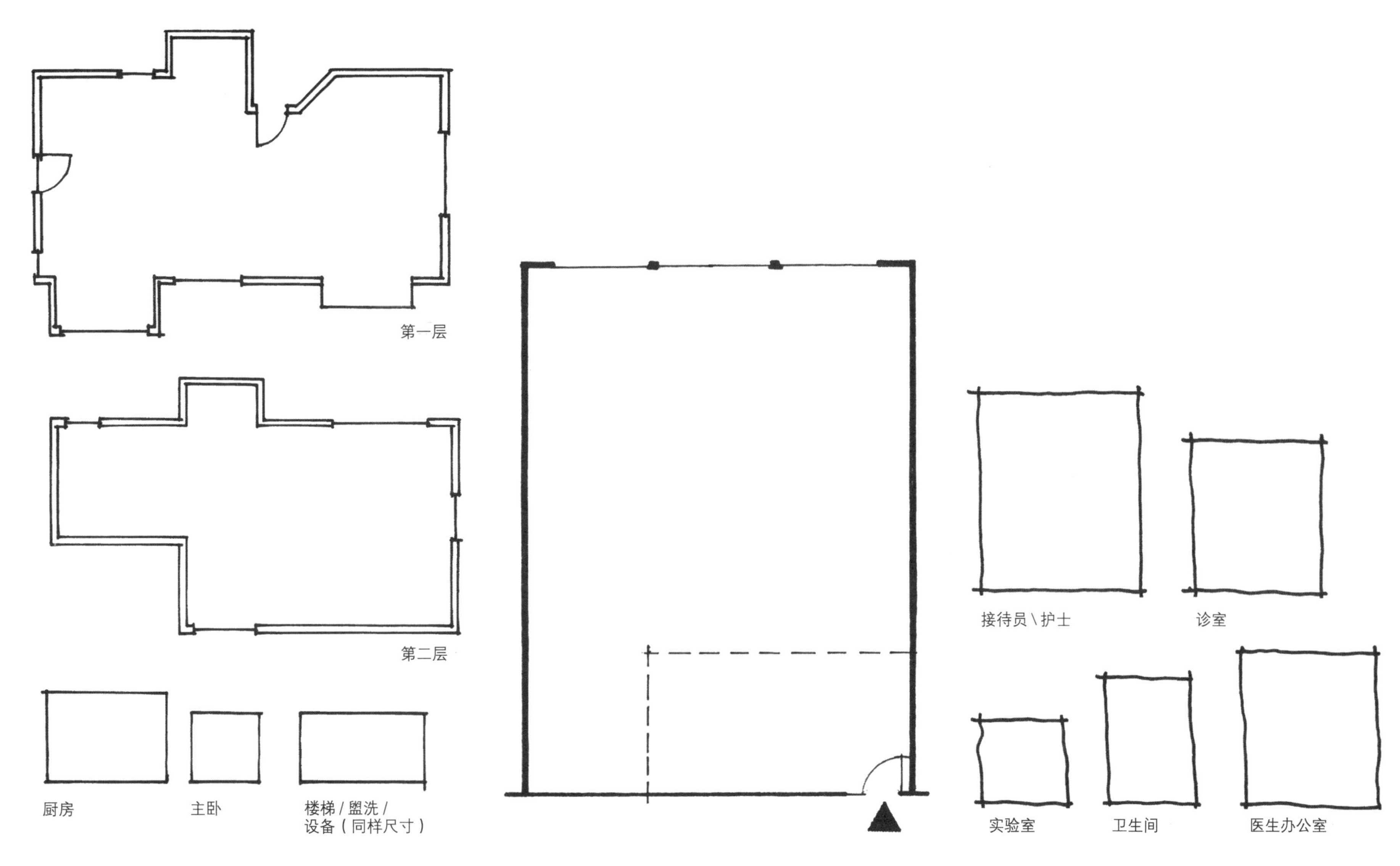

练习4：两层住宅

在一层中布局楼梯、厨房、盥洗室/机械装置和楼梯，界定出起居空间和就餐空间。在楼上空间布置楼梯、主卫和两间附加的卧室。

练习5：医疗诊所

在空间中布局接待员、护士的工作空间、一间小型实验室、两个卫生间、一间医生的私人办公室和三间诊室。已经在图中标出了接待与等候区域的位置。

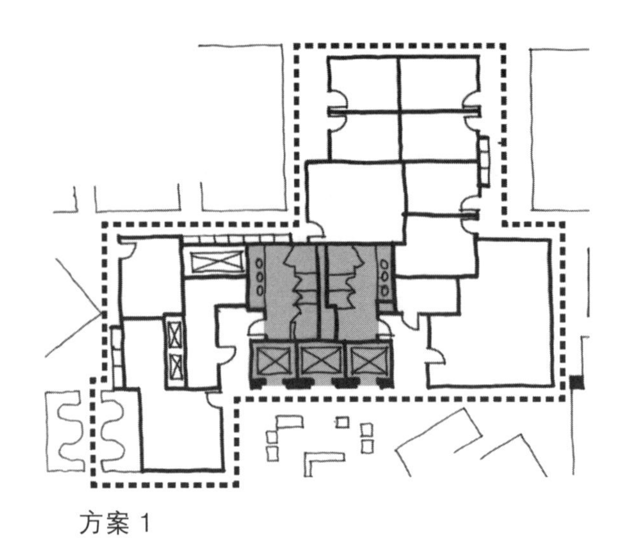

方案 1

本案例中，扩展核心筒后形成了巨大的、不规则的空间体块，在设计上显得有些失控，而这一实体界定了项目的主要交通系统。请仔细看图，注意那些为了形成环路而设计的全部转折和弯路，可以数数整个动线上共有多少个转弯，它的数量一定会让你感到惊讶。这条交通动线不仅过于曲折，空间体块不规则而且体量过大，当你置身于公共区域想要搞清楚所处的位置时，这样的空间形式很难让人找到通行中的参照点。大体量、不规则的空间体块只能导致糟糕的交通状况和使人在其中迷失方向。

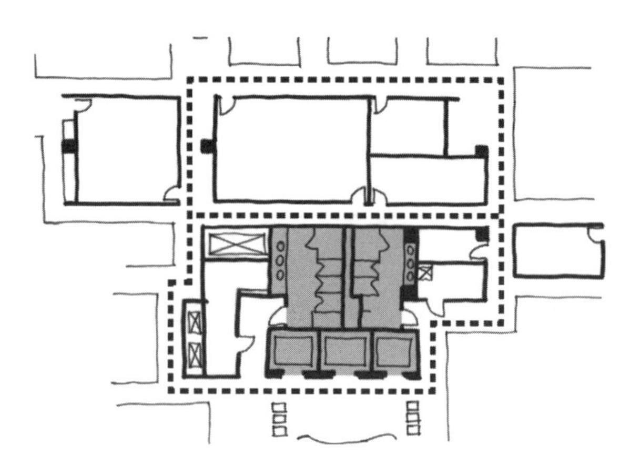

方案 2

本图与方案 1 是同一座建筑，但是设计上要优于方案 1。封闭空间的体块小了一些，而且造型更加规则。动线上的转弯数量要少于方案 1。请看位于核心筒与上面空间之间的第二条横向走廊，是否有可能将上方房间的开门移到侧方并取消这条走廊？这条走廊是否使交通更加便利？如果将核心筒和房间结合成一体，人们会不会需要绕过巨大的实体房间才能通行，这样是不是会带来太大的麻烦？

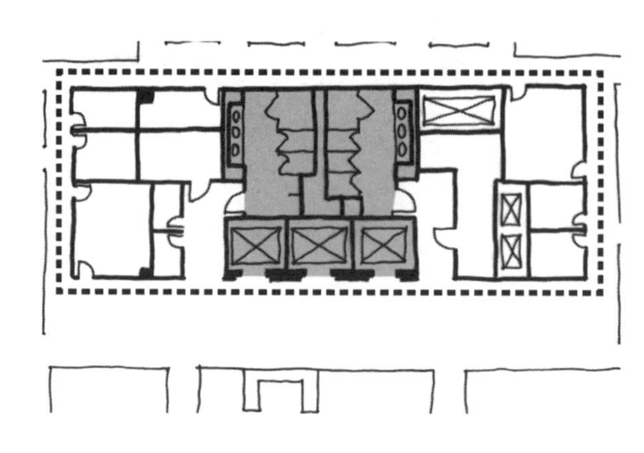

方案 3

同样空间的第三个方案是出色而紧凑的：交通动线设计更清晰、流畅度更好，并且比前两个方案的通行效率更高。那么所有的房间都设置在哪里呢？图中画出了一部分，但是，本方案的设计师将其中部分空间移到了楼上。结果就是简洁、平直的实体空间体块改善了交通动线的设计并提升了使用者的通行感受。

交通设计：清晰、流畅和高效

良好的交通系统具有清楚、流畅和高效的特点。意思就是说，空间中的使用者清楚所在场所的通行状况，头脑中能够形成在空间中如何通行的想象图，并且可以惬意地从一处顺利地前往下一个目的地。最重要的是，从一个地点通往另一个目的地的通行距离较短而且直接。在交通设计方面，很多设计师非常努力地工作却设计出混乱、曲折和浪费空间的复杂交通系统。我们的工作目标是为使用者在空间中设计出良好的、高效率的通行动线。交通设计越是精炼，就会为其他房间和功能留出更多的空间。

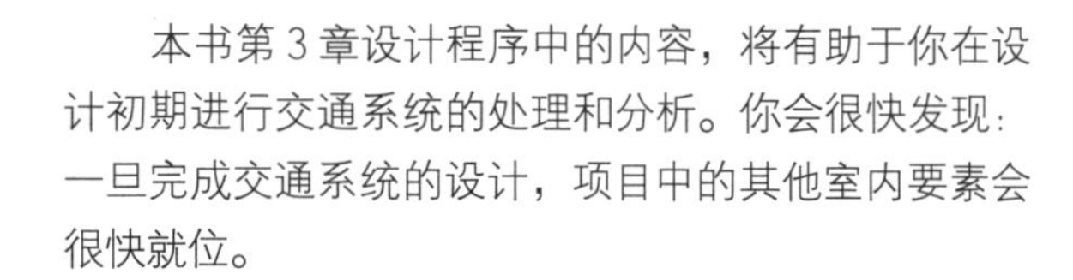

本书第 3 章设计程序中的内容，将有助于你在设计初期进行交通系统的处理和分析。你会很快发现：一旦完成交通系统的设计，项目中的其他室内要素会很快就位。

本页插图中的案例是在某项目中隔出的一个特定区域，其中包含了内部空间的主要交通动线。案例分析中论述了好与不好两种交通设计方案。

练习

下页插图中有三种带有房间和走廊的局部平面图，所有的方案都设有不必要（冗余）的走廊。设计出过多的交通空间是经验尚浅的设计师较容易产生的错误之一，你的任务是找到问题所在并设计出新的替换方案来解决现有的问题。请在平面上直接绘图，可以根据需要移动某些局部和室内元素来改善交通现状。

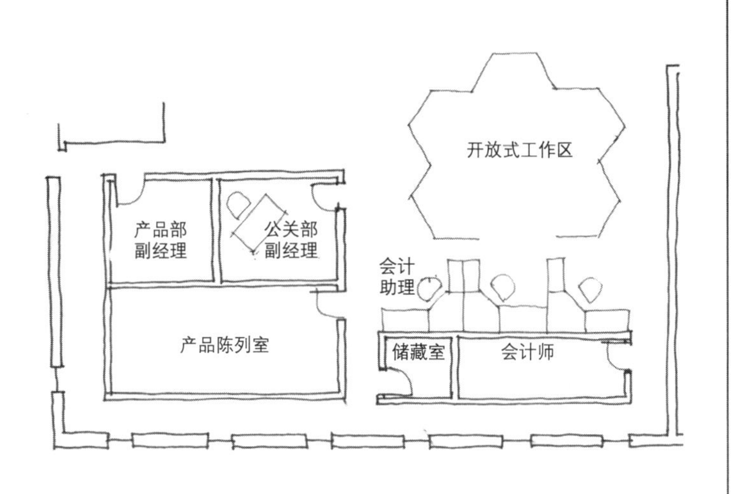

问题 1：第一稿

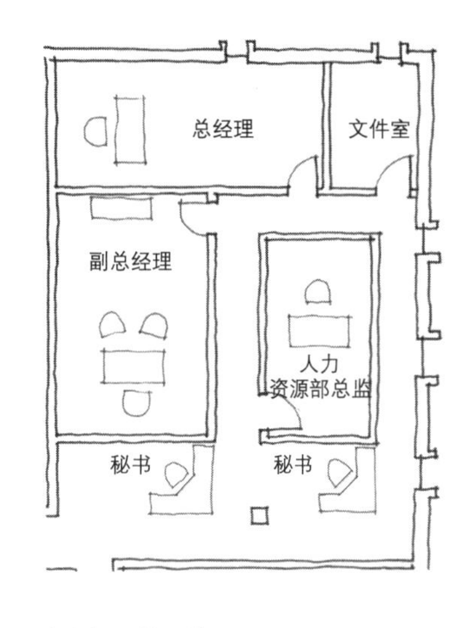

问题 2：第一稿

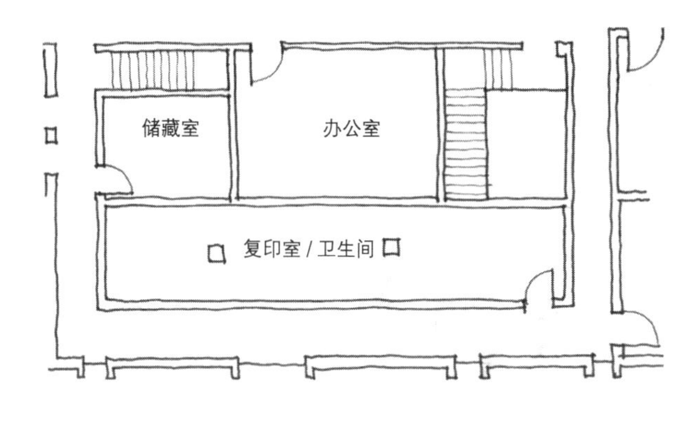

问题 3：第一稿

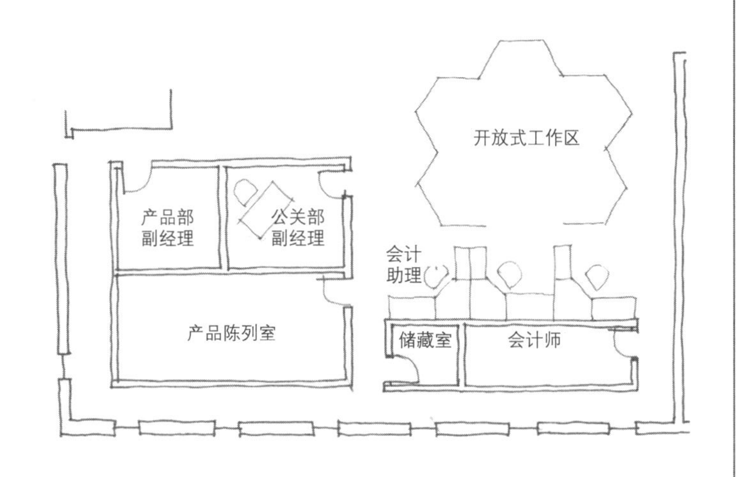

问题 1：第二稿

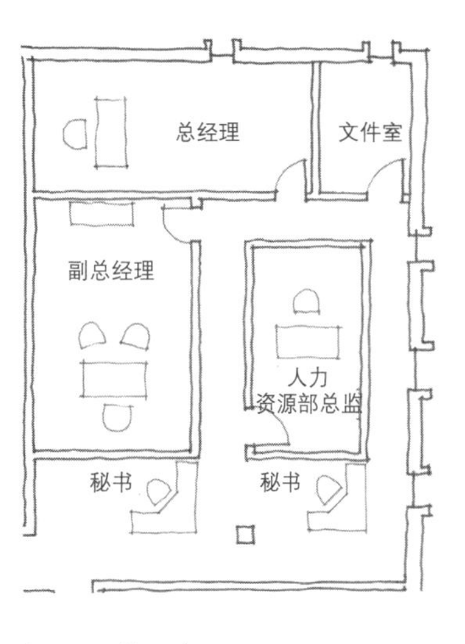

问题 2：第二稿

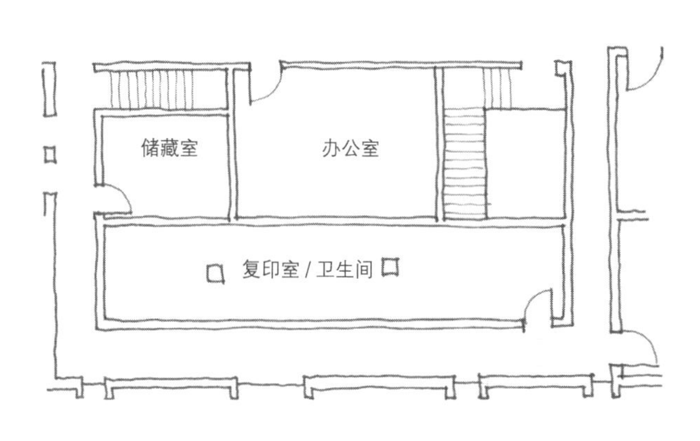

问题 3：第二稿

交通设计：方案

你知道吗，17 世纪之前，人们需要穿过一系列的房间才能从一个空间到达另外一个，这是当时常见的通行方式，那时并没有真正意义上的走廊。在 17 世纪时，英国的别墅建筑中才开始对私人房间和公共走廊进行区分。如此设计的目的是防止通行中的人流对正在使用空间的人造成干扰，而且还可以同时保护主人的隐私。左侧插图是罗杰·普拉特设计的科尔希尔住宅（1650）中的客厅与宴会厅所在楼层，体现出的设计理念是采用通长的走廊来分隔交通动线与房间。

作为通行体验的交通空间

美国华盛顿阿瑟·M.萨克勒画廊和非洲艺术博物馆，它的圆形大厅被设计成充满体验感的脊椎形交通动线，通道全程设置有不同的活动。由建筑师让·保罗·卡利昂设计的室内通行体验，始于与街道平层的停留空间，延续到位于地下三层的壁画为止。下方的平面示意图表现出交通动线上的各种情节（活动）。

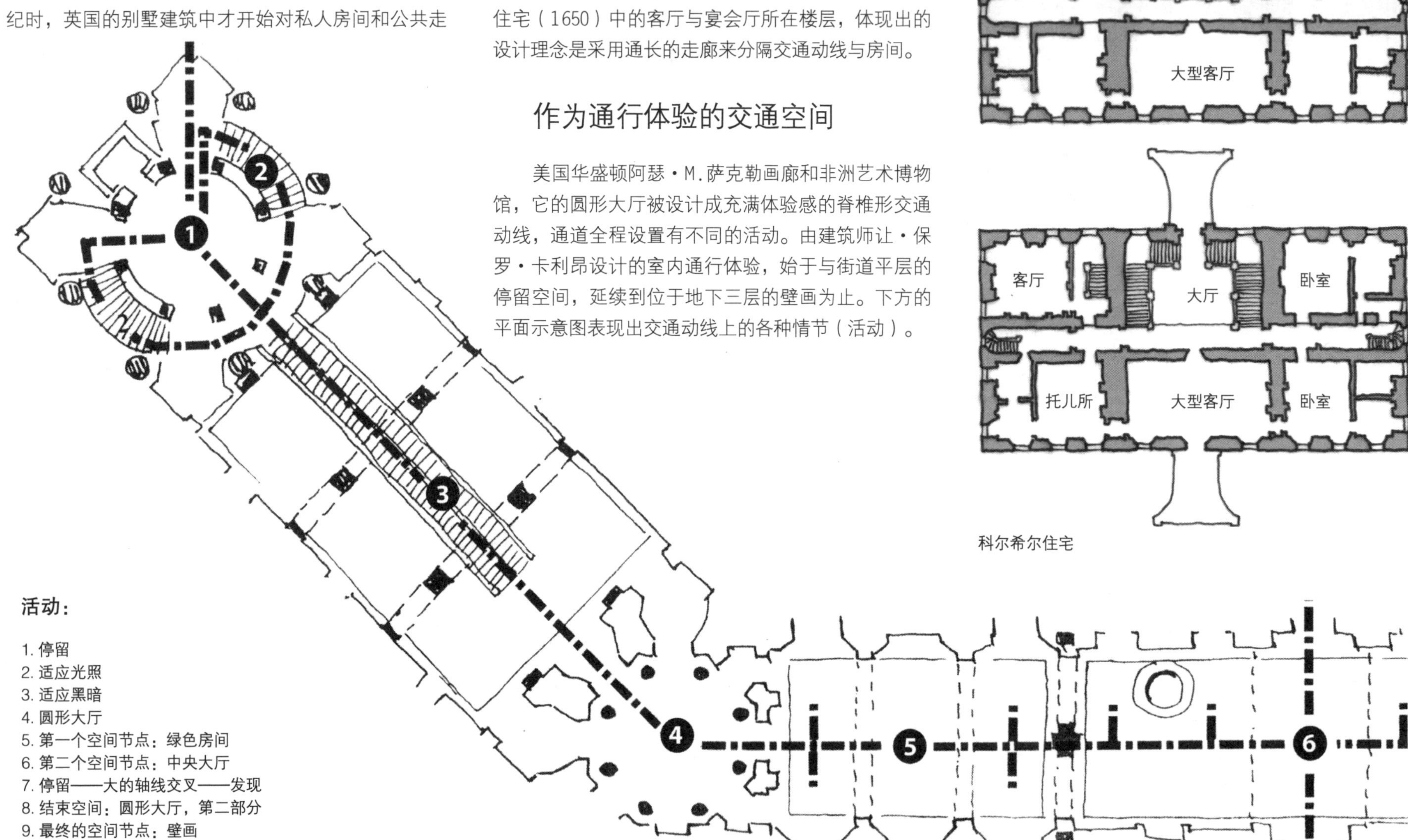

科尔希尔住宅

阿瑟·M.萨克勒画廊和非洲艺术博物馆

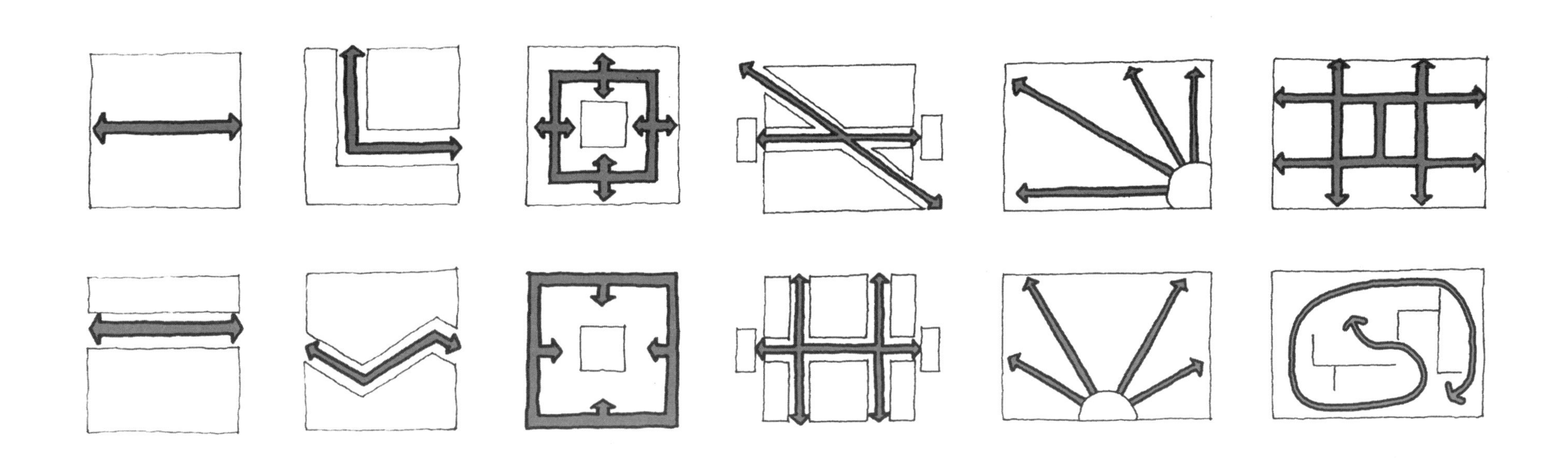

为实现清晰、和谐的设计效果，最佳的设计方式之一就是设置清晰的交通系统。交通系统是室内设计方案中的决定性要素之一。上方的插图是一些最常见的交通设计类型：直线型、环线型、多轴线型、放射型、网格型和自由型。当开始进行设计时，最先开始规划的很可能就是交通系统，而后才将其他房间与周边的区域填充到空间之中。

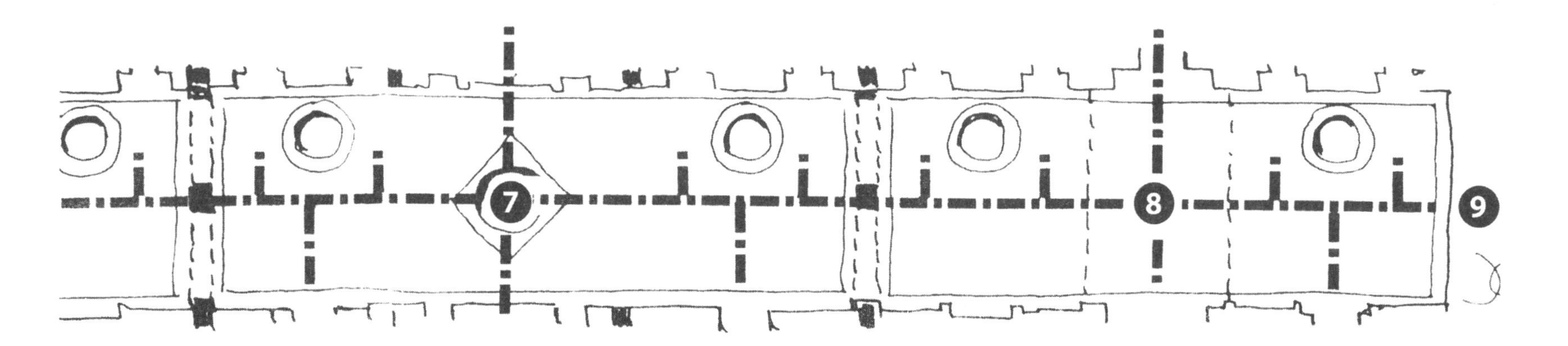

交通设计：改进

虽然交通设计需要紧凑和高效，但也需要令人感到愉悦。体验室内设计项目的最佳方式是在空间中行走，而通行行为需要按照交通动线的设计进行。所以不仅需要设计出高效的交通动线，也要努力在通行路线上营造令人愉快的通行体验。依靠视觉焦点、空间的扩展与对比、朝向室内和室外的视野，以及具有乐趣的、充满惊喜的、具有相似性设计策略设计出令人难忘的通行感受。

本页的透视图和平面图表中列举了一些用于丰富走廊设计的方法。

策略：在通道一侧设置让人出乎预料的特色要素，并在通道尽端放置能形成视觉焦点的陈设物品（例如艺术品）。

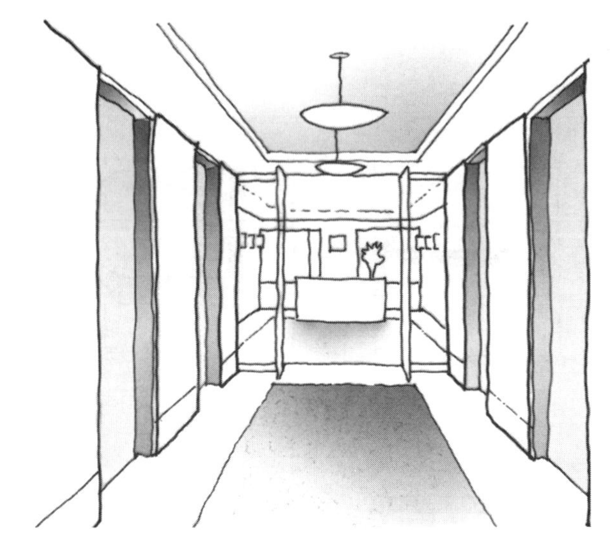

策略：在轴线的走廊尽端设置一处功能性的目的地。如果那里是来访者正在寻找的目标，像是诊所或办公机构的接待区，那么他们在通行时就会感到安心，空间似乎在暗示“那里就是要去的地方”。

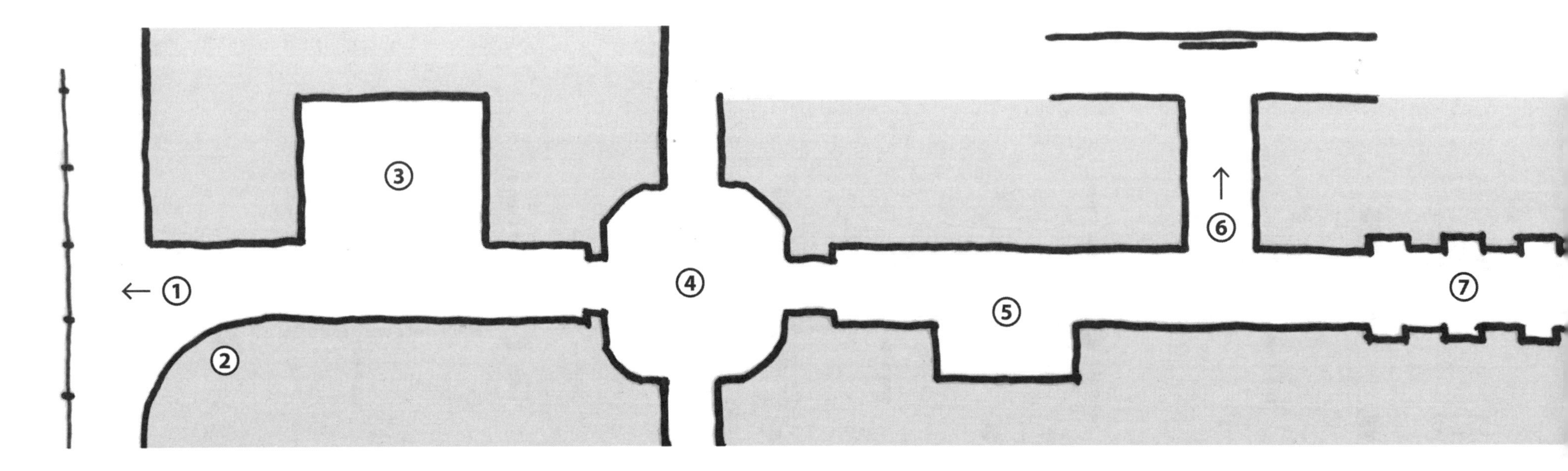

策略：扩大通道宽度后可以将某些活动设置在走廊的一侧。通道会同时成为交通轴和可以停留的空间。这种设计方式能增加空间的活力与生气。

策略：使通道按照特定的节奏与空间的一侧相连通（或者连通两侧），在通道的尽端设置一处有意义的目的地。这样的话，当使用者向前行走时，空间就会在顺序展开的过程中露出全貌。

11 种改进通道设计的方法：

1. 使通道尽端具有全景（或禅意）视野；
2. 用可以感受到的造型引导行为；
3. 使某个重要空间的一侧向通道开敞；
4. 设置清晰的主要交叉口；
5. 设置可进入的、舒适的小空间；
6. 设置尽端设有良好视觉焦点的外走廊；
7. 在通道的某段设置具有节奏感（幽默的或有趣的）的连接形式；
8. 设置具有趣味性的房间入口或前厅；
9. 在长走廊上设置一个改变通行感受的空间偏移；
10. 使通道上具有横向视野；
11. 在尽端设计视觉焦点（如艺术品、壁龛等）。

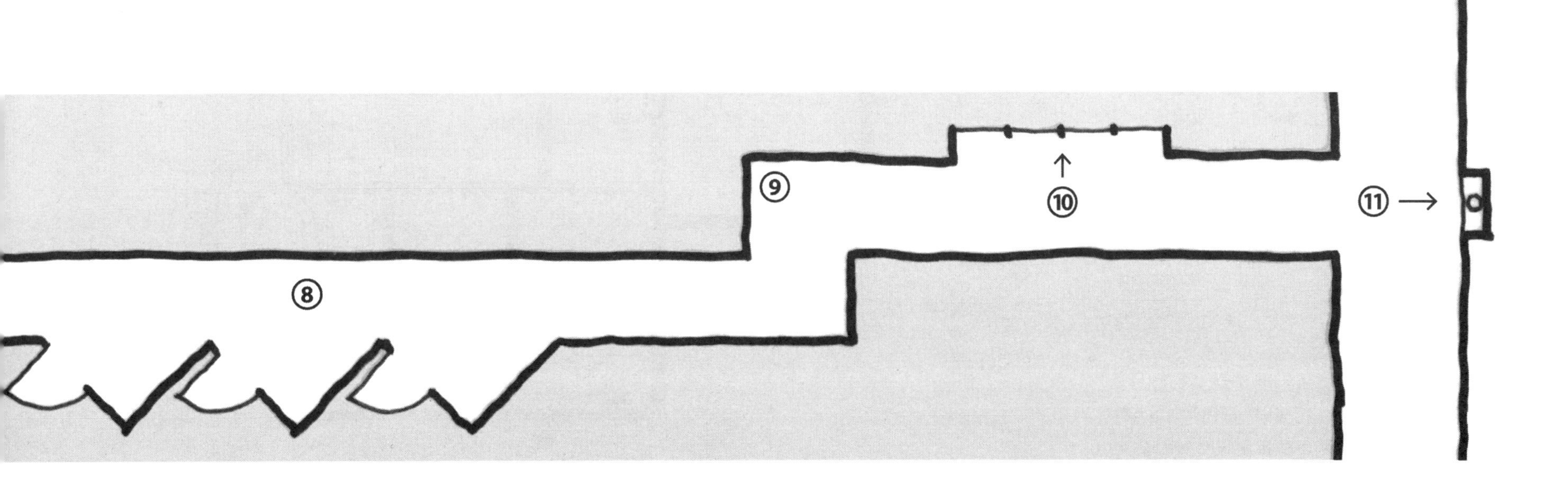

带设计说明的平面图

考虑周到的设计方案能成功地满足客户提出的大量需求和愿望。设计应该在认真思考项目存在的问题及其影响之后再形成设计方案。经过深化的设计中包含了大量“已解决的问题”，也就是使用者希望的需求清单，一个好的设计应该具有使用者的特点并能使之受益。除非你有意将某些固定的标准交给设计团队去完成，否则进行设计价值的完整评价也是很有难度的工作。快速地看一下本页中的住宅套房项目图纸，设计师还没有开始沟通需要处理和解决的要点。

带有注释的平面图是设计师用来明确方案特点与优点和进行沟通的一种工具。这种平面图纸上会带有设计方案的阐述，写明本方案的特别之处及其优点。让我们再仔细看一下下页的插图，图面上有一处说明，描述了委托人的情况和一些想要实现的主要设计目标。需要注意的是，列出设计目标是有目的的，因为会提示实现目标的设计方式。

本案的委托人是一对六十岁出头、性格活泼的夫妇，男士已经开始经受关节炎的病痛，他和妻子希望居住环境能够具有功能性，即使将来他们的健康状况不断下滑也能继续居住。他们希望当年纪越来越大时，居住空间能方便地适应新的需求。关于居住环境的品质，他们还有一些与我们相同的需求，例如舒适、安全等方面的需求。在下页中有一张带有设计说明的空间平面图，你能够从中读懂设计师在功能性、适应性、舒适性和安全性等方面的某些想法。即使你认为某处设计并没有实现他所声称的效果，但是至少看到了设计师在尝试去解决这些问题。花些时间来阅读图上的注释，你将会明白设计师已采用的多重设计策略。

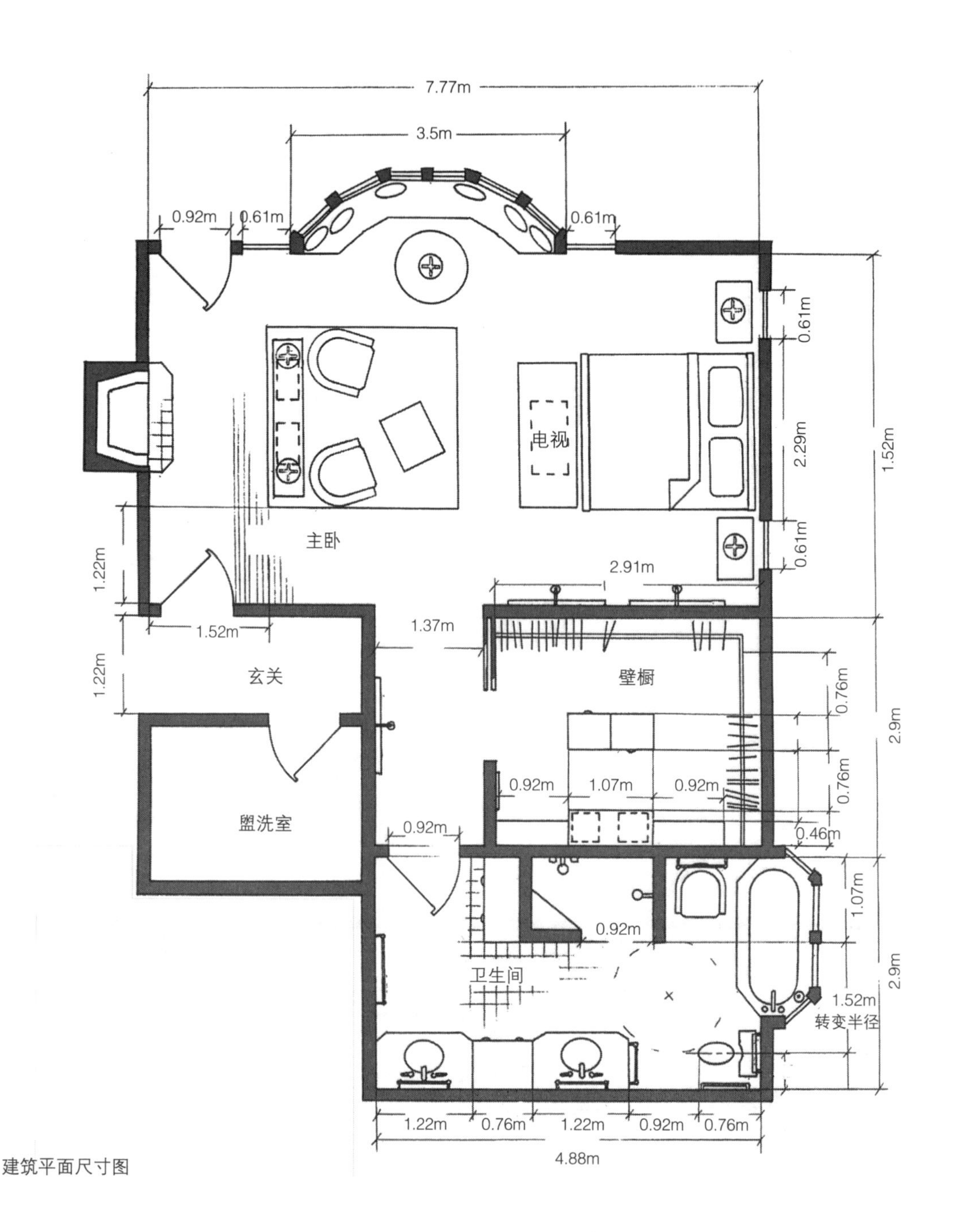

建筑平面尺寸图

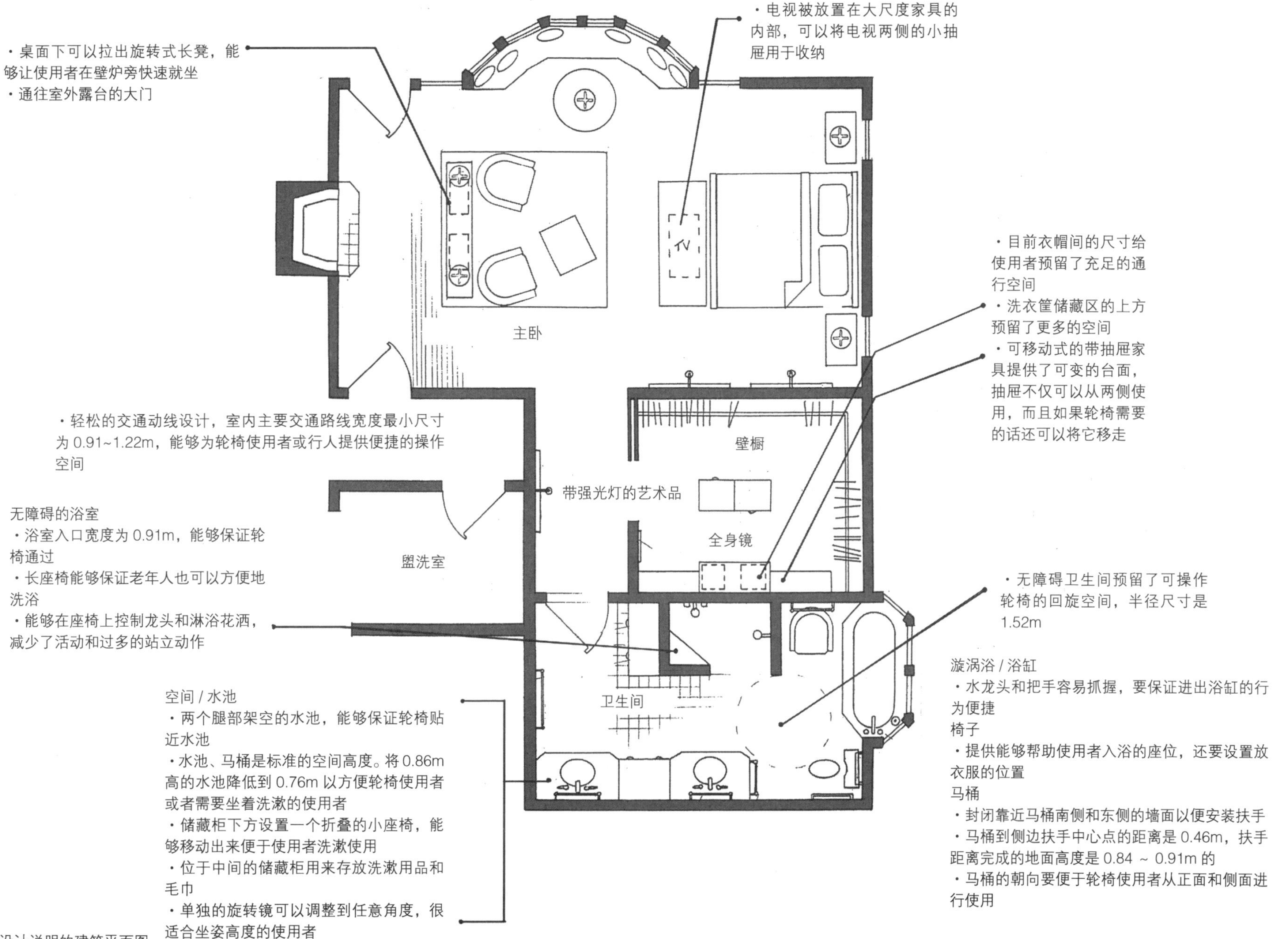

带设计说明的建筑平面图

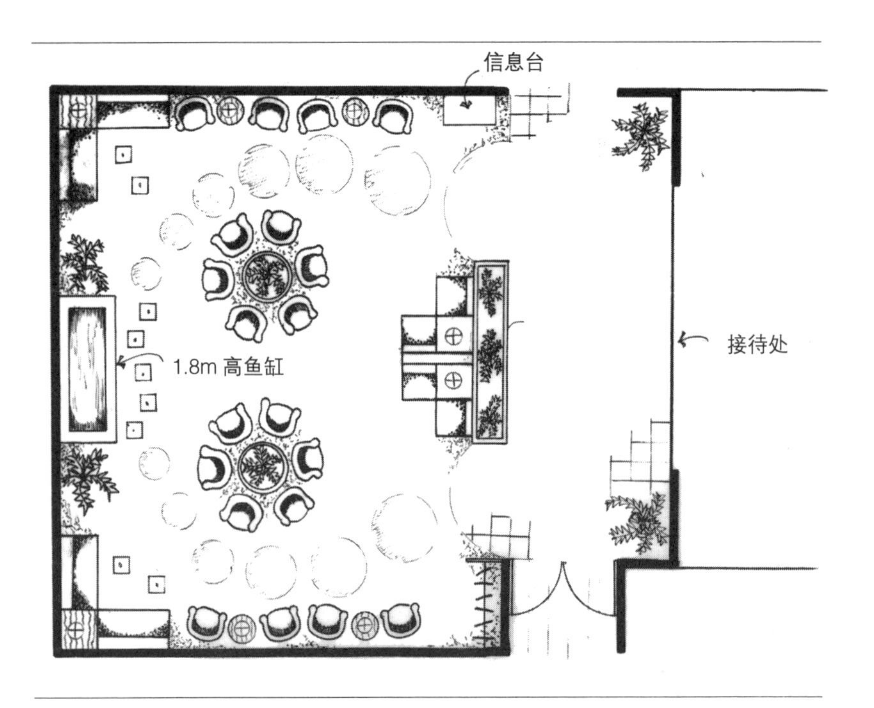
信息台
接待处
1.8m 高鱼缸

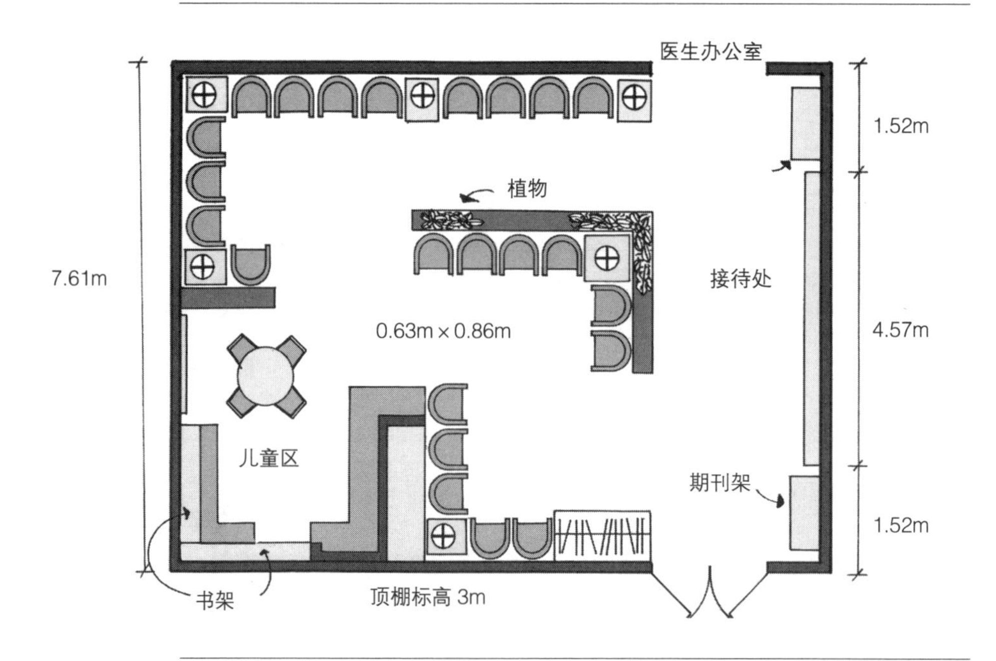
医生办公室
1.52m
植物
7.61m
接待处
0.63m×0.86m
4.57m
儿童区
期刊架
1.52m
书架
顶棚标高 3m

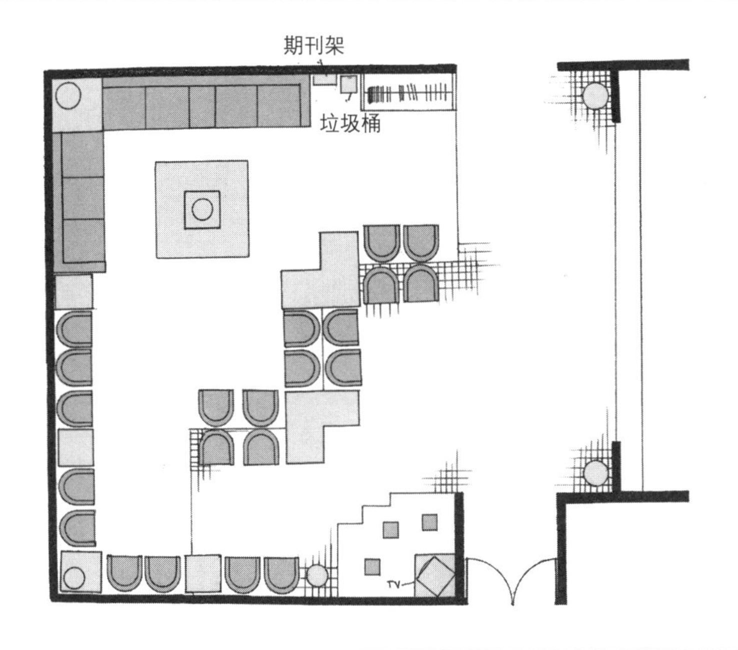

提炼设计意图

练习

在前面的案例中，你看到了标注设计说明及进行设计沟通的设计方式，主要阐述设计师如何为实现使用需求而努力创造条件营造功能性的、舒适的环境。现在，让我们来练习一下如何写设计说明。

左侧是关于儿科诊所等候区的三个设计方案。在你的日常生活中应该去过类似的空间，并且可能还对其中好的或不好的地方提出了一些建议。左侧平面图上包括主入口、接待台区域及通往后面诊室的通道。要求设计师设置具有多种选择的座椅区、儿童游乐区、期刊区和存衣处。

假设现在聘请你来进行沟通工作，说明方案的优点、特点和价值。这需要你思考设计师想要去实现怎样的效果，看看不同的座椅区并试着理解它们所承担的功能：也许是有保护感的角落、或是避免与屋中其他人正面相对。思考一下儿童游乐区，它所处的位置和布局有哪些优点？可以用前面的适应性住宅套房中的注释作为参考案例。为每个方案至少写出 5 条注释，对本设计方案及其特色进行推销。

住宅规划 I

在设计项目中，住宅项目可能是学生最熟悉的类型。你很可能见过很多住宅并在其中一两栋之中居住了很长时间，也许你还体验过在宿舍与公寓的生活。这些经历能够帮助你理解在共享空间中充满活力的生活方式。需要牢记的是：虽然人们的需求具有共性，但是当涉及居住时，生活方面的喜好与习惯会因个人或家庭而各不相同。

住宅项目设计始于对使用者需求的评估及对他们特有生活习惯的了解。电视在家庭生活中起到了怎样的作用？家人是否经常烹饪？他们是否邀请他人来家中做客、进餐或进行其他社交活动？他们是否有需要照看的幼儿？个人的喜好是什么？他们是否听音乐？他们是否属于热衷读书并需要良好的阅读室和藏书空间？对上述问题和其他类似问题的答案会对设计产生相应影响，例如设置什么样的家具与空间、每个部分的设计重点、符合相互关系需求的最佳布局形式是什么。

下面是进行住宅项目设计时需要考虑的要点：

1. 将室内居住空间划分为活动空间和安静空间。在卧室、需要静心工作及其他需要集中精神的区域与相对嘈杂的起居区之间，设置中性的房间、走廊或其他缓冲的空间。

2. 根据背景环境的相关状况细致地进行功能区划设计。可以借用良好的视野和其他的场地便利条件，同时也要避免来自街道噪声的干扰。为了满足逐渐增强的个人隐私的需求并方便通向私人的室外活动区，很多起居室都被设置在住宅的后侧。

3. 设计高效的、功能性的**交通系统**（circulation system）。采用合理的方式规划空间，将来回通行的距离尽可能缩减到最短。另外，在规划交通形式和设置开门位置时，应该避免让使用者在空间中穿行的设计，即避免为了前往卧室或厨房必须穿过起居区的情况出现。

4. 每个空间和其中的室内要素设计应该能够实现最大的**家具适应性**（Furnishability）。墙体、大门和窗户的布局方式能够保证合理的家具布局形式的实现，而且有助于实现更多家具布局的可能性。

5. 实践经济性原则：避免浪费、共享资源（例如墙体、管线）并且设计出具有多种用途的空间。

根据使用者的喜好和现有的场地条件，住宅项目的公共区可能是开敞的、具有流动性的或进行分区的。在开放型的平面布局中，起居与就餐区域可能结合成为一个空间，或者在L形的平面形式中各自占据两侧区域，两者之间不设或少设分隔物。在某些情况下，用于区域之间分隔的可能是屏风类的元素，像隔墙、壁炉或储藏单元。而在封闭型的平面布局中，起居区与餐厅区可能被划分成独立的空间，通过拱门或大门连接。而事实上，今天建造的住宅中这两者是兼而有之，既包括互相分隔开的正式会客厅与餐厅，也设有非正式的大尺度空间，其中结合了家庭活动室、非正式的就餐空间和开放布局的厨房等多种功能。

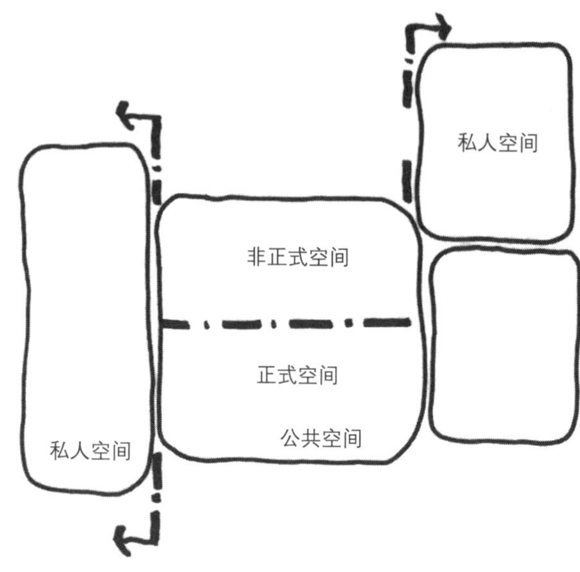

今天的很多住宅中都设有正式的、只有在特殊场合才使用的客厅与餐厅，并且还有一个具有相同功能但是供日常使用的非正式空间。

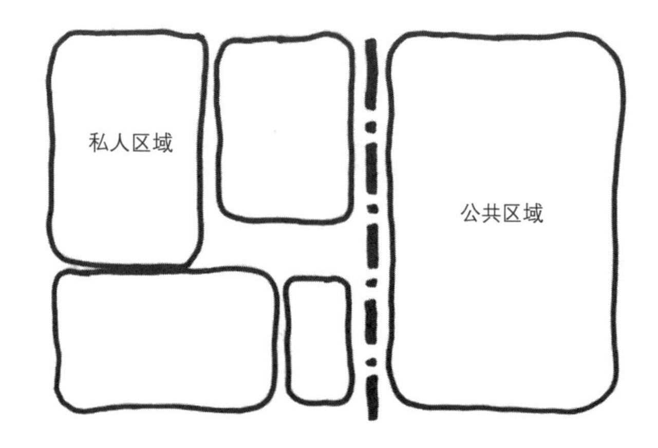

对于任何住宅项目而言，设计的根本目标是理性的划分公共区域（可能用于宴客的起居区和就餐区）和私人区域（用来布置卧室和其他私密性的功能）。

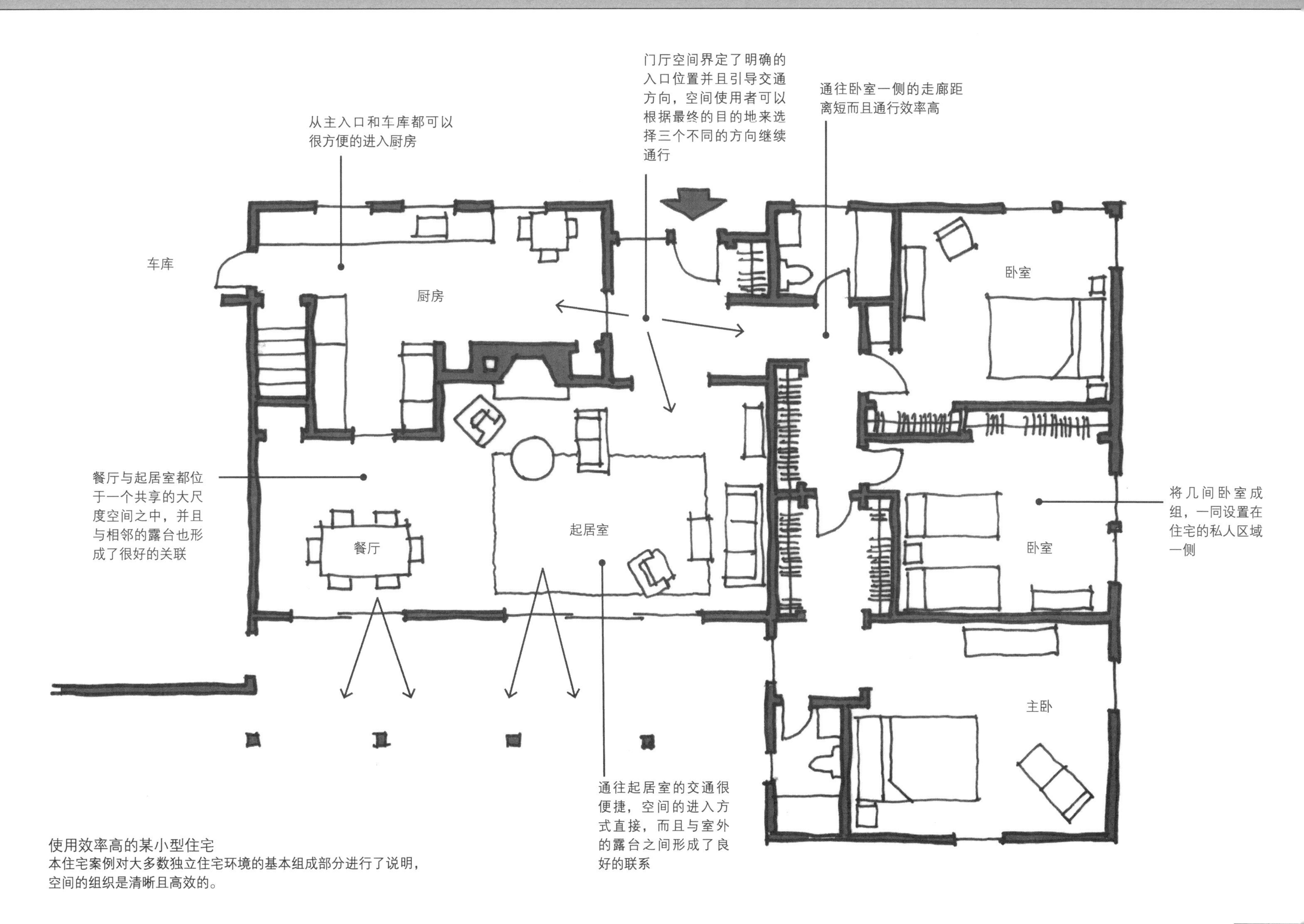

使用效率高的某小型住宅

本住宅案例对大多数独立住宅环境的基本组成部分进行了说明，空间的组织是清晰且高效的。

住宅规划 II

一旦你了解了使用者的要求清单，就可以开始进行家具布局和空间尺寸的决策。在有些项目中，需要在给定的空间中设置家具布局，而有些项目则需要你来决定房间和空间的尺寸及适合的墙体围合程度。本节列举了一些案例和尺寸用来帮助你设计出合理的空间尺寸，以及设计适合的家具布局、元素之间的净空和所需的交通空间。

在进行住宅规划的初期阶段，下面列出的区域布局原则将为你提供一定的帮助。以下是每种类型的区域面积从最小、最经济的尺度到最大的尺度的区域面积：

起居室：18.58 ~ 32.52m²；

餐厅：13.94 ~ 20.90m²；

厨房：11.15 ~ 18.58m²；

卧室：11.15 ~ 27.87m²；

卫生间：3.72 ~ 11.15m²；

如果进行空间组合的话就需要一些设计推敲与试错，因为总有很多方式可以形成不同的解决方案。依据第 3 章设计程序的方法进行设计，可以帮助你在设计任何项目时都能形成很多不错的方案。当获得了一定的经验之后，你就能加快设计速度并且迅速地分辨出具有潜力的优秀方案。

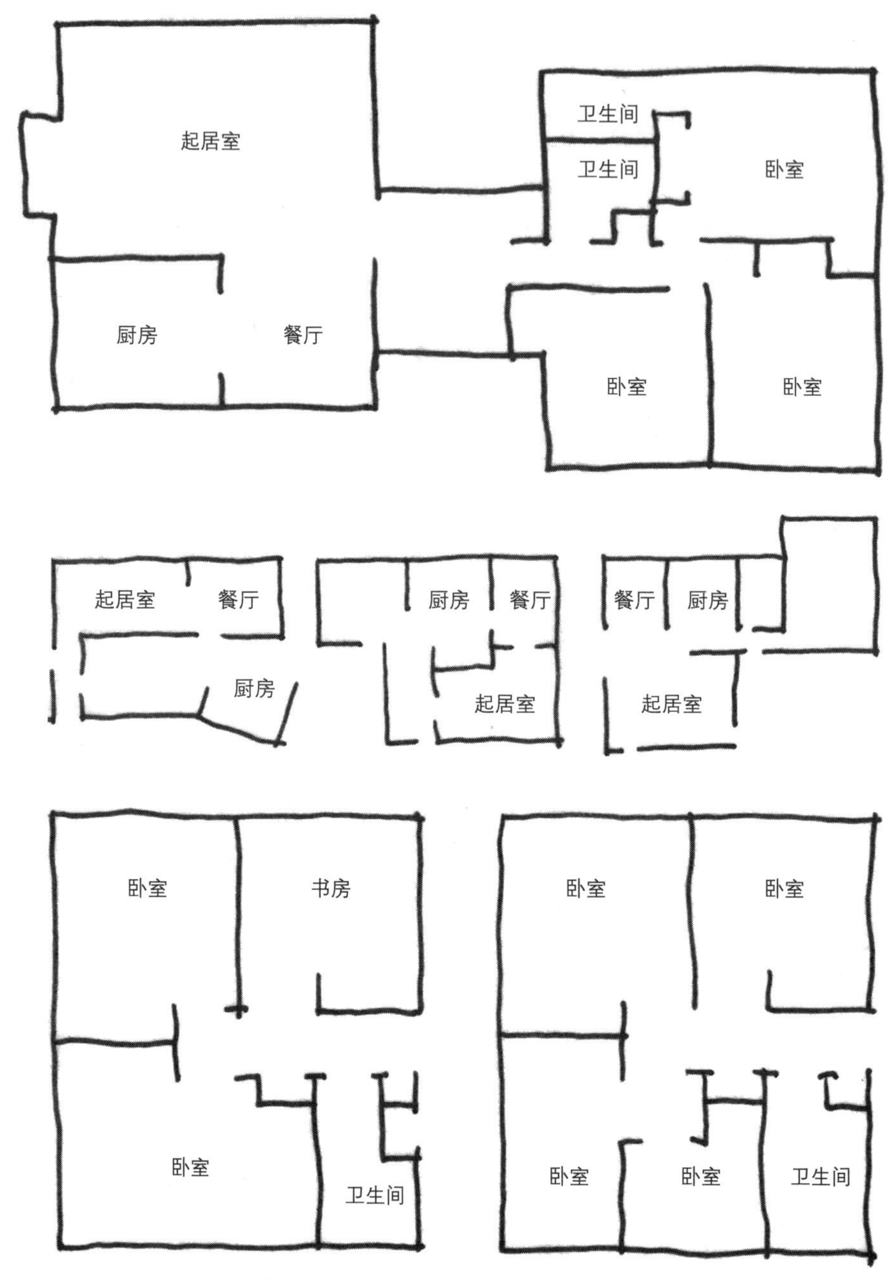

采用块状平面图来推敲某住宅项目中空间关系的合理性。

效率

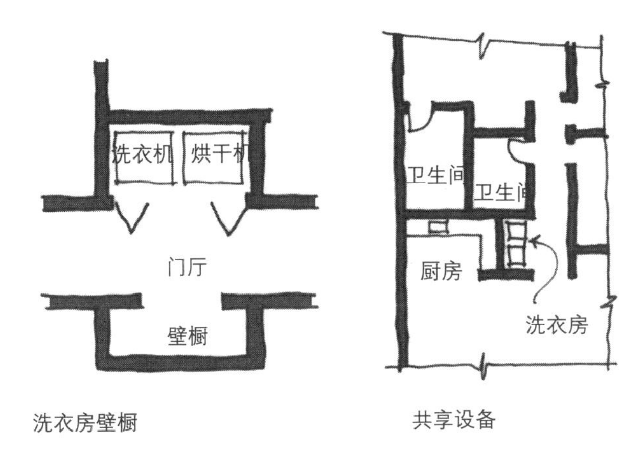

洗衣房壁橱　　共享设备

经济性是住宅设计中需要努力实现的目标之一，而这一点可以通过不同的方式体现出来。上方的插图就是说明所谓“效率”含义的两个案例。第一个案例利用上层小型居住空间的壁橱位置安放洗衣机和烘干机。通过这种方式有效节省了空间（委托人的住宅中并没有过多的空间）。而且，由于壁橱与楼上卧室的距离非常近，所以使用者不必带着衣服和床单在空间中来回往返，因此节省了大量精力。

避免空间浪费也是实现经济性的一种方式，例如避免房间中无用的空间或是不必要的长走廊设计。关于走廊设计的优秀案例和糟糕的案例在右侧插图中进行了说明。

有效的走廊

尝试找出走廊的最小宽度。正如文中例子所示，在某种程度上，人们总有办法用最短的走廊将需要去的房间联系起来。（右侧图）左侧的例子是效率低下的走廊，右侧才是更好的解决方案。

效率低下。　　效率较高。

进门空间

设计良好的入口可提供功能性的交通空间，并将交通分流到适宜的方向。当进入住宅内部时，我们并不想直接进到起居室中，更不想穿过起居室才能前往其他的区域。所以，即使是很小的门厅也能起到很好的空间过渡作用。

另外，人们进入住宅时的视野也是需要进行认真设计的。一般有两种设计选择，第一种是进入时首先正对着墙面或屏风（在上面设置某些有趣的陈设）然后再转向某个进入室内的通道；另一种是能够看到所要前往的、主要公共区域的部分空间，客人们进门时就能够感受到整个起居空间的全景，所以这种方式可以有效地吸引人进入空间。

在进门空间或门厅，即从室外进入室内的过渡空间，设置衣橱是常见的做法，在某些住宅中还会有换鞋和储藏鞋子的空间。

最后，设计良好的门厅主要功能之一，就是可以作为通往住宅中各种区域交通分配点。人们在门厅时的情境是，可以直接走进起居室或是转向一侧的通道前往私人的卧室，或是向前迈几步到达走廊的交叉口，卧室与厨房分别位于交叉口的两侧。本页插图中列举了入口空间的人体测量尺寸及高效的门厅设计案例。

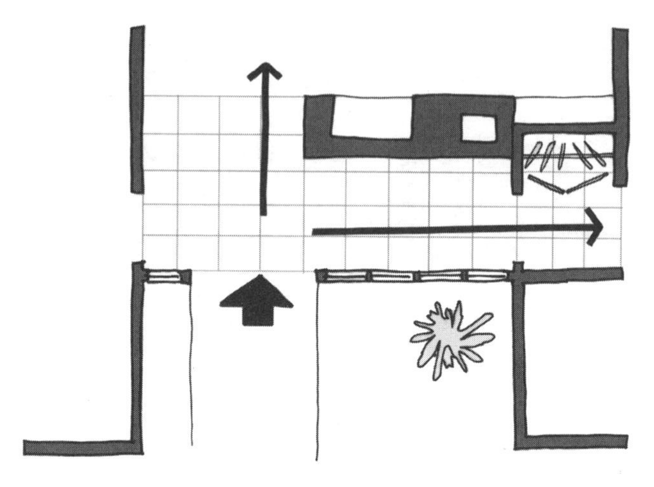

门厅 1 中有一个较短的横向走廊并在距离大门稍远的一侧设计了衣橱。当人们进入空间时可以前往通向住宅不同区域的三个方向。

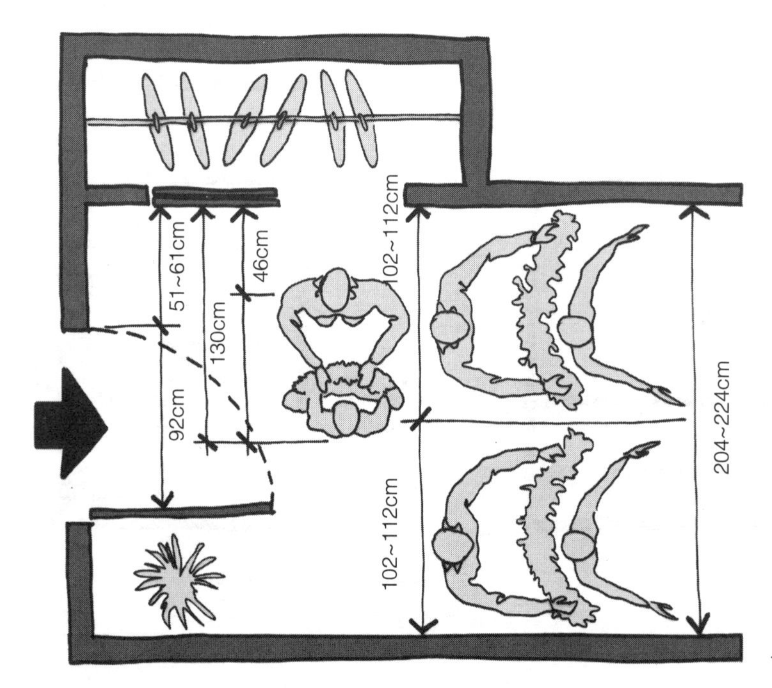

人体测绘数据

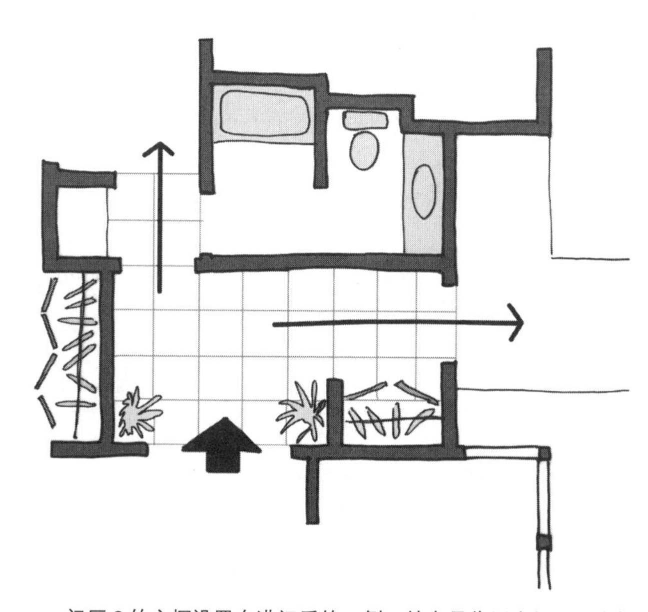

门厅 2 的衣橱设置在进门后的一侧，特点是临近大门。一个较短的走廊通向另一处走廊的交汇处，在那里既可以左转进入私密的区域也可以右转前往公共区。

进门时的场景

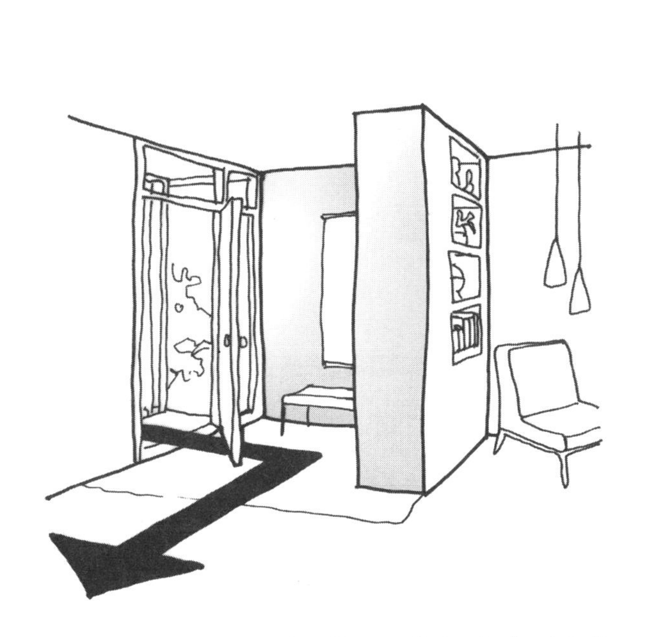

A. 客人进门后看到正对入户门的一面隔墙和右侧进入房间的通道。

B. 进入的客人正对着设有储藏功能的一个半高隔墙，并进入到走廊的交叉口处。可以向左转或向右转继续前往住宅中不同的区域。

C. 客人进门后位于走廊的交汇处，左侧是起屏风作用的衣橱。可以继续前进、左转或右转进入住宅的不同区域。

起居室 I

设计良好的起居空间是舒适的、多功能的，并且整体空间是令人愉悦的。它是绝大部分住宅的核心，家庭成员互相之间、主人与客人之间在此开展社交活动。理想的起居室空间应具有下列要素属性：

- 舒适、布局合理的座位；
- 视觉焦点；
- 视觉上与其他空间相关联；
- 朝向室外的视野；
- 自然采光；
- 空间与陈设品之间良好的比例关系；
- 有序的、整洁的外观；
- 良好的交通模式。

接下来的几页中列举了各种起居空间设计的案例，用于说明常见的陈设与布局形式。

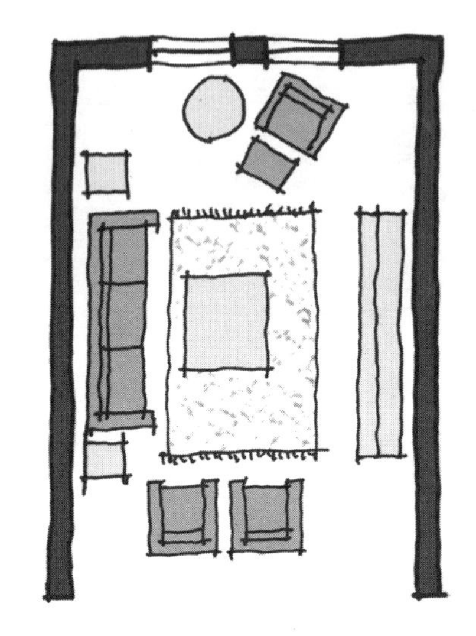

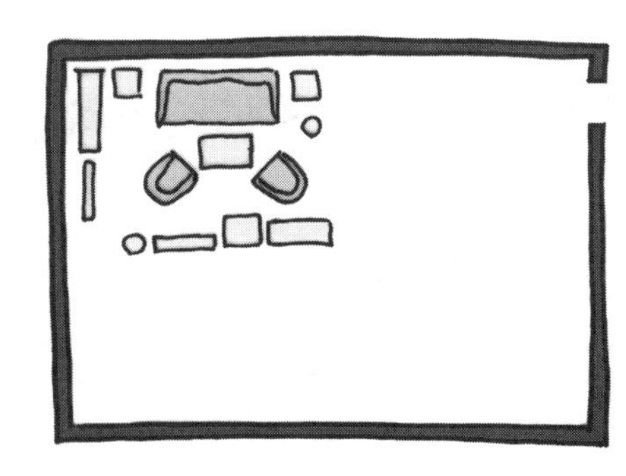

起居室中空间与陈设之间的比例关系需要达到和谐一致的效果，这是重要的设计要点。在绘图过程中也需要注意比例关系，如果画出的陈设比例是错误的，设计结果就很可能变成上面两种错误的状况之一。

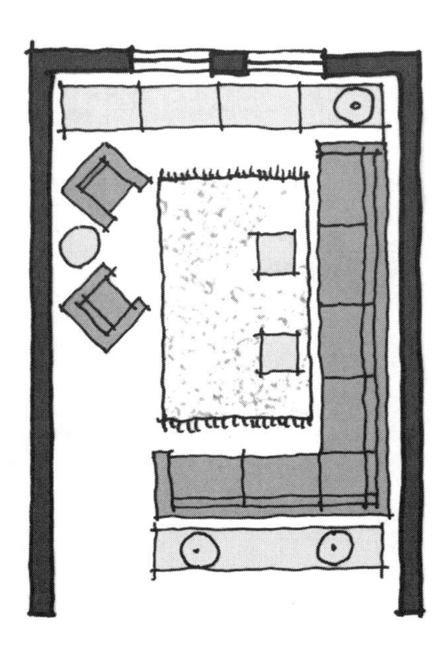

通常有很多种空间的布局形式可以适用于起居室的设计。上面列出的四种相同空间尺寸的家具布局方案是位于某公寓中的中型起居空间设计。哪一个方案最符合你的想法呢？

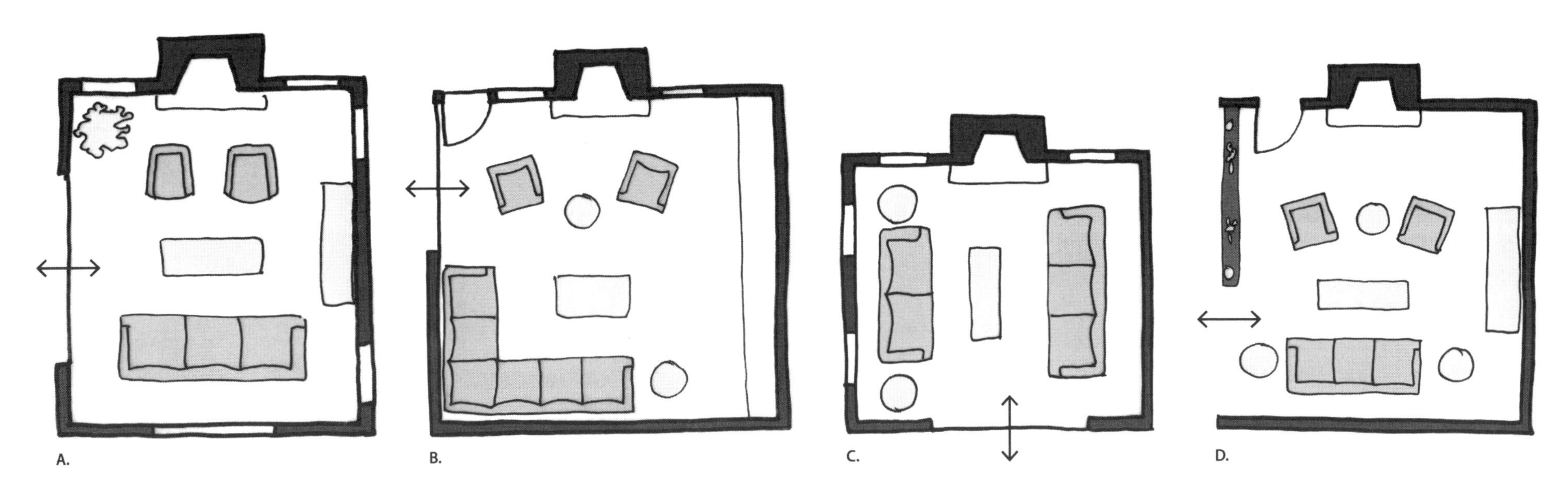

同等尺寸和比例的四种空间布局方案

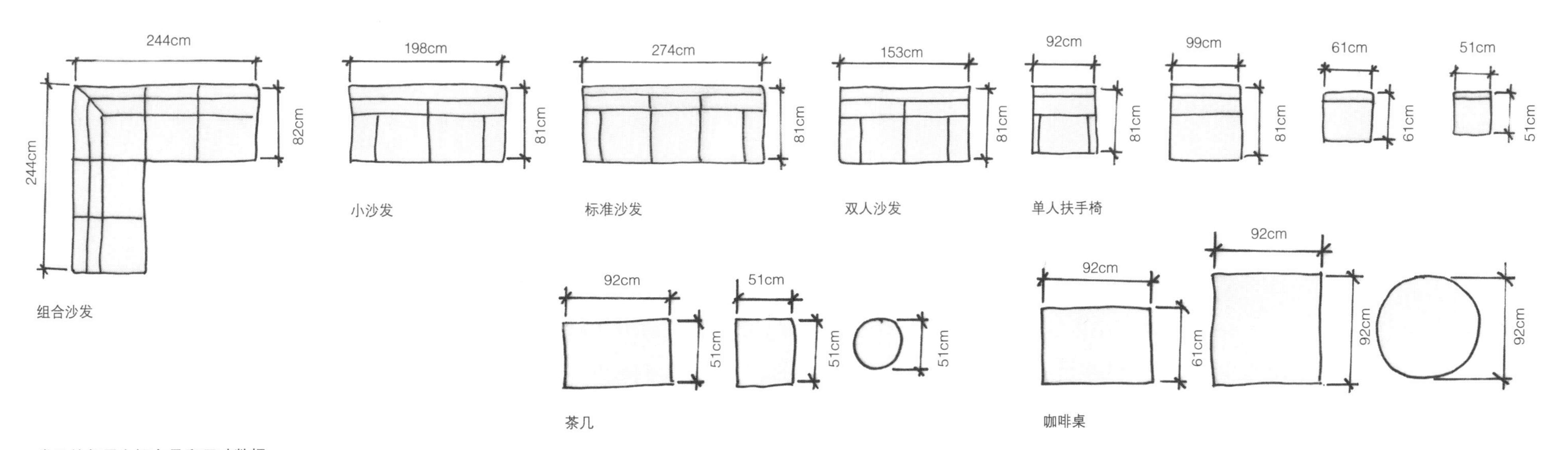

常见的起居空间家具和尺寸数据

起居室 II

起居空间设计中常见的问题是坐具群组布局零散和杂乱。平面图 A 和平面图 B 的案例表现的正是布局零散方面的问题，两种布局看起都像是把原来围成一圈的座椅分散开，这种问题容易出现在紧凑型的空间之中，因为室内没有足够的空间让整组家具布置在一起。平面图 A 的问题特别突出，有一把单独的椅子看起来像是游离于空间之外。平面图 B 中有两把放在外侧的椅子，因为与主体沙发之间构成了三角形的构图感，所以使本方案中家具的凝聚性比 A 方案稍好一些。但是，这种格局看起来很奇怪，尤其是其中的一把椅子妨碍了人在交通动线上的通行行为。

平面图 C 是空间中家具过于杂乱的案例。在房间周边设置了太多的物品，解决这一问题的办法是将其中一些家具移到别处，或是将多个物品组合成具有多种功能的一个元素，例如设计一个工作墙面将储藏、展示和书桌功能一体化。

再看一下平面图 D，它优于其他三个方案，因为多个家具组合成一个组团而且没有杂乱的陈设物品。

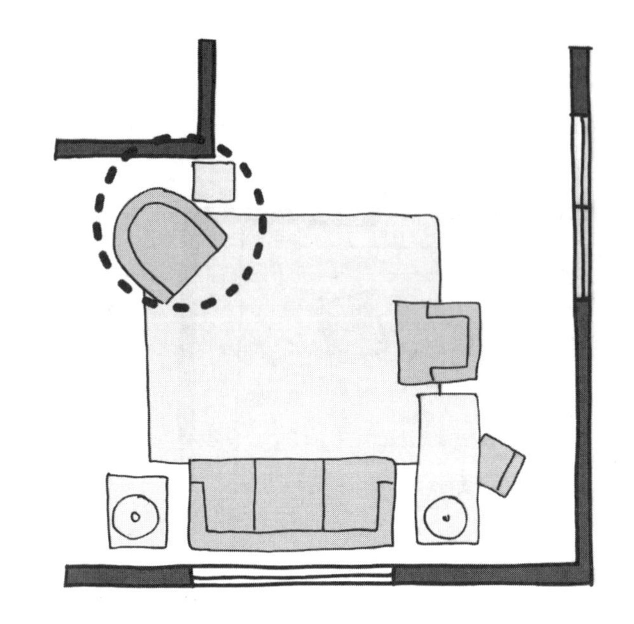

A.

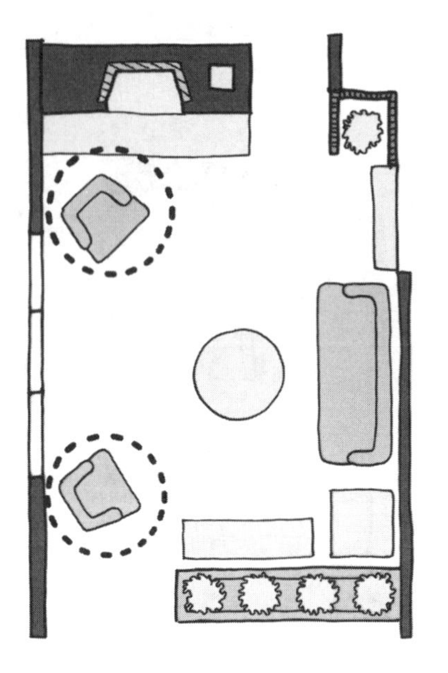

B.

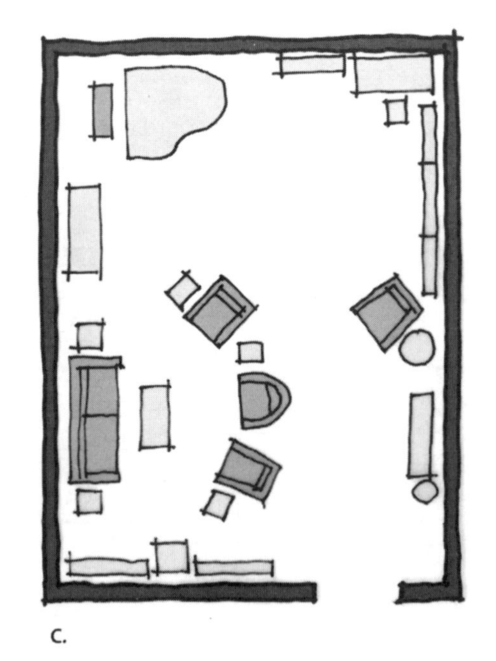

C.

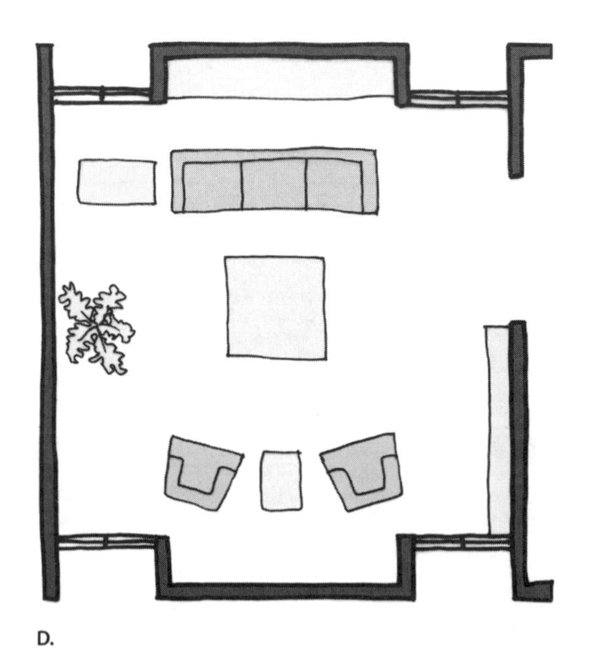

D.

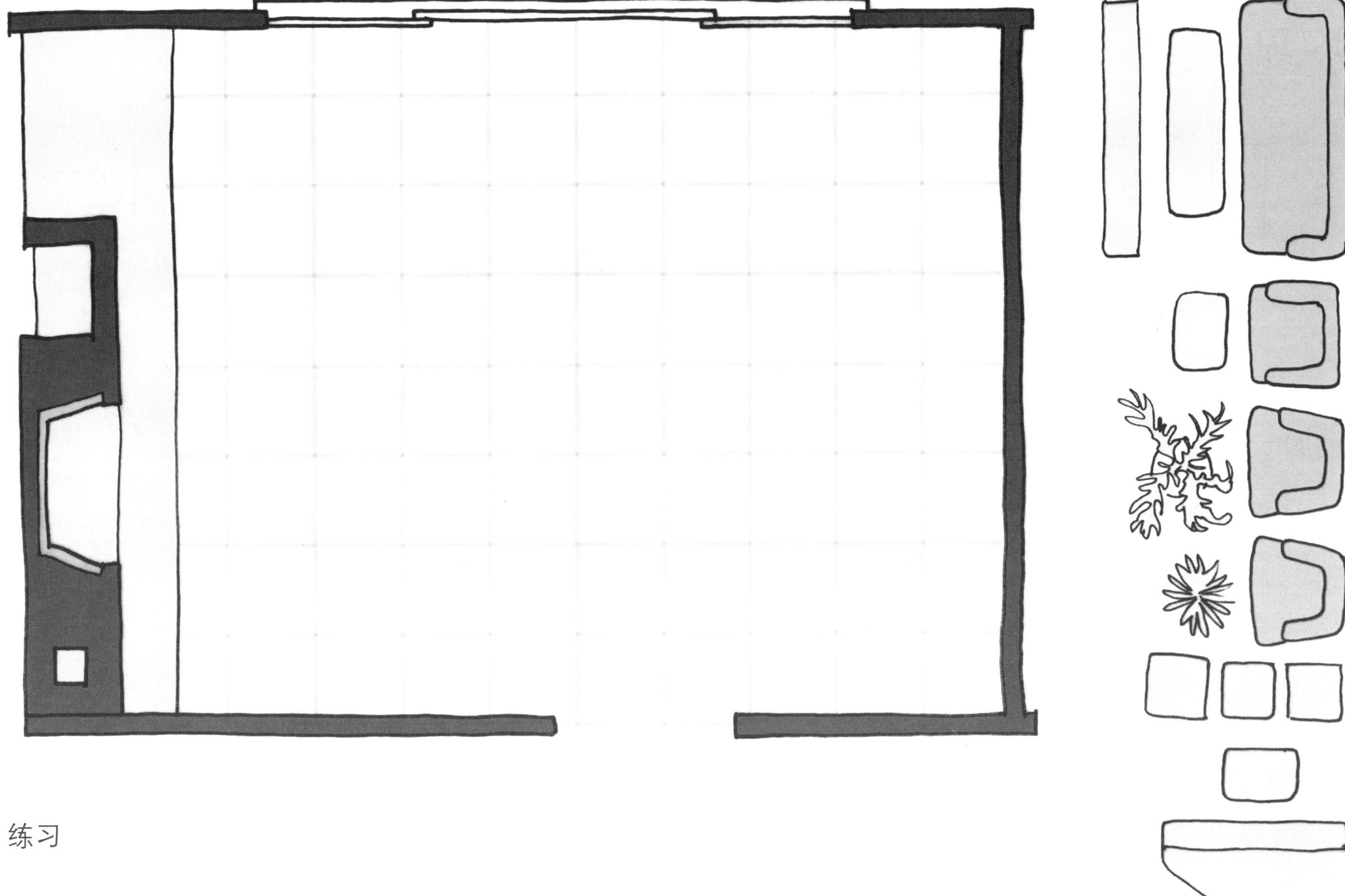

练习

用给出的所有家具，在上图的起居空间中进行布局设计。限定房间布局方式的是现有壁炉所在的墙面和一段延伸至两侧墙面的石材地面铺装。壁炉旁边的大门连接到起居室和与它相邻的餐厅空间，另一个门洞通往走廊和入口。可以使用 90cm×90cm 的网格作为尺寸参照。

就餐空间 I

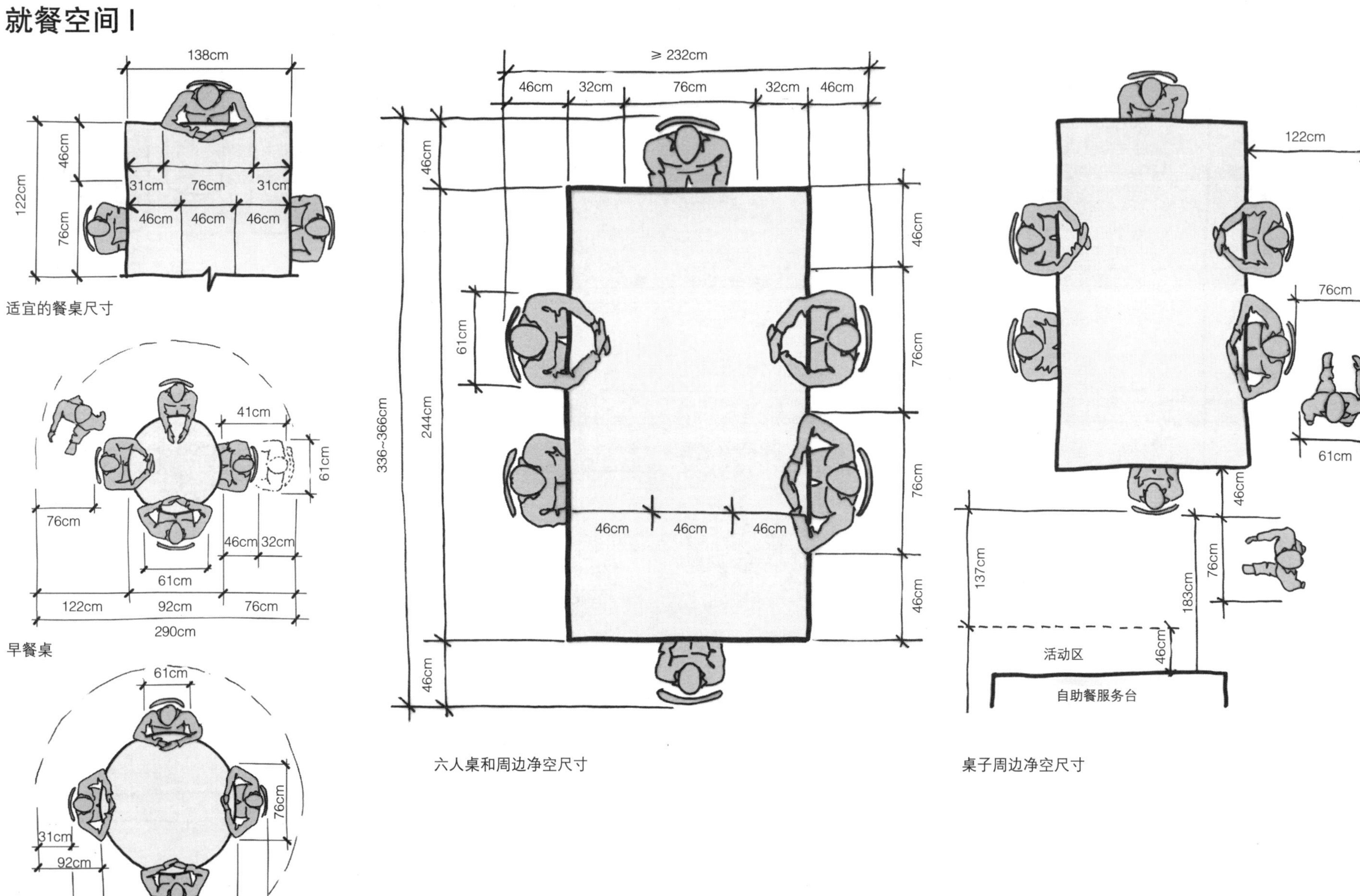

138cm
46cm
122cm
76cm
31cm
76cm
31cm
46cm
46cm
46cm
适宜的餐桌尺寸
41cm
61cm
76cm
46cm
32cm
61cm
122cm
92cm
76cm
290cm
早餐桌
61cm
76cm
31cm
92cm
46cm
274cm
46cm
标准餐椅及净空尺寸
≥ 232cm
46cm
32cm
76cm
32cm
46cm
46cm
61cm
244cm
336~366cm
46cm
76cm
76cm
46cm
46cm
46cm
46cm
46cm
六人桌和周边净空尺寸
122cm
76cm
61cm
46cm
76cm
137cm
183cm
46cm
活动区
自助餐服务台
桌子周边净空尺寸

餐厅空间的封闭程度与空间界定

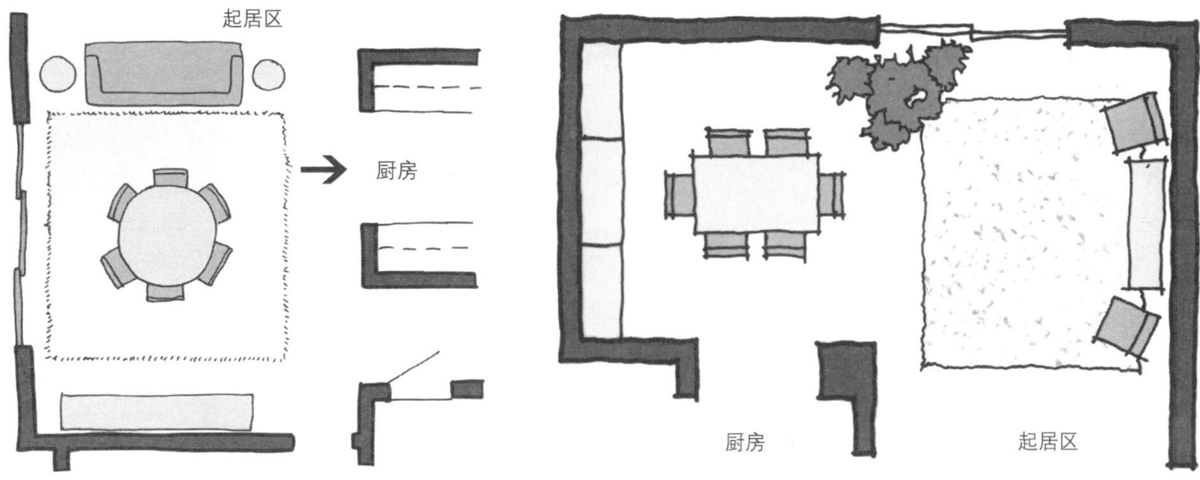

A. 邻近起居室的开敞式餐厅

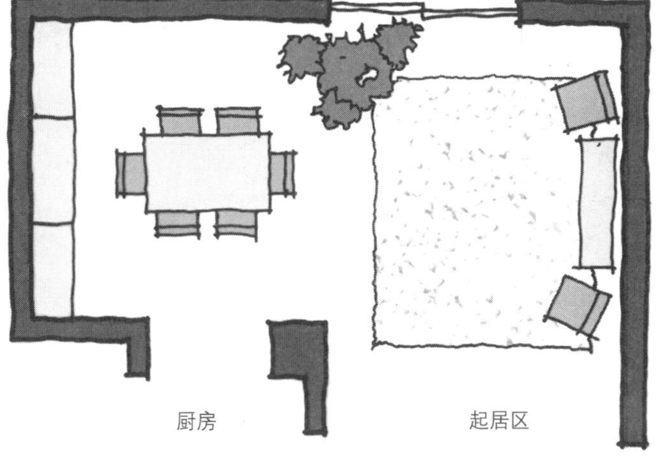

B. 独立空间中的开敞式餐厅位于起居区域一隅

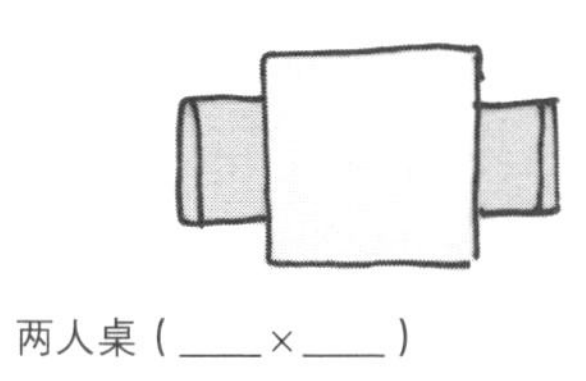

两人桌（____×____）

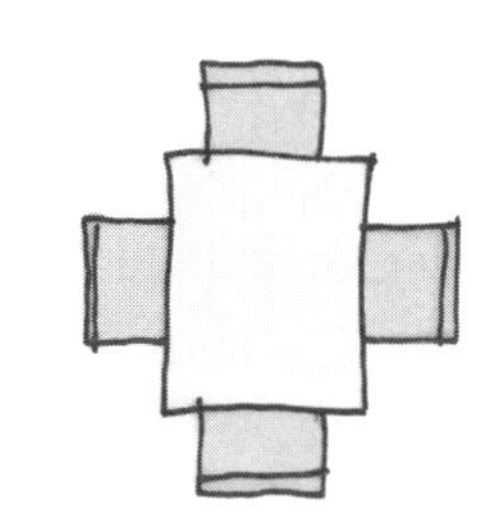

四人桌（____×____）

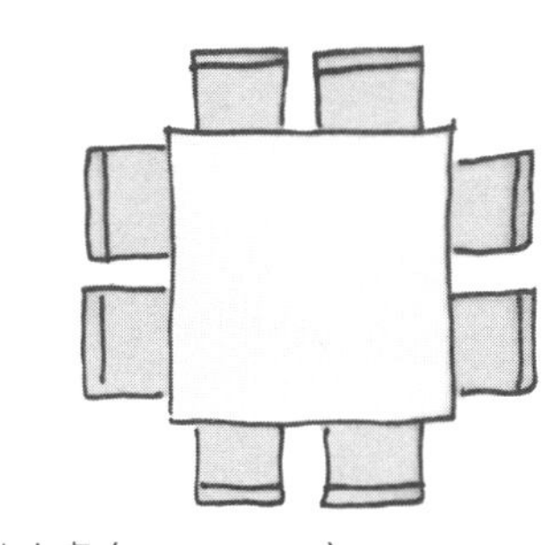

八人桌（____×____）

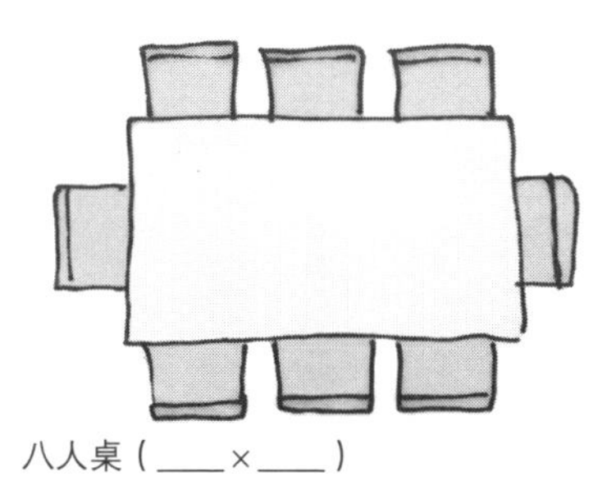

八人桌（____×____）

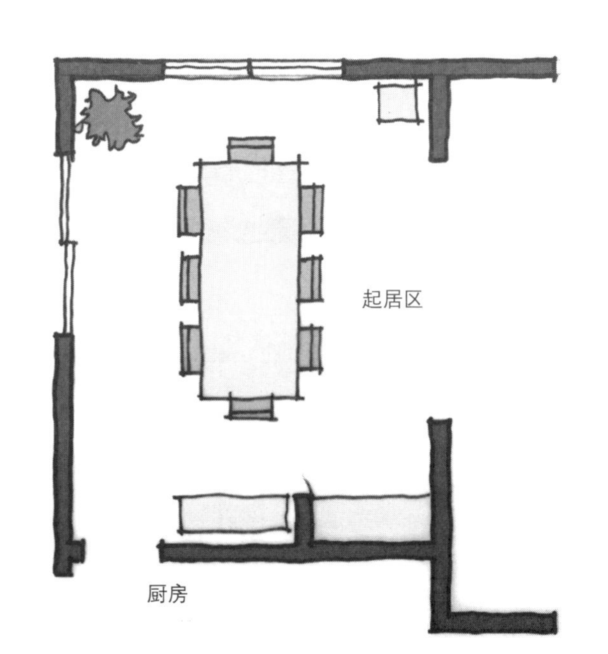

C. 餐厅空间通过拱门与起居区相连

D. 空间完全封闭的餐厅

练习

基于前页所提供的尺寸，标注出所给定空间中餐桌的最佳尺寸。

就餐空间 II

根据生活方式和场合的不同，人们在家中就餐的方式也大不相同。很多现代住宅和公寓中同时设有一个主要就餐空间和一个位于厨房附近不那么正式的次要就餐空间。主要就餐空间的形式包括正式、非正式及开敞式，我在第 233 页中列出了其中的一些案例。夫妻两人或一个小型家庭可能只需要四人使用的餐桌，而人数多的大家庭及有宴客需求的家庭可能需要六人到八人的餐桌，而且还可能为特别的聚会再扩展使用人数。就餐所需的空间范围从一般的 3m×3.7m 到舒适型的 4.3m×5.5m 或者更大的尺寸。主要就餐区通常与厨房邻近但中间设置分隔，同时还要邻近起居空间，因为在聚会交流时，这种布局便于客人从起居空间前往就餐区。

次要就餐空间通常是非正式的、限于家人使用的。虽然也会在这个空间里吃午饭等，但次要就餐区通常被称为早餐角或早餐空间。空间位置设在厨房空间附近，而且经常使用凹室或角隅的空间形式，半岛形桌子配合高脚凳或是落地柜台的形式也很流行。本页列举了一些次要就餐空间的例子，并标注了建议的尺寸。

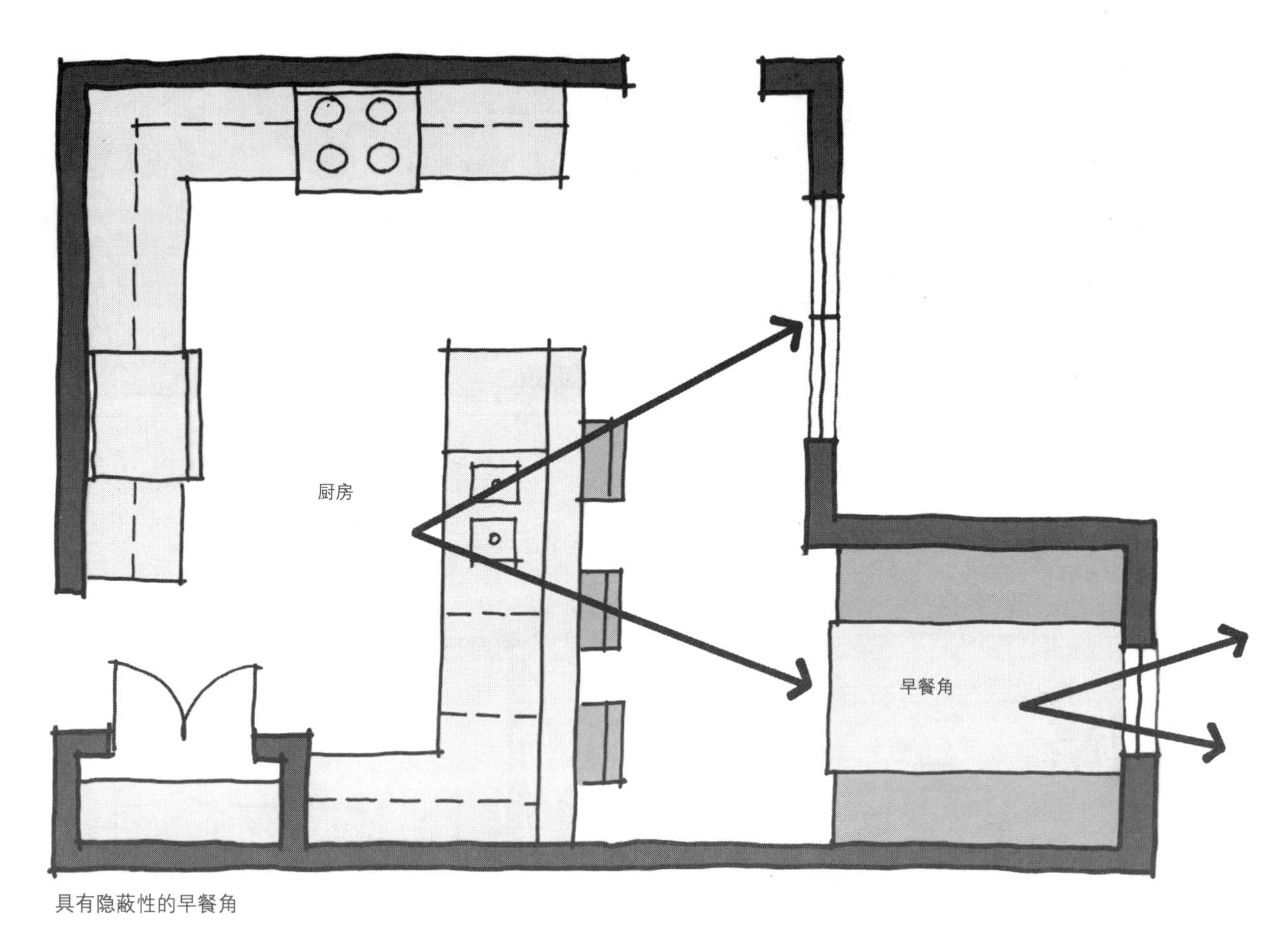

具有隐蔽性的早餐角

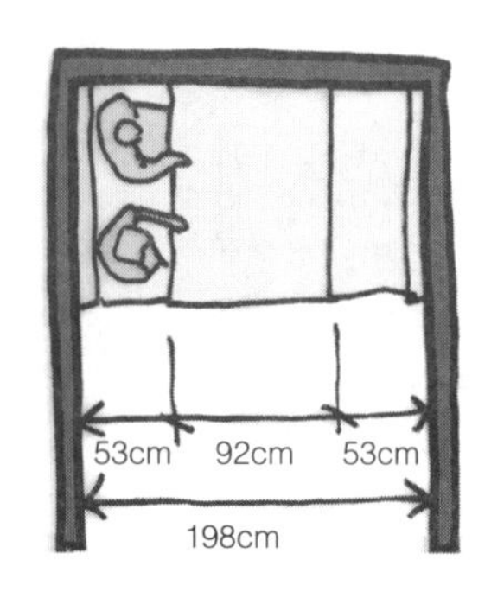

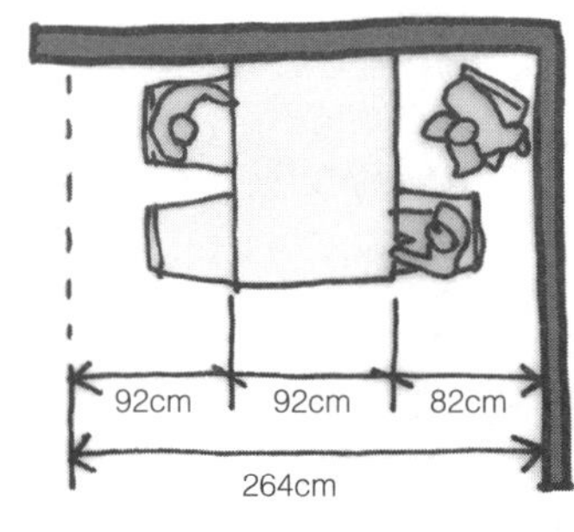

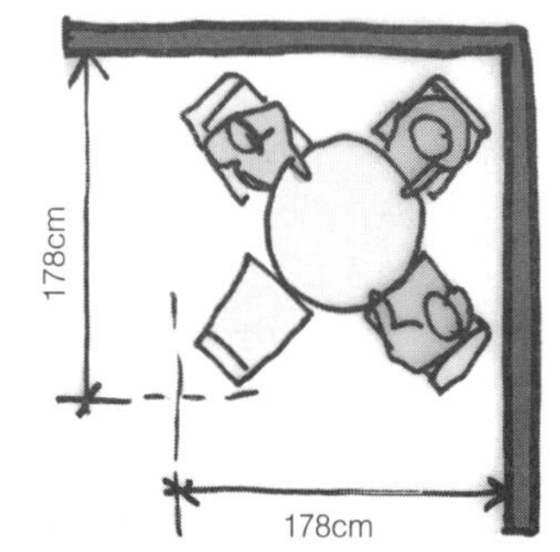

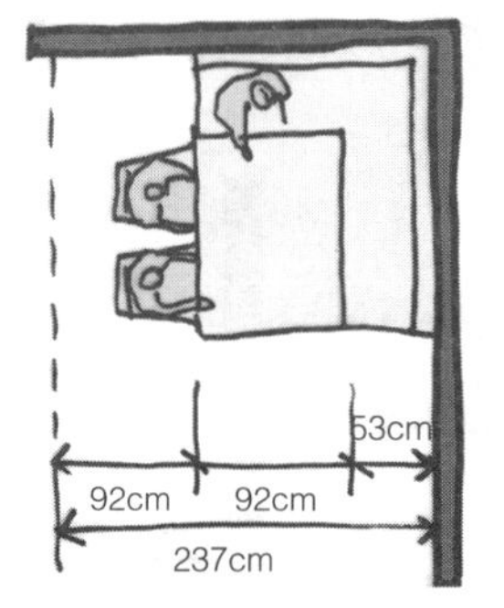

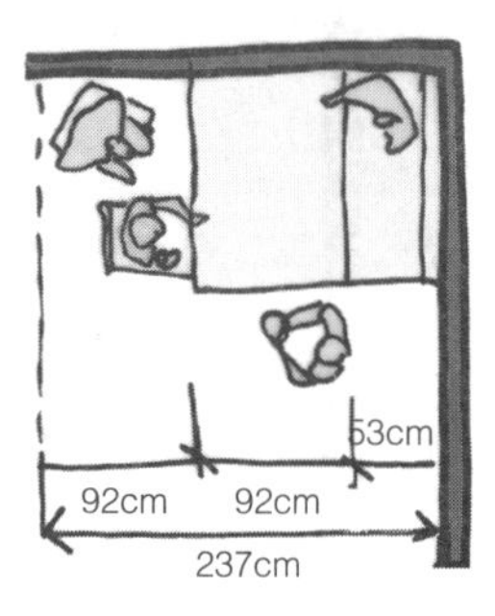

位于隐蔽空间和角落处的小餐桌尺寸

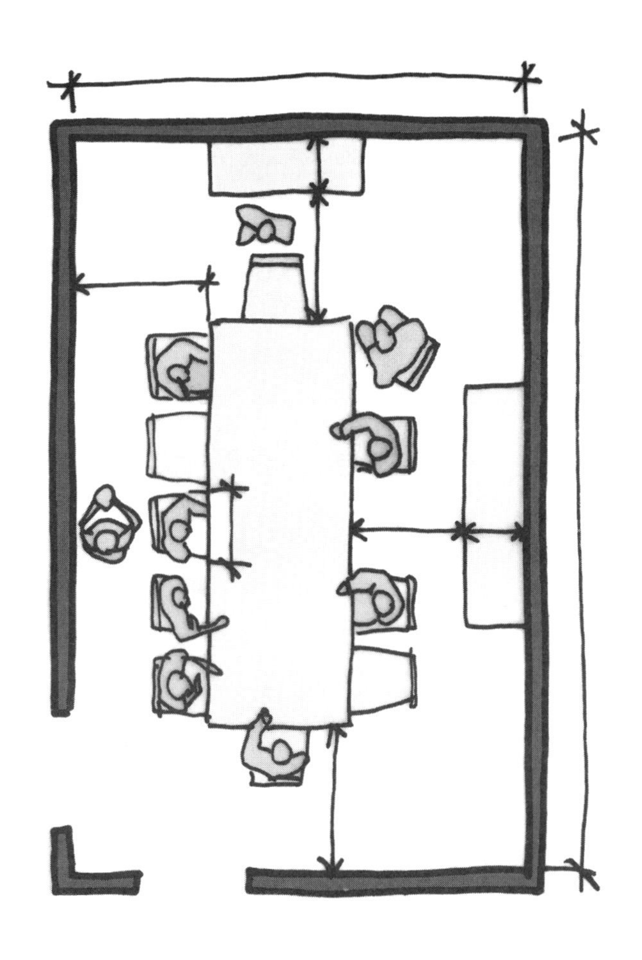

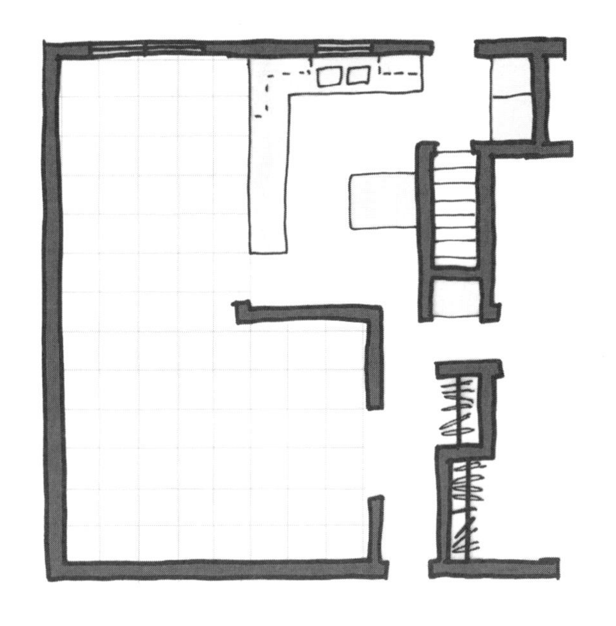

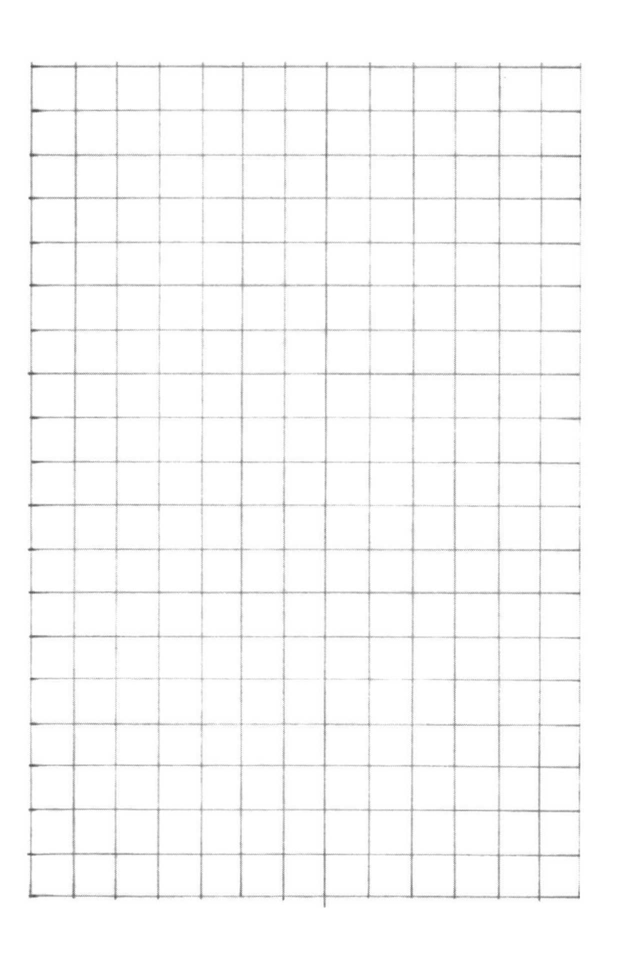

练习 1

根据第 232 页所给出的尺寸，为上图的正式就餐空间设定尺寸。除了在平面上的空白处标注出尺寸，还需要填写下列尺寸数值：

桌子尺寸：________

房间尺寸：________

练习 2

上方平面图中，厨房区域附近还有两个空间，一个是就餐空间，另一个是起居空间。在就餐空间中画出六人餐桌的适合尺寸，另外，你需要决定如何处理起居空间与餐桌之间的隔墙，在下列选项中进行选择：

- 不处理隔墙；
- 将隔墙进行延伸；
- 在另一侧再增加一段墙形成拱门。

使用 60cm × 60cm 的网格作为尺寸参考。

练习 3

在 60cm × 60cm 网格之中重新画出一个就餐空间。从八人餐桌（任何形式）开始绘图，然后在周边添加必要的净空。最后决定你想要界定或围合的空间样式，并且画出墙体和开门洞口。

卧室 I

回想一下你生活中的卧室，思考一下你是怎样使用卧室的，以及对你来说它具有怎样的意义。对那些足够幸运的、拥有自己卧室的人来说，卧室是个人内部空间的代表，也是在这个世界上拥有的一块私人领地。卧室在功能上不仅是使用者睡觉的场所，还是换衣、做作业、阅读和沉思的地方。当然，卧室的主要功能是关于睡眠的，所以，它的室内设计和布局都是关于床及周边环境的推敲。

标准的卧室陈设包括床、一个或多个床头柜、衣橱、梳妆台，有时还有一组桌椅和额外的座椅。应该至少在床的一侧预留出上下床的空间（双人床需要预留两侧的空间）。

此外，还要在床尾留出通行空间，以便走到梳妆台或桌子等其他家具的所在位置。所有卧室中都应该至少设置一扇开窗。虽然可以设计出不同尺寸的卧室，但是卧室尤其是主卧并不需要把空间设计得非常宽大。本页和下页插图中列出了床及其周边空间的标准尺寸。另外，还列举了容纳不同人数的床的尺寸及卧室格局。

关于卧室布局设计的最重要的决策就是决定床放在什么位置，任何好方案都是用相同的方式进行设计的，也就是提供多种关于床的布局的可选方案。

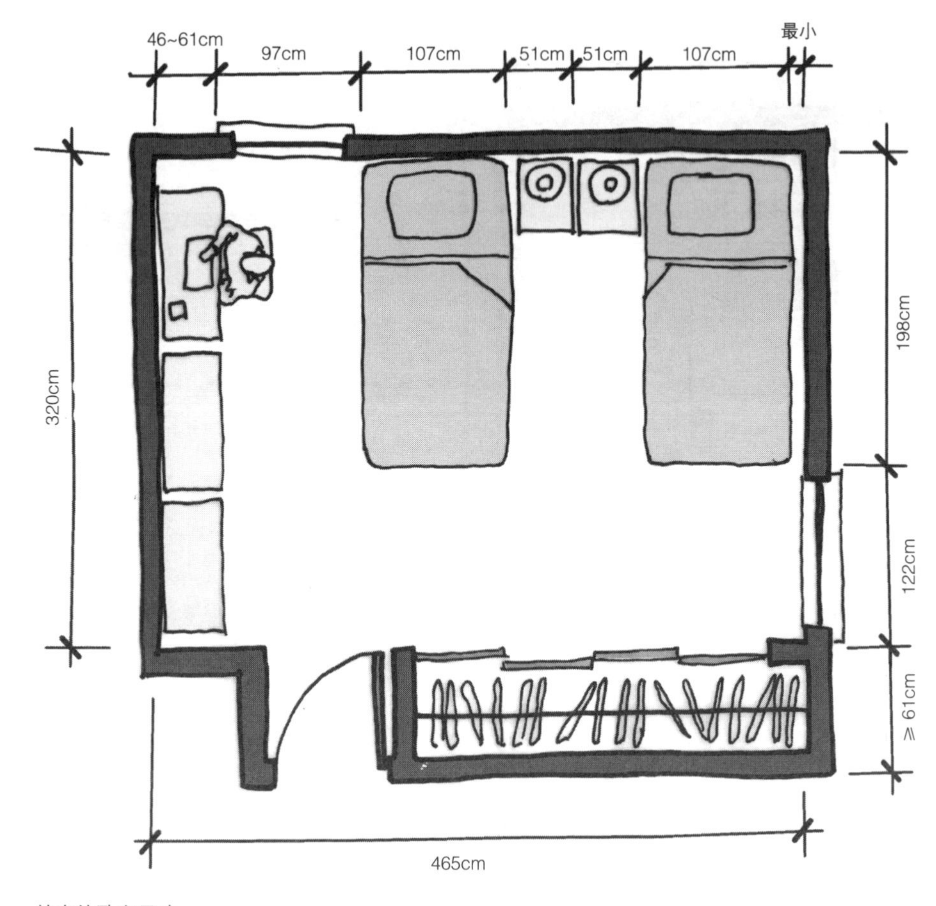

基本的卧室尺寸

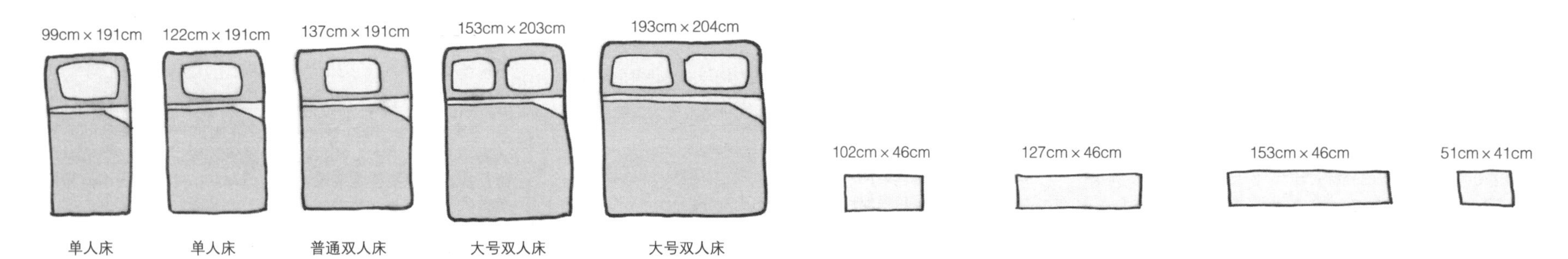

卧室家具与尺寸

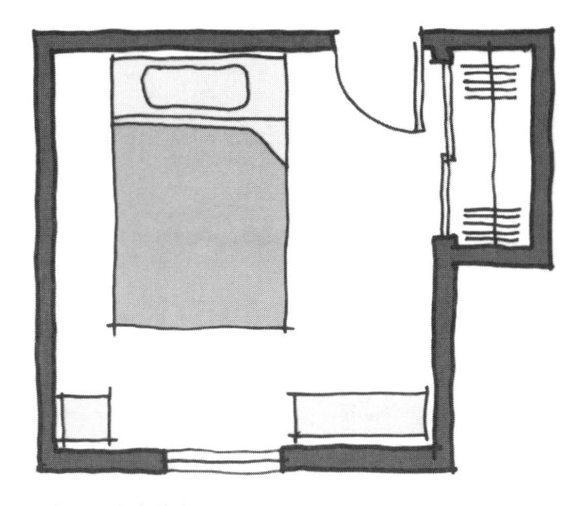

A. 大号双人床卧室

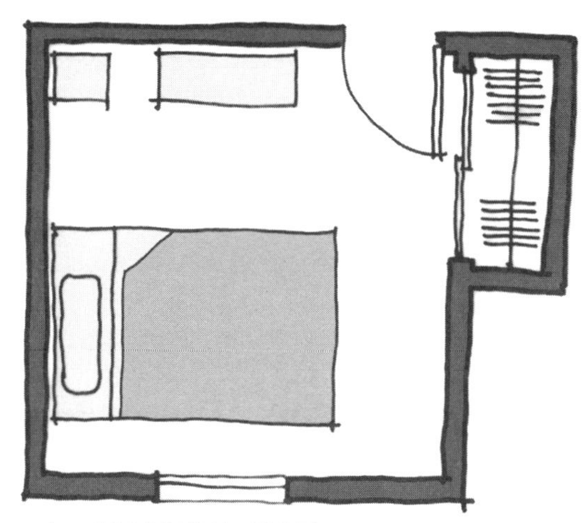

B. 与 A 相同空间的另一种布局

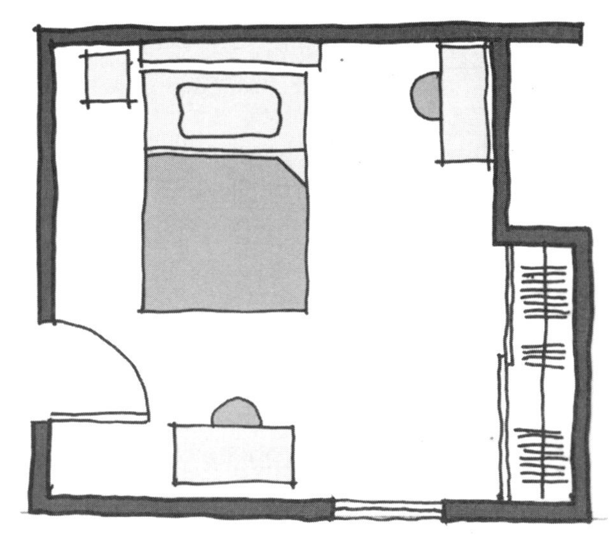

C. 普通双人床卧室

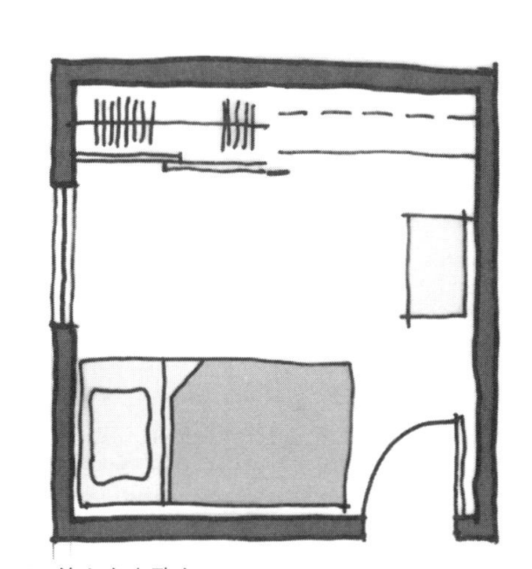

D. 单人床小卧室

E. 两张单人床卧室

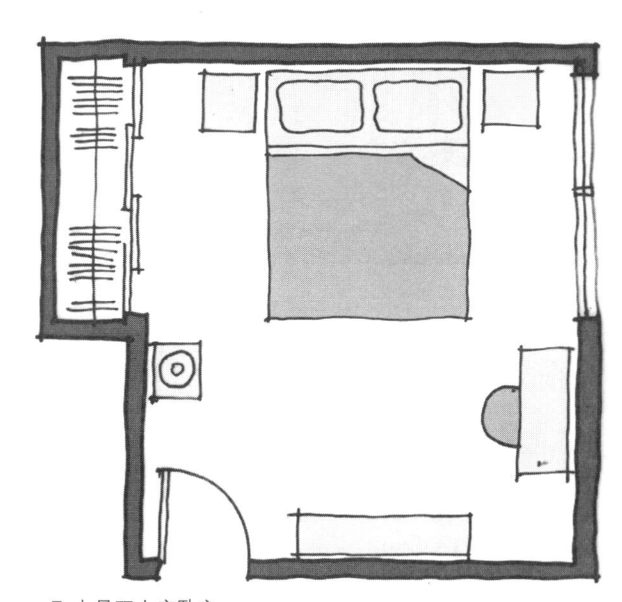

F. 大号双人床卧室

卧室的布局

卧室 II：主卧套间

进门处设置衣橱的主卧套间

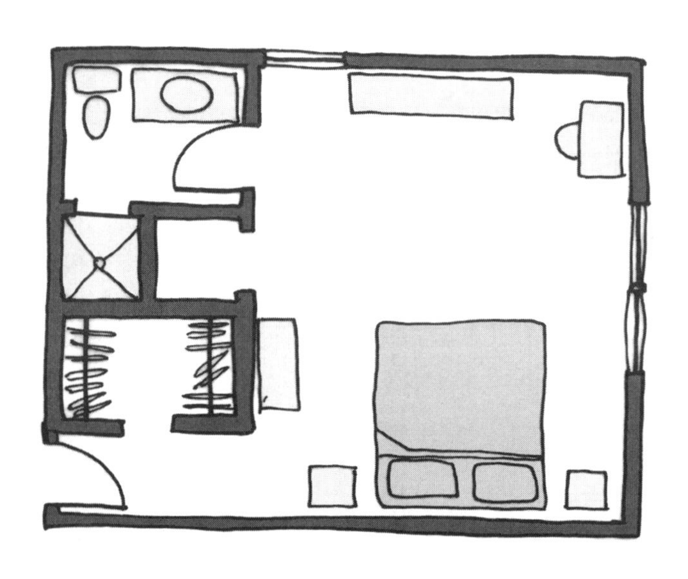

本设计方案的问题主要有两个方面：衣橱的开门朝向既不面对卫生间和换衣区，也不朝向床的位置，而是朝向入口走廊，这种布局导致了进门时交通动线和视线的尴尬。你会有什么改进建议呢?

带有小卫生间的中型主卧套间

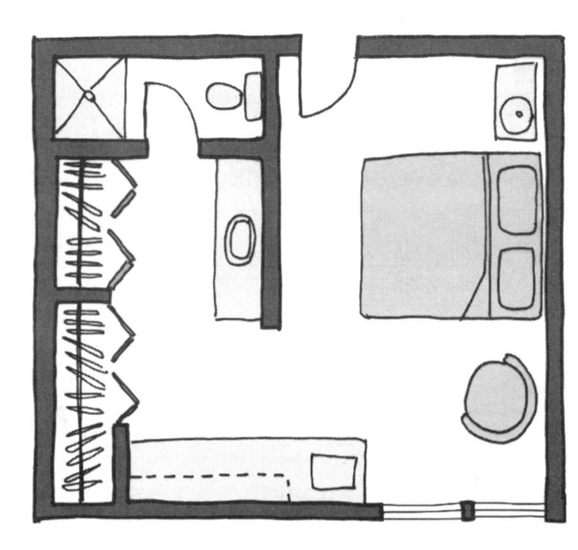

该案例空间面积较小，但其空间布局是非常高效的。入口大门与床之间的关系要比前一个方案优秀很多。梳妆台和衣橱的布局非常方便、合理。位于私密的区域并且临近卫生间。

设置大号双人床的主卧套间

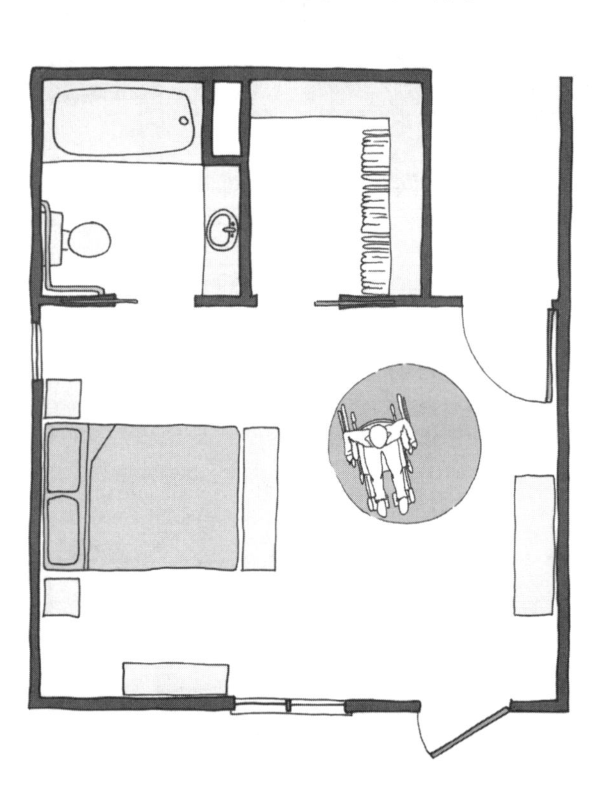

本设计方案是舒适且高效的。通行区域的宽度非常充分，可以成为轮椅使用者的无障碍卧室。通往阳台的第二扇门导致该角落不能设计其他功能，如果没有这扇门，此处是放置阅读座椅的良好位置。衣橱与卫生间布局设计合理，每个功能区都是独立的空间，并且相互邻近。

设有座位区的中型主卧套间

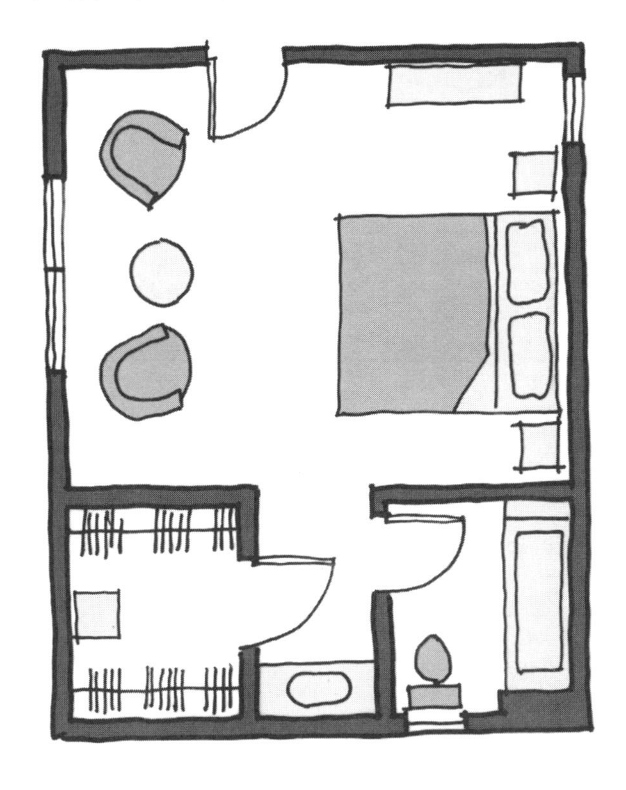

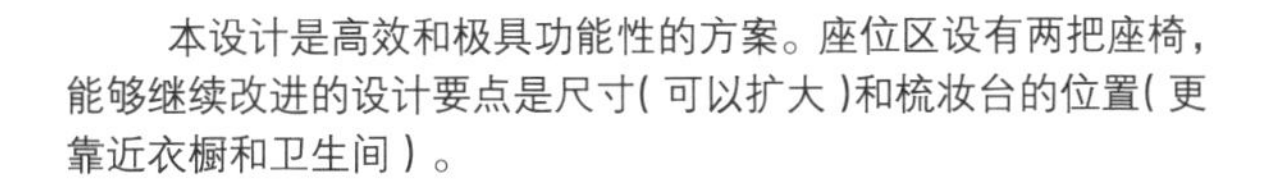

本设计是高效和极具功能性的方案。座位区设有两把座椅，能够继续改进的设计要点是尺寸(可以扩大)和梳妆台的位置(更靠近衣橱和卫生间)。

豪华型主卧套间

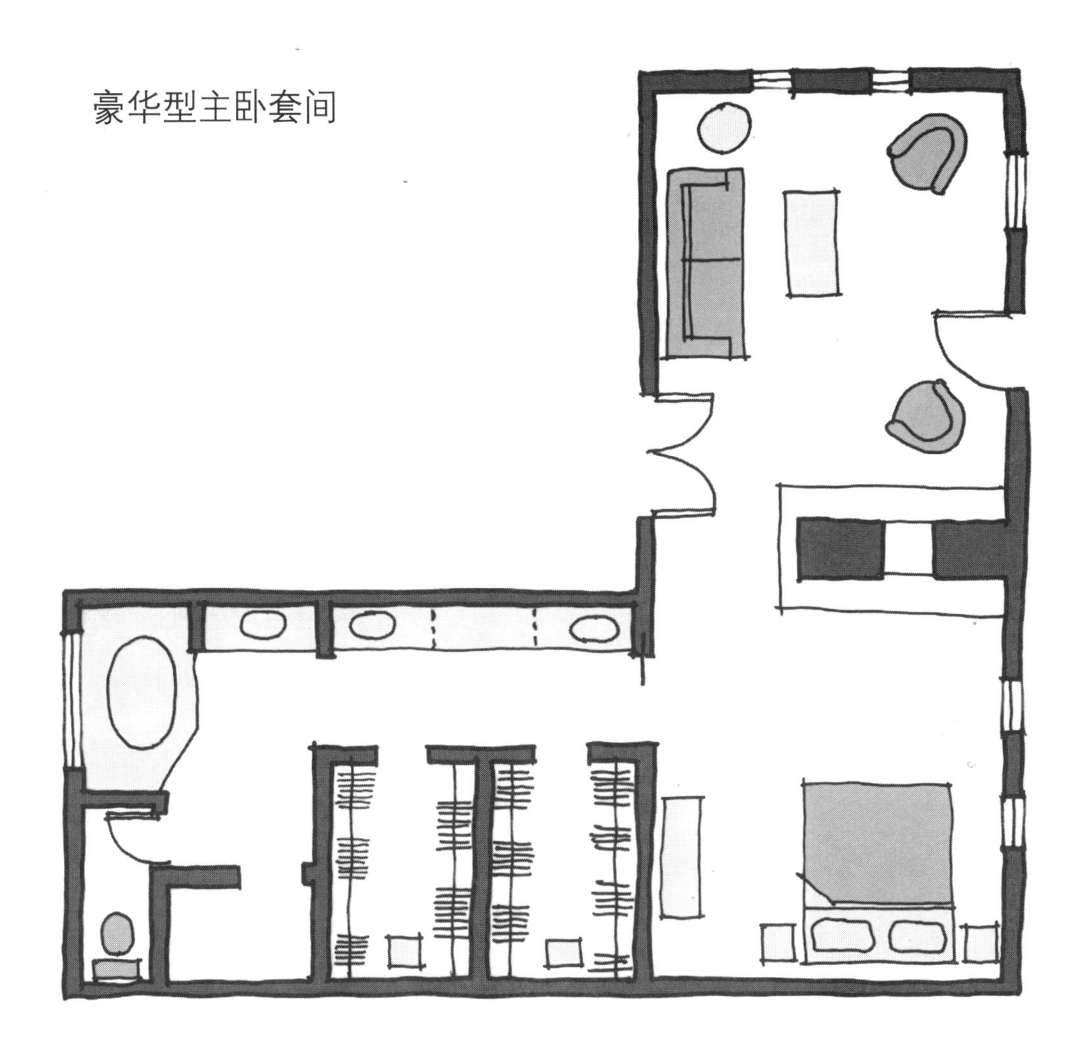

豪华型主卧套间设计的特点体现在独立的座位区可以通往阳台，还设有供居住者使用的独立衣橱。室内面积比上一个方案大很多，卫生间被划分为各种区域，可以为多个使用者同时使用提供可能性。

卧室成组

在住宅或公寓中，卧室在绝大多数时候都是设在私密的区域之中。（当代住宅设计是其中的例外，因为有时会将主卧套间与其他卧室分隔开。）划分主卧布局的主要目标之一是使用最小的交通通行面积来保证区域之间的通行，另一个，目标是尽可能地保证房间之间的隔音。最后，衣橱和卫生间的位置通常是夹在卧室之间，以便阻隔卧室之间的声音。

插图中列举了两间和三间卧室群组的几个案例。

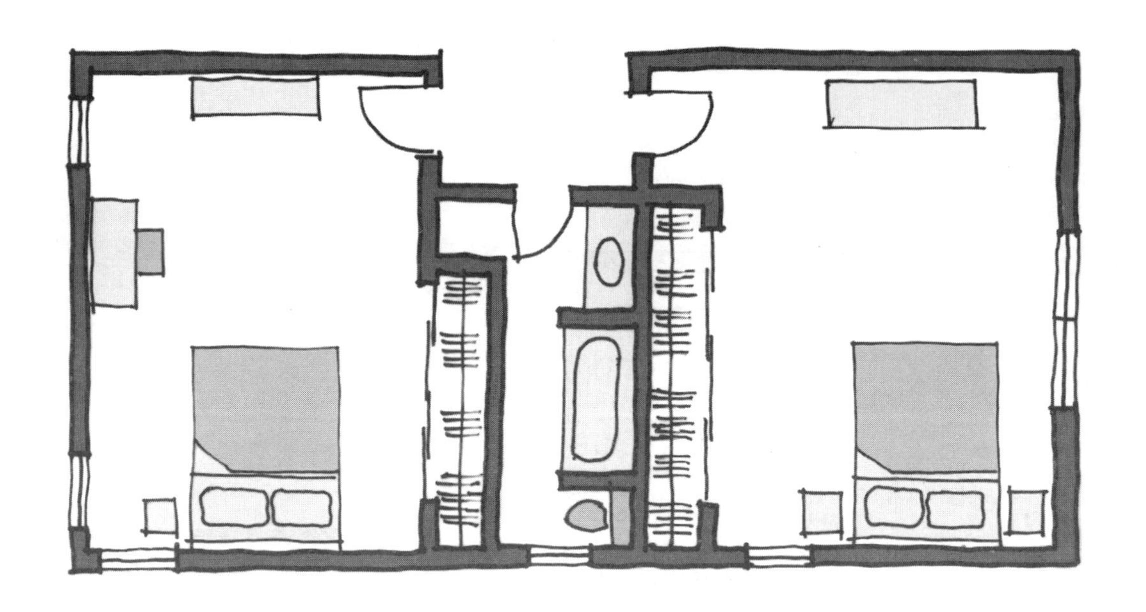

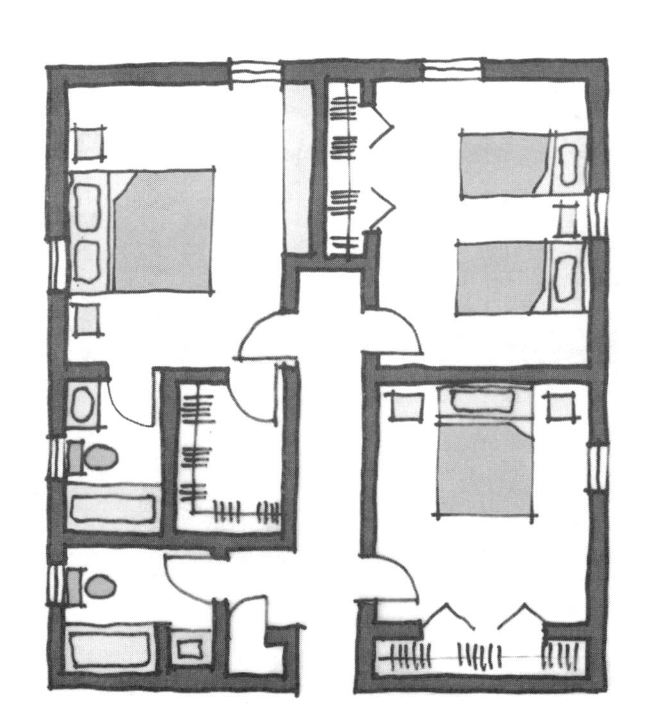

三间卧室的布局设计，包括主卧。

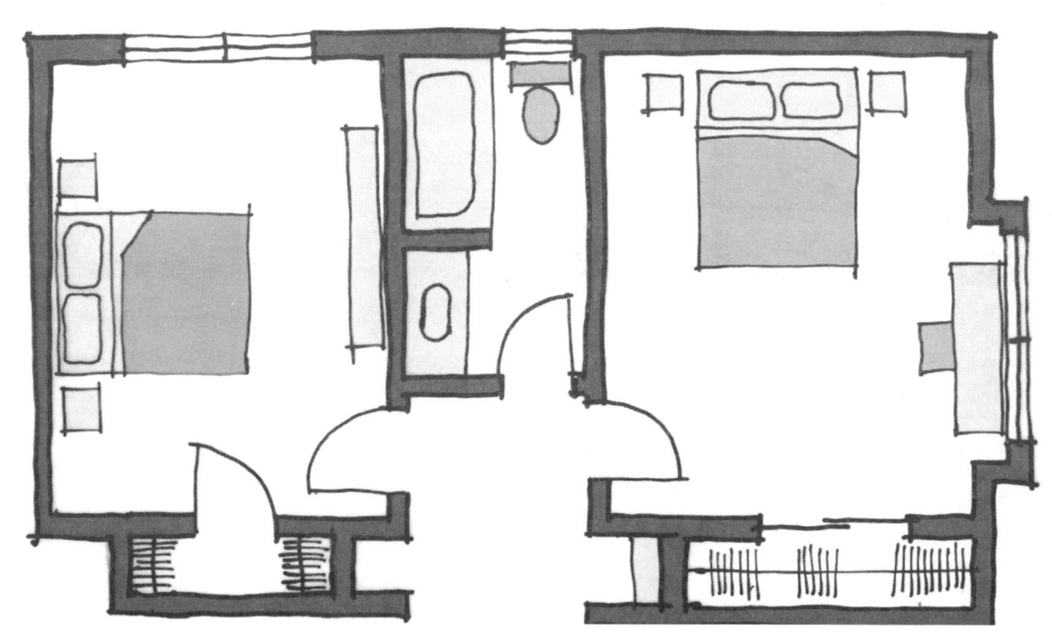

卫生间与衣橱位于两间卧室之间的案例。

卧室群

卧室群的布局设计时需要认真地规划卧室及为其提供服务的衣橱、卫生间、走廊要素。对于划定面积的卧室来说，多种布局形式通常是可行的，需要经过尝试和试错才能找出最适合项目要求的方案。你需要记住的是：采用能够实现床在空间中具有多种布局可能的方式，去规划衣橱、窗户、门和其他室内要素的位置。

A. 两间卧室外的长走廊通往远处的卧室

B. 设有短走廊并且布局高效的三间卧室

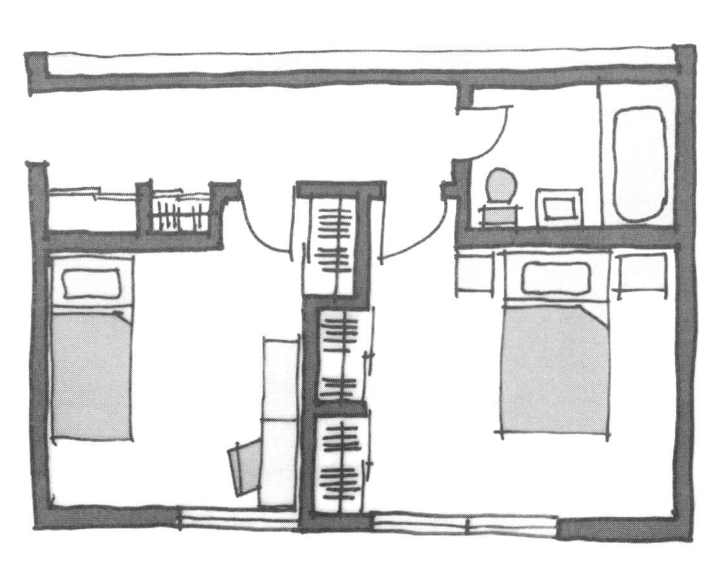

C. 在尽端设置卫生间的两间卧室

D. 高效率交通动线的三间卧室

厨房 I

对很多家庭而言，兼具象征性和功能性的厨房是住宅中最重要的空间。近年来，厨房空间变得越来越复杂化，厨房的设计也越来越专业化，所以有很多设计师专门进行厨房的设计。厨房设计包含从中型的功能性空间到大型的奢华空间。

从本质上说，厨房是食物储存和加工的场所，也是储存和清洁厨具与餐具的空间。很多人喜欢烹饪，并且会待在厨房里花很长时间来精心备餐。另外，通常会有两个或更多的人同时使用厨房，他们分工合作并且产生社交行为。为了实现以上需求，设计的目标是有助于提升人和厨房中用品的使用功能和效率。

大部分厨房的布局形式是基于工作三角（work triangle）的理念进行设计的，工作三角是厨房用具之间最短动线所构成的三角形式的构图关系，这种形式能够最有效地提升行为效率。在厨房中，需要考虑的最基本用具是炉灶、烤箱、水池和冰箱。本页右图中，前四种布局就是根据工作三角理念进行设计的。

厨房设计中另一个重要的关注点是厨房空间与相邻空间如何与室外空间衔接的问题。想象一下下面的场景：晴朗的周日早晨，一对夫妇正在厨房中准备早餐，小孩子们在旁边的起居室里写作业，窗外鸟儿围绕着色彩斑斓的鸟巢高兴地叽叽喳喳啼叫。如果你所设计的厨房及周边环境，既能够让夫妇两人与起居室中的孩子们有视线交流，又能使他们看到窗外鸟儿啼叫的美景，那么你就创造了良好的环境条件，不仅仅满足使用者备餐的需求，还实现了更重要的深层次的居住需求。基于上述原因，设计师应努力设计出与周边环境建立有效连接的厨房空间，这种布局形式所产生的协同效应是非常具有影响力的。在下一页中我列举了表现厨房与周边积极邻接关系的三种方案。

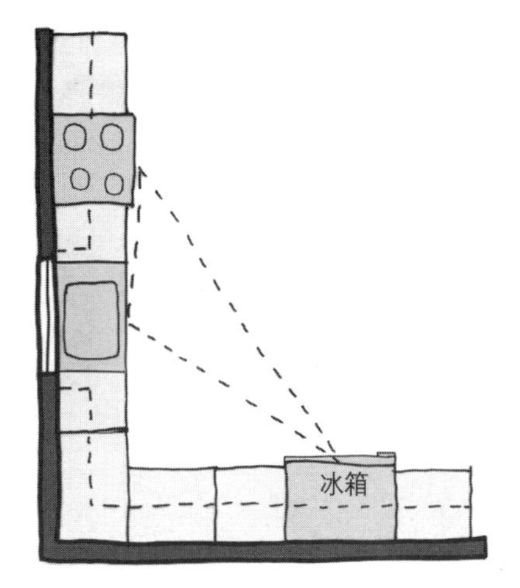

A. L 形厨房布局

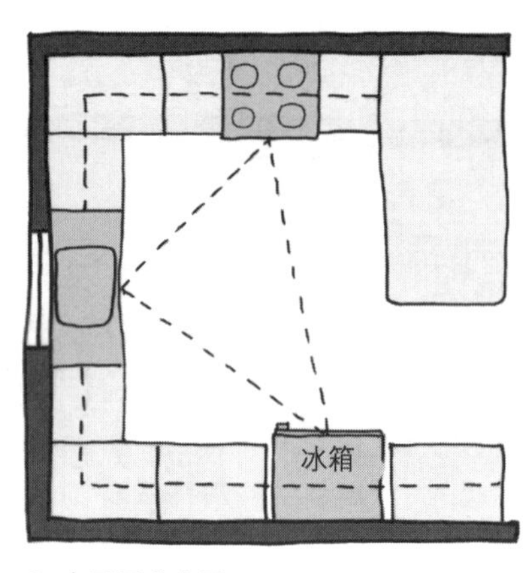

B. 岛形厨房布局

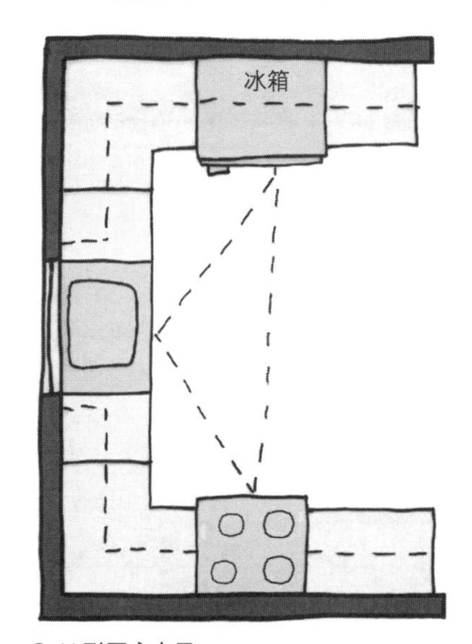

C. U 形厨房布局

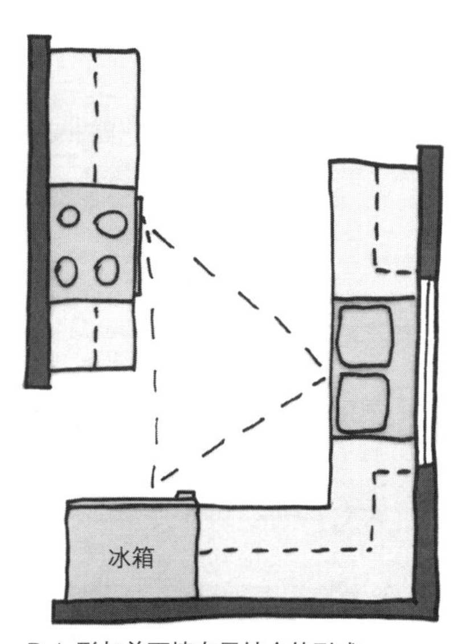

D. L 形与单面墙布局结合的形式

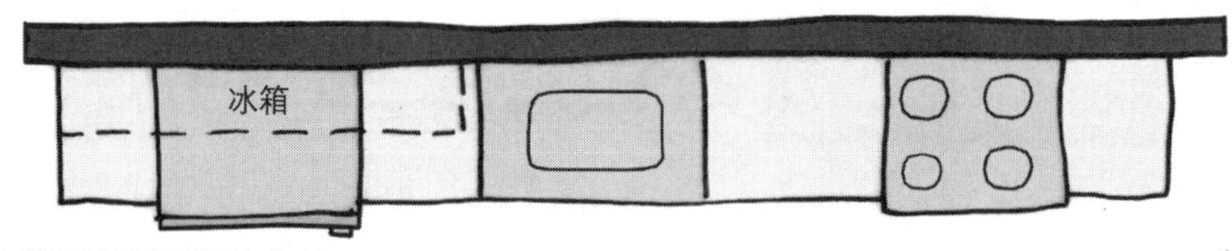

E. 单面墙长条形厨房布局

常见的厨房布局

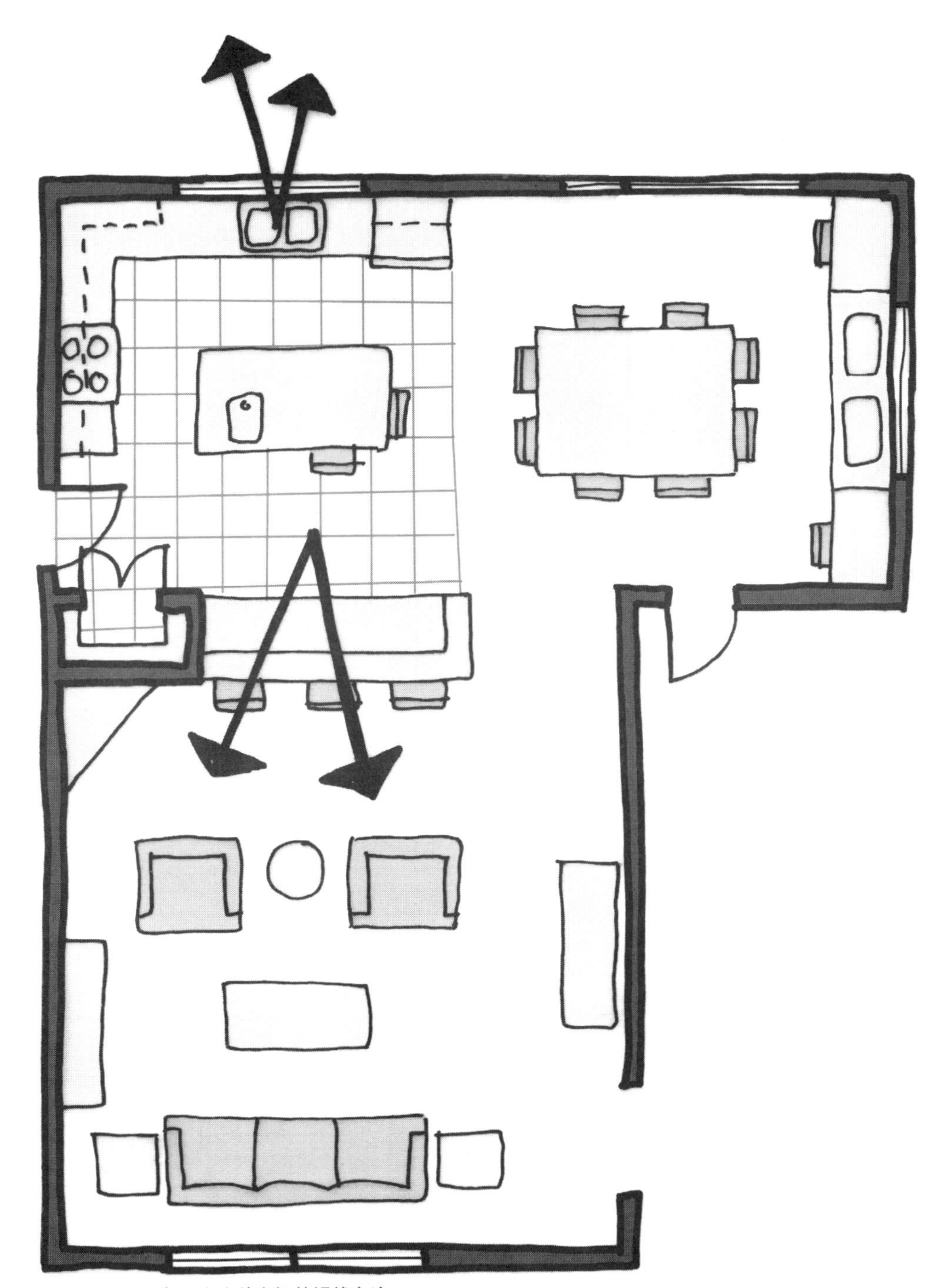

A. 与起居室、餐厅和室外空间的视线交流

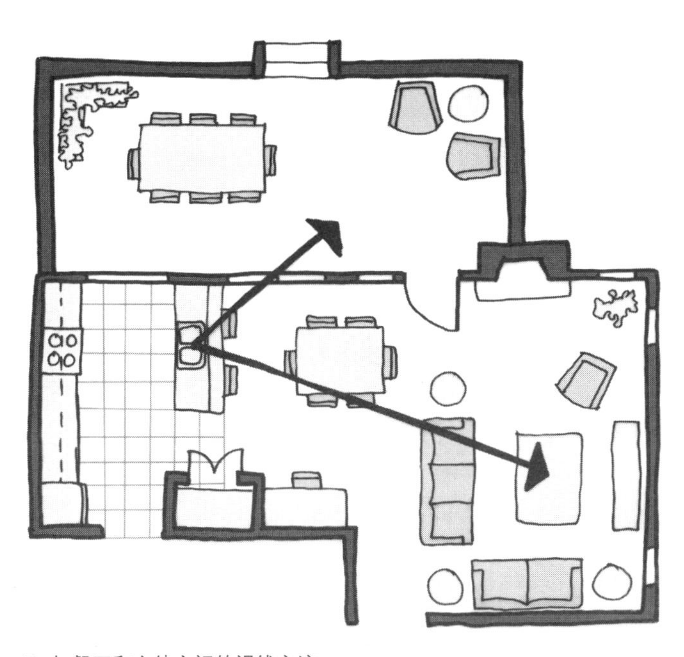

B. 与餐厅和室外空间的视线交流

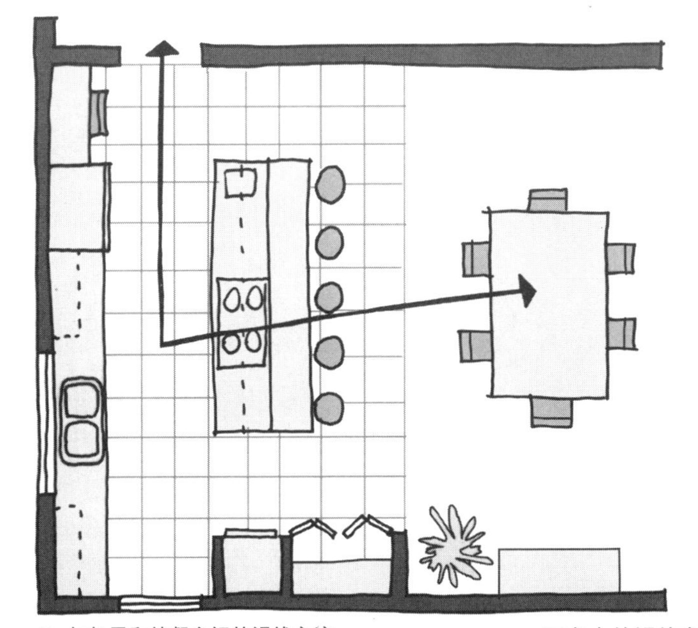

C. 与起居和就餐空间的视线交流

厨房中的视线交流

厨房 II

本页插图是厨房设计的建议尺寸和净空范围。下一页插图说明了关于无障碍厨房设计的一些要点。随着通用设计（universal design）意识的普及，业主经常会要求设计师为残疾人设计出无障碍的厨房空间，或是将来很容易改造成能够满足无障碍要求的厨房。由于操作轮椅需要一定的净空尺寸，因此轮椅使用者对空间设计的目的性要求最为强烈。无障碍厨房（accessible kitchen）要求设置适合轮椅进出的尺寸、能够方便操作的转弯尺寸，以及落地橱柜的替代性设计，以便为轮椅使用者提供放置腿部的空间。一旦你理解了这些要点，无障碍（或适应性）厨房空间的设计就变得相对简单了，因为从根本上说，只需要一个尺寸适合的空间。

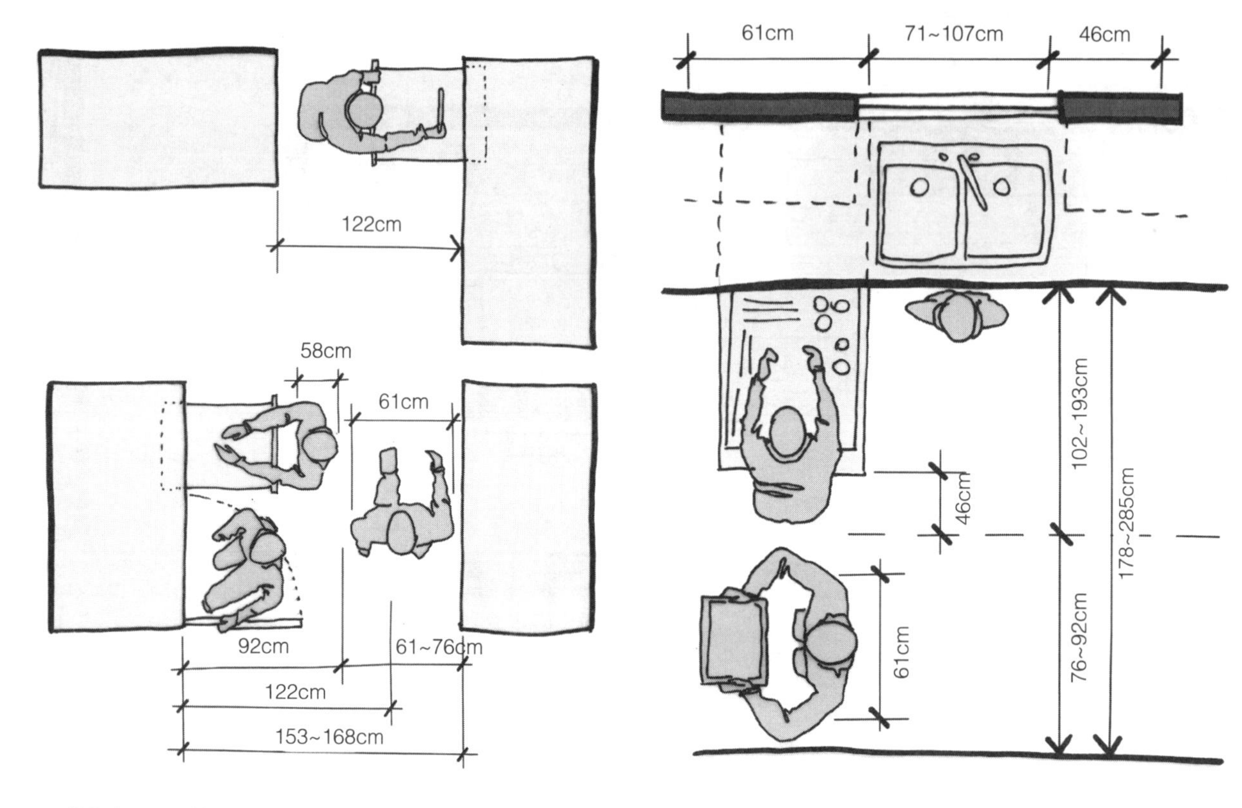

A. 操作台之间的基本净空尺寸

B. 突出的工作台面后方净空尺寸

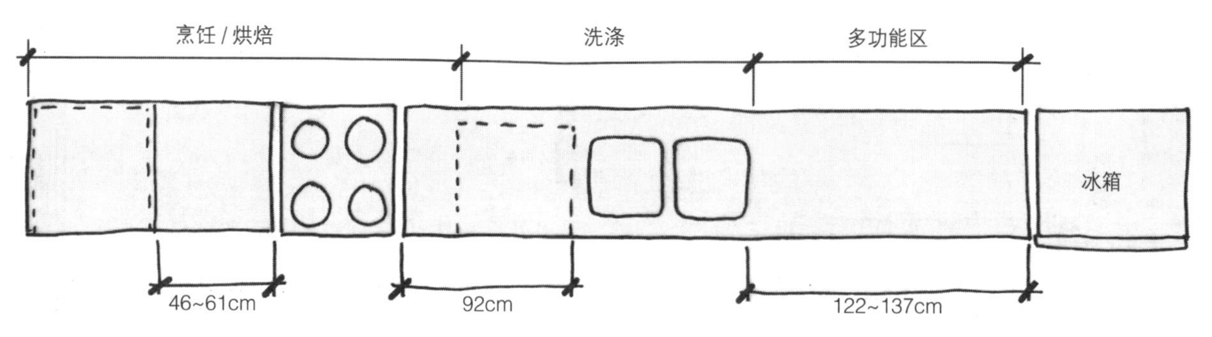

C. 基本的操作区域间隔

厨房中的净空尺寸

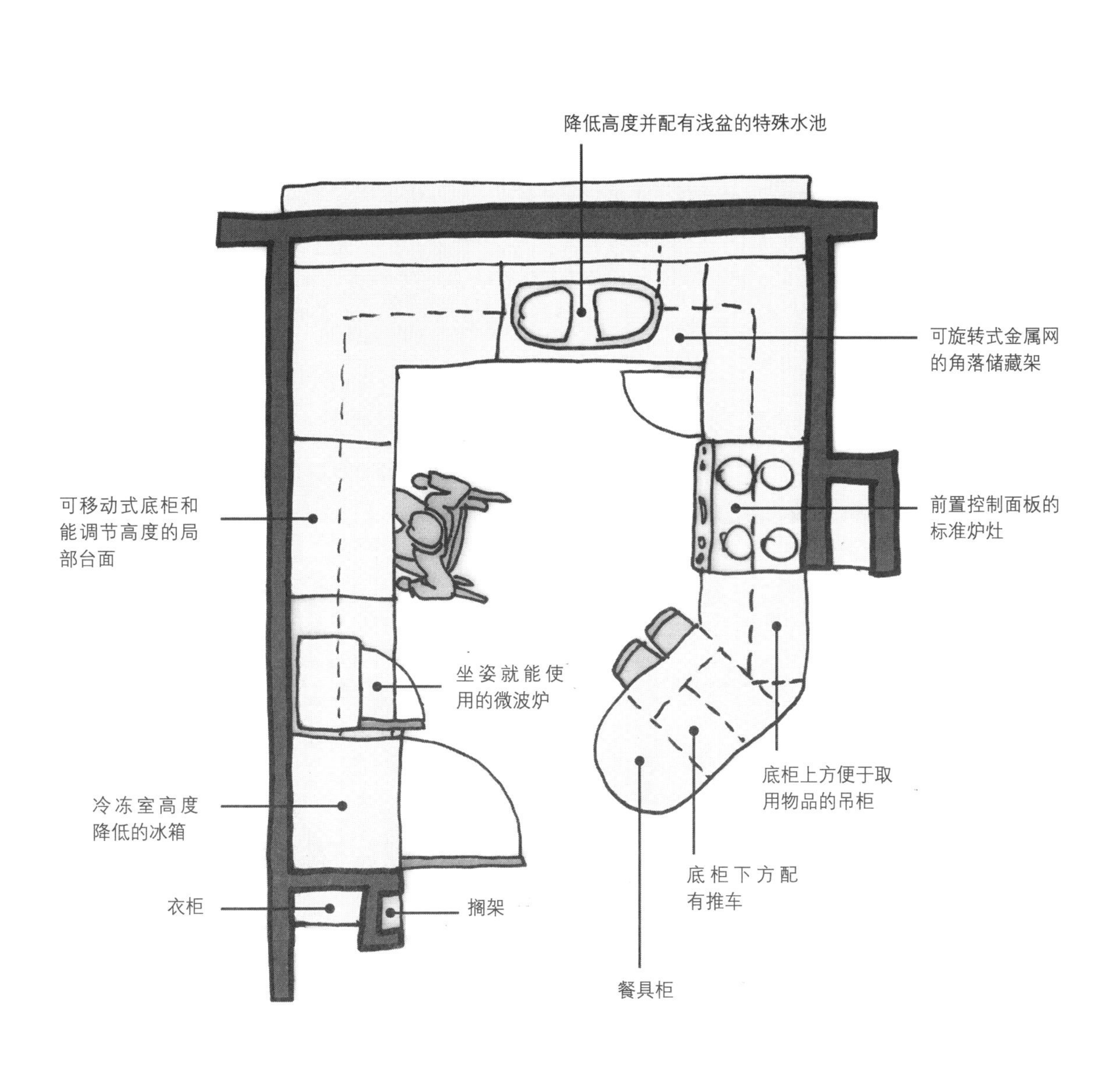

未来具有改造可能的适应性厨房设计

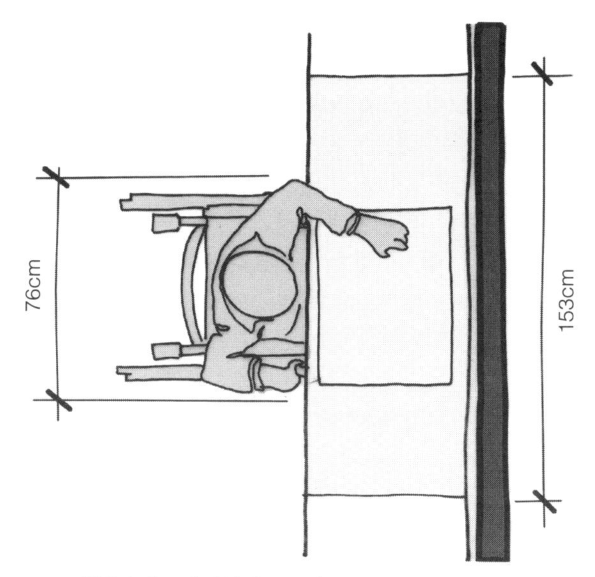

D. 操作台前面的轮椅净空尺寸

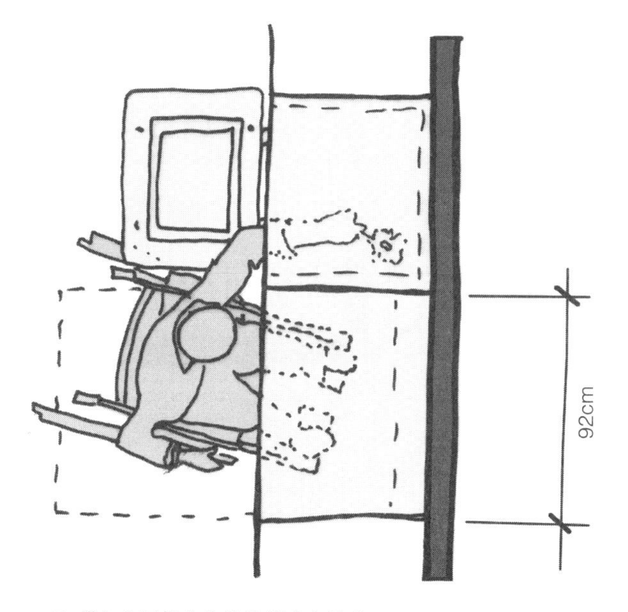

E. 横向靠近操作台的轮椅净空尺寸

卫生间 I

卫生间设计通常是对功能进行高效组合的练习。绝大部分卫生间是中等尺寸并且只设有必需的设施。然而在某些情况下，例如主卧套间中，卫生间可以是奢华的并且包含一些特殊的功能分区，例如桑拿、按摩浴缸和锻炼区。本节主要关注的是基本型、高效率的卫生间设计及其无障碍卫生间设计的内容。

对于家中短时间来访的客人而言，并不需要淋浴或浴缸设施，因此使用盥洗室或半卫生间（仅有便池、面盆设备的卫生间）是非常方便的。盥洗室的面积可以很小但仍然具有良好的使用功能。传统的卫生间包括浴缸或淋浴、洗脸池和马桶。它们可以组合成多种可能的布局形式，有些面积可能很小，只有 152cm×229cm。下面的插图是几种常见的卫生间平面布局形式，需要注意的是这些案例都满足了最小净空距离要求且，而是使用效率高的设计方案。

卫生间设计中需要强调的另一个重点是经济性。在条件允许的情况下，应努力实现室内资源的共享，就像下一页中的案例，一个卫生间服务于两个邻近的卧室。此外，管线是实现经济性的另一种方式。在洗脸池、马桶和浴缸后的墙壁中设有提供清洁的生活用水和排出废水的上、下水管，设计时需要记住两点：一是，如果你正在计划为现有住宅增加一个卫生间，为了减少新增管线的长度，应将它设置在现有水管附近的位置；二是，在设计卫生间、厨房、洗衣间或多功能室等多个需要使用管线的空间时，应该将它们设置在一起，互相邻近的布局能够让为空间提供服务的管线集中起来并且实现用量最小化。下方的案例包括标准的背对背式卫生间设计和集中设置管线的一组房间设计。

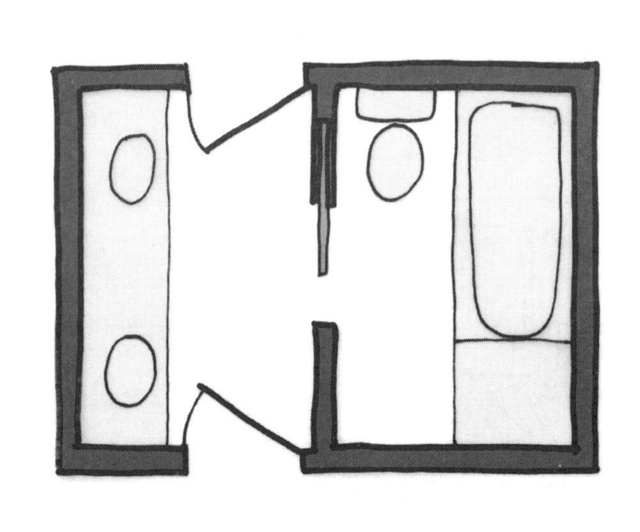

一个卫生间服务于多个邻近的卧室，卫生间成为共享资源而且能够避免重复设置。

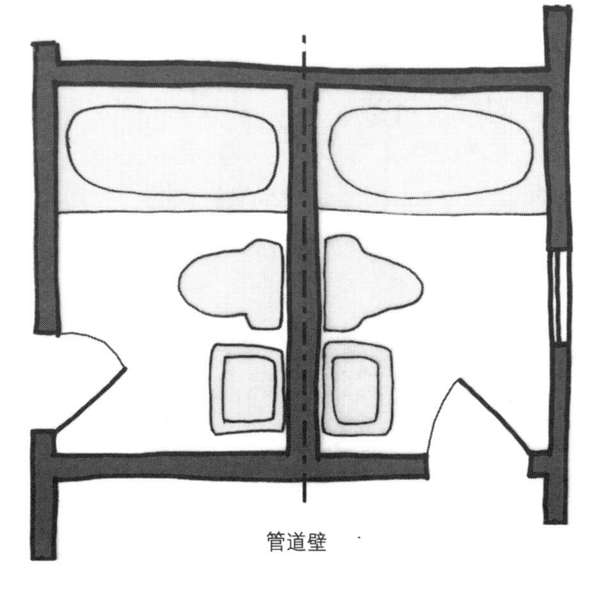

上图的背对背式卫生间布局在管线方面节省了可观的费用。

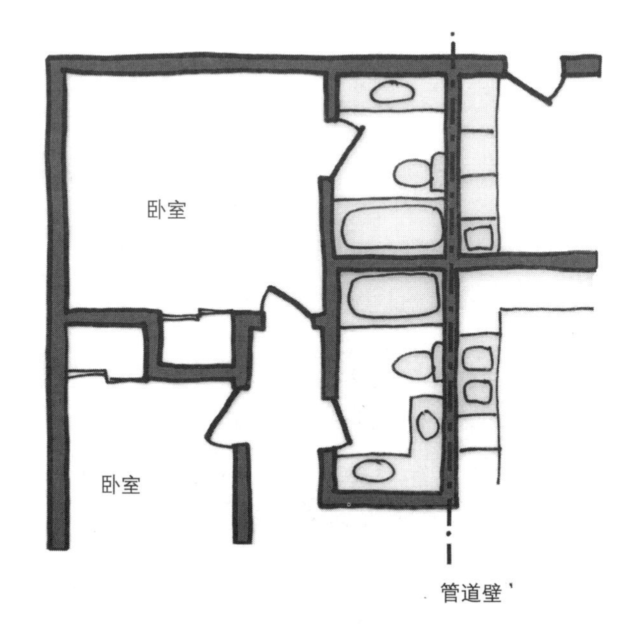

在住宅中实现效率最大化的方式，是将有管线需求的几个房间成组排列，这样就可以共享管道壁并且节省工程费用。

追求高效

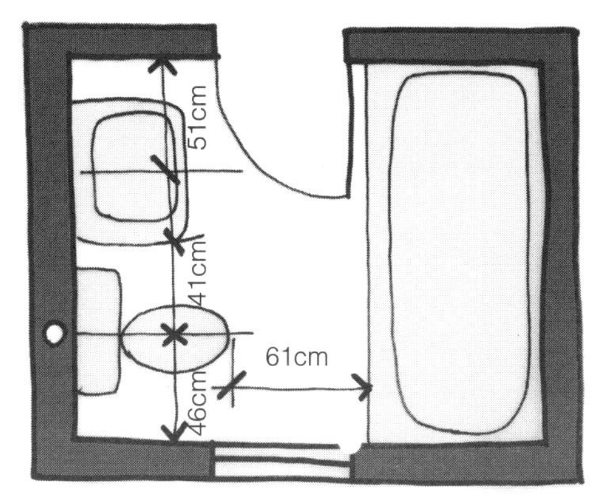

A. 尺寸范围 153cm × 213cm

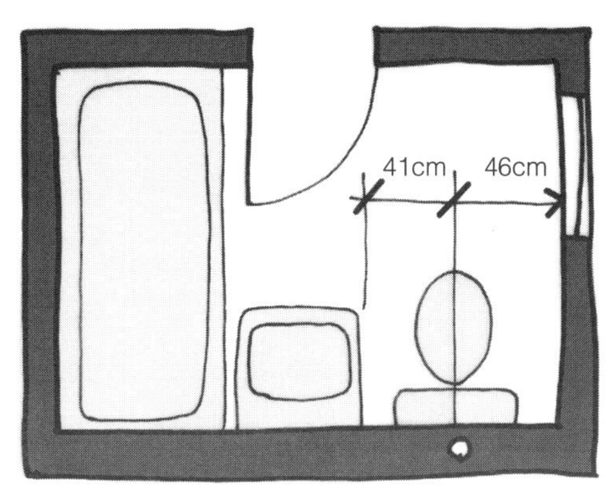

B . 尺寸范围 153cm × 229cm

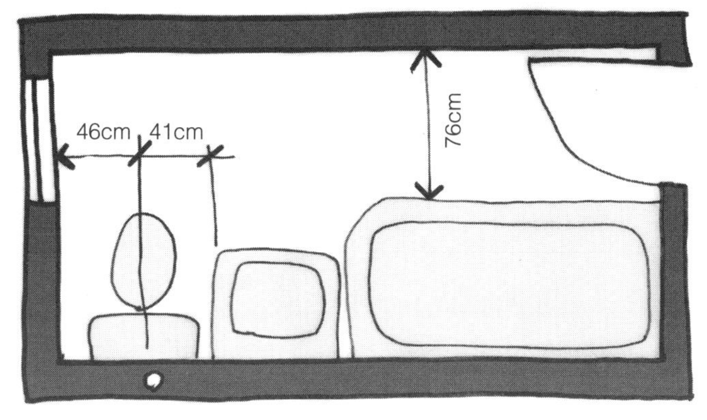

C. 尺寸范围 153cm × 305cm

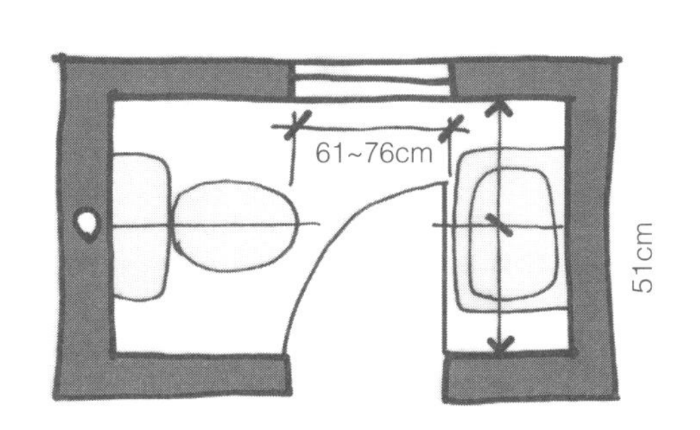

D . 尺寸范围 102cm × 183cm

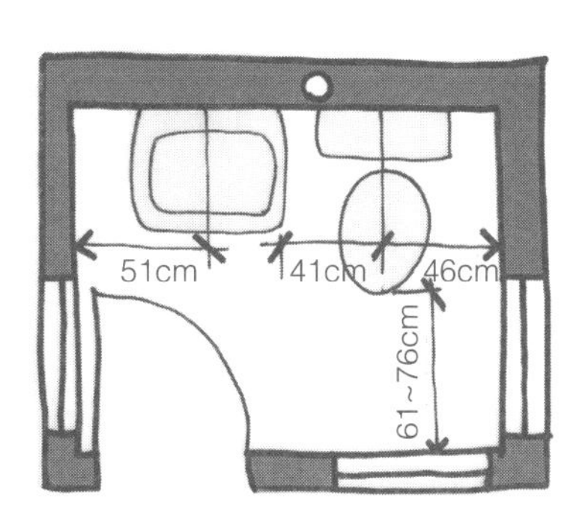

E . 尺寸范围 122cm × 168cm

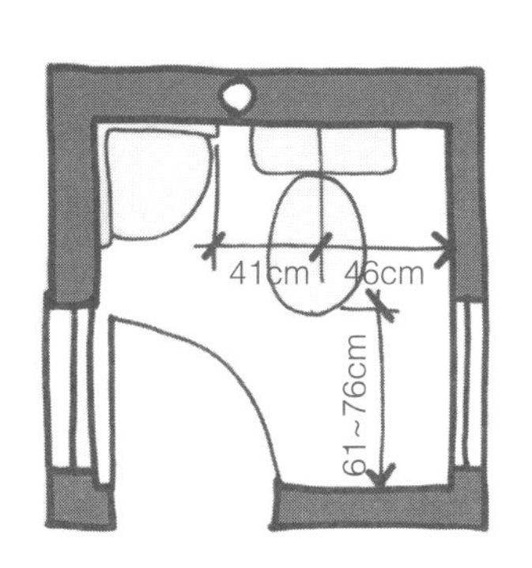

F. 尺寸范围 122cm × 122cm

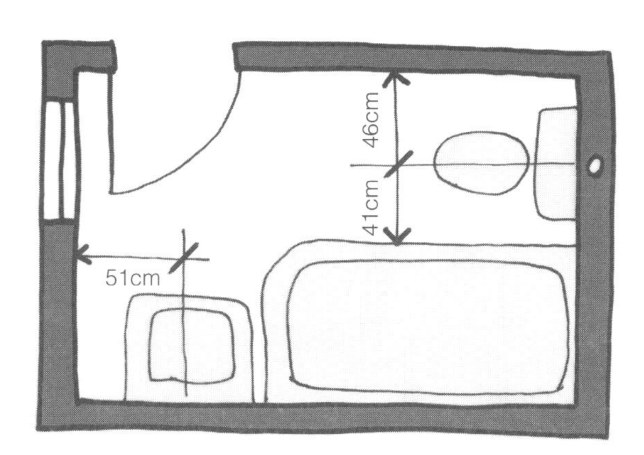

G. 尺寸范围 168cm × 259cm

标准的卫生间布局

卫生间 II

与其他追求效率的卫生间设计不同，主卧套间中的卫生间不必过于紧凑，可以非常宽敞和舒适。本页插图所示的两个案例中都设有两个洗脸池、一个浴缸和单独的淋浴间。这种组合是常见的主卧套间设施，其中一个案例中还设置了坐浴盆（一个已经被遗忘很久却仍在生产的产品）。

与厨房相类似，卫生间也需要在设计上考虑未来使用的无障碍性。设计要求包括：为轮椅提供适宜的转弯与操作尺寸，乘坐轮椅能够使用洗脸池、马桶，浴缸旁的扶手能为行为转换提供帮助。为方便轮椅使用者的进入和通行，有时还采用无门槛的淋浴间。在后面几页的插图中列举出无障碍马桶、淋浴和浴缸的重要尺寸。

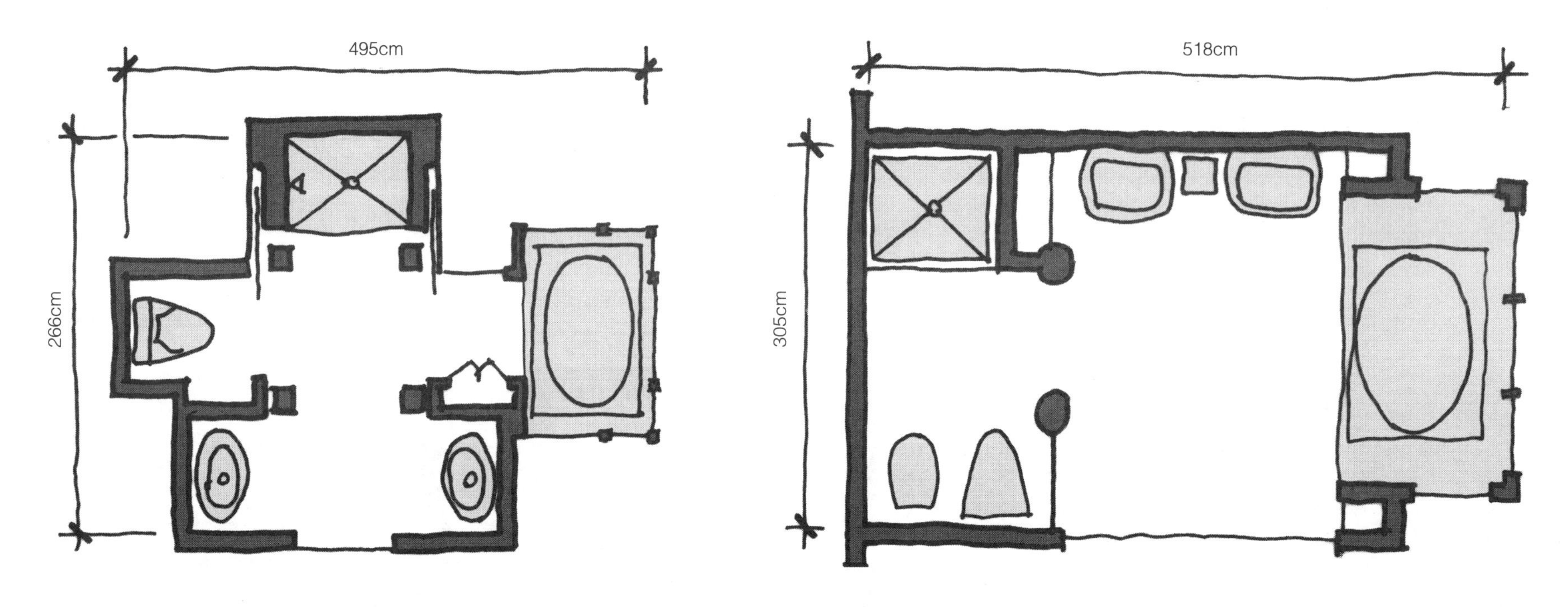

两个主卧套间中的卫生间设计，注意图中以下要点：增加的尺度增加的尺寸、两个水池、同时设有浴缸和淋浴。

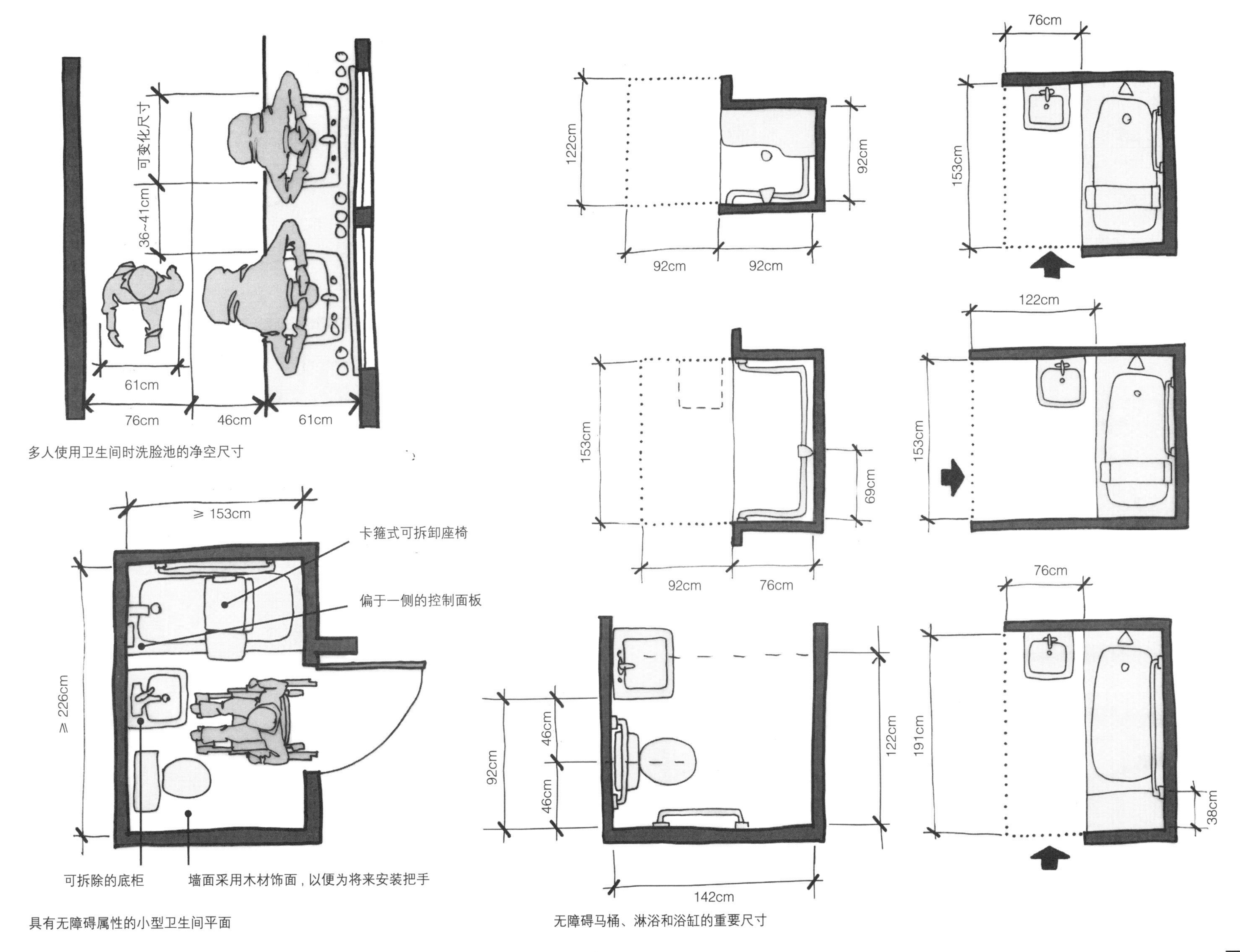

多人使用卫生间时洗脸池的净空尺寸

具有无障碍属性的小型卫生间平面

无障碍马桶、淋浴和浴缸的重要尺寸

储藏

你可以询问房主，如果可以增加住宅中的任何东西的话他们会希望增加什么，大部分人的答案会是希望增加储藏空间。住宅中的储藏空间似乎从未够用。人们需要空间来存放住宅中的很多东西，已有的卧室衣橱和厨房、卫生间中的柜橱远远不能满足需求，而这仅仅是储藏需求的开始。请看本页中的住宅平面图，图中展现了室内的多个储藏空间，而你会意识到室内所有地方都有储藏功能的需求。在头脑中牢记这一点，设计时需要善于发现能够进行储藏的空间，例如角落和缝隙。

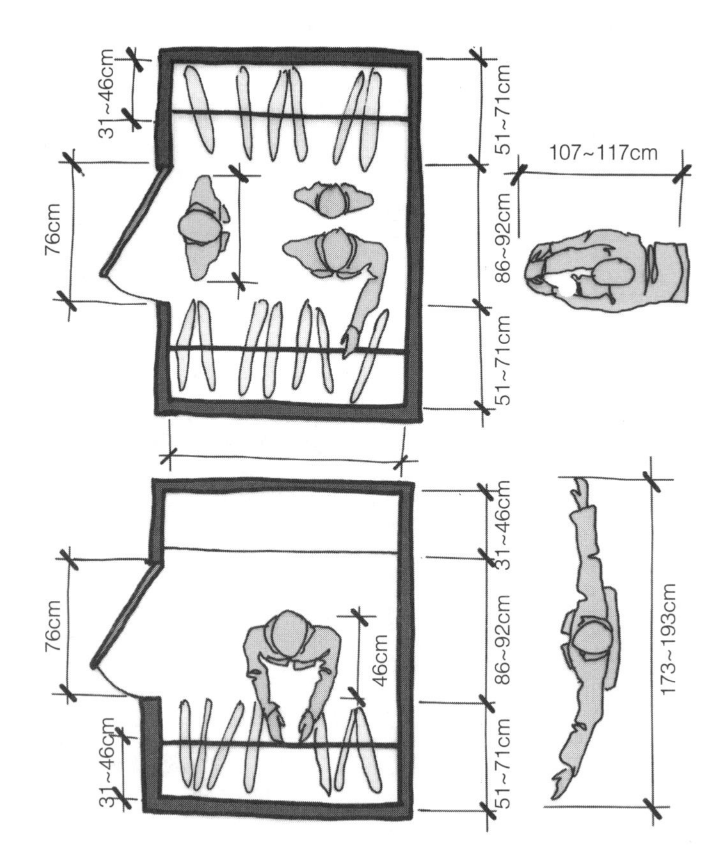

衣橱的尺寸和净空

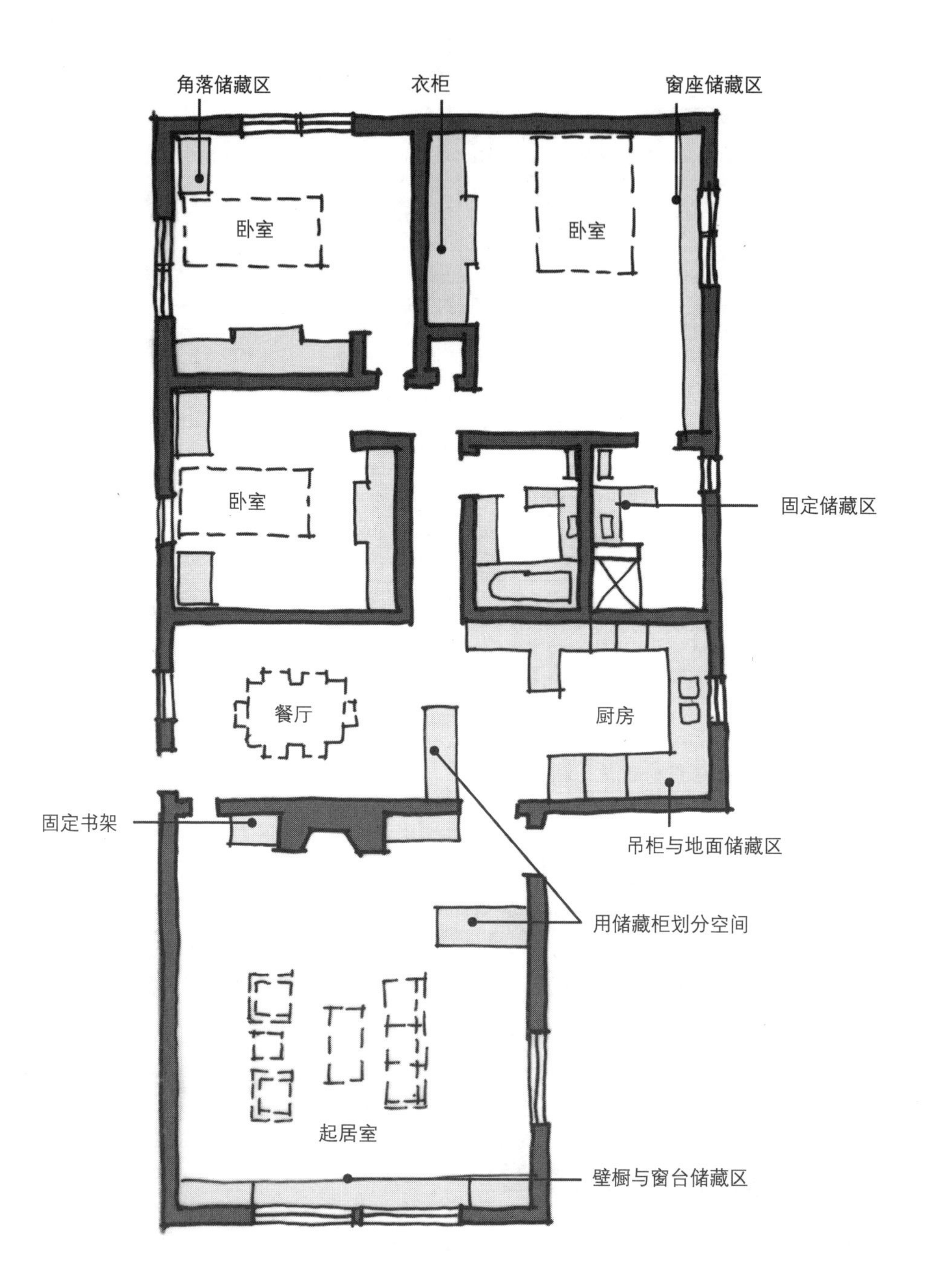

普通住宅中的储藏需求

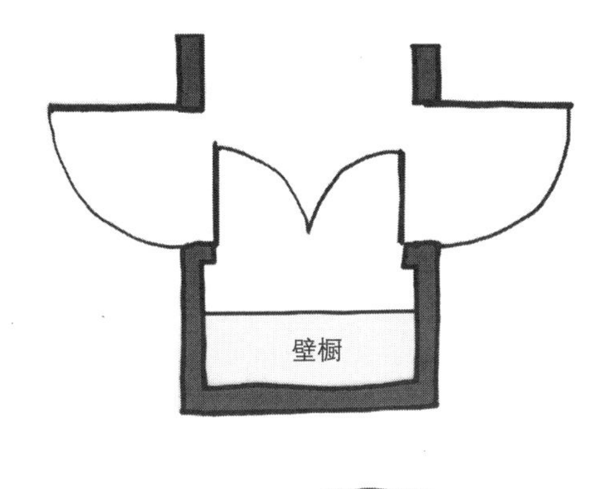

增加某一侧走廊的进深设置壁柜。

很多种方式能够提供储藏功能。

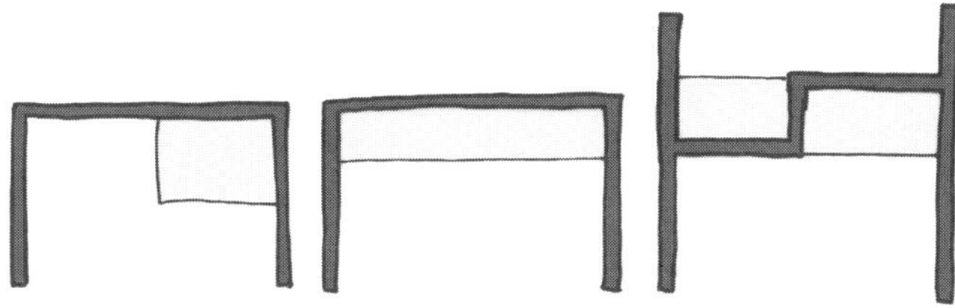

应该避免让衣柜占据很大的面积，并且避免让剩余的空间成为难以布局的区域。尽量设计占据整面墙的柜子或内置式的家具。

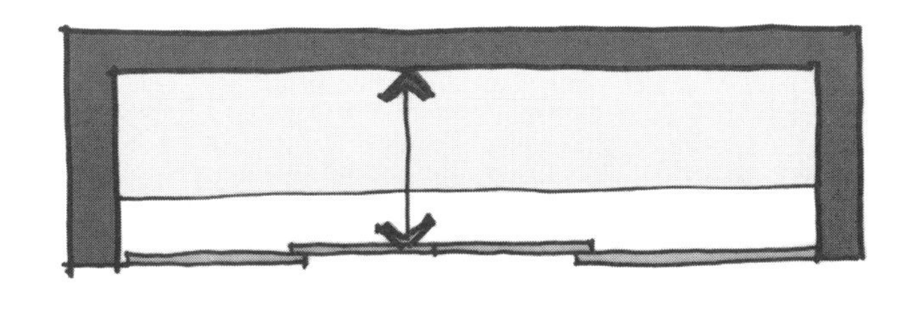

柜子的厚度要足以储藏体积庞大的物品，为使用方便，最小厚度是61cm。

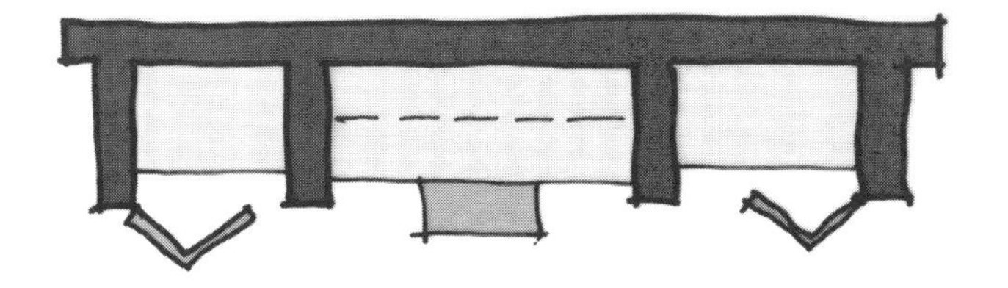

将柜子与其他家具（如桌子、搁架）相结合，以形成两侧通长的家具布局形式。

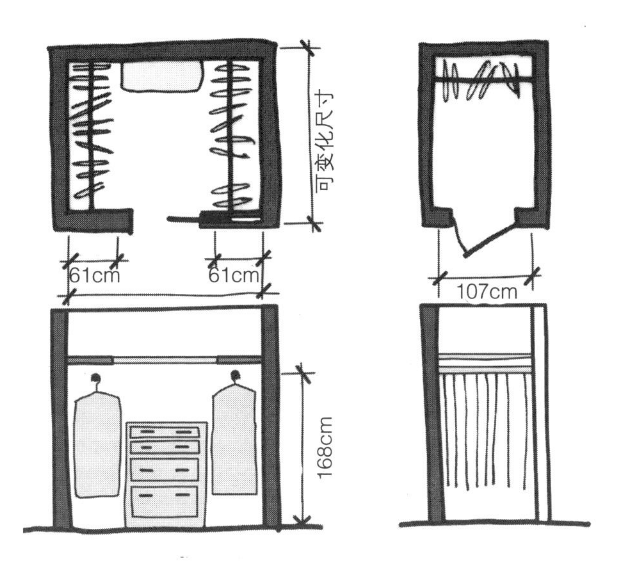

步入式衣橱的尺寸

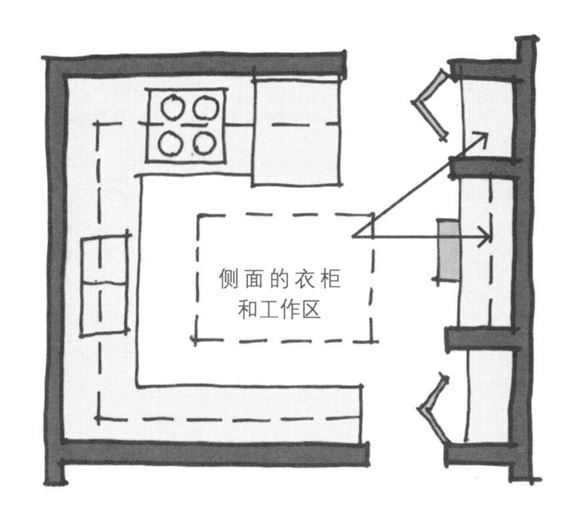

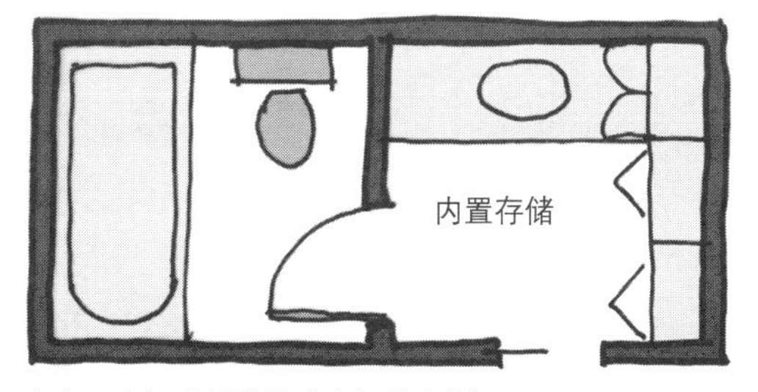

厨房和卫生间中额外储藏空间的案例

公寓：分析

研究公寓设计的平面图是学习居住空间设计的有效方式之一，原因是公寓设计中必须包含住宅类的大部分空间类型，并且在有限空间的最优化设计方面，公寓设计要求更高。为帮助你对这些方案进行批判性的分析，首先要求你对下面五个设计进行快速的剖析。以下是需要分析的要点。请在空白的横线上写出你的评论。

分析的标准：

1. 入口的使用效率；
2. 公共空间与私密区域之间的划分方式；
3. 起居、就餐厨房空间布局在整体上的完成度；
4. 封闭空间与开放空间的处理；
5. 独特的创意。

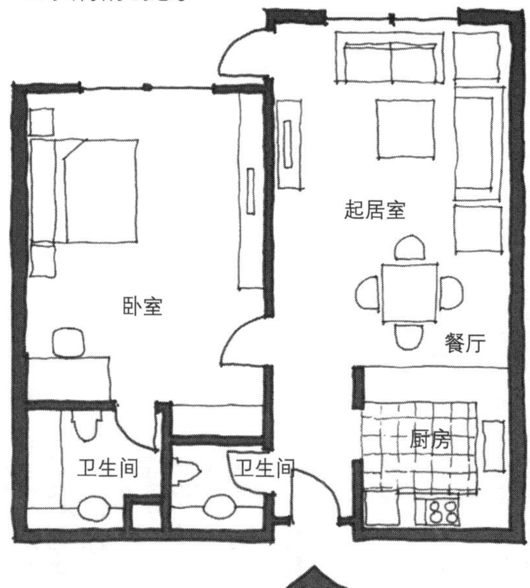

在简单的一居公寓中，我们能够非常清楚明确地看到住宅中的所有要素。注意入口设计、公共空间与私密区域之间的划分方式，以及卫生间和厨房等服务空间的位置。在空间中进行比较，哪些空间能够最先吸引视线？

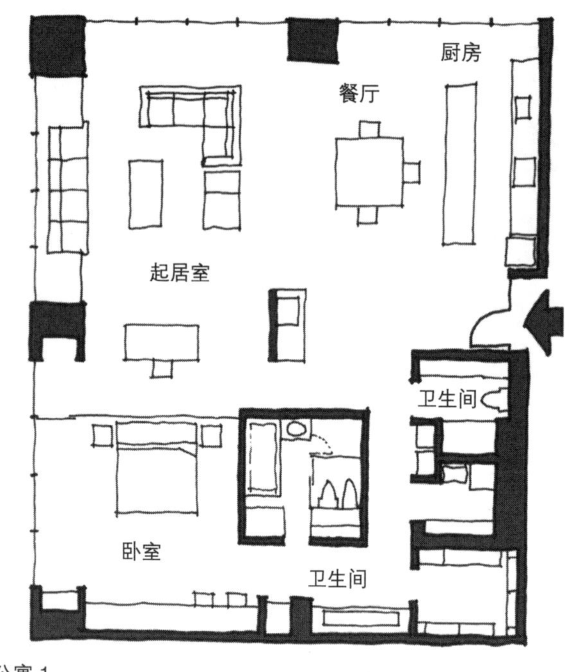

公寓 1

评论

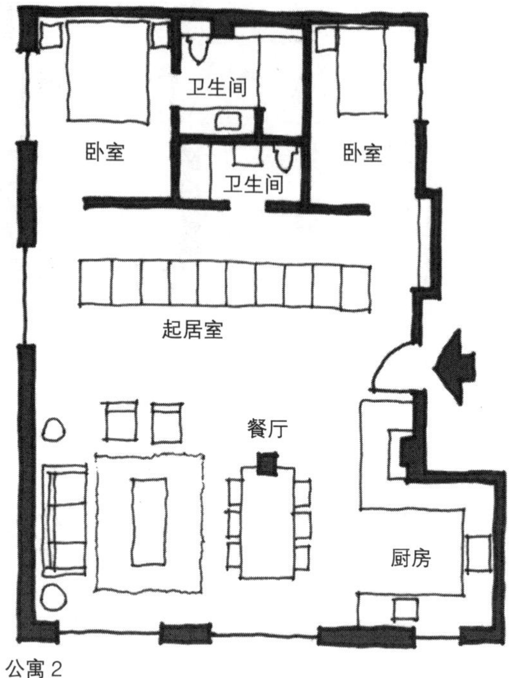

公寓 2

评论

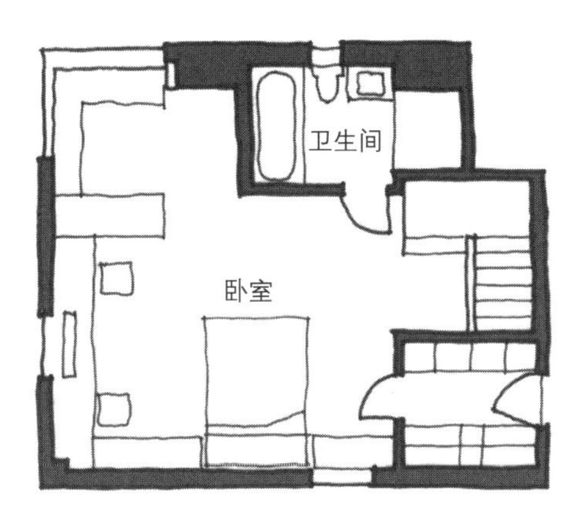

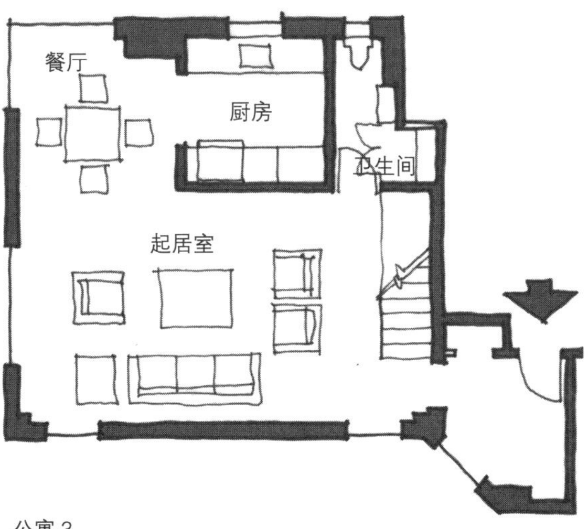

公寓 3

评论

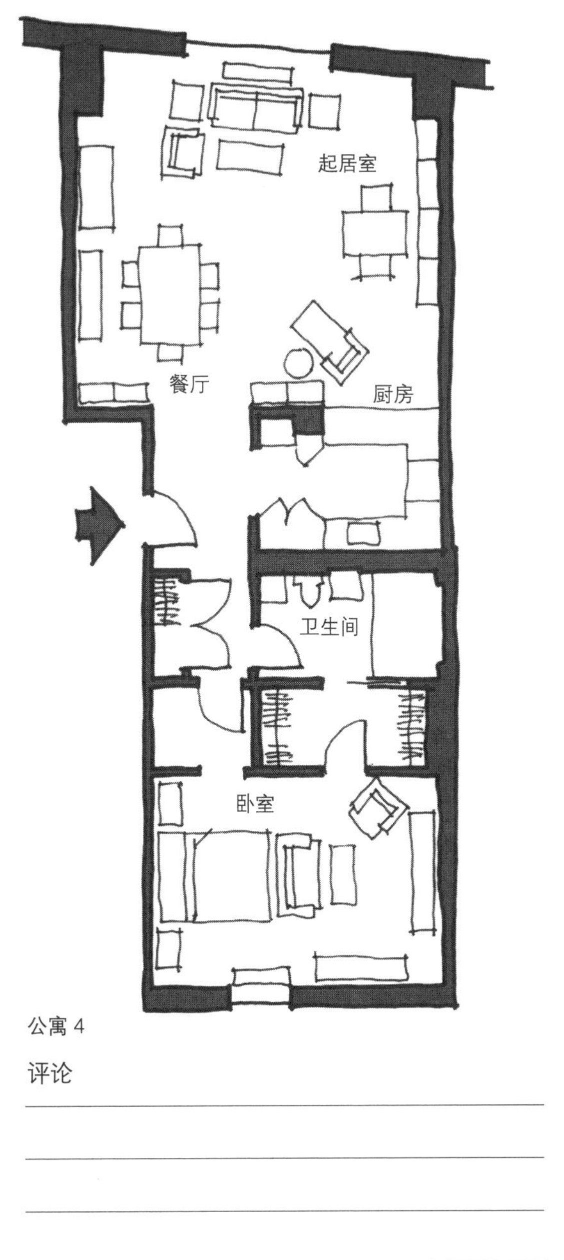

公寓 4

评论

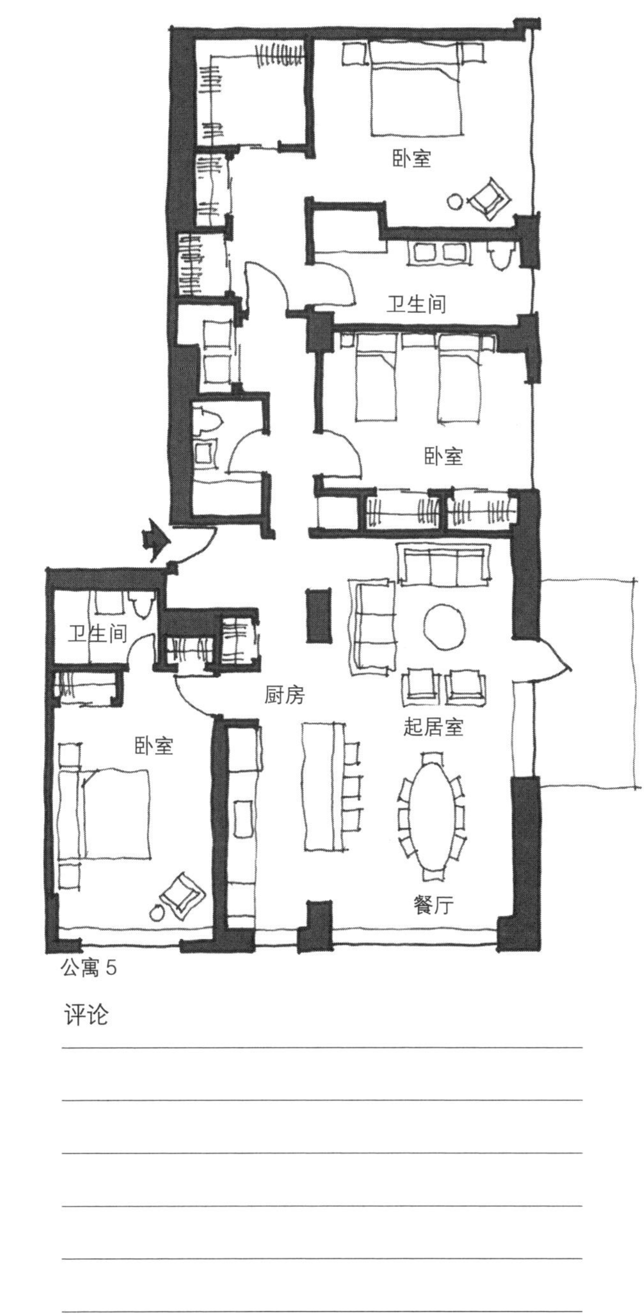

公寓 5

评论

小型住宅：分析

让我们来继续分析小型住宅空间。请看下面的插图，这一次的练习是针对四个设计案例进行快速分析。你仍然会用到与上一个练习相同的要点进行分析，请在空白的横线上写出你的评论。

分析的标准：

1. 入口的使用效率；
2. 公共空间与私密区域之间的划分方式；
3. 起居、就餐、厨房空间布局在整体上的完成度；
4. 封闭空间与开放空间的处理；
5. 独特的创意。

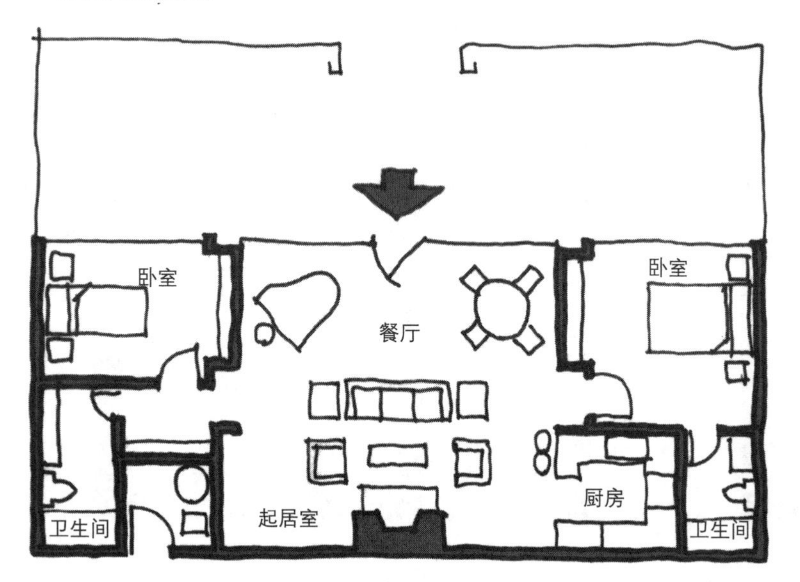

评论

小型住宅 1

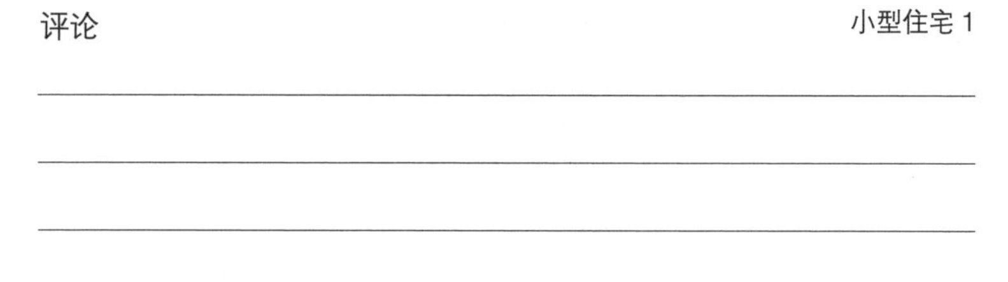

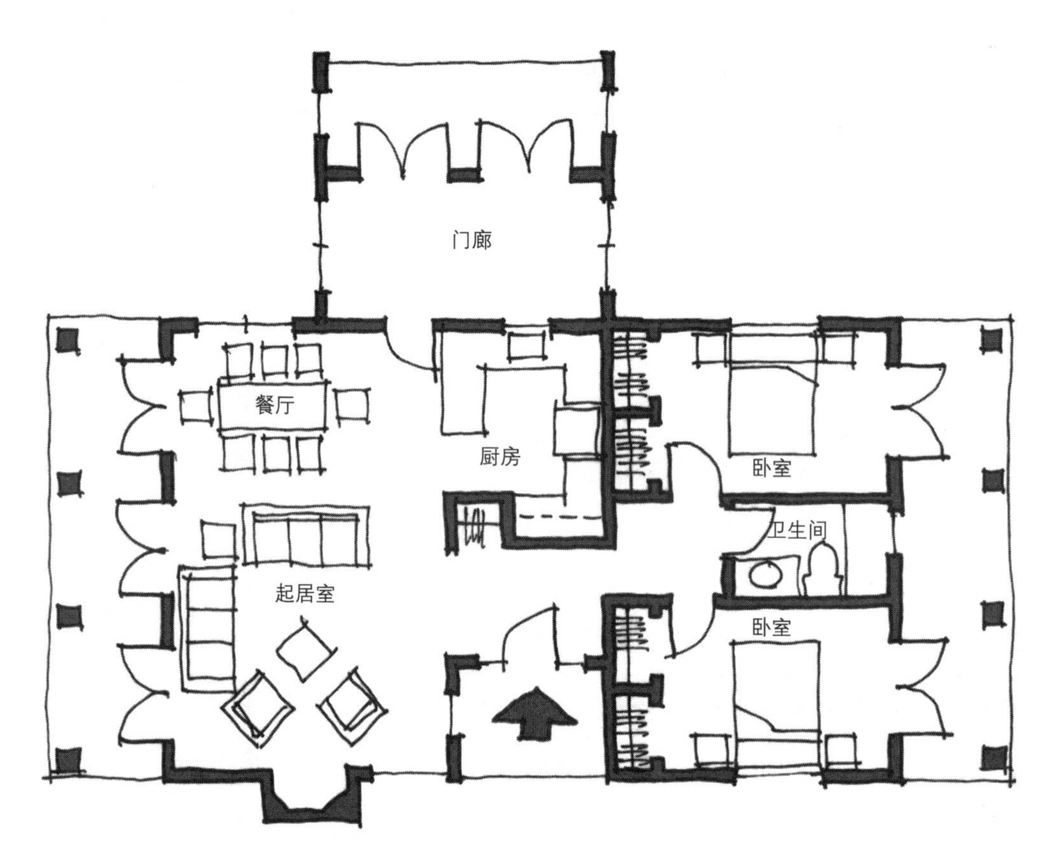

评论

小型住宅 2

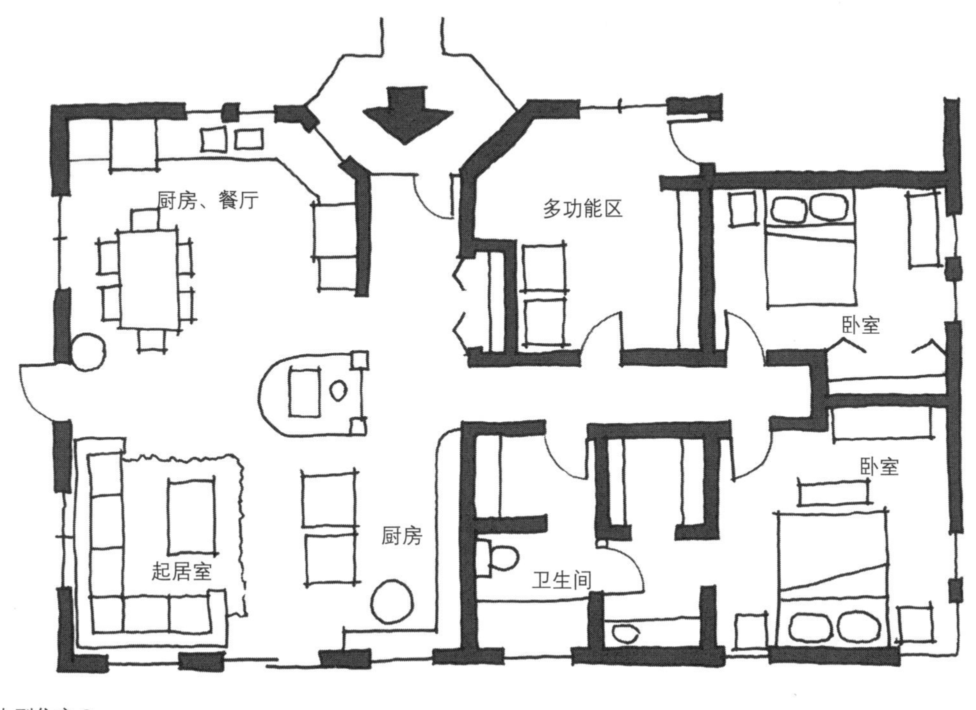

小型住宅 3

评论

起居室
书房
卫生间
厨房
卧室
餐厅
壁橱

小型住宅 4

评论

风格的影响

风格可以影响设计师思考或解决设计问题的方式。不同的历史风格和流派都有自身的规则和特点，我将在本节中说明不同的历史风格是如何对住宅的公共区域设计产生影响的。后面的案例来自于约翰・m 尔恩斯・贝克所著的《美式住宅风格：简明指南》，他通过在同样的起居空间中进行两种不同历史风格的设计对比来阐释个人的设计观点。某住宅的一层平面包含了下面列出的基本空间内容，平面图中也表现出基本的空间形状。

基本建筑平面：

- 入口门庭和走廊；
- 通往二层的楼梯；
- 餐厅；
- 设置壁炉的起居室；
- 早餐室；
- 厨房；
- 盥洗室；
- 洗衣房。

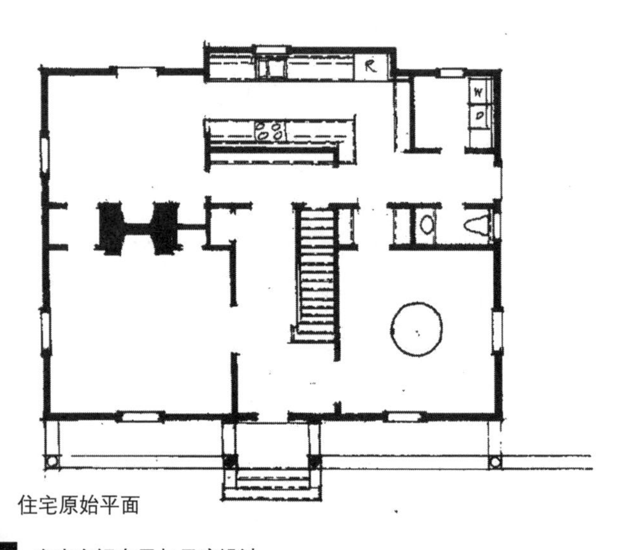

住宅原始平面

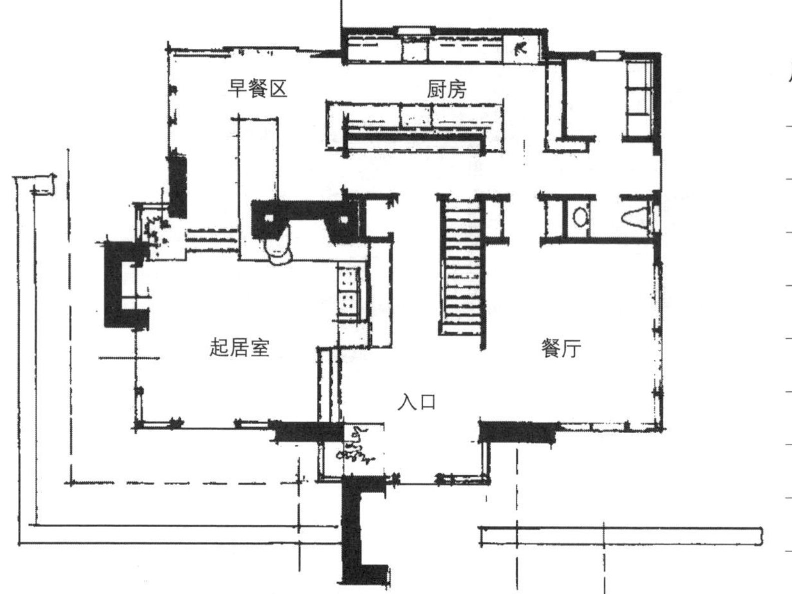

莱特风格

风格的差异

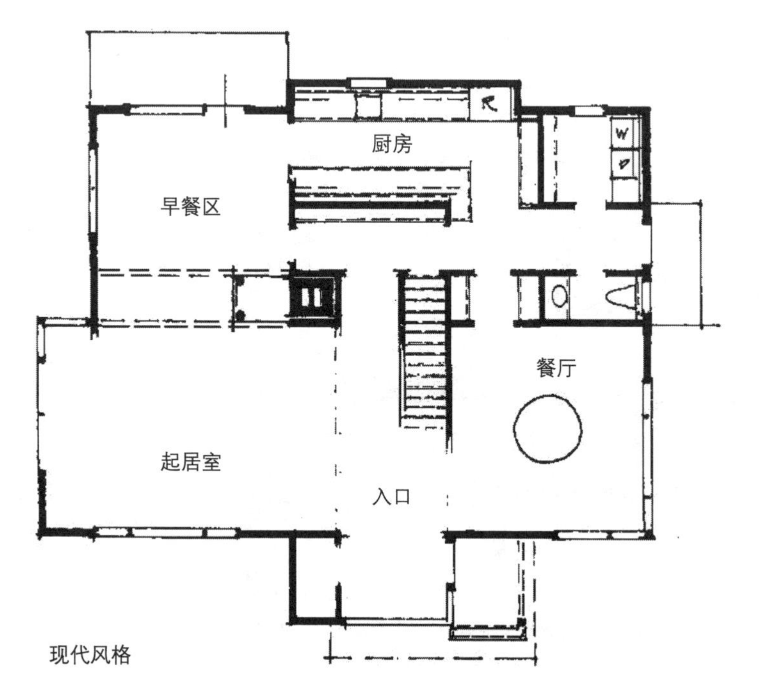

现代风格

风格的差异

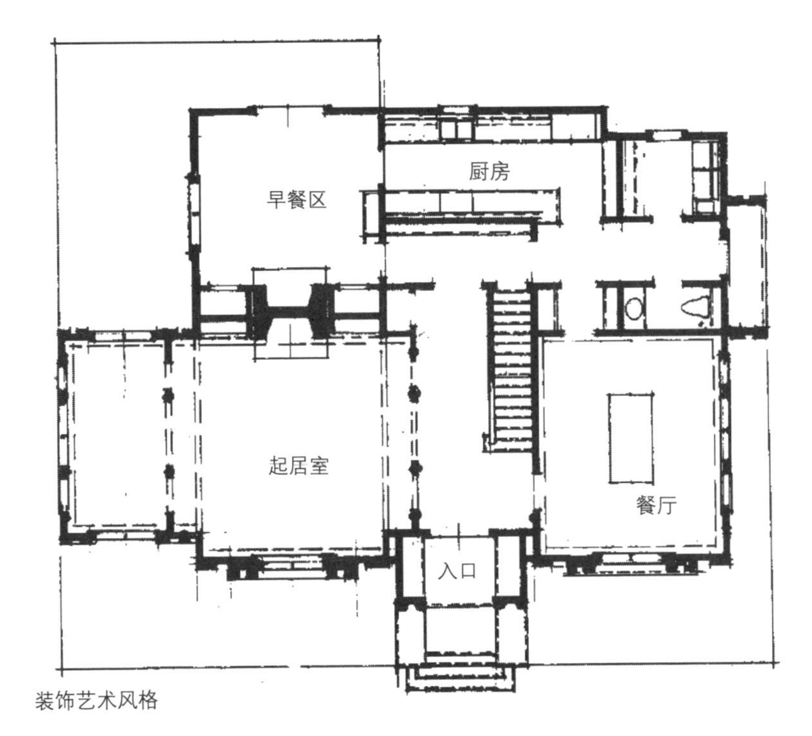

装饰艺术风格

风格的差异

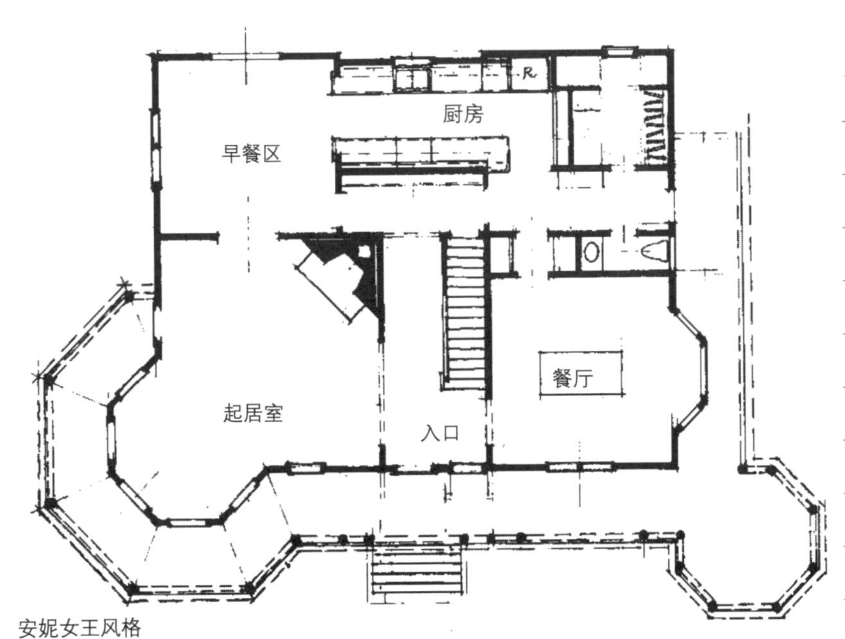

安妮女王风格

风格的差异

四种历史风格

仔细观察插图中的四个案例，请注意它们在设计风格上的差别之处。下面列出了这四种风格所具有的某些独特的特点，在每张平面图右边写下关于该设计风格的其他特点及你的观察结论。

莱特风格，1940—1960 年

- 室外转角的斜拼玻璃；
- 避免独立的空间；
- 不设转角柱的悬臂结构；
- 空间的自由性；
- 强烈的不对称式几何形。

现代风格，1920—1940 年

- 无装饰；
- 平直的表面；
- 平板玻璃窗；
- 使用玻璃砖；
- 流线动线型；
- 弧形窗。

装饰艺术风格，1890—1930 年

- 轴线式布局和构图；
- 与建筑体块紧密结合；
- 偏爱形式上的奢华；
- 有序的对称设计；
- 经典造型。

安妮女王风格 ,1880—1910 年

- 采用隅撑、托架、纺锤形装饰；
- 平面开敞并流通；
- 客厅有两扇房门；
- 使用角隅式壁炉；
- 设置门廊和阳台；
- 配有角楼、塔楼和形式奇异的露台。

来源：约翰・m 尔恩斯・贝克，《美式住宅风格：简明指南》，纽约：W.W. 诺顿 ,1994。

从气泡图发展到块状平面再到平面草图

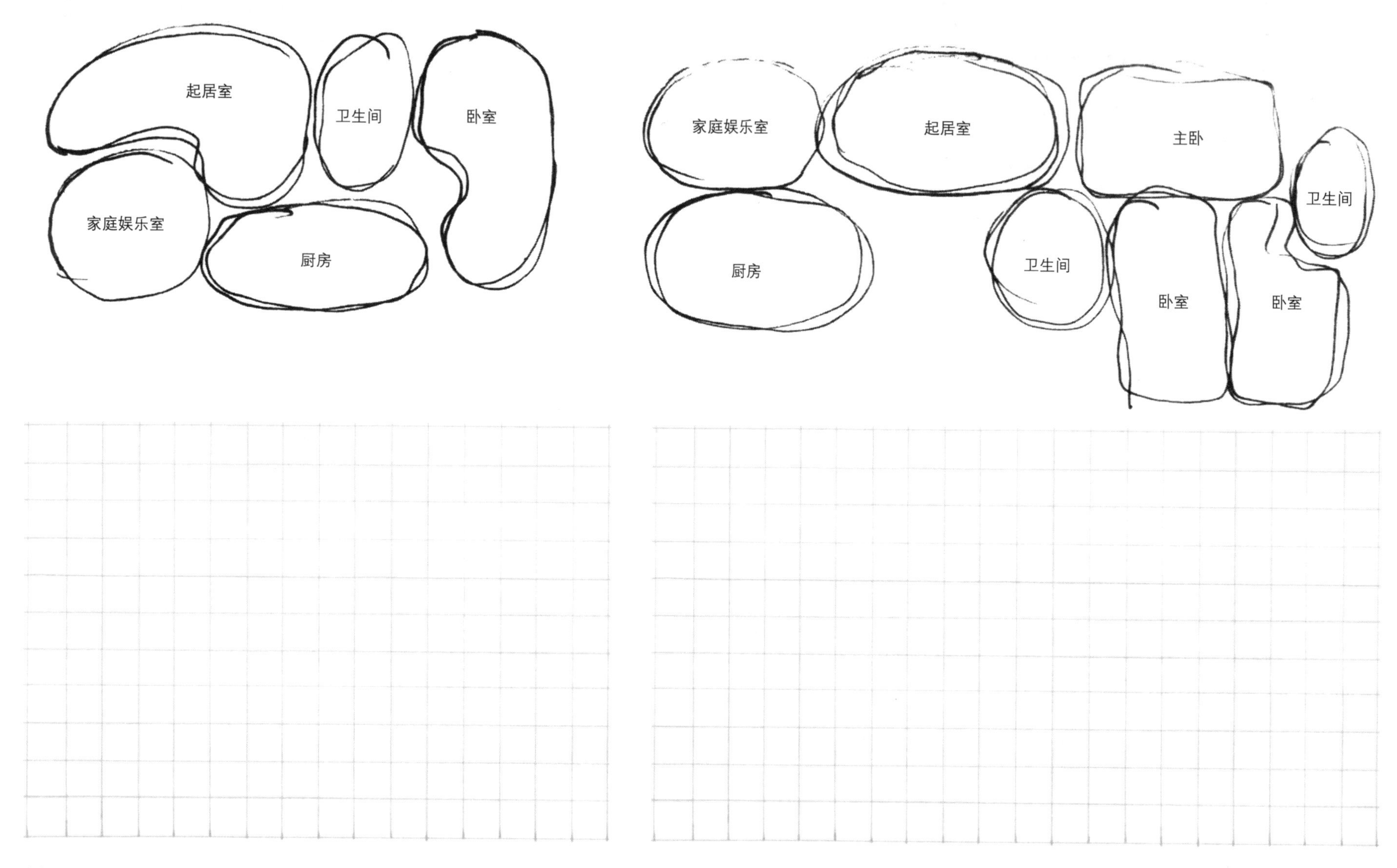

练习 1

对上面两张相邻气泡图表进行深化设计，并在所提供的网格中将图分别转化成块状平面图的形式。使用 90cm × 90cm 的网格作为尺寸参考。

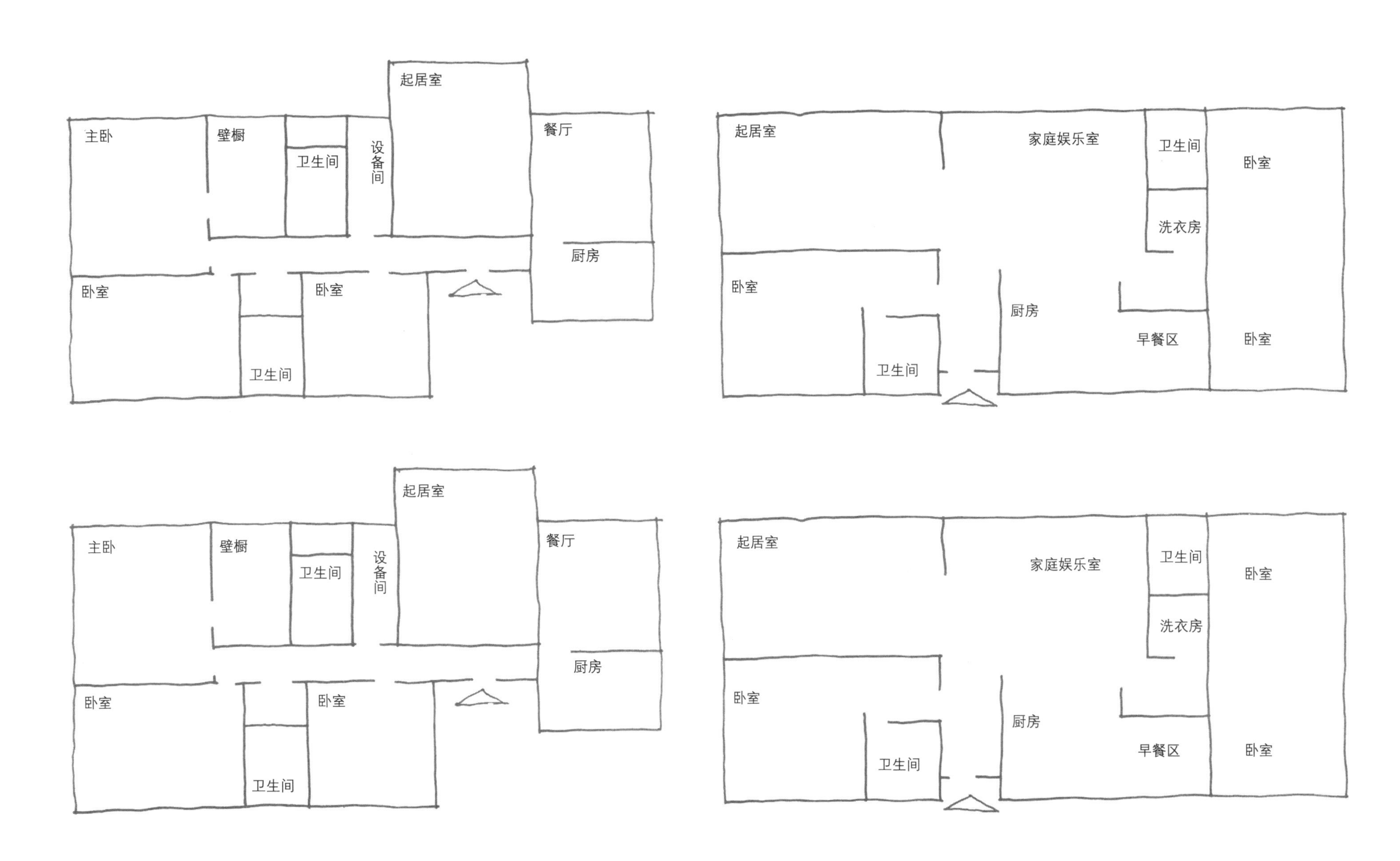

练习 2

将平面草图进行细节的深化设计，请直接在给出的平面上绘图，为了画图方便，每个项目提供了两张平面图。

块状平面构图

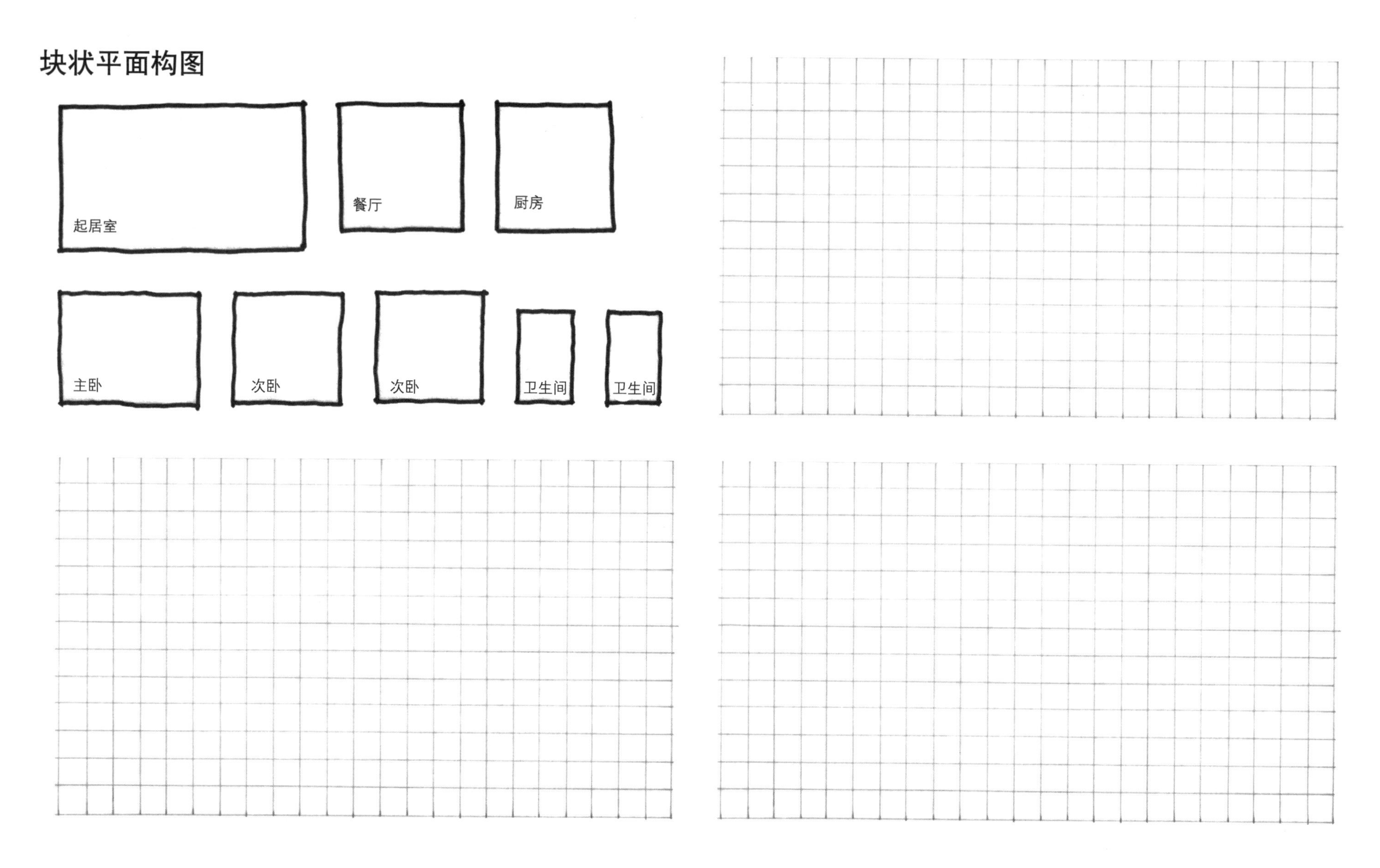

练习 1

在上图的网格中，将上述代表住宅室内不同功能空间的方块组合成三种不同的布局方案，并且设计方案需要具有可行性。包括的功能空间是一间起居室、一间餐厅、一个厨房、一间主卧、两间次卧和两个卫生间。

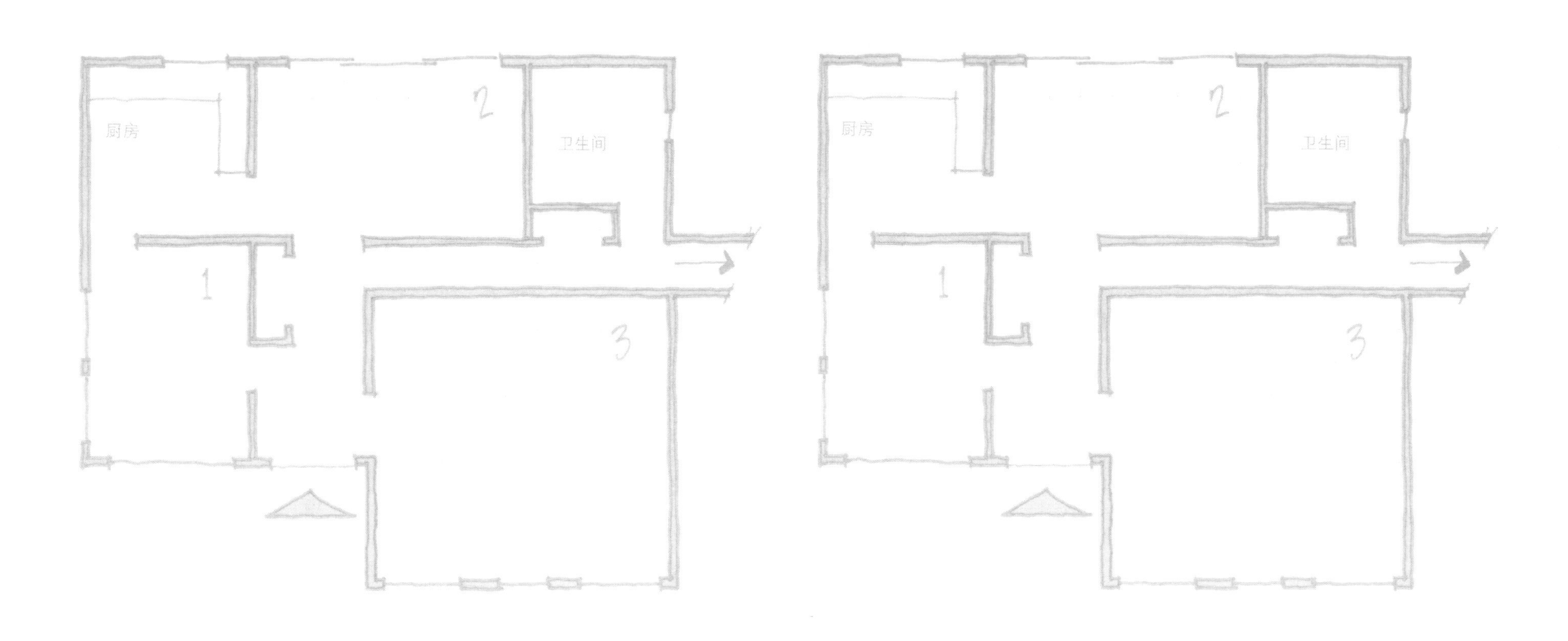

练习 2

上面两张相同的平面图是某住宅中的公共区域。图上的箭头位置表示的是一条走廊用于连接住宅另一半的私密空间。图上只标出了入口、厨房和卫生间，其他空间（数字标号）是起居室、餐厅、家庭活动室，数字和空间之间并没有顺序上的对应。你的任务是设计两个不同的方案，满足以下目标：（1）决定每个带标号空间的用途（起居室、餐厅、家庭活动室）；（2）将室内空间打开。为了设计出开放的空间，你将需要移除某些墙体（假设所有的墙体都是非承重的结构）。你还可以根据需要加入壁炉等常用的设计要素，以便划分空间。另外，需要画出室内家具。使用 60cm × 60cm 的网格作为尺寸参照。

设计深化

练习 1

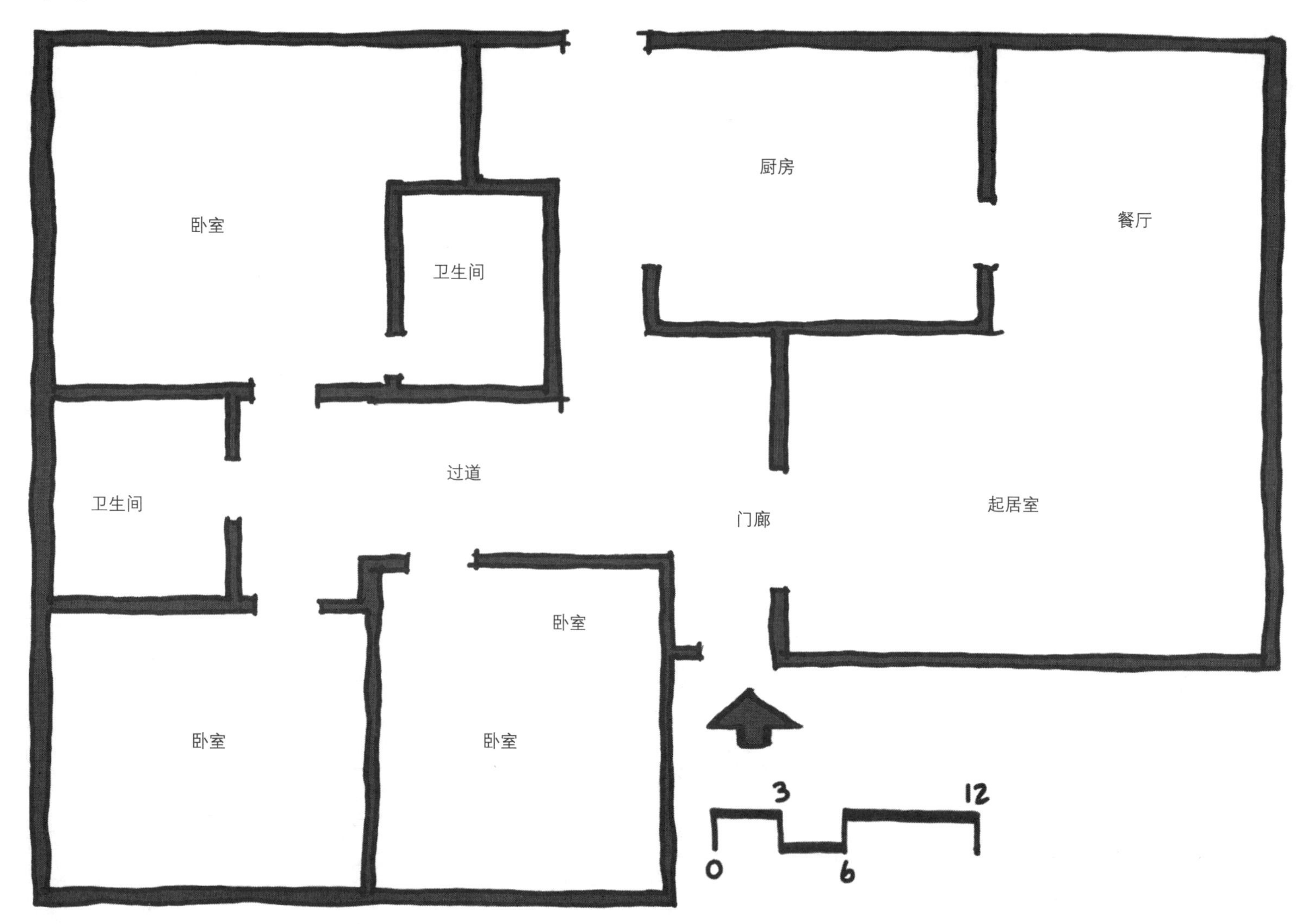

推敲和深化上面的平面方案，另外，在各空间中加入家具和设施。本练习中没有网格作为尺寸参考，目的是希望你能在视觉上对比例尺度进行估量并完成绘制家具的练习。

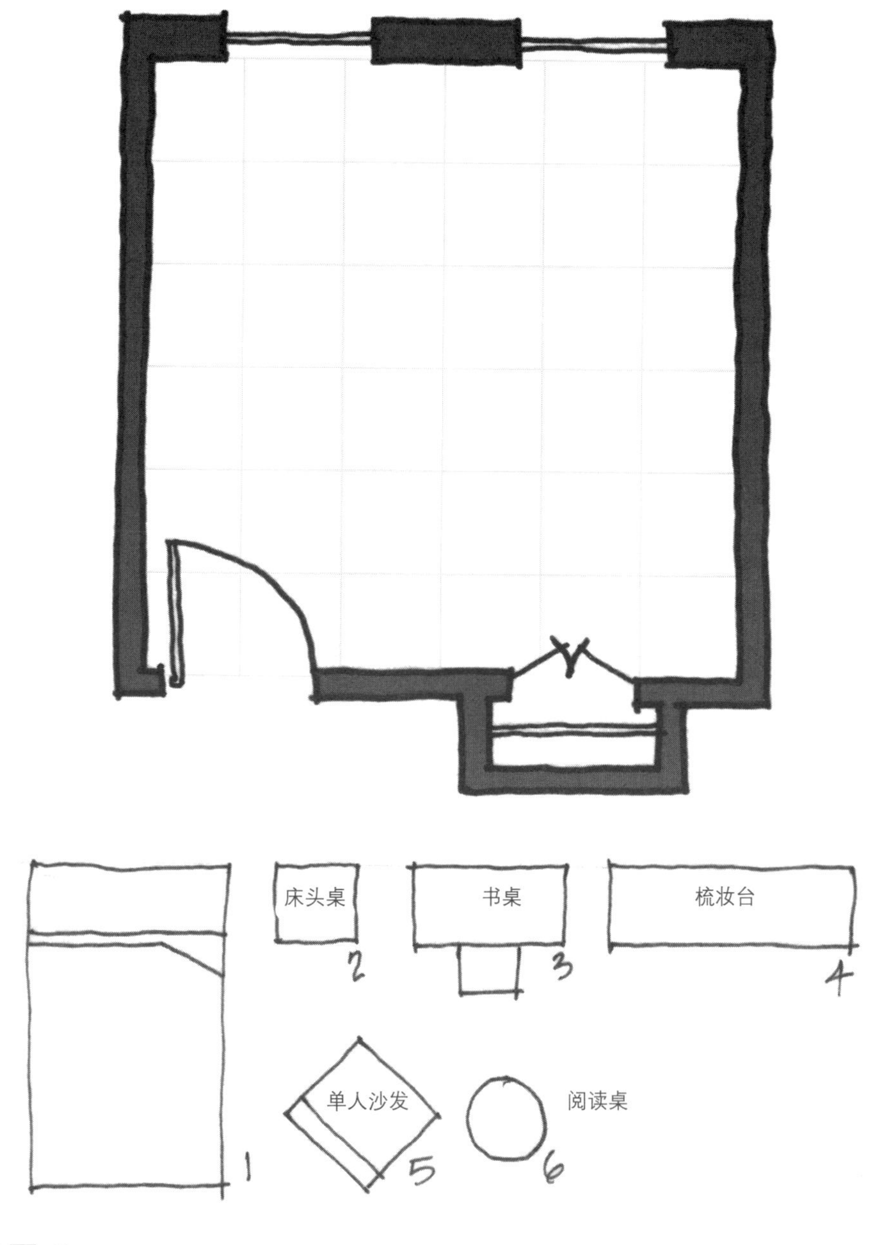

练习 2

用给定比例的家具来完成上方平面图中的卧室设计。要求放入所有的家具，并使用 90cm × 90cm 的网格作为尺寸参考。

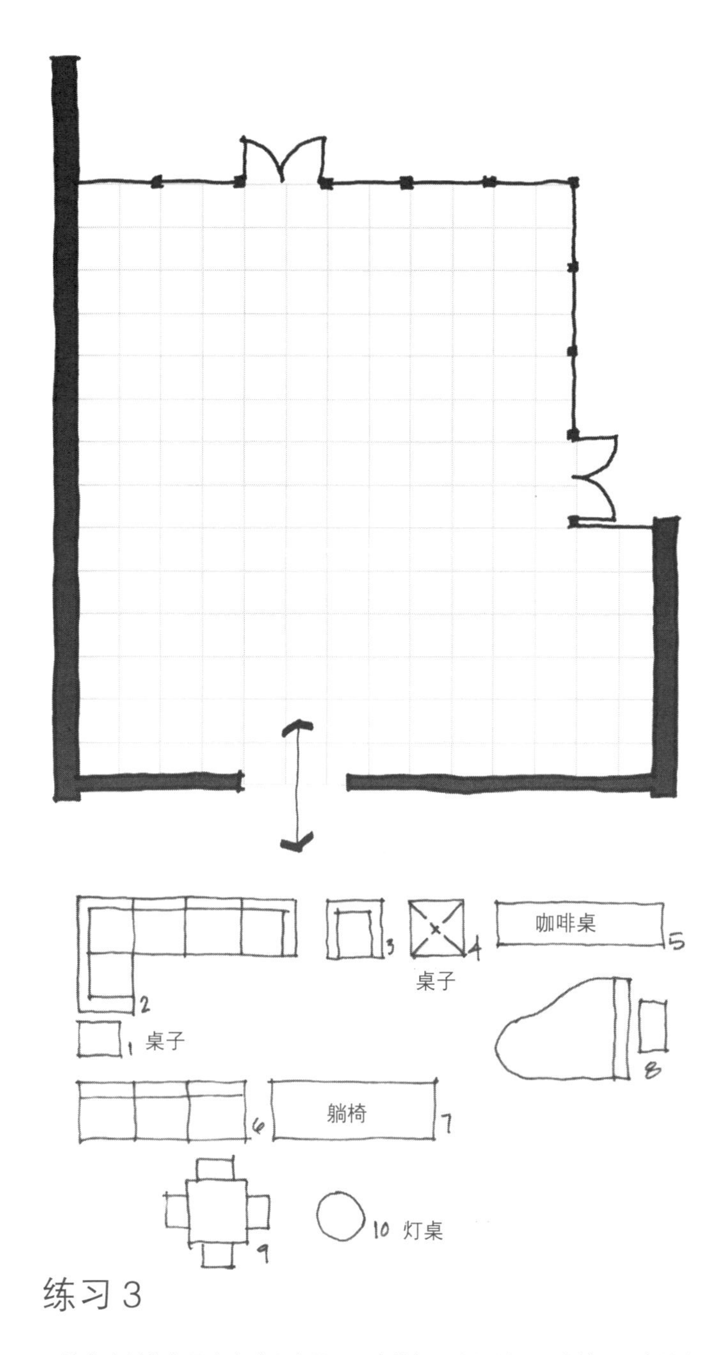

练习 3

用给定比例的家具来完成上方平面图中的起居室设计。要求放入所有的家具，并使用 90cm × 90cm 的网格作为尺寸参考。

完成空间设计

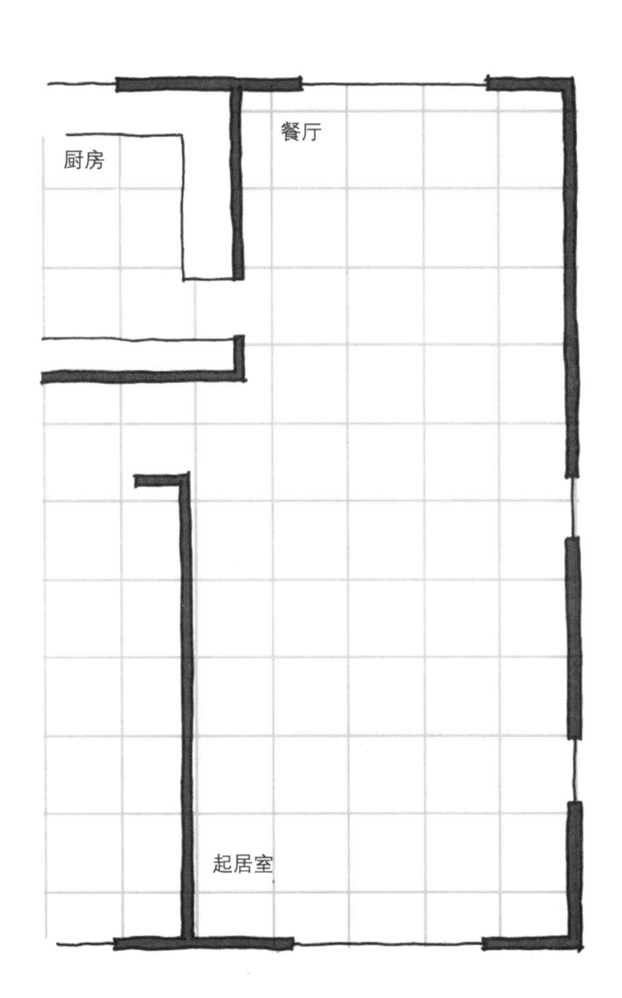

练习 1

完成所给出的起居室和餐厅的室内设计。你可以任意选用所需的家具，使用 90cm × 90cm 的网格作为尺寸参考。

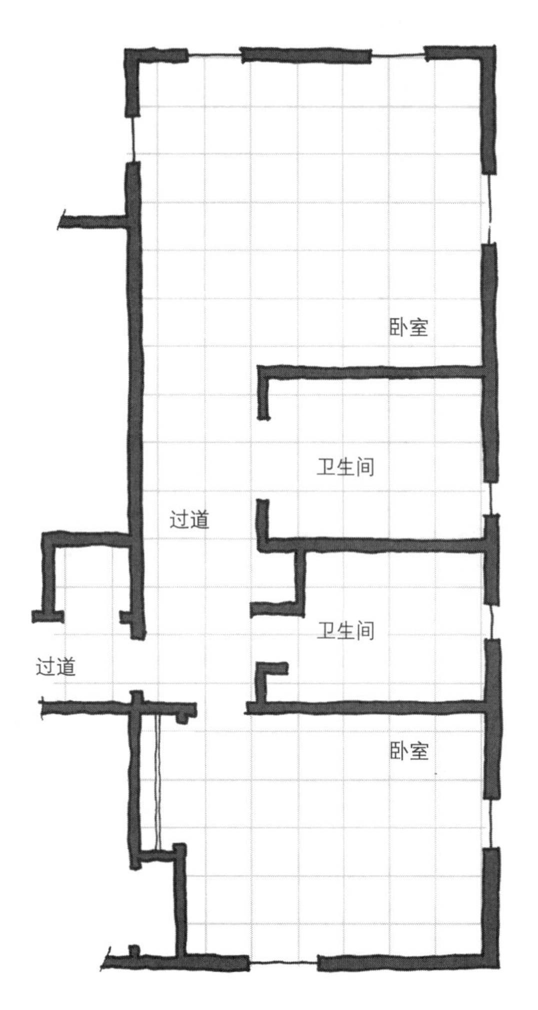

练习 2

完成所给出空间的卧室和卫生间的设计。可以任意选用所需的家具和设施，使用 90cm × 90cm 的网格作为尺寸参考。

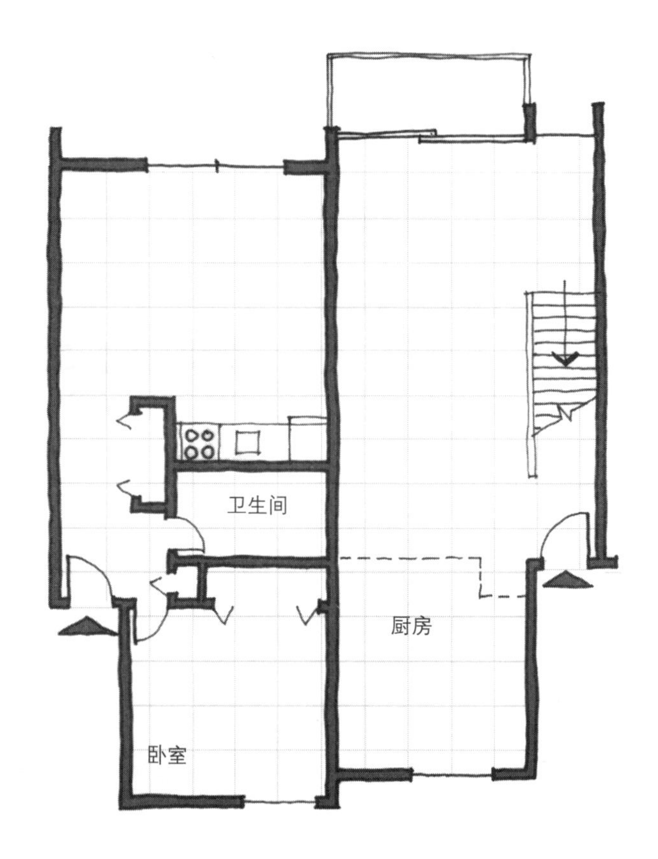

练习 3

完成上图所给出的两间公寓的室内设计。左侧一户是完整的一居室，右侧一户是两层住宅中的第一层，本层内设有起居、厨房和就餐空间。你可以任意选用所需的家具，使用 90cm × 90cm 的网格作为尺寸参考。

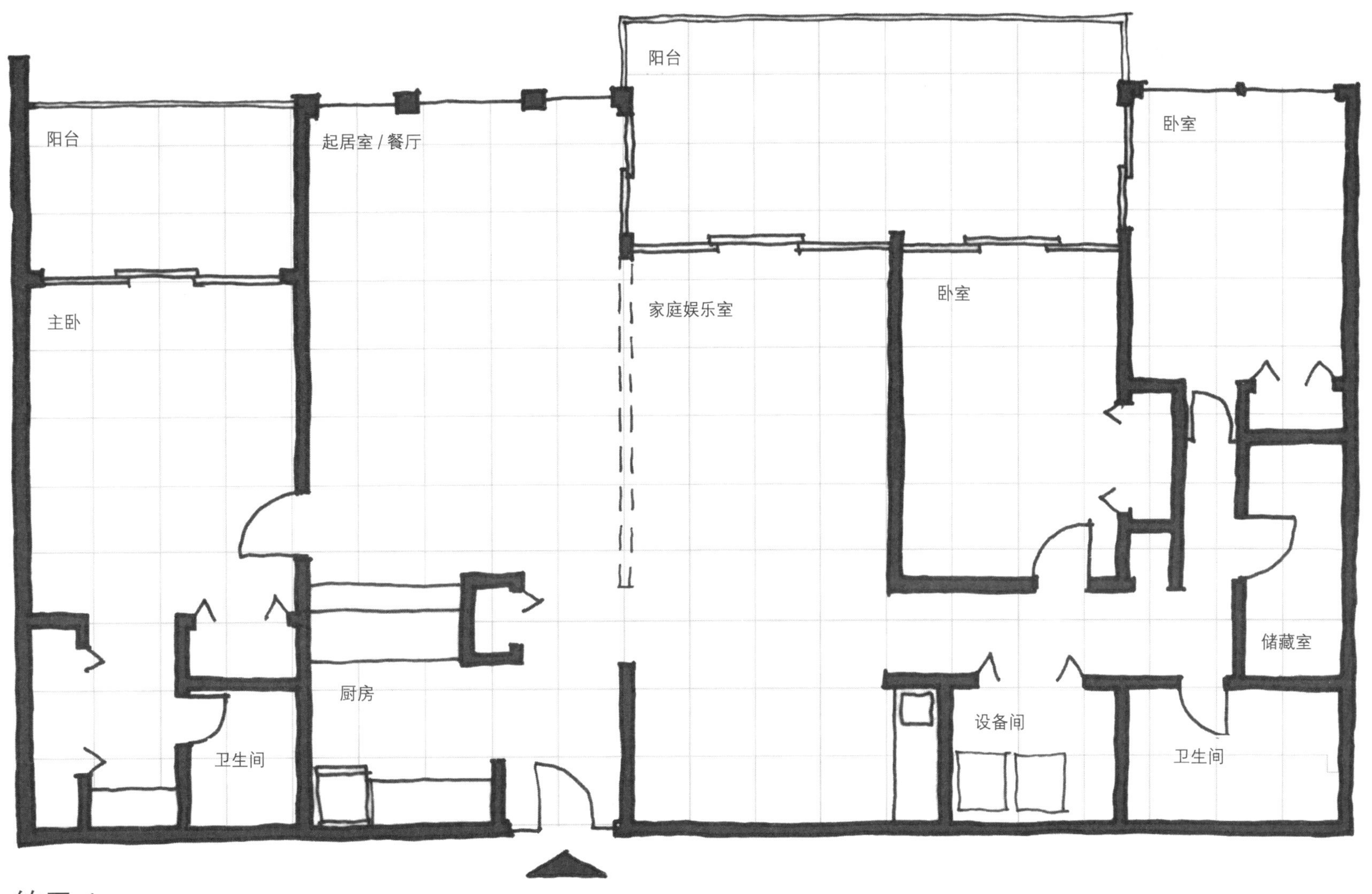

练习 4

完成上图所给出的公寓的室内设计。空间的功能已经标注出来，在虚线表示的墙体位置上，你可以添加、移除或仅使用部分墙体（如何设计完全取决于你的想法）。你可以任意选用所需的家具和设施，使用 90cm × 90cm 的网格作为尺寸参考。

实用型小公寓

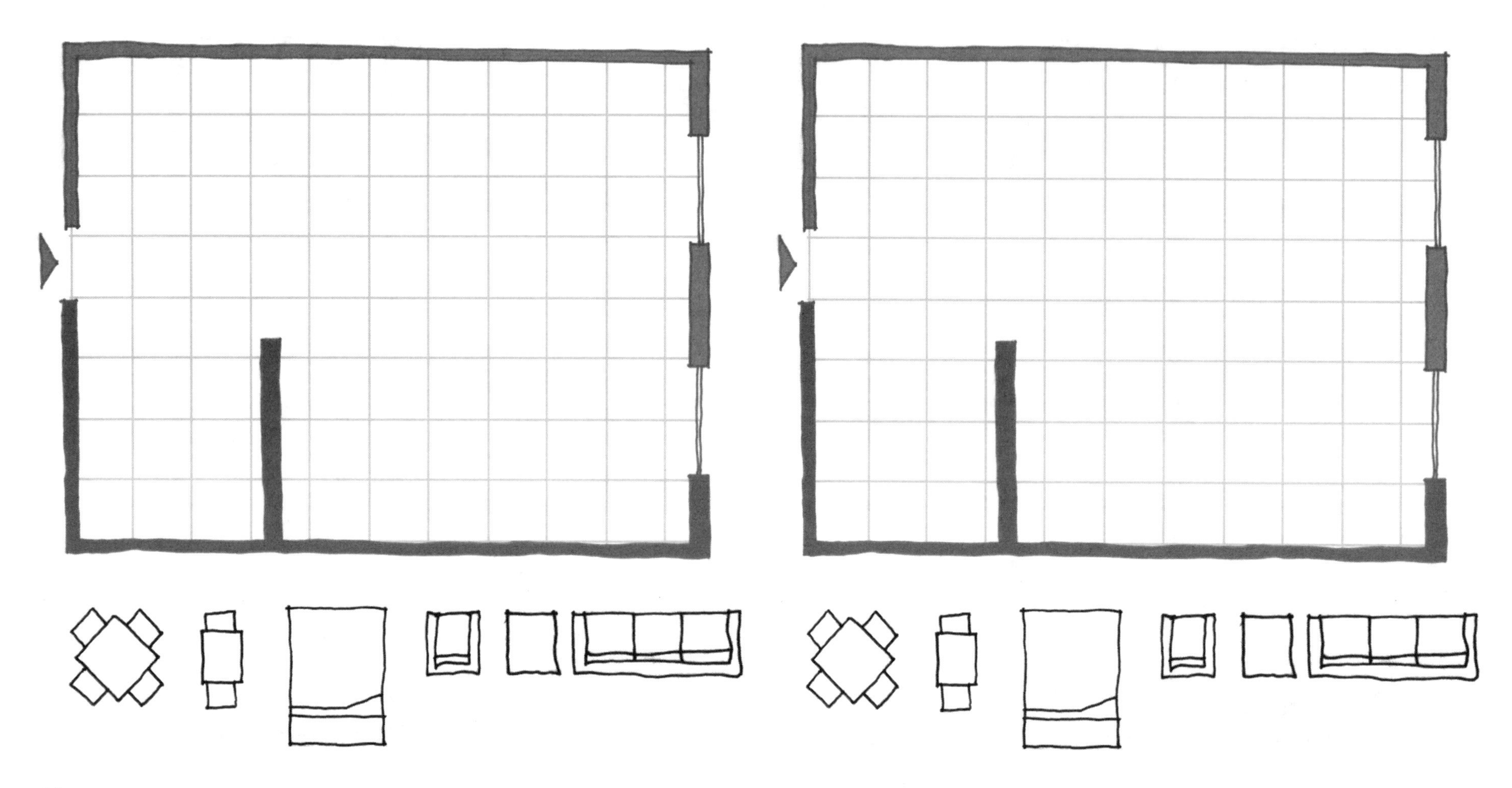

练习 1

你需要在给出的围合空间中设计两种实用型小公寓的布局方案，要求在这个实用型的小公寓中包含以下功能：睡眠、起居、烹饪、就餐、学习和卫生间。你可以根据所需添加墙体，图中突出在空间之中的墙体内包含有管线，因此建议将需要管线支持的空间放置在此区域附近。可以任意选用所需的家具和设施，使用 90cm × 90cm 的网格作为尺寸参考。

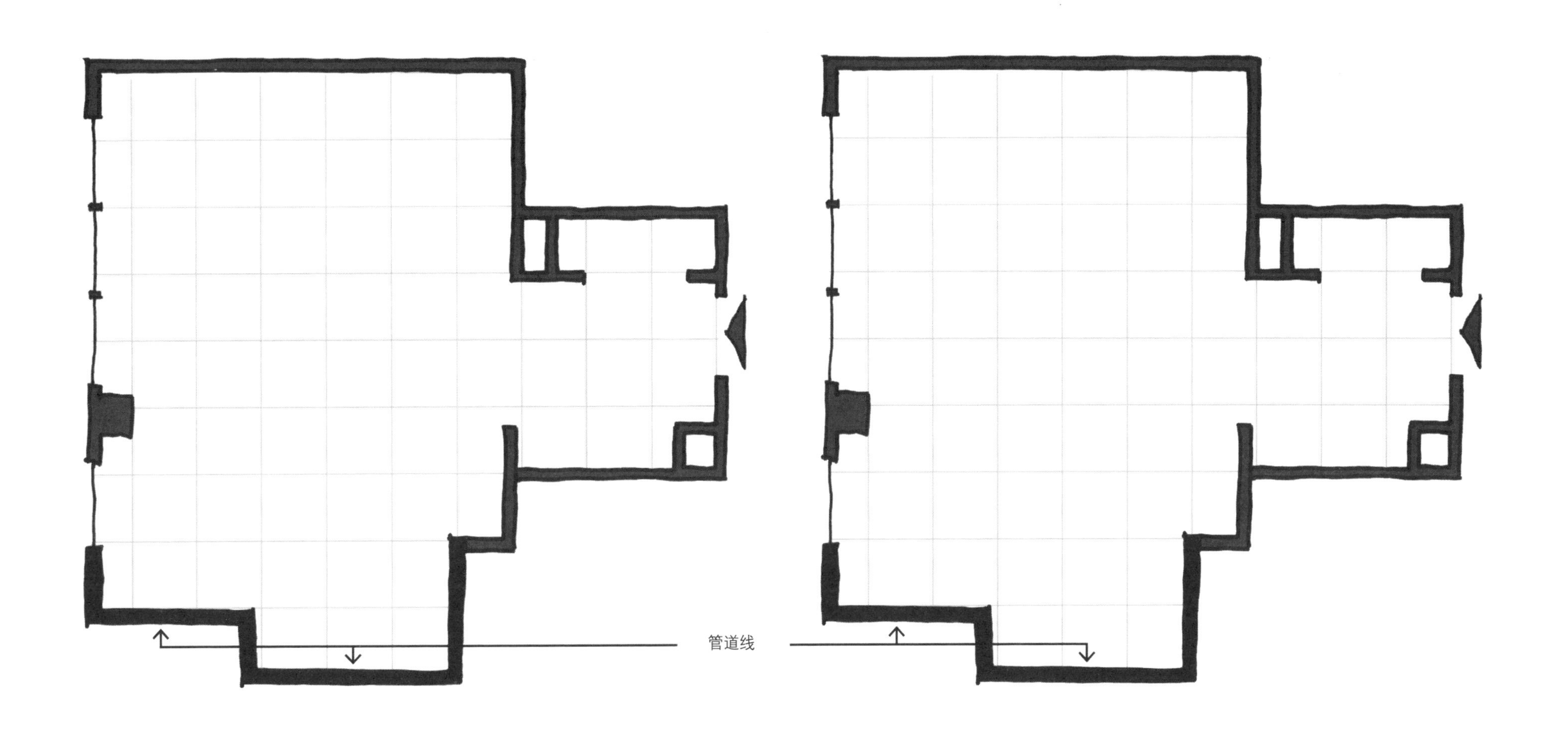

练习 2

与前一个练习相似，你需要在给出的围合空间中设计两种实用型小公寓的布局方案，要求在给出的围合空间中设计两种布局方案，这个实用型的小公寓中包含以下功能：睡眠、起居、烹饪、就餐、学习和卫生间。你可以根据所需添加墙体。位于平面下方的墙体内包含管线，因此建议将需要管线支持的空间放置在此区域附近。可以任意选用所需的家具和设施，使用 90cm × 90cm 的网格作为尺寸参考。

办公室：剖析与问题 I

对年轻的设计师来说，办公空间的设计比较具有挑战性。绝大多数的大学生会经常光顾商店、饭店和宾馆等类型的商业项目，却很少有人去过多家公司的办公地点。总的来看，办公项目的设计是复杂的，办公项目不仅经常包含很多部门，而且部门相互之间的关系也较为复杂。但是，通过学习一些相关知识并进行现场考察，你就能够成为充满自信的、专业办公项目的设计师。在设计办公空间时，你需要注意下列问题：

公司通常租用办公空间，这也是公司主要开销中的一项。为此，提高空间使用效率是关键，员工们在空间中应该能够工作高效且感觉舒适。

不同的公司通常有不同的工作风格，同一公司的不同部门之间工作方式也不相同。设计师需要了解设计对象的工作方式，以便为员工提供适宜的空间环境和家具陈设。

很多公司内仍有严格的等级结构，在分配室内办公环境时，等级决定了谁可以在外窗附近设置办公室及谁能够使用转角处的大办公室等问题。然而，也有很多公司精简了内部的等级结构，这意味着减少依据等级的分配并且在设计上减少转角办公室的数量。事实上，不考虑头衔和级别，为每个人提供尺寸相同的通用工位，正在成为很多办公空间发展的方向。

越来越多的公司根据团队工作的需求来组织内部工作的分组，这就意味着设计师需要了解公司所使用工作台种类和布局要求。

工作环境要有工作的氛围且有利于保证工作效率。对员工来说，能够集中精力和高效率地工作是最重要的。

办公空间中经常发生的行为是小组会议。无论是正式的会议室还是非正式的团队区域，为各种会议提供良好的空间是非常重要的。

公司都致力于打造良好的、专业的对外形象。为此，设计师通常会对来访者能够看到的公共空间进行特殊的设计。

根据法律（和各类规范）的要求，办公环境需要满足雇员和来访者的所有需求，需要为所有人提供无障碍的使用环境，这部分内容在第 2 章中我已经介绍过了。

下面是在设计办公环境时需要重点考虑的五个要点。

位置

如何在空间中高效地进行功能布局。

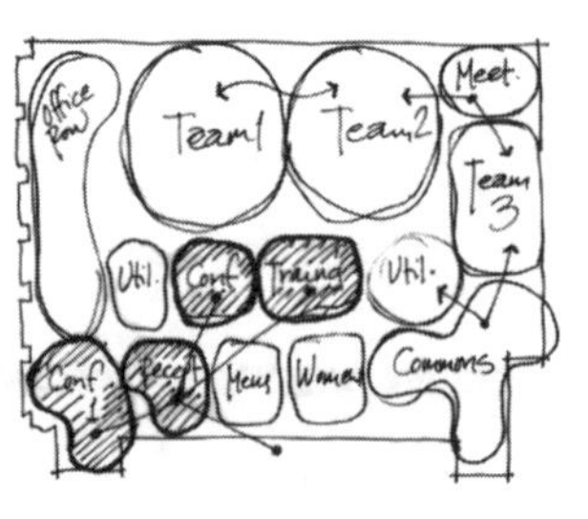

动线

走廊和通道如何组织成清晰、易于理解的通行系统。

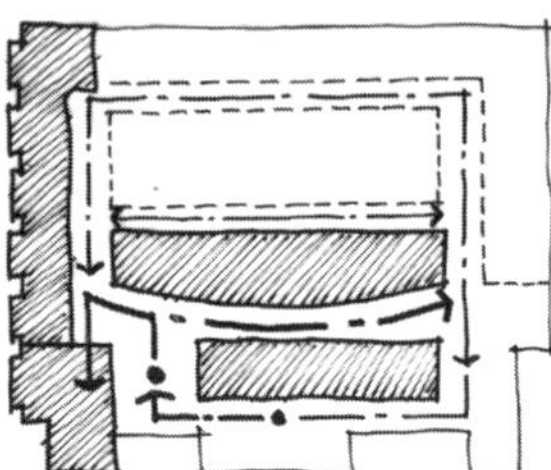

实与虚

封闭空间如何布局以形成清晰、内聚、舒适的实体与开放空间。

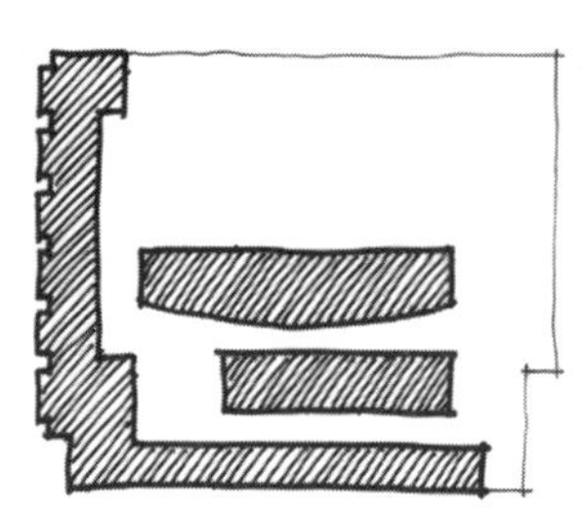

公共 / 私密

如何有策略地进行空间和功能布局，以便在公共区域与私密区域之间形成清晰的边界和适宜的分隔。

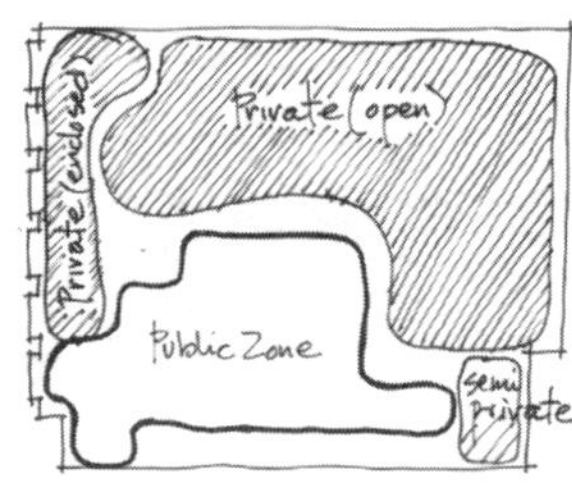

房地产

平面中不同区域相对应的价值是什么，以及应该设置的功能。

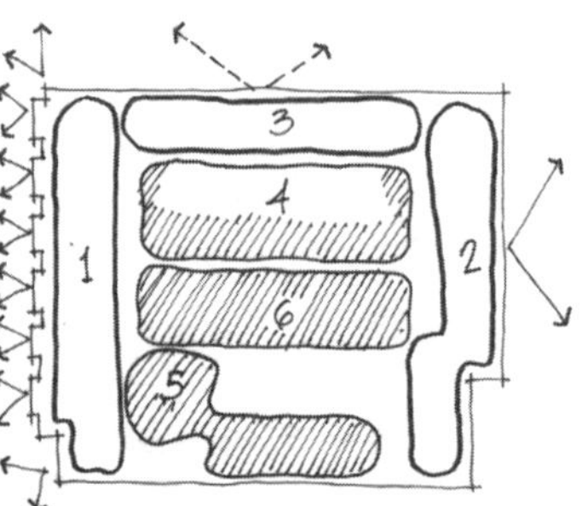

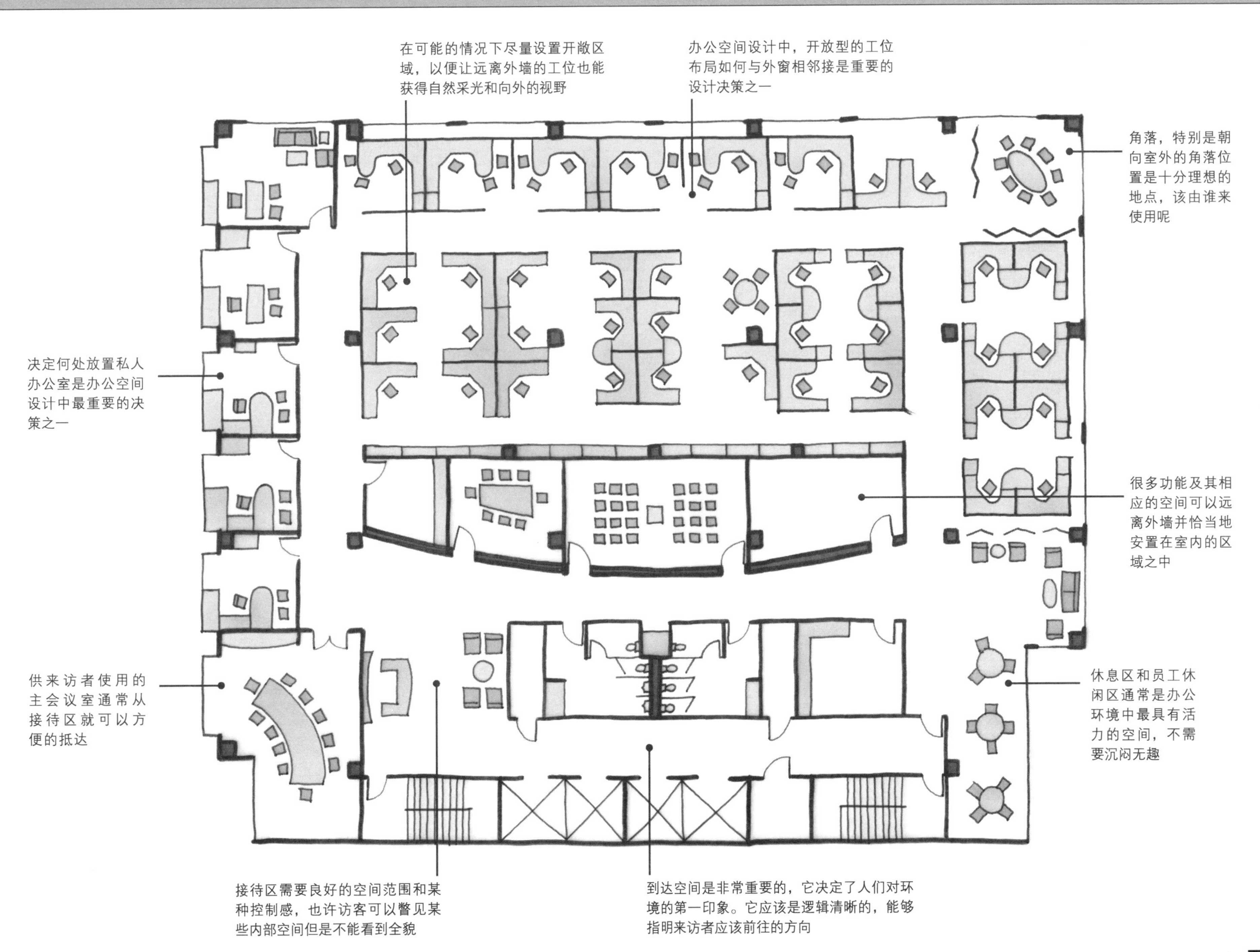
在可能的情况下尽量设置开敞区域，以便让远离外墙的工位也能获得自然采光和向外的视野
办公空间设计中，开放型的工位布局如何与外窗相邻接是重要的设计决策之一
角落，特别是朝向室外的角落位置是十分理想的地点，该由谁来使用呢
决定何处放置私人办公室是办公空间设计中最重要的决策之一
很多功能及其相应的空间可以远离外墙并恰当地安置在室内的区域之中
供来访者使用的主会议室通常从接待区就可以方便的抵达
休息区和员工休闲区通常是办公环境中最具有活力的空间，不需要沉闷无趣
接待区需要良好的空间范围和某种控制感，也许访客可以瞥见某些内部空间但是不能看到全貌
到达空间是非常重要的，它决定了人们对环境的第一印象。它应该是逻辑清晰的，能够指明来访者应该前往的方向

办公室：剖析与问题 II

在进行办公空间的设计时，学生们通常会在创意表现方面用力过猛：类型过多的旋转与成角造型却只产生出令人困惑的、脱节的设计方案。在实际设计中，即使是探究充满动态的几何形式也要保持设计的简约性，简明、易懂是办公室空间设计的第一条原则，其他原则如下：

・尽可能将相似的部分和元素结合在一起或者成组。将工位连接在一起，并利用共用台面（经济性）成组，这样可以增强凝聚力并避免布局零散化。

・在开放空间中，关注使用者的私密性需求和声学上的需求。利用隔板的高度，在交流和隐私（即声学需求）之间营造出一种适合的平衡。

・要注意空间之间过多噪声的传递会造成的消极影响。墙体、隔断和门的设计要能够提升环境声学方面的舒适度。

・抓住一切机会引入自然光并使其能够照射到空间的内部。与此原则相似，空间布局也应该尽可能让更多的员工能够看到室外的环境。

・在规划家具布局时，家具的朝向要能够让员工不被路过或进入办公室的人打扰。不要使员工的后背朝向通道区域。

・租用办公空间的费用是昂贵的，为此，应尽量减小交通空间所占的面积，室内空间的主要部分不是用来组织交通动线的，而是用于满足功能性需求的。

・在决定封闭空间的位置时你需要谨慎，只要有可能，就应该将它放置在空间内部的某处（如果需要的话你可以给它设计成玻璃的正立面），这样就可以使其与外墙相邻的区域开敞。

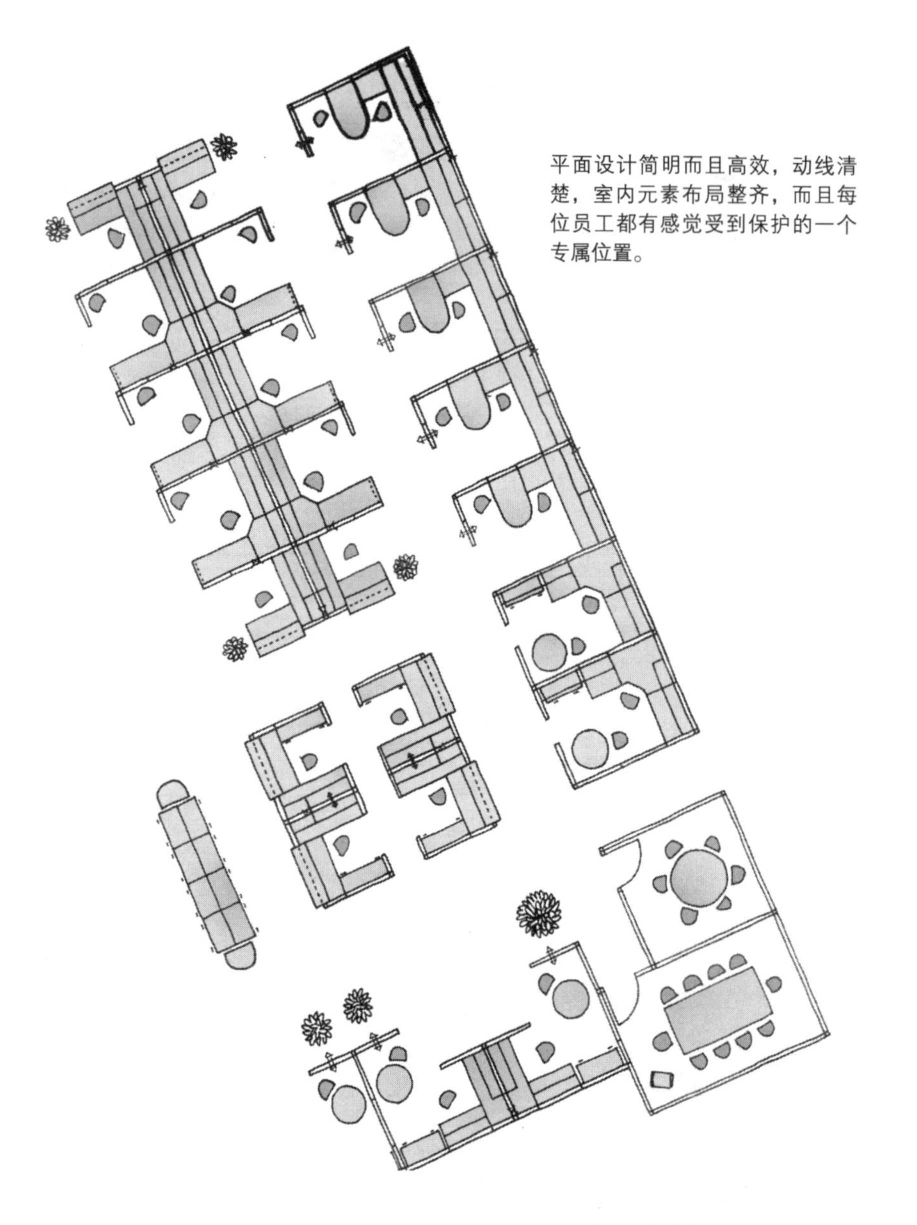

平面设计简明而且高效，动线清楚，室内元素布局整齐，而且每位员工都有感觉受到保护的一个专属位置。

有策略地利用隔板高度，以便在交流需求和隐私需求之间找到最优化的平衡。

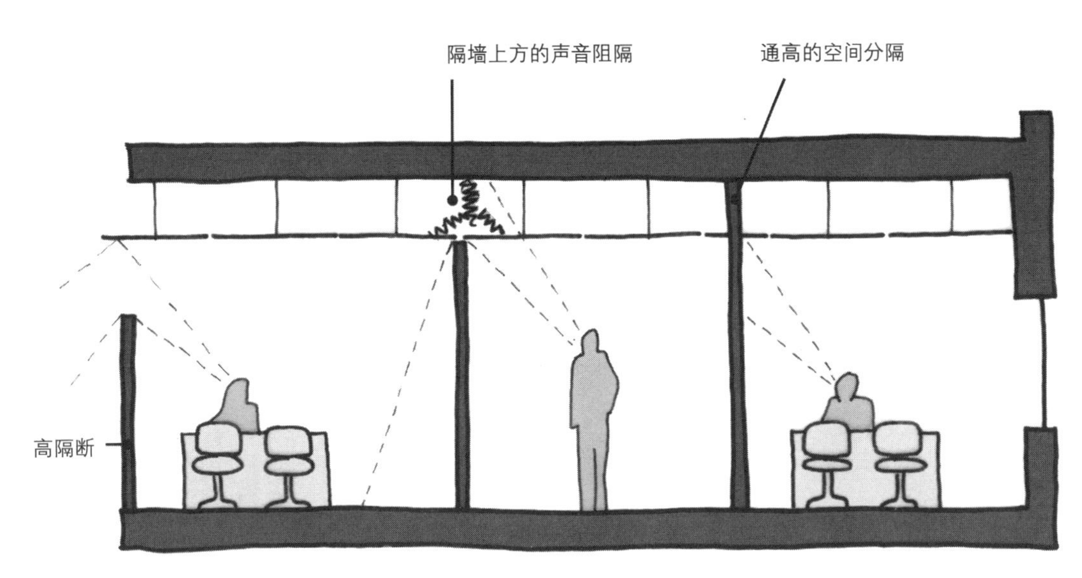

利用常见的设计方式创造良好的声学环境。

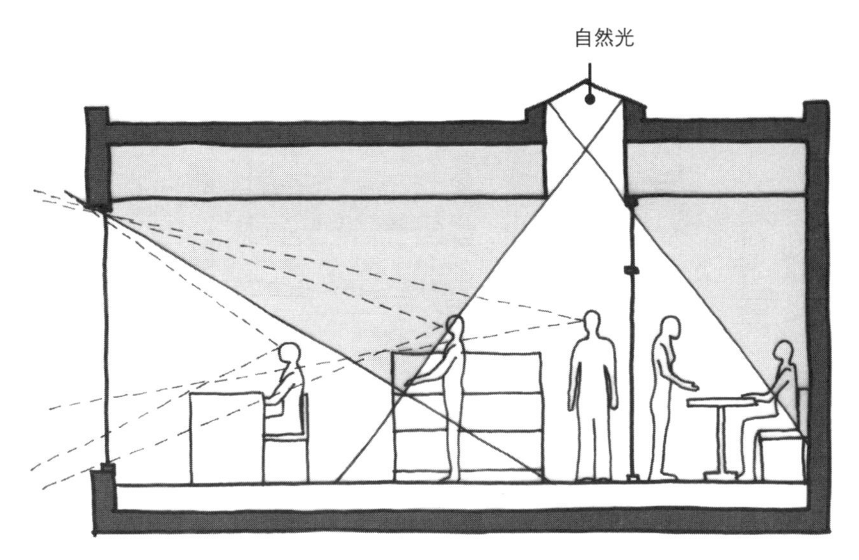

有效地利用建筑外窗实现自然采光，并且控制不必要的眩光。

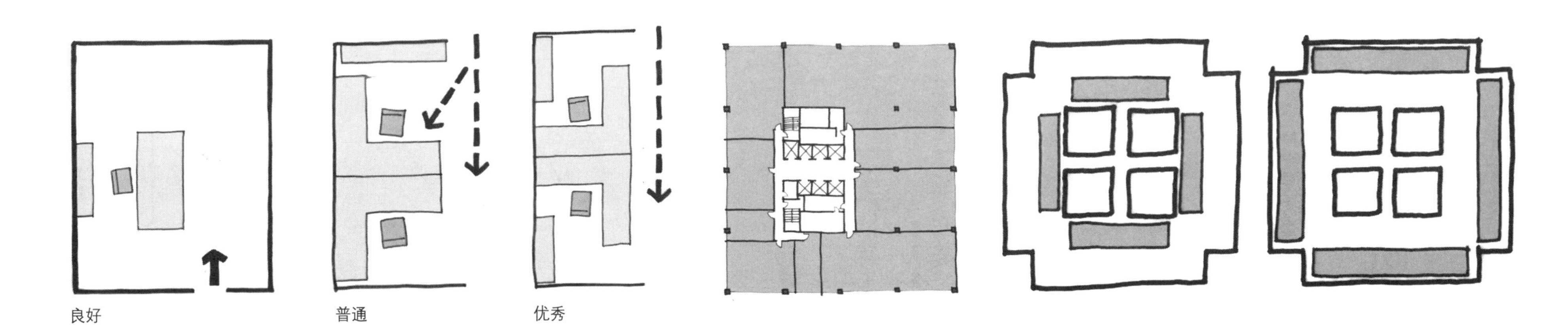

根据入口和交通动线精确地设计家具朝向。

交通面积最小化。

在可能的情况下，应该避免将大面积的外窗区域划分成个人的办公室或封闭的房间。像储藏室等类型的房间就没有必要设置在外窗附近的区域中。有些空间需要布局在外墙附近，也有很多房间并不需要这样做。

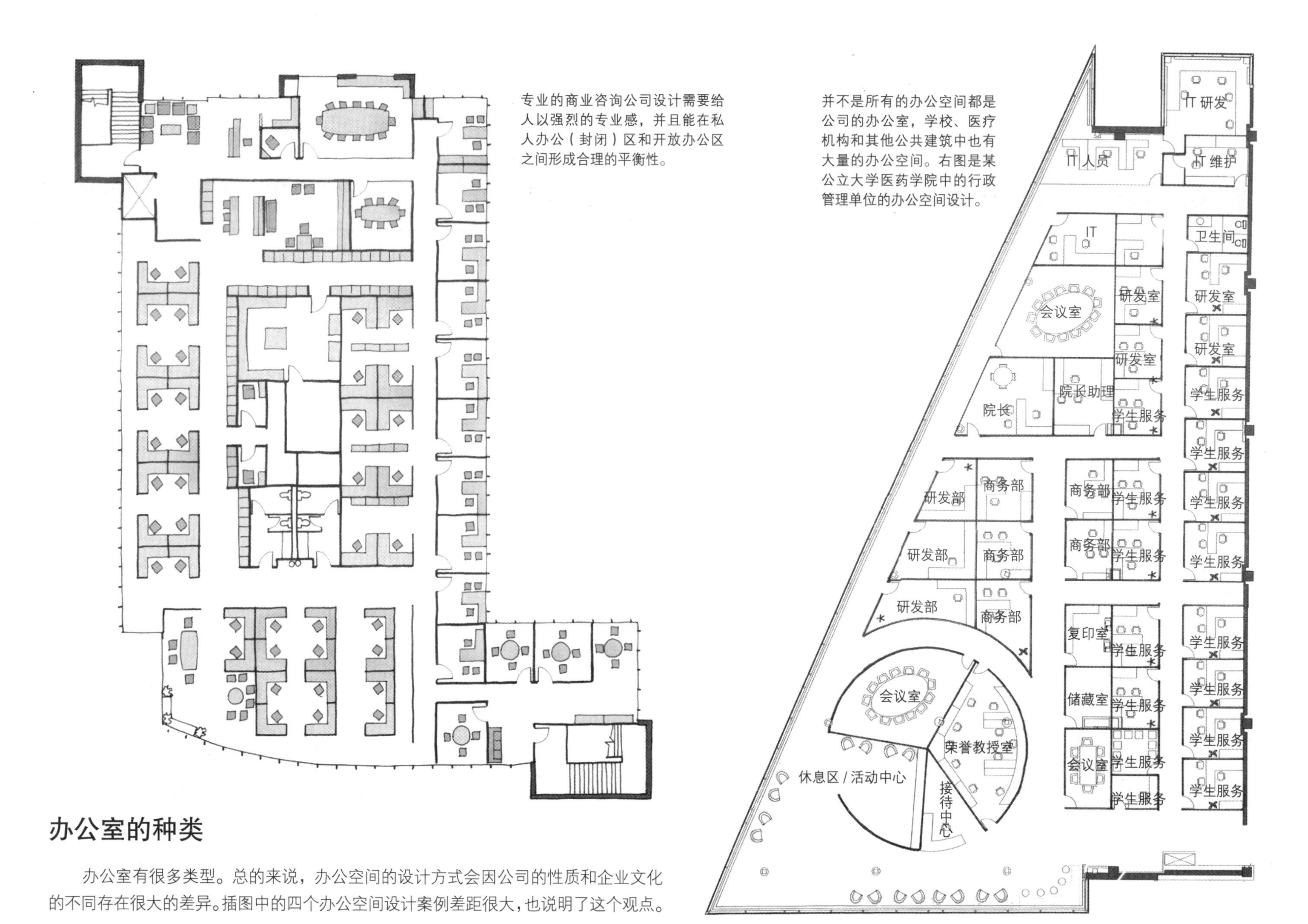

专业的商业咨询公司设计需要给人以强烈的专业感，并且能在私人办公（封闭）区和开放办公区之间形成合理的平衡性。

并不是所有的办公空间都是公司的办公室，学校、医疗机构和其他公共建筑中也有大量的办公空间。右图是某公立大学医药学院中的行政管理单位的办公空间设计。

办公室的种类

办公室有很多类型。总的来说，办公空间的设计方式会因公司的性质和企业文化的不同存在很大的差异。插图中的四个办公空间设计案例差距很大，也说明了这个观点。

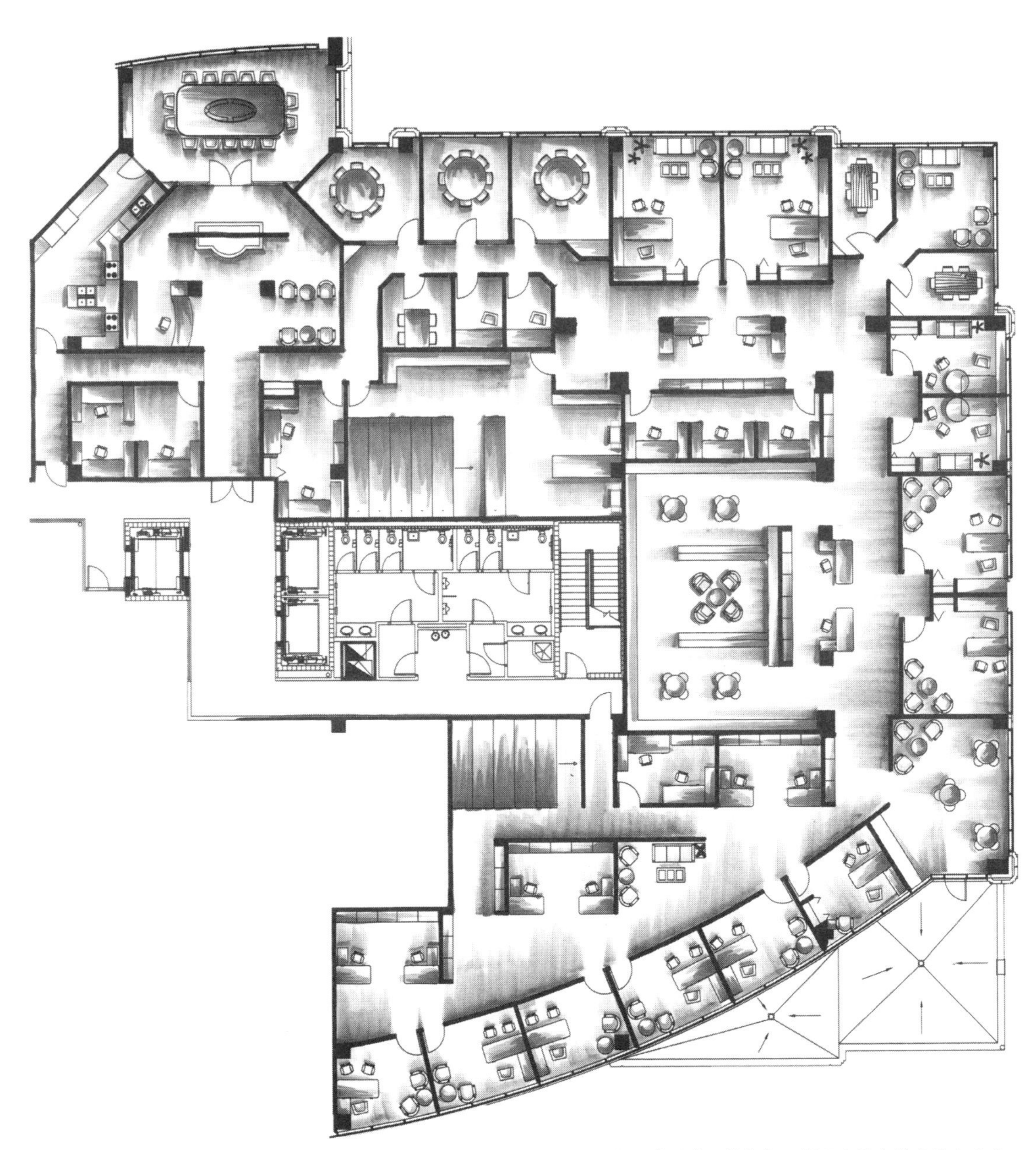

像律师事务所这类办公空间，会倾向于具有等级性的、非常正式的室内设计形式。律师们习惯于在设有外窗的办公室工作。合伙人的办公室面积会大一些，资深合伙人的办公室面积是最大的，而且通常设置在角落的位置，律师助理们主要在远离外窗的内部空间办公。

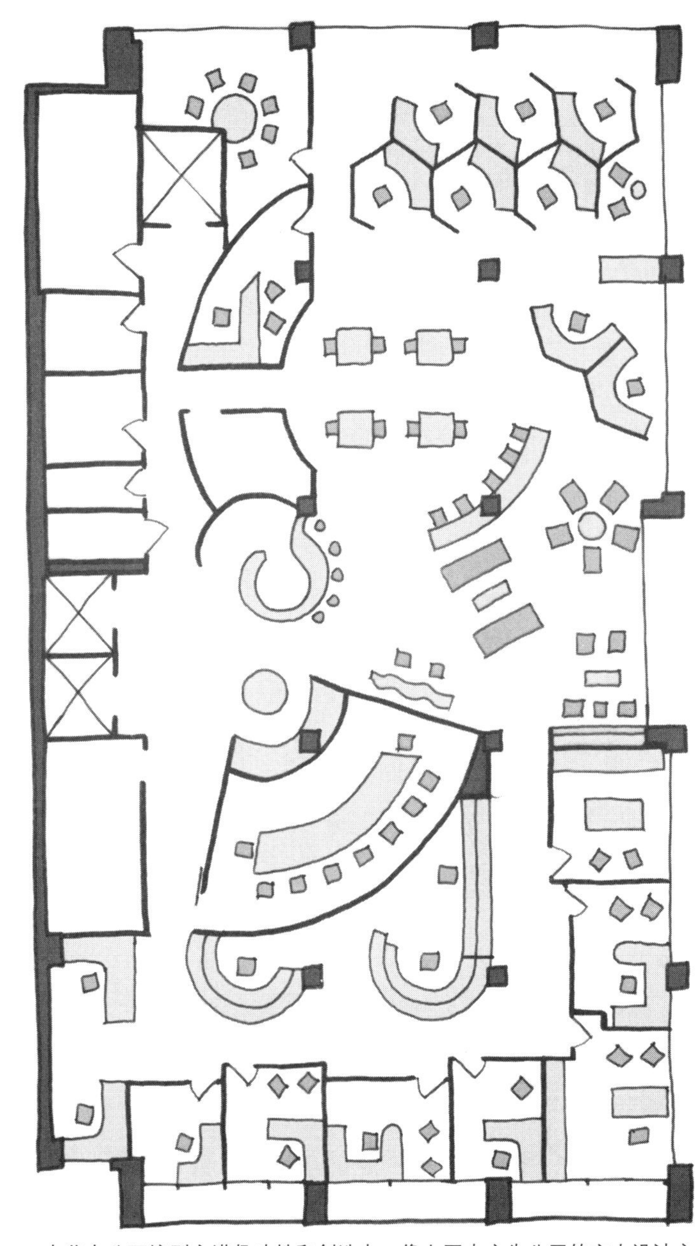

有些办公环境则充满趣味性和创造力。像上图中广告公司的室内设计方案，就是这种设计方式的代表，设计方案通常传递出激发创新力的环境意向。

办公家具 I

对于一家刚起步的服务性企业来说，一张长条桌、几把椅子、一个文件柜及良好的网络连接就是它开始运转所需的所有家具，办公家具可以就是这样简单。但是，无论在学校还是业界的设计实践中，绝大部分你介入设计的办公空间的家具都要远远多于这个数量。在本节中我们会列举出主要办公家具中的基本类型。

绝大多数办公空间都设有接待区（等候区）、一个或多个会议室、私人办公室、开放办公空间和其他房间，例如工作间、复印室和休息室。因为绝大部分的工作都是坐着来完成的，所以意味着办公行为都与办公桌、工作台和椅子有关。另外，我们会设置储藏纸质文本的文件柜和其他储藏家具，这些家具一起构成了基本的办公家具，在本页插图中进行了举例说明。

1. 会议桌有很多形状和尺寸。它的尺寸取决于需要容纳的人数，在本节后面的论述中我将给出一些基本标准来帮助你进行设计决策，主要是根据不同分组情况来决定会议桌的尺寸。

2. 装配的组件，例如桌子和吊柜都是标准化家具系列的一部分，大多数情况下（但不仅限于）在开放式的空间中使用。办公家具的变化是多种多样的，需要根据可能的工作状态来进行设计。办公家具系统可以对工作界面、储藏单元和分隔装置进行高效的组合。

3. 储藏单元有很多尺寸和风格，既有本地办公用品商店出售的双开门金属柜，还有合同供应商所提供的复杂的、专门的储藏家具。

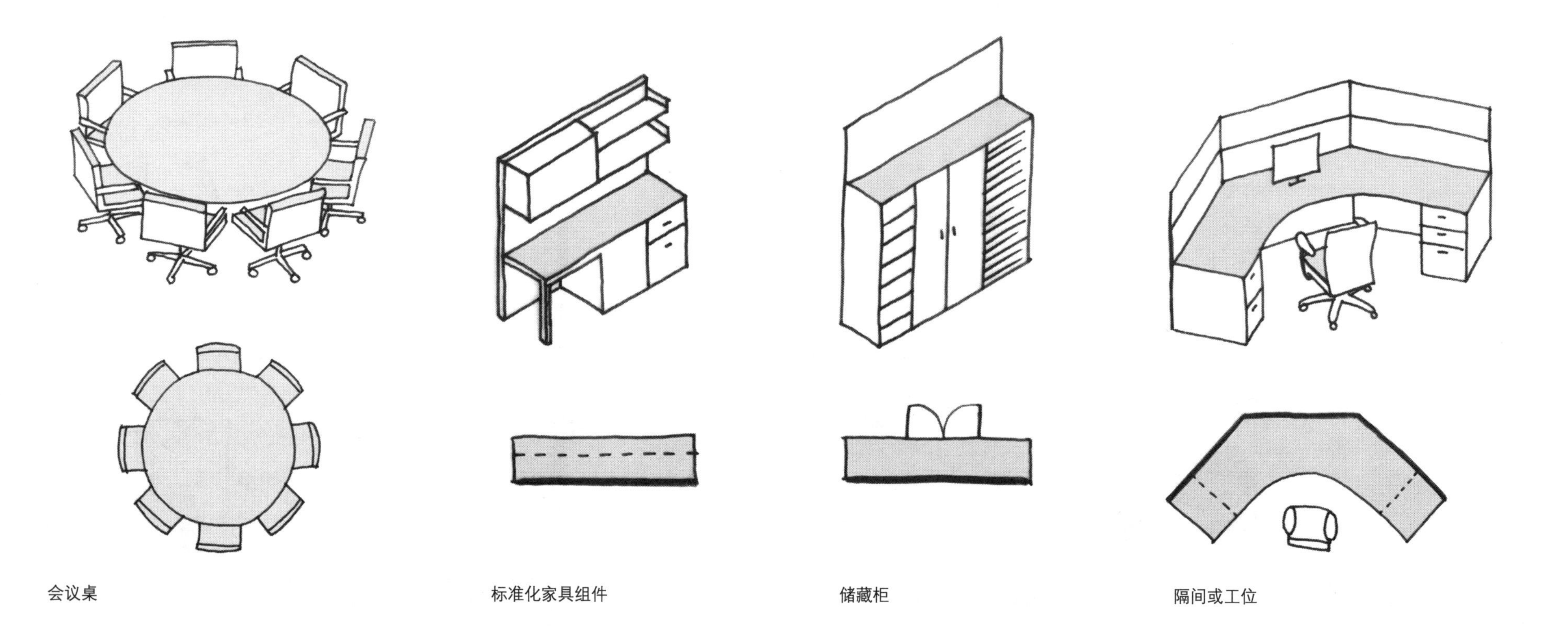

会议桌　　标准化家具组件　　储藏柜　　隔间或工位

4. 另一种标准化家具是工位，工作隔间能够提供紧凑且高效的工作界面、台面下的储藏（文件架），以及为员工坐下时视觉上的私密性而设置的半高隔板。

5. 办公桌在今天仍然被广泛使用，下面的案例是桌面下带文件柜的L形办公桌。

6. 在很多私人办公室办公桌后面通常会设置书柜，提供了更多的储藏和工作界面。

7. 如插图中所绘，座椅组常设在接待区，而且在某些办公室的休息区中也越来越多地设有座位区。

8. 文件柜是必须的家具，除非是有计划地减少纸面文件，绝大多数办公空间中都有大量以记录为目的、需要储存（为以后检索）的文件。文件柜是使用效率高而且被广泛采用的家具，它有不同的高度，主要由上方放置几个单元柜体来决定（通常数量是两个到五个之间）。

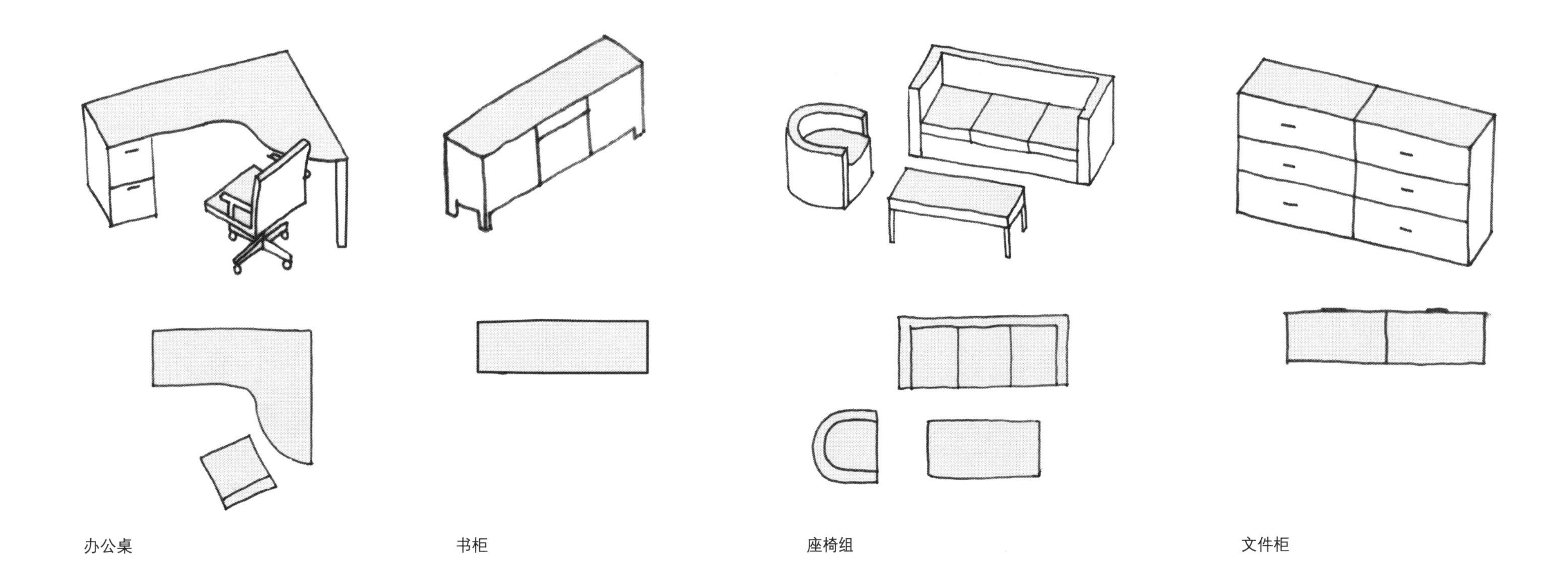

办公桌　　书柜　　座椅组　　文件柜

办公家具 II

20世纪伟大的设计创新之一就是办公隔间（cubicle）或办公工位（workstation），虽然使用不当会引起批评，但是设计得当也易于受到好评。工位是高效和通用的，并且能够满足实际办公环境的需求。刚开始设计工位的设计者需要学习适应。只要有些耐心，即使新手设计师也可以成为标准化家具的专业设计者。

与独立的办公桌不同，工位意味着连接成组和多人使用，通过这种方式在材料和空间上获得最大的经济性。它就像是组成整体的各个零件，通过组合形成各种不同的工作场所。由设计师根据员工的日常工作、储藏需求和工作特点等因素，决定最佳的、能够满足客户需求的工位格局。设计都是从单个工位开始，然后成群，最终形成相邻的组团。根据每个使用者的特定需求来设计工位是有可能的，但是更常见的做法是在整个项目中设置几种标准的工位形式。

在早期的开放式办公空间设计中，通常情况下绝大多数工位都设有高隔板，员工在每个工位中独立地进行工作。随着越来越多合作型工作方式的产生，低隔板逐渐成为首选，使环境更加开敞并促进了员工之间的交流。本页上的两张插图是带有低隔板的、成行布局的工位设计案例。

需要牢记的是，虽然了解工位的占地面积对设计工作至关重要，但是实际的家具尺寸需要从三维空间的整体角度进行考虑，只有这样你才能感受到自己所设计出的独特的工作环境氛围。

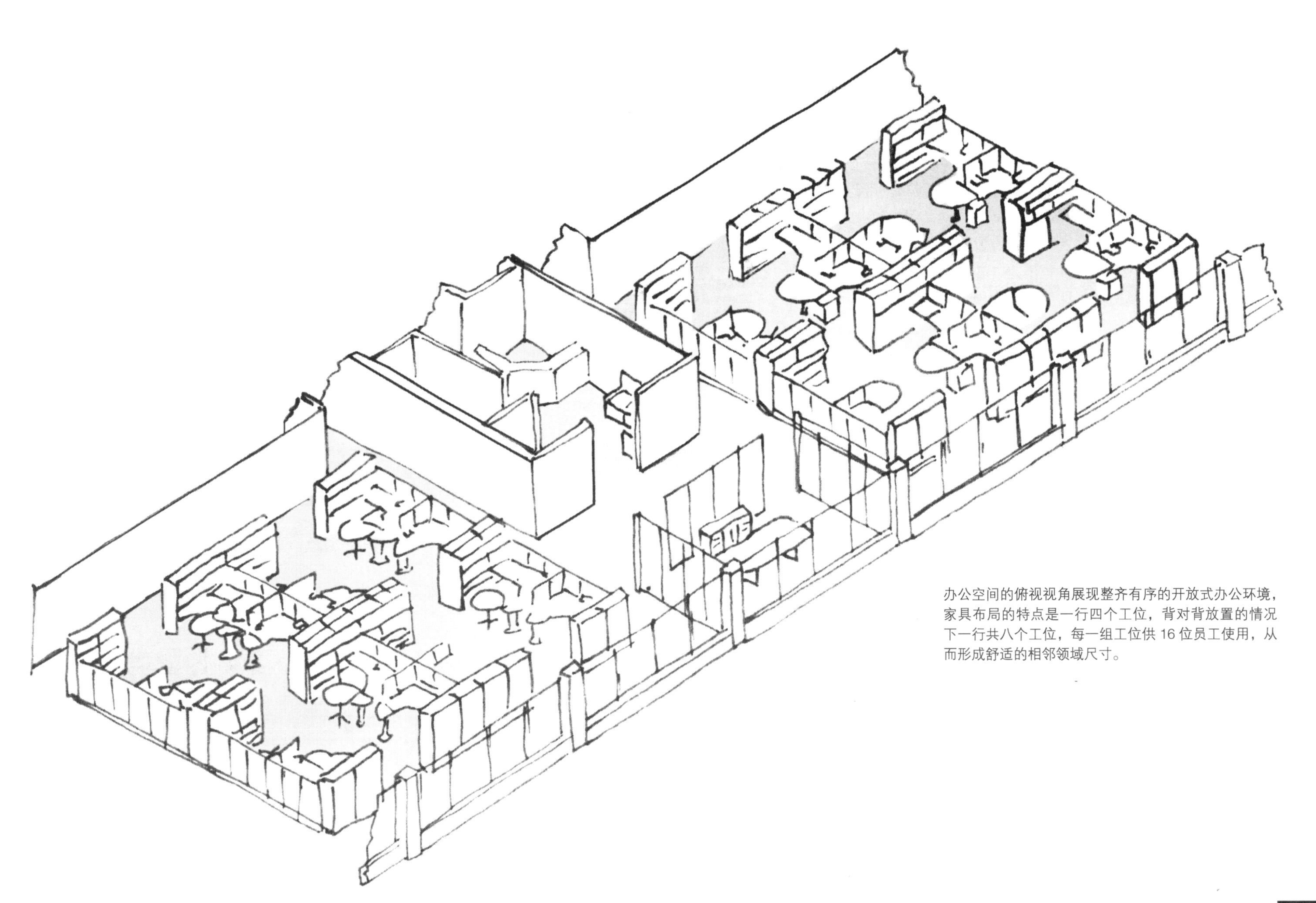

办公空间的俯视视角展现整齐有序的开放式办公环境，家具布局的特点是一行四个工位，背对背放置的情况下一行共八个工位，每一组工位供 16 位员工使用，从而形成舒适的相邻领域尺寸。

办公家具 III

请看插图中各种工位的组合案例，你可以明白两个、三个、四个或更多数量的工位是如何成组的。从技术上来说，只要空间允许你就可以将工位无限地组合下去。但是，基于实践上和感受方面的原因，当工位数量达到八个到十个的时候，你就会考虑将行列中断。四个到八个工位一组是标准的组合方式。工位单元的设计可以有助于促进相邻员工之间的互动，例如共用两者之间的工作或会议台面。工位设计的另一个极端，是工位的设计为需要集中精力、独立工作的员工之间提供隔离和私密性。即使同一个项目中，不同组的员工也会有不同的工作方式，因此需要不同形式的家具。

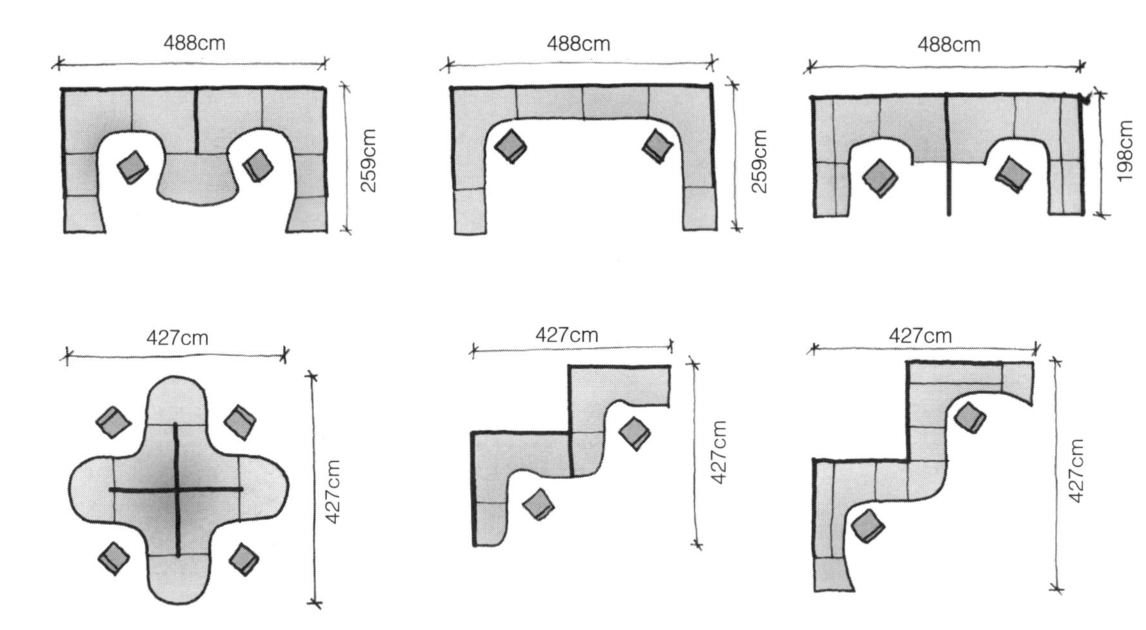

首先需要熟悉小型组团即两个到四个工位能够进行组合和布局的各种方式。

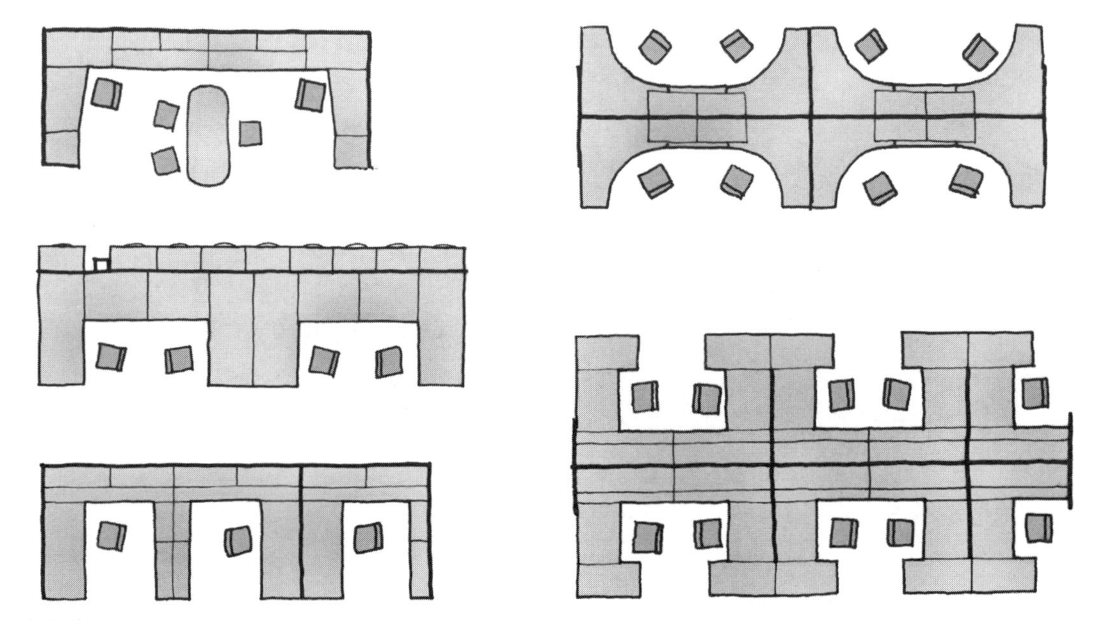

根据你计划使用的工位来创建成行和成组的布局形式，探讨多种方式。尽管，你想要查看不同公司的布局模式，但是在刚开始设计时最好为小公司设计简单的单行布局。即使这样，你也会设计出数量超乎自己想象的布局方案。

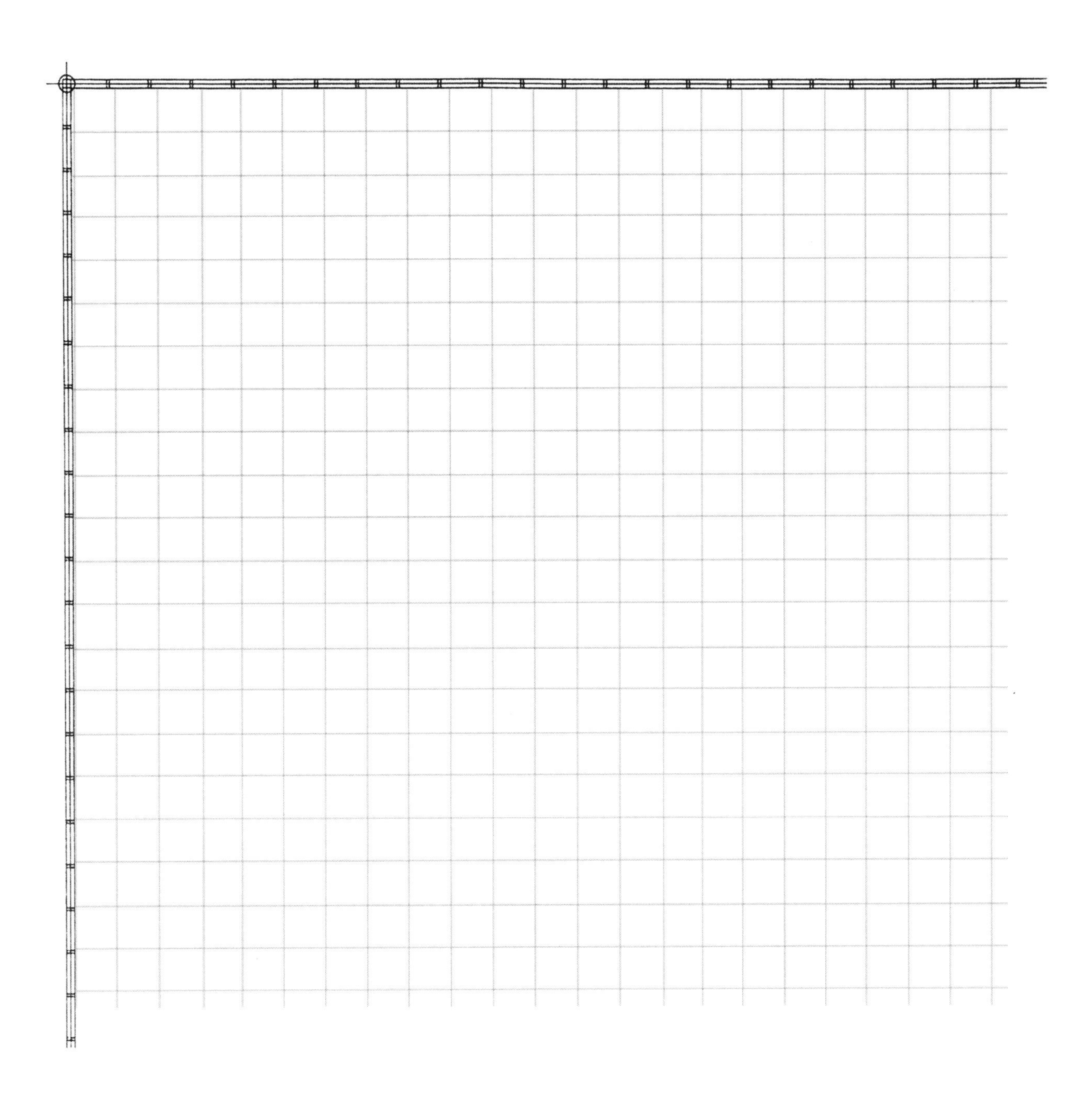

练习

在所给的空间中设计一处通用的开放型办公空间环境，可以选用几个左侧页面上所给出的工位案例。尽量高效地利用空间。使用 120cm × 120cm 的网格作为尺寸参考。

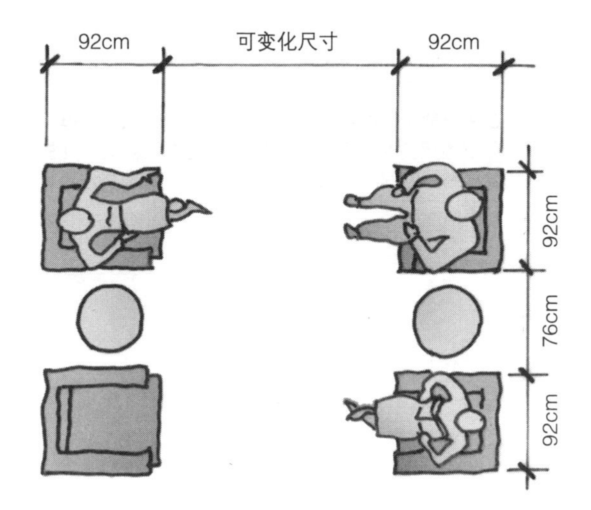

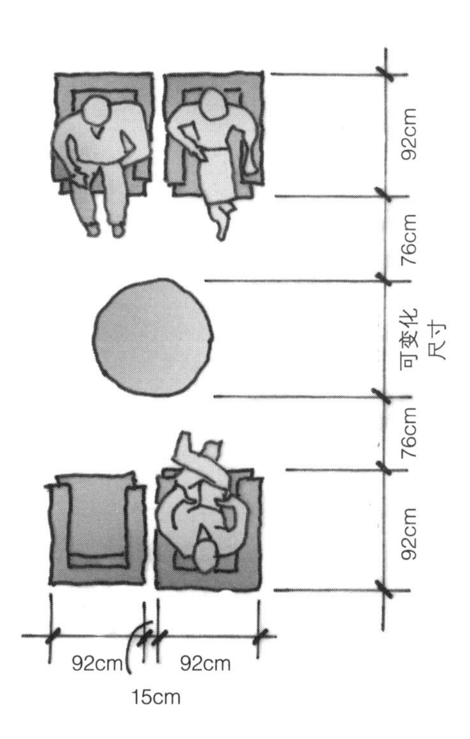

标准的座位区尺寸

办公空间：接待区

办公空间的接待区有几项重要的功能，它是来访者的控制节点，是访客接受问候、等人或等待办事的区域，它也是人们对环境形成第一印象的场所。通常，接待区内需要有两个分区，一个是接待人员使用的接待台，另一个是来访者等候的座位区。接待人员可以面对进入的来访者，或者与来者形成较为疏离的侧向联系。座位区可以有几种布局形式，但通常情况下是朝向或邻近接待台。与医疗和牙科诊所不同，公司的接待区只设有几把来访者使用的椅子，常见的是四把椅子成一组的布局。

为设计出良好的接待区域，下面列出了几个基本要点：

1. 区域内需要有足够的空间背景以便形成场所感（但是不要把空间完全封闭）。

2. 接待台与座椅区需要合理的布局，使它们不分散开。

3. 在接待台周边为流畅的交通通行设置适合的净空尺寸。

4. 接待台的位置需要确保能在侧方和后方都保护使用者的隐私。

5. 为接待区设置适宜的净空尺寸。

6. 提供一处场所（通常是墙上）写明公司的名称。

7. 与其他空间和附近的会议室之间提供恰当的关联性。

8. 控制能看向其他空间的视线。

认真设计通往其他空间的走廊，通往会议室与其他公共区的公共走道和员工前往办公室的通道之间，通行道路的设计需要具有层级感。

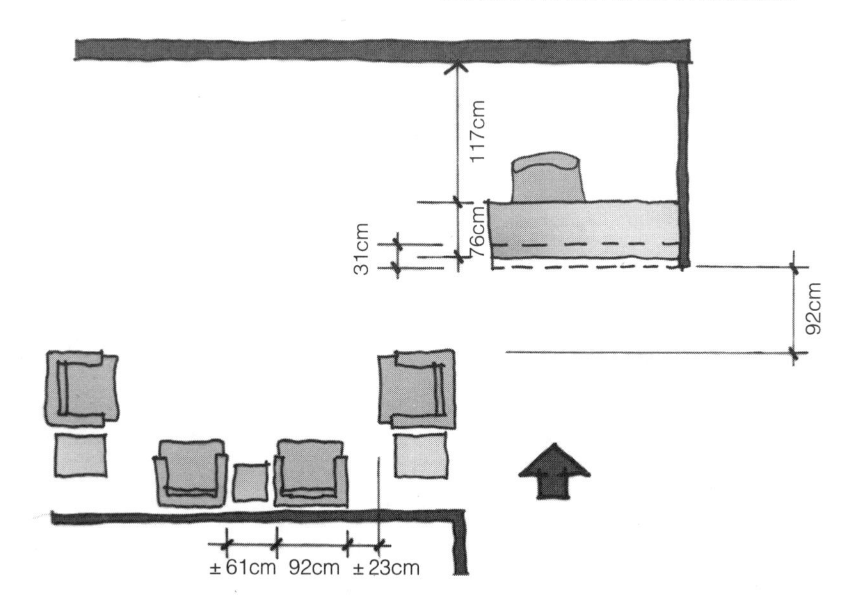

标准的接待区尺寸

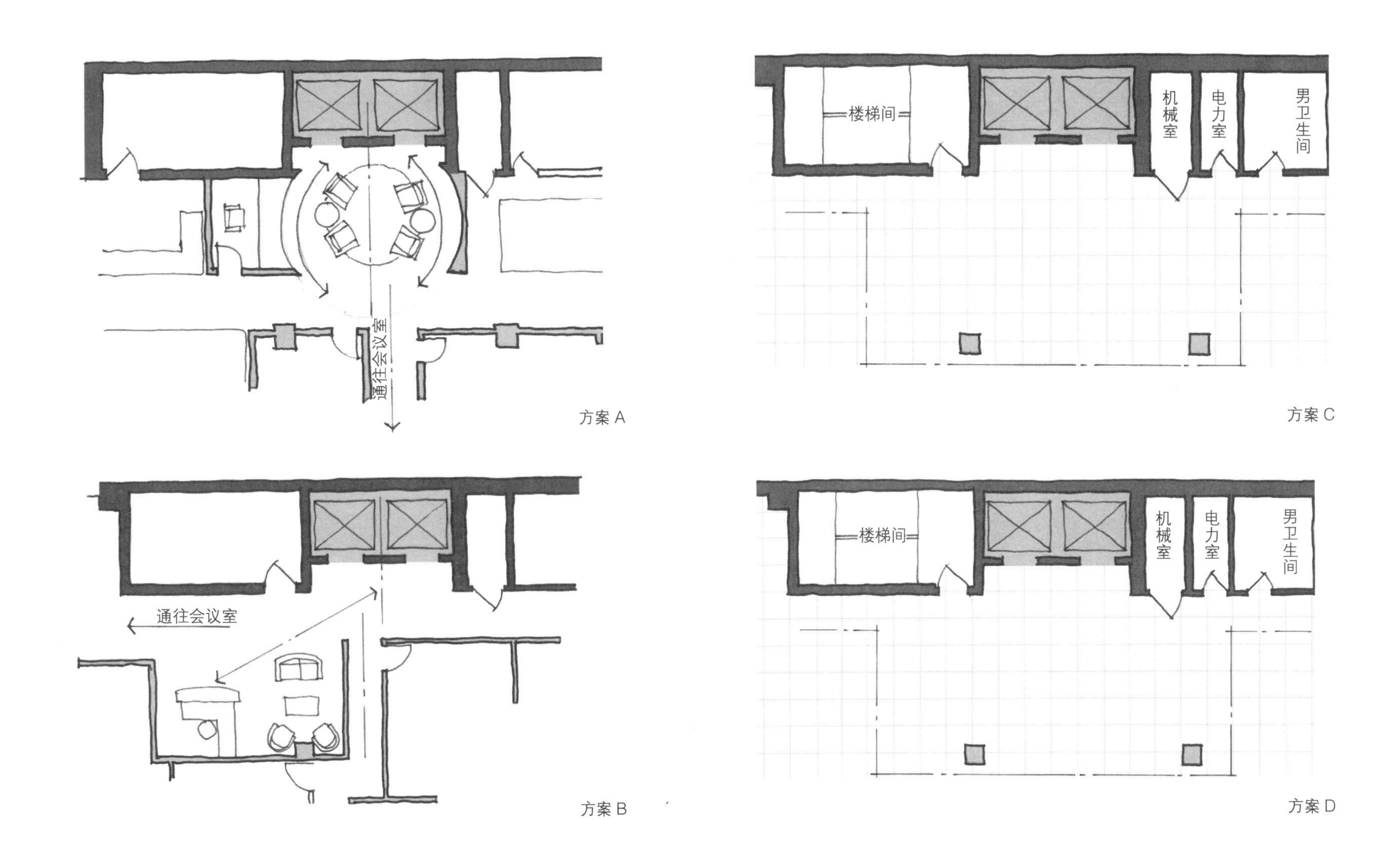

练习

上图是为某公司接待区进行的两个快题设计，设计内容包括一个接待台和四人的座位区。设计师提交了两个方案（A和B），但是公司的老板对两个方案都不满意。不喜欢A的原因是她感觉散布在空间中的座椅妨碍了入口处的交通动线，而且通往会议室的走道没有遵循正式的对称形式，在经典的圆形入口空间中，通道没有位于轴线上，而且看起来有些尴尬。对应方案B，虽然她对稍微移动接待台位置的想法比较感兴趣，但是她认为通往工作区次要通道的位置设计不合理，而且她也不喜欢座位区墙面上突出来的柱子。

委托人希望你能够再设计两种方案，在限定的空间内进行布局，根据需要来使用空间，但并不需要用上所有空间。作为整体空间的一部分，标明通往会议室的通道。不必担心周边的房间，你可以根据自己方案的需要设计围合的墙体。

办公空间：开放区域

某个特殊的公司在全球设有办公机构，每个办公空间都略有不同。在本页插图中，我们看到该公司位于蒙特利尔、伦敦、布宜诺斯艾利斯和香港的办公空间的局部。请认真地研究这些平面图，并思考下列问题：

你能够识别出多少种不同的工位类型？

有多少种工位的形式可以让使用者直接在其中接待访客？

你能识别出多少个团队合作的区域？

在非正式的座位区附近形成了多少种特色？

空间中文件柜的行列布局是怎样的？

开敞式平面布局环境和封闭房间之间的空间关系是怎样的？

封闭的集会空间附近有哪些特色？

工位和开放空间中的柱子之间形成了怎样的关系？

封闭房间的墙体和柱子之间的关系是怎样的？

你会对工位之间的交通空间进行怎样的描述？

这是宽敞的空间，还是经济的空间？

在相连的工位组团中，最大的组团能够容纳多少员工？

在相连的工位组团中，最小的组团能够容纳多少员工？

通过插图上人群的合适比例，你能否估算出各种工位的尺寸？

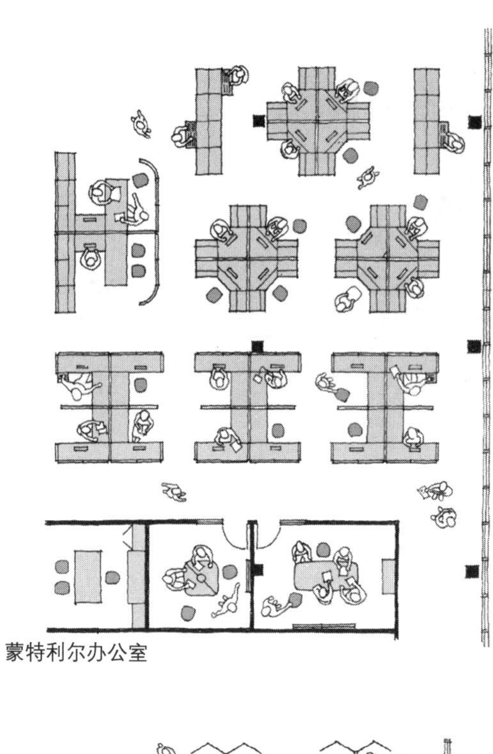

蒙特利尔办公室

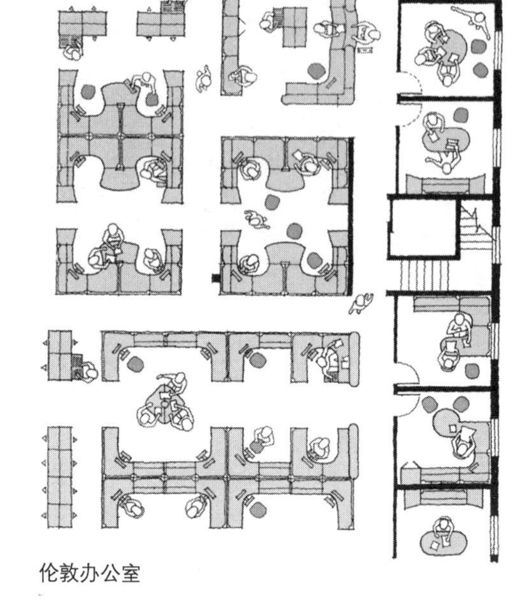

伦敦办公室

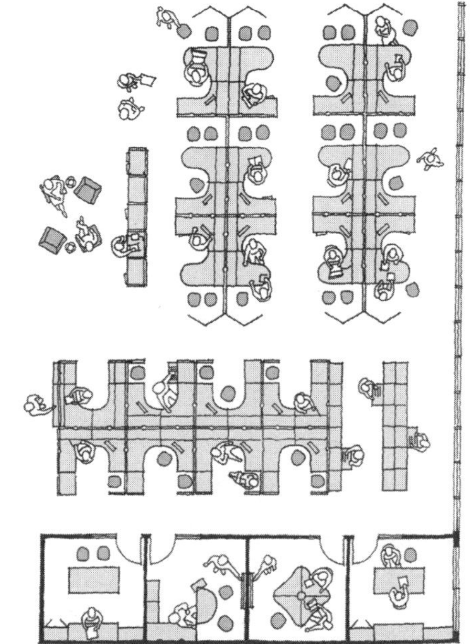

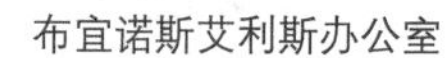

布宜诺斯艾利斯办公室

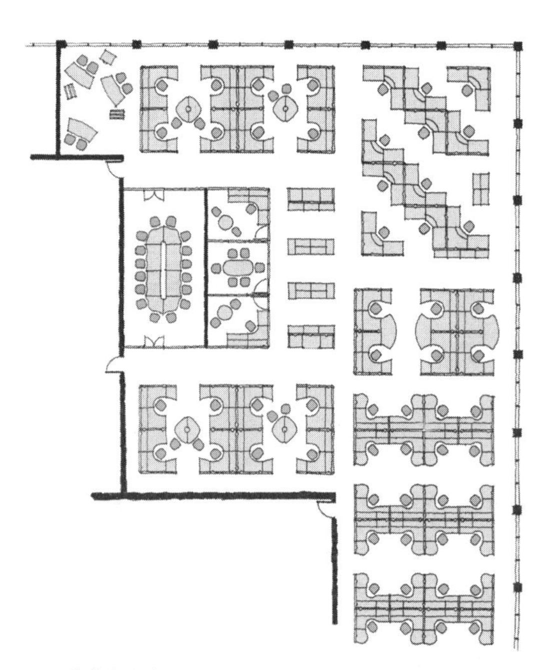

香港办公室

查看上图中四种标准的家具布局形式。你认为哪一个的构成形式具有离心式特点？（如果你不记得这些术语的含义请参见第 2 章第 31 页）

我们在看平面图时，图中物体的高度是无法看到的。高度是非常重要的设计要点，为创造不同的氛围和表明空间连接或分隔的等级，即使是半高的室内元素，它的高度尺寸也会有很大的变化。

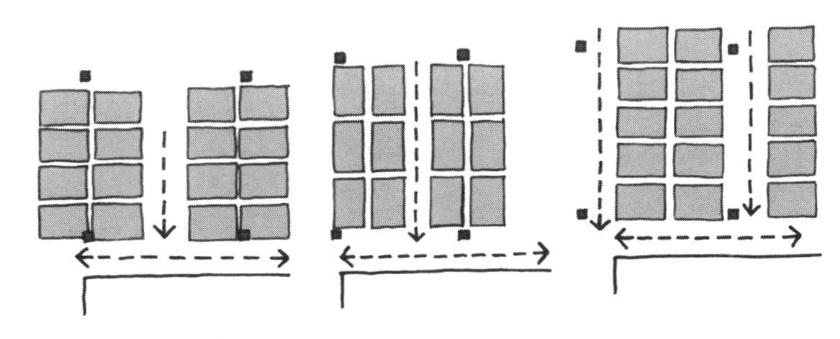

在开放空间里布局标准化办公家具时，有一个便捷的设计办法就是把单元化的家具组团与柱网结构的单元相配合。有很多种方法可以处理家具与柱子的关系，最常见的关系是“互不接触”，就是避免把柱子放置在家具组团的中央即某个人的工位上。这看起来是显而易见的道理，但是说起来容易做起来难。上图是三个工位与柱子关系的案例，你需要注意的是很多情况下你会努力避免家具与柱子相接但又想与它临近，原因是需要将电线和数据线通过柱子的凹槽从布满管线的顶棚连接至工位上。

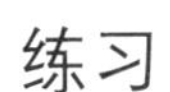

练习

在所给的空间中设计一处通用的开放型办公空间环境，可以选用几个左侧页面上所给出的工位案例。尽量高效地利用空间。使用 120cm × 120cm 的网格作为尺寸参考。

上图的柱网是某开放空间的结构柱，柱网尺寸是 9.14m × 9.14m。工位侧边尺寸是 180cm 或 240cm（任何组合形式），依据柱网尽可能多的设计出家具的布局方案。通道宽是 90cm、120cm 或者两者之间的某个尺寸（如果这是必须的）。像本页中的插图方案一样，你可以将工位群组绘制成块状。图上给出的网格尺寸是 60cm × 60cm。

办公空间：私人办公室

私人办公室为使用者提供了一处封闭的用于工作和会客的个人空间。虽然通常情况下都是单人使用，但也可能有多人使用的情形。私人办公室的尺寸是千变万化的，最小尺寸的空间只需要能容得下一张中等大小的办公桌、一把椅子及周围的操作空间即可。但是，从另一方面来说，总经理办公室的面积可以是小办公室的三倍或四倍，并且在室内还会包含各种会议空间。

哪些人需要办公室呢？在什么样的情况下公司需要将员工安置在私人的办公室之中呢？在传统做法中，需要为高管和经理们设计私人的办公室。但是，在某些公司内部这种情况也正在发生改变，其他的员工也可能需要私人办公室。给哪些人设置私人办公室主要取决于员工工作的私密性需求和办公室文化的特点。通常，使用私人办公室的员工可能是因为会议和通话的敏感性需要较高级别的私密保护，或者是从事需要高度集中精力的工作。一般来说，谁来使用办公室是由委托人来决定的，而不是设计师的决策。绝大多数情况下，设计师是被告知需要进行哪些设计内容的。

那么办公室中都有什么呢？通常，办公室中有一定数量的工作界面（办公桌例如办公桌、书架）、储藏空间（例如档案柜、文具柜、吊柜）和接待访客的家具(例如客用座椅、小会议桌)。今天的办公家具制造商能够提供各种各样的产品，例如沿着房间某一侧设置高效率的工作墙面，此处的家具早已超越过去办公桌和文件柜的家具模式。本页和下页列举了私人办公室布局的一些案例及人体工程学尺寸，这些案例和数据将有助于我们进行实际布局与尺度设计的决策。

在设计私人办公室时，请注意以下事项：

- 员工的办公桌与正门的关系；
- 主要工作界面与墙体和电源、数据插座位置之间的关系；
- 交通动线中合理的净空尺寸；
- 办公室的侧墙与外窗所在墙面如何衔接；
- 建筑窗洞对办公室墙体的位置产生怎样的影响；
- 办公室的正面墙使用什么材质（实体的、玻璃、部分玻璃）；
- 办公室是在办公桌附近接待来访者还是在可移动的桌子旁；
- 在门的周围为轮椅预留适合的无障碍通行尺寸。

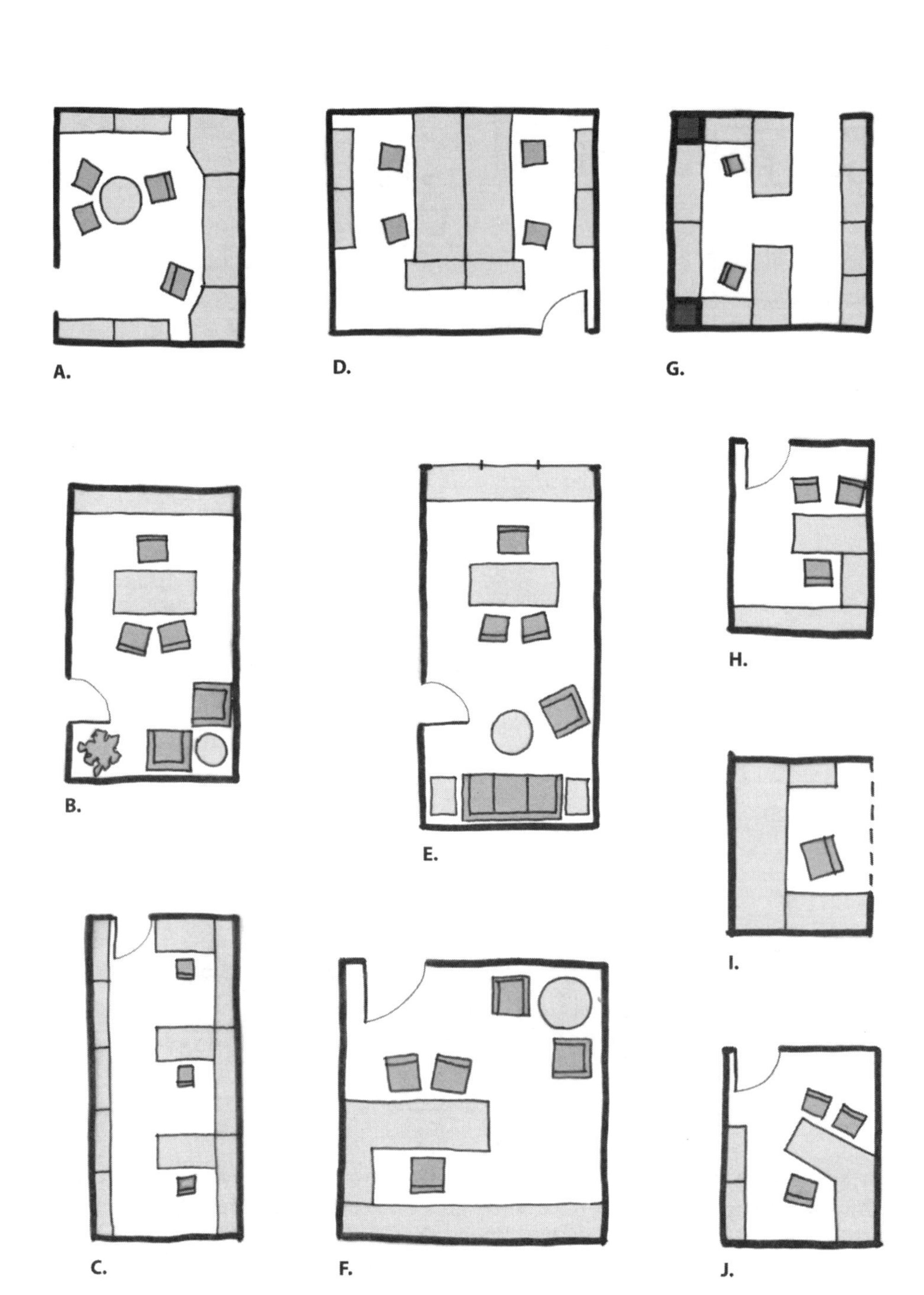

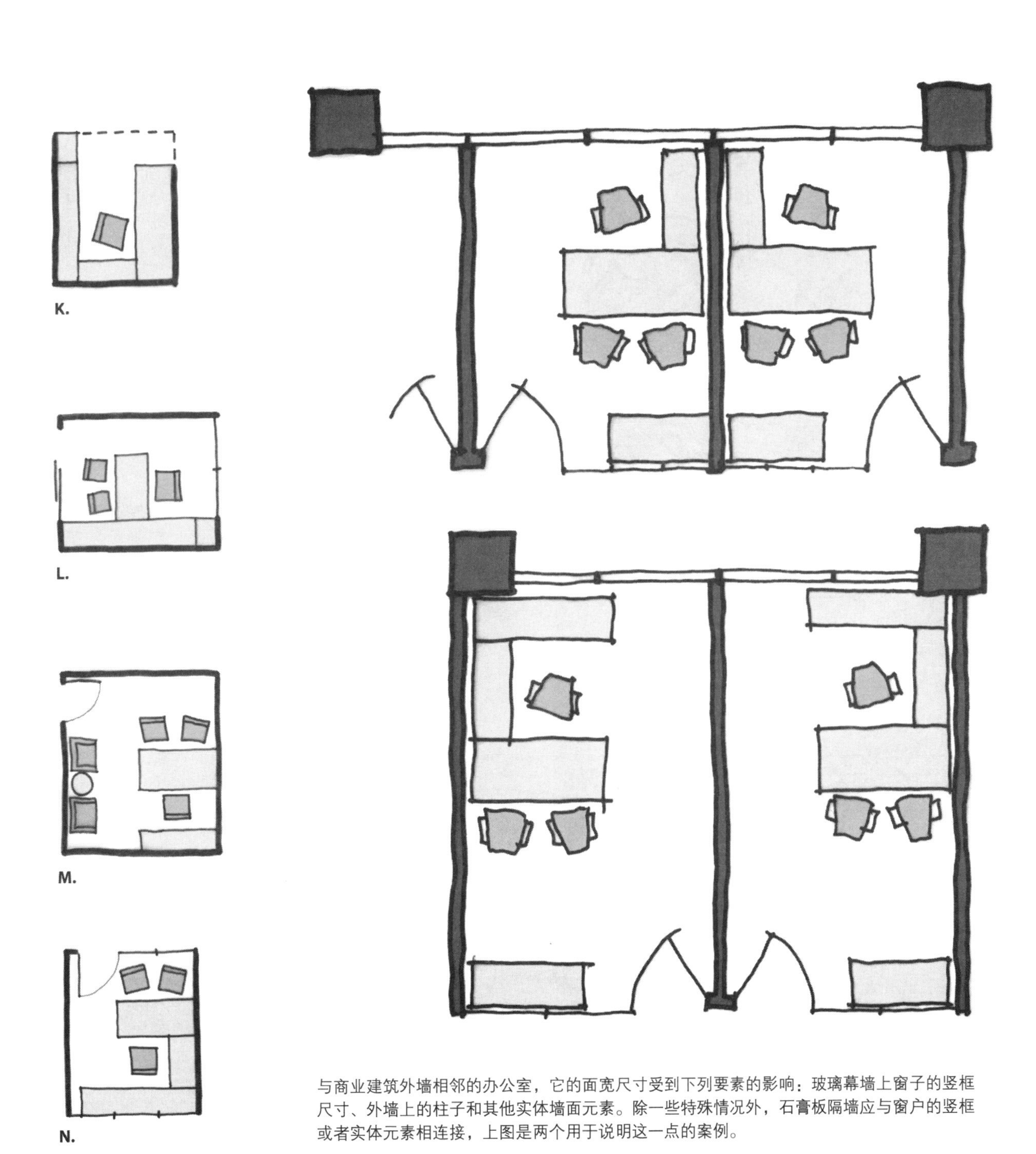

与商业建筑外墙相邻的办公室，它的面宽尺寸受到下列要素的影响：玻璃幕墙上窗子的竖框尺寸、外墙上的柱子和其他实体墙面元素。除一些特殊情况外，石膏板隔墙应与窗户的竖框或者实体元素相连接，上图是两个用于说明这一点的案例。

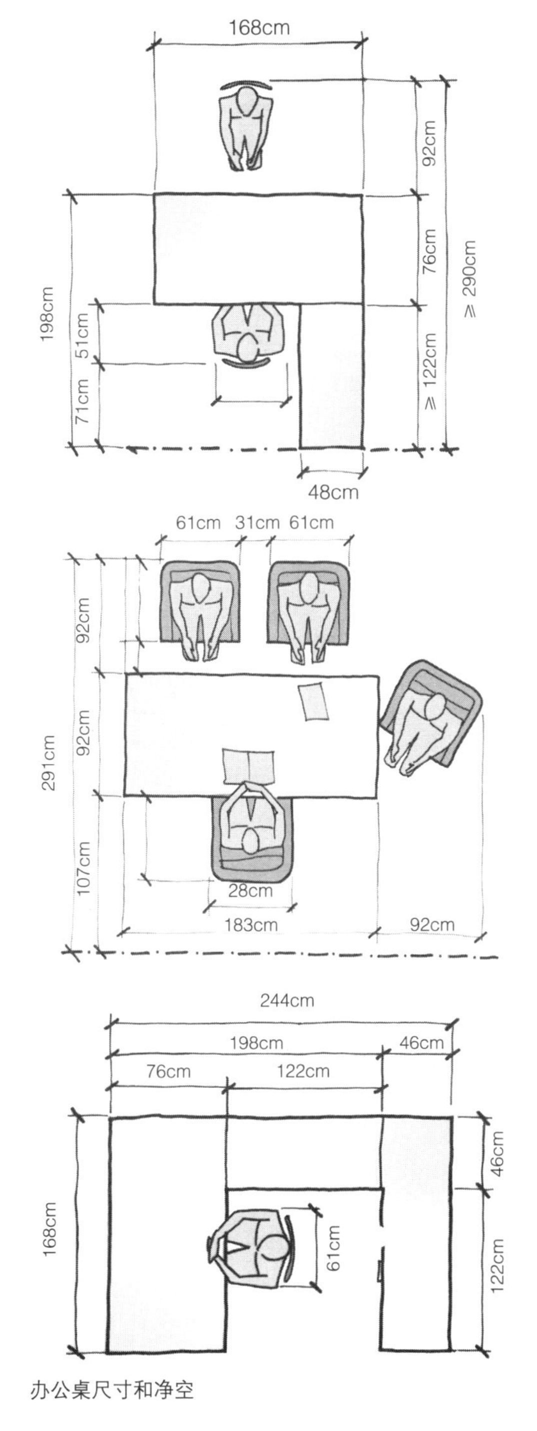

办公桌尺寸和净空

办公空间：会议室

会议室和办公桌一样，都是办公空间的基本配置。不仅本公司员工之间需要召开会议，还需要与外面的客户和顾问讨论项目和创意，向他们进行汇报，最后解决问题、做出决策等。通常需要不同尺寸的会议室被用来举行不同规模的会议。有些房间是用于与客户进行商谈的，位置上倾向于靠近主入口和接待区域；而另一些房间是用于内部会议，可能位于办公空间更加私密的区域内；还有一些会议室是用于培训项目并需要为此目的设置适合的座椅形式。需要注意的是，我们在这里讨论的是私人的、封闭的会议室，而不是位于开放空间中的非正式会议区。

请认真分析右侧对页上的各种会议室案例，可以容纳四人、八人、十二人等不同人数使用。需要注意案例的布局，所用的尺寸、桌子的形状，以及桌椅周边的空间。还需要留意很多方案中包含内置的或移动式的工作台和家具，用于放置饮料、传单和其他物品。在某些情况下，也会采用特别设计的凹入式壁龛来实现上述功能。另外，请比较三间培训室中的不同座椅布局形式，哪一种是最为恰当的？答案取决于在这些房间中开展的培训活动的类型。如果需要变化，那么采用单元化的桌子就具有重要的意义，因为可以组成多种布局形式。

本页插图中的人体工程学图表标明了建议的尺寸及桌子周边的净空距离，你可以使用这些数据来决定会议桌和房间的大小。

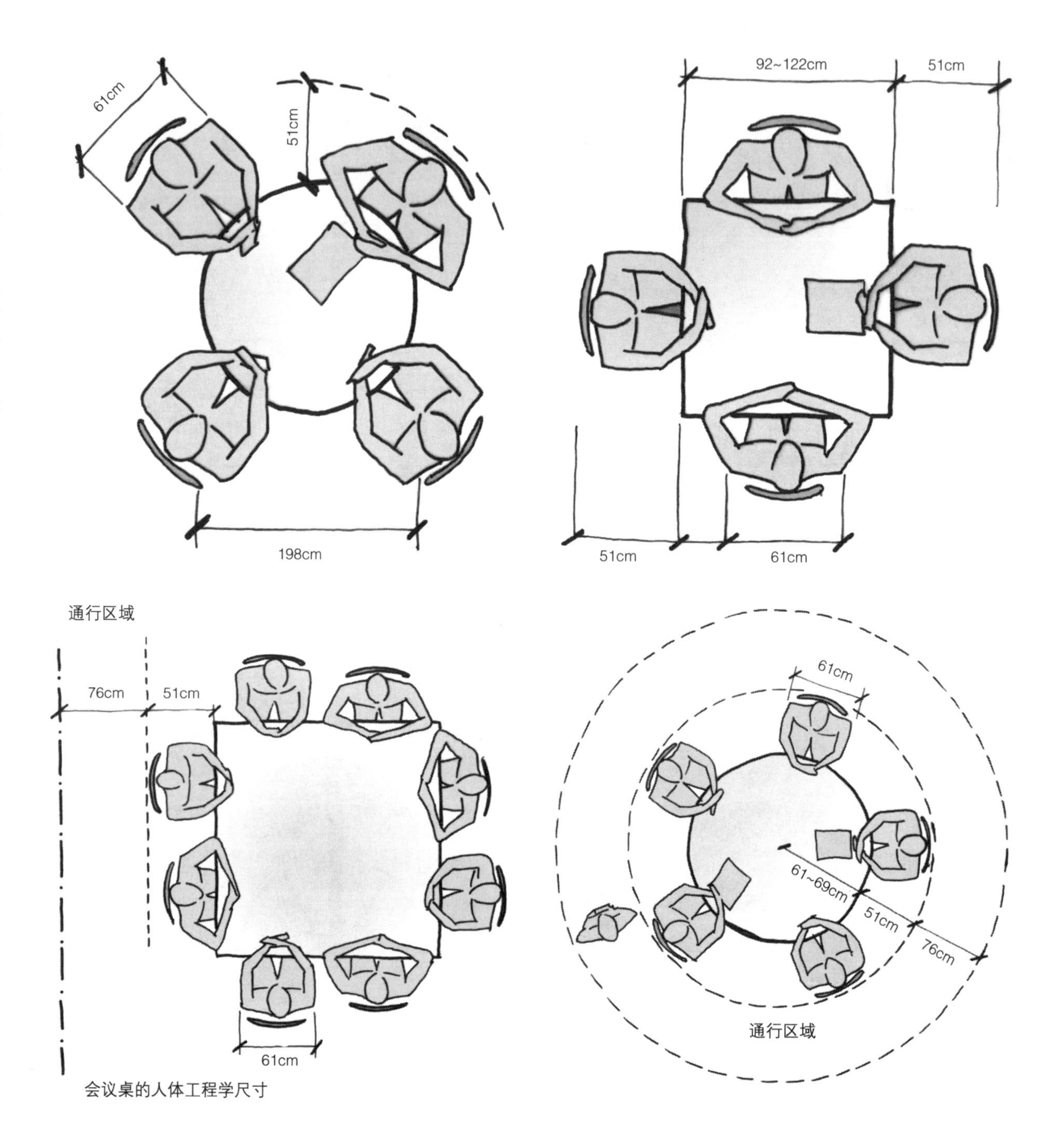

会议桌的人体工程学尺寸

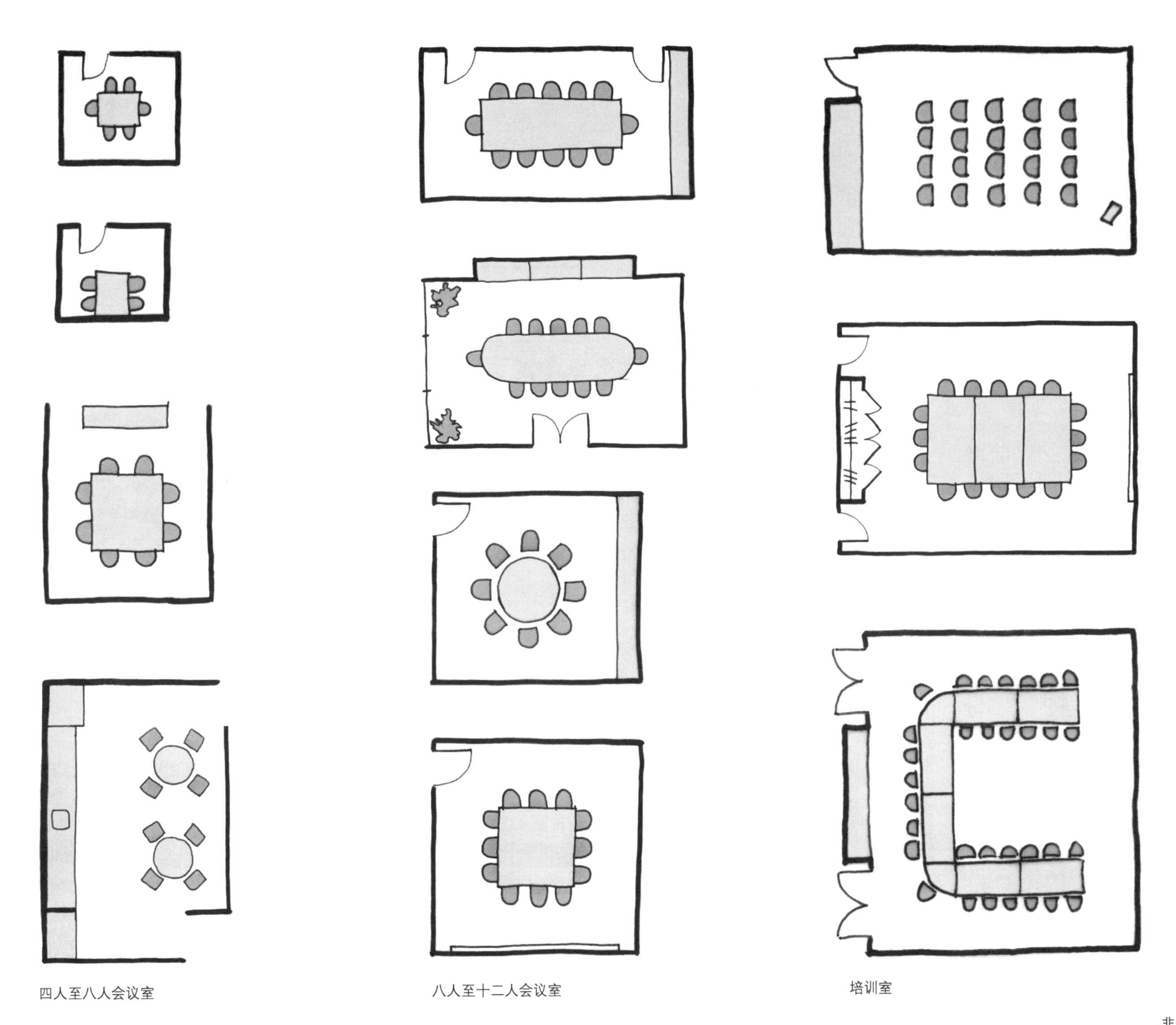

四人至八人会议室

八人至十二人会议室

培训室

办公空间的分析

对自己或同行所设计的项目方案进行批判性的分析，能有助于我们快速理解空间设计的方式。此外，分析同一个项目的不同设计方案尤其具有突出的效果。通过分析成功的具体设计案例，可以增强你对多种解决问题方案的认识（能解决问题的方法总有不止一种），并且还可以提醒自己：设计就是权衡。

为分析某个中型咨询公司的平面方案，本节列出了十个要点。我会对第一个项目进行分析，以此说明方案设计想法。你需要在空白处对另外两个设计方案进行分析。

分析标准：

1. 到达空间（主入口）和接待空间的处理方式。
2. 主会议室的位置。
3. 封闭的私人办公室的布局策略。
4. 主要开放区域的布局和特点。
5. 主要开放空间的形状。
6. 档案柜的位置。
7. 次要的和非正式会议室的布局。
8. 主要休息室的位置和处理方式。
9. 支持性空间的配置（邮件、复印、物料间）。
10. 剩余空间的利用。

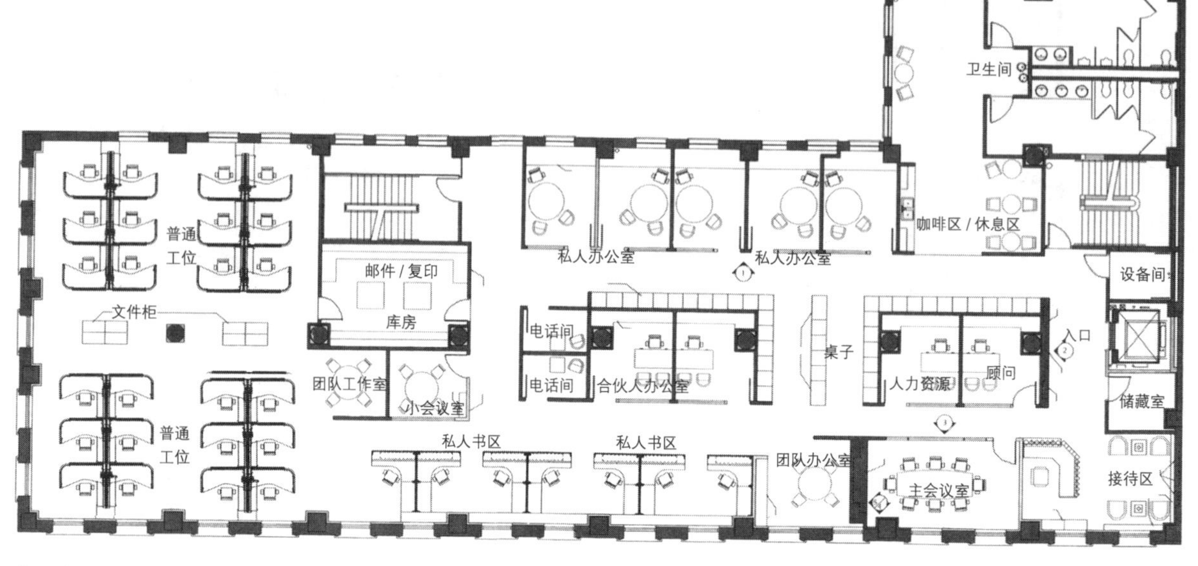

办公室平面 1

办公室平面 1 分析　（以下序号与分析标准中的序号相对应）

1. 入口处有主题墙，向左能够看到接待区位于窗边，朝向建筑的正面。

2. 主会议室紧邻接待区，二者位于通道的同侧，空间朝向街道（保证最佳视野）。

3. 有些（并非所有的）私人办公室位于后面空间的外墙处，有些散布在空间之中，设计了玻璃材质的正立面。

4. 主要开放区域位于空间的一端，并且三面都具有向外的视野。次要的、狭长型的开放区域沿着正立面的窗户布局，自然光能够照射到空间中来。

5. 整个空间共有三个开放区域（不同于房间与走廊的空间），其中两个在上面已经论述过（第 4 点中），还有一个是休息区（及卫生间相邻的区域）。

6. 大部分的档案柜放置于前方，沿着走廊及位置非常集中的指定空间安放。

7. 共有三间次要的会议室，两个团队会议室和一个小会议室。它们分散布局在空间的内部（而不是位于前面）。团队区不完全封闭，有一侧墙面是开放的形式。

8. 休息区很巧妙地结合了卫生间前面的剩余空间，营造出一种和谐的、宽敞的感觉。

9. 在后面设置了一间主要的邮件、复印、物料房间，它的房间围合墙面是将后侧楼梯核心筒向外扩展的结果，扩展的核心筒还包含了另外两个房间，它们一起构成了向外突出的体块，成为主要的前侧区域和后侧开放区域之间的分隔。

10. 在后侧楼梯门外有一处小面积的未进行设计的区域。卫生间外进深较浅的开放区域具有空间利用的潜力，但是没有被完全开发出来。

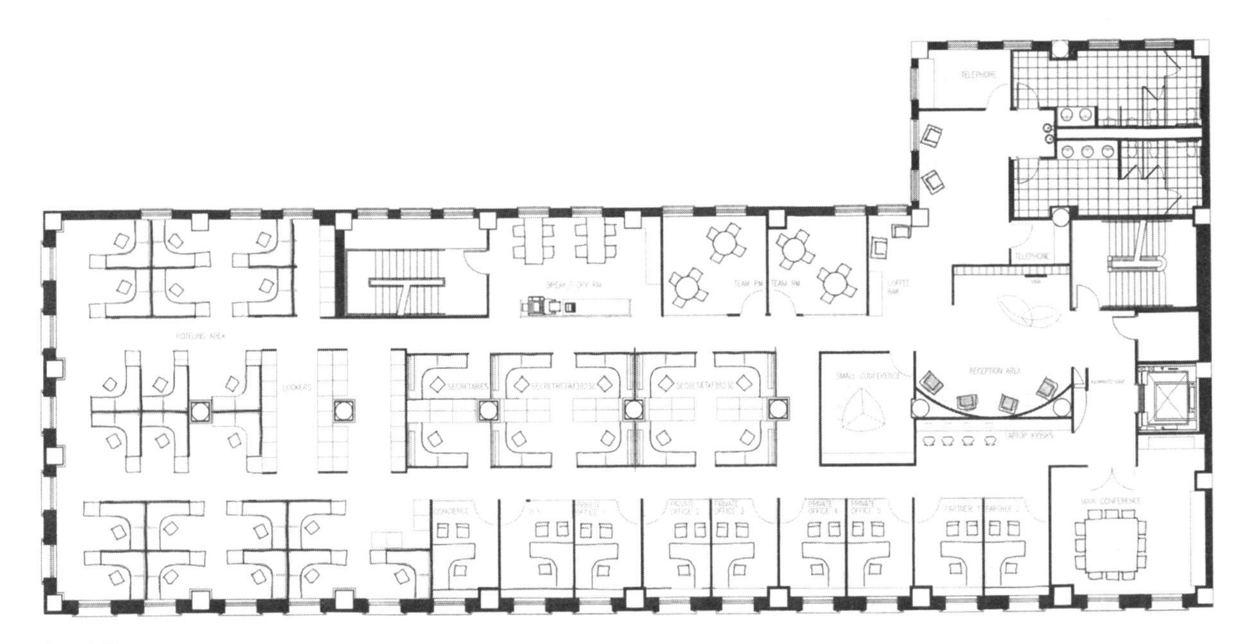

办公室平面 2

分析

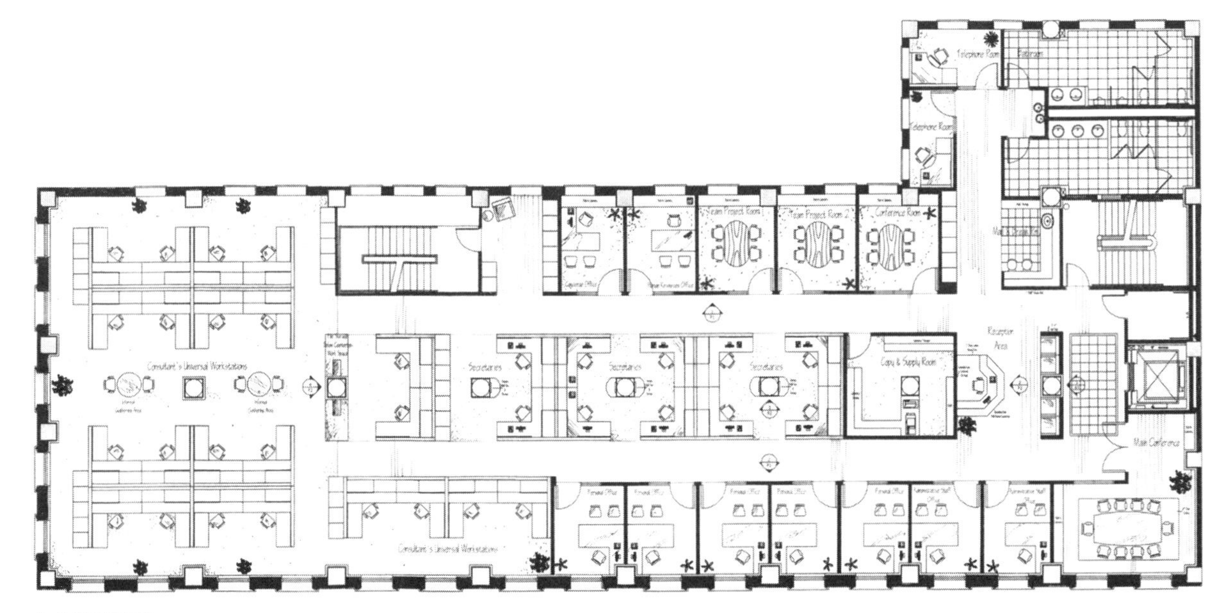

办公室平面 3

分析

办公室设计评论

插图案例是为某个小型设计公司设计的三个方案，在每一个方案中你能看到最初的组织图表、初步草图和后续平面方案的第一稿。研究从图表发展到平面方案的过程。任何成功的空间设计都要依据一些设计标准。即使是像本项目这样面积狭小的项目，在评估平面方案时也需要提出下面列出的某些问题：

对每个空间而言，它是否处于满足空间功能的最佳位置，它的位置是否合理？

从前到后、从公共空间向私密空间是否具有良好的空间发展序列？

是否对应该相邻的事物进行了合理的布局？

总体形式及房间与开放区的形状是否良好？

外窗射入的自然光是否得到了充分利用？

所有空间看起来是否具有感官上的舒适度？

对上述问题进行思考并对设计方案进行评论。另外，对以下项目中每个独立局部的质量与完成性进行评价：

接待区；
会议室；
公司负责人的办公室；
开放的工作区；
项目室、创意室、休息室。

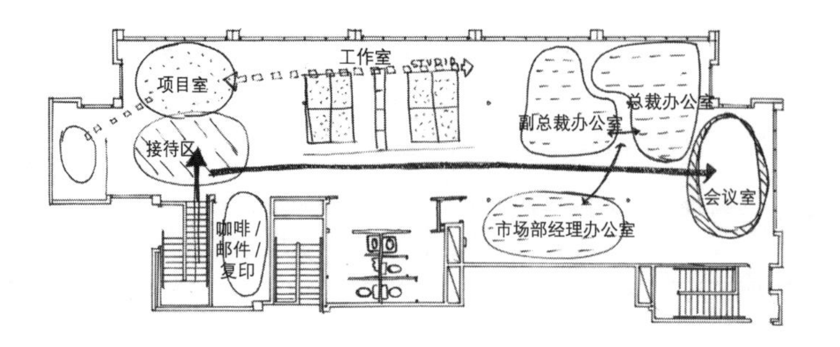

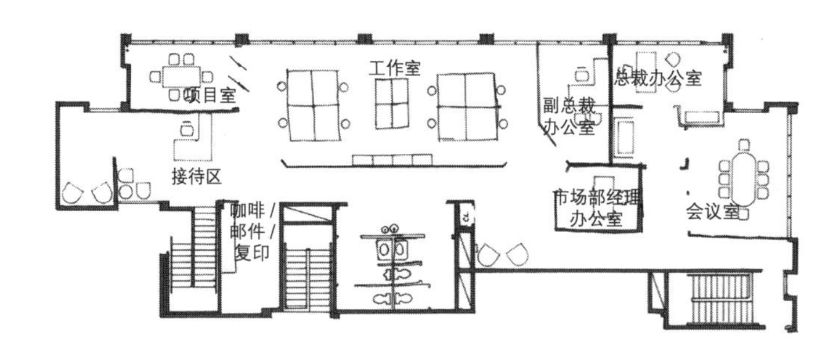

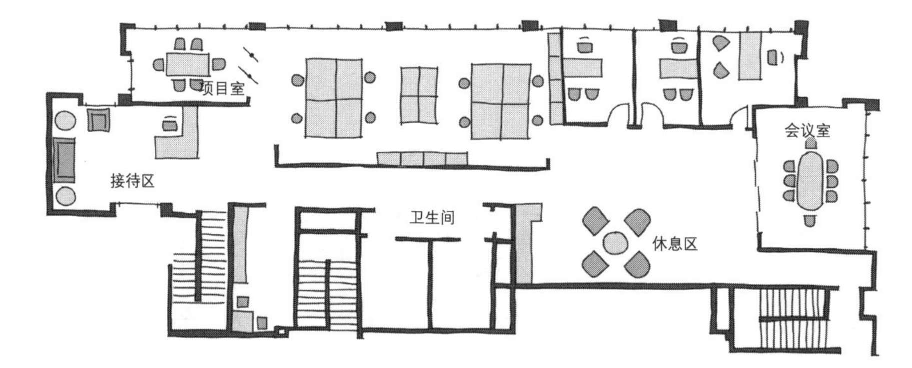

设计方案 1

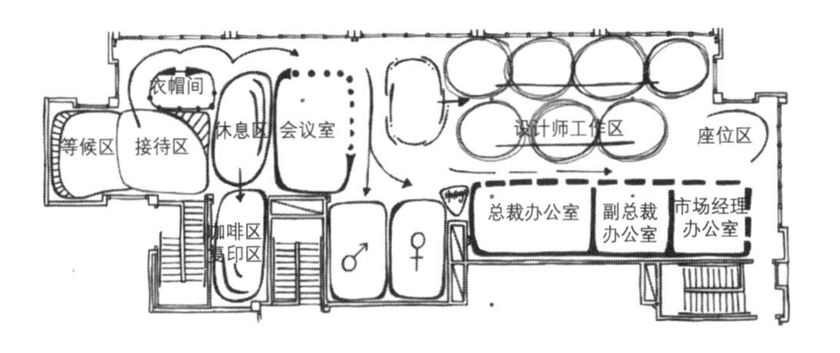
衣帽间
等候区
接待区
休息区
会议室
设计师工作区
座位区
咖啡区
复印区
总裁办公室
副总裁
办公室
市场经理
办公室

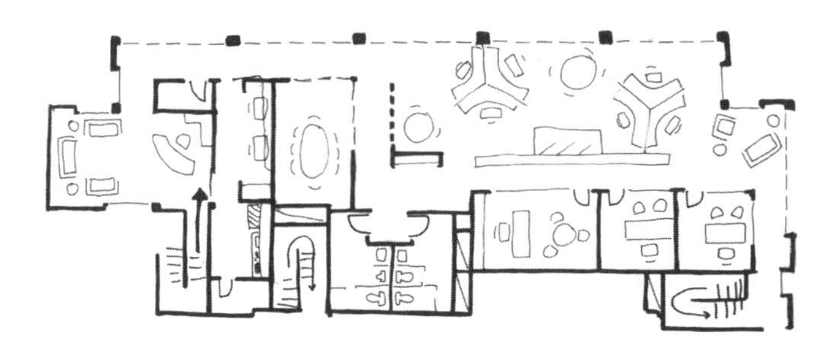

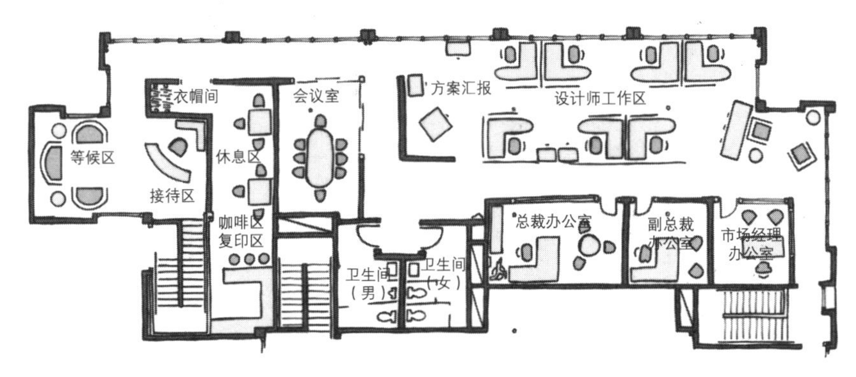
衣帽间
会议室
方案汇报
设计师工作区
等候区
休息区
接待区
咖啡区
复印区
总裁办公室
副总裁
办公室
市场经理
办公室
卫生间
（男）
卫生间
（女）

设计方案 2

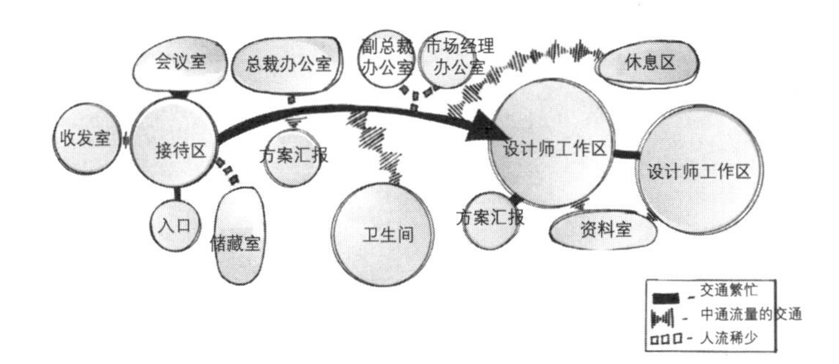
会议室
总裁办公室
副总裁
办公室
市场经理
办公室
休息区
收发室
接待区
方案汇报
设计师工作区
设计师工作区
入口
储藏室
卫生间
方案汇报
资料室
交通繁忙
中通流量的交通
人流稀少

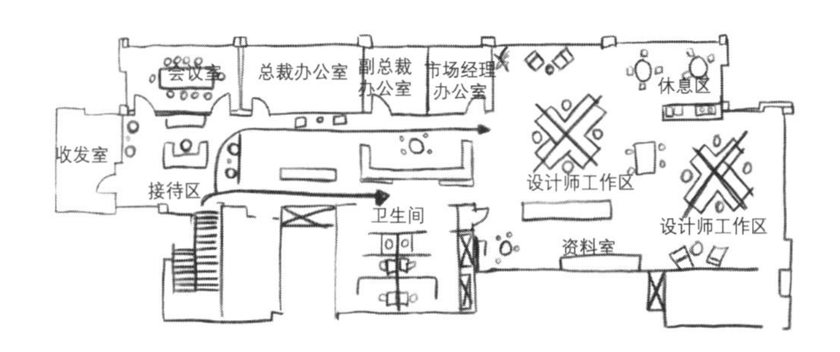
会议室
总裁办公室
副总裁
办公室
市场经理
办公室
休息区
收发室
接待区
设计师工作区
卫生间
设计师工作区
资料室

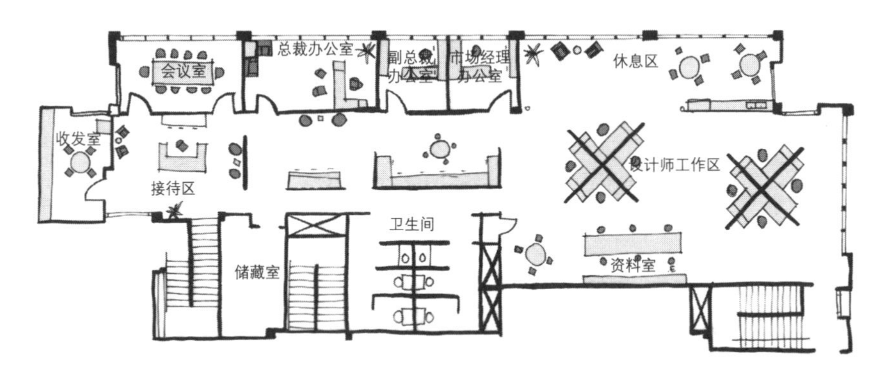
会议室
总裁办公室
副总裁
办公室
市场经理
办公室
休息区
收发室
接待区
设计师工作区
卫生间
储藏室
资料室

设计方案 3

办公空间：程序

在第 3 章中，我对设计程序中从规划到最终方案的过程进行了论述和举例说明。第 3 章的重点是关于各种类型图表的使用，即布置空间区位及将其转化成房间与开放空间的过程。在本节中，我将扩展关于设计程序的内容，并列举出关于设计程序的其他案例。

案例 A 是某学生对媒体（高级办公室）项目进行的设计推敲过程，设计任务是对每个客户单元的组织结构进行了解，霍沃斯在和客户面试中采用竞争性价值结构方式，让学生们决定每个单元的组织结构并且把它转化成对每一组都适用的具体形体和布局。

案例 B 展示了自我编辑的过程。在整个设计过程的中期汇报之后，学生在平面图上进行图表分析，尝试去分析设计方案的特点和问题。

案例 C 是为某个大型办公室项目设计的部分块状平面图和之后完成的深化平面。请注意主要区域和重要的交叉通道是如何发展和形成完整的圆形与正式的、经典的方形的。此外，需要留意会议室周边及周边房间的延伸和发展。

案例 D 表现出在局部层面进行的更多细节方面的设计，设计师开始放大图纸并且开始推敲具体的房间设计，例如主会议室和接待区的大量细节。

草图应用
企业文化：合作（分群组）

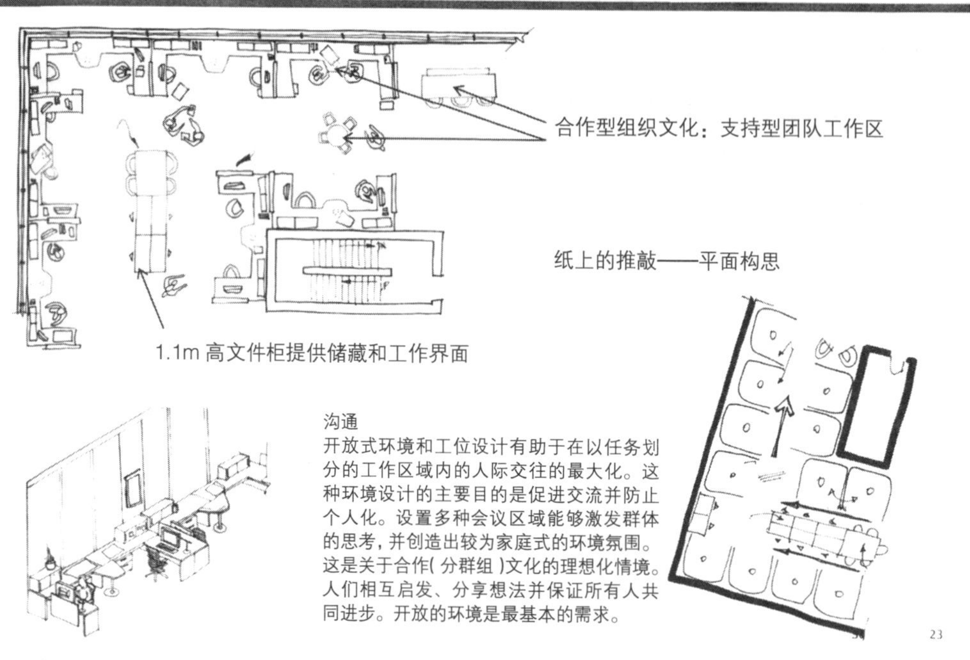

A. 设计单元

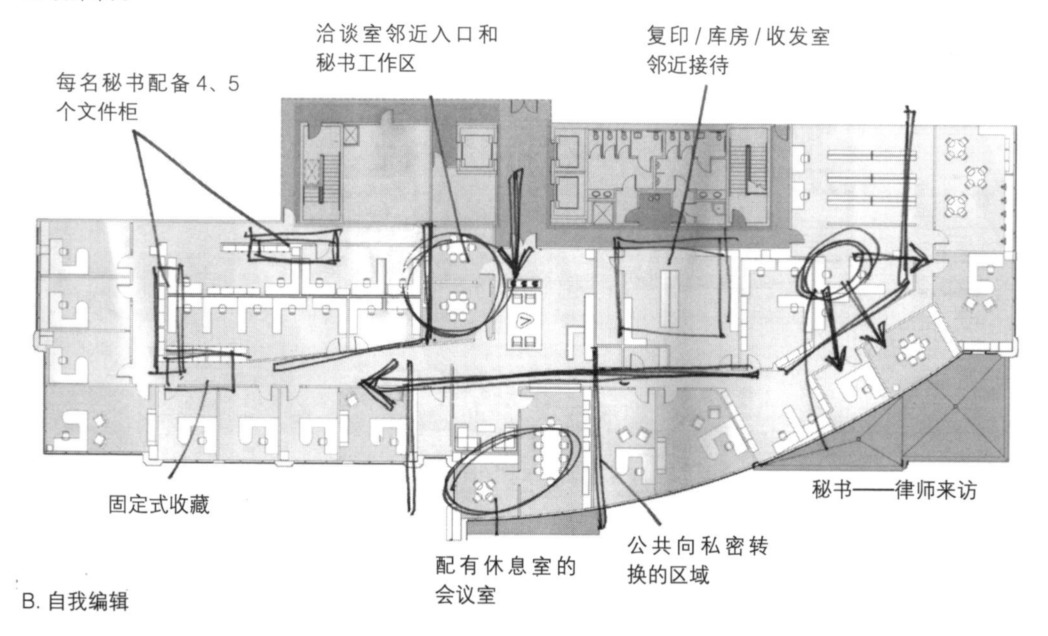

B. 自我编辑

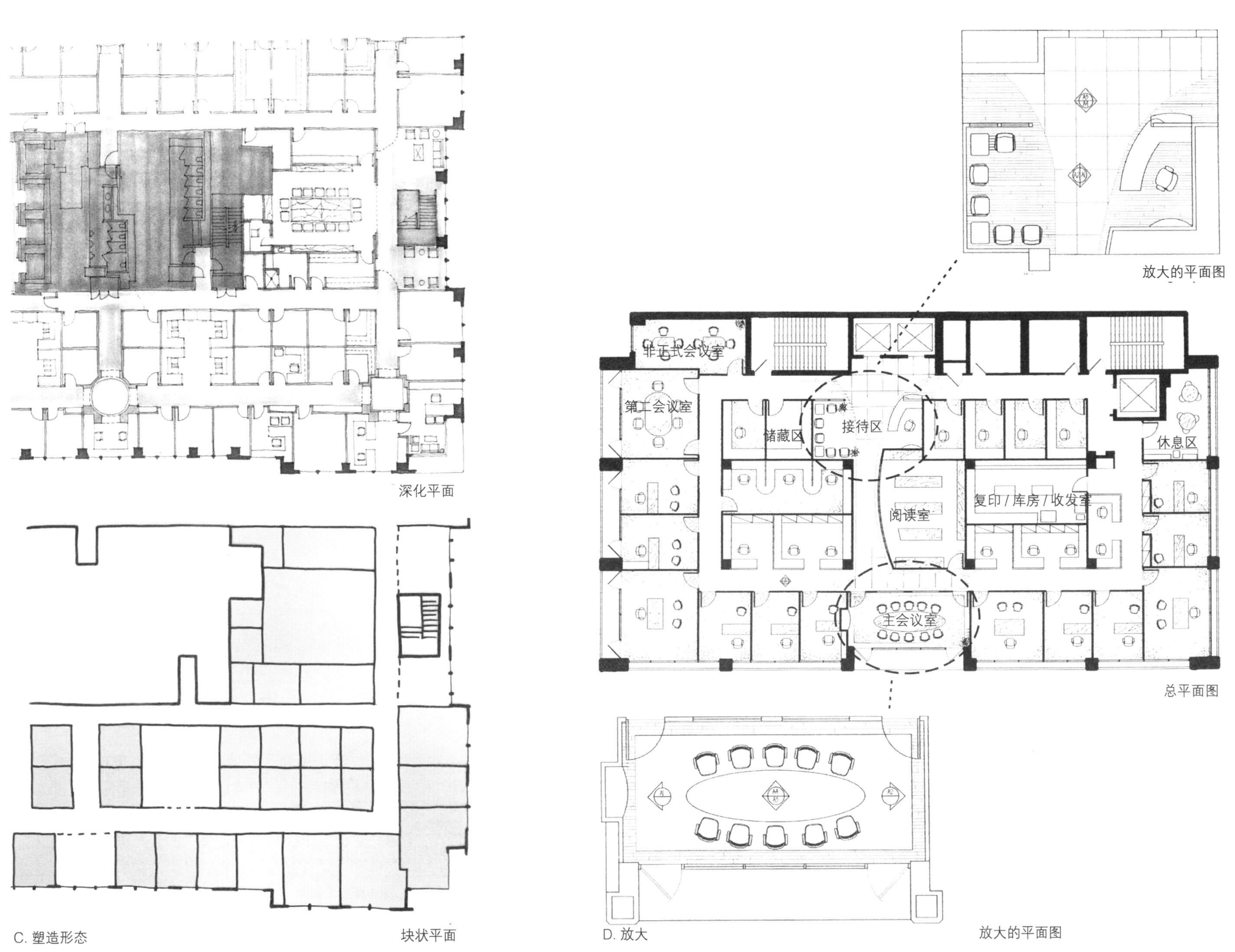

放大的平面图
非正式会议室
第二会议室
储藏区
接待区
休息区
阅读室
复印 / 库房 / 收发室
主会议室
总平面图
深化平面
块状平面
放大的平面图

C. 塑造形态

D. 放大

办公室布局

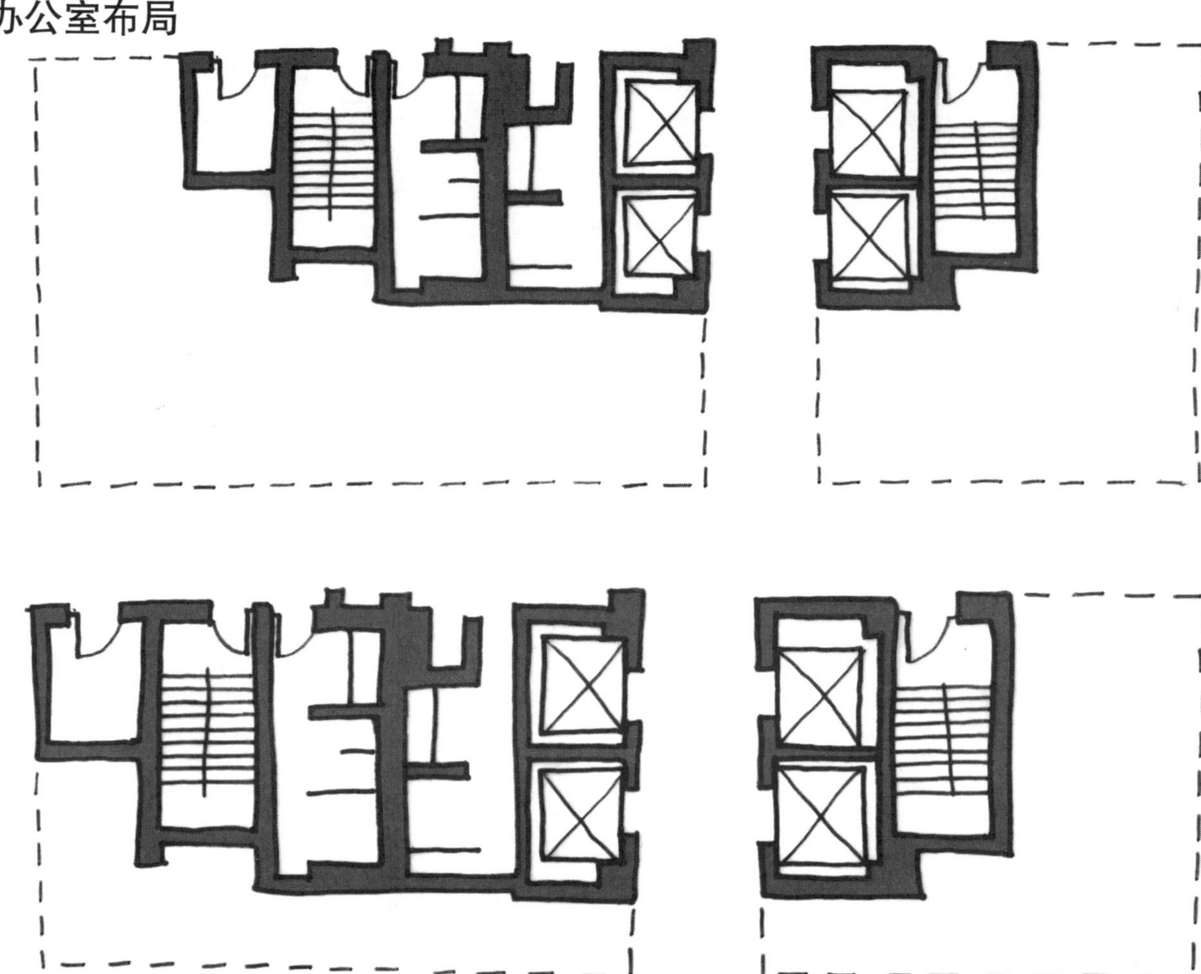

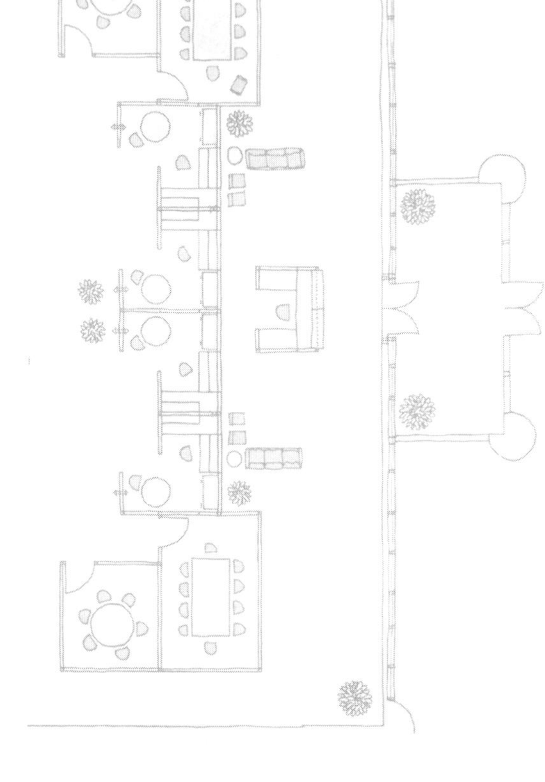

练习 2：改进入口区

上图是某办公空间的入口平面。在汇报方案时，委托人抱怨说入口处看起来浪费了很多空间（虽然他也确实想要一种宽敞的空间感）。而且，他也不喜欢来访者必须走过所有的通道（并且要穿过某些私人的工作区）才能到达会议室。请尝试新的设计方案来解决这两个问题。

练习 1：扩展核心

将上图的两个核心筒扩展到虚线所示的位置。你会注意到一个平面上需要扩展的区域要大于另一个，在较大的扩展区域内添加房间来形成整体平面，可以添加例如工作间、会议室、办公室或上述房间的组合（由你自己决定）。在较小的扩展区域内你需要用到一些进深较浅的空间，例如储藏空间、袋状空间（提供各种用途，例如非正式的小型会议）、私密的通信室等。

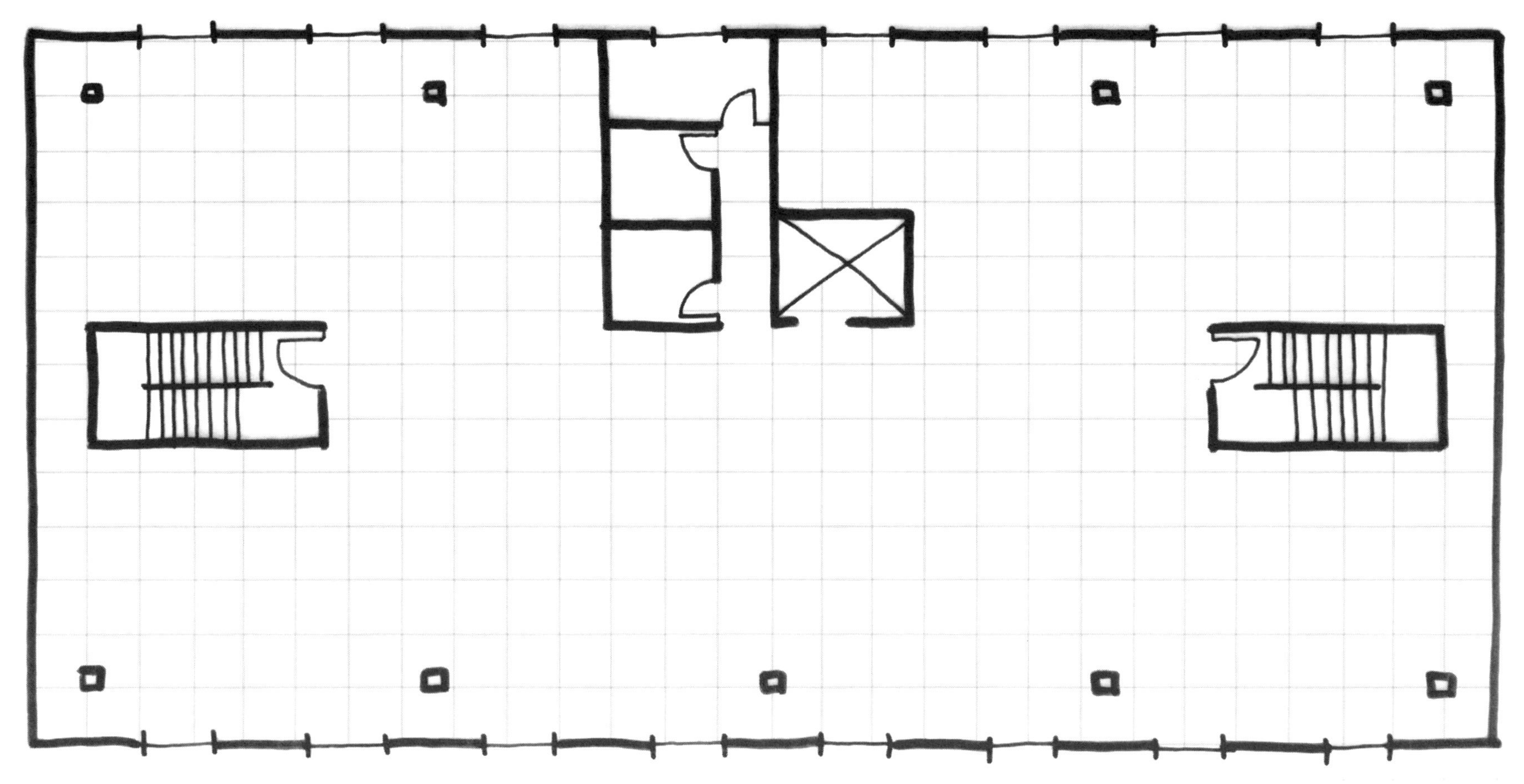

练习 3：气泡图到平面草图

在所给定的平面空间中，将上图的相邻空间气泡图转化成平面设计草图。办公室 1 和办公室 2 是开放空间，请创造出开敞的环境氛围供几位员工使用。藏书区也需要设计开敞的环境供少数人使用。只有藏书区是完整的区域，人力资源部的小办公室需要封闭。请从气泡图推导出平面草图，可以先将气泡图轻轻地叠加在平面上，然后开始考虑墙体和其他的分割要素。

注意：因为在本层的某处已经设有卫生间，所以不再需要额外增加。

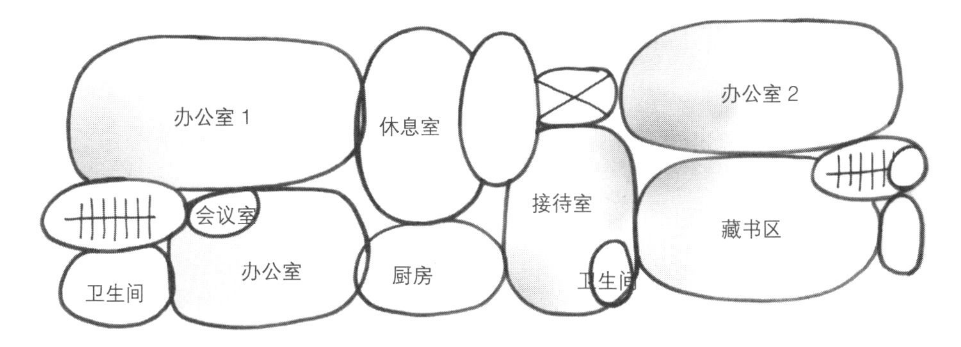

零售空间：剖析与问题

零售空间设计是最令人激动的室内设计类型之一。在零售空间的设计中需要基于品牌的理念，将商品、空间围合、平面图形和标识进行独特、新颖的组合。基本目标就是通过巧妙的设计上述要素从而提升销售量。良好的商店设计能够吸引潜在的消费者并诱导他们的消费行为。

虽然就商业上成功与否而言，商店设计本身不能负有全部责任，但也确实是其中的重要一环。成功的设计能够提升商品的展示环境，并使空间更加富有效率和说服力。在空间中消费者应该感到舒适，并且乐于购买商品。

商店的实体形状通常是简单的矩形空间，从前面到后面是长边的方向，短边通常是商店的店面，朝向外侧。店面尺寸通常是空间进深的三分之一或四分之一。店内空间设置有商品展示、服务区和通行区。店内的展示空间通常与墙体结合，中部的开放空间使视野的范围最大化并辅助使用者在空间中进行定向。

通过开放、通透的环境，路人能够看到商店内部的情况，经营者以此来吸引顾客进店。能够看到店内深处和核心区的视线，再加上入口附近具有策略性的展示设计，都是为了吸引购物者而设的手法。

店内销售的物品是主要商品、配件和即兴消费品。主要商品是某类商店所出售的主要物品，例如男士服装店的衬衫和裤子。由于这些是大多数消费者进店会购买的商品，所以常见的销售策略是把它们陈设在店内深处，在顾客去选购的通道上为其展示其他商品。服装店中的配件，例如袜子和内衣等，是次要等级的商品。即兴消费品是杂货性质的商品，例如配饰，通常会设置在收银台附近的位置，目的是当顾客排队准备结账时能够吸引他们的注意力。

商品通常进行成组的展示，并且根据类型、颜色或尺寸进行排列。集中的展示方式能够使商品的组织方式更加直观且易于理解。此外，商品展示还表现出视觉的顺序，例如成行或成组的同色衬衫被放置在一起从而形成视觉上的和谐感。商品还会与其他商品结合在一起进行展示，形成了功能相关的整体，例如，盘子、餐巾和银餐具可以结合在一起表现出餐桌的桌面陈设，并且能帮助顾客将这些商品的组合可视化。

服务区通常设在空间的后部。提供储藏空间、员工卫生间、发货与收货区、通往服务通道，并且有时还有一间小办公室。收银台设置在零售空间之内，可以放置在正门入口、中部或后部，这取决于商店的需求。但是，在任何情况下，收银台都需要便于使用，并且为保证其周边人流动线的顺畅应该预留有充足的空间。

鞋店透视图

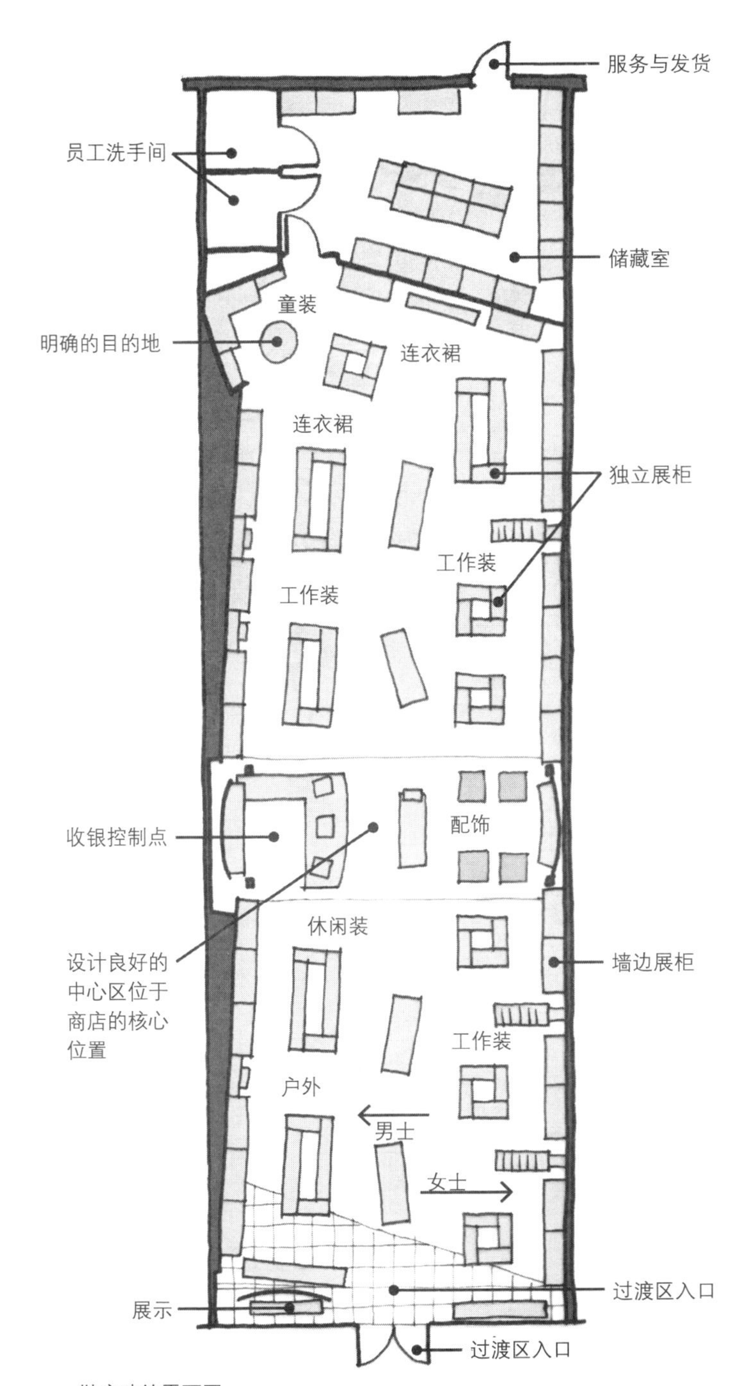

鞋店建筑平面图

零售商店的设计要点

行为：零售环境设计的两个最重要目标，是吸引消费者进店并让他们在店内很轻松地选购。经过精心设计的视觉焦点位置能够吸引潜在的消费者前往店内最靠后的区域。消费者在决定进入店内之前，可以在入口处的过渡区进行近距离的观察。

商品：无论在一个区域或是整个店内，从前至后的商品陈设都是经过深思熟虑之后再执行的。特色的商品要靠近主通道并且要最容易看到，次一级别的商品分布在整个店内，拥有各自的固定展示位置，热销商品通常被放置在商店的后部区域，像是吸引顾客前往的磁石。

展示：店内商品和展示设施会经常被移来移去，因此某些展示设施需要可以移动。墙边区域的展架通常是固定的，很多展架系统能够根据展示产品进行调整（例如吊钩、搁板和衣架），并且能够配合展示物品进行更换。店内位于固定视觉焦点处的特殊展示产品也可以根据需要进行更换。

服务：为了不占用重要的正面空间，应该将储藏室、员工卫生间、经理办公室和发货（收货）等功能安排在商店后面的空间。在零售空间内的服务功能通常仅限于设置收银台。服务性空间的位置要有策略地进行布局，并能够提供便利和安全。

其他：处理柱子等建筑元素和预留合适的净空尺寸是非常重要的设计要点。展示台或纵向的展架通常会设在柱子和壁柱周边。展示区的净空需要能够保证人们可以通过正在查看商品的顾客身旁。

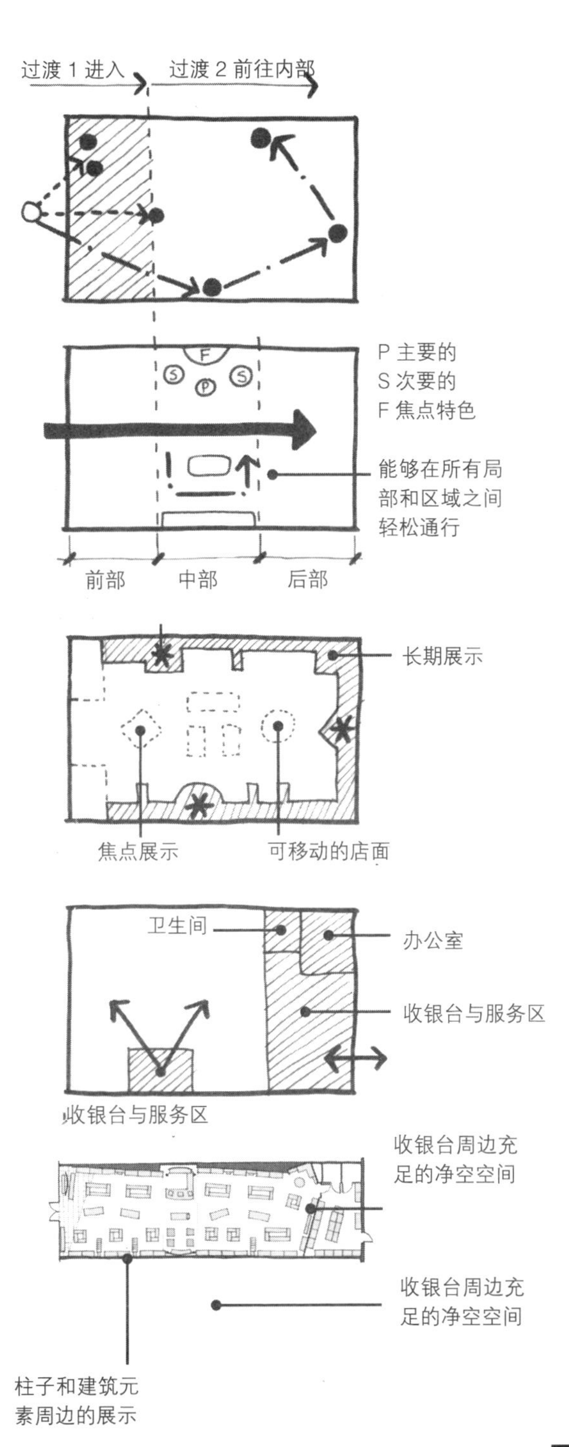

零售空间：商店类型

绝大部分零售商店是由所销售的商品来区分的，还有其他商店销售的是服务。销售商品类的商店包括服装、家居用品、珠宝、图书、玩具、食物、酒水、礼品、问候卡片和家用电器。销售服务的商店包括旅游公司、金融服务公司乃至邮局。

根据设计方式的不同，零售商店也会有很多差异。专业的精品店往往是简约而抽象的，便利店更加直接和高密度。它们的共性是营造出一种经过设计的环境氛围，把商品、买家和卖家用最高效的方式组织在一起。

本页和对页的插图是六个不同的商店设计案例，给出关于零售空间平面设计的一些概念，案例范围涵盖便利店及书店。

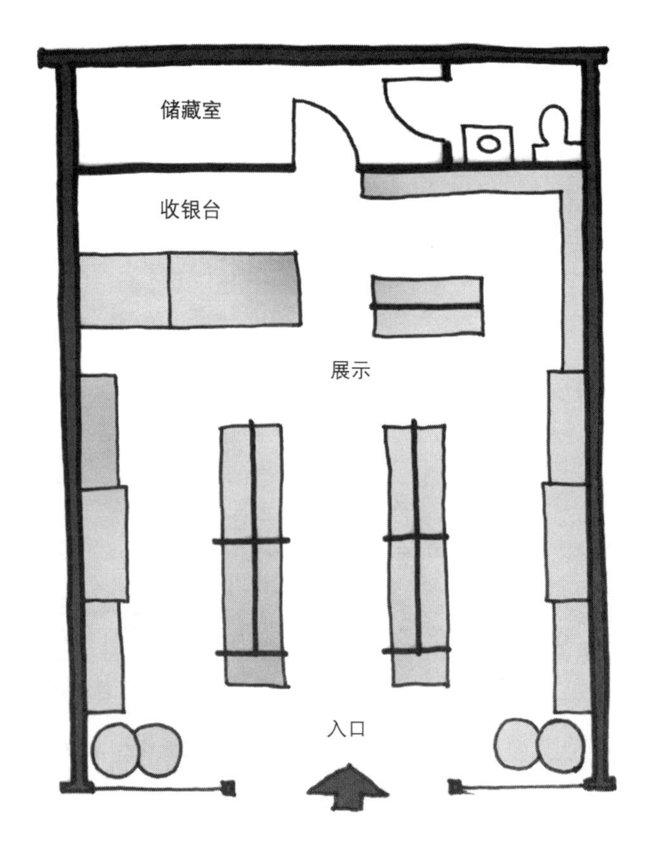

便利店

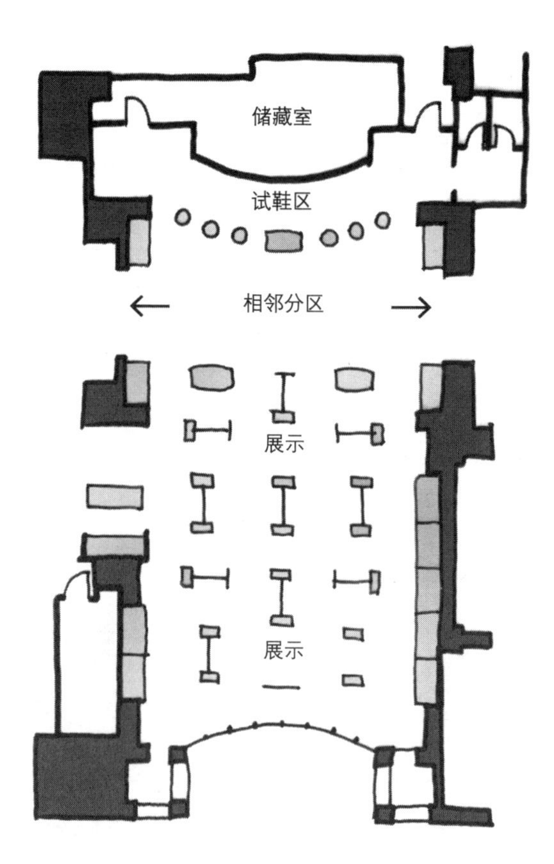

鞋店

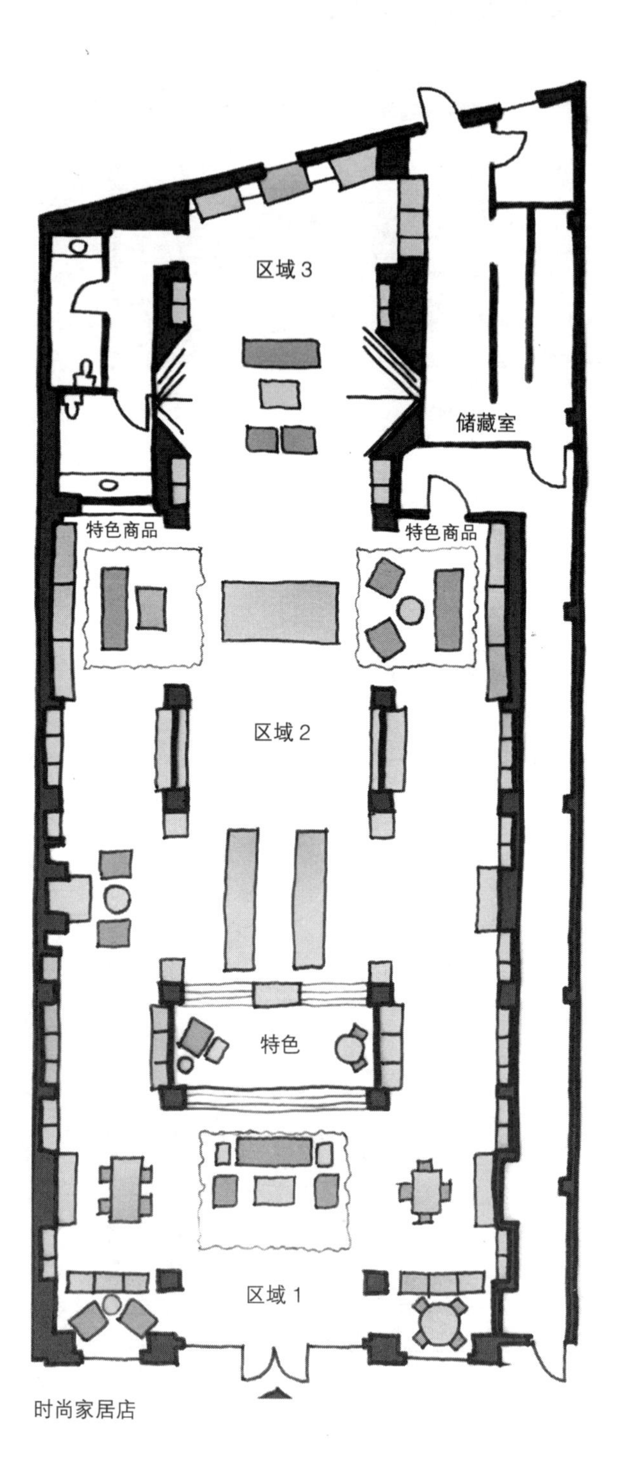

时尚家居店

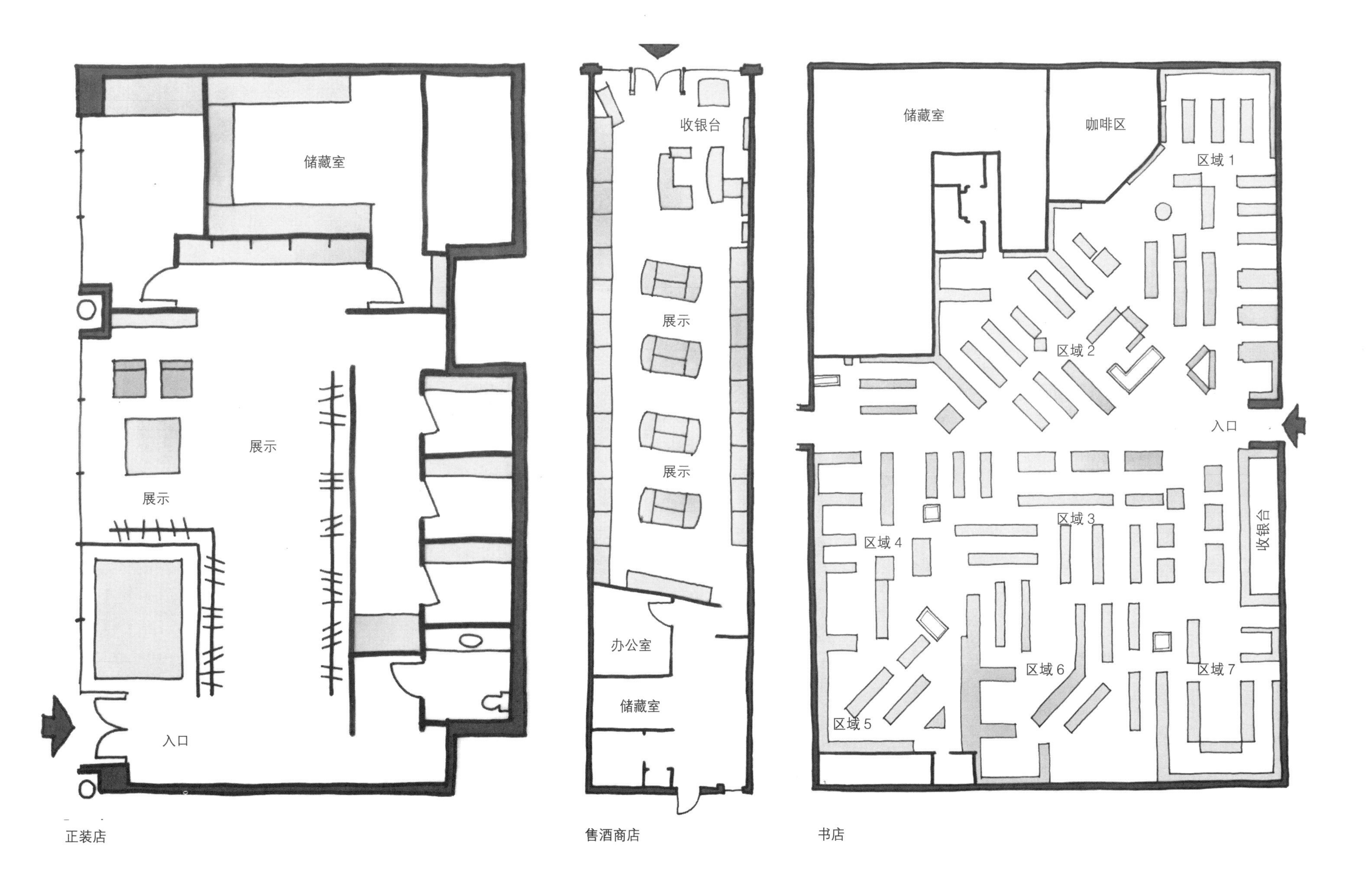
储藏室
展示
展示
入口
收银台
展示
展示
办公室
储藏室
储藏室
咖啡区
区域 1
区域 2
入口
区域 3
区域 4
收银台
区域 6
区域 7
区域 5

正装店

售酒商店

书店

零售空间：交通动线

对顾客而言，在商店内通行应该是丰富的、值得的视觉体验过程。交通动线需要是流畅和相对简单的，这样消费者就不需要在通行上花费精力，且不需要思考行走的路线，而是自然地被引领。他们的注意力和精力应该集中在商品上。

在商店内通行应该有多种选择，并且交通路线是按照策略性的、逻辑性的顺序展开。通常情况下，交通动线的顺序会结合视觉上的销售策略，通常目标是让消费者能逛遍整个商店。

在繁忙的商店中观察消费者的行为，你会意识到很少有顾客在店里直线行走，相对的，他们会在序列节点之间来回地通行。因此，很多设计师都希望避免设计出一种严整的交通路径形式，而是选择流线型的方案以便顾客在不同位置之间来回通行。交通动线应该是舒适的，并且有足够的空间让消费者共同通行或从正在选购商品的顾客身旁通过，在紧急的情况下，顾客能够迅速奔向紧急出口。但是，也应该避免过于开放的交通动线设计。

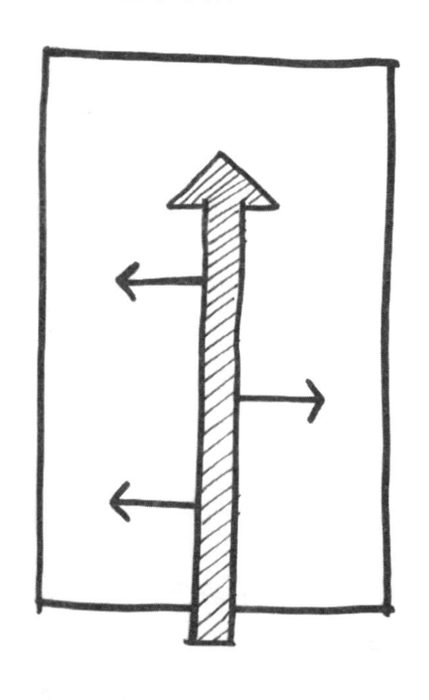

线型

从前至后的中心道路形式适用于狭窄的商店。路线可能是完全连续的通道，或者设计一处让顾客绕行的中央岛形台。线型的路线形式是简洁和高效的。

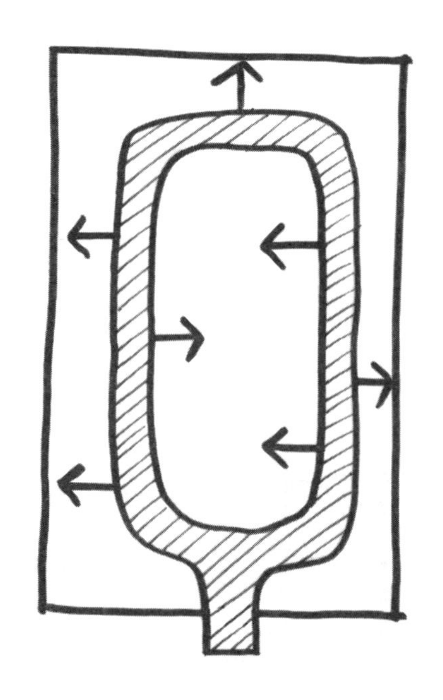

环形

对于设有中央展示区和墙边展示区的商店而言，环形的交通方案会更加便利和高效，在环形路线通行时，顾客能够同时到达墙边展示区和中央展台。

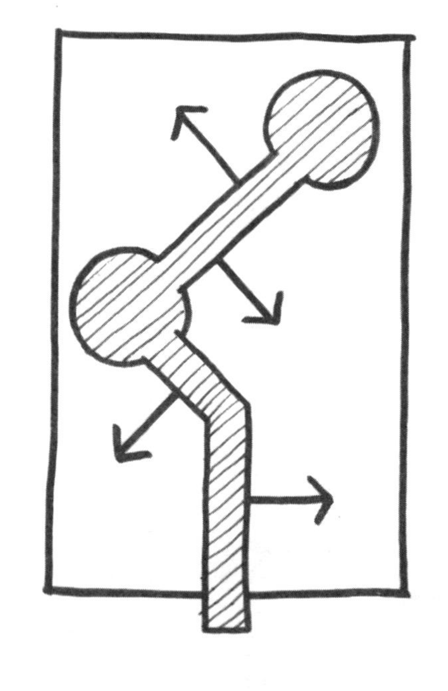

节点式

节点式的交通方案可能是配合线型或环形的交通形式的。上图是一个多方向的线型交通形式，此路线设计的特点是表现出一个或多个活动的发生场所。店内活动可能在焦点的展示区，也可能在配合活动的扩展空间连接处。

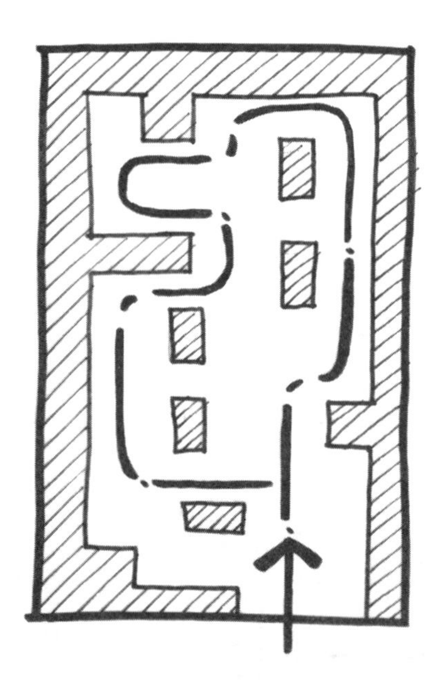

有机的线型

本方案中展架与展台的位置界定出能够通行的路线，从而形成了交通动线的模式。在线型的有机布局中，交通动线主要是从前至后或由一侧前往另一侧的方式，相较于纯粹的环形交通而言通行更加自由。

在为商店制订交通方案时，需要记住将路线和展示要素相结合，为店内多个视觉焦点的展示提供适合的视角。另外还需要牢记的是，避免在交通主动线与末端墙体之间设计进深太大的区域。因为很多消费者并不会去探究这样的区域，因为它没有提供清晰、便捷的出口方式。

商业空间的交通设计包括从前到后的通行方式、边到边的成角布局、环形或跑道模式，或者更加自由的曲折路径。本页插图列举了一些交通设计方面的多种方案。

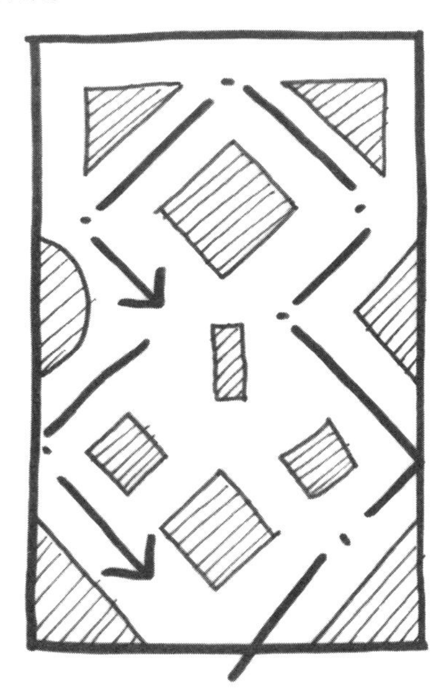

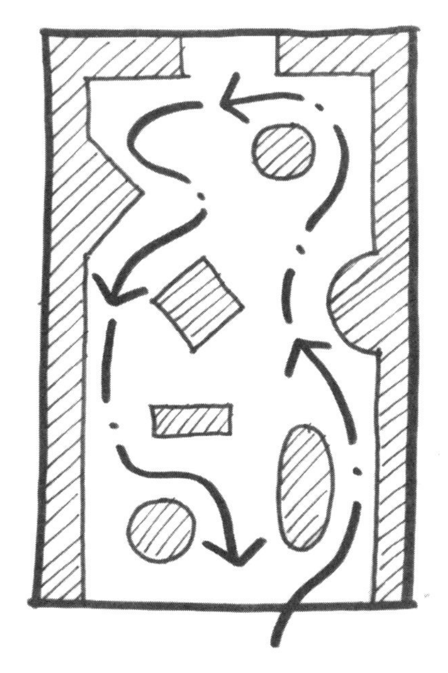

成角

在成角形式的交通方案中，虽然也是从前向后的通行，但是不是直接的线型方式。在本案中，通行是斜向的，由于受到室内展台和墙面元素的限定，通道呈现出特定的角度（如 45°）。

有机的自由形

根据墙体和散布的展台位置所形成的通行模式，本方案体现出高度有机的风格特点。本案中展台的布局是有机和自由的，结果形成了更加曲折的通行方式。

店面

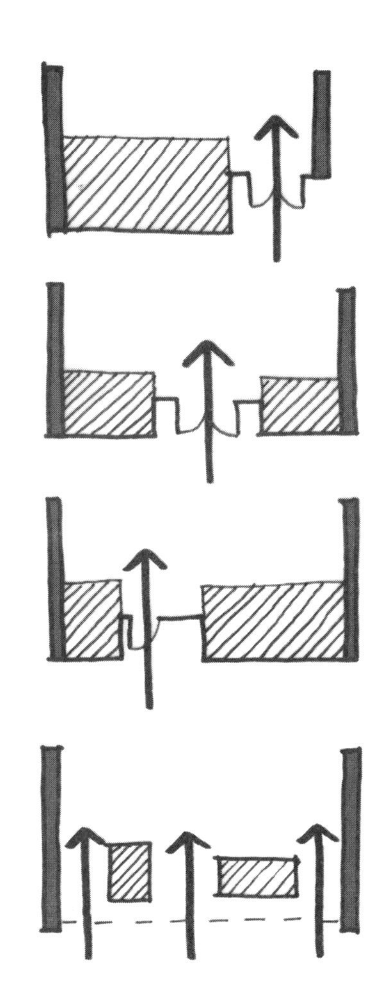

1. 店面的玻璃幕墙和橱窗位于一侧，凹进式双开门在另一端。

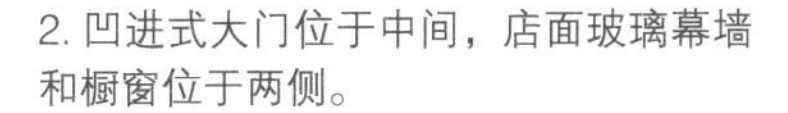

2. 凹进式大门位于中间，店面玻璃幕墙和橱窗位于两侧。

3. 凹进式单开门位于偏离中心的位置，店面玻璃幕墙和橱窗位于两侧。

4. 上方卷帘门配合独立展柜，没有大门和玻璃幕墙。

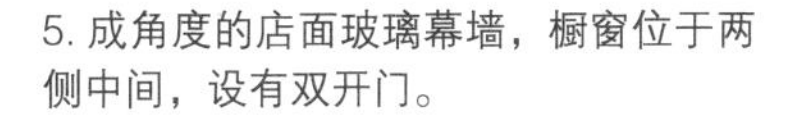

5. 成角度的店面玻璃幕墙，橱窗位于两侧中间，设有双开门。

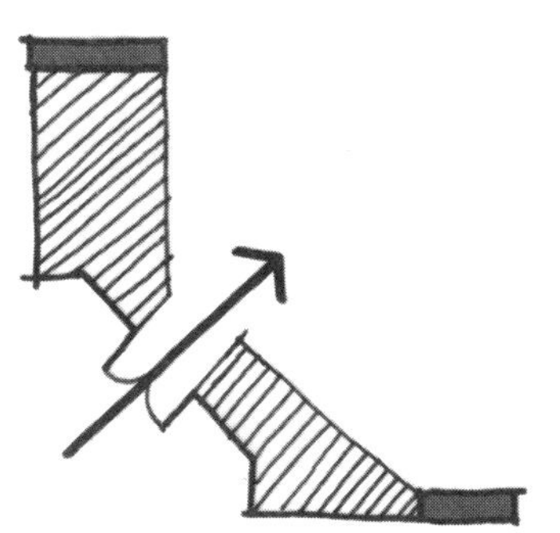

零售空间的人体工程学

根据商店的不同，其尺寸与净空的变化很多。有些商店仅有几个展台，但是设有非常宽敞的通行空间;另一些店内的商品展示密度很高，交通空间非常紧凑。事实上，密度是零售空间设计中需要重点考虑的要素之一。本页插图是具有代表性的环境状况，列举出的零售空间中的建议净空和尺寸能够有助于你对此形成一些基本概念。

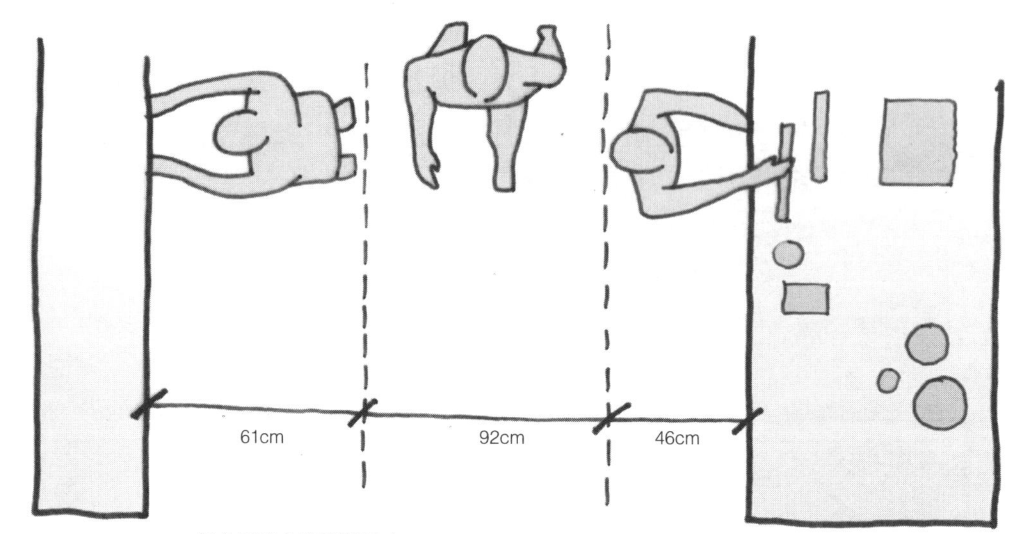

柜台间净空和通道尺寸

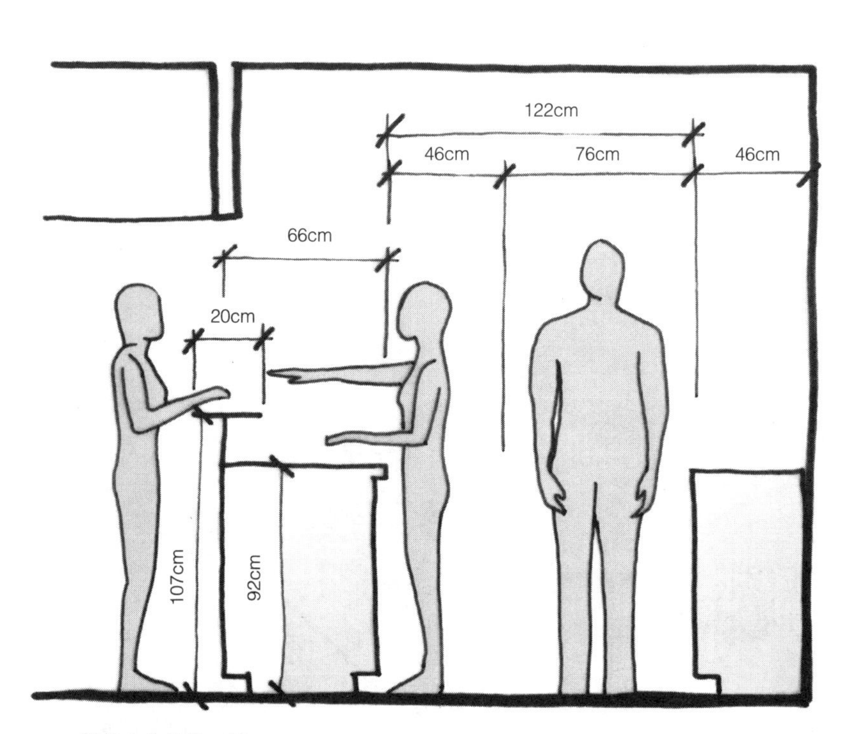

柜台：公共的一侧

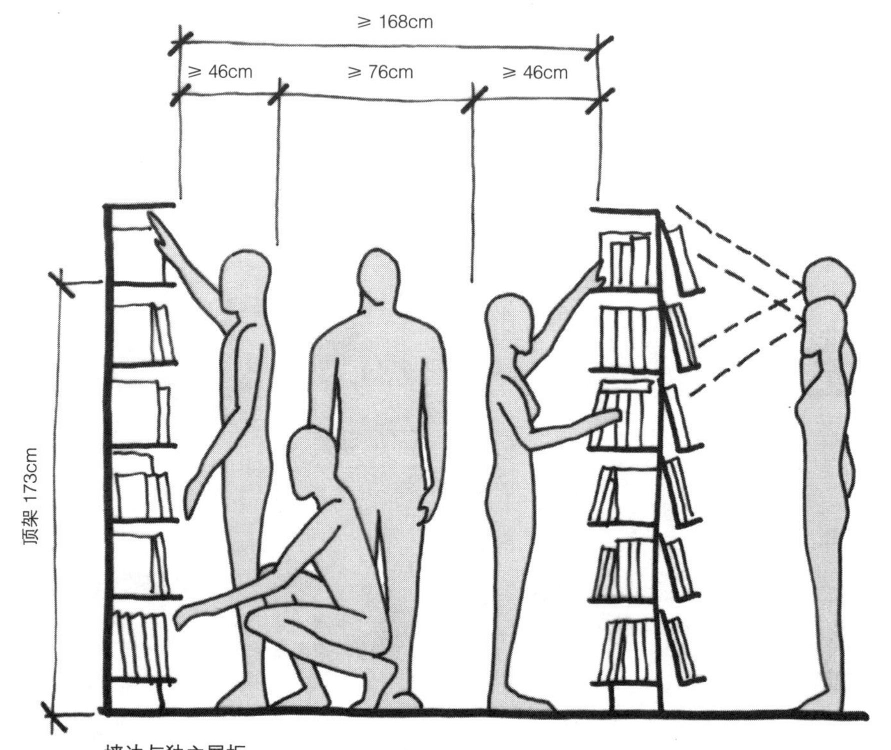

墙边与独立展柜

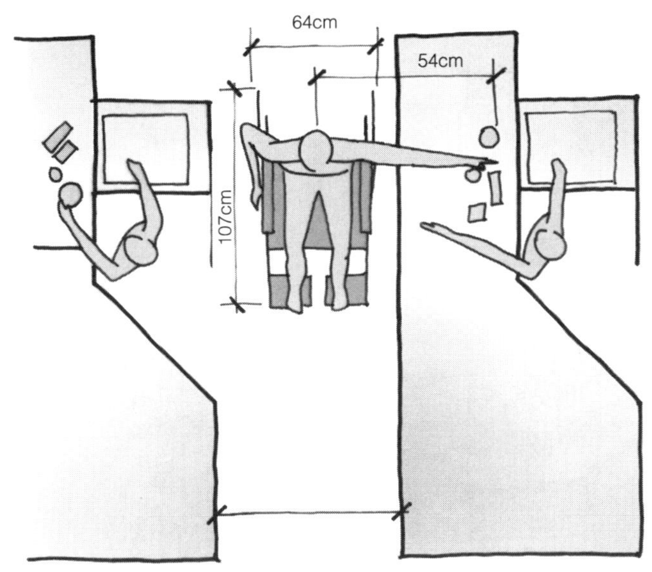

无障碍收银台

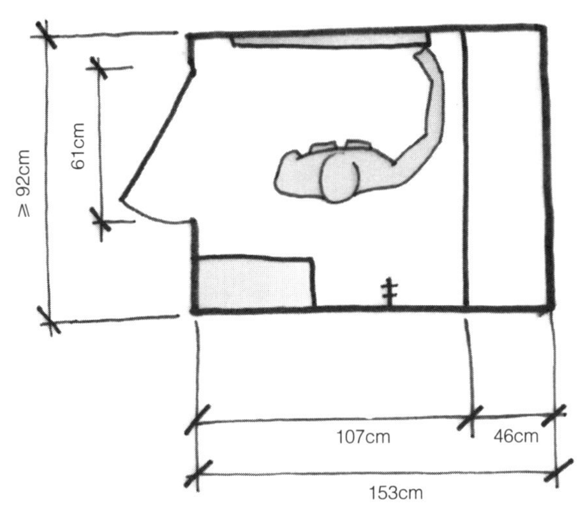

更衣室

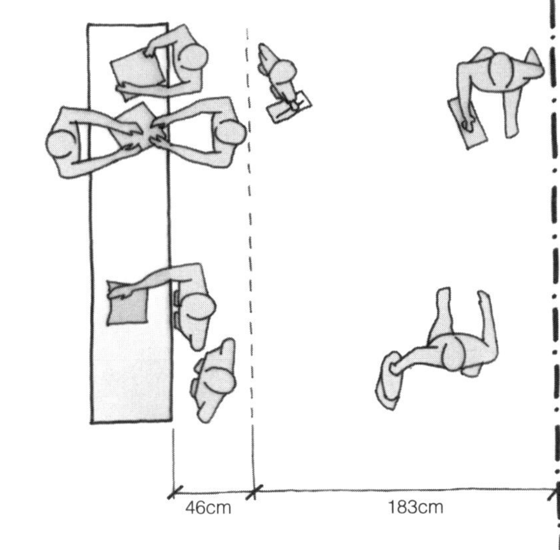

收银台处的入口空间

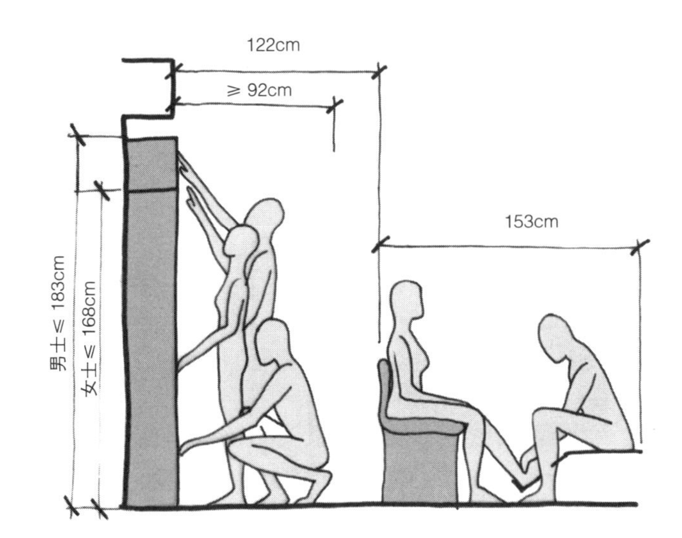

鞋店

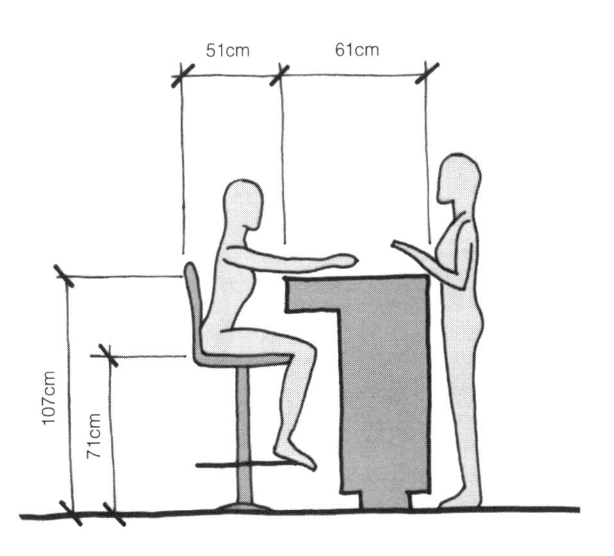

交易柜台：坐姿

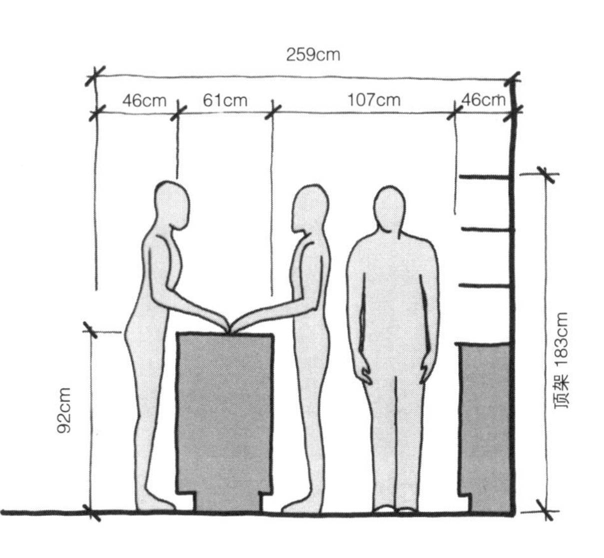

柜台：店员一侧

零售空间：固定陈设

零售空间中的固定陈设是家具。零售空间与其他环境的要求不同，你既希望陈设的家具能够实现展示功能又希望它们可以消失不见，即成为商品的背景。专业的厂商可以生产固定展示的设施，由于这种设施通常是定制的，因此彼此间差别会很大。本页插图中列举出一些案例。

绝大多数商品应该是对其正面进行展示并垂直陈列，因此正立面是最为重要的。还需要注意的是，周边展示墙具有重要的作用，而且有很多可能的变化形式。

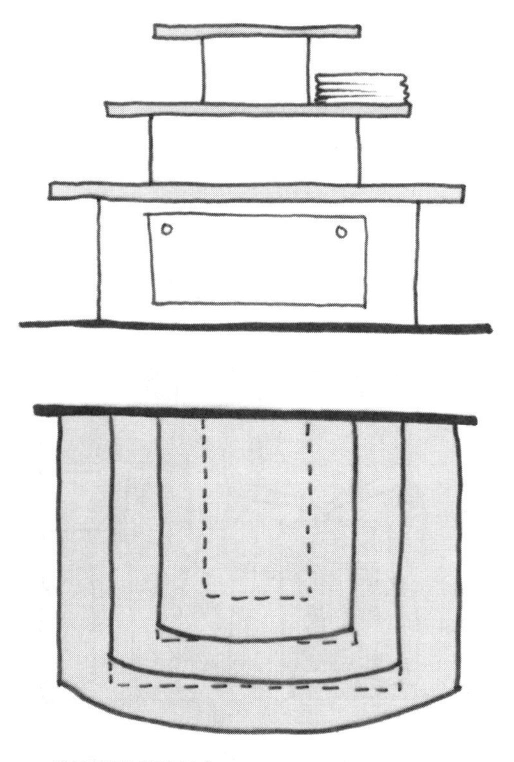

墙面的阶梯形展台

设有阶梯形展架的独立柱体

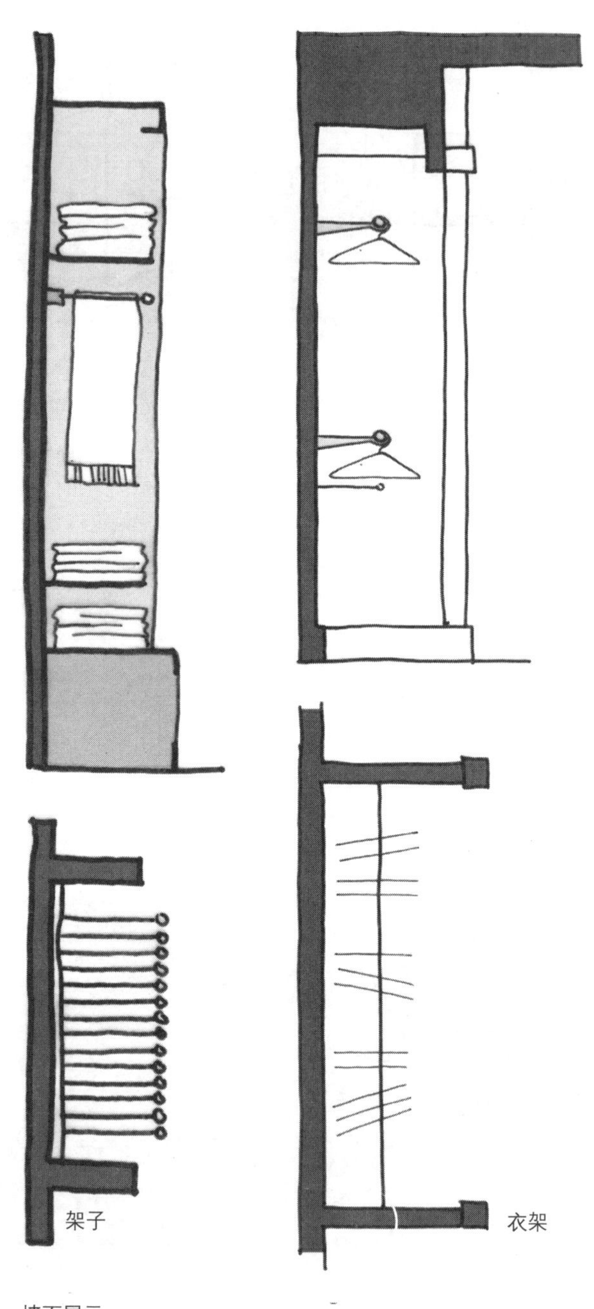

墙面展示

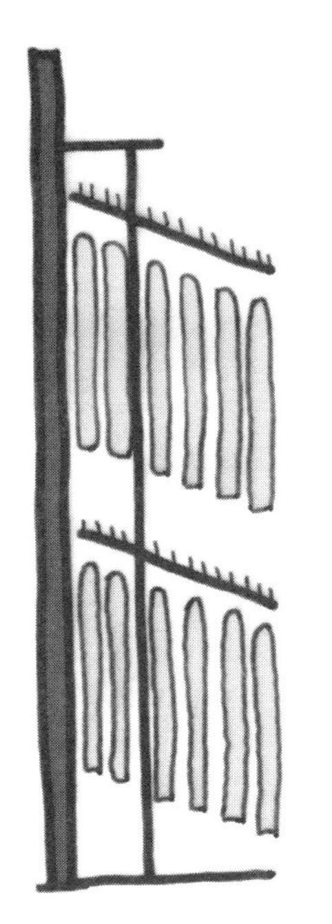

衣服展示

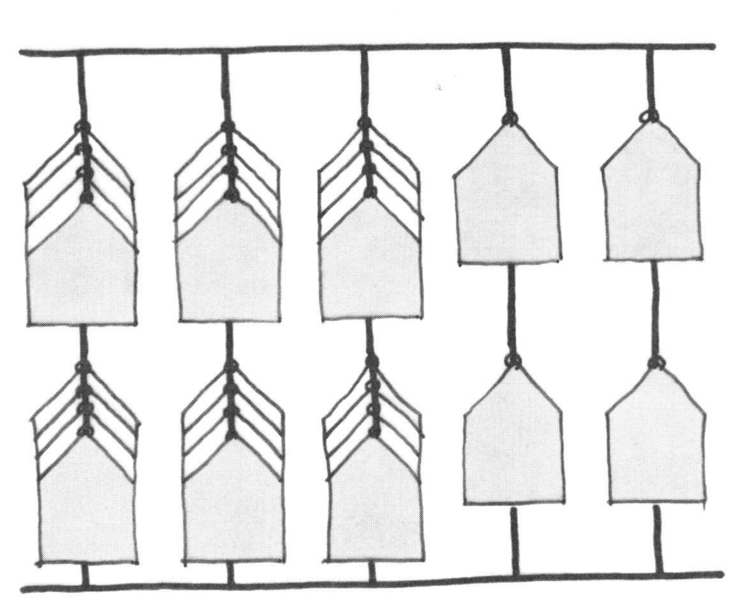

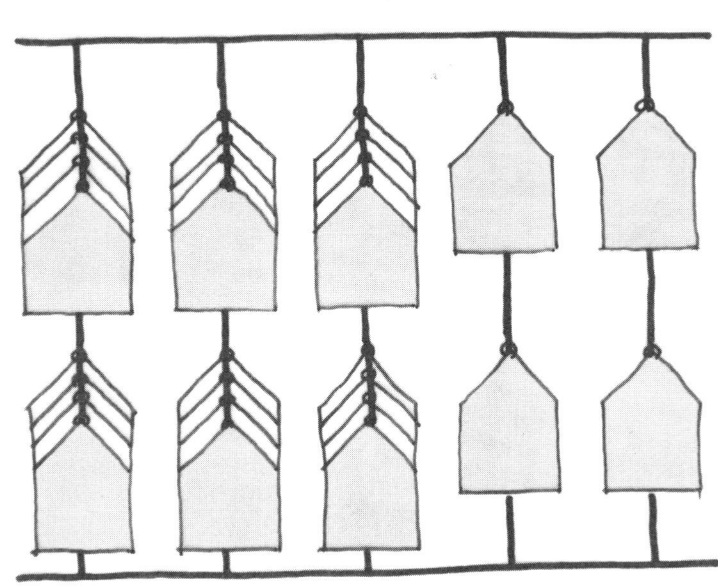

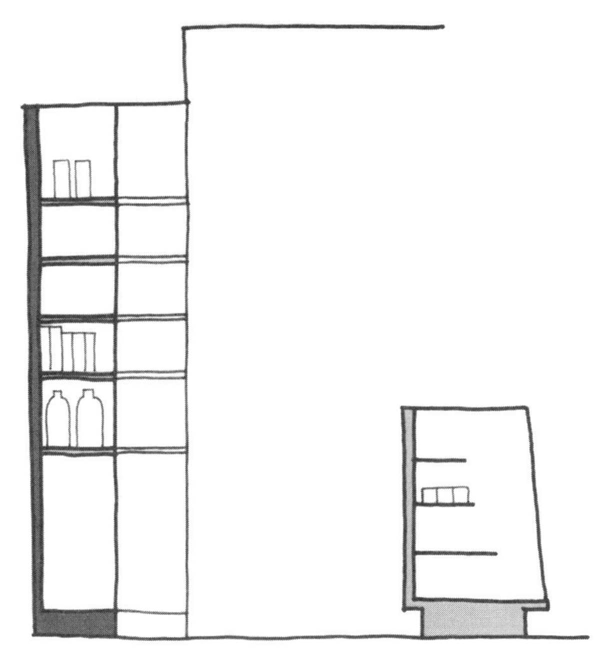

墙面 / 柜台

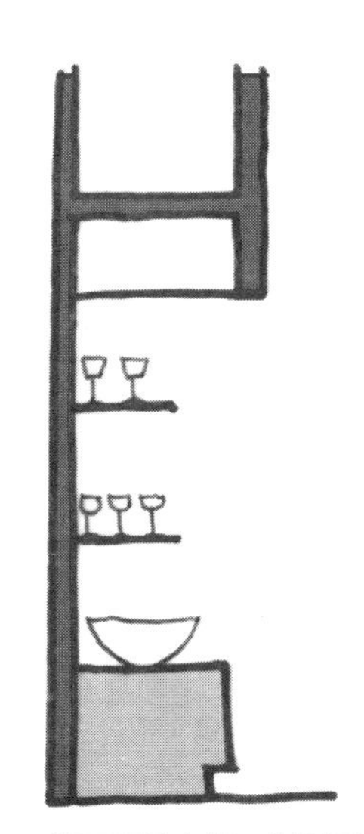

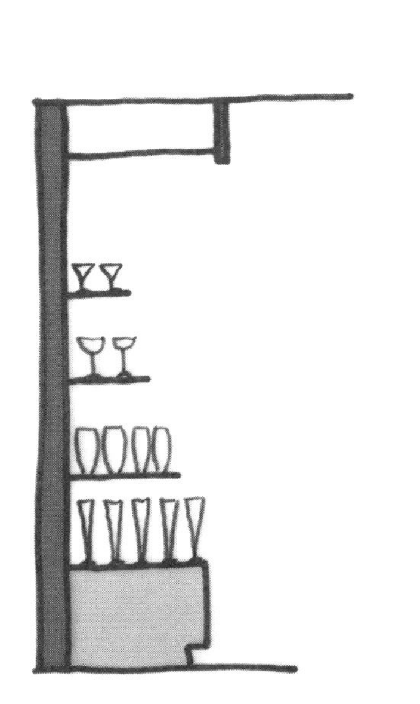

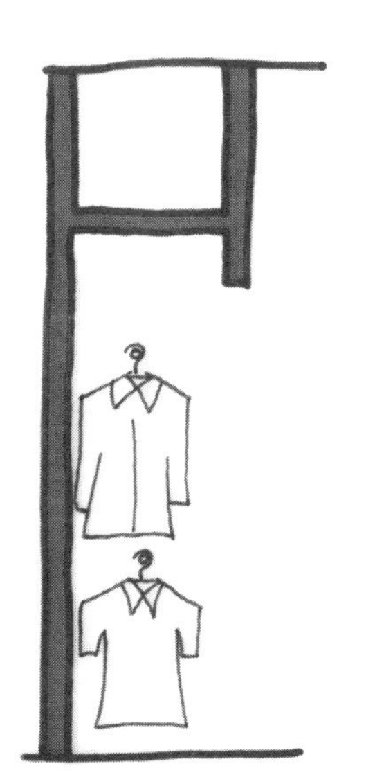

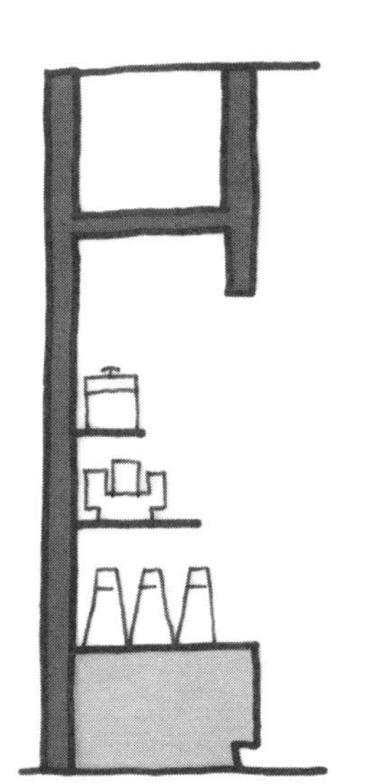

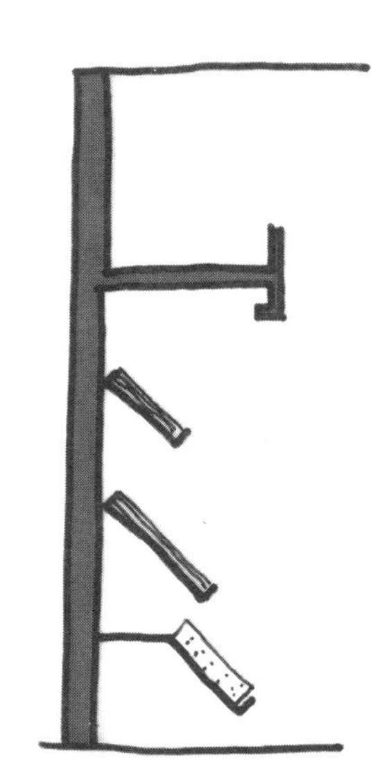

墙面展示案例：剖面图

零售空间设计案例 I

零售空间的设计是非常有创意的，它包含了三维空间与第四维要素（行为）完整的空间体验。尽管我强调过将商店想象成内空的容器 ，但是平面图仍然是重要的内部设计的产生和组织者。在科技产品的商店案例中，平面设计表达出强烈的目的性和组织性，将不同平面方案的结构层级清楚地表现出来。在半圆形方案中，环形的专业展示方式强化了特色商品并能够吸引顾客。在蛇形交通设计的方案中，曲线形的动线布局指向后墙的焦点展示区域，形成了本方案的特点。多节点方案中设有三个主要展示节点，在此处根据选定商品的特点进行特色的展示。最后一个案例是 X 要素方案，店内中央位置的主体 X 形结构形成了方案的特色。

上述四个方案的共性是都使用了非常有力的概念（例如形状、交通、布局、序列），赋予了该店面强烈的秩序感。一旦主要设计特征发挥作用，其他的常规要素就能在店内随之配合展开。当然，商品的展示方式也非常的重要。

透视图

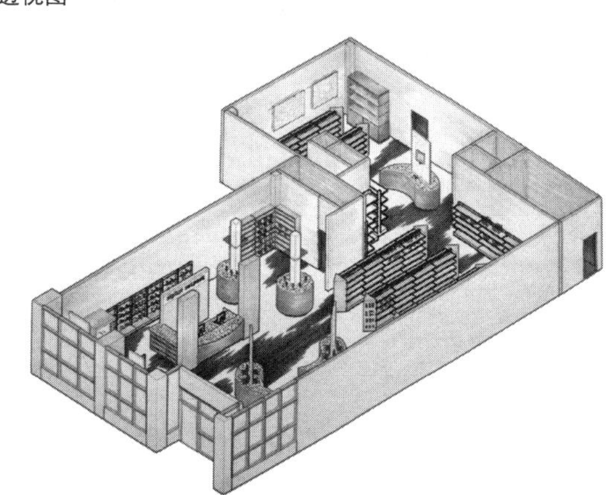

轴测图

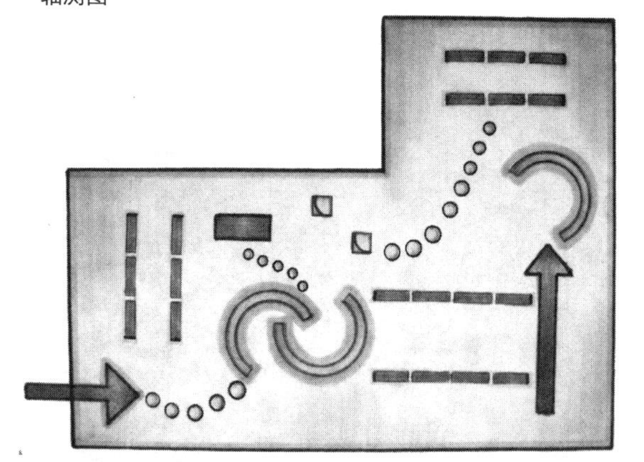

平面方案 / 分析图

半圆形

透视图

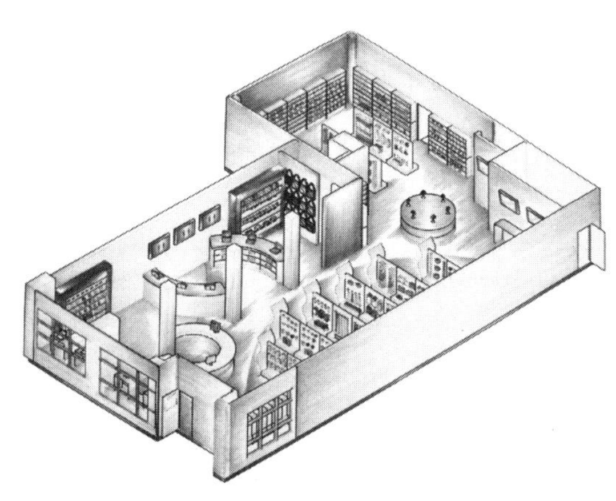

轴测图

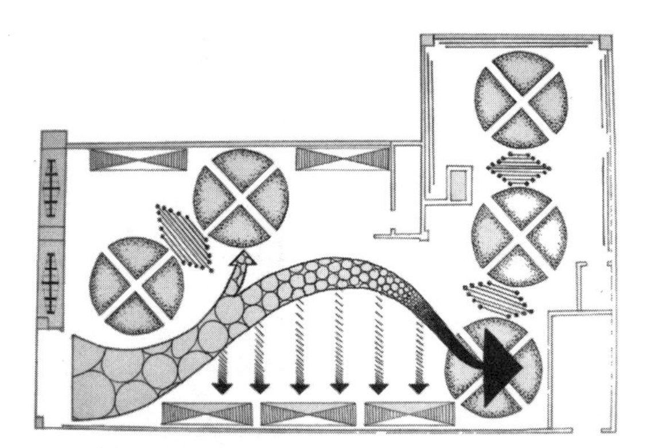

平面方案 / 分析图

蛇形

透视图

透视图

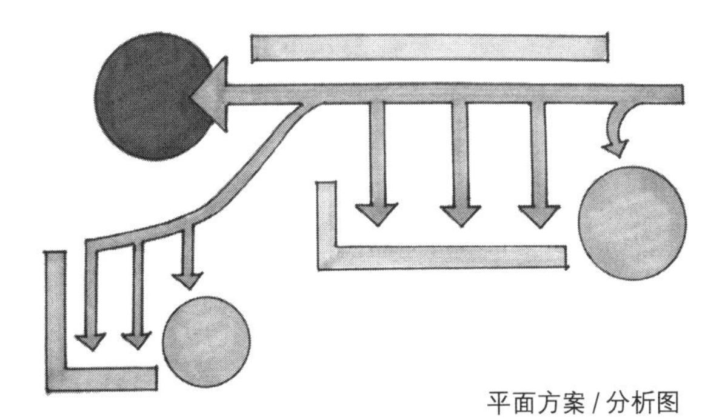

平面方案 / 分析图

多节点

透视图

轴测图

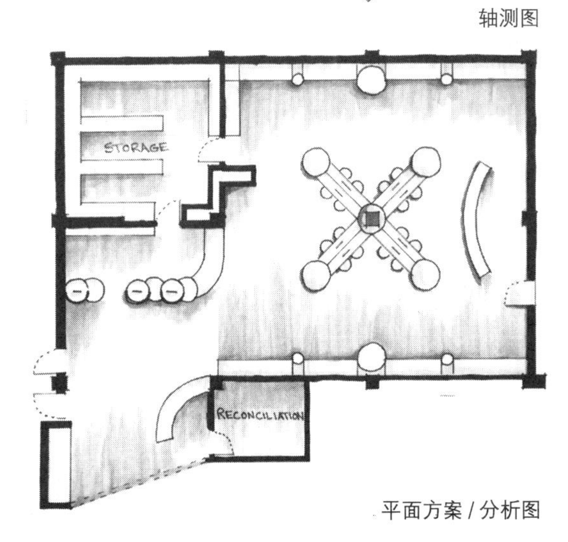

平面方案 / 分析图

X 要素

平面中的固定陈设

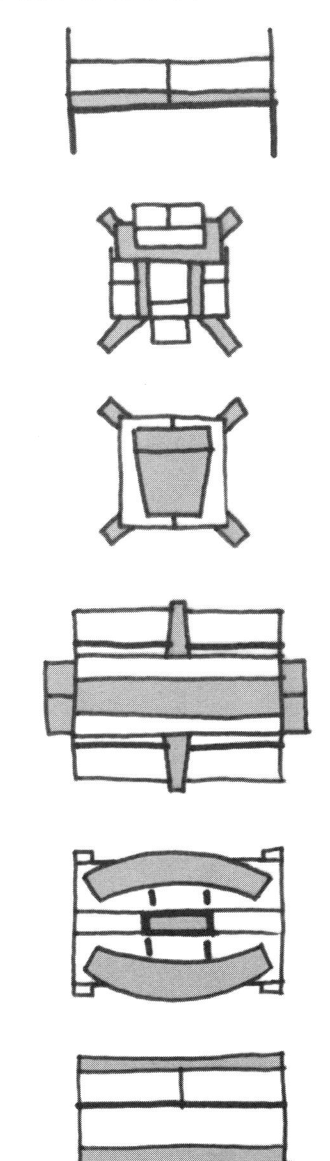

固定陈设在平面图上的符号各不相同并且通常没有标准。上图是电脑或软件零售商所使用的、自己定制的固定陈设符号。

零售空间设计案例 II

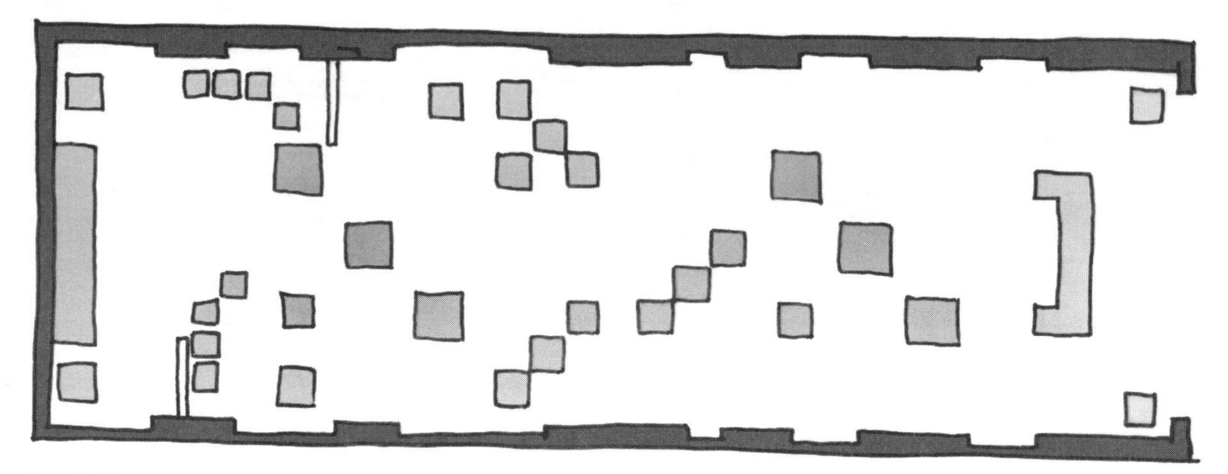

平面 / 分析图

透视图

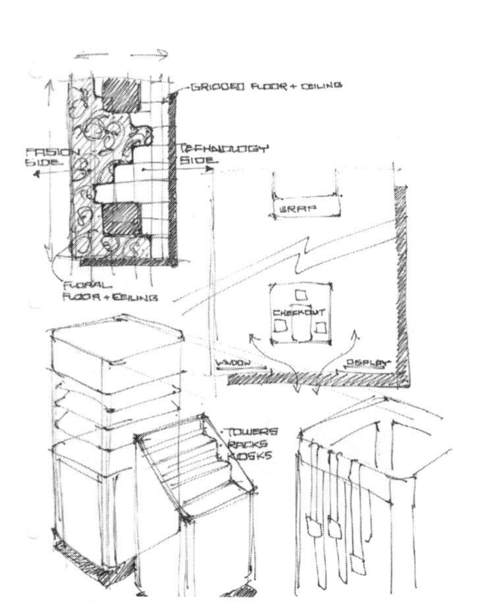

设计深化草图

科技产品小店

有些时候，只从平面图上我们是不可能明白店内设计情况的，上图就是一个很好的案例证明。直到看到其他的图纸，我们才开始理解设计所使用的展示方式（堆叠的方块和独立的台座）。需要注意的是，与前页的设计案例不同，本方案从平面图上看并没有明确的主要区域。空间层级的处理是非常平均的。另外，这也是使用设计深化草图的出色案例（在气泡图和图表之上），草图能够有助于将空间及其内部陈设可视化。

透视图

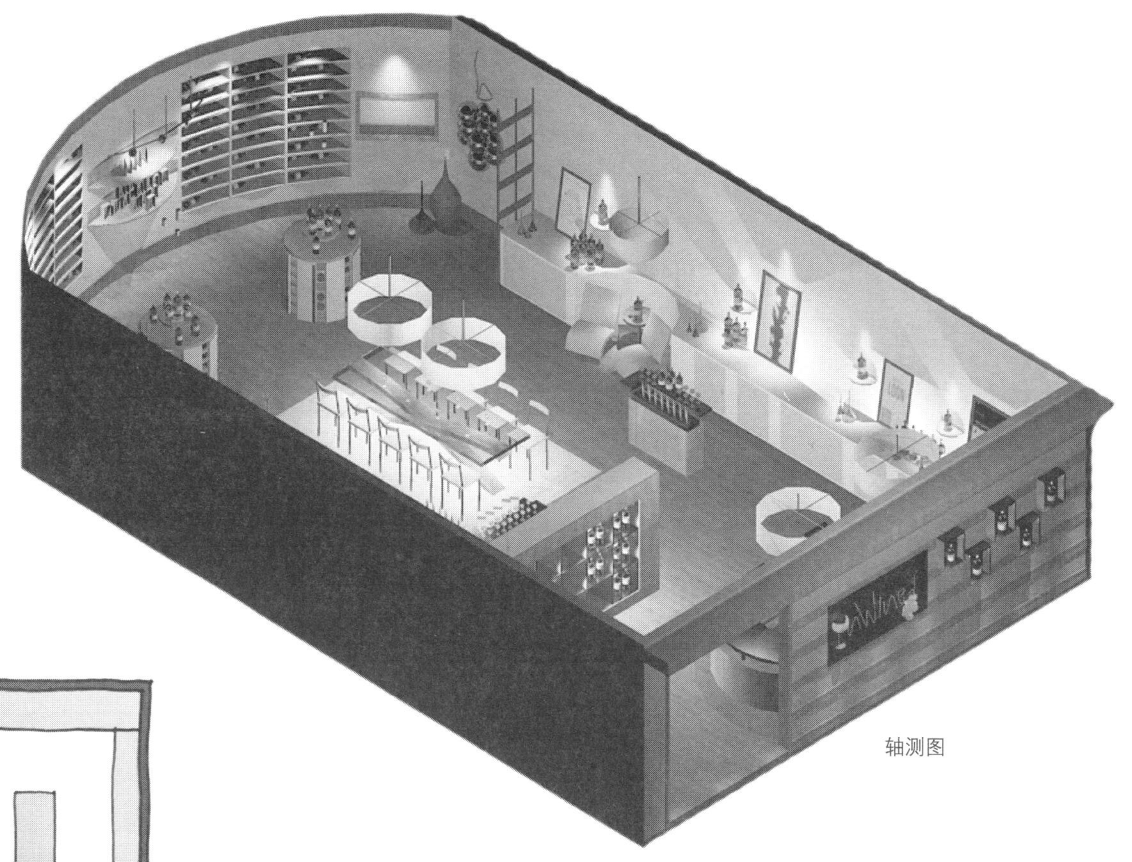

轴测图

空间平面图

售酒商店

本方案在平面的中心位置清楚地表现出主导的元素，即一张配有座椅的长桌。这一点在平面图中也能够非常容易地识别出来。这种设计方式仿佛是提出一种明示，可以让不了解项目情况的人也能明白品酒区是本项目中最重要的构成部分，并且平面设计表达出一种品酒行为的建议方式：人们聚在一张长桌边品酒。需要注意的是除了特点明确的长桌以外，它周围的墙面和各种独立展架上还有商品的展示。

美食店与售酒商店

发货与收货

发货与收货

场地 1

练习

美食店与售酒商店

这家商店主要销售好酒、地方手工食品及来自世界各地的美食和辅料。店里还对当地美食进行评论，也为游客提供饮食。

问题陈述

在店主选定的两个场地中进行设计，每个场地提供了两张平面图，一个用于绘制图表形式的设计方案，另一个用于平面的深化方案。

提供以下功能

1. 公共的男、女卫生间。
2. 员工休息区（邻近发货与收货区）。
3. 发货与收货区——面积不能小于 400m^2。
4. 办公室（邻近发货与收货区）。
5. 收银区。
6. 小型的食物与饮料品尝区。
7. 商品展示区。

商品种类包括来自当地和国外的白酒、手工啤酒、其他的当地饮品、手工奶酪、脆饼干、面包、点心、蛋糕、调料、酱汁、T 恤、运动衫、高尔夫球衫、高尔夫球夹克、围裙、烤箱手套、小型厨房用品、餐具、烹饪书、烹饪杂志、海报、拼图、厨具、陶瓷餐具、玻璃器皿、酒具、扁平的餐具、烧烤用具、烘焙用具、上菜盘和室外庭院家具。

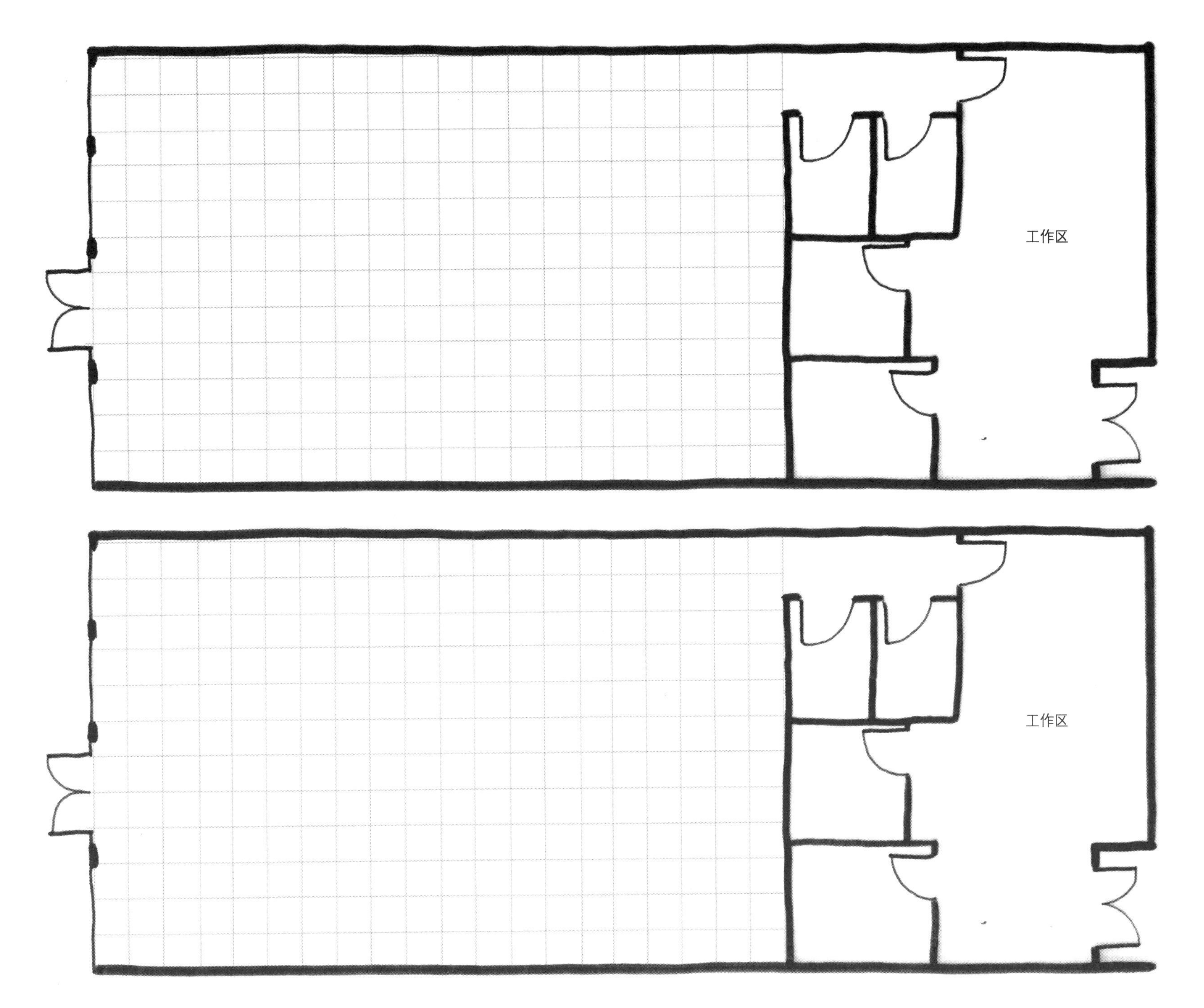

场地 2

餐厅：剖析与问题

餐厅中两个最基本的构成要素是厨房和就餐空间，厨房是准备食物的场所，就餐空间是提供食物的地方。除了这两个最重要的设置以外，餐厅中还有吧台区、位于公共区的卫生间（规范要求）、小办公室，以及位于私密的后侧区域的员工区。在细节层面上，在店面（或公共区）的最前面通常还会设有接待台并配有等候区，在店内某处会设有一个或多个服务生的工作台。我们在餐馆的公共区域中最常见的场景是人们在桌边用餐。餐桌变化多，是设计师需要深入了解的最基本的设计元素。

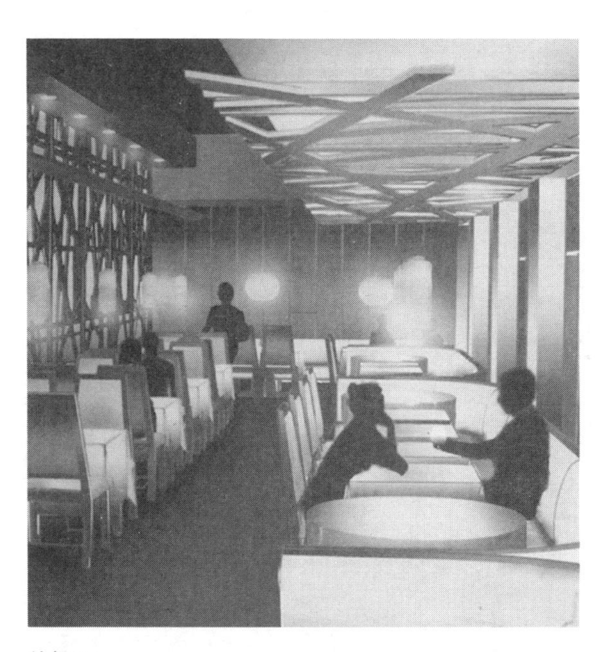

就餐区

从工作区（back-of-the-house）的视角来审视餐馆的运营，是非常具有吸引力的空间体验经历。原材料被不断地送来；厨师把食物储藏起来，并根据需求进行备餐；忙碌的服务生来回穿行送来新的点单并送出做好的饭菜，他们同时还要注意不能撞上正好路过厨房前往卫生间的客人们；酒保忙于为坐在吧台的顾客准备饮品，还要为已经在餐桌就坐的客人提供酒水。在店前，女侍应生向来店的顾客致意并带领他们前往预定的座位。

吧台区

在进行餐馆室内设施的空间布局之前，你应该思考下面所列出的问题：

- 想要容纳多少人？
- 是需要一个大尺度的就餐厅还是多个小区域？
- 是否设有吧台，如果有，希望供多少人使用？应该设置在哪里？
- 厨房是否属于全业务型，面积应该设置多大？
- 在哪里交货？
- 如何点餐，服务生在桌边记录吗？
- 关于食物提供方式方面有没有需要特别考虑的要点，例如日式寿司自助或西班牙餐前小吃自助？
- 翻台率应该是怎样的？像快餐店的快速周转模式还是更加放松式？

不是所有的餐馆都是相似的，理解特定的要求并在设计中予以体现是非常必要的，做到这一点就能够实现设计计划的目标。

下面是五个重要的设计思考要点：

- 良好的动线；
- 厨房（尺寸和位置）；
- 厨房——就餐关系；
- 业务量；
- 服务速度。

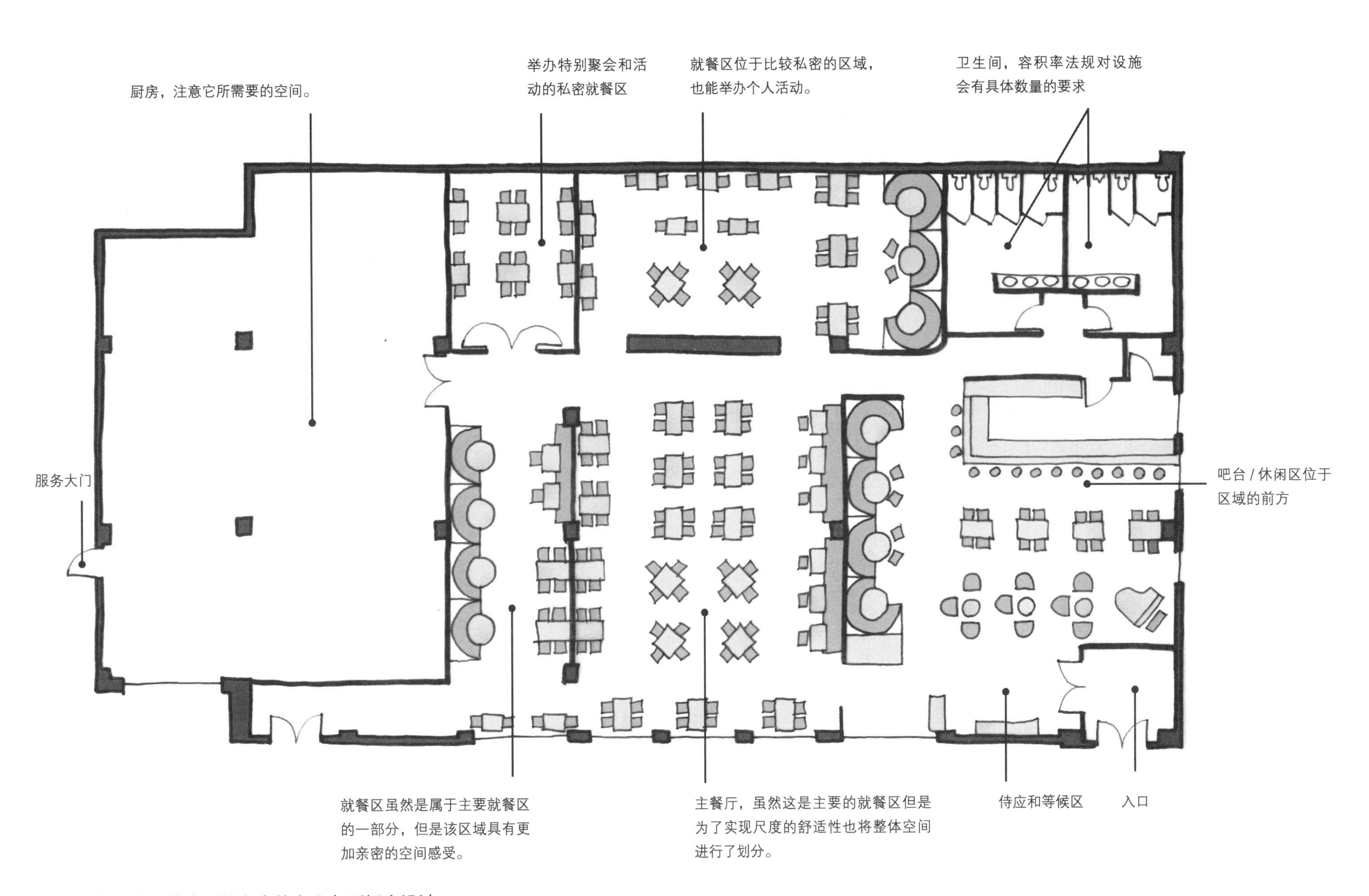

位于美国某中型城市中的全业务型饭店设计

餐厅的类型

餐厅有很多种不同的分类方式，下面列举出其中的几种类型。

一般餐馆类型：
独立店面或位于商业综合体内的餐馆；
单独店面与连锁餐馆；
堂食与外卖；
主题餐厅与无主题餐厅；
少数民族餐馆与非少数民族餐馆。

根据服务分类：
快餐；
咖啡店；
家庭餐厅；
公司食堂。

根据服务系统分类：
按照菜单点餐；
现场烹饪；
快餐；
宴会；
家庭会餐风格；
自助餐；
外卖；
送餐；
食堂。

根据主题概念分类：
某种特定主题；
某特定时间的场景，例如某个历史阶段；
某种概念、图像、建筑风格（无主题）；
某市场细分风格；
某种食物的概念或烹饪类型；
某种设计理念。

要点

服务的速度：
快餐：15~20 分钟；
食堂：15~30 分钟；
家庭餐厅：1 小时；
美食体验：4 小时以上。

人均消费：
经济型；
中等水平；
昂贵型。

整体氛围：
刺激的与轻松的；
欢乐的与严肃的；

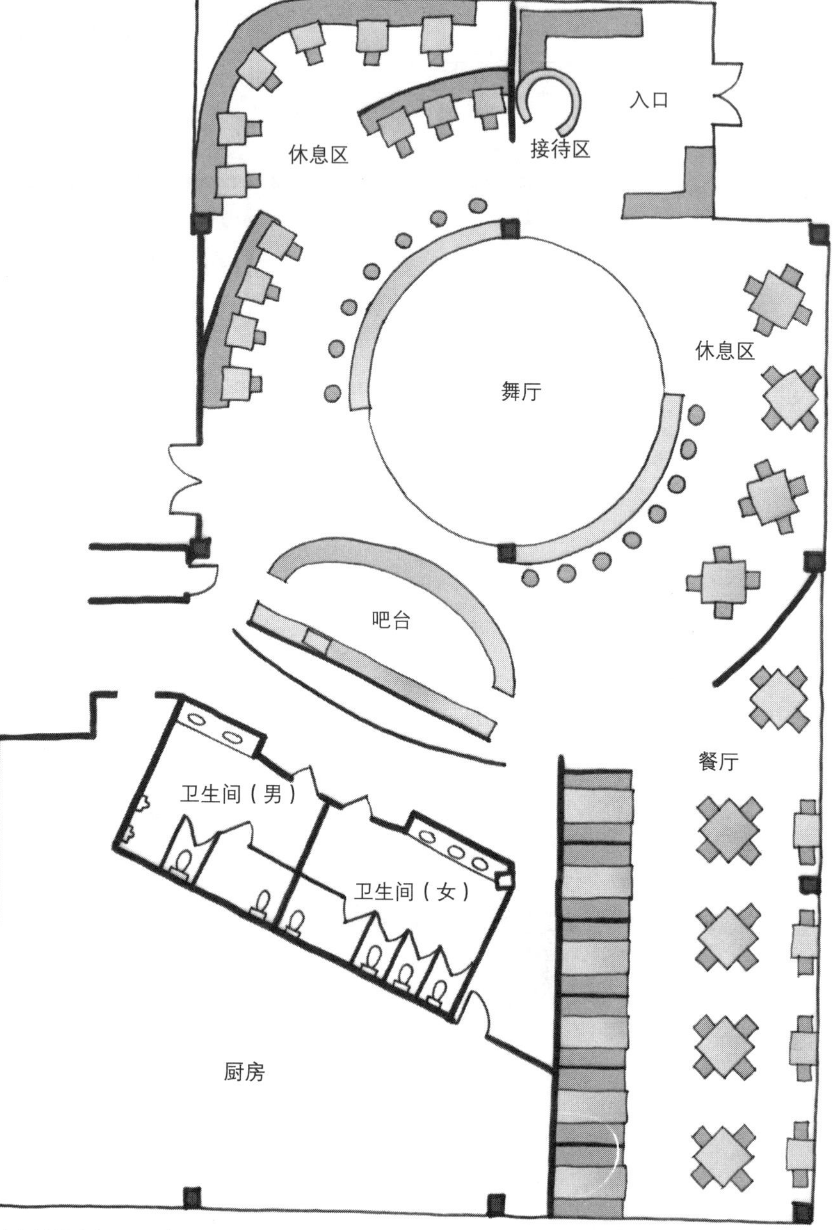

时尚的都市餐厅设计，主要特点是新式烹饪和限时舞厅。

日式餐厅设计，主要特点是多种餐点选择和铁板烧自助。

餐厅：家具

餐厅中最主要的家具类型是餐桌、餐椅及它们的变体，例如沙发和卡座，它们的组合能够形成很多可能的组合。四人餐桌是最常用的形式，因为是最通用的组合形式，可以拼合在一起以便形成更大的组团。两人餐桌也是常用的形式，因为两张两人桌就可以高效地组合在一起且不产生浪费。位于沙发座区域的餐桌通常也是可以移动的，并且能够根据不同尺度的需求进行组合（但是卡座是固定的）。

餐桌的尺寸有多大，它需要占据多少空间？客人在桌子周围通行需要多大的空间？有趣的是，不是所有的两人桌或四人桌都是相同的尺寸，从经济型餐厅到舒适型餐厅的餐桌各有各的适合尺寸。

右侧的插图说明了常规餐桌的尺度范围和餐桌之间最小的净空尺寸。

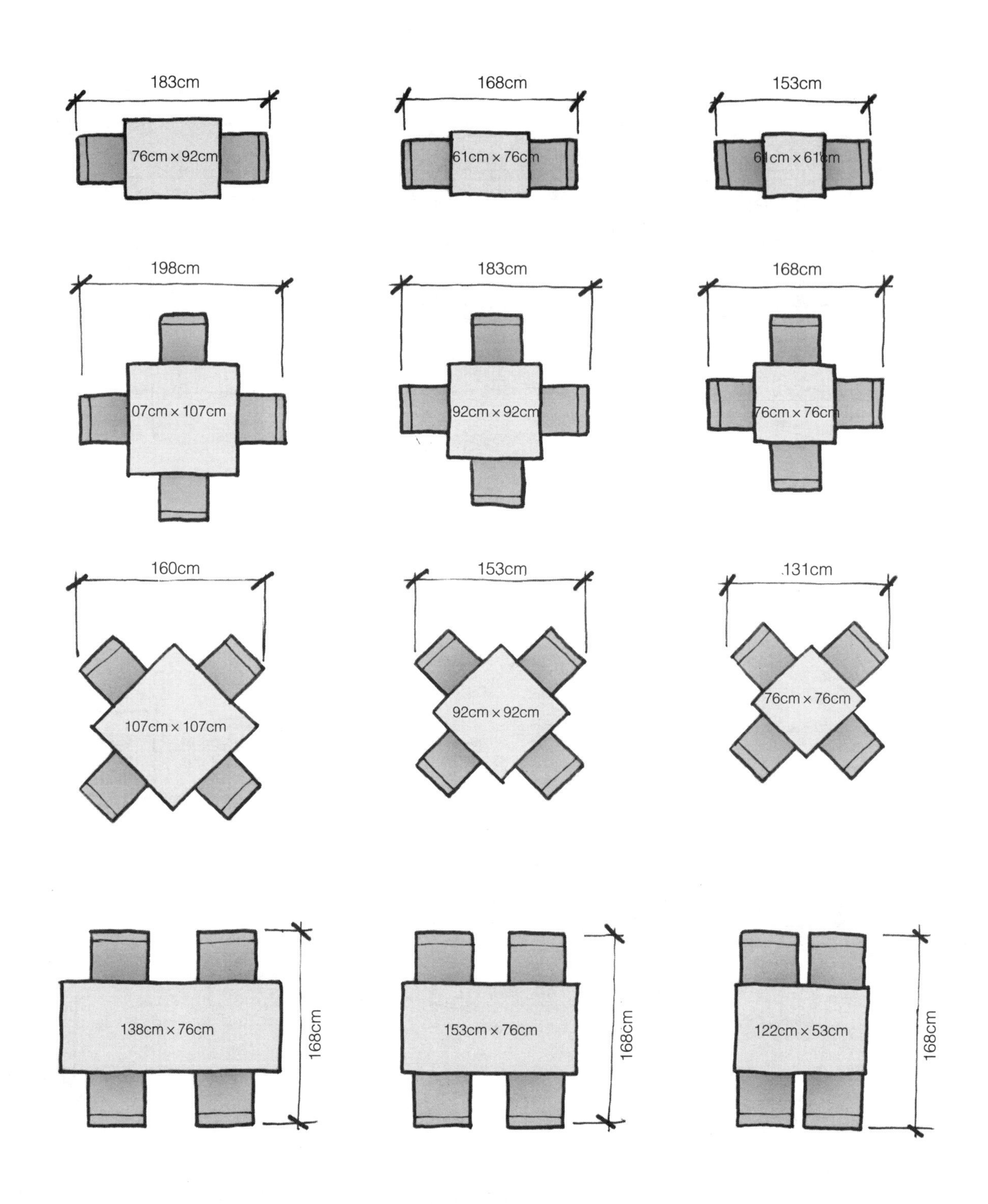

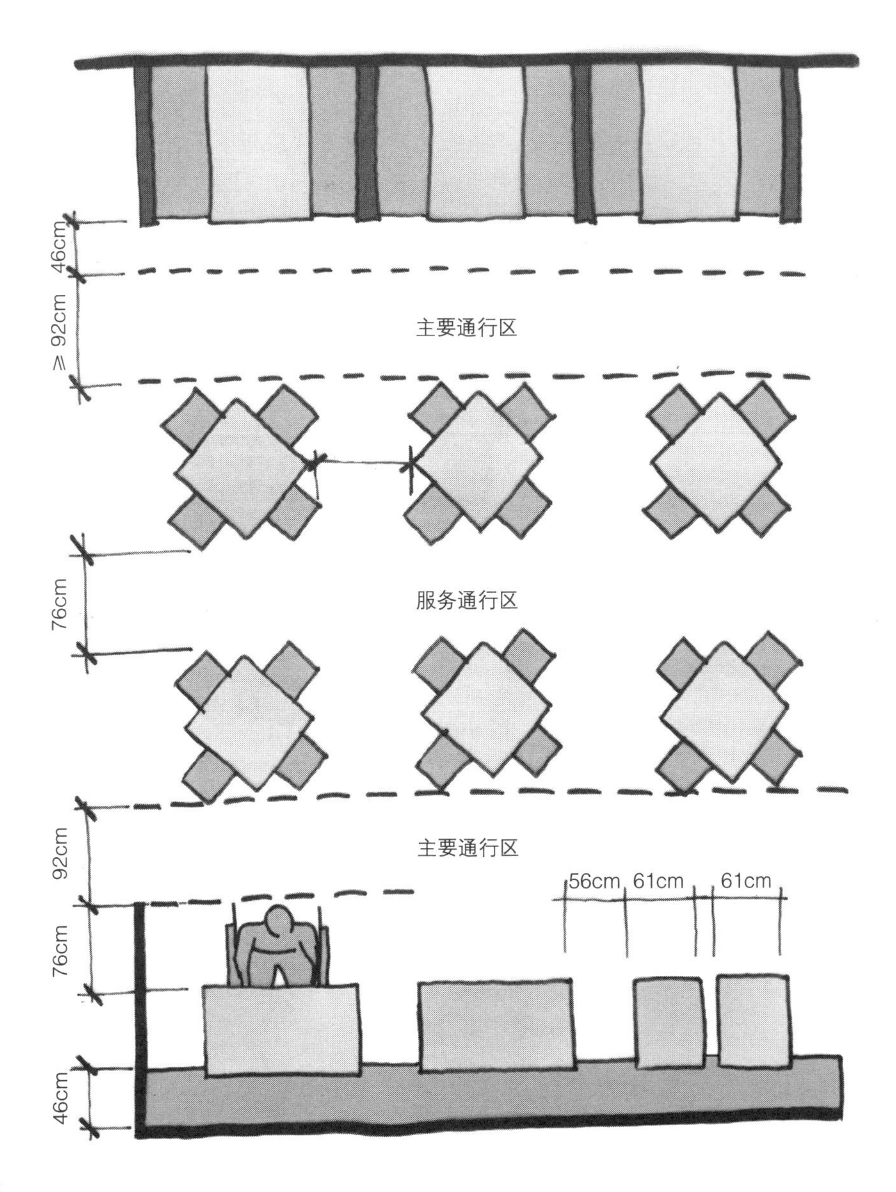

餐桌布局

良好的交通动线对餐厅而言是至关重要的。例如，在交通设计方面，设计师需要将顾客与服务人员的动线路径尽可能地分开。餐桌之间所需的净空尺寸和通行宽度一直是设计师必须考虑的问题，问题的答案也许不尽相同，因为有些餐厅的就餐区域人流密度很高，而有些却正相反。无论哪种情况，图上所建议的空间与尺寸都将在设计初期为你提供一些有用的数据信息。

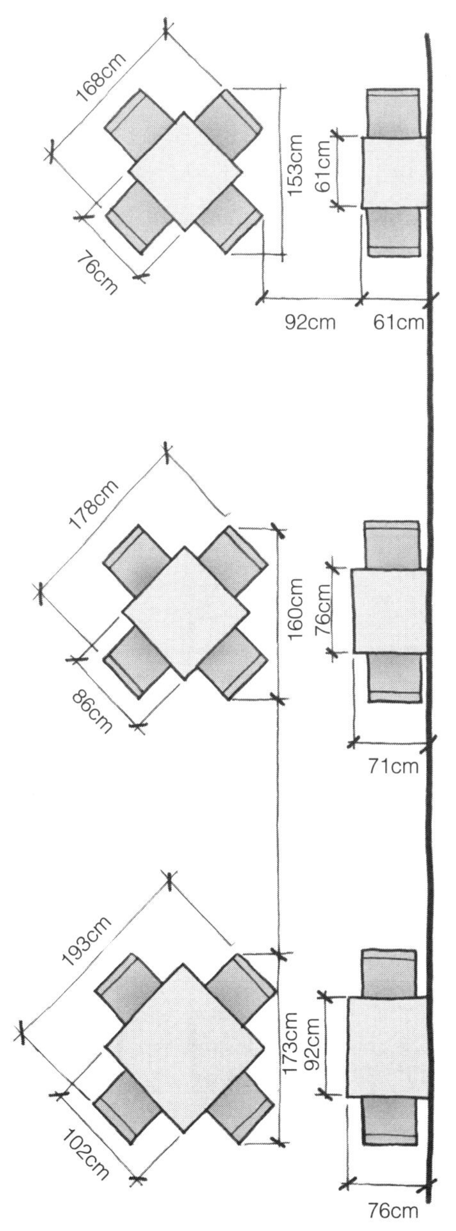

餐桌尺寸

需要注意的是，上述餐桌之间的距离是很充足的，然而，很多餐厅会将距离设置得更紧凑，以便实现较高密度的餐桌布局。

餐厅：用餐区

餐厅设计中餐桌布局的组合形式是非常多样的，设计的目标是将座位的容量最大化。与办公项目中工位的优化设计类似，餐厅座位布局的设计过程包括界定不同区域和决策关键的总体空间尺寸，主要是通过数学计算、推敲和试错的过程来研究哪一种组合形式与构图形状能产生最好的结果。在某些情况下，选用尺寸小一点的餐桌就能节省出一排餐桌的空间，而有些情况下，你需要采用尺寸较大的餐桌或者在餐桌间预留更多的空间，亦或上述两种情况同时存在。

认真研究插图中的五种布局方案，方案中采用了正方形、矩形和圆形的餐桌形式。有些方案中还有沙发和卡座。在某些情况下，四人使用的正方形（圆形）餐桌是正向摆放的，而有些情况下则是成角度布局的。一般情况下，你会发现在餐厅里会形成周边区域和中心行列或区域。

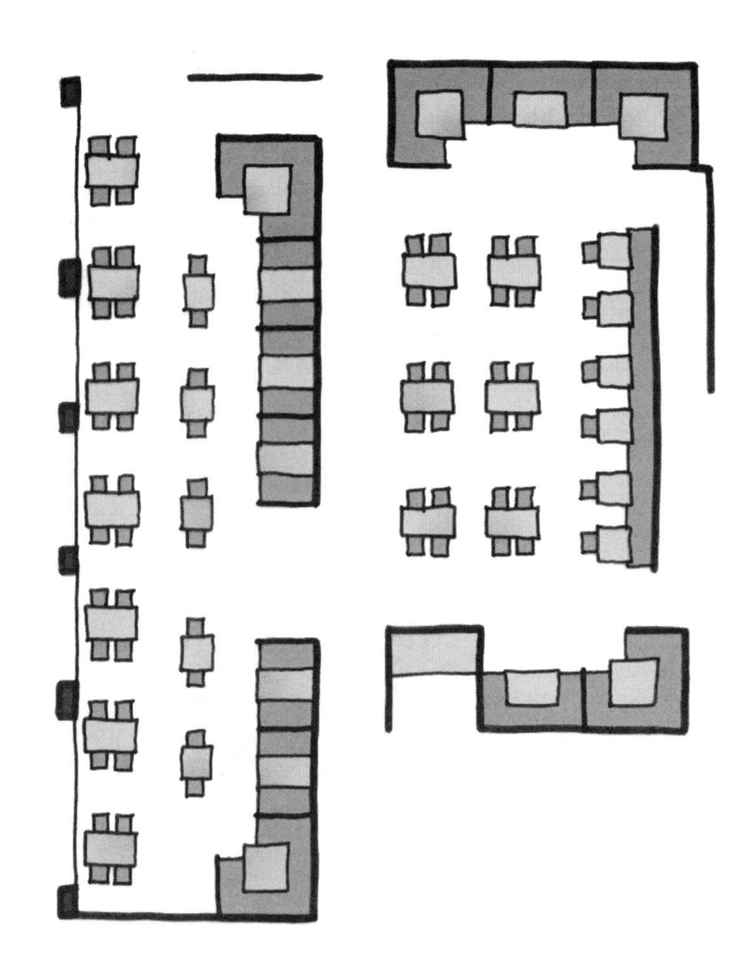

并列的两个空间。

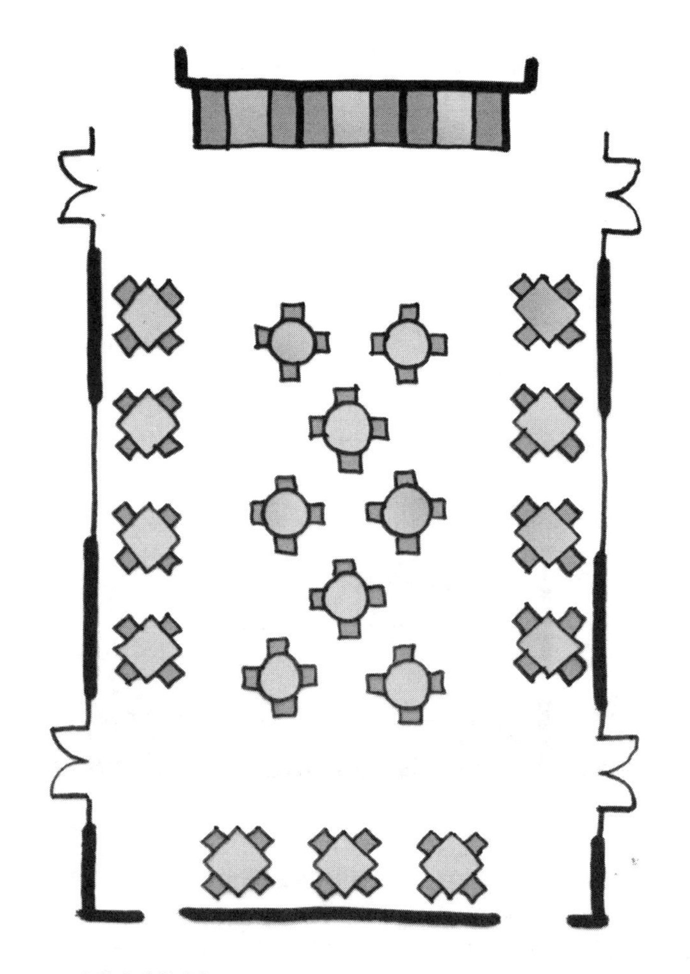

中等宽度的空间。

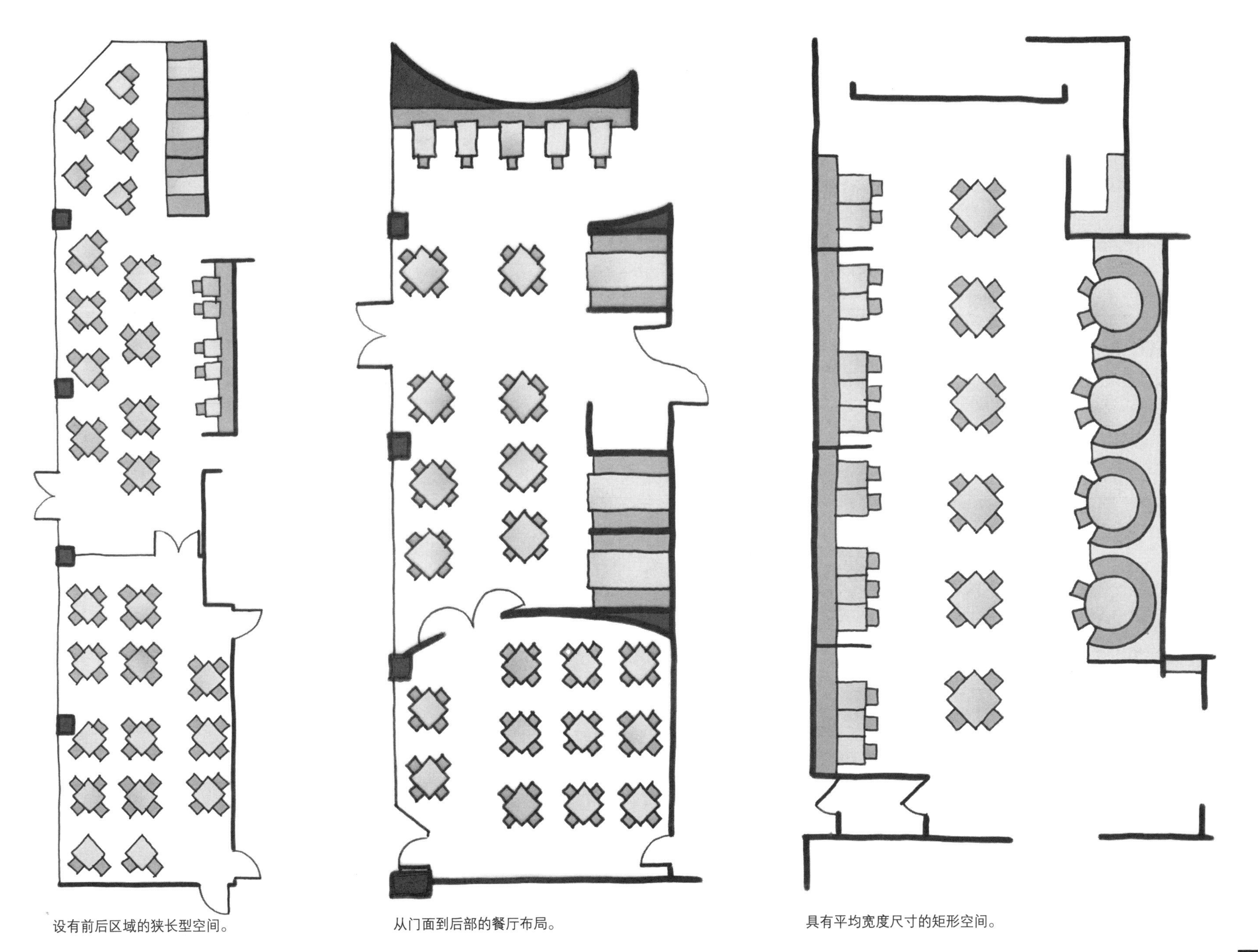

设有前后区域的狭长型空间。

从门面到后部的餐厅布局。

具有平均宽度尺寸的矩形空间。

餐厅：吧台

如果你去考察大多数城市中的代表性餐厅，就会注意到这些餐厅内很多都设有吧台。在很多国家的文化背景中，出去与朋友聚餐包括了饮料或“饮酒”的内容。在很久以前，餐厅的老板就开始意识到饮料账单的数额并不是无关紧要的，它能够占总消费账单额度的三分之一。介于这个原因，在餐厅中设置吧台就不足为奇了，酒水的利润确实非常可观。

顾客在等候座位的时候会消费酒水，或者就是为了喝两杯才去餐厅的。即使客人们在餐桌旁落座之后也通常会点些喝的东西。介于上述原因，服务生通常会准备和端送酒水。

本页中的插图列举出吧台的建议尺寸，以及一些常见的吧台案例。这些案例可以作为设计的参照，但是在设计时还需要牢记：吧台的形式通常是根据场地条件与设计创意来决定的。

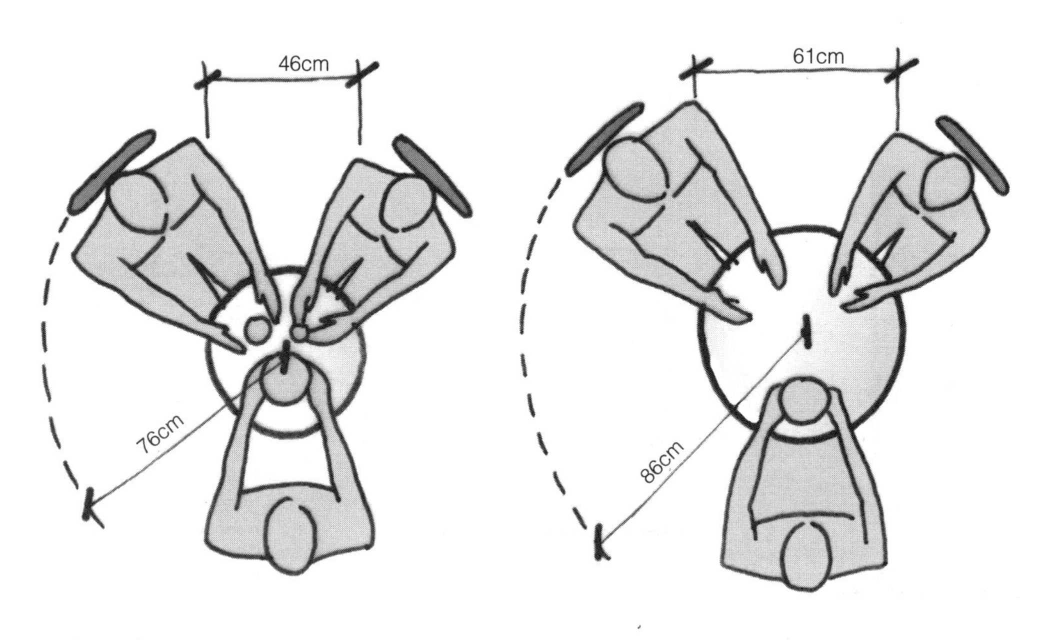

酒吧桌

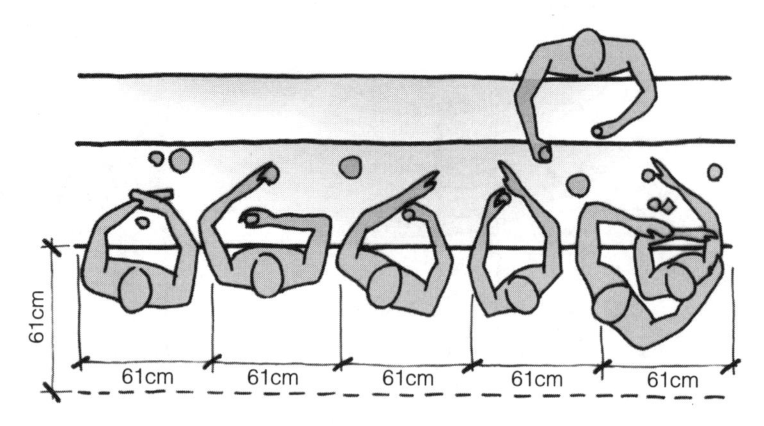

单面桌

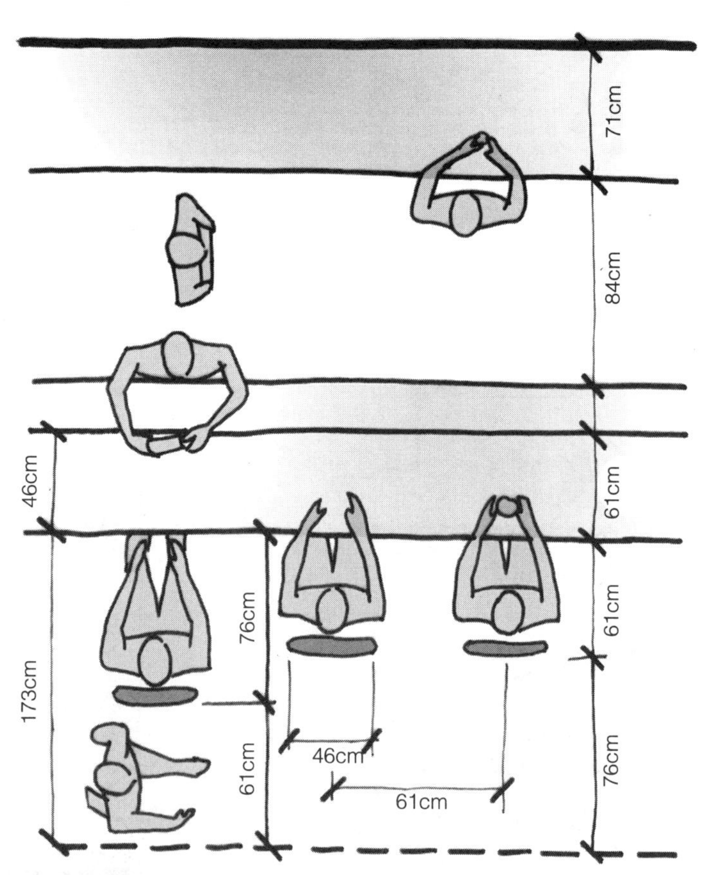

双面桌

吧台的尺寸

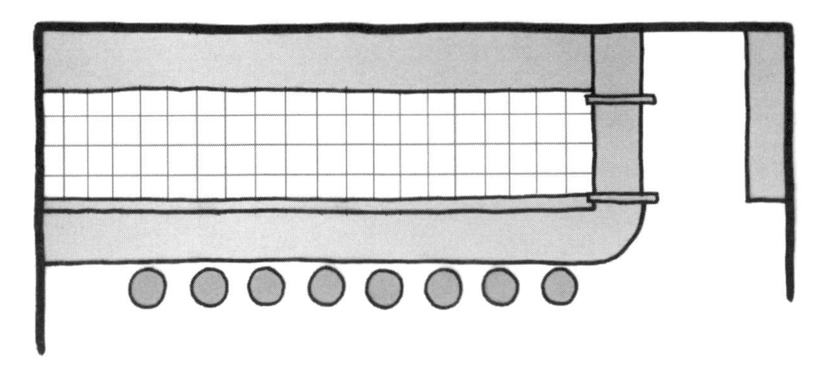

单列式吧台：面积 7.62m × 3.05m

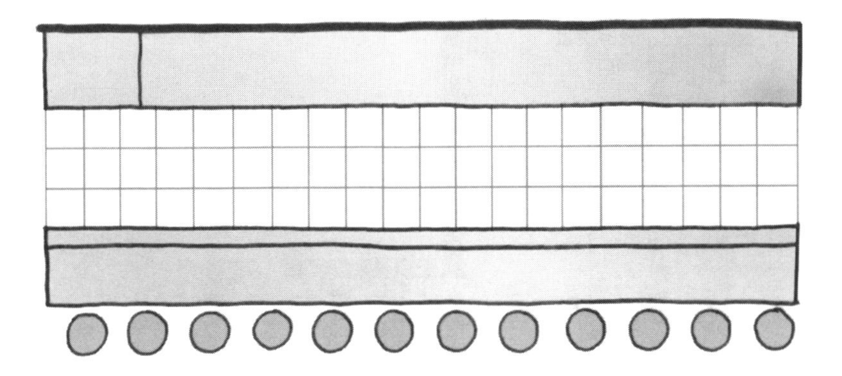

单列式吧台：面积 8.53m × 3.05m

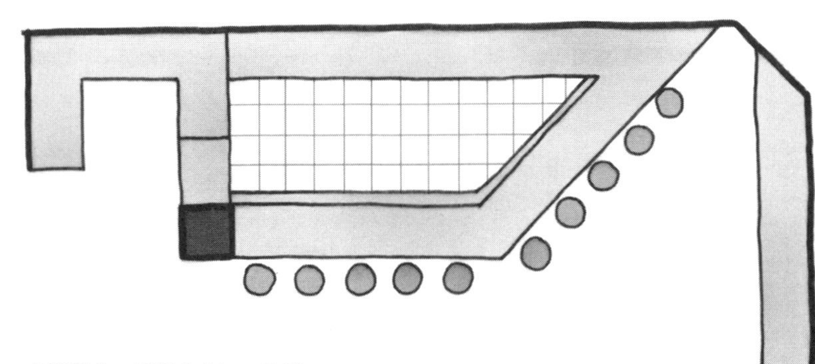

角形吧台：面积 9.14m × 3.66m

典型的吧台造型（短型）

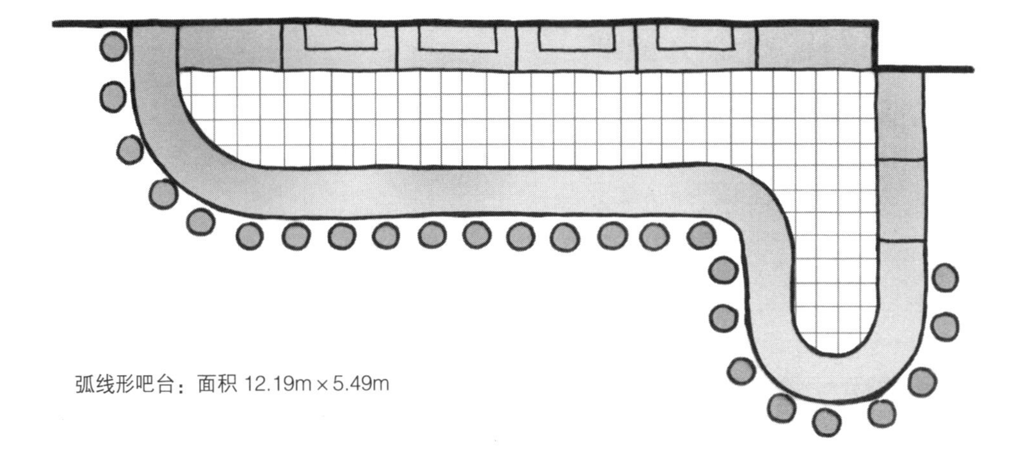

弧线形吧台：面积 12.19m × 5.49m

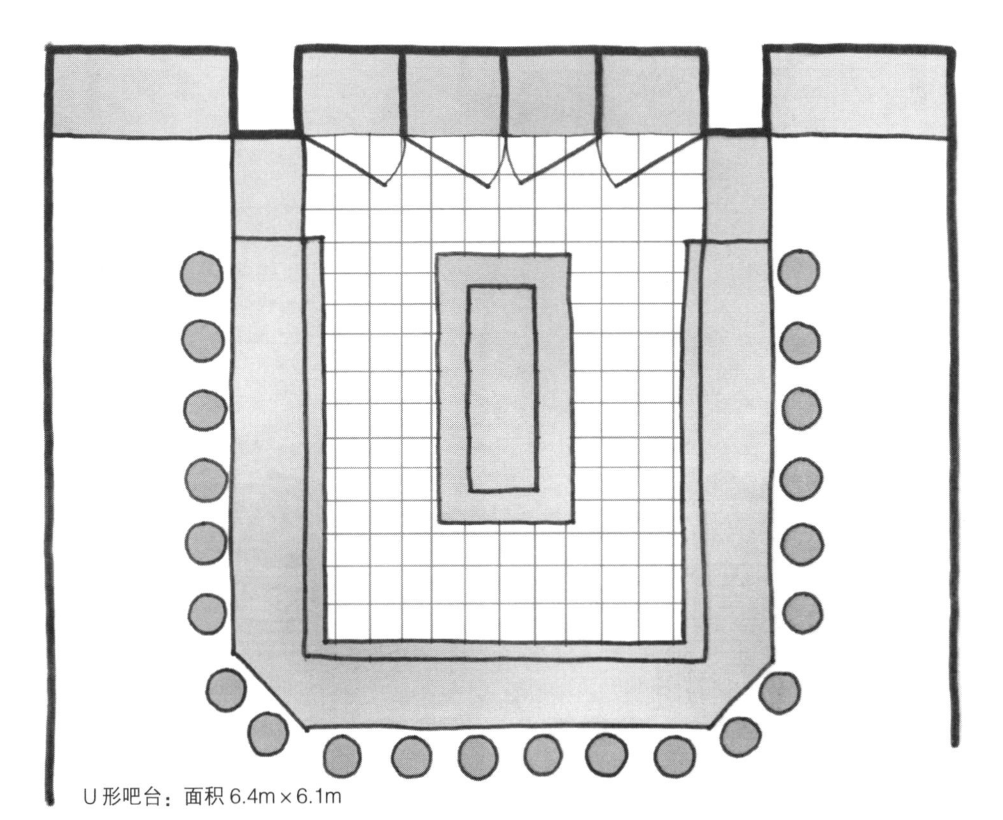

U 形吧台：面积 6.4m × 6.1m

典型的吧台造型（中型）

餐厅案例：四个小餐馆

下面的插图案例是某个小餐馆的四个不同的方案。方案必须有以下空间：一个最低上座率四十人的大尺度就餐空间、一个小型吧台和休息区、符合 ADA 无障碍要求的卫生间，以及设有接待站和等候区的正面入口。总面积的百分之三十至四十需要用来设置厨房。

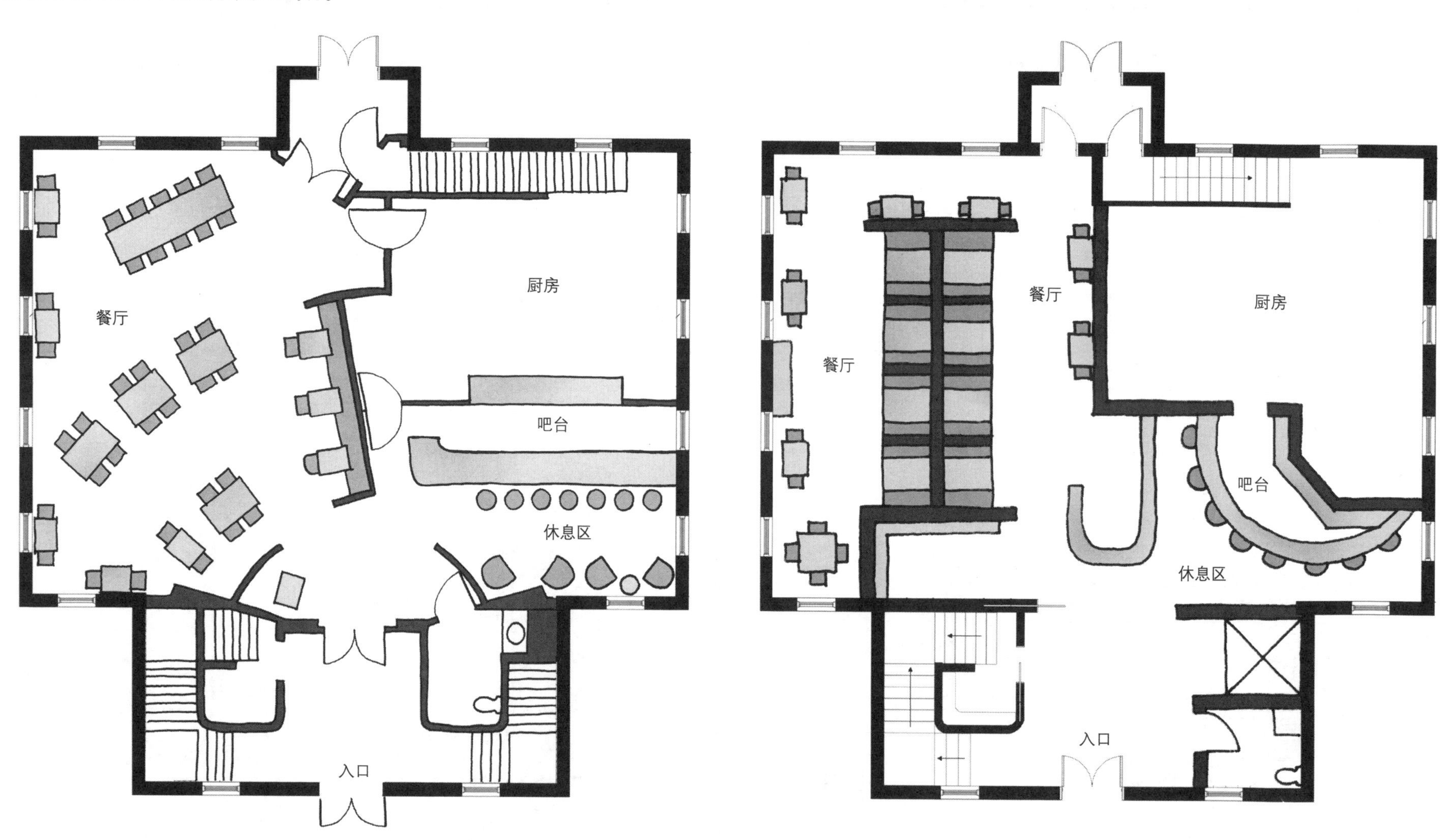

放射型方案将空间划分为两个部分，一侧用于就餐而另一侧设置吧台。

双室型布局方案的特色是卡座和充满趣味性的环形吧台。

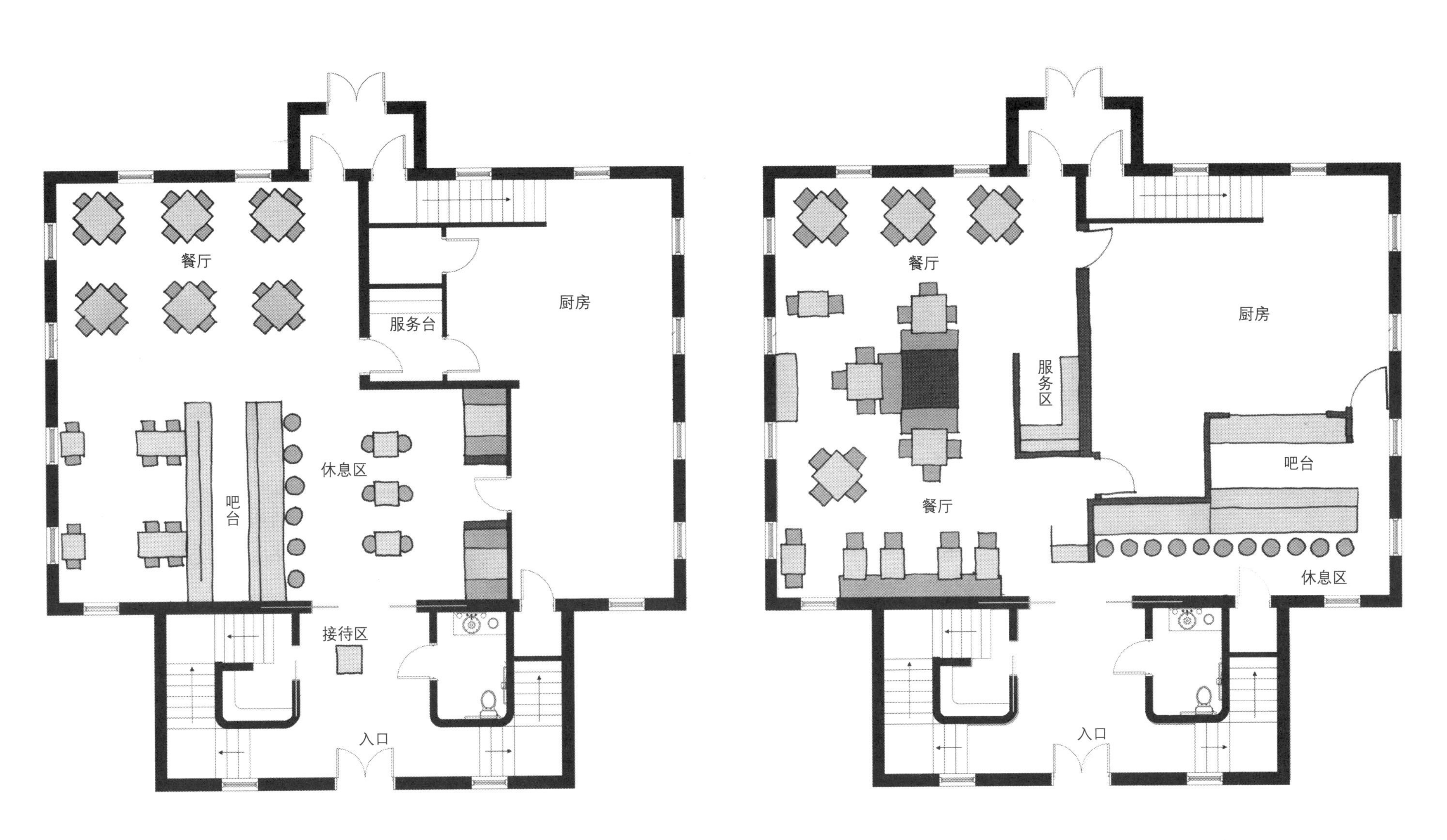

将吧台设置在 L 形布局转折点的一室方案。

双室型布局方案的特色是就餐区中心的陈设和狭长型的酒吧区域。

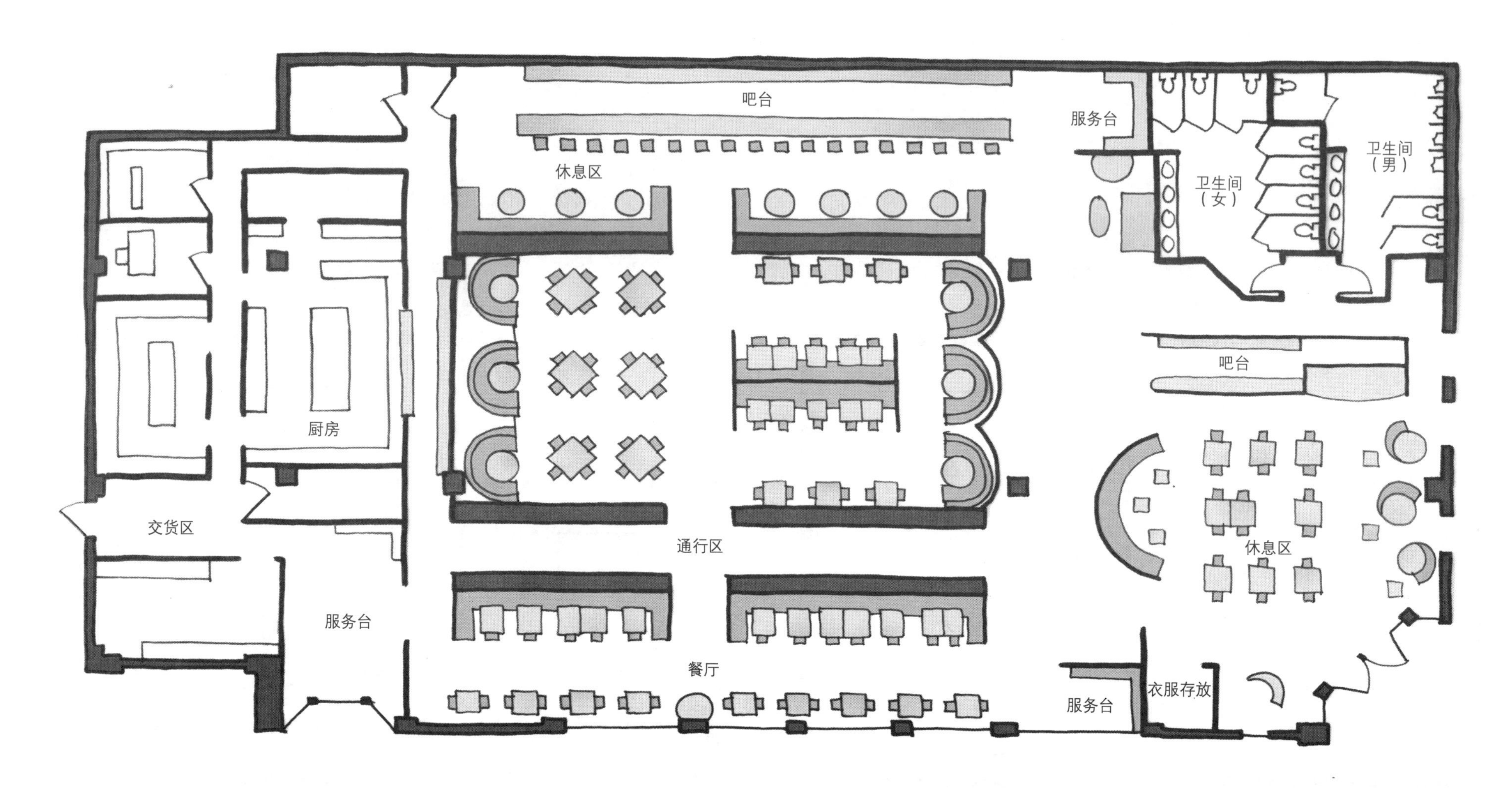

餐厅分析

按照下面列出的要点对本页中的两个餐厅设计进行分析。

分析的要点：

1. 入口及等候区的使用效率；
2. 吧台及沙发设计的总体情况；
3. 就餐区尺度的合理性和区域界定；
4. 交通和动线的处理。

评论

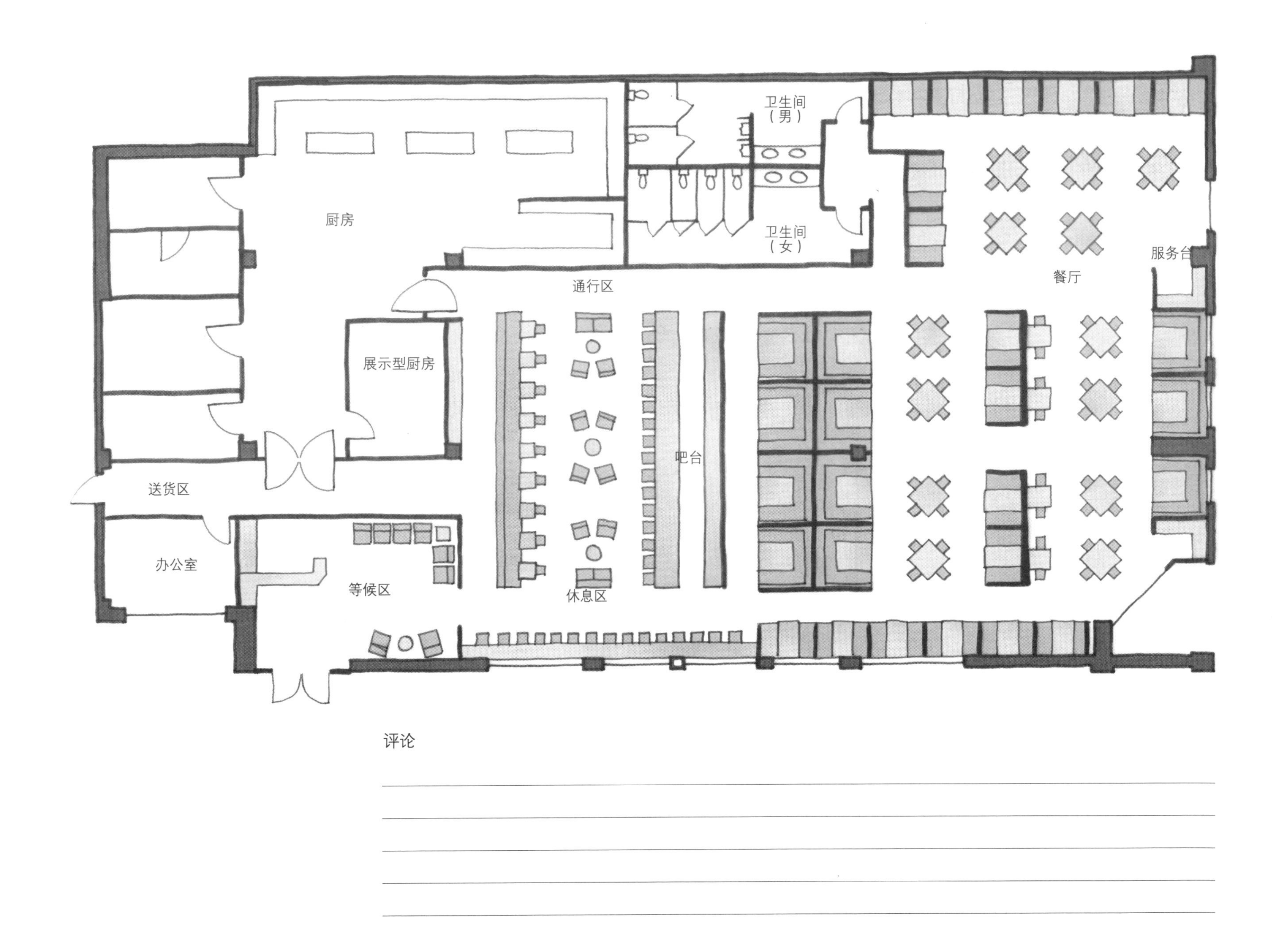

评论

餐厅布局

练习 1

将所给餐桌任意进行组合，形成空间容纳人数最多的布局形式，使用 120cm×120cm 网格作为尺寸的参照。

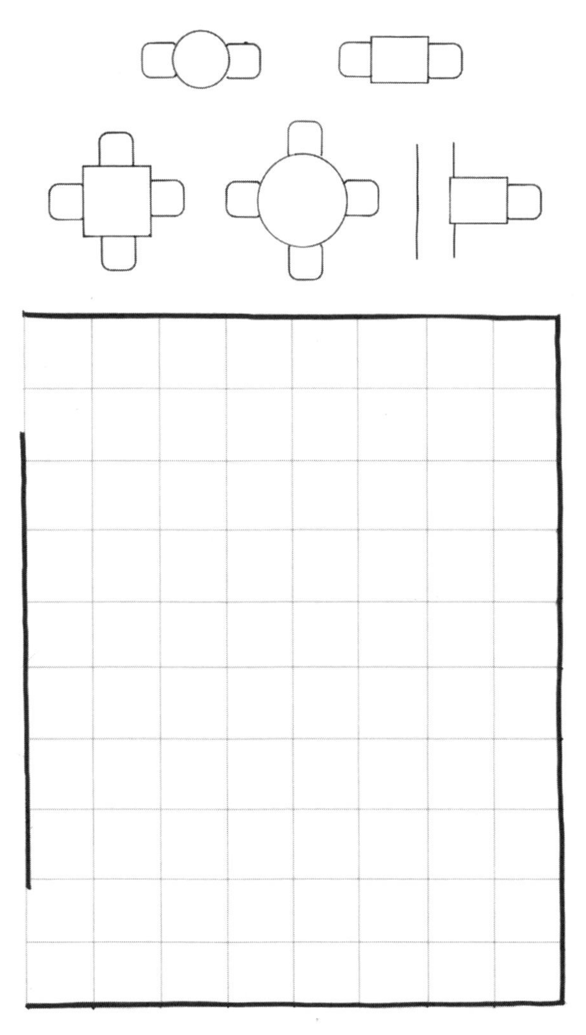

练习 2

尝试设计本章前面提到过的小餐馆设计方案。方案中必须包含下列空间：一个可以容纳四十人的大尺度就餐区、一个能容纳八到十二人的吧台和休闲区，以及符合 ADA 无障碍设计要求的卫生间、门厅、接待台和等候区。将总面积的百分之三十至百分之四十用于设置厨房。设计时可以选用独立的餐桌椅，也可以使用卡座形式。餐馆的入口设计要具有迎客的感觉，并设置有接待台和衣物储存空间。等候区将设计在吧台区内。最后，餐馆内还要包括一间供单人使用的、符合 ADA 无障碍设计标准的卫生间。

设计决定厨房的位置与形状，它的大致面积占总面积的四分之一到三分之一。厨房可以是矩形或 L 形的。就餐区的布局设计需要能够将座位的容纳效率最大化，并应该包含一个供八人左右使用的吧台。剩余的空间应该划分成常规的座位区，选用餐桌或长凳的形式均可。记住预留出通往后面逃生门的通道。使用 120cm×120cm 网格作为尺寸的参照。

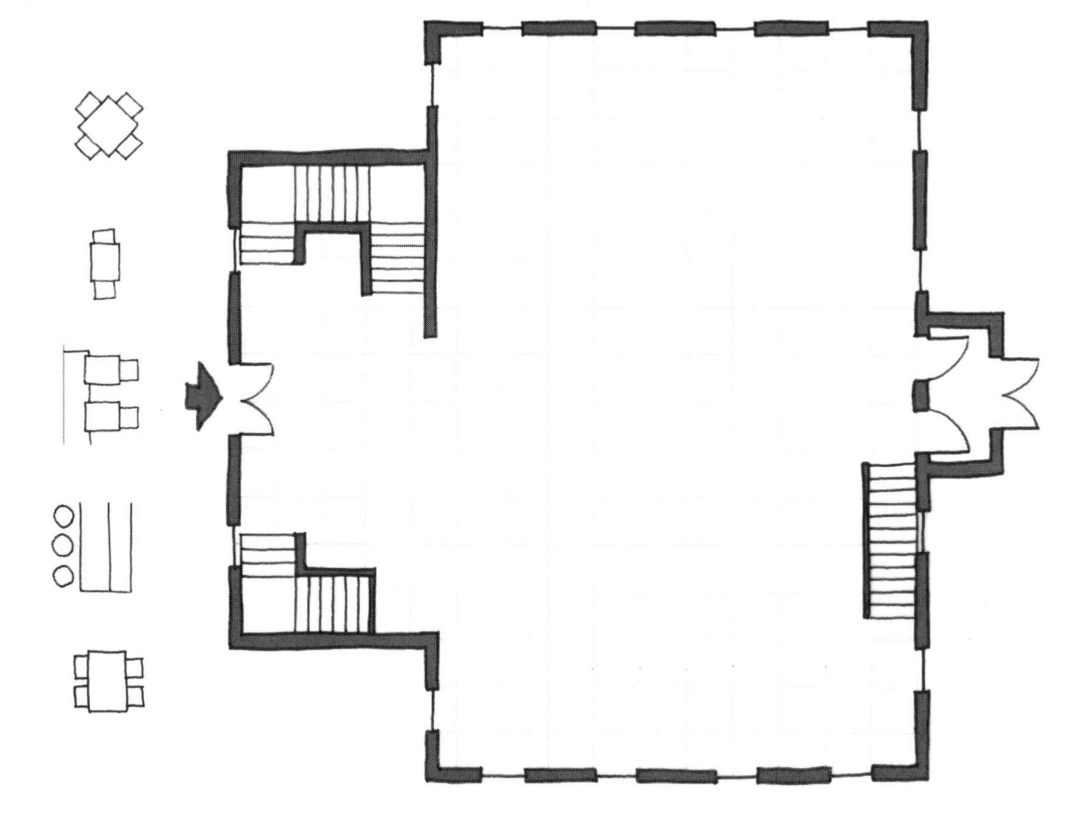

练习 3

使用 90cm×90cm 网格作为尺寸的参照，为某城市中的小餐厅进行平面布局设计。餐厅的正面是通体的玻璃幕墙，幕墙中间开门（主入口）通往室外的街道。餐厅后面的大门通往第二个出口，并且还被当作服务专用门，用于店内食物的装卸。图上标示出的两个卫生间必须保留，已有排烟罩的位置为厨房（或者部分厨房）布局的可能位置提供了设计建议，此外，厨房应该占总面积的百分之三十至百分之四十。设计时还需要将座位的容纳效率最大化。

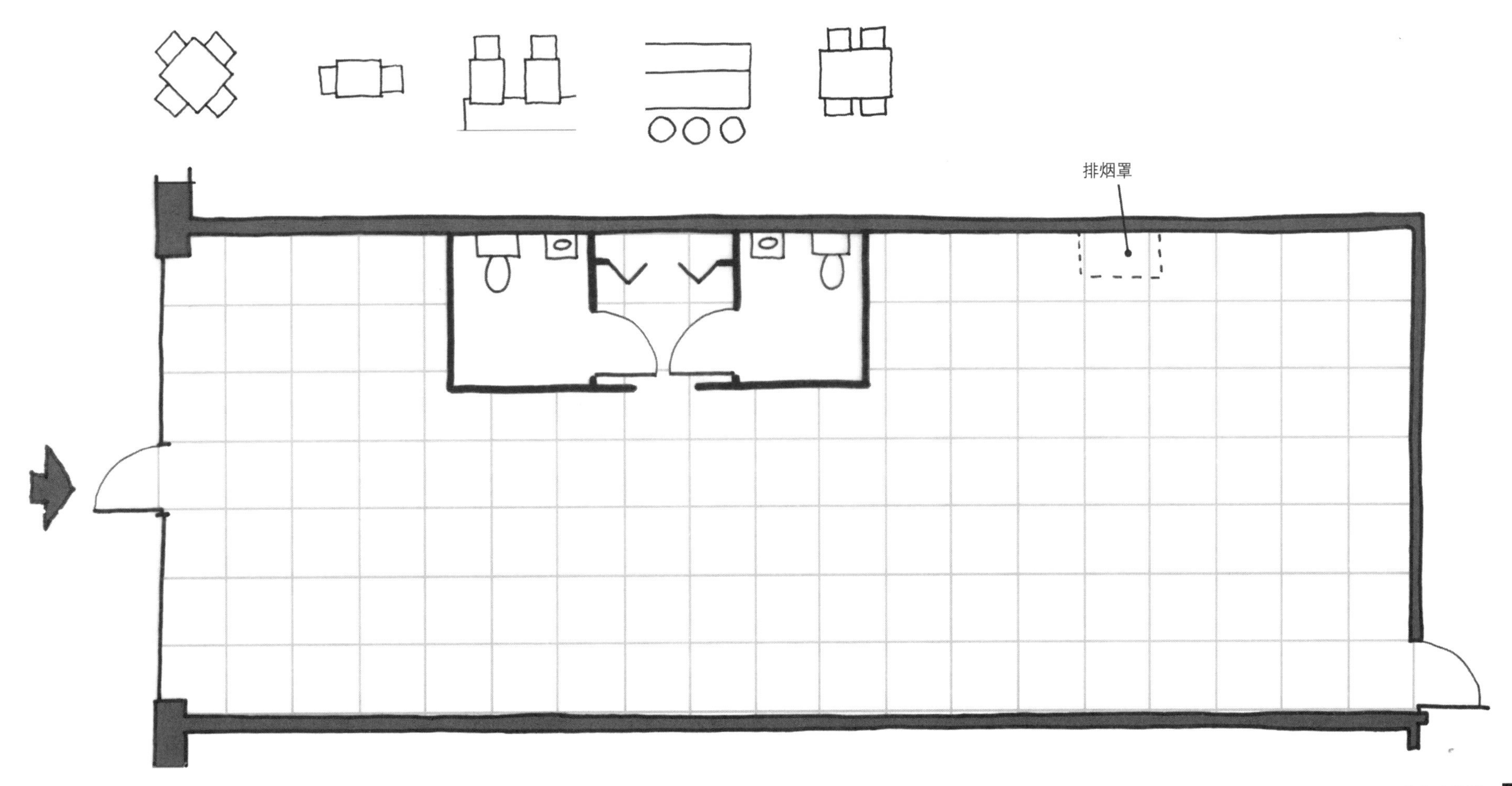

词汇表

A

Accessible doors/ 无障碍门：允许所有人通行的门，包括轮椅使用者。

Accessible kitchens/ 无障碍厨房：所有人可以使用的厨房，包括轮椅使用者。

ADA requirements/ADA 法案：实现美国残疾人法案的准则。

Adjacency bubble diagrams/ 邻接气泡图：用简单的形状来表示空间拓扑关系的图形，如用气泡来表示各种空间。

Adjacency diagram/ 邻接图：一种类型的关系图，描述了一个项目的部分，并显示各部分之间必要的邻接（接近或距离）。

Adjacency matrix diagram/ 邻接矩阵图：设计人员用来确定和记录项目之间期望的接近度的图表。

Alignment/ 对齐：物体或物体组（如墙壁或家具）的排列，使它们的边在一个或两个边上对齐排列。

Anthropometrics/ 人体工程学：人体测量，用于确定与人体运动范围有关的设计标准。

Assembly occupancies/ 人员密集场所：在紧急情况下需要疏散大量人员的高密度空间，如剧院。

Attributes/ 属性：因设计而造成的主观质量，如宽敞和舒适。

B

Back of the house/ 工作区：用于提供服务的设施区域，如餐厅中的厨房。

Block plan/ 块状平面：用简单的块状示意图来表现房间或空间的平面图，通常还包括交通动线符号。

Brief (see also programming)/ 概要（参见计划书）：指描述项目目标和要求的文档。

Bubble diagrams/ 气泡图：用简单的形状来表示空间拓扑关系的图形，例如用气泡来表示各种空间。

Building codes/ 建筑规范：保护公众健康、安全和福利的法规。

Business occupancies/ 营业场所：用于商业用途的场所，如办公室。

C

Centering/ 居中：物体或物体组（如墙壁或家具）的排列，使它们的中心对准。

Circulation/ 交通动线：项目中从一处到另一处空间通行的名称，如走廊和过道。

Circulation systems/ 交通系统：建筑中的交通系统，如过道和走廊。

Cohesion/ 向心性：各种元素组合在一起形成的具有凝聚力和互补性的构图特点。

Common path of travel/ 公共通道：在住户出行之前，他们到达一个地点，这里有两个单独的方向可以选择。

Connections/ 连接：相邻空间之间，以及空间与外部之间的关系，无论是视觉的还是物理的。

Contents/ 陈设：空间内的家具、设备和附件。

Cross-section/ 剖立面：一种二维的建筑绘图形式，通过假想面剖切建筑而显示出其内部结构。

Cubicle (see also workstation)/ 隔间（请参考工位）：办公设施中小型家具工作站的通用名称。

D

Dead-end corridor/ 袋形走廊：尽头不通向出口的走廊。当袋形走廊长度过长时容易引发危险，所以法规中对其长度尺寸有限制要求。

Desires/ 期望：在设计中，期望是可变的、主观性的需求。

Design process/ 设计程序：通常设计过程中所使用的系统性的、逻辑性的典型设计方法，目的是逐层地解决问题。需要决定第一步先解决的首要问题，一旦首要问题得以解决，再解决较小的、更多细节的问题。

E

Efficiency/ 效率：通过设计实现事半功倍的品质。

Egress corridor/ 疏散通道：通往出口的走廊，是疏散路线的组成部分。

Egress doors/ 疏散门：是疏散系统的组成部分，门的设计必须符合相关规范要求。

Egress route/ 疏散路线：通向出口的路线，如走廊系统。

Egress system/ 疏散系统：保障使用者能够安全撤离建筑的完整系统，包括房间、走廊、封闭的逃生楼梯、逃生门以及安全的公共走道。

Enrichment needs/ 丰富需求：在知识、创新和审美体验方面的需求。

Envelope/ 围合：空间的总体量通常被称为建筑物的框架。

Exit doors/ 逃生门：能够通向出口的门，例如通向防火走廊、防火楼梯或通向室外。

F

Fixed architectural elements/ 固定的建筑元素：构成建筑的固定构件，如柱、梁和设备间。

Flow/ 流动性：指的是人们在空间内通行时的相对灵活程度。

Furnishability/ 家具布局：空间内能够提供多种家具摆放选择的属性。

Furnishings/ 陈设：可移动的内部要素，如家具和设备。

G

Grounding/ 布局：界定对象或对象群组（例如家具群组）的位置，使它们与其他建筑要素形成密切的关联，使对象看起来不是漂移不定的。

Grounding elements/ 布局元素：协助布局的要素，有助于防止漂移或浮动感，如喷泉周围或壁炉周边成为可以布局座椅的位置。

I

Individual needs/ 个人需求：人类作为单一个体的需求。

Interior architectural elements/ 室内建筑元素：建筑内部非永久性的构筑元素，例如非承重隔墙和室内大门。

International Building Code (IBC)/ 国际建筑法 (IBC)：美国通行的法规，是建筑法实施的主要依据。

M

Machines/ 设备间：在本书中，该术语由建筑师路易·康提出，指的是建筑物中的能够提供服务性功能的设备空间，例如卫生间、电箱和台阶等。

Mercantile occupancies/ **商业场所**：用于商品销售的场所，例如零售商店。

Multitenant corridors/ **多租户的走廊**：建筑中供多个租户使用的公共走廊。

Multitenant floors/ **多租户的楼层**：建筑的各个楼层中可供多个租户共同使用，例如医疗建筑的某个楼层能够为不同诊所提供很多独立的套间。

N

Needs/ **需求**：在设计过程中，需求是项目中不可改变的、具体的要求。

Noise/ **噪声**：不受欢迎的声音，通常（但不总是）声音很大。

Number of exits/ **出口数量**：法规中规定的空间或楼层中需要预留的最少出口数量，主要依据场地的空间大小和使用类型进行设计。

P

Parti diagram/ **场地分析图**：极简的抽象图，用于抓住方案的基本组织模式。

Personal space/ **个人空间**：个人身体周边的空间，除非获得准许否则不允许他人接近的领域，有时允许所爱之人亲近。

Perspective drawing/ **透视图**：表现环境或物体时使用的形象化的、三维的绘图。

Physical factors/ **物理因素**：人与环境之间物理属性的关系。

Physiological factors/ **生理因素**：人的生理条件和外界物理环境的关系。

Practicality/ **实用性**：通过设计所产生的品质，兼具功能性、便捷性及舒适性。

Privacy/ **隐私**：个人控制环境条件的能力，即能够控制在视觉、听觉及嗅觉方面的曝光程度。

Private office/ **私人办公室**：在封闭房间内的办公空间。

Programming (see also brief)/ **计划书（也可参见概要）**：指的是描述项目目标和要求的文件。

Properties/ **特性**：具体、可见的特点设计特色，例如，垂直的、曲线的或者通高的。

Prospect/ **视野**：提前计划好的、未来可以见到的一种景象或场面，通常用于吸引人们朝着此方向前进。

Proxemics/ **人际距离**：研究人们交流时彼此之间距离的科学。

Psychological factors/ **心理因素**：这些因素包括人类与行为模式及社会需求的相关方面。

R

Relationship diagrams/ **关系图解**：表现项目中不同部分之间关系的示意图。

Room adjacencies/ **空间相邻**：在功能上需要邻近的房间，根据房间位置、隔墙类型、通行入口决定如何邻接。

S

Scales/ **比例**：指的是空间内部建筑和其他非固定元素的相关尺寸，尺度范围包括从大到小的所有要素。

Section diagram/ **剖面图**：通过截面的方式展示部分区域关系的示意图。在研究楼层垂直高度变化和顶部元素时非常有用。

Self-expression needs/ **自我表现的需求**：自立、自我实现、自尊和个人能力方面的需求。

Servant spaces (see also machines)/ **服务性空间（也可参见设备间）**：建筑中的功能空间，提供所需的功能性服务，例如卫生间、电箱和台阶。

Served spaces/ **被服务的空间**：在谈到服务和被服务的空间时，通常指主要的公共性需求发生的场所。通常由相邻的服务性空间如厨房，储存区域等为主要空间提供服务。

Simplicity/ **简约**：设计带来的品质，采用直接了当的解决方案，从而避免了冗余的部分。

Social needs/ **社会性需求**：对于社会交往、集体归属、陪伴和爱的需求。

Sociofugal arrangements/ **社会离心**：如背对背的座位布局，人与人之间可以接近却不会促进交流。

Sociopetal arrangements/ **社会向心**：如面对面的座椅排列布局，为人们提供面对面的交流机会。

Sorting qualities/ **排序标准**：在通用标准（用于将空间分组）的基础上，用于确定某个项目中空间位置的标准。例如，某栋大楼中需要采光的房间或者需要从后面与服务空间连通的房间。

Space data sheets/ **空间数据清单**：项目中的文件（或概要）提供关于单体空间和房间设计的要求。

Space plan/ **空间平面**：展示室内元素例如隔墙、门和陈设的一种建筑平面制图。

Spatial affinities/ **空间的亲缘关系**：由于功能或其他原因，一系列的空间之间需要相邻排列。

Stabilizing needs/ **稳定性需求**：远离恐惧、担忧和危险的需求。

T

Territoriality/ **领域性**：被个人或集体宣称拥有所有权的空间。

Thick walls/ **厚墙**：加厚的墙，可加入内置元素如储藏或座位。

Threshold/ **门槛**：两个区域之间的中介空间。它可以简化成地面不同铺装形成的一条线，也可以是带状或者一个小型的过渡空间，甚至可以是连接两个房间的一个深隧道。

U

Universal design/ **通用设计**：可让所有人群便捷使用环境、产品或沟通的设计原理。

User occupancies/ **使用人群流量**：基于火灾隐患的程度，建筑法规中进行的分类设置。

W

Work triangle/ **工作三角**：为了便捷和实用，将厨房中的炉灶、水池、冰箱设置成三角形布局形式的理念。

Workstation/ **工位**：由家具和搁板构成的开放式工作空间，与私人办公室是相对的概念。

索引